PLANCHE I

Nous rappelons que la Carte géologique des Hautes-Alpes vaudoises, qui constitue la planche I de ce volume (16e livraison), a paru déjà en 1875, et a été expédiée à tous ceux qui reçoivent régulièrement les *Matériaux pour la Carte géologique de la Suisse.*

BERNE, août 1890.

Librairie Schmid, Francke & Co.

MATÉRIAUX

POUR LA

CARTE GÉOLOGIQUE DE LA SUISSE

PUBLIÉS PAR LA

COMMISSION GÉOLOGIQUE DE LA SOCIÉTÉ HELVÉTIQUE DES SCIENCES NATURELLES

AUX FRAIS DE LA CONFÉDÉRATION

SEIZIÈME LIVRAISON

MONOGRAPHIE DES HAUTES-ALPES VAUDOISES

PAR

E. RENEVIER

BERNE

EN COMMISSION CHEZ SCHMID, FRANCKE & Cº (ANC. LIBRAIRIE J. DALP)

1890

La commission géologique déclare que les auteurs sont seuls responsables du contenu de leurs ouvrages, ainsi que de l'exactitude des cartes et profils qui y sont annexés.

MONOGRAPHIE GÉOLOGIQUE

DES

HAUTES-ALPES VAUDOISES

ET PARTIES AVOISINANTES DU VALAIS

PAR

E. RENEVIER

Professeur de géologie et paléontologie à l'Université de Lausanne.

AVEC UNE CARTE GÉOLOGIQUE, QUINZE PROFILS, DEUX PHOTOTYPIES
ET 128 CLICHÉS DANS LE TEXTE

LAUSANNE

IMPRIMERIE GEORGES BRIDEL & Cie

—

Août 1890

TABLE DES MATIÈRES

SIGNES ET ABRÉVIATIONS

Citations. Entre parenthèses ( ) pour le volume même.
Entre crochets [ ] pour d'autres publications.
Cit. = citation, renvoie au N° de la Bibliographie.
p. = page.
pl. = planche.
cp. = coupe, renvoie aux profils Pl. III à VI.
cl. = cliché, renvoie aux clichés dans le texte.

Orientation. J'ai adopté les signes conventionels des météorologistes.
N, S, E, W (ouest), pour les quatre points cardinaux.
NE, NW, SE, SW, pour les points intermédiaires.

Dimensions. km. = kilomètres.
m. = mètres.
cm. = centimètres.
mm. = millimètres.

Plongement. $\perp$ = plongement = pendage.
U V S = Plis synclinaux en U, en V ou en S.
ↄ > = Plis synclinaux déjetés.

Monogrammes. Les signes abréviatifs des Terrains sont en lettres grasses : **M, H, T, L, J**, etc., conformément à la légende de la carte. Ils sont expliqué dans le texte au fur et à mesure. Les exposants 1, 2, 3, etc. sont toujours dans l'ordre chronologique, 1 désignant le plus ancien (excepté pour **N**[1]).

PRÉFACE

Cette monographie est le résultat de mes explorations géologiques dans les Hautes-Alpes vaudoises et les parties avoisinantes du Valais, pendant les étés 1852 à 1877, complétées par quelques excursions faites dès lors.

La carte détaillée qui l'accompagne (pl. I) a paru déjà en 1875, et les coupes contenues dans les planches II à VI sont imprimées depuis le printemps 1877. J'espérais livrer le texte peu après, mais je fus entravé par diverses circonstances, entre autres par la détermination des nombreux fossiles recueillis, et par des travaux d'un caractère plus urgent. Au printemps 1880 j'avais écrit le tiers environ de mon texte, lorsque je faillis perdre la vue, par suite de congestion sur la rétine, et dus suspendre mon travail pendant plusieurs années. Je crus bien alors que je ne pourrais pas l'achever, mais, par la bonté de Dieu, quoique restée mauvaise, ma vue s'est raffermie et j'ai pu reprendre ces dernières années mon travail de détermination des fossiles et de rédaction. Seulement, obligé à certains ménagements, et très chargé d'occupations diverses je n'ai pu y procéder qu'avec lenteur. Aujourd'hui je suis reconnaissant de ce qu'il m'est permis d'y mettre la dernière main et de le livrer à l'impression.

Dans l'intervalle j'ai été devancé par MM. E. Favre et Schardt, qui ont décrit la région avoisinante des Préalpes. Pour l'impression de la feuille XVII de la carte géologique au 100 millième, qui comprend leur champ de travail et le mien, ainsi que celui de M. Ischer, la Commission géologique fédérale m'a prié de compléter ma carte jusqu'à la rivière de la Grande-Eau et au col du Pillon, de sorte que je suis responsable du tracé géologique au sud de cette limite et jusqu'à la vallée du Rhône, et que le présent mémoire, tout en formant la 16e livraison des Matériaux pour la carte géologique suisse, complète en même temps la 22e livraison.

Un de mes anciens élèves, M. le professeur Henri Golliez, a bien voulu suppléer à mon manque de talent pour le dessin, en préparant pour moi les originaux d'un certain nombre de clichés, soit d'après mes informes croquis, soit d'après des photographies, soit aussi d'après nature. Je lui en ai une grande obligation, car cela me permet de mieux rendre ce que j'ai vu.

Je remercie également toutes les personnes qui m'ont aidé en quelque mesure, par la récolte de fossiles, par leur détermination, ou de tout autre manière. Je signalerai ces services, au fur et à mesure, dans mon texte. Je désire toutefois mentionner ici deux noms d'amis, qui ne sont plus là pour être remerciés, et qui, plus que tout autres, ont contribué à mon œuvre : le Dr Philippe de la Harpe, décédé en 1882, et mon fidèle guide et récolteur de fossiles Philippe Cherix, mort à la Posse sur Bex en 1879.

E. Renevier, prof.

Lausanne, le 15 juillet 1889.

GÉOLOGIE DES HAUTES ALPES VAUDOISES

BIBLIOGRAPHIE DE LA RÉGION

et autres ouvrages cités.

L'ordre chronologique des travaux me paraît préférable, pour mieux faire ressortir les progrès dans les connaissances acquises, les temps d'activité et de ralentissement, ainsi que les travailleurs des divers moments, et l'influence réciproque de leurs travaux.

Les citations dans le texte se feront par l'indication, entre crochets, du numéro d'ordre de cette liste, précédé de l'abréviation *Cit.*, p. ex. [Cit. 150, p...].

1. — 1752. Bertrand, Elie. Mémoires sur la structure intérieure de la terre.

2. — 1781. Bourrit. Description des Alpes pennines et rhétiennes.

3. — 1782. Haller. Description des salines du gouvernement d'Aigle.

4. — 1784. Razoumowsky. Voyage aux environs de Vevey et dans une partie du Bas-Vallais. (Mém. soc. de physiq. de Lausanne, I, p. 76.)

5. — id. — Voyages minéralogiques dans le gouvernement d'Aigle et une partie du Vallais.

6. — 1786. de Saussure, H.-B. Voyages dans les Alpes, vol. II.

7. — 1788. Wild. Essai sur la montagne salifère du gouvernement d'Aigle.

8. — id. Struve. Nouvelle théorie des sources salées et du roc salé — suivi de : Excursion dans les salines d'Aigle. (Mém. soc. de physiq. de Lausanne, II, 2de part. p. 1.)

9. — 1789. Struve. Essai sur l'exploitation des sources salées du Fondement, dans le gouvernement d'Aigle. (Mém. soc. de physiq. de Lausanne, II, 2de part., p. 57.)

10. — 1794. — ? Itinéraire du Pays de Vaud, du Gouvernement d'Aigle, etc.

11. — 1799. Deluc. Mémoires sur les Lenticulaires. (Journal de physique, XLVIII, p. 224.)

12. — 1803. Struve. Recueil de Mémoires sur les Salines.

13. — 1804. — Fragments sur la théorie des sources, avec application à l'exploitation des sources salées.

14. — 1805. — Mémoires sur divers objets concernant les Mines et salines.

15. 1805-16. — Rapports (annuels) sur l'état des mines du District d'Aigle.

16. — 1810. — Mémoire sur la nature de la montagne salifère.

17. — id. Laharpe, L.-P. Mémoire sur un projet de dessalement du roc salé de la montagne salifère du district d'Aigle.

18. — id. Struve. Mémoire sur les avantages à espérer de la continuation de la galerie du Bouillet.

19. — 1814. Gueymard. Notice sur la géologie et minéralogie du Département du Simplon. (Journal des mines, XXXV, p. 5.)

20. — 1815. Struve. Mémoire sur les travaux à suivre et à entreprendre dans les mines du District d'Aigle.

21. — 1817. Brochant de Villiers. Observations sur les terrains de gypse ancien dans les Alpes. (Annales des mines, III.)

22. — 1818. Ebel. Manuel du voyageur en Suisse (art. Bex et Diablerets).

23. — id. Lardy. Mémoire sur le gisement du gypse dans le Valais. (Naturwissenschaftlicher Anzeiger, N° d'octobre.)

24. — id. Struve. Résumé des principaux faits que présente la montagne salifère du district d'Aigle.

25. — 1819. de Charpentier. Mémoire sur la nature et le gisement du gypse de Bex et des terrains environnants, avec Carte. (Naturwissenschaftlicher Anzeiger, N° de mars. — Reproduit dans les Annales des mines.)

26. — id. Lardy. Examen de la brochure de M. Struve intitulée *Résumé* etc.

27. — id. Struve. Coup d'œil sur l'hypothèse de M. de Charpentier.

28. — id. de Charpentier. Réponse au mémoire de M. Struve *Coup d'œil* etc.

29. — 1820. Struve. Observation sur le gissement *(sic)* du gypse salifère dans le district d'Aigle, en réponse à M. Lardy.

30. — id. Berthier. Sur la nature du minerai de fer magnétique de Chamoison, Valais. (Annales des mines, V, p. 393.)

31. — 1821. Struve. Observ. sur le gissement du gypse dans le district d'Aigle.

32. — id. Buckland. Structure of the Alps. (Annals of Philos. N° de juin.)

33. — id. Brongniart, Alex. Sur les caractères zoologiques des formations. (Annales des mines, VI, p. 537.)

34. — 1822. — Gisements analogues à ceux du bassin de Paris. (Descrip. géol. d. env. de Paris, de Cuvier et Brongniart, 2e éd., p. 188.)

35. — 1823. — Des couches à coquilles littorales de la montagne des Diablerets. (Mém. sur les ter. de sédim. sup. du Vicentin, p. 41.)

36. — id. Elie de Beaumont. Esquisse de la disposition des couches sur la face méridionale des Diablerets. (Mém. ci-dessus, p. 47.)

37. — 1824. Lardy. Schiefergebirg vom Wallis. (Beiträge zur Geognosie von Rengger, I, p. 23.)

38. — 1834. Studer. Geologie der westlichen Schweizer Alpen (avec atlas).

39. — 1835. Lardy. Note sur l'éboulement d'une portion de la Dent du Midi (Bull. soc. géol. de France, VII, p. 27.)

40. — 1836. de Charpentier. Esquisse géologique des environs de Lavey. (Notice du Dr Bezencenet sur les Eaux thermales de Lavey, p. 9.)

41. — 1841. — Essai sur les glaciers et le ter. erratique du bassin du Rhône.

42. — 1842. Studer. Aperçu général de la structure géologique des Alpes. (Bibl. univ. de Genève, XXXVIII, p. 120.)

43. — 1846. Fournet. Coupe géologique de Martigny à Evionnaz. (Annales des Sc. physiq. et nat. de Lyon, IX, p. 1.)

44. — 1847. de Charpentier. Diablerets (Atti d. ottava. riunione, à Gênes, p. 644), citation de d'Archiac que je n'ai pas pu vérifier. (Progrès de la géol., III, p. 85.)

45. — id. Lardy. Geognostiches und Mineralogisches über den Kanton Waadt. (Gemälde der Schweiz, XIX, p. 168.)

46. — id. Favre, Alph. Observation sur la position relative des terrains des Alpes suisses occidentales et de la Savoie. (Bull. soc. géol. France, 2de S., IV, p. 996, et Archiv. Sc. Genève, V, p. 120.)

47. — 1848. Brunner. Beiträge zur Kenntniss der Schweizerischen Nummuliten- und Flysch-formation. (Mittheil. Naturf. Gesellsch. in Bern, N° 110.)

48. — id. Murchison. Geological structure of the Alps, etc. (Quart. Journ. Geol. Soc., V, p. 157.)

49. — 1849. Fournet. Aperçus historiques sur les terrains sédimentaires alpins, av. petite carte géologique des Alpes occidentales. (Ann. des Sc. physiq. et nat. de Lyon, 2de S., I, p. 185.)

50. — id. Blanchet. Observations géologiques sur Herbignon. (Bull. vaud. Sc. nat., II, p. 365.)

51. — 1850. Fournet. Note sur quelques résultats d'une excursion dans les Alpes. (Bull. géol. France, 2de S., VII, p. 548.)

52. — 1851. Studer. Geologie der Schweiz, 1er volume.

53. — 1852. Lardy. Note sur deux empreintes végétales du terrain houiller des Alpes suisses. (Act. soc. Helv. Sion, p. 81.)

54. — id. Renevier. Sur le Nummulitique des Diablerets, etc. (Bull. vaud. Sc. nat., III, p. 97.)

55. — id. — Géologie des Alpes vaudoises. (Bull. vaud. Sc. nat., III, p. 135.)

56. — id. Brunner. Sur les phénomènes de soulèvement dans les Alpes suisses. (Archiv. Sc. Genève, XXI, p. 5.)

57. — 1853. Studer. Geologie der Schweiz, 2[d] volume.

58. — id. Studer et Escher. Carte géologique de la Suisse $^1/_{380\,000}$.

59. — 1854. Morlot. *Sigillaria* erratique. (Bull. vaud. Sc. nat., IV, p. 1.)

60. — id. Hebert et Renevier. Description des fossiles du terrain nummulitique supérieur de Gap, des Diablerets, etc. (Bull. statist. Isère 2e S., III, 1re et 2de livr.)

61. — 1855. Renevier. Etude stratigraphique du ter. nummulitique des Alpes vaudoises et valaisannes. (Bull. géol. France 2e S., XII, p. 97).

62. — id. — Seconde note sur la géologie des Alpes vaudoises. (Bull. vaud. Sc. nat., IV, p. 204.)

63. — id. Delaharpe, Phil. Formation sidérolitique dans les Alpes. (Bull. vaud. Sc. nat., IV, p 232.)

64. — id. Delaharpe, Phil. et E. Renevier. Excursion géologique à la Dent du Midi. (Bull. vaud. Sc. nat., IV, p. 261.)

65. — 1855. Blanchet. Flore fossile du terrain antraxifère des Alpes. (Bull. vaud. Sc. nat., IV, p. 322.)

66. — 1856. Studer. Notice sur le terrain anthracifère dans les Alpes de la Suisse. (Bull. géol. France 2de S., XIII, p. 146.)

67. — id. Renevier. Résumé des travaux de M. D. Sharpe sur le clivage et la foliation des roches. (Bull. vaud. Sc. nat., IV, p. 379.)

68. — 1857. Delaharpe, Jean. Faits recueillis par MM. Cossy et Colomb à l'occasion de l'approfondissement du puits de la Source thermale de Lavey. (Bull. vaud. Sc. nat., V, p. 309.)

69. — id. Morlot. Dunes de sable mouvant de Saxon en Valais. (Bull. vaud. Sc. nat., V, p. 306.)

70. — 1859. Renevier. Couches renversées d'Argentine. (Bull. vaud. Sc. nat., VI, p. 86.)

71. — id. Delaharpe, Ph. Géologie de Saint-Maurice en Valais. (Bull. vaud. Sc. nat., VI, p. 139.)

72. — id. Delaharpe, Jn et Ph. Esquisse géologique de la chaîne du Mœveran. (Bull. vaud. Sc. nat., VI, p. 231.)

73. — id. Favre, Alph. Mémoire sur les terrains liasique et keupérien de la Savoie. (Mém. soc. physiq. Genève, XV.)

74. — 1860. Ricardi. L'eau minérale naturelle iodo-bromurée de Saxon.

75. — 1861. Girard. Geologische Wanderungen im Wallis, 11e et 12e lettres.

76. — 1862. Fournet. Note sur le Trias alpin. (Bull. géol. France, 2e S., XVIII, p. 695.)

77. — id. Favre, Alph. Réponse à M. Fournet. (Bull. id., p. 698.)

78. — id. — Carte géologique des parties de la Savoie et de la Suisse voisines du Mont-blanc $^1/_{150 000}$.

79. — 1863. Heer, Osw. Lettre à M. Favre sur le terrain houiller de Suisse et de Savoie. (Archiv. Sc. Genève, XVI, p. 177.)

80. — id. Renevier. Gisements de plantes fossiles dans les Alpes vaudoises. (Bull. vaud. Sc. nat., VII, p. 352.)

81. — id. — Cristaux du Flysch d'Aigremont. (Bull. vaud. Sc. nat., VII, p. 353.)

82. — id. — Flysch à Helminthoides découvert sous Antagne. (Bull. vaud. Sc. nat., VII, p. 360.)

83. — 1863. Delaharpe, Ph. Plantes terrestres dans le Flysch du Val d'Illiez. (Bull. vaud. Sc. nat., VIII, p. 7 et 23.)

84. — 1864. Renevier. Notices géol. et paléont. sur les Alpes vaudoises. I. Infralias et rhétien. (Bull. vaud. Sc. nat., VIII, p. 39.)

85. 1864-65. Heer, Oswald. Die Urwelt der Schweiz.

86. — 1865. Forel, F.-A. Visite à la Grotte des fées près Saint-Maurice. (Bull. vaud. Sc. nat., VIII, p. 247.)

87. — id. Renevier. Notices sur les Alpes vaudoises. II. Massif de l'Oldenhorn et Col du Pillon. (Bull. vaud. Sc. nat., VIII, p. 273.)

88. — 1866. — Notices, etc. III. Environs de Cheville. (Bull. id., IX, p. 105.)

89. — id. Pictet et Renevier. Notices, etc. IV. Céphalopodes de Cheville. (Bull. id., p. 117.)

90. — id. Renevier. Rocs des Toulards. (Bull. id., p. 217.)

91. — 1867. Favre, Alph. Recherches géologiques dans les parties de la Savoie, etc. voisines du Mont-blanc. — 3 vol., avec atlas.

92. — id. Bachmann. Carte géologique de la Suisse de Studer et Escher, $^{1}/_{380\,000}$, 2de Edit.

93. — id. Renevier. Partage du glacier de Plan-névé. (Bull. vaud. Sc. nat., IX, p. 373.)

94. — 1868. — Notices sur les Alpes vaudoises. V. Complément de la faune de Cheville. (Bull. vaud. Sc. nat., IX, p. 389.)

95. — 1869. Gerlach. Die penninischen Alpen. (Mém. helv. Sc. nat., XXII.)

96. — id. Chavannes. Nummulites du Flysch sous le Meilleret. (Bull. vaud. Sc. nat., X, p. 341.)

97. — id. Renevier. Carte géologique (manuscrite) des Alpes vaudoises. (Bull. id., X, p. 179; XIII, p. 453.)

98. — 1872. Gerlach. Das südwestliche Wallis. (Mat. Carte géol. Suisse, 9e Livr., avec Feuille XXII de l'Atlas fédéral.)

99. — 1873. — Die Bergwerke des Kantons Wallis.

100. — id. Tournouer. Note sur les fossiles tertiaires des Basses-Alpes. (Faune des Diablerets!) (Bull. géol. France, 2e s. XXIX, p. 492.)

101. — id. Chavannes. Note sur le gypse et la corgneule dans les Alpes vaudoises. (Bull. vaud. Sc. nat., XII, p. 109.)

102. — 1873. RENEVIER. Tableaux des ter. sédimentaires. III. Période nummulitique. (Bull. vaud. Sc. nat., XII, N° 70.)

103. — 1874. — Tableaux des terrains; Séries stratigraphiques des Alpes occidentales sur les Tableaux IV crét., V juras., VI lias et VII trias. (Bull. id., N° 71.)

104. — id. CHAVANNES. Nouveaux documents sur la corgneule et le gypse. (Bull. id., XII, p. 465, 478; XIII, p. 466; XIV, p. 194; XV, p. 204.)

105. — id. RENEVIER. Tableau de la période carbonique; colonne des Alpes occidentales. (Bull. id., XIII, N° 72.)

106. — id. — Observ. sur les sables du Rhône en Valais. (Bull. id., p. 444.)

107. — id. — Source thermale de Lavey. (Bull. id., p. 447.)

108. — 1875. — Sur la Carte géologique des Alpes vaudoises. (Act. helv. Sc. nat. à Coire, p. 63 et Act. d'Andermatt., p. 55.)

109. — 1876. POSEPNY. Ueber die geologischen Aufschlüsse an der Saline zu Bex. (Verh. k. k. geol. Reichsanst., p. 102.)

110. — id. DE TRIBOLET. Traduction de la notice ci-dessus. (Archiv. Sc. Genève, LVII, p. 143.)

111. — id. CHAVANNES. Sur les gypses et corgneules des Alpes. (Act. helv. Sc. nat. à Andermatt, p. 49.)

112. 1876-77. HEER, Osw. Flora fossilis Helvetiæ. — In-folio, 70 pl.

113. — 1877. GREPPIN. Foss. bajociens du Val Ferret. (Act. helv. à Bâle, p. 59.)

114. — id. RENEVIER. Notice sur ma Carte géologique de la partie sud des Alpes vaudoises, avec Coupe géol. des Dents-de-Morcles. (Archiv. Sc. Genève, Mai 1877.)

115. — id. DE LA HARPE. Géologie de Louèche-les-bains. (Bull. vaud. Sc. nat., XV, p. 17.)

116 — id. RENEVIER. Notice sur les blocs erratiques de Monthey, etc. (Bull. vaud. Sc. nat., XV, p. 105.)

117. — id. — Quinze coupes des Alpes vaudoises. (Bull. id., p. 209.)

118. — id. CHAVANNES. Monts de Chiètre. (Bull. id., p. 209.)

119. — id. RENEVIER. Tour de Duin. (Bull. id., p. 209.)

120. — id. — Grès de Taveyannaz. (Bull. id., XV, p. 214 — Archiv. Sc. Genève, Nov. 1877.)

121. — 1877. CHAVANNES, FAVRE, LORY, RENEVIER. Discussion sur l'âge des gypses et cornicules des Alpes. (Archiv. Sc. Genève, Oct. 1877, p. 308.)

122. — id. DE LA HARPE, PH. Nummulites des Alpes vaud. (Ibid p. 310.)

123. — id. — Etymologie du nom *Cornieule*. (Archiv. id., p. 314.)

124. — 1878. SCHNETZLER. Discours présidentiel à Bex. (Act. helv. Sc. nat. p. 3.)

125. — id. RENEVIER. Relief géologique des Alpes vaudoises et géologie des environs de Bex. (Actes helv. de Bex, p. 56 et 212.)

126. — id. CHAVANNES. Note sur le gypse et la corgneule des Alpes. (Actes id., p. 57 et 215.)

127. — id. ROSSET. Salines de Bex. (Actes id., p. 60.)

128. — id. GRENIER. Esquisse historique des mines et salines de Bex. (Actes id., p. 61 et 187.)

129. — id. DE LA HARPE, PH. Note sur les Nummulites des Alpes occidentales. (Actes id., 62 et 227.)

130. — id. CHAVANNES. Excavations dans les terrains gypseux des environs d'Ollon et de Bex. (Bull. vaud. Sc. nat., XV; proc.-verb. N° 5, p. 81.)

131. — id. DE TRIBOLET. Sur l'âge stratigraphique de la zone gypsifère, de Bex au Lac de Thoune. (Viertelj. Naturf. Ges. Zurich.)

132. — 1879. WOLF. Marbres de Saillon. (Bull. soc. murith. Valais, p. 55.)

133. — id. — Saillon's Umgebung und seine Marmorbrüche. (Annuaire C. A. S., XIV, p. 422.)

134. — id. RENEVIER. Gisements fossilifères houillers du Bas-Valais. (Bull. vaud. Sc. nat., XVI, p. 395 — Archiv. Sc. Sept. 1879, p. 685.)

135. — id. DE LA HARPE. Nummulites du Flysch. (Bull. vaud. Sc. nat., XVI, p. 172 et XVII, p. 33.)

136. — 1880. WATERS. Quelques roches des Alpes vaudoises étudiées au microscope. (Bull. vaud. Sc. nat., XVI, p. 593.)

137. — id. GUINAND. Notice sur les marbres de Saillon. (Bull. vaud. Sc. nat., XVI, p. 599 et 698.)

138. — id. MARSHALL-HALL. Analyse chimique de roches triasiques des Alpes vaudoises. (Bull. vaud. Sc. nat., XVI, p. 701.)

139. — id. DE LA HARPE. Nummulites de la Suisse. (Archiv. Sc., Oct. p. 393.)

140. — 1881. Renevier. Excursion géologique à Follaterre. (Bull. vaud. Sc. nat., XVII, proc.-verb. 1er Déc., p. XXXI.)

141. — id. Rosset. Grisou des Mines de Bex. (Bull. id., XVII, proc.-verb. 1 Déc. 1880, p. XXXI; XVIII, 5 Juill. 1882, p. XLVI.)

142. — id. de Fellenberg. Excursion der Feldgeologen bei Martigny. (Act. helv. Sc. nat., Brigg., p. 93.)

143. — id. de la Harpe. Nummulites des Alpes occident. (Act. id. p. 51.)

144. — id. Renevier. Orographie des Hautes-Alpes calcaires comprises entre le Rhône et le Rawyl. (Annuaire C. A. S., XVI, p. 3.)

145. — id. de Tribolet. Sur les carrières de marbre de Saillon. (Bull. Sc. nat. Neuchâtel, XII, p. 261.)

146. — 1882. de Vallière. Historique des Mines de Bex. (Bull. vaud. Sc. nat., XVIII, 1er Déc. 1881, p. V.)

147. — id. Gerhard. Notiz über den Marmor von Saillon bei Saxon. (Neu Jahrb. Miner., I, p. 241. — Traduct. française dans Bull. Sc. nat. Neuchâtel, XIII, p. 395. — Bull. vaud. Sc. nat., XVIII, 19 Avril 1882, p. XXV.)

148. — id. Renevier. Marbre saccharoide sur Brançon. (Bull. vaud. Sc. nat., XVIII, p. 129.)

149. — id. Beraneck. Le Massif des Diablerets. (Annuaire C. A. S., XVII, p. 30; — Bull. vaud. Sc. nat., XVIII, p. 132.)

150. — id. Baltzer. Grès de Taveyannaz. (Archiv. Sc., Nov. 1882, p. 396.)

151. — id. Fuchs, Th. Tiefseebildungen. (Neu Jahrb. Min. II, Beilag.)

152. — 1883. Forel, F.-A. Les Rides de fond. (Archiv. Sc. Genève, Juill. 1883.)

153. — id. François. Rapport de 1861 sur l'aménagement de la Source minérale de Lavey (Vaud).

154. — id. Renevier. Conditions géologiques de la contrée de Lavey. (Rapp. d'expertise sur les Eaux thermales de Lavey.)

155. — id. Becker. Bergsturz d. Diablerets. (Ann. C. A. S., XVIII, p. 310.)

156. — id. de Loriol et Schardt. Etude paléont. et stratigraphique des couches à *Mytilus* des Alpes vaudoises. (Mém. soc. pal. Suisse, X. — Archiv. Sc. Genève, Nov. 1883, p. 514, 516.)

157. — id. Favre, Renevier et Ischer. Carte géologique de la Suisse au 100 millième, Feuille XVII.

158. — 1883. RENEVIER. Brèche hydatogène des mines de Bex. (Bull. vaud. Sc. nat. XIX, p. XXII.)

159. — 1884. SCHARDT. Etudes géologiques sur le Pays-d'Enhaut vaudois. (Bull. vaud. Sc. nat., XX, p. 1.)

160. — id. RENEVIER. Nature végétale des Fucoides. (Bull. vaud. Sc. nat., XX, 6 févr. 84, p. XIII.)

161. — id. HAAS. Brachiopodes rhétiens et jurassiques des Alpes vaud. (Mém. soc. pal. Suisse, XI et XIV.)

162. — id. RENEVIER. Les facies géologiques. (Archiv. Sc. Genève, Oct. 84.)

163. — 1885. DE FELLENBERG. Neues Vorkommen von Bergkristall (Tour-de-Duin). (Mitth. Bern. Jahrg. 1885, p. 99.)

164. — id. SCHARDT. Origine de la cornieule. (Archiv. Sc., Nov. 85, p. 247.)

165. — 1886. PITTIER et SCHARDT. Sur la géologie de la Vallée de la Grande-Eau. (Bull. vaud. Sc. nat., XXI, 5 Nov. 1884, p. I.)

166. — id. SCHARDT. Brèche cristalline d'Ormont-dessus. (Bull. vaud. Sc. nat. XXI, 5 nov. 1884, p. V.)

167. — id. SCHMIDT, CARL. Porphyre der Central-Alpen. (Neu Jahrb. Min., Beilage, IV.

168. — id. — Chamoisit von Chamoson (Wallis). (Zeits. Kryst., XI, p. 598.)

169. — id. RENEVIER. Excursion de la Société géologique suisse dans les Hautes-Alpes Vaudoises. (Archiv. Sc. Genève, XVI, p. 267. — Cte rendu Soc. géol. suisse, 1886, p. 72.)

170. — 1887. — Histoire géologique des Alpes suisses. (Archiv. Sc. Oct. 87.)

171. — id. DE VALLIÈRE. Dépôts salins du district d'Aigle. (Bull. vaud. des Ingénieurs et Architectes.)

172. — id. FAVRE et SCHARDT. Description géologique des Préalpes, etc. (22e livr. des Mat. Carte géol. suisse.)

173. — 1888. SCHMIDT, CARL. Ueber den sogenannten Taveyannaz-Sandstein. (Neu. Jahrb. f. Mineral., II.)

174. — 1889. BRUNNER. Werthbestimmung der Dach-Schiefer. (Schw. Wochensch. f. Pharmacie, N° 10.)

HISTORIQUE DES TRAVAUX

Les plus anciens renseignements géologiques sur la contrée, parvenus à ma connaissance, sont dus à ELIE BERTRAND, d'Yverdon, qui mentionne déjà en 1752 les « pétrifications d'Anzeindaz. » [Cit. 1.]

De 1780 à 1788 s'ajoutent quelques notions nouvelles, dues à BOURRIT, HALLER, RAZOUMOWSKY, DE SAUSSURE, et WILD [Cit. 2 à 7]. Ils traitent des mines de sel de Bex, ou citent quelques minéraux et fossiles trouvés dans les montagnes avoisinantes; leurs descriptions sont plutôt pittoresques que scientifiques.

Le grand explorateur des Alpes, H. B. DE SAUSSURE, n'a guère étudié dans cette région que les deux bords de la Vallée du Rhône, de Martigny à Bex. Il en constate la parfaite concordance, et en décrit les roches constitutives, qu'il classe déjà dans les terrains *secondaires*, à l'exception de celles que je grouperai plus loin sous le nom de terrain métamorphique. J'aurai à revenir sur les travaux de cet illustre naturaliste dans la description des terrains anciens.

RAZOUMOUWSKY est moins connu, mais il ne mérite pas l'oubli dans lequel on l'a laissé. Ses mémoires, d'ailleurs peu étendus, font preuve d'un esprit d'observation peut-être aussi sagace que celui du grand de Saussure. Il émet des idées très justes sur les allures des couches, leurs plissements, leur disposition relevée jusqu'à la verticale. Il a visité Argentine, les Diablerets, les Eboulements, les salines de Bex, et donne beaucoup d'indications sur les minéraux, roches et pétrifications de ces Alpes. Razoumowsky doit être considéré comme notre premier géologue local.

Quant à WILD, qui dirigeait les Salines de Bex, son ouvrage est consacré spécialement à cet objet, et de nature plutôt théorique. Toutefois on lui doit un certain nombre de renseignements généraux sur la géologie de la contrée. Il cite des bancs coquilliers sous la Dent-de-Morcles, au Mœveran, à Argentine, aux Diablerets, à Bretaye, assurant qu'avant lui on ne connaissait que ceux d'Anzeindaz.

De 1788 à 1821 l'attention est surtout attirée vers notre terrain salifère et gypseux. A deux ou trois exceptions près toutes les publications s'y rapportent. Ce furent d'interminables controverses, sur lesquelles je ne m'arrête pas maintenant puisque je devrai y revenir à propos du *Trias*.

Struve d'un côté publia à lui seul une vingtaine de mémoires sur ce sujet. Ses opposants, beaucoup moins prolixes, étaient J. de Charpentier [Cit. 25, 28] et Lardy [Cit. 23, 26]. Leurs divergences s'expliquent par l'extrême complication orographique de la contrée, dans laquelle ils ne savaient pas discerner les nombreux plissements et renversements, entrevus pourtant déjà par Razoumowsky, de sorte que la vérité se trouve alternativement dans un camp ou dans l'autre.

C'est seulement en 1821 qu'apparaît dans nos Alpes la géologie moderne, basée sur l'étude des fossiles. Les premiers initiateurs sont des étrangers : Buckland, Alex. Brongniart, Elie de Beaumont [Cit. 32 à 36]. Mais ils furent bientôt suivis par notre illustre géologue B. Studer, qui le premier entreprit l'étude géologique spéciale des *Alpes occidentales de la Suisse*, En 1834 parut son premier et important ouvrage [Cit. 38] sur la géologie de cette région, en grande partie avant lui *terra incognita*. La carte géologique et l'atlas de croquis et profils, qui accompagnent cette monographie, furent pour l'époque un immense progrès, mais la rareté des fossiles, jusqu'alors découverts, ne permettait guère qu'une description essentiellement pétrographique.

De 1836 à 1850 l'attention fut surtout attirée par le terrain erratique et l'ancienne extension des glaciers, auxquels le nom de Jean de Charpentier est indissolublement attaché [Cit. 41]. Néanmoins la géologie proprement dite de nos Alpes donna lieu à divers travaux de détail dus à de Charpentier [Cit. 40, 44], Brunner [Cit. 47], Blanchet [Cit. 50], ou fut comprise dans des études plus générales par Studer [Cit. 42], Alph. Favre [Cit. 46], Lardy [Cit. 45], Murchison [Cit. 48]. Je dois une mention spéciale aux travaux de Fournet [Cit. 43, 49, 51] qui, marchant sur les traces de Saussure, s'est de nouveau attaqué aux roches les plus anciennes de la région, bordant le coude de la vallée du Rhône.

En 1851 parut enfin le premier volume de la *Geologie der Schweiz* de B. Studer, qui résume si bien les connaissances acquises jusqu'alors sur les Alpes suisses, et en particulier les laborieuses explorations de notre digne vétéran. Ce premier volume touche à peine la région qui m'occupe, mais le second, paru en 1853, en fait très souvent mention. Ici nous trouvons déjà des notions stratigraphiques beaucoup plus précises, basées sur des gisements fossilifères plus nombreux. Pour ce qui concerne les Alpes vaudoises les listes de fossiles sont dues en partie à Lardy, d'après les déterminations d'Alcide d'Orbigny, auquel il avait communiqué bon nombre de fossiles du Musée de Lausanne. Pour une bonne part aussi elles sont dues à mes premières études, déjà en partie publiées [Cit. 54, 55], et à diverses communications manuscrites faites à Studer spécialement pour son supplément [Cit. 57 p. 43, 52, 93 et 473].

C'est en effet vers cette époque que j'entrepris sérieusement l'étude stratigraphique et paléontologique de nos Alpes, encouragé par de Charpentier et Lardy, par M. Alph. Favre, et surtout par mon regretté maître F.-J. Pictet. Dès 1848 j'avais fait quelques excursions dans ce domaine, mais ce n'est qu'à partir de 1852 que j'en fis plus spécialement l'objet de mes explorations. Dès lors j'y consacrai presque toutes mes vacances d'été, sans compter de nombreuses courses plus rapides avant et après. Pendant l'hiver, saison morte pour la stratigraphie alpine, j'utilisais une bonne partie de mon temps disponible au travail paléontologique.

Dans l'origine, toute mon ambition consistait à faire connaître les différents gisements fossilifères de nos Alpes, à en déterminer l'âge géologique, à en fixer les conditions stratigraphiques et l'emplacement exact. C'est ce que je fis pour quelques-uns d'entre eux par diverses Notices successives [Cit. 54, 55, 61, 62, 70, 80, 81, 82, 84, 87, 88, 89, 90, 94]. La structure orographique de cette région me paraissait si compliquée, que je n'avais pas la pensée de pouvoir en tracer la carte géologique complète. Toutefois petit à petit les mystères se dévoilèrent, et j'arrivai à une vue d'ensemble, sans doute encore bien défectueuse, sur la constitution géologique de mon champ d'étude.

Mais l'échelle des feuilles fédérales au 100 millième était tout à fait insuffisante pour y tracer les affleurements de terrains à allures si compliquées ; je dus donc recourir aux *minutes* fédérales, dessinées à l'échelle du 50 millième, sur lesquelles le général Dufour me permit très obligeamment de prendre des calques. J'en dessinai toute la partie qui m'était nécessaire, bien au delà des limites de ma carte actuelle. C'est ainsi que j'arrivai à des ébauches de cartes géologiques à forte échelle, sur une étendue assez considérable de nos Alpes vaudoises et valaisannes, et lorsque enfin parut en 1868 la feuille du Club alpin au 50 millième, *Süd-Wallis I, 1*, je me sentis en état de la prendre pour base d'une carte géologique complète [Cit. 97, 108].

Déjà à plusieurs reprises la Commission géologique fédérale m'avait sollicité de colorier géologiquement la feuille 17 de l'Atlas Dufour, mais vu l'échelle insuffisante de cette carte, et l'étendue plus circonscrite de mon champ d'études, qui me paraissait déjà excéder mon temps et mes forces, je ne pus y consentir. Lorsque ma carte au 50 millième fut près d'être achevée, je l'offris à la Commission géologique qui voulut bien se charger de la publier, et me pria d'y ajouter un texte explicatif et des profils, pour former une des livraisons de ses « Matériaux pour la Carte géologique de la Suisse. »

A part quelques parties à rectifier, que je signalerai dans l'explication des planches, je crois être arrivé à une représentation assez vraie de la nature du sol, surtout dans les régions centrales, qui m'ont fourni des gisements fossilifères. Le revers sud-est de la chaîne culminante (D^{t}-de-Morcles, Mœveran, Haut-de-Cry, Mt-Gond) s'est montré jusqu'ici beaucoup plus pauvre en fossiles, et me donne dès lors moins de sécurité.

Je dois ajouter que, dans la plupart de ces gisements, les fossiles sont assez rares, ordinairement difficiles à extraire, et souvent mal conservés. Ce n'est qu'à force de persévérance qu'on arrive à en avoir des séries déterminables. Sans le concours précieux de quelques montagnards, *récolteurs de fossiles*, je n'aurais certainement pas pu atteindre les résultats que j'ai obtenus. Ces chercheurs locaux ont été principalement des mineurs ou anciens mineurs des Salines de Bex, dont le plus actif et le plus intelligent était Philippe Cherix, de la Posse, mort en 1879. Par ses nombreuses courses avec moi, il était arrivé à une connaissance pratique, très remarquable, des terrains et des fossiles de nos Alpes. Il cherchait les fossiles *con amore*, et séparait consciencieusement ceux des divers gisements, si possible des diverses couches. Ayant constaté son exactitude à réitérées reprises, j'ai pu me fier sans crainte à ses indications de provenance.

Je veux mentionner en outre avec reconnaissance les noms de Jean-Pierre

Ravy et Jean-François Ravy, de Gryon, également décédés, et celui de M. le régent Normand, qui a quitté la contrée. Tous trois m'ont fourni, pendant les premières années, de nombreux fossiles, provenant des quelques gisements alors connus.

J'ai énuméré dans la liste bibliographique les diverses publications relatives à nos Alpes, qui se sont faites pendant le cours de mes travaux ; je m'abstiens d'y revenir maintenant, pour le faire plus en détail dans la description des terrains, et rendre à chacun ce qui lui est dû.

Quoique j'aie mis tous mes soins à faire un travail exact et consciencieux, je ne me fais pas d'illusion sur les nombreuses lacunes qui restent à combler. Cela ne sera faisable qu'à la longue, à mesure qu'on pourra se baser sur des levers topographiques plus exacts et à plus forte échelle, qu'on pourra découvrir de nouveaux gisements fossilifères, et que chaque faune locale aura fait l'objet d'une étude paléontologique spéciale. Néanmoins je crois pouvoir dire, sans présomption, que la région circonscrite dont je m'occupe ici pourra être désormais considérée, au point de vue géologique, comme l'une des contrées alpines les mieux connues.

OROGRAPHIE GÉNÉRALE

Le professeur B. Studer a très justement distingué dans les Alpes trois grandes régions essentiellement différentes au point de vue géologique :

a) Alpes latérales sud.
b) Alpes centrales ou cristallines.
c) Alpes latérales nord.

Cette dernière région peut se subdiviser dans la Suisse occidentale en trois zones naturelles, que j'ai définies comme suit en 1881 [Cit. 144, p. 7]:

1° Les **Hautes-Alpes calcaires**, bordant les Alpes cristallines, avec lesquelles elles rivalisent presque d'altitude, en sorte qu'elles offrent aussi des glaciers.

2° La **Zone du Flysch**, comprenant les montagnes du Simmenthal, des Ormonts, et la partie centrale du Chablais, et composée essentiellement de roches arénacées et schisteuses, qui présente un relief beaucoup moins saillant.

3° Enfin les **Préalpes romandes**, qui sont de nouveau principalement calcaires, s'étendant de la vallée de l'Arve à celle de l'Aar, et comprenant les massifs si semblables entre eux d'Oche, de Naye, du Moléson, de la Gruyère et du Stockhorn.

Mon champ d'étude actuel comprend essentiellement les Hautes-Alpes calcaires du canton de Vaud et de la partie limitrophe du Valais. Au sud-ouest il empiète légèrement sur les Alpes centrales, dont deux des noyaux cristallins viennent se terminer sur ma carte. Au nord il comprend en outre une petite portion de la zone du Flysch, séparée des Hautes-Alpes par une zone basse, en partie gypseuse, qui s'élargit au sud-ouest et forme notre *région salifère*.

Le domaine exploré s'étend ainsi sur quatre régions naturelles, qui sont du nord au sud :

1. La *Région du Flysch*, au sud de la Grande-Eau, essentiellement schisto-arénacée.
2. La *Région salifère*, formée surtout de gypse, cornieule et lias.
3. La *Région des Hautes-Alpes calcaires*, composée essentiellement de jurassique, crétacique et nummulitique.
4. Enfin la *Région cristalline*, formée en majeure partie de carbonifère, et de terrains anciens métamorphiques.

Je décrirai successivement l'orographie spéciale de ces diverses régions, en traitant des terrains qui les composent. On trouvera aussi de plus amples détails sur ce sujet dans mon « Itinéraire du champ d'excursion du Club alpin suisse » [Cit. 144].

Toute cette contrée est éminemment plissée. Les *plis* sont presque tous fortement déjetés au nord-ouest, et même souvent absolument couchés, comme on peut le voir sur mes profils. Je les ferai connaître en détail, à propos des terrains qui y participent. Il me suffit de dire ici que ces plis n'ont pas la régularité de ceux des Préalpes, et sont parfois d'une extrême complication. J'ai essayé d'en tracer les axes anticlinaux et synclinaux sur une petite carte (Pl. III).

En revanche les *failles* sont rares, au moins les grandes failles. Je n'en connais guère que deux :

a) La faille qui longe le col du Pillon ;

b) Celle qui suit le pied d'Argentine, depuis Cheville, par Solalex, jusque vers Javernaz. L'une et l'autre sont des failles longitudinales, en connexion intime avec le plissement. (Pl. III, petite carte.)

Relief de la contrée. — En considérant la région qui m'occupe, au point de vue spécial de son relief, on peut y distinguer au moins 7 *chaînons* principaux, ou arêtes montagneuses, séparées les unes des autres par des vallées plus ou moins profondes. Ces rides du sol ne sont pas absolument parallèles, mais forment plutôt une sorte d'*éventail* irrégulier. Leur centre de divergence est le *Massif des Diablerets,* dont le point culminant est coté 3246 m. sur la nouvelle édition de la carte au 50 millième[1].

Mes 12 profils transversaux (Pl. IV, V et VI) coupent ces chaînons, plus ou moins perpendiculairement et en montrent ainsi la section sur plusieurs points. Mes trois profils longitudinaux (Pl. III) suivent la direction des trois arêtes principales. L'alignement de toutes ces coupes est marqué sur la petite carte à $^1/_{250000}$. (Pl. III.)

Voici l'énumération sommaire de ces arêtes, en commençant par la plus septentrionale, qui n'est que partiellement comprise dans ma carte.

a) *Arête de Chamossaire.* — Ce premier chaînon prend naissance sur le revers nord du massif des Diablerets, court presque exactement de l'est à l'ouest et se termine vers Ollon, par le mont de Glaivaz 950 m., presque entièrement formé de gypse (coupe 10). Ce chaînon est ainsi compris, en partie dans la zone du Flysch, en partie dans la région salifère; il est essentiellement triasoliasique, mais surmonté au centre par le terrain jurassique inférieur, qui en forme la partie culminante, Chamossaire 2113 m. (cp. 7), et se trouve à son tour recouvert de flysch à droite et à gauche, Plan-Saya 1790 m. (cp. 8) et Meilleret 1941 m. (cp. 5).

[1] Les altitudes sont légèrement différentes, sur cette nouvelle édition de la carte au 50 millième. La première partie de mon texte étant écrite avant qu'elle ait paru, j'y cite les altitudes d'après la première édition. — Parfois cependant j'ai corrigé d'après la seconde, ou j'ai inscrit des cotes manquant dans la première.

Le *thalweg* qui sépare cette arête de la suivante constitue la vallée de la Gryonne.

b) Arête des Vents. — Prolongation directe à l'ouest du massif crétaceo-nummulitique des Diablerets (cp. 4 et 5), ce chaînon commence par la Pointe-de-Châtillon 2800 m. (cp. 6), dévie au sud-ouest, et à partir du Coin 2231 m. (cp. 7) s'abaisse rapidement, en passant dans la région salifère, forme le mont de Gryon et se termine au Montet, sur Bex (cp. 12). Cette partie basse du chaînon est formée essentiellement de gypse. La coupe longitudinale N° 1 représente cette arête dans toute sa longueur. (Pl. III.)

Thalweg. — Vallée de l'Avançon, d'Anzeidaz à Bex.

c) Arête d'Argentine. — Représenté d'un bout à l'autre par la coupe longitudinale N° 2, ce chaînon est formé entièrement de terrains crétaciques et nummulitiques. Il commence au sud des Diablerets par la Tour-d'Anzeindaz 2180 m. (cp. 7) et court du nord-est au sud-ouest. Point culminant 2418 m. (cp. 8). Interrompu par la cluse du Pont-de-Nant, il s'élève de nouveau, par la Pointe-des-Savolaires 2310 m. (cp. 10 et 11) et Dent-Rouge, jusqu'à la Pointe-des-Martinets 2643 m. (cp. 12 et 13), et de là s'abaisse sur les bains de Lavey par l'Oulivaz et la Quille 1496 m. (cp. 14). Un embranchement latéral, au nord-ouest, forme le Mont-de-Bovonnaz 1800 m., Châtillon-de-Javerne 1870 m. et la Croix de Javernaz 2085 m. (cp. 12 et 13). De l'autre côté de la vallée du Rhône ce chaînon se continue par Planey 1529 m. (cp. 15), jusqu'à la Dent-du-Midi.

Thalweg. — Vallons de l'Avare, de Nant, de Morcles.

d) Arête du Mœveran. — Représentée dans toute sa longueur par la coupe N° 3, qui traverse ma carte en diagonale du nord-est au sud-ouest, cette chaîne commence au sud des Diablerets, dont elle est séparée par les fameux Eboulements, et s'élève rapidement à 2605 m., Tête-Pegnat (cp. 5 et 6). C'est l'arête culminante de toute cette région; elle marque la limite entre les cantons de Vaud et Valais, et ferme l'horizon, soit qu'on la regarde de la plaine vaudoise, ou de la vallée du Rhône, en amont de Martigny. Sa partie centrale est surtout jurassique: Tête-à-Pierre-Grept 2900 m. (cp. 8), Grand-Mœveran 3061 m. (cp. 10), Pointe-d'Aufallaz 2730 m. (cp. 11), Dent-Favre 2924 m. (cp. 12).

Au-delà la chaîne est de nouveau entièrement crétacique, jusqu'à la Dent-de-Morcles 2979 m. (cp. 13). Interrompue par la vallée du Rhône, cette chaîne reprend sur la rive gauche par le Salentin 2495 m. (cp. 15) et s'élève par la Gagnerie (cp. 3) jusqu'à la Pointe-de-l'Est 3000 m., l'exact pendant de la Dent-de-Morcles (cp. 2).

e) Arête de Haut-de-Cry et Chavallard. — Séparé de la chaîne principale par le vallon de Derbon, se trouve un nouveau chaînon, d'abord crétacique, qui court parallèlement du nord-est au sud-ouest, et comprend : Montacavoère 2619 m. (cp. 6, 7), Haut-de-Cry, 2970 m. (cp. 8), Tériet 2756 m. (cp. 9). Interrompu, ou plutôt déprimé dans son milieu (cp 10, 11), et là entièrement jurassique, ce chaînon recommence au-dessus de Saillon : Seya 2187 m, Grand-Tzateau 2506 m. (cp. 12), Grand-Chavallard 2907 m. (cp. 13). Il se continue, quoique un peu déprimé, par l'arête de Fully, Loë-des-Cendres 2340 m. (cp. 14), jusqu'à la Tête-de-Sierraz 2098 m. Cette arête ainsi partagée en deux tronçons forme un contrefort parallèle à l'arête principale sur son versant sud-est, comme le troisième chaînon, Argentine — Savolaire, forme un contrefort sur le versant nord-ouest. S'il n'y a pas similitude parfaite entre les deux contreforts de la chaîne du Mœveran, il y a pourtant une certaine symétrie. La continuation de cette cinquième arête, au-delà de la vallée du Rhône, est formée par le chaînon carbo-métamorphique d'Arpille, qui s'élève de la Pointe-de-Charravex 1695 m. (cp. 15) jusqu'au sommet d'Arpille 2082 m., et se continue par la Tête-Noire dans la direction de Chamounix.

La Vallée du Rhône, en amont de Martigny, forme le *thalweg* subséquent, qui se prolonge au sud-ouest par l'extrémité inférieure de la vallée de la Dranse, et la combe de la Forclaz.

f) Arête de Pierre-à-Voir. — La vallée du Rhône et son prolongement sont, à leur tour, limités au sud-est par un nouveau chaînon, dont le bord seulement figure sur ma carte, lequel comprend Pierre-à-Voir, 2476 m., la Pointe-de-Vollèges, 1817 m., et s'abaisse par le mont de Chemin, qui domine Martigny (cp. 15). Ce chaînon est en partie jurassique, en partie carbo-métamorphique, et court comme les précédents du nord-est au sud-ouest.

g) Arête du Mont-Gond. — Ce dernier chaînon, qui borde ma carte à l'est, diffère passablement des précédents par sa direction. Il prend encore naissance au massif des Diablerets, dont il est séparé par les gorges et les lapiés de Miet. Compris entre les vallées de la Lizerne à l'ouest et de la Morge à l'est, il court presque directement du nord au sud, en déviant pourtant un peu à l'ouest. C'est la direction qu'affectent habituellement les chaînons suivants, au nord de Sion, qui se détachent des massifs du Wildhorn et du Weisshorn. Cette arête, essentiellement jurassique, comprend : La Fava, 2610 m., le Mont-Gond ou Pointe-de-Flore, 2705 m. (cp. 4) et quelques autres sommités de 2493 m. (cp. 5), 2153 m. (cp. 6), sans nom sur ma carte. A partir du Six-Riond, 2039 m., qui domine Asnière, elle s'abaisse rapidement par le point coté 1530 m. (cp. 7) et la chapelle Saint-Bernard, 1080 m., jusqu'au-dessus du village d'Ardon. Le petit mont d'Isière (cp. 8) et le Signal-du-Gruz, 628 m., peuvent être considérés comme sa prolongation au sud-ouest.

Je résume schématiquement comme suit cette disposition des arêtes saillantes et des dépressions qui les séparent, en faisant remarquer que la direction générale de ces aspérités va du NE au SW, sauf pour la chaîne du Mont-Gond, qui court du N. au S.

1. Vallée de la Grande-Eau et col du Pillon.
2. Chaînon de Perche — Chamossaire — Glaivaz.
3. Vallée de la Gryonne et col de la Croix.
4. Chaînon des Diablerets — Vents — Mont-de-Gryon.
5. Vallée de l'Avençon d'Anzeindaz et col de Cheville.
6. Chaînon d'Argentine — Savolaires — Martinets.
7. Vallées de Naut, de l'Avare et col des Essets.
8. Chaînon de Tête-Pegnat — Mœveran — Dents-de-Morcles.
9. Vallée de Derbon, col de Fénestral, etc.
10. Chaînon de Montacavoère — Haut-de-Cry — Grand-Chavallard.
11. Vallée du Rhône en amont de Martigny.
12. Chaînon de Pierre-à-Voir — Mont-Chemin.

---

13. Vallée de la Lizerne et col de Miet.
14. Chaînon de la Fava — Mont-Gond — Six-Riond.
15. Vallée de la Morge et col du Sanetsch.

STRATIGRAPHIE

Pour la description des terrains, constatés dans mon champ d'étude, je suivrai autant que possible l'ordre chronologique, des plus anciens aux plus récents.

Les couches les plus anciennes qui m'aient fourni des fossiles, et dont par conséquent l'âge puisse être déterminé avec précision, appartiennent au *terrain houiller*.

A la base de celles-ci, apparaissent de puissantes assises de roches plus ou moins cristallines, jusqu'à présent azoïques, et pourtant en général distinctement stratifiées. Elles me paraissent évidemment d'origine *sédimentaire*, mais ont sans doute subi, postérieurement à leur dépôt, des modifications de texture et de consistance, que j'attribue essentiellement à la pression et qu'on désigne généralement du nom de *métamorphisme régional*, ou mieux *dynamorphisme*.

Ne pouvant connaître l'âge géologique des assises en question, sous-jacentes au terrain houiller, et d'ailleurs très variables quant à leur nature pétrographique, je les ai groupées sous le nom de *Terrains métamorphiques*. Je ne prétends aucunement par là qu'elles appartiennent toutes à la même période, et n'entends impliquer autre chose, par cette désignation, que leur origine très probablement sédimentaire et leur altération subséquente.

TERRAINS MÉTAMORPHIQUES

Ces terrains anciens ne se rencontrent qu'à l'angle sud-ouest de ma carte. Ils y sont désignés par la lettre **M** et représentés par la teinte rose-pâle, qui couvre la plus grande étendue de cette région. Le centre est occupé diagonalement par le terrain carbonifère, qui forme un synclinal très accusé, allant du NE au SW, lequel partage ainsi nos terrains métamorphiques en deux massifs indépendants. D'autre part la vallée du Rhône, en aval de Martigny, traverse la même région suivant l'autre diagonale, SE à NW, et subdivise à son tour chacun des deux massifs ci-dessus. Cette double interruption par des diagonales croisées partage l'étendue métamorphique de ma carte en 4 sections inégales, savoir :

1. Section de Morcles, au nord.
2. Section du Salantin, à l'ouest.
3. Section de Fully, à l'est.
4. Section du Trient, au sud.

Avant de faire connaître séparément chacune de ces quatre sections, je dois résumer les travaux de mes prédécesseurs sur cette région.

TRAVAUX ANTÉRIEURS

H. B. de Saussure, dans les chap. 48 et 49 de ses *Voyages dans les Alpes* [Cit. 6], traite des roches qui bordent la vallée du Rhône, sur ses deux rives, de Martigny à Saint-Maurice. Il le fait d'une manière admirable, et si la science postérieure avait marché sur ses traces, nous serions bien plus avancés dans la connaissance de ces terrains. De Saussure constate la parfaite continuité des terrains d'une rive à l'autre. Indépendamment des poudingues et des ardoises (carbonifères), qu'il distingue parfaitement aux environs de Vernayaz et de Dorenaz, il constate que ces rochers sont formés essentiellement d'une roche feldspathique, plus ou moins compacte, qu'il nomme *pétrosilex*, dénomination malheureusement abandonnée par ses successeurs, et attribuée à tort, par beaucoup de pétrographes, à une roche éruptive. Il décrit fort bien ces pétrosilex, à grains plus ou moins fins ou grossiers, tantôt plus compacts, tantôt plus feuilletés, souvent mêlés de lames de mica, mais toujours disposés *par couches*. Il indique l'inclinaison de celles-ci, variant suivant les places, jusqu'au relèvement vertical. De Saussure les classe, il est vrai, dans le terrain *primitif*, tandis qu'il met les ardoises, poudingues, calcaires, etc. dans le terrain *secondaire*, mais il est évident qu'à ses yeux le terme primitif n'a pas le sens d'éruptif ou igné, qu'on lui a donné dès lors. Toutes ces roches plus ou moins cristallines ont au contraire, pour lui, une origine *sédimentaire*, même celles qui prennent un aspect porphyrique ou granitique. Il n'y a qu'à lire ces deux chapitres pour s'en convaincre. Je citerai particulièrement le § 1049 où, traitant du fendillement de ces roches, il dit entre autres « car si ces fissures se sont formées, *comme je le crois*, dans le sein même des eaux, *où les couches ont pris naissance*, etc.... »

Fournet étudia aussi très attentivement la coupe de Martigny à Evionnaz [Cit. 43, 49] et s'attacha à prouver que toutes ces roches sont *métamorphiques* et traversées par des filons feldspathiques éruptifs.

De Charpentier, qui doit avoir également beaucoup étudié ces terrains, ne nous a laissé que peu de traces de ses opinions à leur égard. Toutefois, à propos de la source thermale de Lavey [Cit. 40], il donne clairement à entendre qu'il les considère comme sédimentaires et métamorphiques ; avec Fournet il attribue leur transformation à l'action d'une chaleur intense : « roches cuites » dit-il. Il les désigne en général du nom de *gneiss*, même quand il y constate l'absence du mica, et la rareté du quartz.

B. Studer [Cit. 38, 52], sans se prononcer clairement sur la question d'origine, abandonne aussi le terme de pétrosilex, et désigne ces roches par les noms de *Feldspathgestein* et *Gneiss*. Il en distingue les différentes masses (*Stöcke*), correspondant à peu près à mes 4 sections. Le premier il reconnaît dans les Alpes un certain nombre de massifs centraux (*Centralmassen*), et rattache notre région métamorphique aux massifs cristallins de la Savoie. Dans sa *Carte géologique de la Suisse* ces terrains sont représentés par la teinte rose et la lettre **Y**, affectés aux micaschistes et gneiss.

M. Alph. Favre [Cit. 46, 91] a de même soigneusement étudié cette contrée, sur laquelle il donne beaucoup de détails dans le second volume de ses *Recherches*, dont le chapitre 21e est consacré au Massif des Aiguilles-Rouges. Il désigne les roches cristallines en question, tantôt sous le nom de roches métamorphiques, tantôt sous celui de schistes cristallins.

Gerlach enfin s'en est pareillement occupé dans ses importants travaux sur le Valais [Cit. 95, 98]. Il considère toutes ces roches comme *métamorphiques*, non pas toutefois à la manière de M. Favre, qui les suppose stratifiées dans une mer thermale et par là cristallines dès l'origine. Pour Gerlach au contraire ces roches sont devenues cristallines à la longue, sous l'influence d'une pression intense et prolongée. [Cit. 98, p. 40.] Sa carte géologique (feuille féd. XXII) est ce que je connais de plus complet pour les environs de Martigny.

ROCHES

La composition pétrographique de nos terrains métamorphiques est très variée, mais ces variations m'ont paru éminemment accidentelles et locales, et je n'ai pas su y trouver la base d'une subdivision stratigraphique.

Pour une étude approfondie de ces roches il faudrait recourir au microscope, mais cette analyse détaillée ne m'étant pas accessible, vu l'état de mes yeux, j'ai dû me contenter d'un examen macroscopique, réservant à d'autres l'analyse pétrographique plus complète.

Les roches les plus importantes de ces terrains sont au nombre d'une dizaine de types, que je vais passer en revue dans l'ordre de leur fréquence.

Pétrosilex. — La roche principale de la région, celle qui y joue un rôle prédominant, et qui passe à tous les autres types, par modifications insensibles, est le pétrosilex de de Saussure. C'est une roche compacte, dure, plus ou moins homogène, de couleur grisâtre ou verdâtre, de teintes plutôt claires, et qu'on peut considérer comme un magma intime de quartz et de feldspath. Les paysans de Fully l'appellent *la grise* (la pierre grise) à cause de sa teinte générale. Ceux de Salvan, à cause du tacheté verdâtre qu'elle présente souvent, la désignent sous le nom de *serpentin*, qu'il ne faudrait pas confondre avec la serpentine, rare au contraire dans la région. Fournet [Cit. 43] proposait bien inutilement de l'appeler *thermantide*.

La consistance très compacte du pétrosilex le disposait particulièrement bien à recevoir le poli glaciaire, qu'il a admirablement conservé, grâce à sa dureté ; aussi les roches moutonnées sont-elles particulièrement nombreuses et bien caractérisées dans la région métamorphique, spécialement vers l'angle du Rhône, au-dessus de Follaterre et de Brançon.

Les variétés tout à fait homogènes de pétrosilex sont relativement moins fréquentes ; ce que l'on trouve le plus habituellement partout c'est une roche compacte semi-homogène, dans laquelle on ne peut pas distinguer nettement à l'œil les minéraux constitutifs. Cette roche se modifie de deux manières différentes, et passe alors par gradations insensibles à tous les types subséquents :

a) Elle devient plus grenue, plus hétérogène, et passe aux roches arénacées ;

b) Il s'y développe des paillettes de mica, de talc, etc., ce qui la fait passer graduellement aux schistes cristallins.

Grès métamorphiques. — J'ai rencontré à diverses reprises, au milieu de ces terrains semi-cristallins, de véritables bancs de grès, plus ou moins modifiés par la pression. J'en ai sous les yeux un échantillon que j'ai pris moi-même en place sur le sentier de la Crottaz, qui longe le Rhône, un peu au sud du confluent du Torrent-Sec, frontière de Vaud et Valais. Ce banc se trouve ainsi au centre de voûte, de la section métamorphique de Morcles, et appartiendrait aux couches les plus profondes de cette région. C'est un *grès siliceux schistoïde*, gris foncé, à grains fins et réguliers, avec quelques petites paillettes de mica, donc une sorte de *psammite* peu micacé, comme on en trouve beaucoup dans les terrains carbonifères et autres.

Cependant le plus souvent ces types arénacés sont à grains plus grossiers, ordinairement plus ou moins anguleux ; ce sont des *grès bréchiformes*, qui rappelent beaucoup les *arkoses*, avec cette différence que les grains en sont beaucoup plus adhérents, et comme pétris en une masse compacte. On y reconnaît facilement des grains de quartz et de feldspath, parfois aussi d'amphibole ou d'autres silicates, reliés par un ciment verdâtre de nature talqueuse, chloritée, micacée, etc. A la cassure la roche a souvent l'air d'un magma cristallin hétérogène, mais lorsqu'on observe des surfaces corrodées par les agents atmosphériques, on voit clairement les grains se détacher de la masse, les uns anguleux, les autres arrondis, sans aucune régularité cristalline, que celle produite par les faces de clivage. La texture arénacée devient alors parfaitement évidente. M. DE FELLENBERG a reconnu la grande analogie de cette roche bréchiforme avec la *Grauwacke* de Saxe. [Cit. 140, 142.]

J'ai sous les yeux de nombreux échantillons semblables, que j'ai recueillis au bas du Torrent-Sec, dans les Gorges-du-Trient, sur la montée de Van à Salanfe, dans les côte de Fully, et plus loin à Rondonnaz, c'est-à-dire dans toutes les situations, et à toutes les profondeurs du terrain métamorphique.

Brèches et Poudingues. — Parfois enfin les fragments constitutifs augmentent de taille, et donnent lieu à de véritables brèches, ou à des poudingues, s'ils sont arrondis, ce qui a lieu quelquefois, mais plus rarement. J'en ai vu surtout aux environs de Salvan, dans les rochers qui dominent le Trient, et par conséquent dans la partie supérieure du terrain métamorphique, mais en dehors de la zone des poudingues carbonifères. Sur ces points j'ai observé de véritables poudingues à cailloux arrondis, de dimension pugilaire et même céphalaire, les fragments constitutifs sont plutôt des schistes cristallins divers, et les cailloux de quartz y sont rares, à l'inverse de ce qui a lieu dans le poudingue carbonifère, dit de Valorsine. A Fully également, j'ai observé de vrais conglomérats, formés de cailloux de quartz et schiste cristallin. Enfin, j'ai sous les yeux des échantillons de poudingues à cailloux de quartz, rapportés des Gorges-du-Trient, et d'autres de brèches irrécusables, dont les fragments anguleux sont surtout feldspathiques; je les ai recueillis moi-même à Van-d'enhaut, au SE de Salvan, et à Rondonnaz.

Granite. — Dans quelques cas plus rares, les éléments de ces roches sont exactement ceux des diverses variétés de Granite, tellement cristallins et si intimement unis, qu'aucun pétrographe n'hésiterait à les dénommer ainsi. Ce sont par exemple quelques échantillons que j'ai cassés dans les Gorges-du-Trient et les rochers qui les dominent, et qui sont de véritables *pegmatites :* magma cristallin de quartz et feldspath blanc, parfois grisâtre, avec quelques feuillets de mica argentin. Si je ne les avais ramassés moi-même, il y en a que je croirais provenir de Bodenmaïs en Bavière.

Un échantillon trouvé sur le chemin de La Taillat à Gueuroz, éboulé des rochers qui dominent, est parsemé en outre de tout petits cristaux de *grenat rouge*. D'autres pris en dessous de Morcles, sur les lacets de la route, et dans la montée de Van à Salanfe, offrent un feldspath rouge, et ont tous les caractères de certaines variétés de *granite rouge* finement grenu.

Enfin j'ai rencontré près de Van-d'en-haut, sur le sentier de Salanfe, un banc de *granite à mica noir*, un peu bronzé, et à feldspath blanc, dont quelques cristaux plus gros lui donnent l'aspect porphyroïde. A très peu de distance de ce granite, et intercalé dans les mêmes roches métamorphiques semi-cristallines, se trouvait un autre banc, de brèche irrécusable. Je ne saurais dire pour certain si ce granite était en banc ou en filon !

Gneiss. — Cependant la présence des paillettes de mica rend ordinairement la roche schistoïde, veinée, et tout à fait semblable au gneiss. C'est là un aspect très habituel dans chacune de mes quatre sections. Parfois ces gneiss contiennent des morceaux de feldspath ou de quartz, plus gros que les autres fragments, et autour desquels les feuillets de mica sont contournés, comme les feuillets d'argile, autour de cailloux roulés. C'est absolument l'aspect du gneiss glandulaire (*Augengneiss*). J'en ai sous les yeux un échantillon que j'ai trouvé au SE de Salvan, dans les rochers qui dominent les Gorges-du-Trient.

D'autrefois ces gneiss sont *plissés* comme les morceaux que l'on trouve si souvent erratiques aux environs de Lausanne. J'en tiens un échantillon bien caractérisé, que j'ai trouvé dans les environs de Morcles, sur la route des forêts, sous les Collatels ; il présente trois ondulations complètes sur une largeur de 7 cm. On dirait tout à fait l'action du refoulement latéral sur une masse d'argile schisteuse.

Micaschiste. — Souvent le mica prédomine, de telle sorte que la roche prend une schistosité encore plus prononcée, et devient un vrai micaschiste. J'en ai des échantillons très nets, recueillis en dessous des Moulins-de-Salvan et dans les Gorges-du-Trient. C'est d'ailleurs un aspect très habituel, en particulier aux environs de Morcles, le long de la route des forêts.

Talcschiste. — D'autrefois, au lieu de mica, c'est une sorte de talc qui s'est développé. La roche est plus claire, de couleur verdâtre ou gris-verdâtre, onctueuse, très schisteuse, seulement semi-cristalline et plus ou moins scintillante. J'en ai rapporté des morceaux bien caractérisés du sentier de la Crottaz, des Gorges-du-Trient et de Haut-d'Alesse. Un échantillon de cette dernière localité est si homogène que, n'était l'onctuosité, on le prendrait pour un schiste feldspathique verdâtre.

Schistes amphiboliques. — Les roches amphiboliques sont plus rares, toujours plus ou moins schisteuses, et formées tantôt de feldspath et d'amphibole foncée, tantôt presque exclusivement d'amphibole. J'en ai trouvé aux environs de Salvan, et surtout en dessous des Moulins, dans le sentier qui descend au Trient. L'un d'eux est un morceau, presque pur, d'*actinote verte* fibreuse. De la montée de Van à Salanfe j'ai rapporté un morceau d'*ampibolite* compacte, vert-foncé. Enfin le seul fragment de *serpentine*, que j'aie trouvé en place dans la région, provient du dit sentier, en dessous des Moulins-de-Salvan.

Calcaire. — Dans toute cette contrée métamorphique je n'ai rencontré de calcaire que sur deux points.

En premier lieu, au bord du Rhône sur rive droite, un peu au sud du village de Dorenaz, lieu dit au Plan-des-Crottes, au bas du sentier qui descend en zigzag depuis Alesse. Ce sont quelques bancs minces, d'un calcaire schistoïde gris-clair, non cristallin, plutôt d'aspect corné, qui sont interstratifiés en bancs verticaux à la limite supérieure du terrain métamorphique, assez près des premiers poudingues carbonifères.

De Saussure en parle dans son § 1073. [Cit. 6] La verticalité des bancs, qu'il a soin de constater, les lui fait comparer à un filon. B. Studer dit, en 1834, qu'il n'a pas pu retrouver ce gisement calcaire [Cit. 38], mais je puis certifier qu'il existe. J'ai visité à plusieurs reprises ce gisement, que j'avais découvert avant de connaître la citation de de Saussure.

Le second gisement calcaire intercalé dans les terrains métamorphiques, est celui du Trappon, qui j'ai fait connaître en 1882. [Cit. 148] Ici c'est un marbre *saccaroïde*, en banc à peu près vertical de 1 $^1/_2$ à 2 mètres (cl. 1), interstratifié dans la grauwacke ou grès métamorphique, au-dessus de Brançon, dans la grande paroi de rochers qui supporte les pâturages de Plan-de-la-Tente et de Joux-brûlée. C'est évidemment un dépôt local *lenticulaire*, qui s'étend de là vers l'est,

Cl. 1.

mais que je n'ai pas pu retrouver à l'ouest. Ce marbre est analogue à celui de Saillon, mais beaucoup plus cristallin et moins fendillé. Certaines parties du banc donneraient un beau *marbre statuaire*, translucide et scintillant; d'autres, veinées de noir, sont très analogues au *marbre fleuri* de Serravezza en Toscane.

RELATIONS OROGRAPHIQUES

1. Section de Morcles.

La source thermale de Lavey-les-bains, au bord du Rhône, est le point le plus septentrional où j'aie constaté les roches métamorphiques [Cit. 154]. Mais en ce point elles sont recouvertes par une forte épaisseur d'erratique, que traverse le puits, au fond duquel jaillit l'eau chaude, des fissures du terrain métamorphique. C'est à la cascade de Pissechèvre, près de l'embouchure du Torrent-de-Morcles dans le Rhône, que le roc commence à se montrer à nu. Ce point, facilement abordable, est un de ceux où l'on peut observer très nettement la stratification de ces roches, comme j'ai pu le faire constater à divers observateurs, entre autres aux géologues qui m'accompagnaient dans notre première excursion, en 1877, et dans celle de 1886 [Cit. 169, p. 79]. On voit là, au pied même de la cascade, des bancs de pétrosilex, et peut-être de quartzite, blanchâtres ou grisâtres, alternant avec des couches schisteuses verdâtres, plus ou moins foncées, qui se rapprochent de la nature talqueuse. Le plongement est d'environ 50° dans la direction de l'est. J'ai donné de ces lieux, dans mon Rapport d'expertise sur Lavey, plan et profil à grande échelle [Cit. 154]. De là le métamorphique s'élève jusqu'aux chalets de Haut-de-Morcles, où il atteint son point culminant à 1750 m. (cp. 2). Puis il s'abaisse obliquement par Es-Cherches, à Sur-le-Cœur 1721 m., un peu en dessous des chalets d'Arbignon (cp. 3 et 14), se retrouve en dessous de Plex et de l'ancienne Mine d'Anthracite sur Collonges, pour aller finir en pointe, au bord de la plaine, près des premières maisons de Dorenaz. La courbe que je viens de décrire est la limite NE du grand massif cristallin des Aiguilles-Rouges.

Une excellente manière de voir l'ensemble de ces roches, sans s'élever autant dans la montagne, c'est de suivre la rive droite du Rhône de Es-Lex à Collonges, par le sentier du Pas-de-la-Crottaz. On traverse ainsi, presque au niveau du Rhône, la plus grande partie du massif, et l'on voit presque toutes les roches que j'ai signalées au paragraphe précédent. En montant de Collonges à Plex par le sentier des Echelles, ou par le chemin de Mont, on les voit également très bien. Sur ce dernier chemin, en dessous du hameau de Mont, vers la cote 611 m., j'ai observé la stratification très nette, avec plongement de 65° à l'est.

2. Section du Salantin.

Cette seconde masse métamorphique, qui fait également partie du massif des Aiguilles-Rouges, commence vis-à-vis de la source de Lavey, sur l'autre bord de la vallée, au hameau d'Epinacey. Elle s'étend au sud sous Jardaire (cp. 2) traverse le torrent de Saint-Barthèlemi, pour venir former presque entièrement le massif du Salantin, 2495 m., et celui du Sex-des-Granges, 2252 m. (cp. 3 et 15). Elle est limitée au SE dans la vallée de Salvan par le synclinal carbonifère, dont je parlerai plus tard.

De Evionnaz à la Balme, sur le flanc de la vallée du Rhône les roches métamorphiques présentent l'aspect d'une *voûte* assez bien caractérisée (cp. 15). Tout le long du bord occidental de cette section le plongement est dirigé au NW, tandis que sur le bord oriental les bancs plongent au SE. A Pissevache elles sont presque verticales. Plus haut dans les gorges de la Salanche, vis-à-vis de la Tête-du-Dalley, le plongement est de 80° au SE. Dans la vallée de Salvan il est plus faible; aux environs de Planajeur je n'ai plus trouvé que 70°. Dans la paroi au-dessus de Planajeur, j'ai vu au milieu du pétrosilex et des schistes cristallins, des intercalations de poudingue à cailloux de quartz, et des cailloux isolés de quartz roulé, le tout à une assez grande distance des premiers bancs de poudingue carbonifère. Toute la montée de Planajeur à la Creuse est formée de ces mêmes roches pétrosiliceuses, plus ou moins pailletées de mica ou de talc. Je les ai poursuivies au delà des limites de ma carte, jusqu'aux chalets de Emaney.

Dans la partie centrale du massif se trouve la vallée de Van, au pied du Salantin. C'est une sorte de vallée anticlinale, correspondant à une rupture de la voûte. On pourrait donc s'attendre à y trouver les roches les plus anciennes de la contrée. Un peu au-dessus de Van-d'en-bas j'ai en effet rencontré un banc de granite porphyroïde, intercalé au milieu de grès métamorphiques bien caractérisés, et fort près de là j'ai trouvé des assises tout à fait *poudinguiformes*. En montant de Van vers Salanfe la texture arénacée et conglomérée s'accuse de plus en plus.

3. Section de Fully.

Des quatre sections métamorphiques, comprises dans ma carte, celle-ci est la plus étendue. Elle commence au bord du Rhône, un peu au sud de Dorenaz, au lieu dit Plan-des-Crottes, où se trouve habituellement un dépôt, des ardoises exploitées plus haut, sur le sentier qui monte à Alesse. Les couches sont là verticales, ou même légèrement renversées dans la direction du nord. En s'élevant du côté d'Alesse, elles se renversent davantage, aux environs de Champex et de la Giétaz (cp. 14), pour revenir à l'état normal sous la Tête-de-Sierraz 2098 m., que j'ai lieu de croire en grande partie carbonifère. Tous les escarpements au-dessous de cette tête, jusqu'à l'angle du Rhône en Follaterre, sont formés de terrain métamorphique, ainsi que les rochers qui bordent la vallée du Rhône, vers Brançon, Fully, Mazembro, jusque près de Saillon. La limite avec le carbonifère de l'Alpe-de-Fully 2000 m. doit se trouver assez près de l'arête supérieure, dans des rochers très escarpés et difficilement accessibles (cp. 13).

Sous la Grande-Garde le terrain métamorphique se prolonge au nord, jusqu'un peu en dessous de l'Oursine 1620 m. (cp. 12), forme les rochers de Rondounaz 1407 m., et s'abaisse de là vers l'est, pour disparaître un peu avant Saillon en dessous de Botzatey. C'est l'extrémité NE du massif cristallin du Mont-Blanc, qui dépasse ainsi dans cette direction celui des Aiguilles-Rouges.

Quoique j'aie moins parcouru cette contrée de Fully que les deux sections précédentes, j'ai pu me convaincre néanmoins que les roches y sont les mêmes. Leur plongement est généralement au NW et au N, mais peu prononcé. Entre Dorenaz et Follaterre il semble qu'on voie une voûte, analogue à celle d'Evionnaz. Plus à l'est le flanc sud de la voûte manquerait, son espace étant occupé par le fond de la vallée du Rhône. S'il en est ainsi la base des rocs, aux environs de Fully et de Mazembro, appartiendrait aux parties les plus profondes. Or là même j'ai rencontré, au milieu du pétrosilex compact, des bancs tout à fait arénacés, et même vers Fully, des exemples de conglomérat à cailloux de quartz et de schistes cristallins.

4. Section du Trient.

Ma carte ne comprend qu'un petit angle de cette dernière circonscription, qui fait égalcment partie du massif du Mont-Blanc. Elle s'étend en largeur depuis Vernayaz au N, jusqu'au Lugon au S, un peu avant Martigny, et forme, entre les deux, de grands escarpements, opposés à ceux de Follaterre et du Rozé. La disposition de ces rochers est en forme de voûte comme entre la Balme et Evionnaz (cp. 15). Près de Vernayaz les couches plongent au NW de 50° environ, ce même plongement se continue tout le long du bord septentrional de la section, qui court parallèlement au Trient, entre ce torrent et Salvan. En dessous des Moulins-de-Salvan j'ai trouvé 57° au NW; plus bas sur rive droite du Trient 45° seulement. Au contraire derrière les Lugon, un peu au nord de la Bâtiaz, le plongement est de 65° au SE.

J'ai rencontré dans toute cette région les mêmes roches que dans les trois autres sections. Je signalerai cependant l'existence de schistes serpentineux en dessous des Moulins-de-Salvan, et au même endroit, des schistes cristallins présentant des rides-de-fond (*Ripple-marks, Wellenschläge*), tout à fait analogues à celles qu'on rencontre si fréquemment dans la mollasse des environs de Lausanne. Ce n'est, du reste, pas le seul point où j'ai constaté ces couches ridées, indiquant une eau peu profonde. Je les avais remarquées également dans la première section, sur le sentier qui descend de Morcles à Lavey, aux lacets en dessous de Tsinsaut, et sous les Collatels-de-Morcles, dans le chemin des forêts de l'Etat.

Cette région métamorphique se prolonge au sud de ma carte dans la montagne d'Arpille 2082 m., que Gerlach colore aussi en rose (gneiss) dans sa carte géologique [Cit. 98]. Dans la carte de M. Alph. Favre [Cit. 78] ce massif était au contraire teinté en carbonifère, mais dans son texte [Cit. 91, II, p. 353] l'auteur corrige la carte, et considère Arpille comme terrain cristallin. Je ne serais pas étonné toutefois qu'il y eût une bande de terrain houiller sur le flanc SE d'Arpille, mais je n'ai pas à m'en préoccuper ici, puisque cela sort de mon champ d'étude.

ORIGINE ET AGE

L'origine de ces roches me paraît être évidemment sédimentaire. Qu'elles aient été formées dans des eaux douces ou salées, c'est ce qu'il n'est pas possible de dire, mais la présence des grès, des brèches, des poudingues et des calcaires, jusque dans les parties les plus profondes de ce terrain, me paraît prouver sans conteste qu'il est de formation aqueuse.

La roche la plus habituelle, le *pétrosilex*, est aussi à mes yeux une roche arénacée, qui, par l'effet de la pression, a acquis une consistance plus compacte et homogène. Les passages fréquents aux grès bréchiformes en font foi. On a vu que c'était déjà l'avis du grand DE SAUSSURE.

Quant aux schistes cristallins, ils jouent à mes yeux le même rôle que jouent dans le terrain houiller les divers schistes argileux, ardoisiers ou semi-cristallins. Seulement ils ont subi un métamorphisme plus intense, qui a produit une cristallinité plus complète, mais en laissant subsister de nombreuses transitions avec les schistes ordinaires. Ces schistes cristallins alternent avec le pétrosilex et avec les conglomérats bréchoïdes, comme les schistes ardoisiers alternent avec les grès et poudingues houillers, et comme les argiles et les marnes schistoïdes alternent avec les bancs de mollasse et de nagelfluh de Lavaux.

C'est toujours le même mode de formation, alternativement *arénacé* et *limacé*, qui peut se rencontrer dans des terrains de tout âge. La seule différence gît dans le degré de pression, que ces roches ont subi depuis leur sédimentation, et duquel résultent ces changements de cohésion et de texture.

En disant la seule différence j'ai omis un fait important, mais qui ne modifie en rien mon argumentation, savoir l'introduction de l'élément calcaire, presque nul dans nos terrains anciens, et devenant de plus en plus abondant, par suite de la sécrétion organique, à mesure qu'on avance dans la série des temps.

La gradation est évidente, pour peu qu'on y prenne garde :

a) A Lausanne, hors des Alpes, terrain miocène horizontal, — pression presque nulle, — alternances de grès tendre (mollasse) avec des argiles et des marnes, à peine schistoïdes ;

b) A Lavaux, plus près des Alpes, terrain de même âge, ou à peu près, mais fortement relevé, — pression notable, — alternances de grès durs et poudingues avec des marnes bien schisteuses (Rivaz !) ;

c) Dans nos terrains houillers des Alpes, couches fortement repliées, — pression beaucoup plus forte, et surtout plus prolongée, — alternances de grès et poudingues métamorphiques avec des schistes ardoisiers, parfois semi-cristallins ;

d) Enfin, dans le terrain métamorphique infra-houiller, actuellement en question, — pression sinon plus forte, au moins bien peu prolongée, — alternances de pétrosilex, plus ou moins arénacé ou bréchiforme, avec des schistes cristallins bien caractérisés.

J'ajoute comme preuve de l'origine sédimentaire de ces roches cristallines : 1° leur stratification évidente sur beaucoup de points, comme au pied de la cascade de Pissechèvre, près de Lavey ; 2° la stratification ridée (*Ripple-marks, Wellenschläge*), analogue à celle de la mollasse, que j'ai observée en plusieurs endroits (p. 34) ; 3° enfin, leur disposition en voûtes régulières, qui est particulièrement nette entre Evionnaz et la Balme, ainsi qu'entre Vernayaz et Martigny (cp. 15). Les roches cristallines grenues de cette région me paraissent, en définitive, pour la plupart, d'anciens grès bréchiformes, composés à l'origine de fragments anguleux, probablement même cristallins, quartzeux ou feldspathiques, que la forte pression postérieure a si intimement unis entre eux, qu'ils en ont acquis une grande cohésion.

Sous l'influence de cette même pression, et de la chaleur qui en résultait, l'eau d'imbibition de ces roches s'évaporait, et développait la texture cristalline dans le ciment argileux des grès, comme dans les schistes eux-mêmes. On sait que les bétons romains de Plombières fournissent des exemples actuels d'une semblable cristallisation dans l'intérieur d'une masse solide. Ainsi s'expliquerait le présence du mica en minces paillettes tranchantes, de l'amphibole en aiguilles cristallines, des lamelles de talc, etc. Le peu de dureté de ces minéraux, la finesse et la netteté de leurs petits cristaux, ne me permettent pas de les considérer comme préexistants et entraînés par les eaux ; tandis que cela paraît tout à fait naturel pour les fragments de minéraux durs, comme le feldspath et le quartz.

Je suis ainsi porté à considérer, dans ces roches cristallines, le *talc,* la majeure partie du *mica,* l'*amphibole aciculaire,* etc., comme les produits d'une *cristallisation par métamorphisme ;* tandis que le *quartz,* le *feldspath,* et autres éléments grenus ou fragmentaires, *me paraissent au contraire d'origine clastique ou détritique.*

Je ne prétends point d'ailleurs ériger cela en théorie générale pour toutes les roches cristallines ; je me contente de tirer ces inductions pour la région que j'ai étudiée, persuadé que c'est par des recherches locales attentives qu'on fera le plus progresser la question.

Quant à l'*âge* de ces terrains métamorphiques, il m'est impossible de le préciser, puisqu'ils n'ont fourni jusqu'ici aucun vestige de fossiles.

Je dois donc me contenter des approximations suivantes :

Leur position stratigraphique, inférieure au terrain houiller incontestable, n'autorise que trois alternatives. Nos terrains métamorphiques ne peuvent avoir été déposés que :

a) Pendant le commencement de la période carbonique ;

b) Pendant les périodes dévonique ou silurique ;

c) Enfin, à une époque encore plus ancienne, éozoïque ou azoïque.

Les raisons suivantes me portent à les croire plutôt d'âge carbonique ancien, ou tout au plus dévonique :

1° La liaison intime qui existe entre nos terrains métamorphiques et les premières couches houillères ;

2° Leur parfaite concordance de stratification, partout où je les ai vus en contact ;

3° L'analogie très grande des roches ; car j'ai retrouvé, dans le carbonifère authentique, plusieurs des types décrits ci-dessus, qui n'y jouent il est vrai qu'un rôle subordonné, tandis que les poudingues et les schistes ardoisiers y sont prédominants.

Tout cela se traduit par un passage insensible de l'un à l'autre terrain, en sorte que leur limite précise est habituellement presque impossible à tracer. Cette observation avait été faite déjà par MM. Necker, Alph. Favre et de Mortillet [Cit. 91, II, p. 419].

Post-scriptum. — Août 1889.

Ce chapitre est écrit depuis 1879, et je n'y veux rien changer quand au fond ; d'autant plus que mes idées ne se sont guère modifiées dès lors. J'ajoute seulement que j'entrevois la possibilité de distinguer, parmi ces roches métamorphiques, des terrains plus ou moins anciens. Il me paraît entre autres que les *Grauwacke* de Follaterre, et leur pendant au-dessus des Lugon présentent un cachet moins ancien que le reste de ces terrains, et pourraient bien n'être que la prolongation, plus fortement métamorphisée, des dépôts houillers avoisinants. Il se pourrait d'autre part que l'on pût constater de vrais gneiss plus anciens, dans le centre des deux plis anticlinaux mentionnés. Mais, pour établir ces distinctions d'une manière rationnelle, il faudrait une étude micrographique, qui n'est pas à ma portée actuellement, et que j'abandonne volontiers à mes successeurs [cf. Cit. 169, p. 79, 80].

TERRAIN CARBONIQUE

Entre les deux massifs métamorphiques qui font l'objet du chapitre précédent, se trouve un pli synclinal de couches carbonifères, représentées sur ma carte par la teinte grise, avec le monogramme **H**.

Ce synclinal carbonique, d'abord normal et étroit au SW de Salvan (cp. 15), se déjette graduellement à l'ouest en se rapprochant des Dents-de-Morcles, au pied desquelles il s'étale et se partage en deux branches. L'une d'elles se dirige au nord dans la direction de Haut-de-Morcles, puis se recourbe à l'ouest, pour contourner l'extrémité du Massif des Aiguilles-Rouges. L'autre se dirige à l'est dans la direction de Saillon, puis se recourbe au SW, pour contourner l'extrémité du Massif du Mont-Blanc.

Je suivrai le même ordre dans la description des lieux.

TRAVAUX ANTÉRIEURS

De Saussure avait déjà distingué les ardoises et poudingues, qu'il classait dans les terrains secondaires, d'avec schistes cristallins et pétrosilex, qu'il désignait comme primitifs [Cit. 6, §§ 1053, 1054, 1075, 1076]. Mais ce n'est que beaucoup plus tard que les fossiles découverts dans ce terrain en firent connaître l'âge plus précis.

En 1834, B. Studer [Cit. 38, p. 167] parle des empreintes de fougères trouvées à Arbignon, et les compare avec celles de la Tarentaise. C'est la plus ancienne mention, à moi connue, de ces fossiles carbonifères de nos Alpes.

En 1849, R. Blanchet [Cit. 50] décrit le gisement d'Arbignon, et fait connaître cinq espèces de plantes fossiles qu'il y a rencontrées. Il les compare avec les végétaux de Moutiers et de St-Etienne, et paraît les considérer comme de même âge. Plus tard [Cit. 65] il en donne une liste plus nombreuse et précise mieux leur âge.

En 1851, B. Studer, dans le 1er volume de sa Géologie de la Suisse [Cit. 52, p. 364], décrit également la contrée d'Outre-Rhône, et donne une liste des fougères carbonifères, alors connues d'Arbignon et du Col-de-Balme [cf. Cit. 66].

Je n'ai pas à m'occuper ici de l'interminable controverse qui s'éleva à cette époque sur l'âge des terrains *antraxifères alpins*, que les uns attribuaient au lias et les autres au carbonifère. Nos gisements houillers des Alpes valaisannes, ne présentant point les mêmes anomalies stratigraphiques que ceux de la Tarentaise, ne furent guère mentionnés dans le débat. Si celui-ci n'était terminé depuis longtemps, le gisement d'Arbignon eût pu fournir des arguments stratigraphiques irréfutables aux géologues qui maintenaient les droits de la paléontologie végétale, et qui ont en définitive triomphé!

M. A. Favre a largement contribué à la connaissance de notre terrain houiller des Alpes [Cit. 46, 73, 77, 91]. Gerlach s'en est aussi occupé à plusieurs reprises [Cit. 95, 98, 99]. Mais c'est à notre illustre paléophytologiste Oswald Heer qu'appartient ici la palme. C'est lui qui a constamment étudié les fossiles de ce terrain, à mesure qu'on en découvrait de nouveaux ; c'est lui qui a mis ainsi hors de question leur âge carbonique [Cit. 79, 85, 112].

ROCHES

Les matériaux principaux de notre terrain houiller consistent en poudingues et en schistes ardoisiers, qui forment des alternances plus ou moins régulières. Mais il s'y joint, ou s'y intercale, sur beaucoup de points, des roches de diverses natures, souvent semi-cristallines, que je ferai connaître tout à l'heure.

Poudingue. — La roche la plus abondante et la plus caractéristique de notre terrain houiller est un *poudingue polygénique,* à cailloux plus ou moins arrondis, de substances très variées, parmi lesquelles prédomine souvent le quartz. On y trouve des fragments cristallins de toutes sortes, particulièrement de schistes, parfois aussi des morceaux de schistes noirs non cristallins; en revanche je n'y ai jamais vu de débris calcaires.

Tous ces éléments sont si fortement reliés les uns aux autres que, lorsqu'on brise la roche, les cailloux eux-mêmes sont partagés, plutôt que de se détacher du ciment, comme cela se passe d'ordinaire dans nos poudingues mollassiques (*Nagelfluh*). Cette circonstance, qui caractérise aussi les brèches et poudingues du terrain métamorphique, provient évidemment d'une forte pression, qui a considérablement accru le cohésion de ces roches.

Ce conglomérat houiller, connu depuis de Saussure, est généralement désigné du nom local de *Poudingue de Valorsine.* C'est sous ce nom, en particulier, que sont indiqués les nombreux blocs erratiques de poudingue métamorphique, qui sont répandus partout dans le bassin du Léman, et qui proviennent pour la plupart, non point de Valorsine, à l'ouest de la vallée du Rhône, mais de la contrée d'Outre-Rhône, sur la rive droite de ce fleuve.

En examinant la carte, sur laquelle j'en ai marqué la distribution, par le *pointillé rouge* sur fond gris, **H**[1], on voit que ce poudingue est surtout abondant à la partie inférieure du terrain houiller, non sans y présenter toutefois de fréquentes interstratifications de schistes. Il est d'ailleurs prédominant dans les régions de Salvan et d'Alesse, tandis qu'on le voit diminuer sensiblement sur les montagnes de Haut-d'Arbignon et de Haut-d'Alesse, et disparaître presque entièrement au N et à l'E. Cette disposition remarquable semble indiquer que le torrent de l'époque carbonique, qui charriait ces cailloux roulés, venait du SW, suivait la vallée synclinale entre les massifs cristallins, et formait un vaste *cône de déjection* dans la contrée d'Outre-Rhône. Notre bassin houiller devait être très probablement, à l'est, en connexion avec celui des environs de Sion, dans lequel on n'a pas rencontré de poudingues, du moins à ma connaissance.

Poudingue rouge. — Je dois mentionner à part cette variété locale du poudingue, qui se rencontre très souvent aussi en gros blocs erratiques, remarquables par leur couleur. J'ai rencontré sur divers points des indices de ce poudingue rouge, mais il n'existe en masse un peu considérable que près de Pacoteires et dans les Rochers-des-Gorges, sur la rive gauche du torrent de Laboyeu, entre Plex et le Creux-de-Dzéman. Il paraît former en cet endroit les bancs les plus supérieurs du poudingue carbonifère, et peut-être la partie la plus récente du terrain houiller.

Studer [Cit. 52, p. 363 ; cf. Index petr. p. 251] assimilait ce poudingue rouge au *Verrucano*, au *Sernifit*, et dubitativement au *Rothliegende*. Il me paraît qu'il avait raison, mais je ne puis apporter aucun renseignement précis à cet égard, vu l'absence complète de fossiles. Ce que je puis dire c'est que ce poudingue ne se distingue guère du poudingue ordinaire que par sa couleur rouge, provenant d'un ciment ferrugineux. La question a d'ailleurs une médiocre importance, car le Permien est de plus en plus généralement considéré comme une dépendance du Carbonique, dont il constitue seulement l'étage supérieur. D'ailleurs le *Verrucano* italien appartient très probablement au carbonifère, et c'est encore moins douteux d'une bonne partie du *Verrucano* alpin. C'est pour cela que je n'ai pas distingué, sur ma carte, le poudingue rouge des Gorges, d'avec le terrain houiller.

Porphyre. — On a fréquemment signalé dans nos Alpes des blocs erratiques de porphyre rouge, de provenance inconnue. Studer [Cit. 38, p. 157] en cite un lambeau en place, au-dessus de la Sarse, près de Morcles. M. Alph. Favre [Cit. 91, II, p. 343] signale une roche porphyroïde à la base du Salantin, au-dessus de Van-d'en-haut. Gerlach [Cit. 98, p. 15] mentionne et marque sur sa carte (f[lle] XXII) un *Porphyrlager* sur le flanc NW du Luisin au-dessus de Salanfe.

J'ai désigné sur ma carte ces gisements porphyroïdes par de petites croix rouges, sur fond gris, avec le monogramme **P**. Le plus important d'entre eux est celui qui se rencontre dans le cours du torrent de St-Barthélemi, sous Norlot[1] et que j'avais signalé déjà en 1872 [Act. soc. helv. Fribourg p. 60]. C'est une roche compacte, très dure, qui présente tous les caractères d'un *porphyre quartzifère*. La pâte est un magma rouge brique foncé, ou parfois grisâtre; on y voit de nombreux fragments ou cristaux de feldspath gris, et des grains de quartz translucides. Cette roche recouvre des schistes métamorphiques, auxquels elle m'a paru passer par transitions insensibles. Elle disparaît sous les alluvions torrentielles et sous le *Flysch,* qui recouvre transgressivement tous les terrains affleurant dans ce ravin (cp. 2).

A cause de son analogie avec d'autres lambeaux, plus nettement détritiques, j'avais considéré ce porphyre comme sédimentaire [Cit. 114, p. 10], mais M. le Dr C. Schmidt, qui en a fait une étude plus spéciale, l'assimile tout à fait au porphyre de la Windgälle (Uri), et le considère comme *éruptif!* [Cit. 167, p. 459 à 465].

Dans une excursion que je fis en 1886, avec MM. C. Schmidt et G. Steinmann, pour visiter le gisement de Norlot, nous trouvâmes deux autres affleurements du même porphyre, l'un au-dessus de la Rasse, au bas de la côte, l'autre un peu plus haut au bord du chemin de Norlot, mais nulle part je n'ai pu constater de disposition en filon authentique.

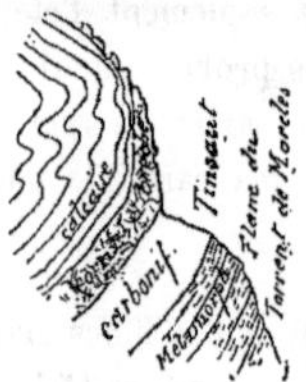

Cl. 2. Coupe sur le chemin de Lavey.

Antérieurement j'avais rencontré une roche rouge analogue sur la rive droite du Rhône, au-dessus de la source minérale de Lavey, à l'endroit dit Tsinsaut (cl. 2), en haut des lacets du sentier de Morcles. Elle y occupe la même position stratigraphique, à la partie supérieure du carbonifère métamorphique, et tout près de la cornieule; mais ici la texture est moins porphyrique, et la nature schisto-arénacée beaucoup plus évidente.

Plus bas, sous la grande paroi calcaire des Glapeys, au dernier affleurement houiller au-dessus des Bains de Lavey, à l'angle inférieur des lacets du même sentier, j'ai constaté un *grès rouge bréchiforme* ayant encore beaucoup d'analogie avec notre porphyre.

[1] Probablement Borloz, qui signifie en patois *brûlé*. Il y avait là un chalet, qui a été incendié.

Enfin, au-dessus de Haut-d'Alesse, près de Tête-de-Sierraz, droit en dessous de la cornieule, au point où ma carte porte le signe ⊥ 20° NW, j'ai rencontré, au milieu d'autres bancs décidément arénacés, une roche porphyroïde assez analogue à celle de Norlot, mais à texture plus fine et pâte plus rosée.

Ces trois derniers gisements me paraissent *certainement sédimentaires*. Ce sont des roches détritiques, de même âge que le poudingue rouge des Gorges, mais à éléments moins grossiers, parce que ces points se trouvent situés à la périphérie de l'ancien *cône de déjection*.

Arkose. — De Charpentier [Cit. 25 et 40] avait déjà signalé l'arkose aux environs de Morcles, à la limite des terrains cristallins et calcaires. Studer le mentionne également [Cit. 38]. M. Alph. Favre en parle aussi, et le classe dans le Trias [Cit. 73, p. 49, 50; et Cit. 91, II, p. 344, III, p. 436].

J'ai observé moi-même l'arkose, aux environs de Morcles, sur quatre points différents : *a*) vers Haut-de-Morcles; *b*) dans le torrent de la Rosseline, près de sa jonction avec celui de Morcles, et plus bas dans ce dernier (cl. 3); *c*) au bord de la route, sous les pentes de Malatrex; *d*) enfin sous le Roc des Glapeys, au coude supérieur des deux lacets du chemin de Lavey.

C'est un banc de grès compact de 2 à 3 mètres d'épaisseur, quartzo-feldspathique, de couleur claire, grise ou jaunâtre, avec parfois des grains de quartz rose. Sa position est bien celle qu'indique M. A. Favre [Cit. 73, pl. II, f. 7, 8], en dessous de la cornieule et au-dessus des schistes métamorphiques. Sans y attacher d'ailleurs beaucoup d'importance, je suis plutôt porté à le considérer comme une dépendance du terrain houiller. Son analogie avec les grès ci-après est mon principal argument.

Grès houillers. — Les grès plus ou moins métamorphiques sont très fréquents dans ce terrain. Ils s'y trouvent un peu partout, alternant tantôt avec les poudingues, tantôt avec les schistes; mais ils sont plus particulièrement abondants dans les régions où cesse le poudingue, ainsi aux environs de Morcles, de Haut-d'Arbignon, dans le cirque des lacs de Fully, à l'Oursine et à Rondonnaz.

Studer en parle dès 1834 sous le nom de *Foully-sandstein* [Cit. 38 et 52]. Ces grès sont tantôt plus fins, tantôt plus grossiers, parfois même bréchiformes. Leur ciment est souvent un peu cristallin ; et suivant qu'il devient talqueux ou micacé, les grès passent insensiblement aux schistes correspondants, semi-cristallins. Sur quelques points même ils deviennent pétrographiquement tout à fait semblables à certains gneiss du terrain métamorphique. C'est le cas près du village de Salvan, pour des couches incontestablement carbonifères, puisqu'elles sont comprises entre les bancs de poudingue. Ces grès métamorphiques ou semi-métamorphiques contiennent très souvent des cailloux roulés de quartz blanc, qui les distinguent volontiers de leurs congénères plus anciens.

Schistes ardoisiers. — Les schistes argileux forment avec les poudingues une des roches principales de la contrée. Dans ma carte et sur mes coupes je les ai représentés par de petits traits bleus sur fond gris, $\mathbf{H}^2$. On peut juger par là de leurs alternances réitérées avec les poudingues $\mathbf{H}^1$ (cp. 14). Ce sont des schistes plus ou moins feuilletés, d'un gris-foncé allant jusqu'au noir ; souvent chargés de fines paillettes de mica, et passant à de véritables *psammites ;* d'autres fois ils deviennent *arénacés*, et passent aux grès, sans qu'on puisse établir de limite.

Les bancs les plus denses et les plus feuilletés sont souvent exploités pour *ardoise*, et fournissent d'excellents matériaux, moins beaux, mais tout aussi bons, que les ardoises siluriennes d'Anger, comme l'ont montré les essais de M. Schardt [Cit. 174, p. 5]. Les principales exploitations se trouvent à Vernayaz, Dorenaz et Alesse, et sont marquées sur ma carte par de petits marteaux rouges en croix. Dans quelques-unes de ces carrières on exploite non seulement des schistes argileux, mais aussi des schistes talqueux ou semi-talqueux ou aussi pétrosiliceux, de couleur plus claire, grisâtres ou verdâtres ; c'est le cas à Alesse par exemple.

Ces schistes sont loin d'être toujours *fossilifères*, mais tous nos gisements de plantes houillères se rencontrent dans ces dits bancs, à des niveaux divers.

Schistes violacés. — Une variété de schiste qui mérite une mention spéciale, à cause de sa constance à un niveau parfaitement déterminé, c'est celle dont parle M. A. Favre, sous le nom de *Schistes argilo-ferrugineux* *rouges et verts,* et qu'il classe, avec l'arkose, dans le Trias. [Cit. 73, p. 49; et 91, III, p. 439.] A Morcles et au Col-de-Jora, il les a constatés droit en dessous de la cornicule, et au-dessus de l'arkose [Cit. 73, pl. II, f. 7 et 8]. Dans la coupe ci-jointe, relevée par moi à 500 mètres au NE du village de Morcles (cl. 3), ils figurent sous le nom de *schistes lie de vin,* qu'on leur donne parfois. Je les ai rencontrés sur beaucoup d'autres points, et toujours aussi à la partie supérieure du terrain houiller, droit en dessous de la cornicule, savoir : Près du petit lac au S. de Salanfe; au N. de Salvan; dans le torrent de la Rosseline, au NE de Morcles; dans le Torrent-Sec, près du sentier de Haut-d'Arbignon; sur Pacoteires; au Portail-de-Fully; un peu à l'ouest de Plan-Lérié; sous le Grand-Chavalard, etc.

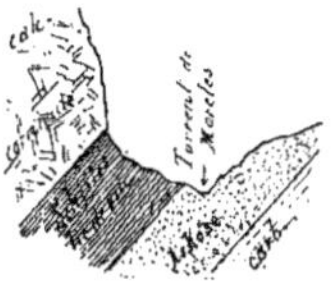

Cl. 3. Coupe sur le chemin de Haut-de-Morcles.

Ce sont des schistes assez fissiles, ordinairement violacés, plutôt que rouges, mais présentant souvent des parties vertes. Je n'y ai point pu trouver de fossiles. Ils n'atteignent jamais une grande épaisseur. Si je les place dans le Carbonique, plutôt que dans le Trias, c'est qu'ils me paraissent occuper la même position, et jouer le même rôle, que le poudinque rouge des Gorges, dans les intercalations duquel on trouve des schistes semblables. Ce pigment rouge doit provenir de certaines sources ferrugineuses, qui paraissent avoir jailli vers la fin de la période carbonique, peut-être à l'époque permienne, et qui auraient coloré soit les derniers graviers du cône de déjection susmentionné, soit les limons transportés plus loin dans le même bassin. Il y a donc, je pense, une certaine solidarité entre ces diverses roches rouges, y compris encore les roches porphyroïdes, et l'on ne saurait les séparer, pour placer les unes dans le Carbonique, les autres dans le Trias. L'arkose lui-même avec ses grains de quartz blancs et rosés, a beaucoup d'analogie avec certains *sables éjectifs*, qui accompagnent souvent les produits de sources ferrugineuses, comme ceux que M. G. Fabre a observés dans la Lozère [Bull. géol. Fr., 3e s. III, p. 584]. Cet ensemble de couches, terminant le terrain houiller, me paraît donc révéler, dans nos Alpes, une phase d'*éjections sidérolitiques,* à la fin de l'ère paléozoïque, comme nous en avons une également pendant le commencement de l'ère cénozoïque. Chacune de ces deux phases d'éjections correspond à une lacune dans la série sédimentaire, de laquelle nous devons conclure à une émersion prolongée.

Anthracite. — Enfin, comme roche encore plus rare que toutes les précédentes, mais présentant en revanche un grand intérêt industriel, je dois mentionner les bancs de combustibles minéraux qui sont intercalés parfois au milieu de nos schistes argileux.

A la Mine de la Mérenaz, au-dessus d'Alesse, le banc d'anthracite, exploité en 1872, avait environ 2 mètres d'épaisseur ; il se trouvait intercalé dans des schistes ardoisiers, et accompagné d'une sorte d'*ampélite* noire, moins schisteuse, à petites taches jaunes. Il formait un contour très remarquable, indiqué sur ma carte par les traits noirs $\mathbf{H}^3$. Dans le bas, en dessous de la Mine, les couches sont renversées, et plongent 65° SE; en s'élevant on les voit se redresser, et passer insensiblement au plongement normal NNE, d'abord de 70°, puis de 60°, et de moins en moins, à mesure qu'elles s'éloignent de la Mine dans la direction de Haut-d'Alesse. Ce gisement d'anthracite paraît appartenir à l'assise supérieure de schistes.

Une autre Mine d'anthracite est située au-dessus de Collonges, plus bas que les chalets de Plex. Elle a été exploitée, paraît-il, pendant une 15^{ne} d'années, dès 1825 ou 1826. Vers 1863, un éboulement a mis à nu le banc d'anthracite, qui se distinguait facilement depuis la vallée. Son affleurement est dirigé presque exactement du sud au nord. ($\mathbf{H}^3$ sur la carte.) L'exploitation fut reprise en 1879, et donna pendant quelques années de bons résultats.

En 1880 je fus appelé à visiter cette mine, avec l'ingénieur de la nouvelle Société, M. G. de Molin, de Lausanne. On avait percé deux galeries superposées, atteignant l'une et l'autre un même banc d'anthracite de 5 mètres d'épaisseur, qui plonge au S de 73°. Ce banc n'est pas intercalé dans les schistes, comme à la Mérenaz, mais dans des grès houillers, plus ou moins poudinguiformes, qui paraissent appartenir à la base du terrain carbonique. En examinant la position des couches dans ces galeries, et à l'entour, je constatai qu'elles formaient localement des contorsions en S, auxquelles me parut participer également le terrain métamorphique sous-jacent. Depuis cette visite, j'ai appris qu'on avait percé deux autres galeries, en dessous des précédentes, et qu'on était en train d'en percer une 5me, à la suite de la reconstitution de la Société d'exploitation.

Il existe aussi un banc d'anthracite près des ardoisières de Vernayaz, entre celles-ci et les lacets du chemin de Salvan, dans la zone centrale de schistes, qui va de Vernayaz à Salvan, et correspond probablement à l'assise supérieure d'Alesse et Mérenaz. Ce gisement, déjà mentionné par Gerlach [Cit. 98, p. 12] était abandonné lors de mes explorations. On a constaté, paraît-il, des affleurements de combustible tout le long de la ligne synclinale, jusqu'aux environs de Salvan.

Je mentionne encore les recherches infructueuses qui ont été faites sur territoire vaudois, dans le torrent de la Gourzine, et aux environs de Morcles, où l'on a trouvé quelques vestiges d'anthracite, utiles comme renseignements stratigraphiques, mais insuffisants pour une exploitation industrielle.

RELATIONS OROGRAPHIQUES

1. Contrée de Salvan.

De Finhaut à Vernayaz, la bande de terrain houiller forme un pli en V, dont la ligne synclinale correspond à peu près à la nouvelle route de Chamounix. Cette bande se subdivise en trois zones naturelles : Une zone centrale, essentiellement schisteuse, qui est formée des couches carboniques supérieures ; et deux zones latérales, composées surtout de poudingues, qui s'appuient de chaque côté sur les terrains métamorphiques. La carte de Gerlach [Cit. 98] marque bien les trois zones, mais elle élargit beaucoup trop la zone centrale aux dépens des deux autres. Il est probable que le thalweg de la vallée coïncidait autrefois avec l'axe synclinal, mais la rivière du Trient s'est frayée, au SE, une autre voie à peu près parallèle, et coule actuellement tout à fait en dehors de la bande carbonifère, au travers des couches du terrain métamorphique, dans lequel sont creusées les fameuses Gorges-du-Trient.

Le torrent du Triège, qui descend d'Emaney, et se jette dans le Trient un peu en dessous de Triquent, fournit une bonne coupe transversale du pli carbonifère. Les galeries que visitent les touristes dans les gorges du Triège, sont taillées dans le poudingue de la zone occidentale, dont les bancs plongent très fortement au SE. La route de Chamounix, dans son contour, traverse en bonne partie la zone centrale, formée de *schistes rouges, verts* et *gris*, qui un peu à l'est du pont sont absolument *verticaux*, et de là s'inclinent faiblement à droite et à gauche. La zone orientale de poudingues forme les rocs du bas de Triquent, jusque près du Trient. Cette coupe est presque entièrement en dehors des limites de ma carte.

A Marecotte, la zone centrale, très étroite, est formée de schistes ardoisiers, *semi-cristallins*, verts et parfois rougeâtres, qui sont à peu près verticaux, et dans lesquels on trouve fréquemment des cristaux de quartz hyalin. Ils présentent déjà quelques minces intercalations de poudingue quartzeux. Bientôt ces intercalations poudingoïdes deviennent, de droite et de gauche, plus fréquentes et plus épaisses. La zone occidentale de poudingue a un plongement SE qui passe insensiblement de 90° à 80°, et atteint presque 70° au contact du métamorphique, au pied de la paroi de roc qui supporte le hameau de Planajeur. La zone orientale a un plongement NW, qui diminue graduellement en s'éloignant du centre, depuis 80° jusqu'à 50° environ, mesuré au haut de la paroi métamorphique qui encaisse le Trient. Les deux branches de la synclinale ne sont donc pas tout à fait symétriques, la dernière étant moins fortement redressée, et présentant de plus un évasement par en haut.

Cet évasement est encore plus sensible aux approches de Salvan, où j'ai trouvé les bancs de poudingue, les plus rapprochés de la paroi du Trient, diminuant d'inclinaison jusqu'à 30°, 15° et même exceptionnellement jusqu'à 10°. Ma coupe 15 ne rend pas suffisamment bien cette courbure du bord E du V, qui est très marquée droit au sud de Salvan.

Au nord de Salvan la zone centrale devient plus large, et comprend dans son milieu les schistes ardoisiers, de couleur plus ou moins foncée, qui commencent déjà vers La Combe. Ces ardoises ont donné lieu à de nombreuses exploitations, qu'on voit tout le long de la route, mais actuellement elles ne sont plus guère utilisées que pour les besoins locaux. Je n'ai point pu y trouver d'empreintes végétales, mais les ouvriers m'ont assuré qu'ils en rencontraient parfois. Le Musée de Lausanne possède d'ailleurs quelques ardoises de Salvan, avec empreintes de fougères : *Cyatheites polymorphus, Callipteris Valdensis, Neuropteris flexuosa.*

Cette zone d'ardoises a un plongement général au NW, qui augmente graduellement à mesure qu'on s'élève sur le flanc de la vallée, depuis la route de

Salvan. Au hameau de Bioley, à peu près sur l'axe synclinal, le plongement est de 60° au NW. Un peu plus haut, dans les dernières exploitations d'ardoises sur le chemin de Granges, on atteint la *verticale;* puis le plongement est inverse. La zone occidentale de poudingues, qui commence au village des Granges, et va former ensuite la Tête-du-Dalley 1046 m., a un plongement SE, qui varie de 65° à 70°.

Au sud-est de la zone schisteuse, au delà de la route de Vernayaz, se retrouvent les poudingues, avec un plongement NW qui décroit de 75° à 50°. Ils forment à l'est de Salvan une série de mamelons rocheux, parallèles à la route, qui offrent un des plus beaux exemples de poli glaciaire. Dans cette zone orientale, comme dans l'autre, les poudingues sont en bancs irréguliers, disséminés au milieu de grès et schistes micacés, semi-cristallins, généralement de couleur grise ou verdâtre, très semblables à ceux de Marecotte. Ces roches schistoïdes se lèvent facilement en plaques, que les gens de Salvan emploient volontiers pour dalles, poêles, fours, etc. Les bancs de poudingues de leur côté sont utilisés pour la fabrication des meules.

Jusqu'ici le pli synclinal est sensiblement déjeté au SE, mais il se redresse graduellement dans la direction de Vernayaz, pour se déjeter au NW aux abords de la vallée du Rhône (cp. 15). Les couches voisines de l'axe synclinal décrivent ainsi une sorte de surface *hélicoïde.*

En suivant les rocs qui bordent la vallée du Rhône, des Gorges-du-Trient au nord, on voit le terrain métamorphique recouvert en parfaite concordance par les premiers bancs de poudingues, qui ont un fort plongement NW. Ces bancs se redressent de plus en plus en se rapprochant des ardoisières, et deviennent à peu près verticaux au bord de la petite combe occupée par les nombreux lacets du chemin de Salvan. Le banc d'anthracite se trouve entre les lacets et les ardoisières, et coupe l'angle du grand lacet inférieur. Les bancs exploités comme ardoise sont presque verticaux dans le bas, mais ils se courbent vers le haut, et prennent un plongement SE, qui varie de 80° aux ardoisières inférieures, jusqu'à 50° aux supérieures. Au beau milieu de ces couches d'ardoises j'ai observé encore quelques rares bancs de poudingue. La zone schisteuse est ici assez large, mais le bas est caché par des éboulis (**Eb** sur la carte). Son plongement est toujours SE. Au nord du vallon oblique, qui monte vers Savenay, on voit de nouveau les poudingues, zone occidentale, qui s'élèvent en écharpe, pour former la Tête-du-Dalley 1046 m. Au sud de cette Tête j'ai observé, au milieu des poudingues, une intercalation de schistes ardoisiers. Une autre bande semblable de schistes noirs contourne la Tête-du-Dalley au nord, et sépare les poudingues du terrain métamorphique. C'est dans celui-ci que sont creusées les gorges de la Salanche, qui aboutissent à la cascade de Pissevache.

Les ardoisières de Vernayaz ont fourni, comme celles de Salvan, quelques empreintes végétales, mais peu nombreuses et en général peu nettes. Je n'ai point pu en recueillir moi-même. Le Musée de Lausanne ne possède de là que *Neuropteris tenuifolia*; Oswald Heer indique en outre *Neuropteris Loshi* et *Sphenopteris Schlotheimi*. [Cit. 112.]

M. Jannettaz a étudié les propriétés thermiques de quelques-uns de ces schistes, de Salvan et de Vernayaz. [Bull. géol. Fr. 3e s. IV, p. 116.]

2. Contrée d'Outre-Rhone.

Au delà du Rhône, sur rive droite, le pli synclinal carbonifère est encore plus manifeste, et se remarque très bien de loin, par exemple depuis la gare de Vernayaz (cp. 14). Il est encore plus fortement déjeté au NW, et tandis que la branche septentrionale du V a un plongement SE plus faible qu'à Salvan, l'autre branche est absolument verticale, et même un peu renversée.

Les alternances de poudingues et schistes ardoisiers sont fréquentes dans cette région. Vers la base des bancs de poudingue s'intercalent souvent quelques couches schisteuses plus ou moins épaisses. Celles-ci sont fréquemment assez feuilletées et régulières pour servir d'ardoises, aussi voit-on parfois au bord des chemins de petites exploitations locales. C'est le cas en particulier le long du chemin qui monte à Alesse par Fourgnon, lequel traverse la série des bancs depuis les terrains métamorphiques.

Il y a toutefois deux assises schisteuses principales, l'une vers la base des poudingues, l'autre dans leur milieu, ou vers le haut, qui participent toutes deux à la disposition synclinale en V déjeté, et la rendent plus apparente. C'est dans ces deux assises que se trouvent naturellement les principales exploitations d'ardoises, qui constituent la grande industrie de la contrée. J'ai désigné sur ma carte les poudingues par le pointillé rouge $\mathbf{H}^1$ et les schistes ardoisiers par les traits bleus H^2. L'alignement de ces points et de ces traits représente autant que possible l'affleurement des couches.

a) **Assise schisteuse inférieure.** — Derrière l'extrémité sud du village de Dorenaz (dit aussi Diablay), cette assise se trouve au niveau du sol de la vallée. L'axe synclinal passe un peu au sud des dernières maisons, derrière lesquelles se trouve une carrière d'ardoise. De ce point la bande schisteuse diverge, en formant les deux branches d'un V inéquilatéral, ainsi que le montrent la carte et la coupe 14.

Le chemin d'Alesse, qui quitte la vallée au N. de Dorenaz, traverse d'abord les roches métamorphiques jusqu'à son premier grand coude, dirigé au sud, puis fait divers lacets au milieu des schistes inférieurs, mêlés de quelques bancs de poudingues; il monte au travers des poudingues jusqu'à Fourgnon, où il atteint l'assise schisteuse supérieure. Dans tout ce trajet le plongement est assez régulièrement d'environ 60° au SE.

L'assise schisteuse inférieure continue à s'élever en écharpe, au travers d'une côte boisée et rocailleuse jusqu'à Plex. Elle a donné lieu à divers essais d'exploitation qui s'aperçoivent depuis la vallée.

C'est dans ce parcours que se trouve le gisement fossilifère de la Croix-du-Boët[1], qui m'a fourni une vingtaine d'espèces de plantes terrestres, parmi lesquelles dominent les *Cordaites* et les *Neuropteris*. Les types les plus communs sont: *Cordaites borassifolius, Cord. microstachys, Lepidophyllum caricinum, Neuropteris flexuosa.* Le plongement est exactement le même que plus bas vers Dorenaz, savoir d'environ 60° au SE. Le gisement proprement dit, où j'ai recueilli moi-même des plantes fossiles assez nombreuses, se trouve vers le bas de l'assise schisteuse, un peu en dessous de la Croix-du-Boët, mais j'ai retrouvé encore quelques empreintes plus haut sur le sentier qui mène à Plex. Ici l'assise schisteuse inférieure est précédée par un banc de poudingue, peu épais, qui repose sur les schistes métamorphiques, en stratification concordante. [Cit. 169, p. 80.]

En dessous du petit plateau verdoyant de Plex se trouve, à 1123 m., la

[1] L'astérisque qui désigne ce gisement est mal placé; il devrait être bien plus près de Plex, droit au-dessus de la Mine, et beaucoup plus haut dans la côte rocheuse. [Cit. 169, p. 81.]

Mine d'anthracite dont j'ai parlé p. 46. J'ai une fougère, *Cyatheites dentatus*, trouvée par Cherix dans les schistes, près de l'entrée de la Mine.

Le *replan*, sur lequel se trouvent les chalets et le pâturage de Plex, doit évidemment son origine au peu de dureté de cette assise schisteuse. Mais le sous-sol est ici recouvert d'un lambeau de terrain glaciaire, qui montre plusieurs beaux blocs erratiques, et forme même un bourrelet morainique du côté de la vallée, au bord de l'escarpement. Cette disposition s'observe fort bien dans la coupe naturelle, produite par l'éboulement de 1863.

Au nord de Plex on retrouve les schistes, sortant de dessous l'erratique, et se continuant au N, contre Haut-d'Arbignon, dans le profond ravin du Torrent de Laboyeu, en dessous des Rochers-des-Gorges. Le sentier qui mène de Plex à Arbignon suit presque exactement l'assise schisteuse, et l'on y trouve fréquemment des traces végétales. Ce sentier est traversé par un ruisseau, marqué sur ma carte, qui va se jeter dans le torrent de Laboyeu. Il descend des Gorges, en nombreuses petites cascades parallèles, dans un cirque de rochers très pittoresque. Les gens du pays appellent ces cascades Fontaines-du-Midi ou Fontaines-de-Douay. J'ai adopté le premier de ces noms pour un gisement fossilifère intéressant, que Cherix a découvert en 1877 un peu en dessous du sentier. Ce gisement m'a fourni une douzaine d'espèces de plantes, citées dans la colonne F du tableau ci-après. Les plus fréquentes sont : *Annularia longifolia, Neuropteris tenuifolia, Sphenopteris nummularia.*

Je viens de décrire l'affleurement septentrional de l'assise schisteuse inférieure, ou si l'on veut la branche gauche du V, jusqu'aux environs d'Arbignon. Je retourne maintenant en arrière jusqu'à Dorenaz, pour parcourir, de même, sa branche droite ou l'affleurement schisteux méridional, qui s'élève verticalement contre Alesse.

Un peu au sud du village de Dorenaz, la plaine d'alluvion est coupée obliquement par le Rhône, qui vient baigner le pied des rochers (cote 461 m.). La dernière portion de terrain plat au bord du Rhône est nommée le Plan-des-Crottes ; on y voit en général des dépôts d'ardoises, qu'on amène sur de petits traîneaux, depuis les exploitations situées au-dessus. C'est en ce point qu'aboutit un petit vallon fortement incliné, ou un grand couloir, qui dès Alesse descend directement au Rhône. Ce vallon, parcouru par un mauvais chemin en zig-zag, qu'on nomme le chemin des traîneaux, est dû précisément à l'affleurement méridional de l'assise schisteuse inférieure, qui s'élève en bancs verticaux jusqu'au-dessus du village d'Alesse. Les ardoises y sont exploitées sur un bon nombre de points, à diverses altitudes, mais je n'ai pas appris qu'on y ait jamais trouvé de fossiles, ni d'anthracite. Les bords saillants du couloir sont formés par les roches plus dures supérieures et inférieures : au NW les poudingues, dont les bancs verticaux supportent le village d'Alesse; au SE les terrains métamorphiques, dont j'ai déjà parlé p. 33. Si ma mémoire et mes notes sont exactes, il y a encore quelques bancs de poudingue entre l'assise schisteuse et le métamorphique, s'élevant depuis Plan-des-Crottes, jusque sous Champex.

Au-dessus d'Alesse, à la hauteur de la Giétaz, la bande schisteuse se renverse faiblement par dessus le poudingue, qui forme l'éminence cotée 1354 m.

b) **Poudingue moyen.** — Une épaisseur considérable de bancs de poudingue **H**[1] forme un second V synclinal, emboîté dans le précédent. A partir des Rochers-des-Gorges, qui en sont presque entièrement formés, ces bancs de poudingue, déjà décrits au point de vue pétrographique p. 40, passent au-dessus de Plex, et s'abaissent vers le sud jusqu'après Dorenaz, où leur ligne syclinale aboutit presque au niveau de la vallée du Rhône. De là ils se relèvent en bancs verticaux jusqu'au dessus d'Alesse, pour s'infléchir et se renverser quelque peu, à hauteur de la Giétaz, et continuer, en décrivant une courbe, jusque près de Haut-d'Alesse. Le nouveau chemin qui descend de ces chalets sur la Giétaz se maintient presque constamment dans les poudingues.

Je n'ai jamais trouvé de fossiles dans ces bancs. Mais ce sont évidemment les rochers d'Outre-Rhône qui ont livré les myriades de blocs erratiques de ce poudingue, distribués sur le flanc droit de la vallée du Rhône et la rive nord du lac Léman. Or à diverses reprises on a trouvé dans ces blocs erratiques des troncs de *Sigillaria*, ou d'autres empreintes végétales d'âge houiller.

Lardy [Cit. 53, p. 86] mentionne une empreinte de *Sigillaria*, trouvée en 1846 par Merian, dans un erratique, sur la route d'Aigle au Sepey.

Morlot [Cit. 59] décrit un exemplaire de *Sigillaria Dournaisi*, trouvé à Antagne dans un bloc de poudingue erratique. Cet échantillon, assez bien conservé, a été figuré par Osw. Heer [Cit. 112, pl. 16, f. 2], et se trouve au Musée de Lausanne.

Dans sa *Flora fossilis*, Heer cite en outre deux erratiques trouvés à Ouchy et contenant, l'un *Pecopteris Serli*, l'autre *Calamites approximatus*.

Enfin nous avons au Musée de Lausanne deux empreintes de *Sigillaria*, moins nettes, mais plus grandes, dans des poudingues erratiques, l'un trouvé par Th. Gaudin en 1855 à Lausanne même, l'autre par Alexis Fayod - deCharpentier, dans la Gryonne près de Bex.

c) **Assise schisteuse supérieure.** — Cette nouvelle bande schisteuse, intercalée au milieu des poudingues, n'est pas moins importante que la première. C'est elle qui donne lieu aux principales exploitations d'ardoises. Elle correspond, me paraît-il, aux schistes ardoisiers de Salvan et Vernayaz. Mais ici le pli synclinal est moins comprimé, moins anguleux; et son point le plus bas se trouve à 800 m. d'altitude, un peu à l'ouest d'Alesse.

La branche gauche du V s'en va par Fourgnon dans la direction des Gorges. Je ne l'ai pas poursuivie au delà de Fourgnon, mais elle se remarque de loin par les traces d'anciennes exploitations d'ardoises, pour la plupart maintenant abandonnées. Le plongement m'a paru être le même que pour l'assise inférieure, 60° SE. Au-dessus de Fourgnon, sur le chemin d'Alesse se voyaient également de vastes carrières abandonnées.

Les grandes ardoisières souterraines, dites d'Alesse, que j'ai vues au contraire en pleine exploitation, et qui se trouvent un peu à l'ouest du village, presque à mi-distance de Fourgnon, appartiennent à la branche droite du V synclinal, qui s'en va au nord-est dans la direction de la Mérenaz. Dans ces carrières, les couches sont déjà renversées, et plongent de 70° au SE. Elles le sont encore davantage au chalet de la Mérenaz, où elles atteignent le plongement de 65° SE. Un peu plus haut à la Mine d'anthracite (voir p. 46), on voit clairement le contournement des couches, qui se redressent d'abord jusqu'à la verticale, pour reprendre ensuite le plongement normal, au NW, puis au N. Au-dessus de la Mine ⊥ 70°, puis un peu plus loin 60°. Je n'ai pas poursuivi au delà dans cette direction, mais à Haut-d'Alesse les couches deviennent presque horizontales.

Le banc d'anthracite de la Mérenaz participe à ce contournement. Il est intercalé au milieu des schistes ardoisiers, qui à son contact deviennent par places très noirs et assez tendres, formant ainsi une véritable *ampélite graphique*. Il s'y trouve, aussi par-dessus les schistes, un banc de *pétrosilex*.

De cette seconde bande schisteuse, je ne connais aucun fossile déterminable. Sur plusieurs points aux environs d'Alesse et de la Mérenaz j'ai vu des traces végétales, mais toujours indistinctes.

d) **Poudingues supérieurs.** — J'ai peu parcouru cette zone supérieure, qui suit naturellement les inflexions de l'assise schisteuse sous-jacente. De Mérenaz elle descend jusqu'aux grandes ardoisières d'Alesse, et atteint son point le plus bas, un peu en dessous du chemin d'Alesse à Fourgnon, sur l'axe synclinal. De là elle se relève par-dessus Fourgnon, dans la direction de Pacoteires, pour s'en aller former le haut des rochers des Gorges. C'est à cette bande supérieure qu'appartiennent surtout les *poudingues rouges*, qui se voient en éboulis au pied des Gorges et dans le cône torrentiel du Laboyeu, près de Collonges [Cit. 169, p. 80]. Je les ai trouvés *en place* au-dessus de Pacoteires, bien caractérisés par leur ciment rouge-violet, et avec intercalations de ces *schistes violacés*, que M. Favre plaçait dans le Trias (Cf. p. 45). J'en ai vu également des bancs considérables, sur le sentier qui descend de Pacoteires à Plex.

L'axe synclinal du plissement général est dirigé en gros du SW au NE, mais il forme une sorte de courbe en S très ouvert. Cet axe passe un peu à l'est de Pacoteires, près du bassin de fontaine, qui se trouve sur le chemin de la Mérenaz. De chaque côté on voit des plongements contraires, mais plus faibles que ceux précédemment indiqués. La synclinale tend donc à s'évaser de plus en plus dans ces parties supérieures, et plus haut vers le Mont-Bron, à 2476 m., elle n'est presque plus accusée.

Au bassin de Pacoteires, se voient des intercalations de schistes ardoisiers, semblables à ceux des deux assises précitées. J'y ai trouvé quelques empreintes végétales, pas trop mal conservées, parmi lesquelles j'ai pu reconnaître : *Cordaites borassifolius* et *Carpolites disciformis*.

Vers le haut, et dans la direction de l'est, les poudingues disparaissent petit à petit, et se transforment en *grès houillers*, plus ou moins schisteux. Déjà sur le chemin qui monte à Haut-d'Alesse, vers l'endroit où cesse sur ma carte le pointillé rouge, on voit les bancs de poudingues de plus en plus espacés, et entremêlés de grès micacés semi-cristalins. Dans les poudingues eux-mêmes, on voit les galets de quartz blanc devenir de plus en plus rares, et finir par disparaître entièrement.

Dans tout le haut de la montagne d'Alesse, dit Terpino, jusqu'au Mont-Bron 2476 m. et à la montagne de Fully, je n'ai presque plus trouvé trace de poudingue. La roche est alors un grès grisâtre plus ou moins foncé, tantôt plus fin, tantôt plus grossier, souvent schistoïde, entremêlé de schistes plus ou moins feuilletés, noirs, verdâtres, gris, et même blancs. Le plongement varie suivant les places, mais est en général faible; sous Mont-Bron il est d'environ 35° SW. Sous l'arête dolomitique, dite Pointe-de-la-Porte, qui limite la montagne d'Alesse au SE, le plongement est dirigé au NW et varie de déclivité, depuis 50° sous la Loë-des-Cendres, jusqu'à 20° seulement à l'extrémité sud du lambeau dolomitique, avant Tête-de-Sierraz. Enfin un peu plus bas, vers les chalets de Haut-d'Alesse, il n'est plus que de 10° au NW. Il y a donc là un pli synclinal, qui fait probablement suite à celui de la région inférieure, mais dont l'axe aurait subi une déviation à l'est, correspondant au contournement des couches, si visible à la Mérenaz.

3. Contrée d'Arbignon

On désigne sous ce nom toute la partie septentrionale de la commune d'Outre-Rhône, à partir du Torrent de Laboyeu, qui se jette dans le Rhône à Collonges, jusqu'à la frontière vaudoise, soit au Torrent-Sec. On y comprend en outre tout le Creux-de-Dzéman au NE des Gorges, dont il est séparé par l'arête de Bétzaté. Enfin cette dénomination géographique s'étend encore sur une portion du territoire vaudois de l'ancienne commune de Morcles. Il y a au sud de Haut-de-Morcles un torrent qui, sur le cadastre vaudois, porte le nom de Maye-d'Arbignon. — La contrée d'Arbignon comprend ainsi la plus grande partie du flanc ouest des Dents-de-Morcles, depuis les rochers de la Grandvire jusqu'au bord du Rhône.

Ce nom, si fréquemment cité, comme gisement fossilifère d'âge houiller, a été écrit de diverses manières : Studer, en 1834 [Cit. 38, p. 167], écrivait Derbignon, et en 1851 [Cit. 52, p. 364], Erbignon. Blanchet de son côté a écrit en 1849 [Cit. 50] Herbignon, puis en 1855 Erbignon [Cit. 65]. D'autre part les chalets, près desquels se trouvent les gisements de plantes fossiles, étaient nommées sur la carte topographique fédérale (atlas Dufour) Haut-de-Collonges, et le nom de Erbignon n'y figurait nulle part. Pour trancher cette question de nomenclature je m'adressai en 1863 à M. l'ingénieur

Venetz, qui transmit ma demande à M. le préfet de Saint-Maurice. Celui-ci eut la complaisance de faire, à mon intention, des recherches dans les archives officielles du district.

Il ressort de cet examen que le nom véritable est Arbignon ; c'est ainsi qu'il est habituellement écrit dans les actes officiels. Erbignon en est une corruption, parfois employée dans le patois du pays. Les autres manières d'écrire sont absolument fautives. Les chalets en question se nomment proprement Haut-d'Arbignon, mais comme ils dépendent du village de Collonge, ils peuvent être aussi appelés Haut-de-Collonges, c'est-à-dire la montagne de Collonges.

C'est d'après les renseignements que je lui avais fournis, que le professeur Heer a adopté cette orthographe dans sa *Flora fossilis Helvetiæ*.

Tout le bas d'Arbignon est formé de terrain métamorphique, jusqu'à peu de distance des chalets de L'Haut. Je n'ai donc à m'occuper maintenant que de la montagne de Dzéman, de L'Haut-d'Arbignon et du prolongement des couches houillères du côté de Morcles. Je procéderai dans cet ordre, marchant ainsi du sud au nord.

La montagne de Dzéman[1] est un vallon, en forme d'amphithéâtre allongé, descendant du Mont-Bron, dans la direction d'Arbignon, et séparé des montagnes d'Alesse et de Plex par l'arête de Bétzaté. Le bas de la montagne, jusqu'à la cote 2061 m., est formé principalement de poudingue, en particulier de poudingue rouge, continuation évidente de celui des Gorges. Ces bancs de poudingue s'étagent les uns au-dessus des autres, avec un plongement général d'environ 30°, d'abord au NE au-dessus du Chalet-Neuf, puis déviant de plus en plus à l'est vers le fond du vallon. Leurs affleurements sont en demi-cercle, comme j'ai cherché à le représenter sur ma carte par les lignes pointillées rouges.

A mesure qu'on s'élève les intercalations schisteuses et arénacées deviennent de plus en plus importantes, et les poudingues plus rares. Ces derniers disparaissent presque entièrement dans le haut de la montagne, dite le Creux-de-

[1] B. Studer [Cit. 52] écrit Jaman. Ce serait peut-être bien la traduction française du nom patois Dzéman ; mais cette expression aurait le double inconvénient de ne pas être comprise dans la contrée, et de faire confusion avec la Dent-de-Jaman au-dessus de Montreux.

Dzéman, et sont remplacés par des grès pétrosiliceux, plus ou moins métamorphiques, dont quelques-uns sont presque des quartzites. Les dentelures de l'arête de Bétzaté sont formées par le passage, au travers de l'arête, des bancs de poudingue, dont le dernier forme le sommet coté 2390 m. De là jusqu'au Mont-Bron 2476 m., l'arête, entièrement schisteuse ou arénacée, est beaucoup plus uniforme.

Il en est de même de l'arête qui sépare le Creux-de-Dzéman des lacs de Fully, laquelle est formée d'alternances de schistes ardoisiers noirâtres, avec des grès quartzeux, gris-blanchâtres, scintillants. Les bancs sont plus ou moins verticaux, plongeant tantôt d'un côté, tantôt de l'autre, mais guère moins de 70°. Leurs affleurements courent à peu près N-S, et près du Mont-Bron, ils sont ainsi tangents à l'arête. Plus au nord ils la coupent d'abord obliquement, puis transversalement, et vers le Col-des-Cornieules les couches sont contournées en S, parallèlement à l'affleurement triasique (cl. 4). J'ai cherché à rendre, sur ma carte, cette singulière disposition des affleurements par la direction des traits bleus qui désignent les schistes, mais je n'y ai que très imparfaitement réussi. Je dois aussi faire quelques réserves relativement aux traits bleus à l'ouest du Mont-Bron, qui ne répondent pas du tout à mon intention, et rendent mal les affleurements schisteux presque verticaux, marqués sur les saillies au lieu de l'être au fond des couloirs.

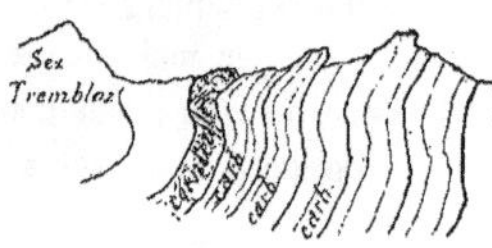

Cl. 4. — Col-des-Cornieules.

J'en viens maintenant à L'Haut-d'Arbignon, où le terrain houiller est beaucoup moins épais, mais contient en revanche nos deux principaux gisements fossilifères. Ceux-ci ont été désignés souvent par les termes de *ancien* et *nouveau* gisement, en raison de la découverte plus récente de ce dernier ; mais il m'a paru utile de les distinguer d'une manière plus précise par les noms locaux, usités dans la contrée : Brayaz-d'Arbignon et Combaz-d'Arbignon, désignations que Osw. Heer a également adoptées, sur mon avis. Ces deux gisements ne sont pas au même niveau stratigraphique ; car tandis que les couches fossilifères de Brayaz sont assez près de la limite supérieure du carbonifère, celles de Combaz par contre appartiennent incontestablement à l'assise schisteuse inférieure que j'ai précédemment décrite.

Le gisement fossilifère de Combaz-d'Arbignon a été découvert, si je suis bien informé, vers 1860. Je le visitai pour la première fois en 1862, après en avoir reçu des fossiles, récoltés l'année précédente par mes pourvoyeurs. Ce gisement est situé droit au sud des chalets de L'Haut, au bord du torrent de Poëzieu[1], un peu au-dessus de son confluent avec celui de Pseut. La roche est un schiste ardoisier noir, assez fissile ; les empreintes végétales s'y détachent en banc argentin ou en bronzé; elles sont assez abondantes et en général très nettes. C'est de là que le Musée géologique de Lausanne possède les plus belles et les plus grandes pièces, et aussi le plus grand nombre de types divers: 27 espèces de végétaux terrestres de Combaz figurent dans nos vitrines ; Osw. HEER en cite 3 autres que nous n'avons pas, ce qui fait une florule d'une 30^{ne} d'espèces, dont les plus abondantes sont : *Cyatheites dentatus*, *Pecopteris Pluckeneti*, *Annularia brevifolia*. Nous possédons en outre une aile d'insecte, qui ressemble au genre *Chrestotes*.

En 1877 PH. CHERIX attaqua des couches inférieures, qui n'avaient pas encore été exploitées, et y trouva plusieurs plantes, inconnues jusqu'alors dans ce gisement, dont quelques-unes même entièrement nouvelles pour la flore carbonifère suisse [Cit. 134, p. 399]. Les espèces les plus remarquables de ce niveau inférieur sont : *Cordaites borassifolius ; Sphenophyllum erosum ; Annularia radiata.*

Je n'hésite pas à considérer le gisement de Combaz comme appartenant à l'assise schisteuse inférieure, à laquelle appartiennent déjà les gisements de Croix-du-Boët, et de Fontaines-du-Midi. La bande schisteuse se continue depuis Plex, par-dessous les rochers des Gorges, jusqu'au confluent des deux torrents susmentionnés, qui contribuent à former le cours du Laboyeu. Ces schistes reposent d'ailleurs sur un banc de poudingue [Cit. 169, p. 82].

Les schistes de Combaz sont recouverts par une série de bancs de grès et de poudingues, avec alternances schisteuses, dont le plongement général est d'environ 25° E (cp. 3). Les poudingues jouent ici un rôle secondaire, et ne sont pas prédominants comme plus au sud. Arbignon se trouve évidemment à la périphérie du grand cône graveleux dont j'ai parlé plus haut (p. 41).

Ces bancs arénacés paraissent être bien pauvres en fossiles car, à une seule

[1] Bozy, sur la carte Siegfried [Cit. 169, p. 85].

exception près, je n'ai pas connaissance qu'on y ait rencontré de débris organiques déterminables. L'exception consiste dans deux petits corps cylindriques, à surface sculptée, que j'ai trouvés moi-même dans un grès grossier, au point où le chemin, qui descend des chalets de L'Haut, traverse le torrent de Poëzieu. HEER les a rapportés à *Sternbergia approximata*, qu'il considère avec CORDA comme le corps médullaire d'une lycopodiacée : *Lepidophloyos crassicaulis*. L'un de ces échantillons a été figuré par lui [Cit. 112, pl. 21, f. 2], mais un peu restauré. L'un et l'autre sont conservés au Musée de Lausanne.

Le gisement fossilifère le plus anciennement connu, celui de Brayaz-d'Arbignon fait partie d'une nouvelle zone schisteuse qui recouvre ce complexe arénacé. Il se trouve au bord du même chemin, qui des chalets de L'Haut conduit à Dzéman, mais un peu plus à l'est, avant la traversée du torrent de Pseut. Les fougères, et autres débris végétaux, se trouvent dans un schiste foncé, peu feuilleté, parsemé de fines paillettes de mica, parfois très nombreuses. C'est une sorte de psammite schisteux, plutôt qu'un vrai schiste. Les empreintes végétales s'y détachent habituellement en blanc ou en bronzé. J'ai au Musée 18 espèces, provenant avec certitude de ce gisement. En y ajoutant les autres plantes citées par O. HEER de diverses collections, cela fait un total de 31 espèces, parmi lesquelles la plus commune est *Neuropteris flexuosa*, forme type, et variété *N. tenuifolia*.

Avec ces plantes terrestres, s'est aussi trouvée une aile d'insecte *Prognoblattina helvetica*, dont le professeur HEER a donné une restauration dans la 2de édition de son *Urwelt der Schweiz* [Cit. 85, p. 24].

Ce gisement de Brayaz est assez rapproché de l'affleurement de cornieule qui limite le terrain carbonifère. Entre deux se trouvent des bancs plus arénacés, qui passent quelque peu aux poudingues, mais la grande masse des poudingues rouges des Gorges et de Dzéman fait ici complètement défaut. Il me paraît assez probable que les schistes de Brayaz représentent l'assise schisteuse supérieure d'Alesse, Mérenaz, etc., qui là ne m'avait point fourni de fossiles ; toutefois je n'ai pas pu établir la continuité des couches d'un point à l'autre, car l'affleurement de cette assise schisteuse moyenne devrait traverser les rochers des Gorges, dont l'accès est difficile.

Il y aurait donc peut-être à Arbignon une lacune considérable à la partie supérieure du terrain carbonique, laquelle, jointe à l'élimination graduelle des poudingues entre les deux zones schisteuses, expliquerait la prodigieuse diminution d'épaisseur de ce terrain, qu'on remarque déjà à Arbignon et plus encore dans la direction de Morcles.

Au nord des chalets de L'Haut-d'Arbignon les poudingues tendent à disparaître tout à fait, comme le représente le pointillé rouge sur ma carte. Les schistes ardoisiers inférieurs se voient encore, un peu au delà du bassin de fontaine, sur le sentier qui conduit à L'Haut-de-Morcles. J'y ai recueilli quelques rares empreintes végétales, spécialement *Annularia radiata*. Quelques autres fossiles, mentionnés aussi dans la colonne **A** du tableau ci-après, ont été recueillis par Ph. Cherix au nord des chalets d'Arbignon.

Au delà il n'y a plus guère de distinction possible dans le terrain carbonique, qui devient très difficile à séparer du terrain métamorphique sous-jacent.

4. Contrée de Morcles.

Au nord du Torrent-Sec, sur territoire vaudois, le terrain houiller est beaucoup moins développé. J'ai même douté quelquefois de sa présence, tellement il devient métamorphique et s'assimile de plus en plus aux roches que j'ai groupées sous ce nom. Il y a toutefois quelques indices qui m'ont prouvé son existence tout autour du massif cristallin, jusqu'au-dessus de Lavey-les-Bains, et qui m'ont fait prolonger jusque-là la bande grise **H** de ma carte.

Voici ces indices :

Dans le ravin de la Gourzine, premier torrent qu'on rencontre au nord du Torrent-Sec, un peu au-dessus du sentier qui conduit de Haut-d'Arbignon à Haut-de-Morcles, se trouve un petit affleurement de combustible, qu'on a essayé autrefois d'exploiter. Je n'ai pu voir que l'entrée de la galerie, maintenant obstruée. J'en ai rapporté quelques fragments d'anthracite. La roche encaissante est formée de schistes assez semblables à ceux d'Arbignon, et je n'ai pas de doute qu'ils n'en soient la continuation.

Des roches semblables se rencontrent, plus ou moins distinctes, en dessous de la bande de cornieule, jusqu'à L'Haut-de-Morcles, et au pied de la grande paroi calcaire qui domine le Torrent-de-Morcles (cp. 2 et 14).

Sur les bords du torrent de La Rosseline, un peu au-dessus de son confluent avec celui de Morcles, le caractère houiller s'accentue davantage. On y a même fait anciennement une ou deux tentatives d'exploitation de combustible, dont on peut voir encore les traces. J'ai trouvé là des psammites foncés, à nombreuses paillettes de mica gris, tout semblables à ceux de Brayaz-d'Arbignon; puis les schistes violacés et les arkoses, que j'ai toujours constatés à la limite supérieure du Carbonique.

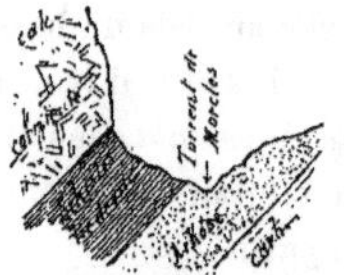

Cl. 5. Coupe sur le chemin de Haut-de-Morcles.

De là les couches houillères se maintiennent presque constamment sur la rive gauche du Torrent-de-Morcles, tandis que la rive droite est formée de cornieule (cl. 5).

Un peu en dessous de Morcles, sous Malatrex, la cornieule envahit la rive gauche du torrent, et se voit au bord de la route de Morcles, où elle est adossée contre l'arkose.

Un peu plus bas c'est au contraire le carbonifère qui traverse de nouveau le torrent et vient former le crêt de Tsinsaut (cl. 2), où commencent les nombreux lacets du sentier de Morcles à Lavey. C'est là que j'ai constaté ce grès ou conglomérat bréchiforme rouge, qui devient parfois porphyroïde. Comme je l'ai dit, p. 43, il me paraît incontestable que c'est un équivalent du poudingue rouge des Gorges, et dès lors je n'ai pas hésité à teinter ces couches comme terrain houiller.

Au bas des lacets précités, le sentier de Lavey s'étend presque horizontalement à la base des rocs calcaires des Glapeys, et traverse le haut des grands éboulis qui descendent jusqu'au Rhône, vers Lavey-les-Bains. Vers le milieu de ce parcours ce sentier forme encore deux petits lacets, omis sur ma carte, au bord desquels j'ai trouvé les derniers affleurements carbonifères de cette contrée, avec un pongement d'environ 60° N. A l'angle SE du lacet supérieur j'ai retrouvé le grès arkose, et au même angle du lacet inférieur des couches rouges schistoïdes analogues à celles de Tsinsaut. Tous les environs sont couverts d'éboulis, et partiellement aussi de glaciaire. On ne peut donc voir l'extrémité septentrionale de la bande carbonique, qui devrait aboutir au seuil de la vallée du Rhône, non loin de l'hôtel des Bains (cp. 2 et 14).

Je pourrais ajouter que Osw. Heer a cité de Morcles deux fougères carbonifères : *Pecopteris Grandini* et *Neuropteris heterophylla* [Cit. 112]; mais il me paraît probable qu'il a été induit en erreur sur leur gisement [Cit. 134, p. 396].

5. Contrée du Salantin.

C'est aussi pour des raisons purement pétrographiques que j'ai marqué une bande carbonifère (gris **H**) sur la rive gauche du Rhône, autour du massif métamorphique du Salantin. Si l'on croyait devoir faire abstraction du terrain houiller sur territoire vaudois, depuis Morcles jusqu'à Lavey-les-Bains, il faudrait le supprimer également de ce côté-ci du Rhône. Mais cela ne pourrait se faire qu'en considérant l'arkose, les schistes violacés, et les roches rouges porphyroïdes, comme se rapportant soit au trias soit au terrain métamorphique infra-houiller, tandis qu'ils me paraissent indubitablement contemporains du poudingue rouge des Gorges, qui est en tout cas d'âge carbonique, et représente peut-être le permien.

C'est au bord de la plaine du Rhône, derrière les maisons du hameau d'Epinaccy, que j'ai constaté le premier affleurement des roches semi-cristallines que je rattache au carbonique. Elles s'élèvent contre Jardaire, recouvertes en partie d'éboulis, qui les séparent de la base des rochers calcaires. Au-dessus de Jardaire j'ai constaté entre-deux la cornieule, de sorte que l'analogie est complète avec les environs de Morcles.

Depuis Jardaire on peut arriver au torrent de St-Barthèlemi, par de très mauvais sentiers, qui suivent à peu près la bande de cornieule. On voit bouillonner le torrent au fond d'une gorge profonde, creusée dans ces roches semi-métamorphiques (cp. 2). Puis un peu plus haut la rive gauche est formée de cornieule, et la rive droite de ces roches que j'estime houillères (cp. 15). Au confluent du ruisseau qui descend des chalets de Jora, les deux rives du torrent de St-Barthèlemi sont formées de porphyre recouvert sur rive gauche par le Flysch (voir p. 42).

Les chalets de Jora (cp. 3) sont encore situés sur notre bande carbonique, au-dessus de laquelle réapparaît la cornieule, cachée longtemps sous le Flysch et les éboulis. Le chemin qui monte au Col-de-Jora forme ses lacets dans les mêmes horizon géologiques, mais les roches sont fréquemment recouvertes d'éboulis. Au Col même le chemin de Salanfe passe sur les schistes violacés et verts, plongeant de 35° au NW sous la cornieule, tandis qu'au-dessous de ces schistes M. A. Favre avait déjà signalé le grès arkose [Cit. 73, p. 50, pl. II, f. 8].

De là les terrains en question descendent en écharpe, en dehors du cadre de ma carte, jusqu'à la petite plaine alluviale de Salanfe, et reparaissent de l'autre côté, s'élevant de nouveau dans la direction du col d'Emaney. Près du petit lac, marqué sur la carte Dufour au 100 millième, j'ai observé, en dessous de la cornieule, des schistes feuilletés rouges et verts, plongeant 35° NW, et reposant sur un grès grossier à petits cailloux de quartz blanc, tout à fait comme au Col-de-Jora.

6. Contrée de Fully.

Dans les §§ précédents j'ai décrit la bande septentrionale du terrain houiller, qui entoure l'extrémité du massif cristallin des Aiguilles-rouges. J'en viens à la branche E. qui entoure l'extrémité du massif du Mont-blanc.

Le petit bassin ovalaire qui comprend les lacs de Fully à 2000 m. et 2133 m. d'altitude (cp. 13) est entièrement formé de terrain carbonifère, ainsi que B. Studer l'avait déjà reconnu en 1834 [Cit. 38, p. 168]. Ce sont des alternats réitérés de grès et de schistes, qui forment des affleurements semi-circulaires concentriques. A l'ouest les couches sont redressées plus ou moins verticalement. A l'est elles sont beaucoup moins inclinées, et plongent sous le Grand-Chavalard.

Les grès, que Studer avait désignés par le nom de *Foully-Sandstein*, sont des grès scintillants, blancs rosés, ou blancs jaunâtres, ayant ainsi une assez grande analogie avec l'arkose de Morcles. On n'y trouve guère de cailloux enchâssés. Les schistes sont assez feuilletés, ordinairement noirs et analogues aux schistes ardoisiers d'Outre-Rhône, mais parfois aussi rouges violacés, surtout au SE de ce petit bassin.

Oswald Heer a cité une tige de *Calamites Cisti*, trouvée au Crêt-de-Fully. Je pense qu'il s'agit de la crête qui borde ce bassin au sud des chalets, et domine la vallée du Rhône. Je ne connais aucune autre trouvaille de fossiles dans cette contrée.

Au SW, le terrain houiller se prolonge en pointe par le Portail-de-Fully, jusqu'à la Tête-de-Sierraz 2098 m., et supporte un lambeau calcaire, prolongation détachée du Grand-Chavalard (cp. 14). A l'extrémité SW de ce lambeau calcaire, et en dessous de la cornieule, qui en forme la base, j'ai trouvé les couches carboniques plongeant de 20° NW seulement, et formées de grès semi-métamorphiques, verdâtres, grisâtres, rosés et porphyroïdes.

Au SE la bande carbonique se prolonge par-dessous le Grand-Chavalard, jusqu'à L'Oursine, constamment limitée par la bande triasique. Le chemin à vaches de l'Alpe-de-Fully suit presque constamment la limite des deux terrains, que l'on voit affleurer, tantôt l'un, tantôt l'autre, suivant le niveau où l'on se trouve. Les couches plongent de 25° sous le Grand-Chavalard, donc NNW. La roche carbonique est un grès semi-métamorphique, micacé, grisâtre, nommé par les Valaisans *la grise*. Entre ce grès et la cornieule se trouvent les schistes violacés (p. 45) que j'ai vus sur plusieurs points et en particulier en Plan-Lérié, à l'angle du chemin avant L'Oursine (ou Lousine).

Les chalets de L'Oursine 1620 m. (cp. 12) se trouvent encore sur le terrain houiller, au fond d'une échancrure des rochers calcaires, entre le Grand-Chavalard 2907 m., et la Grande-Garde 2148 m. Les roches sont les mêmes que précédemment, mais elles se confondent de plus en plus avec le terrain métamorphique sous-jacent, de sorte que c'est un peu théoriquement que j'ai continué la bande carbonique de L'Oursine jusqu'à Saillon (cp. 12 et 11). Dans ce dernier parcours les couches s'abaissent rapidement vers la plaine, au travers d'une pente boisée, assez abrupte, d'un accès fort pénible, et sur laquelle le terrain houiller est presque toujours caché soit par la végétation soit par les éboulis. Toutefois vers la Fontaine-à-Botzatey, dans le dévaloir de la Petite-Repose, qui descend de la carrière supérieure de marbre blanc, j'ai pu constater la superposition de la cornieule sur des schistes ardoisiers foncés, un peu amphiboliques, qui rappelent ceux du cirque de Fully.

7. Contrée de Martigny.

Saillon est à la pointe terminale du massif cristallin du Mont-Blanc. Le retour des couches sur le versant sud de ce massif se voit au bord méridional de la vallée du Rhône, de Saxon à Martigny.

Saxon est la contre-partie exacte de Saillon. De là les bancs calcaires s'élèvent en écharpe sur le versant sud de la vallée, dans la direction du SW, comme de Saillon ils s'élèvent en écharpe sur le versant nord dans la direction du NW. De droite et de gauche se trouve également, en dessous des calcaires, une bande de cornieule, puis sous celle-ci des roches semi-cristallines. Puisque j'avais considéré comme carbonique la partie supérieure de ces roches métamorphiques sur la rive droite, je devais nécessairement les teinter de même sur rive gauche, au SW de Saxon. Par là je suis en désaccord avec la carte de Gerlach [Cit. 98], qui désigne toute cette étendue comme formée de micaschiste.

A Saxon, la bande de cornieule commence immédiatement derrière l'Hôtel des Bains. Si l'on suit le chemin de Saxon à Charrat, qui longe constamment le pied de la montagne, on voit sortir de dessous la cornieule des schistes verdâtres, très feuilletés, peu onctueux, un peu lustrés, et qui paraissent tenir le milieu entre les schistes argileux, talqueux et amphiboliques. J'avais rencontré des schistes tout à fait semblables parmi les ardoises exploitées à Alesse, au beau milieu du terrain houiller incontestable. Je n'ai donc pas de peine à considérer ces couches comme la continuation de la bande houillère, que j'ai vue jusqu'ici entourant le massif métamorphique, et le séparant du Trias. Ces assises, comme les bancs calcaires qui les recouvrent, ont un plongement régulier au SE, de 55° en moyenne (cp. 12). Par places ces schistes deviennent plus foncés, et sont d'autant plus semblables aux schistes ardoisiers. Un peu plus loin on voit au milieu de ces schistes des intercalations de bancs plus durs, sortes de grès métamorphiques, qui dominent de plus en plus, et présentent tous les caractères des roches de la côte opposée.

J'ai rencontré ce même terrain, sans la moindre trace de fossiles, jusqu'au delà de Charrat, interrompu seulement par un petit lambeau triasique, dont je parlerai plus tard, et recouvert, dans le bas, d'amas glaciaires. Il est possible que j'aie trop étendu la teinte grise **H** au sud de Charrat; j'aurais dû peut-être colorer en rose (métamorphique) la partie inférieure de la côte, comme sur le versant opposé. Ce qui m'a retenu, c'est la difficulté de tracer la limite, qui eût été tout à fait théorique. Puis ce coin de pays était déjà un peu en dehors de mon champ d'étude, et je n'ai pas pu l'étudier à fond.

Au nord de Martigny, près de la Bâtiaz, on voit de même des schistes métamorphiques verdâtres s'élever de dessous les calcaires, contre le flanc de la montagne d'Arpille (cl. 6). Ils plongent de 65° à 70° au SE, et viennent former une saillie de rocher au bord de la grande route, entre la Bâtiaz et les Lugon. Leur analogie avec les schistes verts de Saxon est complète, et ils présentent également des intercalations, de plus en plus prédominantes, de grès métamorphique, passant au pétrosilex ou au quartzite. J'aurais dû les teinter en gris **H** comme à Saxon ; c'est par une inadvertance que ce petit espace, dans le cadre de ma carte, au-dessus des Lugon, a conservé la teinte rose et la lettre **M**. J'ai déjà dit (p. 34) que la Montagne-d'Arpille avait été envisagée tantôt comme carbonifère, tantôt comme plus ancienne. Je pense qu'il doit y avoir probablement, des Lugon au col de La Forclaz, une bande carbonique bordant la zone calcaire de la Bâtiaz, et rejoignant le terrain houiller de Tête-noire et du Col-de-Balme. Toutefois je connais trop peu cette contrée, pour oser formuler une opinion positive à cet égard. La carte de Gerlach marque en gneiss toute la Montagne-d'Arpille, jusqu'au contact de la bande calcaire.

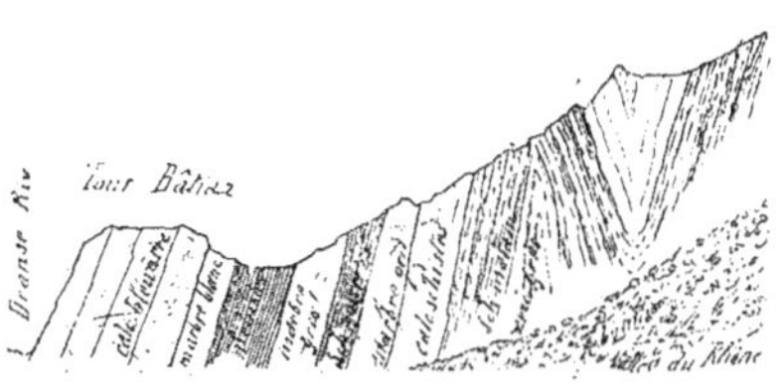
Cl. 6. Coupe de la Bâtiaz.

FOSSILES CARBONIQUES

A part quelques gisements d'empreintes végétales, les fossiles sont rares dans notre terrain houiller. Tous ceux qu'on y a rencontrés jusqu'ici sont des organismes terrestres, savoir : 2 insectes et 65 plantes. Tout concourt donc à nous faire penser que c'est dans une sorte de lac ou de lagune que se sont déposés nos terrains carboniques. C'est ce que l'on admet généralement pour les autres bassins houillers des Alpes occidentales, et pour ceux du centre de la France. La conclusion n'est toutefois pas absolue, car on n'y a point rencontré jusqu'ici de fossiles d'eau douce, et les organismes terrestres peuvent

FOSSILES DU CARBONIQUE Les lettres grasses (**B** etc.) indiquent les provenances de nos échantillons, que je puis garantir; les lettres grêles (*B* etc.) celles que je n'ai pas pu contrôler.	Arbignon			Outre-Rhône				Rive gauche		Autres gisements cités par Osw. Heer.
	Chalets-d'Arb.	Brayaz-d'Arb.	Combaz-d'Arb.	Font.-du-Midi.	Mine-de-Plex.	Croix-du-Boët.	Pacoteires . .	Vernayaz . . .	Salvan . . .	
Insectes.										
Prognoblattina helvetica, Hr. . .	.	**B**	.	.	.	.	.	.	.	
Chrestotes ? sp.	.	.	**C**	.	.	.	.	.	.	
Gymnospermes.										
Cordaites borassifolius, Sternb. sp.	.	**B**	**C**	**F**	.	**Cr**	**P**	.	.	Sous les Gorges.
— principalis, Germ. sp. . . .	.	.	.	.	.	**Cr**	.	.	.	Id.
— microstachys, Goldenb. . .	.	.	.	.	.	**Cr**	.	.	.	
— palmæformis, Gœp. sp. . .	.	.	.	.	.	**Cr**	.	.	.	
— crassinervis, Hr.	.	.	**C**	.	.	.	.	.	.	
Trigonocarpon Parkinsoni ? Brong.	.	.	.	**F**	.	.	.	.	.	
Carpolithes disciformis, Sternb. .	.	*B*	**C**	.	.	.	**P**	.	.	
— clypeiformis, Gein.	.	.	**C**	**F**	.	.	.	.	.	
Equisétinées.										
Calamites Cisti, Brong.	.	**B**	**C**	.	.	.	.	.	.	Crêt de Fully.
— Suckowi, Brong.	.	*B*	.	.	.	.	.	.	.	
— approximatus, Schl.	.	.	.	.	.	.	.	.	.	Bloc erratique, à Ouchy.
Asterophyllites equisetiformis, Schl.	.	*B*	**C**	.	.	.	.	.	.	
— longifolius, Sternb. sp. . .	.	.	**C**	.	.	.	.	.	.	
Annularia longifolia, Brong. . . .	**A**	**B**	**C**	**F**	.	.	.	.	.	
— brevifolia, Brong.	.	**B**	**C**	.	.	**Cr**	.	.	.	
— radiata, Brong. sp.	**A**	.	**C**	.	.	.	.	.	.	
Sphenophyllum erosum, Lindl. .	.	**B**	**C**	.	.	.	.	.	.	Sous les Gorges.
— Schlotheimi, Brong.	.	**B**	.	.	.	.	.	.	.	Id.
— emarginatum, Brong. . . .	.	*B*	**C**	.	.	.	.	.	.	
Lycopodinées.										
Sigillaria Dournaisi, Brong. . . .	.	.	.	.	.	.	.	.	.	Bloc erratique, à Antagne.
— sp. cf. Voltzi, Brong. . . .	.	.	**C**	.	.	.	.	.	.	
Lepidodendron Sternbergi ? Brong.	.	*B*	.	.	.	.	.	.	.	
— Veltheimianum ? Sternb. . .	.	.	**C**	.	.	.	.	.	.	Sous les Gorges.
— selaginoides, Sternb. . . .	.	.	.	.	.	.	.	.	S	Gorges du Trient ?
Lepidophyllum caricinum, Hr. .	**A**	.	**C**	.	.	**Cr**	.	.	.	Sous les Gorges.
— setaceum, Hr.	.	.	.	.	.	**Cr**	.	.	.	
— trilineatum, Hr.	.	.	**C**	.	.	.	.	.	.	
— lineare, Brong.	.	.	.	.	.	**Cr**	.	.	.	
Distrigophyllum bicarinatum, Lindl.	.	.	.	.	.	**Cr**	.	.	.	
Lepidophloyos crassicaulis, Corda sp.	**A**	.	.	.	.	.	.	.	.	

FOSSILES DU CARBONIQUE (*Suite.*)	Chalets-d'Arb.	Brayaz-d'Arb.	Combaz-d'Arb.	Font.-du-Midi.	Mine-de-Plex.	Croix-du-Boët.	Pacoteires	Vernayaz	Salvan	Autres gisements cités par Osw. Heer.
Fougères.										
Tæniopteris montana, Hr.	.	.	.	F	.	Cr	.	.	.	
Pecopteris Pluckeneti, Schl. sp.	A	.	C	F	.	Cr	.	.	.	
— Serli, Brong	.	.	C	.	.	.	.	.	.	Bloc erratique, à Ouchy.
— Grandini, Brong.	.	.	.	.	.	.	.	.	.	Morcles (?)
Goniopteris longifolia, Brong. sp.	.	.	C	.	.	.	.	.	.	
Cyatheites dentatus, Brong. sp.	.	.	C	.	M	.	.	.	.	
— polymorphus, Brong. sp.	A	B	C	.	.	.	.	.	S	
— Miltoni, Artis sp.	.	.	C	.	.	.	.	.	.	Sous les Gorges.
— pennæformis, Brong. sp.	.	.	C	.	.	.	.	.	.	
— arborescens, Schl. sp.	.	.	C	.	.	.	.	.	.	Sous les Gorges.
— cyathea, Schl. sp.	.	.	C	.	.	.	.	.	.	
Callipteris valdensis, Hr.	A	.	.	.	.	.	.	.	S	
Odontopteris Brardi, Brong.	.	B	.	.	.	.	.	.	.	Sous les Gorges.
— alpina, Sternb. sp.	.	*B*	.	F	.	.	.	.	.	
Neuropteris rotundifolia, Brong.	.	*B*	.	.	.	.	.	.	.	
— microphylla, Brong.	.	B	*C*	F	.	Cr	.	.	.	Sous les Gorges.
— Soreti, Brong.	.	*B*	.	.	.	.	.	.	.	
— Loshi, Brong.	.	B	.	.	.	.	.	*V*	.	
— heterophylla, Brong.	.	B	.	.	.	Cr	.	.	.	Morcles (?)
— montana, Hr.	.	.	.	.	.	Cr	.	.	.	
— gigantea, Brong.	.	*B*	.	F	.	.	.	.	.	
— Leberti, Hr.	.	B	.	.	.	Cr	.	.	.	
— flexuosa, Brong.	.	B	.	.	.	Cr	.	.	S	
— id. var. tenuifolia, Brong.	.	B	.	F	.	Cr	.	V	.	
— acutifolia, Brong.	.	*B*	.	.	.	.	.	.	.	
— auriculata, Brong.	.	B	.	.	.	Cr	.	.	.	
Cyclopteris lacerata, Hr.	.	B	.	.	.	.	.	.	.	
— ciliata, Hr.	.	*B*	.	.	.	.	.	.	.	
— trichomanoides, Brong.	.	*B*	.	.	.	.	.	.	.	
— flabellata, Brong.	.	*B*	.	.	.	.	.	.	.	
Sphenopteris Schlotheimi, Sternb.	.	B	.	.	.	.	.	*V*	.	
— Bronni, Gutb.	.	.	C	.	.	.	.	.	.	
— tenella, Brong.	.	.	*C*	.	.	.	.	.	.	
— nummularia, Gutb.	.	.	*C*	F	.	.	.	.	.	Sous les Gorges.
— sp. cf. alata, Brong.	.	.	C	.	.	.	.	.	.	
Total : 67 espèces, dont	7	31	31	11	1	18	2	3	4	

aussi bien avoir été enfouis dans les limons du bord de la mer, que dans ceux d'un lac.

Une partie seulement des fossiles de ce terrain peuvent nous fournir des renseignements sur l'âge de sa formation : Sur 67 espèces, dont je donne la liste p. 68 et 69, une dizaine sont nouvelles, et plusieurs ont été citées à divers niveaux carbonifères. Osw. HEER estime toutefois que l'ensemble est caractéristique du Terrain houiller proprement dit. C'est avec les gisements de St-Etienne que notre flore carbonique paraît avoir le plus d'analogie, or ceux-ci sont considérés par M. GRAND'EURY comme formant un groupe supérieur parmi les terrains houillers, mais inférieur encore au terrain Permien, qui y est pourtant intimement relié.

Dans ce groupe *Stéphanien,* M. GRAND'EURY distingue cinq étages, caractérisés chacun par une flore particulière. Je ne me sens pas compétent pour décider si nos couches carbonifères représentent plusieurs de ces étages, et lesquels ? Peut-être même ces étages ont-ils une valeur plutôt locale, et ne serait-ce qu'une illusion de chercher à poursuivre le parallélisme jusque-là.

Je ne puis pourtant m'empêcher de remarquer que plusieurs de nos gisements les plus inférieurs sont riches en *Cordaites,* et que M. GRAND'EURY caractérise précisément l'un de ses étages par la prédominance des *Cordaites.* Ce niveau, que M. GRAND'EURY nomme « *Etage des Cordaites* » est le 3e de la série de St-Etienne, et renferme les gisements de Blanzy, Grand-Combe, et couches inférieures de St-Etienne même. C'est peut-être à lui que devraient être rapportés nos schistes inférieurs de Combaz-d'Arbignon, de la Croix-du-Boët, etc. ; tandis qu'au contraire les schistes supérieurs de Brayaz-d'Arbignon, de Vernayaz et de Salvan représenteraient peut-être « l'*Etage des Filicacées* » ou 4e étage de St-Etienne, comprenant les niveaux moyens de ce gisement.

Resteraient nos poudingues rouges supérieurs, avec les arkoses et les schistes violacés qui, me paraît-il, s'y rattachent; ceux-ci pourraient représenter le 5e niveau de M. GRAND'EURY « *Etage des Calamodendrées,* » ou peut-être aussi le 6e et le 7e niveau « *Permo-carbonifère* » et « *Permien inférieur* » (Lodévien).

Mais je le répète, tout ceci n'est que supposition, et je doute beaucoup que nos flores soient suffisamment connues pour légitimer un parallélisme aussi détaillé, à supposer qu'il soit dans la nature même des choses. Je dois ajouter que, contrairement à mon attente, je n'ai pas trouvé d'analogie plus grande entre les florules des divers gisements, appartenant à un même niveau de schistes, qu'entre celles de niveaux différents. La florule des Fontaines-du-Midi, par exemple, ressemble davantage à celle de Brayaz-d'Arbignon, quoiqu'elle appartienne aux schistes inférieurs, et soit évidemment sur le prolongement des couches de Combaz-d'Arbignon. Cette irrégularité dans la distribution des plantes fossiles me porterait à penser qu'il s'agit ici de différences locales provenant des circonstances de la végétation, et non de différences d'âge géologique. Ce serait un cas analogue à celui de nos Mollasses aquitaniennes, pour les gisements de Moulin-Monod et de Rivaz-Inférieur, lesquels sont séparés par une certaine épaisseur de bancs de poudingues, mais ont des flores peu dissemblables, et font évidemment partie d'un même étage.

TERRAIN TRIASIQUE

Les études que je poursuis depuis tant d'années m'ont affermi de plus en plus dans le sentiment que la formation *salifère* et *gypsifère* de nos Alpes vaudoises appartient à la période triasique. Il est vrai que je n'ai jamais pu y trouver de fossiles, et qu'ainsi la preuve irréfutable fait défaut ; mais la position stratigraphique est évidente sur plusieurs points. Or comme je suis fermement convaincu que tout ce que j'ai teinté en couleur brique, avec monogramme **T**, appartient, sauf erreurs de détail, à un même ensemble de terrains, j'ai dû, suivant l'exemple de mes devanciers, MM. Fournet, Favre, Lory, Hébert, etc., attribuer l'âge triasique à nos dépôts de gypse, cornieule, et autres roches subordonnées.

Il n'entre nullement dans ma pensée de prétendre que tous les gypses et toutes les cornieules soient nécessairement triasiques, pas plus que je ne songerais à dire que tous les poudingues rouges sont d'âge carbonique parce que j'ai dû attribuer à cette période le poudinge rouge d'Outre-Rhône. Je me borne à déclarer que, d'après mon expérience personnelle, les gypses et les cornieules des Alpes me paraissent en général se rapporter au Trias, et que, dans la région particulière que je décris ici, je les crois tous de même âge.

TRAVAUX ANTÉRIEURS

M. Ch. Grenier [Cit. 128] nous apprend que la première découverte de sources salées, aux environs de Bex, remonte à l'année 1554, et qu'en 1707 la principale galerie du Coulat était achevée. Toutefois les premières notions géologiques sur notre région salifère paraissent dues au grand Haller, qui dirigeait les Mines de Bex vers 1750, et publia en 1782 une *Description des Salines du gouvernement d'Aigle.*

En 1788 Wild [Cit. 7] constate que ces sources proviennent du lessivage du *roc salé,* qui se trouve toujours dans le gypse. Il y voit une preuve que ce gypse a été déposé dans la mer.

Struve, professeur de chimie et minéralogie à l'académie de Lausanne de 1800 à 1826, publia une nombreuse série de travaux sur nos salines [Cit. 8 à 31, pars.] dont le plus important est son *Mémoire de 1810* [Cit. 16]. Il considère le gypse et le sel gemme comme formés par voie *hydro-chimique* dans des bassins superficiels, comparables aux lacs extra-salés actuels [Cit. 24, p. 13; Cit. 27]. Ce sont pour lui des dépôts relativement récents, qu'il classe dans les *Terrains de transition modernes.* Struve considère déjà le prétendu *cylindre* des Mines de Bex, qui était censé fournir le sel, comme un repli synclinal des couches. En 1810 [Cit. 16, p. 25], donc avant de Charpentier, il signale la transformation fréquente de l'anhydrite en gypse, par hydratation au contact de l'air. Toutefois il admet la formation directe et indépendante de ces deux sulfates : le gypse par évaporation lente, et l'anhydrite par évaporation rapide [Cit. 24]. Il fournit enfin un bon nombre de renseignements stratigraphiques importants.

de Charpentier, qui dirigea les Mines de Bex à partir de 1813, a résumé ses observations dans un Mémoire resté classique, qui ne parut qu'en 1819 [Cit. 25]. A cette époque il ne voyait aux environs de Bex que terrains primitifs et terrains de transition, et c'est à ces derniers qu'il rapportait les gypses, en même temps que tous les terrains calcaires et schisteux de la contrée, distribués maintenant du Trias au Nummulitique. Suivant DE CHARPENTIER le gypse formerait deux bancs réguliers, d'une grande épaisseur, intercalés au milieu des calcaires de transition, et dont les affleurements constitueraient sur les flancs de la montagne salifère deux bandes concentriques en fer à cheval. Cette disposition fut contestée par STRUVE, qui considérait le gypse commme supérieur à tous les autres terrains de la contrée. [Cit. 24].

De là discussion prolongée, à laquelle prit part CH. LARDY [Cit. 26], pour appuyer son ami DE CHARPENTIER. Dans chacun de ces pamphlets successifs se trouvent, côte à côte, des erreurs et des faits bien observés. Le détail de ces controverses paraîtrait maintenant parfaitement oiseux, vu la confusion continuelle, par chacun des adversaires, de calcaires et de schistes d'âges différents, que les fossiles nous permettent maintenant de distinguer les uns des autres. On peut constater seulement qu'aucun des deux partis n'avait absolument tort, ni absolument raison.

CH. LARDY a publié en 1818 et 1824 deux autres mémoires [Cit. 23 et 37] sur les terrains gypseux et schisteux du Valais, dans lesquels il s'attache surtout aux distinctions pétographiques, et fait connaître entre autres le gisement de Charrat.

En 1834, B. STUDER décrit la région salifère d'après de Charpentier, mais il étend ses observations bien au delà de la contrée des Mines. Le premier il fait connaître le remarquable gisement de gypse du pied sud des Diablerets; le premier aussi il décrit systématiquement la cornieule et la signale sur un grand nombre de points intéressants, spécialement à Dzéman, Fully, etc. [Cit. 38, p. 41, 134, 169].

En 1847, M. ALPH. FAVRE donne une coupe des Dents-de-Morcles, dans laquelle il représente la cornieule, surmontée des terrains jurassiques et crétacés, et formant une voûte régulière qui va, dit-il, de Lavey-les-Bains à Saillon [Cit. 46; Cit. 91, II, p. 355].

Jusqu'ici l'âge de ces terrains, reconnus par tous comme stratifiés, était resté dans le vague. BUCKLAND, il est vrai, les avait assimilés aux *Red-marls* d'Angleterre [Cit. 32], mais B. STUDER [Cit. 38, p. 204] les groupait avec les terrains antracifères, sous le nom de *Zwischenbildungen*; tandis que LARDY se demandait s'ils étaient liasiques ou peut-être même plus récents [Cit. 45, p. 171].

Fournet [Cit. 51] paraît être le premier qui les ait rattachés au *Trias*, en 1850 ; toutefois sa manière de voir ne fut pas immédiatement acceptée. Combattue par B. Studer [Cit. 57, p. 14], et par M. de Mortillet [Cit. 73, p. 76], elle fut au contraire chaudement défendue, et scientifiquement établie par M. le professeur A. Favre dans son mémoire de 1859 [Cit. 73, p. 79] et développée encore en 1867 dans ses *Recherches géologiques* [Cit. 91, III, p. 342]. Enfin elle fut adoptée et appliquée aux Alpes françaises par MM. Hebert, Lory, etc.

Déjà en 1864 je me rangeai à cette manière de voir [Cit. 84]. L'année suivante je fis connaître en détail la disposition des gypses et cornieules dans la contrée des Ormonts, au Col de Pillon et jusqu'à Gsteig [Cit. 87].

En donnant, dans son *Urwelt*, un aperçu de nos Salines de Bex, Osw. Heer place également dans le *Keuper* notre terrain salifère [Cit. 85, p. 41].

Dès 1869 Gerlach adopte également, dans ses études sur le Valais, l'âge triasique des gypses et des cornieules, [Cit. 95 et 98].

Mais une toute autre manière de concevoir la formation de ces terrains avait été énoncée déjà en 1852 par M. C. Brunner [Cit. 56]. Se basant sur l'alignement des affleurements de cornieules et de gypse dans le fond des vallées, il attribuait ces roches à une altération des calcaires, due au dégagement des gaz internes par les crevasses de dislocation.

En 1872 M. Sylvius Chavannes [Cit. 101] s'est constitué le champion de cette théorie de la *formation épigénique* des gypses et des cornieules des Alpes. Partant de nos Alpes vaudoises, il a poursuivi l'étude de ces roches dans les Alpes du reste de la Suisse avec l'intention de démontrer qu'elles n'appartiennent point au Trias, mais qu'il y en a de tout âge [Cit. 104, 111, 121, 126].

M. Maurice de Tribolet [Cit. 110 et 131] s'est dès lors prononcé en faveur de cette manière de voir.

En 1876 M. Posepny [Cit. 109], dans une note sur les Salines de Bex, admet l'origine hydrochimique des couches salifères, mais il les classe dans le *Lias*, à cause des fossiles qu'il a recueillis dans le voisinage des Mines. Il reconnaît toutefois que ce gisement est en contradiction avec l'âge des couches salifères des Alpes autrichiennes qui toutes sont incontestablement triasiques.

Dans ces dernières années a surgi un nouveau point de vue, celui de M. H. Schardt qui, tout en admettant l'origine sédimentaire des gypses, des cornicules, et du sel gemme, attribue au *Flysch* la plupart de ces roches, et en particulier notre *terrain salifère* de Bex [Cit. 159, p. 64; Cit. 172, p. 225].

En ceci il adopte donc partiellement les vues de MM. S. Chavannes, et de Tribolet, commme l'avait fait M. V. Gilliéron, et, il le semblerait aussi, M. Ernest Favre.

Enfin je dois mentionner encore l'*Esquisse historique des mines de Bex* par M. Ch. Grenier, et la note, sur le même sujet, de M. Constant Rosset, directeur actuel des Salines [Cit. 127 et 128].

ROCHES

La masse principale de notre terrain triasique est formée de gypse et de cornicule. J'en ferai connaître ici les principales variétés, ainsi que les roches plus exceptionnelles, qui leur sont subordonnées.

Gypse. — Représenté sur ma carte et mes coupes par le pointillé rouge **G** sur la teinte triasique **T**, cette roche, comme on le verra d'ailleurs par la description des lieux, joue un rôle considérable dans nos Alpes, et même, dans certaines régions, le rôle prédominant. Ce qu'on voit à la surface est habituellement la *chaux sulfatée hydratée*, plus ou moins finement grenue, et très souvent mélangée d'impuretés diverses. Notre gypse est souvent d'un beau blanc, parfois un peu pulvérulent, mais plus ordinairement assez compact. J'en ai rencontré, aux Devens, par exemple, des morceaux rosés, ou *veiné de rose*, qui feraient un très bel albâtre pour la taille; mais ils ne forment guère d'amas importants.

Les impuretés, que renferme notre gypse, sont le plus souvent de petits fragments d'un calcaire grisâtre, probablement dolomitique, analogue à celui dont je parlerai plus loin. Ces fragments sont ordinairement alignés dans le sens de la stratification du gypse, et rendent celle-ci plus apparente. Quand ces particules calcaires sont plus nombreuses, la roche devient grisâtre, rubanée, et mérite à juste titre le nom de *gypse veiné*. Parfois les fragments calcaires, de tailles diverses, deviennent si abondants qu'ils prédominent sur le sulfate calcique, qui ne forme plus qu'une sorte de ciment : c'est alors le *gypse bréchiforme*. La plupart du temps ces inclusions calcaires sont des fragments anguleux. Ici et là pourtant j'ai aussi trouvé dans le gypse de petits cailloux arrondis polygéniques ; sur un point même, en dessous de Panex, au lacet supérieur de la route, ces matériaux roulés, étrangers au gypse, étaient assez abondants.

Anhydrite. — La chaux sulfatée anhydre a été fréquemment citée dans nos terrains salifères, mais elle ne s'y rencontre, à la surface du sol, que très exceptionnellement. C'est surtout dans les galeries des mines de sel que l'anhydrite a été rencontrée. De Charpentier avait remarqué que les blocs d'anhydrite, sortis des mines et séjournant à l'air, surtout au bord du torrent, se transformaient rapidement en chaux sulfatée hydratée ; il en avait conclu que tout notre gypse était dû à une épigénie de l'anhydrite. Brochant de Villiers attribue à de Charpentier la paternité de cette idée [Cit. 21, p. 21]. Mais, comme je l'ai dit p. 72, Struve avait déjà mentionné cette transformation dans un mémoire publié en 1810, avant que de Charpentier fût à Bex ; seulement de Charpentier avait généralisé le fait constaté, et beaucoup trop généralisé, me semble-t-il, car, dans l'intérieur même du sol, on trouve souvent aussi du sulfate hydraté. D'ailleurs ne se forme-t-il pas dans le monde actuel, soit de l'anhydrite, soit du gypse, dans des conditions différentes, qu'il appartient aux chimistes de nous faire connaître.

Quant au fait même de l'hydratation fréquente des anhydrites, au contact de l'air, il n'est pas à mettre en doute, et je puis en donner une nouvelle preuve bien convaincante. Le mont de la Glaivaz, sur Ollon, ne présentait à la surface que du gypse proprement dit. Il y a quelques années, on a construit sur ses flancs une nouvelle route, pour monter d'Ollon à Panex. Cette route devait être en partie taillée dans la roche gypseuse, et là où l'on a dû l'entamer un peu profondément, elle était si dure qu'il a fallu la faire sauter à la poudre. Ce sulfate de la profondeur était d'ailleurs bien différent de celui de la surface : gris bleuâtre, cristallin, translucide et beaucoup plus tenace. C'était l'anhydrite de l'intérieur, dont la surface seule était transformée en gypse blanc, opaque, plus ou moins pulvérulent. Les variétés intermédiaires, semi-hydratées, sont d'ailleurs assez fréquentes dans nos montagnes.

Roche saline. — Tous les auteurs, qui ont parlé des Mines de Bex, sont d'accord pour déclarer que le sel se trouve intercalé dans le gypse, et plus particulièrement dans l'anhydrite [Cit. 7 à 29]. Il est rare qu'on le trouve à l'état de pureté; exceptionnellement il existe des amas peu étendus de *sel gemme* cristallin, translucide, ou même quelquefois hyalin. La masse ordinaire de la roche saline est une substance argileuse foncée, plus ou moins fortement imprégnée de chlorure de sodium. Les poches salées sont de forme lenticulaire, souvent presque verticales, et entourées d'anhydrite, à stratification ondulée. C'est cette dernière que les mineurs ont appelé le *roc gris*.

Dans le grand réservoir de Salins, qui est presque entièrement taillé dans le gypse, se trouve une veine de *roc salé*, intercalée entre le gypse et une roche noire compacte.

Marnes vertes et bariolées. — Sur divers points j'ai rencontré, associées à la cornieule et au calcaire dolomitique, des marnes de diverses couleurs, mais principalement verdâtres. Elles ne forment pas de bancs épais, mais sont toujours plutôt exceptionnelles.

Le gisement le plus caractérisé se trouve en dehors de ma carte, intercalé entre la cornieule et un calcaire dolomitique gris, sur la rive droite de la Tinière, non loin du hameau de Crêt, près Villeneuve. C'est une marne argileuse d'un vert foncé, avec taches jaunes et brunâtres. M. Marshall Hall, qui a bien voulu m'en faire l'analyse chimique, a trouvé un résidu insoluble dans l'acide chlorhydrique de 66,3 % environ, tandis que la partie soluble avait la composition suivante :

Silice	50,00
Fer, Alumine	23,00
Chaux	6,53
Magnésie	2,97
Anhydride carbonique, constaté	8,02
Eau et perte	9,48
	100 —

C'est donc une marne peu calcaire, et très faiblement magnésienne.

J'ai trouvé des marnes semblables sur divers points de mon domaine: Sous les Ecovets, à la Crêtaz d'Huémoz, dans les gorges de Saint-Barthélemi, aux plâtrières de Charrat, etc.

Dans le ravin du Verne, affluent de la Lizerne, au-dessus du hameau de Besson, j'ai rencontré, avec la cornieule et le gypse, une marne jaune beaucoup plus calcaire, et un peu vacuolaire. M. Marshall Hall y a constaté des traces d'acide sulfurique et 61,927 °/₀ de *carbonate de calcium*, contre 0,674 °/₀ de *carbonate de magnésium*.

Associé à cette marne jaune et au gypse, se trouvait un *schiste verdâtre*, pâle, lustré, auquel M. Marshall Hall a trouvé la composition suivante :

Silice	43,722
Fer, Alumine	27,574
Chaux	19,331
Magnésie	2,514
Anhydride carbonique	11,014
	104,155

Cela correspond à une marne beaucoup plus argileuse contenant environ 19 °/₀ de *carbonate de calcium* et 5 °/₀ de *carbonate de magnésium*.

J'ai rencontré à plus d'une reprise dans le Trias de nos Alpes, surtout dans les régions valaisannes, plus métamorphiques, de semblables schistes feuilletés, verdâtres, parfois aussi jaunâtres ou violacés. Je puis en citer entre autres aux environs de Saxon, à Arbignon, à D̂zéman et dans le *châble* des Glapeys, près des lacets du chemin de Lavey à Morcles. Souvent ces schistes sont disséminés en lamelles au milieu de la cornieule.

Cornieule. — Si pour l'abondance cette roche le cède au gypse, elle est en revanche bien plus généralement répandue dans la contrée. Je l'ai représentée sur ma carte par le pointillé bleu, sur teinte brique avec monogramme T^2. — C'est un calcaire dolomitique vacuolaire, ordinairement de couleur jaunâtre ou grisâtre, que l'on confondrait assez facilement avec le tuf. A un examen attentif on reconnaît la cornieule par ses vacuoles anguleuses, qui, lorsqu'elles sont nombreuses, réduisent souvent la roche à un enchevêtrement de cloisons plus ou moins épaisses. Ces formes anguleuses contrastent avec les formes arrondies du tuf, et décèlent un mode de formation assez différent.

M. le professeur A. Favre a très bien démontré l'origine de cette roche [Cit. 91, III, p. 441]. Il en donne des analyses qui méritent toute confiance, puisqu'elles ont été faites par M. le professeur C. MARIGNAC, de Genève. La matière cloisonnaire, qui forme souvent seule la cornieule proprement dite, est un calcaire ne contenant guère que 10 % de carbonate de magnésium. Mais dans la roche non altérée, les vacuoles renferment habituellement une matière plus ou moins pulvérulente, bien différente de la substance cloisonnaire. M. Marignac a trouvé 41 % de carbonate de magnésium dans cette matière pulvérulente, extraite d'une cornieule de la Drance, près de Thonon.

Tout ce que j'ai vu confirme cette manière de représenter la cornieule. A l'air elle est généralement vacuolaire. A la cassure au contraire, et surtout lorsqu'on l'extrait d'une partie un peu profonde, qui n'a pas été lessivée par les eaux, la cornieule se compose de deux substances calcaires d'inégale dureté, et de couleurs différentes. La matière cloisonnaire, plus dure, est ordinairement de couleur plus foncée, souvent gris de fumée, parfois jaunâtre ou brunâtre ; tandis que la substance dolomitique plus friable, parfois pulvérulente, a ordirement une teinte claire, blanc-grisâtre, ou jaune pâle. La variété vacuolaire, la plus habituelle à la surface, me paraît évidemment le résultat d'une simple altération mécanique par les agents atmosphériques, qui ont enlevé plus ou moins complètement la matière pulvérulente.

Parfois les cloisons deviennent plus rares, et la roche prend l'aspect général d'une marne dolomitique tendre. C'est le cas de la cornieule jaune de Saxon-les-Bains, dans laquelle on a constaté la présence de l'*iode*. Outre les variétés ordinaires jaunes ou grises, j'ai rencontré parfois des cornieules plus foncés, tirant sur le brun, et plus exceptionnellement encore des morceaux rouge brique, ainsi sous Fontana-seule et à Sergnement.

M. SYLVIUS CHAVANNES a voulu distinguer la cornieule en plusieurs types, auxquels il attribue des origines différentes [Cit. 101, p. 115]. Le premier, qu'il nomme *brèche dolomitique*, serait, selon lui, « le résultat d'une transformation postérieure, intervenue dans le sein d'une couche de dolomie, provenant elle-même d'une transformation métamorphique du calcaire. » — Le second type qu'il subdivise en deux sous-types ou facies, serait pour lui le résultat de remaniements postérieurs. La *cornieule des cols*, premier sous-type, qui accompagne et borde le gypse, serait, selon M. Chavannes, formée par l'accumulation, au bas des talus, des fragments calcaires inclus dans le gypse ; et due par conséquent à la désagrégation de celui-ci par les agents atmosphériques

(Cit. 101, p. 123). La *cornieule des ravins*, second sous-type, éloignée du gypse, dit-il (p. 122), serait due à un remaniement des éléments précédents, mélangés à toute sorte de débris et entraînés dans le fond des ravins et au débouché des vallées (p. 127). Il prétend y trouver des fragments de flysch et de roches récentes très diverses.

Il se peut que M. Chavannes ait été induit en erreur par des tufs modernes, plus ou moins bréchiformes, ou des dépôts récents de cailloutis, tufacés, qu'il aurait pris pour de la cornieule ; j'en connais de semblables sur plus d'un point de nos montagnes, et j'ai distingué autant que possible de la vraie cornieule, ces dépôts de remaniement moderne, qui sont pour moi du glaciaire ou du tuf. J'ajouterai même que les tufs sont plus particulièrement développés dans le voisinage des bancs de cornieule, vu la dissolution de la substance vacuolaire pulvérulente.

Ce cas mis à part, je trouve les distinctions de M. Chavannes tout à fait fantastiques et contraires aux faits, car partout, sur les parois, les cols et les plateaux, comme dans les ravins, rapprochés ou éloignés du gypse, j'ai retrouvé toujours les mêmes variétés de cornieules, telles que les a vues M. A. Favre, et que je les ai décrites ci-dessus.

Il me reste à légitimer l'orthographe *cornieule*, que j'ai adoptée dans mon texte. Sur ma carte et mes coupes, j'avais écrit *cargneule*, comme le font M. Alph. Favre et les géologues français. Mais à la session helvétique des sciences naturelles à Bex, en 1877 [Cit. 123] le Dr Ph. de la Harpe fit observer que ce nom, emprunté au dialecte de nos montagnes, provenait sans doute de *corne*, et devait par conséquent s'écrire autrement. Je résolus alors d'en rechercher les plus anciennes mentions, pour voir comment il avait été écrit à l'origine. Voici ce que j'ai trouvé :

En 1782 Haller parle de *pierre cornée* [Cit. 3, p. 37]. En 1810 Struve écrit *cornieule* [Cit. 16, p. 112]. Je n'ai pas pu trouver cette expression dans les écrits de Charpentier, mais une tout ancienne étiquette du Musée de Lausanne, écrite de la main de Lardy, porte le nom de *cornieulaz*.

En 1834 Studer écrit *carnieule* [Cit. 38, p. 134] et ajoute que ce nom est emprunté au *patois de Bex!* C'est l'orthographe que suivit M. Brunner en 1852 [Cit. 56, p. 7] et M. A. Favre en 1847 [Cit. 46, p. 997]. Mais dès 1859, ce dernier auteur se mit à écrire *cargneule* [Cit. 73 et 91], orthographe adoptée dès lors par les auteurs français.

Nos montagnards, chez lesquels ce nom est bien plus ancien que dans nos livres, prononcent habituellement *corniaule* ou *creniaule*. Habitué à leur manière de dire, j'avais dans mes premiers travaux écrit *corgneule*, et c'est également l'orthographe qu'avait adoptée M. Chavannes. Mais voyant la plupart des auteurs accepter l'autre manière d'écrire, je m'y étais rangé dès 1874.

On voit donc que l'observation de Ph. de la Harpe était juste. Il est évident d'après la citation de Haller que le nom vient de *corne*, et a été employé à cause de la consistance tenace de cette roche. D'autre part l'orthographe *cornieule* a la priorité ; et comme elle est conforme à la prononciation vulgaire, aussi bien qu'à l'origine du nom, on doit nécessairement lui donner la préférence.

La cornicule est habituellement employée dans nos montagnes comme pierre de taille, pierre d'angle, encadrements de portes et fenêtres, fours, etc. ; plus rarement aussi pour meules.

Calcaire dolomitique. — Associées à la cornieule, ou la remplaçant parfois, se présentent fréquemment des roches calcaires, compactes, parfois finement cristallines, ou terreuses, en général de couleur claire, et qui contiennent ordinairement une proportion plus ou moins forte de carbonate de magnésium. Elles sont représentées sur ma carte par la couleur brique, sans hachures, et désignées par le monogramme **T**[1].

M. Marshall Hall [Cit. 138] a bien voulu me faire l'analyse des calcaires suivants :

		% $CaCO^3$	% $MgCO^3$
1)	Descente de Panex sur Aigle — gris compact	52,9	46,4
2)	Prélaz sur Fenalet — gris compact, inclus dans gypse	48,6	43,1
3)	Id. — blanchâtre, plus terreux, id.	72,8	24,2
4)	Carrière de Faoug, sous Gryon — gris blanchâtre, compact. . .	51,3	26,4
5)	Chemin de Morcles à Dailly — gris, passant à la cornieule . . .	71,2	25,9
6)	Id. — blanc, saccharoïde	83,3	10,2
7)	Saxon-les-Bains — blanchâtre, terreux, inclus dans cornieule	57—	26—
8)	Plâtrières de Charrat (bréchiforme), — fragments foncés . . .	51,8	39—
9)	Id. — partie gris-clair, enveloppante	50,7	41—

Comme on le voit, la proportion de *carbonate de magnésium* varie de 10 à 46 % et celle de *carbonate de calcium*, de 48 à 83 %. La plupart de ces calcaires contiennent en outre d'autres substances mélangées, *fer, alumine,* silice, etc. ; parfois aussi des traces d'*acide sulfurique* ou d'*alcalis.*

Je n'ai rien à ajouter sur les trois premiers, sinon que des calcaires compacts semblables se trouvent souvent à la partie supérieure de la cornieule. Par leur composition les uns sont de vraies dolomies, les autres sont des calcaires plus ou moins dolomitiques. Suivant mon expérience, aucun caractère extérieur ne peut faire prévoir si la proportion de magnésium est plus ou moins forte.

Le N° 4 provient d'une carrière au bord de la route de Gryon, en Faug, un peu au-dessus de La Posse-dessus. La cornieule en occupe la base, et passe insensiblement à un calcaire dolomitique gris-clair, très compact et homogène, bien lité, ⊥ SE. 20°. M. A.-W. Waters, qui a eu l'obligeance d'examiner cette roche au microscope l'a trouvée entièrement composée de cristaux minuscules, très réguliers, et sans trace de vie organique. Il en donne le grossissement à 85 diam. [Cit. 136, p. 596, pl. 24, f. 5]. J'y ai vu pourtant à l'œil quelques traces, que j'aurais prises volontiers pour des empreintes végétales. Dans ce calcaire dolomitique se sont trouvés de très beaux cristaux hyalins de *dolomie* (ou *calcite ?*) en rhomboèdre primitif, avec base du prisme.

Le N° 6 est un cas exceptionnel, remarquable par son aspect saccharoïde, et sa faible proportion de magnésium. Il se trouve en petites masses, probablement lenticulaires, interstratifiées avec le N° 5 au milieu de la cornieule, sur le chemin de Morcles à Dailly. J'ai pu constater cette disposition à l'occasion des travaux de rélargissement du chemin.

Le N° 7, inclus dans la cornieule souvent iodifère de Saxon, représente les variétés terreuses ou marneuses, qui sont aussi assez développées dans les gorges de Saint-Barthélemi.

Enfin les N°s 8 et 9, tirés d'un même échantillon des platrières de Charrat, représentent la variété bréchiforme. C'est une belle roche très compacte, formée d'une gangue gris-clair, d'aspect très finement cristallin, englobant des fragments anguleux d'un calcaire gris foncé. On voit par les analyses que ces deux calcaires ont une composition très semblable, et voisine de celle de la vraie *dolomie.*

A ce sujet je dois faire remarquer que le calcaire dolomitique est souvent traversé de veinules spathiques, qui en se multipliant et s'élargissant donnent à la roche l'aspect d'une brèche. J'ai trouvé ordinairement cette variété *bréchiforme*, entre le calcaire dolomitique compact et la cornieule, formant la transition de l'un à l'autre. Le calcaire fragmenté est en général de couleur plus foncée que l'autre, comme dans la roche ci-dessus de Charrat. On voit de semblables calcaires bréchiformes aux environs de Morcles, et ailleurs.

J'ai rencontré aussi dans le Trias des calcaires, probablement dolomitiques, de teintes différentes. Au bord de l'Avançon, sous Gryon, au lieu dit Les Places, un calcaire compact jaunâtre. Dans les gorges de Saint-Barthélemi, et à Tsinsaut, sous Morcles, un calcaire compact rosé ! analogue à celui de Plancudray près Villeneuve, dans lequel M. Waters avait découvert une *Radiolaire* [Cit. 136, p. 596, pl. 24, f. 3 et 4].

Marbre blanc. — Ce n'est pas sans quelque hésitation que je rattache au Trias les marbres de Saillon et de La Bâtiaz, marqués sur ma carte par des traits bleus, et le monogramme **m**, à la base des terrains jurassiques. Les raisons qui m'y décident sont les suivantes :

1° Ils accompagnent la bande de cornieule, dès l'Alpe de Fully à Saillon, et paraissent la remplacer graduellement, étant d'autant plus développés que celle-ci l'est moins. A La Bâtiaz, où il n'y a pas de cornieule, ils en occupent la place.

2° J'ai rencontré des interstratifications de calcaires saccharoïdes assez semblables, dans les bancs de cornieule et de calcaire dolomitique de Morcles et de Charrat.

3° Gerlach, Lory et A. Favre ont cité des gisements semblables de marbre blanc, qu'ils attribuent au Trias. Le *Pontis-Kalk* de Gerlach est tout à fait analogue à nos marbres blancs [Cit. 95, p. 62]. De même les *cipolins* que signale M. Favre au revers méridional du Mont-Blanc [Cit. 91, III, p. 447].

Vu l'absence de fossiles dans ces diverses régions, toujours assez métamorphiques, on ne peut arriver à aucune certitude. En tout cas si ces marbres n'appartiennent pas au Trias ils ne peuvent s'en éloigner beaucoup. Vu leur position à Saillon, je ne pourrais hésiter qu'entre le Trias et le Lias.

Ce sont des calcaires blancs, homogènes, légèrement translucides, d'apparence compacte, mais en réalité très finement cristallins, et sans aucune trace d'organisme, comme l'a prouvé l'analyse microscopique faite par M. ARTH. W. WATERS [Cit. 136, p. 596]. Je les distingue facilement d'autres marbres blancs, de Carrare, du Simplon, etc., par la finesse de leur grain, indiscernable à l'œil, et par leur stratification beaucoup plus accusée. Ils se séparent facilement par plaques, et même par plaques minces, aussi bien dans les parties tout à fait blanches que dans les parties veinées.

Cette disposition au fendillement avait fait renoncer aux exploitations de Saillon. Lorsque je visitai en 1872 la carrière supérieure, à l'endroit dit en l'Herba-Rossetta, sous la Limbaz, il y avait déjà cinq ou six ans qu'on n'y travaillait plus. Si ce marbre a pris dès lors une grande importance industrielle, sous le nom de *Cipolin*, c'est grâce à la découverte de bancs plus profonds, veinés de diverses nuances, vert, gris, violet, etc., qui paraissent ne pas présenter au même degré l'inconvénient du fendillement, et qui font un très bel effet architectural.

Au point de vue pétrographique, la roche exploitée n'est point un *cipolin*, car on n'y voit point de paillettes de mica ou de talc. C'est simplement un *marbre veiné* ou rubané, résultant de l'interstratification de parties argileuses, transformées en *serpentine* ou autres produits analogues de la lamination. C'est ce qu'ont prouvé avec évidence les analyses microscopiques dues à M. le Dr GERHARDT [Cit. 147]. L'examen au chalumeau a démontré au même opérateur que la teinte grise de certaines veines, ou parties plus foncées, est due à une substance organique. Il a également constaté dans cette roche des grains de *picotite*, et des inclusions liquides.

Il est évident que nous avons là des calcaires métamorphiques, d'origine sédimentaire, et plus ou moins organique. Sous l'influence du dynamorphisme, leur grain est devenu finement cristallin, tandis que les feuillets argileux interstratifiés se transformaient en schistes lustrés et serpentine. Cette explication n'enlève rien à la valeur industrielle de ces marbres, sur laquelle ont insisté MM. WOLF, GUINAND, DE TRIBOLET, etc. [Cit. 132, 133, 137 et 145].

Ce que je viens de dire s'applique tout aussi bien au marbre de La Bâtiaz où j'ai vu les mêmes variétés blanches et veinées, interstratifiées dans des bancs de calschiste opaque, souvent aussi rubané par l'alternance de strates grises ou plus foncées (cl. 6, p. 67).

Un marbre blanc, et veiné de vert, existe aussi dans le massif du Grand-Chavallard, à la base de la paroi calcaire. En suivant le chemin de l'Alpe-de-Fully, qui longe le pied de ces rochers, j'en ai trouvé fréquemment des blocs éboulés, depuis l'Oursine jusqu'au dessus des Lacs-de-Fully. Au-dessus de Plan-Lérié je l'ai constaté *in situ* à la base de la paroi calcaire, un peu plus haut que la bande de cornicule.

RELATIONS OROGRAPHIQUES

Les roches triasiques, que je viens de faire connaître, occupent sur l'étendue de ma carte quatre contrées distinctes.

1° Elles entourent la *région cristalline* précédemment décrite, et y forment en outre deux ou trois petits lambeaux isolés.

2° Elles forment le terrain prédominant à l'angle NW de ma carte, et y constituent la *région salifère*.

3° Elles occupent la série de *cols*, qui séparent la région du Flysch de celle des Hautes-Alpes calcaires.

4° Enfin, au centre même de ces dernières, elles affleurent au pied des Diablerets, dans la vallée de Lizerne.

1. Région cristalline

Une mince bande triasique limite, aussi loin que va ma carte, les terrains précédemment décrits, et les sépare constamment des masses calcaires qui les recouvrent. Cette bande est formée essentiellement de cornicule et de calcaire dolomitique. Je n'y connais de gypse que sur trois points, entre Saxon et Charrat.

La stratification y est évidente, et m'a paru toujours parfaitement concordante. Impossible d'admettre une faille ou une crevasse, présentant les sinuosités lobées que je vais décrire. Il n'y a qu'à consulter mes profils pour s'assurer qu'il s'agit ici de terrains en stratification régulière. Je pourrais renvoyer aussi aux coupes plus détaillées de M. Favre [Cit. 73, pl. 2, f. 7 et 8], qui établissent bien la concordance entre l'arkose, les schistes violacés, la cornieule et le calcaire, mais qui, contrairement à mes observations, font reposer ce complexe en discordance sur les roches cristallines.

Cette bande est interrompue deux fois par la vallée du Rhône, et coupée ainsi en trois sections, auxquelles s'ajoutent divers lambeaux isolés :

a) De Salanfe à Epinacey, sous la Dent-du-Midi.

b) De Lavey-les-Bains, à Saillon, sous la Dent-de-Morcles.

c) De Saxon à Chemin, sous Pierre-à-Voir.

d) Lambeaux isolés du Portail-de-Fully, de Charrat et de La Bâtiaz.

Section de la Dent-du-Midi. — La carte de M. A. Favre [Cit. 78] et celle de Gerlach [Cit. 98] marquent l'une et l'autre la bande triasique, depuis Servoz, par le col de Salenton, Barberine et le col d'Emaney, jusqu'à Salanfe.

En dessous du col d'Emaney, cette bande s'étale passablement aux approches de la petite plaine de Salanfe, et occupe presque tout l'espace compris entre les deux ruisseaux, en dessous du petit lac. La cornieule y paraît prédominante, mais passe insensiblement à un calcaire dolomitique gris, qui forme, entre autres, le monticule proéminant près du petit lac. Ces couches reposent en stratification parfaitement concordante sur les schistes violacés, que j'ai considérés comme la partie supérieure du carbonique (p. 45) et que Gerlach marque sur sa carte sous le nom de *Verrucano*. Ceux-ci à leur tour reposent sur l'arkose, et le tout présente une inclinaison de 35° NW.

Interrompue par la petite plaine alluviale de Salanfe, la bande triasique reprend au N, droit derrière les chalets supérieurs, où se trouvent une série de collines de cornieule, qui bordent la plaine, et que traverse obliquement le chemin du col de Jora. La bande de cornieule suit à peu près le dit chemin, mais elle n'est visible que par places, étant le plus souvent cachée par les éboulis des rochers calcaires **Jc** qui sont superposés au Trias, et qui l'accompagnent jusqu'au col.

Au Col-de-Jora, la cornieule et le calcaire dolomitique gris sont de nouveau bien visibles, sous les calcaires schistoïdes bleuâtres qui forment le roc saillant au NW du col. Ils reposent en stratification concordante sur les schistes violacés, qui plongent de 35° au NW (cp. 3).

En descendant du col sur les chalets de Jora, les lacets du sentier suivent encore la bande de cornieule, mais celle-ci, ainsi que les schistes violacés, disparaissent bientôt sous les éboulis, qui occupent tout le fond du cirque. Ce n'est qu'un peu plus bas, à hauteur des chalets, que j'ai pu revoir quelques affleurements de cornieule au bord du chemin.

Recouverte de nouveau par de grands amas d'éboulis au pied de la Dent-du-Midi, et ensuite par la transgressivité du Flysch, la bande triasique ne se montre plus que sur la rive gauche du torrent de Saint-Barthélemi, vis-à-vis de Norlot, un peu plus bas que le gisement de porphyre rouge (cp. 2 et 15). Elle apparaît sous le Flysch, au bord du torrent, mais bientôt on la voit recouverte par le calcaire compact, probablement jurassique, avec lequel elle s'élève de plus en plus dans la paroi de rochers, sous Mex, de sorte que les deux rives du torrent sont formées de carbonique métamorphique. C'est alors que l'on peut bien constater la superposition parfaitement régulière de la cornieule. Si elle eût occupé une ligne de rupture, comme le voudrait la théorie épigénique, le torrent n'eût pas quitté cette roche tendre, pour se creuser une gorge profonde, au travers des roches semi-cristallines beaucoup plus tenaces.

Le Trias présente dans les gorges de Saint-Barthélemi une grande variété de roches. J'y ai observé, outre la vraie cornieule vacuolaire, le calcaire dolomitique gris, compact, le dit à veines blanches de calcite, puis une sorte de marne grisâtre ou verdâtre, enfin un calcaire compact rosé. Ce sont précisément les mêmes variétés que j'ai rencontrées dans la cornieule au bas de la vallée de la Tinière, près de Villeneuve.

J'ai pu suivre la bande triasique le long d'un très mauvais sentier qui, depuis les gorges de Saint-Barthélemi, va rejoindre le chemin de Mex, au bas des lacets (cp. 2). Là elle disparaît sous les éboulis de la paroi calcaire qui supporte le village de Mex, et se continue évidemment sous ces éboulis, jusqu'au niveau de la plaine du Rhône, en arrière d'Epinacey.

Section de la Dent-de-Morcles. — De l'autre côté de la vallée du Rhône, la bande triasique n'aboutit pas non plus au niveau de la plaine, à cause du glaciaire et des éboulis, qui la recouvrent aux environs de Lavey-les-Bains, mais on la retrouve au pied des rochers des Glapeys, paroi calcaire verticale qui supporte le hameau de Dailly. On la voit en particulier fort bien à hauteur des lacets du sentier de Morcles, avant d'arriver à Tsinsaut. Ces lacets sont entièrement tracés dans le carbonique semi-cristallin, mais entre lui et la paroi calcaire se trouve un large dévaloir ou *chable*, sorte de petit vallon très déclive, d'un accès difficile, au fond duquel affleure la cornieule. Celle-ci est entremêlée de schiste vert foncé et de calcaire bréchiforme gris.

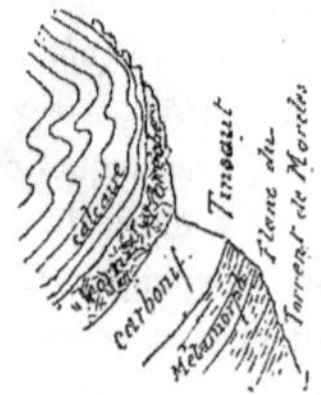

Cl. 7. Rochers de Feuillency.

Dans les rochers calcaires de Feuillency, qui dominent l'épaulement de Tsinsaut (cl. 7), on observe de remarquables plissements et contournements, qui accompagnent sur ce point un redressement vertical des couches, et même leur renversement presque complet. Il en résulte que la base de ces bancs vient former la paroi regardant le Torrent-de-Morcles. Un peu en amont de la coupe ci-jointe, le chemin a dû être taillé dans le roc, et muni de barrières en fer; c'est là le passage de Tsinsaut. On y voit, dans le chemin même, le calcaire dolomitique bréchiforme, avec un banc de calcaire rosé, et en dessous, au bord du torrent, la vraie cornieule vacuolaire, tandis que la rive opposée est formée de carbonifère.

Au delà de ce défilé, et grâce sans doute au plissement, la bande triasique s'élargit beaucoup, et constitue tout le fond du vallon de Morcles, s'élevant sur le versant gauche en Malatrex jusque bien au-dessus de la route, et sur le versant droit, par Bellesfaces, jusqu'au-dessus du chemin de Dailly. La cornieule forme de grands rochers dans le fond du ravin, jusque vers les premiers bâtiments (anciens moulins). Je l'ai constatée le long du chemin de Tsinsaut presque jusqu'à Morcles, et le long de la route, au delà de Malatrex, jusqu'un peu avant le Pont-de-Mazory, où elle s'adosse contre l'arkose. Grâce aux travaux de rélargissement du chemin de Dailly, j'ai pu constater, jusque assez près de ce hameau, le Trias consistant, tantôt en cornieule ou marne verdâtre, tantôt en calcaire bréchiforme, parfois très blanc, et passant au marbre saccharoïde (cf. p. 81).

A Morcles même (cp. 2 et 14), et au nord du village, tout est recouvert de glaciaire, et ce n'est qu'un peu plus loin, là où le chemin de L'Haut traverse le torrent de Morcles, qu'on retrouve la cornieule (cl. 8). Il y a là, sur ma carte, une petite erreur; la couleur brique du Trias y est prolongée trop au sud le long du torrent. Ce n'est qu'en amont de ce passage que le torrent sert de limite entre les terrains; là, sur rive droite, se trouvent des rochers de cornieule, plus ou moins excavés en grottes peu profondes, et surmontés à leur tour par des calcaires jurassiques, qui supportent la Rosseline. Cette disposition persiste jusqu'avant le confluent des deux torrents de Morcles et de la Rosseline.

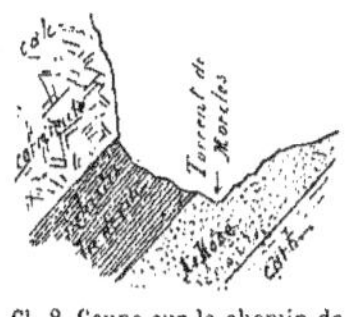

Cl. 8. Coupe sur le chemin de L'Haut-de-Morcles.

En amont de ce confluent, la bande de cornieule se maintient à quelque hauteur sur le flanc nord du ravin (cp. 2 et 14); je l'ai retrouvée sous les Et, ainsi qu'au torrent de l'Echerche, mais elle est souvent cachée par les éboulis et les pâturages de L'Haut-de-Morcles. En dessous de la Riondaz, le Trias et le Jurassique disparaissent entièrement sous le Flysch, qui vient recouvrir transgressivement le terrain carbonique, comme cela a lieu de l'autre côté du Rhône dans le ravin de Saint-Barthélemi. Ils reparaissent avant le torrent du Larzey, où j'ai constaté la cornieule. Celle-ci forme un escarpement rocheux à l'origine du torrent de Gourzine, et remonte de là contre la paroi calcaire de Ballacrètaz, pour traverser le Torrent-Sec, limite des cantons, et atteindre sur Valais le point de ma carte coté 2042 m.

De là l'affleurement triasique redescend contre Haut-d'Arbignon, jusque tout près du gisement de plantes houillères de Brayaz, où la cornieule est recouverte par le Lias inférieur fossilifère (cp. 3 et 13), puis il remonte le long du torrent de Dzéman, dans la direction du Sex-Trembloz. Dans tout ce parcours, depuis le torrent du Larzey, j'ai pu suivre la bande triasique pour ainsi dire pied à pied. La superposition est parfaitement évidente, et la nature pétrographique toujours la même; la vraie cornieule, vacuolaire, prédomine en général, mais elle passe souvent au calcaire bréchiforme, et calcaire dolomitique compact, ou bien elle devient plus terreuse, et contient près d'Arbignon des lamelles vertes, d'aspect talqueux. Le faible plongement des couches, d'environ 15° NE (cp. 13), et leur intercalation constante entre le terrain houiller et les calcaires liasiques ou jurassiques, ne me laissent aucune espèce de doute sur l'interstratification parfaitement régulière de cette bande de cornieule.

En dessous de Sex-Trembloz, sur le sentier à vaches, qui mène du fond de Dzéman aux pentes gazonnées au-dessus de Ballacrètaz, j'ai rencontré en revanche une disposition énigmatique et anormale, que je n'ai pas pu m'expliquer. En quittant le carbonifère, j'ai traversé d'abord la bande de cornieule jusqu'ici décrite, pour arriver à des calcaires gris régulièrement superposés, plus ou moins schistoïdes, et d'une assez grande épaisseur ; puis, un peu avant d'arriver aux lacets que fait le sentier pour traverser la paroi de Ballacrètaz, ou plutôt sa prolongation SE, j'ai retrouvé un nouveau banc de cornieule, intercalé au milieu des calcaires, et d'apparence très semblable à celle de la bande normale. C'est le seul point sur lequel j'aie rencontré cette anomalie, et n'ayant pas pu poursuivre l'affleurement au delà, je n'ai pas su me rendre compte d'une manière sûre, s'il y a vraiment interstratification d'un nouveau banc de cornieule, à un niveau supérieur, ou si ce n'est qu'une illusion produite par le contournement des couches ou une petite faille ; je penche pourtant vers la première alternative, car toute la série des bancs calcaires, quoique se relevant contre Sex-Trembloz, m'a paru très régulière.

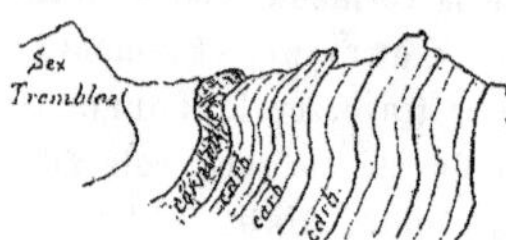

Cl. 9. — Col des Cornicules.

Pour franchir l'arête qui sépare la montagne de Dzéman de celle de Fully, la bande triasique se redresse fortement contre le Sex Trembloz, en suivant exactement les contournements des bancs carboniques et calcaires, entre lesquels elle se trouve. De nature moins résistante que les uns et les autres, elle forme un *chable* ou couloir très abrupt, qui s'élève jusqu'au point de l'arête connue des montagnards sous le nom de Frette-aux-Cornieules (cl. 9) ; là elle s'avance en pointe au sud sur le faîte de l'arête, et recouvre presque horizontalement le carbonique. Ensuite elle redescend en écharpe sur le versant opposé, dans la direction du col de Fenestral ; elle limite au N le carbonique de Fully, qu'elle sépare du calcaire numulitique ; s'étale plus ou moins, suivant les circonstances d'inclinaison et d'érosion des couches ; et vient enfin former une série de mamelons en T^2, avant de disparaître sous les éboulis du Fenestral 2729 m. (ou Grande-Fenêtre) et du Grand-Chavalard 2907 m. Les allures que je viens de décrire, et que chacun peut vérifier pied à pied, sont incompatibles avec l'hypothèse d'une faille, et indiquent un affleurement régulier.

L'existence de la bande triasique, sous les éboulis du Grand-Chavalard, est prouvée par les cailloux de cornieule, qu'on y trouve disséminés à une altitude supérieure aux points précédents, et surtout par quelques petits lambeaux qu'on peut voir au pied des rocs calcaires, dans les endroits où ceux-ci sont dénudés plus profondément entre les cônes d'éboulement. Depuis l'angle de rochers qui domine les chalets et le lac de Fully, la bande triasique redevient continue tout le long du chemin de l'Alpe-de-Fully, jusqu'à Plan-Lérié, vers l'Oursine (ou Lousine 1620 m.). Elle est, comme plus à l'ouest, composée essentiellement de cornieule, et se voit tantôt dans le chemin même, tantôt un peu au-dessus, toujours surmontée de la grande masse de rochers calcaires. La bande est moins distincte au delà de Plan-Lérié, ce qui provient du talus d'éboulement, qui recouvre généralement la base des rocs calcaires, et cache leur jonction avec les roches cristallines. Plus bas j'ai encore constaté la cornieule, dans la même position stratigraphique, à Fontaine-à-Botzatey, en dessous de la carrière supérieure de marbre de Saillon.

Ce marbre blanc, plus ou moins veiné, qui a été exploité sous le nom de *Cipolin*, forme une bande presque continue à la base de la paroi calcaire, depuis la carrière supérieure en l'Herba-Rossetta, sous la Limba, jusque près de Saillon. Les couches plongent 35° SE. Sur ma carte j'ai marqué ce marbre par une série de traits bleus, avec la lettre **m**. J'ai expliqué p. 83 ce qui m'engage à le rattacher plutôt au Trias. Voici, dans leur ordre de superposition, la succession des bancs exploités, avec leurs désignations industrielles [Cit. 137 et 145]:

3^{m}00	— Gris-bleu	Portor suisse. Turquin de Saillon. Gris de Saillon.
1^{m}80	— Jaune veiné.	
1^{m}60	— Marbre blanc.	
1^{m}30	— Cipolin rubané, fond ivoire.	
3^{m}00	— Gris	Gris-perle ou jaunâtre. Noirâtre ou violet foncé. Vert et blanc.
1^{m}20	— Cipolin grand antique.	
3^{m}00	— Vert moderne.	

Un dernier affleurement triasique se trouve enfin à Saillon même, à la sortie SW du village, droit en dessous du chemin dit des sources. C'est un pointement de cornieule, qui apparaît sous le calcaire, dont les bancs sont un peu relevés en anticlinal, avec ⊥ N et S (cp. 11).

Section de Saxon. — Au bord sud de la vallée du Rhône on retrouve la bande triasique à Saxon, d'où elle s'élève en écharpe, dans la direction du SW, sur le flanc de la montagne de Pierre-à-voir; séparant toujours les rochers calcaires des schistes semi-cristallins, que j'ai considérés comme carboniques.

La cornieule commence au niveau de la plaine, immédiatement derrière le bâtiment de l'Hôtel-des-Bains, et forme le monticule saillant qui domine ce bâtiment. Près des bains de Saxon la cornieule est moins habituellement vacuolaire ; c'est plutôt un calcaire dolomitique jaune-pâle, terne, quelquefois plus blanchâtre, tantôt plus terreux, tantôt plus compact. La source *iodo-bromurée* de Saxon sort évidemment de ces couches [Cit. 74 et Bull. vaud. sc. nat. III, p. 173, 178, etc.]. Certaines parties de cette cornieule contiennent de l'iode, même en assez forte proportion. Le musée de Lausanne possède des échantillons de cornieule, recueillis en 1852 à Saxon, et qui conservent une odeur d'iode parfaitement caractérisée.

J'ai pu suivre la cornieule depuis les Bains, jusqu'au sentier de La Giète, marqué sur ma carte. Elle forme une succession de mamelons plus ou moins saillants, et plonge au SE parallèlement aux schistes carboniques sous-jacents (cp. 12). Un peu en dessous de ce sentier, près du point où il rejoint la bande triasique, se trouve un gros rocher de cornieule, excavé en double *barme* ou grotte, au plancher de laquelle se voit une couche de marne schistoïde, plus tendre que la cornieule ordinaire, et renfermant, comme à Dzéman, des paillettes vertes, d'apparence talqueuse. Au-dessus du sentier commencent les rochers calcaires, qui s'élèvent jusqu'au chemin du Rosé, en conservant toujours le même plongement SE.

Le glaciaire et les éboulis cachent, plus ou moins, la continuation de la bande triasique jusqu'au hameau de La Giète, au-dessus de Charrat. Un peu au delà de ce hameau j'ai rencontré le *gypse*, partie en couches rognoneuses, partie en rognons isolés, disséminés dans une dolomie blanchâtre terreuse, semblable à celle de Saxon. Je n'y ai pas constaté la cornicule vacuolaire, mais l'affleurement visible était très restreint, et un espace gazonné, allongé dans le sens de la bande triasique, en marquait évidemment la place (cp. 13).

Je n'ai pas pu pousser mes recherches beaucoup au delà, vu l'absence de sentiers dans une pente boisée très déclive, mais j'ai appris des habitants de Charrat que l'on y avait trouvé du gypse sur plusieurs points, sous les rochers calcaires, entre autres à la Rapaz, au-dessus du second village de Charrat. J'ai marqué ce point sur ma carte, approximativement, par la lettre **G** (cp. 14).

Cette bande triasique doit évidemment se prolonger bien au delà, et très probablement border au SE le massif cristallin du Mont-Blanc. Il est vrai que la carte de Gerlach [Cit. 98] n'indique plus aucun affleurement triasique au delà de la Rapaz, mais celle de M. A. Favre [Cit. 78] marque la bande de Trias, d'abord sur le Mont-Chemin, où son texte l'indique également [Cit. 91, III, p. 116], puis un peu plus loin dans le Val-Ferret.

Lambeau du Portail-de-Fully. — A un demi-kilomètre au SW des chalets de Fully, on trouve la cornicule reposant en stratification concordante sur le terrain houiller presque horizontal, c'est-à-dire plongeant de 15° au NW. Elle occupe là un certain espace, au-dessus de l'arête abrupte qui domine la vallée du Rhône ; elle forme entre autres le singulier roc percé qui a reçu le nom de Portail-de-Fully, et qui se trouve à la limite des pâturages de Fully et d'Alesse, sous le sommet dit Loë-des-Cendres 2340 m.

En ce point on voit la cornicule, accompagnée de calcaire dolomitique gris clair, formant le centre d'un petit pli synclinal déjeté ; la cornieule revient pardessus, fortement inclinée au NW ; elle est recouverte à son tour par les schistes et grès carboniques renversés, qui plongent de 50° NW, et forment toute la tête de Loë-des-Cendres (cp. 14).

Dans la direction du SW, le pli synclinal s'ouvre de plus en plus, et la masse de calcaire dolomitique s'épaissit, jusqu'à former une petite sommité calcaire, dont les couches supérieures appartiennent peut-être au jurassique (cp. 14). J'ai longé toute la base de cette arête calcaire, du côté NW, sur Haut-d'Alesse, et partout j'ai trouvé des indices de cornieule, mais le calcaire dolomitique compact devient de plus en plus prédominant. A l'extrémité SE de ce lambeau la masse calcaire, presque sans intercalation de cornieule, repose régulièrement sur le carbonique semi-cristallin, dont les bancs plongent de 20° au NW.

Ce lambeau triasique, ou peut être en partie jurassique, n'a pas beaucoup plus d'un kilomètre de longueur. Il me paraît évident qu'il a dû être une fois continu avec la masse calcaire du Grand-Chavalard, dont il n'est distant que d'un kilomètre et quart environ, et qu'il en a été séparé par les puissantes actions érosives, qui ont creusé le bassin ovalaire des Lacs de Fully. Gerlach connaissait ce lambeau calcaire et l'avait marqué sur sa première carte [Cit. 95], mais je ne puis absolument pas accepter la singulière coupe qu'il en a donnée dans son profil III.

Lambeau de Charrat. — A mi-chemin entre Saxon et Charrat, au bord de la plaine du Rhône, se trouve un petit lambeau isolé de cornieule et de gypse, celui-ci exploité depuis longtemps. Lardy en parlait déjà en 1818, [Cit. 23]; Gerlach l'a marqué sur ses deux cartes, mais trop près de Charrat. Cet affleurement n'a guère plus d'un demi-kilomètre de longueur, et une très faible épaisseur. Les couches plongent au SE, comme toutes celles du voisinage, de 46° à 55° suivant les places ; elles paraissent s'enfoncer sous les roches semi-cristallines, que j'ai considérées comme carboniques (cp. 13). Le gypse ne se trouve que dans la partie médiane, et ressemble à tous nos autres amas de gypse. Il est entouré et recouvert par un calcaire dolomitique gris-clair, généralement assez compact, et passant par places, soit à une brèche dolomitique, plus ou moins dure, soit à la cornieule vacuolaire ; parfois aussi à une sorte de béton jaune. J'y ai trouvé des fragments de schiste vert et de calcaire foncé. (Voir analyses, p. 81.)

Ce singulier gisement m'a fort intrigué, et je comprends qu'il ait pu faire croire à une véritable intercalation du gypse au milieu des terrains cristallins. Pour ma part je suis porté à y voir au contraire un petit lambeau triasique, pincé dans un repli du terrain houiller. Ce repli, déjeté au NW, ne serait à mes yeux que la pointe extrême du long synclinal calcaire, compris entre la montagne d'Arpille et le massif cristallin du Mont-Blanc, et marqué sur les cartes Favre et Gerlach [Cit. 78 et 98]. Dans la plus grande partie de sa longueur cette bande calcaire est bordée par la cornieule, qui figure sur les deux cartes susmentionnées, jusqu'à Trient. Il est bien probable qu'elle se continue plus au NE jusque près de Martigny-Bourg. Depuis là elle disparaîtrait sous les alluvions du Rhône, pour ne revenir au jour qu'après Charrat. Je vois une confirmation de cette idée dans la nature marécageuse de toute cette portion de la vallée, qui, se trouvant au bord de la montagne et près du confluent de deux grandes vallées, devrait avoir au contraire un sol relevé, soit par les éboulis, soit par les accumulations glaciaires. Le peu de consistance de la plupart de nos roches triasiques, et la solubilité du gypse produisent en général dans nos Alpes des effondrements qui jalonnent les affleurements triasiques.

Lambeau de La Bâtiaz. — Je considère comme probablement triasiques les marbres blancs et veinés qu'on exploite à La Bâtiaz près de Martigny, et qui sont évidemment les mêmes que ceux de Saillon. Mon opinion à ce sujet ne s'est formée que petit à petit, par la comparaison avec d'autres régions alpines. C'est pourquoi ce gisement figure encore sur ma carte avec la teinte bleue, comme jurassique, d'âge indéterminé; mais les marbres y sont spécialement distingués par les traits bleus **m.**

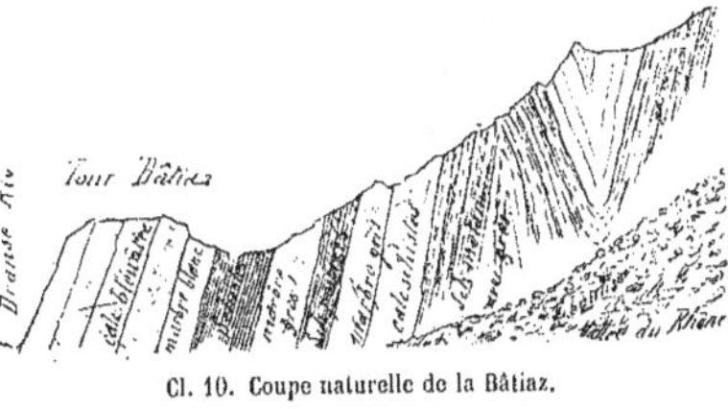

Cl. 10. Coupe naturelle de la Bâtiaz.

Voici la coupe que j'ai relevée au bord de la vallée du Rhône, entre la Dranse et le hameau des Lugon (cl. 10).

a) *Calcaire feuilleté, bleu foncé,* en bancs presque verticaux, qui forment la paroi de roc au bord de la Dranse, et supportent la vieille tour de La Bâtiaz. Ce calcaire est désigné comme Lias sur la carte de M. A. Favre, et comme Lias ou Jurassique sur celle de Gerlach. J'y ai vainement cherché des fossiles, et je ne sache pas que personne en ait jamais trouvé, mais il me paraît que c'est absolument le même calcaire que celui qui recouvre la cornieule à Saxon, Saillon, Saint-Barthélemi, Col-du-Jora, etc. Je l'ai marqué comme jurassique supérieur **Jc** à cause de sa grande analogie pétrographique avec le Malm calcaire de la chaîne du Mœveran.

Après ce contrefort calcaire (cp. 15) se trouve, entre lui et les roches cristallines du Mont-d'Arpille, une sorte de petit vallon, qui aboutit à la plaine derrière le hameau de La Bâtiaz, où l'on peut voir le détail des couches dans plusieurs carrières successives.

b) *Bancs de marbre blanc,* semblable à celui de Saillon, parfois veiné de vert et surtout de violet, plongeant de 80° à 75° au SE. A mesure qu'on s'enfonce, les couches deviennent plus schisteuses, micacées, et passent à :

c) *Schiste feuilleté, micacé,* friable, sur lequel passe le petit chemin qui monte au sommet des vignes.

d) *Un marbre feuilleté,* moins blanc que le précédent, vient en dessous, toujours avec le même plongement ; puis :

e) *Des schistes pourris* qui se voient sur le bord sud d'une grande carrière, exploitée lors de ma visite en 1874, et située droit derrière la dernière maison au nord du hameau. Le reste de la carrière est formé de :

f) *Marbre grisâtre, veiné,* très feuilleté, ⊥ SE 76°. On l'exploitait pour pierre à chaux et pour moellon.

g) Un peu plus au nord, dans une petite carrière abandonnée, j'ai vu le calcaire devenir de plus en plus feuilleté, et passer au *calschiste ;* puis insensiblement, la substance calcaire diminuant, ce calschiste passe lui-même à des *schistes* plus ou moins métamorphiques, qui forment la saillie de roc, au bord de la route, avant Lugon.

Je ne m'aventurerai pas à déterminer exactement où finit ici le Trias, et où commence le terrain houiller, auquel j'ai rapporté ces schistes semi-métamorphiques, comme leurs analogues de Saxon.

2. Région salifère

La région triasique que je désigne ainsi présente approximativement la forme d'un triangle allongé, qui aurait sa base au bord de la Vallée du Rhône, de Bex à Aigle, et son sommet près des Diablerets. Cette étendue mérite bien son nom de *Région salifère*, car c'est là seulement qu'on a rencontré la roche et les sources salées, qui ont donné lieu aux Salines de Bex.

Le sol fondamental de toute cette contrée est formé de gypse **G** et de cornieule $\mathbf{T}^2$, avec quelques intercalations de calcaire dolomitique plus compact $\mathbf{T}^1$, et parfois aussi quelques couches marneuses. Ce complexe, en général peu consistant, et fortement érodé, est fréquemment recouvert d'amas erratiques considérables **Gl**, qui cachent entièrement le sous-sol, et n'en laissent soupçonner la nature que grâce aux fréquents entonnoirs, résultant de l'effondrement du gypse par dissolution. Quelques-uns de ces entonnoirs, aux environs de Gryon par exemple, ont une assez grande dimension. Les uns sont de véritables puits perdus, où disparaissent les eaux superficielles, et dans le fond desquels on peut souvent apercevoir le gypse. D'autres sont colmatés par l'argile glaciaire, et ont retenu les eaux, qui y forment de petits lacs.

La stratification de ces roches triasiques est, en général, parfaitement évidente, mais leur plongement est très variable, ainsi qu'on peut le voir sur ma carte, et sur une partie de mes coupes. Le sol a subi évidemment de nombreux plissements, comme dans les régions avoisinantes, mais ces plissements sont difficiles à reconnaître par suite de l'uniformité pétrographique, de l'absence d'une série stratigraphique bien nette, et du recouvrement habituel par l'erratique. Les meilleures preuves de ces plissements sont les lambeaux liasiques et jurassiques, disséminés au milieu de cette région salifère, parfois enfermés par le gypse comme dans une boucle (cp. 10), d'autres fois recouvrant le Trias sur de plus grandes étendues, et ne le laissant apparaître qu'au milieu des voûtes rompues (cp. 6 et 7).

Ces divers lambeaux de Lias et de Dogger sont, avec le Flysch, et sur le bord méridional le Néocomien, les seuls terrains stratifiés qui recouvrent le Trias dans cette région. Joints au revêtement erratique, ils découpent le sol triasique en une multitude d'affleurements grands et petits, visibles sur la carte, que je grouperai pour la description orographique en une douzaine de petites sections.

Contrée de Bex. — Au pied de l'escarpement des Verneys, dominant le Pré-des-Cornes et l'Hôtel-des-Salines, se trouvent des rochers de gypse blanc, qui forment un petit affleurement isolé à l'angle SE du grand triangle susmentionné. Le gypse, plus ou moins pur, constitue la plus grande partie de ce rocher; vers l'extrémité N seulement se voit un calcaire dolomitique gris, bréchiforme, en général assez compact, qui a été exploité pour la construction de l'hôtel. Il m'a paru recouvrir le gypse. Ce lambeau est entièrement environné de glaciaire, de sorte qu'on peut difficilement juger de ses relations. Toutefois à l'extrémité méridionale du rocher j'ai trouvé au-dessus du gypse des schistes gris feuilletés, analogues à ceux qui se rencontrent plus haut dans Les Monts. Du côté opposé, le Pré-des-Cornes est également formé de glaciaire, mais on y voit beaucoup d'enfoncements, ou entonnoirs irréguliers, qui décèlent la continuation souterraine du gypse, je puis donc admettre comme très probable que le gypse du Pré-des-Cornes est relié à celui du Montet, par-dessous l'amas erratique et les alluvions de l'Avançon (cp. 12).

Le Montet constitue un petit mont isolé, de deux kilomètres de longueur, presque entièrement formé de gypse. A l'exception de quelques lambeaux d'erratique, et de deux affleurements de cornieule, je n'y ai jamais vu autre chose. Au SW, dans les vignes qui regardent la vallée du Rhône, les couches de gypse sont relevées du côté de la plaine, avec un plongement NE de 30°, et laissent voir à leur partie inférieure un petit affleurement de cornicule (cp. 1). En arrière se trouve un petit *replan* dit La Combaz, où l'erratique est déjà plus fréquent, mais jamais en assez grands amas pour que je l'aie marqué sur la carte. C'est, me paraît-il, un petit vallon synclinal, tandis que l'arête du Signal, plus en arrière, formerait l'anticlinal. Le second affleurement de cornieule que j'ai pu constater se trouve à l'extrémité SE du Montet, au bord du chemin qui suit la rive droite de l'Avançon, à peu près vis-à-vis de l'Hôtel-des-Salines.

Un troisième lambeau triasique des environs de Bex, est au Plan-Saugey (ou Seujet) au-dessus du Bévieux. Là, je n'ai trouvé que de la cornieule, affleurant sur un petit espace au bord du sentier, près du ruisseau dit Bey-de-Sérisson, en dessous du rocher jurassique de Sex-Veudran. Plus bas tout est recouvert par le glaciaire, mais il est très probable que cette cornieule se relie par dessous l'erratique avec celle qui forme la rive gauche de l'Avançon, en amont du Bévieux (cp. 11).

Le Mont de Gryon. — Je désigne ainsi la saillie comprise entre les rivières de l'Avançon et de la Gryonne, depuis le Bévieux et les Devens, jusqu'au col de la Barboleuse un peu au nord de Gryon (cp. 1).

Cette saillie forme l'extrémité ouest de la chaîne des Diablerets, qui s'abaisse graduellement vers la plaine, et dont le Montet n'est que le dernier contrefort. Le Montet est séparé du Mont-de-Gryon par un petit vallon erratique qui va du Bévieux aux Devens, mais quelques entonnoirs bien caractérisés témoignent de la continuité du gypse dans le sous-sol. Au bord septentrional du vallon, le gypse apparaît de nouveau [1] et forme la plus grande partie du Mont-de-Gryon, il se voit partout dans les champs, dans les vieux chemins encaissés, au bord de la route de Gryon, et en particulier dans le grand escarpement de Sublin, au bord de l'Avançon, ainsi que plus en amont à la Peuffaire et dans les escarpements de la Gryonne. Là où le gypse n'est pas visible, comme sur le sommet de la colline, où il est généralement recouvert d'erratique (cp. 10), sa présence est néanmoins révélée par les nombreux entonnoirs, dont j'ai parlé ci-dessus (p. 97), qui donnent un cachet tout particulier à cette contrée. La stratification de ce gypse est partout bien apparente, mais le plongement est assez variable : à Sublin 50° à 70° au S ou SE; à Meuchier 55° au NW, donc en sens inverse (cp. 11). Au Boët et la Barboleuse les couches plongent plutôt au NE. Somme toute j'ai l'impression d'une voûte déjetée s'exhaussant graduellement depuis le vallon des Devens du côté des Diablerets, mais avec beaucoup d'irrégularités locales.

Quand à la cornieule elle joue ici, comme au Montet, un rôle bien secondaire, mais j'en connais par-ci par-là une multitude de petits lambeaux : *a*) Dans la vallée de la Gryonne : au Pont-Durand, Entre-deux-Gryonnes, au Coulat, à la Grand-Rape et sous la Barboleuse; — *b*) Sur la saillie du mont : à l'angle de la route au-dessus du Chêne, sous La Posse, en Jorogne, en Lederrey, au Faug, à l'Entremouye, ainsi qu'au bord de la route près de Gryon; — *c*) Enfin dans les ravins de l'Avançon, où elle est plus abondante, et forme la plus grande partie des bords de la rivière, dès Sublin, par Fontana-seule, au pont de la Peuffaire, et plus en amont, du Pont-de-Chépy aux Rafforts. Il serait fastidieux de décrire en détail tous ces affleurements, que j'ai marqués sur ma carte aussi exactement que je l'ai pu. Presque partout c'est la cornieule vacuolaire typique, par ci par là du calcaire dolomitique bréchiforme, plus ou moins entremêlé de gypse. Un point seulement mérite une mention spéciale, la carrière entre l'Entremouye et Le Faug, au bord de la route de Gryon ; là se trouvent des bancs parfaitement réguliers d'un calcaire dolomitique gris, dont j'ai donné l'analyse p. 81,

[1] Sur cette partie de la carte le pointillé rouge, qui distingue spécialement le gypse, a été oublié, mais le monogramme G s'y trouve.

lesquels, à leur partie inférieure, passent insensiblement à la cornieule vacuolaire. J'y ai vainement cherché des fossiles, comme dans la cornieule elle-même ; en revanche j'y ai trouvé d'assez jolis cristaux de dolomie (p. 82)

La relation stratigraphique de ces cornieules et calcaires dolomitiques, avec le gypse, est assez variable dans cette région. Dans la vallée de la Gryonne la cornieule m'a paru, en général, recouvrir le gypse et le séparer souvent (pas toujours!) des lambeaux liasiques superposés. Dans la vallée de l'Avançon la superposition n'est pas si nette, mais elle paraît probable, surtout si l'on considère que c'est toujours la cornieule et jamais le gypse, qui se trouve en contact avec le Néocomien. En est-il de même pour les lambeaux existant sur la saillie du Mont? je n'oserais l'affirmer pour tous les cas ; parfois le gypse paraît recouvrir la cornieule, comme aux Places sous Gryon, où les couches plongent 65° NW, mais il pourrait y avoir là renversement. Je crois d'ailleurs que les deux roches ne sont que deux facies différents qui peuvent alterner et se remplacer mutuellement, comme ailleurs les calcaires et les marnes, ou aussi les schistes et les grès. J'ai vu fréquemment le gypse en petits lambeaux intercalés dans la cornieule, comme à La Giète près Saxon et ailleurs. Je ne serais point étonné qu'ici,où les circonstances de sédimentation ont été si favorables au dépôt du gypse, il n'y eut de même certains lambeaux de cornieule intercalés dans le gypse.

Lambeau de Bovonnaz. — Le plus singulier et le plus isolé de nos gisements de cornieule, est un petit affleurement qui se trouve au-dessus des chalets de Bovonnaz, sous Argentine, à plus de 1700 m. d'altitude, et entièrement entouré de Néocomien. Il forme la plus grande partie du monticule allongé qui domine les chalets. Les couches néocomiennes plongent anticlinalement tout autour. J'ai d'abord pensé qu'il y avait là une faille, mais je n'ai pas pu en constater l'existence, ni retrouver dans le prolongement d'autres affleurements de cornieule. Ce n'est pas non plus la rupture d'une voûte néocomienne régulière! J'ai plutôt l'impression d'un petit récif dolomitique, qui aurait été faiblement recouvert par les dépôts néocomiens, puis dénudé de nouveau par les érosions. Il est d'ailleurs dans l'alignement naturel des autres lambeaux analogues de Frenière, du Plan-Saugey et du Pré-des-Cornes A peu de distance de cet affleurement de Bovonnaz le Néocomien est fossilifère, et par conséquent d'âge certain. Du côté nord toutefois j'ai trouvé, entre la cornieule et le Néocomien authentique, des grès et schistes, analogues à ceux des Vents, de Javerne, etc. qui pourraient appartenir au Flysch !

Contrée de la Porreyre. — Le Mont-de-Gryon se prolonge au NE et se relie aux Diablerets par l'arête de La Croix[1], la Chaux-Ronde et les Rochers-du-Vent. Sur le versant sud de cette saillie se trouve encore un grand lambeau de Trias, principalement sous la forme de cornieule. Les rochers du Sex, au SE de La Croix, sont formés de cornieule bien stratifiée, en bancs verticaux, et même un peu renversés, ⊥ 80° E (cp. 1 et 8). A leur partie inférieure j'ai rencontré les schistes foncés du Toarcien, et j'y ai trouvé des *Posidonomya*, tandis qu'en arrière de leur crête, sur le chemin de Taveyannaz j'ai constaté un petit affleurement de gypse. La position stratigraphique est donc ici bien établie; c'est le même banc de cornieule, intercalé entre le gypse et le Lias, que j'ai constaté si fréquemment dans les ravins de la Gryonnne.

Cette cornieule se continue au sud, par Sous-le-Sex, Le Venney, Saussouye, jusqu'à Aiguerossaz, près du chemin de Sergnement (cp. 9). Là elle est recouverte en partie par les schistes noirs toarciens, en partie par le glaciaire. J'ai constaté également la cornieule en nombreux petits affleurements à La Traverse, aux Ernets, au Chabloz, en Chaudannes, sur la Fouly, etc.; et plus loin abondamment, autour de la Porreyre (cp. 8) et des Abefeys (ou Abessets) d'en haut et d'en bas. Là elle arrive au voisinage du Néocomien de Sergnement, sans que j'aie jamais pu les voir en contact, et d'autre part elle est recouverte par ces mystérieux grès et schistes des Vents, que j'ai marqué avec doute dans ma carte comme grès de Taveyannaz (**Tv?**). Un peu plus au nord je l'ai constatée également au bord du torrent dit Bey-des-Gores, qui descend de Chaux-Ronde; elle y forme une colline allongée qui sépare ce ruisseau des pâturages de Frience.

Quant au gypse, il forme probablement le sous-sol de la région ondulée des Fracherets, entre Le Sex et le Bey-des-Gores, mais partout il est recouvert d'erratique (cp. 1). Je n'ai pu constater la roche gypseuse qu'au point mentionné plus haut, derrière Le Sex, mais les nombreux entonnoirs

[1] Ne pas confondre la Croix-de-Gryon, avec la Croix-d'Arpille, un peu plus au NE.

dont toute cette région est parsemée, sont un indice sûr de son existence. D'ailleurs au dire des gens du pays on y a extrait du gypse à diverses reprises, entre autres pas bien loin du Bey-des-Gores, en Fracheret, vers le commencement du siècle, pour la construction du chalet de l'assesseur Ravy. Le gypse formerait donc ici une sorte de pointement, environné tout autour de cornicule, et l'un et l'autre seraient recouverts soit de schistes toarciens, soit d'autres terrains plus récents.

Contrée d'Antagne à Ollon. — Au nord de la Gryonne, et au bord de la vallée du Rhône, se trouvent aussi des affleurements triasiques, qui se relient à ceux du Montet et du Mont-de-Gryon. Ici de nouveau le gypse prédomine, mais est souvent caché sous l'erratique, surtout dans la partie centrale de la région. Dans le bas, aux abords de la plaine, il est fréquemment exploité en carrières à ciel ouvert. C'est le cas: à la colline des Novalles, dans les vignes d'Arzillier sous Antagne, et au-dessus de Villy. La colline des Novalles forme, comme le Montet, un monticule isolé, entièrement gypseux, au bord de la plaine. Les couches paraissent former voûte, elles sont horizontales dans le haut, et au levant elles plongent contre la montagne. C'est évidemment la continuation de l'anticlinal du Signal du Montet, dont elle n'est séparée que par le cône de déjection de la Gryonne. La prolongation souterraine du gypse, entre les deux, est indiquée par plusieurs *entonnoirs*. Dans l'un d'entre eux, tout au bord de la plaine, en Praz-Nové, on a dirigé les eaux d'un canal temporaire qui, venant de la Gyonne, sert de force motrice à Salaz. La chute d'eau s'est creusé un passage au travers du gypse, a entraîné le glaciaire superposé, et a mis à nu, jusqu'à une certaine profondeur, de beaux rochers de gypse érodé. C'est un bel exemple de *puits perdu*.

Au delà du petit vallon qui limite au NE la colline des Novalles, se trouvent d'autres plâtrières, dans lesquelles les couches de gypse plongent d'environ 40°, en sens inverse, c'est-à-dire au SW, formant ainsi un synclinal qui correspond au dit vallon, par où passe le chemin de Villy. Dans le haut du rocher de gypse exploité, se trouve un banc de cornieule, surmonté à son tour d'un calcaire dolomitique gris, veiné, passant parfois à la brèche dolomitique. Ce calcaire gris se voit en Arzillier droit en dessous du chemin de Villy à Antagne.

Le plateau ou *replan* d'Antagne est essentiellement formé d'erratique ; mais en arrière du village se trouve une nouvelle côte gypseuse. Ici les couches sont dans l'ordre renversé, avec un plongement NE de 40° environ. Le gypse forme toute la partie supérieure de la côte, et repose sur un banc de cornieule typique, qui passe en dessous à la dolomie bréchiforme, puis au calcaire dolomitique grisâtre. Un peu plus bas se trouvent des schistes que j'ai attribués au Flysch. La série stratigraphique est donc renversée, ce qui donne entre les plâtrières d'Arzillier, et la côte gypseuse des Plumasses, sur Antagne, un pli synclinal déjeté au SW, dont l'intérieur est occupé en partie par le Flysch.

C'est dans la même position renversée, et dans les mêmes relations avec le Flysch, que se trouvent le gypse, la cornieule et le calcaire dolomitique gris en dessous du Bouillet, sur les deux rives de la Gryonne, de chaque côté du barrage et de l'ancien Pont-Durand. Le gypse forme également de grands rochers fortement inclinés, au bord de la Gyonne, sous le Cretel-d'Antagne.

J'ai constaté aussi de nombreux affleurements de gypse sur les chemins qui montent à Forchez, puis en Contrevaux, Derrière-la-Crètaz, et jusqu'au-dessus de Glutière (cp. 11). Au-dessus de ce hameau, sur le vieux chemin qui monte à Huémoz, j'ai vu le gypse, recouvert par des bancs de cornieule et de calcaire dolomitique gris, plongeant de 40° au SW, surmontés à leur tour par des schistes foncés, qui m'ont paru liasiques. Il y avait donc là un nouveau synclinal, à moins que ce ne soit le même que celui d'Antagne, mais non déjeté ? Il est difficile de trancher cette question à cause du revêtement glaciaire.

Derrière Villy se trouvent également d'anciennes plâtrières, qui ne sont plus guère exploitées. Je n'y ai point vu de cornieule, mais seulement du gypse en grande masse, et plus ou moins impur, ⊥ E. Dans le bas de ces plâtrières, et paraissant sortir de dessous le gypse, se trouve un grès, vert foncé, assez dur, qui se continue au nord, jusque dans le ravin d'Arnou, par derrière la maison de ce nom. Cette roche, sans fossiles, m'a fort intrigué et je ne sais vraiment qu'en faire.

Le gypse se voit abondamment sur les deux flancs du ravin d'Arnou, et se continue par Derrière-la-Roche, et les vignes d'Epeisse-dessous, jusqu'au village d'Ollon, près duquel il plonge de 30° à l'est. En remontant le ravin d'Arnou (cp. 11), on le retrouve également au grand sinus de la nouvelle route d'Huémoz, et au-dessus, dans le bas du bois de Confrène, jusqu'à Chouray. Un peu plus au nord, sur les deux chemins qui traversent Confrène, en se dirigeant vers Panex, on voit d'importants affleurements de cornieule et de calcaire gris compact, indiquant une bande dolomitique, qui sépare le gypse précédent du grand lambeau liasique de Confrène (cp. 10).

Contrée d'Huémoz-Chesière. — Cette région, au NE de la précédente, en est séparée par la grande bande liasique de Confrène, sur laquelle se trouve la moitié W du village de Huémoz, tandis que sa partie E est sur le gypse (cp. 10) [1]. Les constructions et les cultures empêchent de voir le passage de l'un à l'autre. Sur la route à mi-distance d'Auliens à Huémoz j'ai trouvé des affleurements de cornieule presque au contact du lias ; de même au-dessus du village, sur le chemin des Ecovets. Ce sont les indices de la bande de cornieule qui, comme ailleurs, séparerait le lias du gypse.

Tout le fond de la vallée de Chesière, dès Pallueyres, est recouvert d'erratique. Ce revêtement empêche de voir la composition du sous-sol, mais il est à présumer que, à part quelques lambeaux liasiques, ce glaciaire repose essentiellement sur du gypse. C'est ce qu'on peut conclure de la présence sporadique de quelques entonnoirs, et surtout de divers petits affleurements que j'ai pu constater au Cheseau, en Gericton sur la rive gauche de la Gryonne-de-Chesière (cp. 10), et un peu plus en amont sur rive droite, au confluent du ruisseau des Chentres. Passablement plus en amont encore, immédiatement sous Chesière, se trouve, également sur la rive droite du torrent, l'entrée obstruée de l'ancienne *Mine de sel* des Vauds (cp. 9) ; là je n'ai pu constater le gypse en place, mais les déblais de la mine, accumulés en terrasse au bord de la rivière, consistent presque exclusivement en gypse, ce qui prouve qu'il doit exister à une faible profondeur sous le glaciaire. Enfin du côté de la Gryonne (cours principal) le gypse se retrouve aux Prèz-sous-Arveye, où il forme de grands escarpements.

Les Ecovets, à l'ouest de Chesière, constituent une sorte de plateau

[1] Ma coupe 10 est fautive à Huémoz ; en réalité l'église est sur le gypse, au-dessus duquel se trouve une petite bande de cornieule.

ondulé qui se termine en pointe au SW, en une sorte de petite sommité de 1339 m., dominant le Bois-de-Confrène (cp. 10). Au NE le pâturage s'élève graduellement jusque sous La Truche et Plan-Saya ; c'est la terminaison SW de la chaîne de Chamossaire, qui s'abaisse vers la plaine par gradins successifs. Tout ce plateau des Ecovets, jusqu'assez haut sous La Truche, est formé de gypse, avec lambeaux liasiques superposés au centre (cp. 9). Sur cet espace se trouvent une innombrable quantité d'entonnoirs, qui témoignent des fréquents effondrements du gypse. C'est le cas en particulier de la partie dite Aux Cropts (creux) dans laquelle le sol est excessivement irrégulier ; constamment on peut voir de petits lambeaux de lias séparés du gypse par un banc de cornieule, en général d'une faible épaisseur. A l'échelle de ma carte il était impossible de marquer tous ces détails ; j'ai dû indiquer en gros les espaces où prédomine le lias ou le gypse, en faisant abstraction de la cornieule, qui ne joue ici qu'un rôle assez secondaire. Cette schématisation inévitable rend nécessaire que je consigne ici ce remarquable enchevêtrement de terrains, dû aux effondrements du gypse.

La cornieule forme en revanche tout le flanc sud du plateau des Ecovets, comme l'indique ma carte par le pointillé bleu **T**^{2}. On en rencontre de nombreux affleurements, le long des chemins qui descendent sur Huémoz et sur Chesière. Elle s'étend en outre assez loin du côté des Tailles (cp. 9).

Mont de la Glaivaz. — Au NW des deux précédentes régions se trouve un nouveau massif gypseux, qui en est séparé par la grande bande de Lias. Il s'étend au nord d'Ollon, du bord de la vallée jusqu'à Panex, et forme la plus grande partie du mont de La Glaivaz, dont l'altitude dépasse 1000 m. (cp. 10). Le gypse est limité au NW par une bande de cornieule, que j'ai pu constater par lambeaux, dans le bois, depuis un peu au-dessus de Verchy, jusqu'au Biolay près de Panex, et qui se continue au delà du côté de Salins. La masse de gypse de la Glaivaz doit être énorme, on en voit un peu partout, en rochers saillant au travers des bois. A part quelques lambeaux glaciaires, toutes les éraillures du sol, que j'ai pu observer, ne m'ont présenté que du gypse. Les couches me paraissent former un vaste pli anticlinal, correspondant à la forme du mont. Sur tout le versant SE, à part un point douteux du côté de Panex, le plongement des couches est aussi au SE, mais avec des inclinaisons variables. Dans le haut, j'ai trouvé au bord de la nouvelle route de Panex ⊥ 35° à 40° ; plus bas, au-dessus de Plan-Essert 60° ; au Bondet, vers le contour inférieur de la route, 60° à 80° ; plus bas encore, et plus à l'ouest, sous Plan-Essert 35° ; au haut du village d'Ollon seulement 15°. Il y a là évidemment une pente ondulée des couches, différente suivant les points où l'on ferait passer une coupe. Au SE d'Ollon les couches se relèvent au sud, et vers la bifurcation de la route de Panex j'ai trouvé le plongement de 35° au N, puis un peu plus loin vers Epcisse-dessous 30° au SE. Il y a donc là un nouvel anticlinal. Je cite tous ces détails locaux pour montrer que, si je n'ai pas pu déterminer les plissements du gypse d'une manière aussi précise que ceux des terrains crétaciques des hautes chaînes, les ondulations du sol triasique n'en sont pas moins incontestables.

Contrée de Salins. — La région triasique de la Glaivaz se continue, mais fort rétrécie, depuis Panex, par Salins, jusque bien au delà des limites de ma carte, à Plambuit, Exergillod, etc. Elle se compose ici régulièrement de deux bandes juxtaposées, l'une de gypse, l'autre de cornieule. Autour de Panex ces terrains sont presque entièrement recouverts par le glaciaire, mais à partir du Creux-d'Enfer les deux bandes se poursuivent aisément, grâce à de nombreux affleurements.

Le Creux d'Enfer (cp. 9) est un immense entonnoir au nord de Panex, gazonné du côté gypseux par lequel on peut y descendre, et entouré du côté opposé d'une paroi calcaire semi-circulaire. Le centre de ce demi-cercle est formé de calcaire foncé, probablement liasique, qui devient gris-clair sur les côtés, et passe insensiblement à la cornieule typique, qu'on voit aux deux angles opposés du rocher. Le gypse n'est pas visible à l'endroit même à cause du glaciaire qui le recouvre, mais sa présence est clairement indiquée par divers petits entonnoirs, situés au SE du grand, dans l'alignement de la bande gypseuse. L'un d'eux forme le petit étang dit Sous-le-Thesex.

La bande de cornieule, qui passe ainsi par le milieu du Creux-d'Enfer, se retrouve un peu plus loin, sur le sentier qui mène à Salins, puis au-dessus du torrent des Vannex, le long du chemin qui monte d'Aigle à Salins. L'entrée d'une ancienne galerie de mine, dite Galerie du Réservoir, y est entièrement taillée. On pénètre encore facilement dans cette galerie, qui se dirige à l'est; bientôt on y rencontre le gypse avec un fort plongement au SE. Le Grand-Réservoir lui-même, situé sous Sanfins, un peu au SE de Salins, est encore entièrement taillé dans le gypse, avec le même plongement SE. Seulement à son extrémité se rencontre du calcaire noir, précédé d'une veine de roc salé.

Un peu plus loin se trouve une seconde mine de sel abandonnée, dite Mine supérieure. On y pénètre par deux galeries, débouchant à des hauteurs différentes, sur la rive droite du torrent des Vannex, à l'est de Salins. Ces deux galeries, commençant bien plus à l'est que la première, sont entièrement taillées dans le gypse, jusqu'au point dit Réservoir des Génisses[1] et un peu plus loin au Puits-Salé. Le plongement est toujours au SE (cp. 8).

Au delà, sous Espigny, on voit affleurer le gypse à l'extérieur dans une côte boisée, et tout à côté, à l'ouest, le chemin de Plambuit est creusé dans la cornieule. Plusieurs autres affleurements de cornieule se voient le long de ce chemin jusqu'à la Croix-de-Plambuit, tandis que la bande de gypse est indiquée à l'est par quelques entonnoirs dans les prés. Le petit Lac de Plambuit est sur le passage de la bande gypseuse, et occupe incontestablement un de ces entonnoirs, colmaté par des argiles. On assure qu'il est très profond; un immense mélèze doit y avoir disparu en entier.

De la Croix au Fond-de-Plambuit le chemin sert à peu près de limite entre la cornieule à gauche, et le gypse à droite. La bande gypseuse s'élargit sensiblement et occupe la plus grande partie du plateau de Plambuit, que l'on voit comme criblé d'une multitude d'entonnoirs. Dans les deux plus grands de ces entonnoirs, situés non loin du Fond-de-Plambuit, j'ai constaté la présence du gypse en place.

Ce plateau de Plambuit est dominé à l'est par les rochers schistoïdes du Toarcien à *Belemnites*. Ces bancs plongent au SE, dans le même sens que le gypse, et sont à leur tour surmontés par le Flysch. Du côté opposé, au NW, la bande de cornieule est limitée, comme au Creux-d'Enfer, par un calcaire compact, plus ou moins foncé et même tout à fait noir, qui forme la paroi de roc tout le long de Plambuit. En 1875 je le considérais encore comme triasique, c'est pourquoi il est figuré sur ma carte et sur mes coupes

[1] A cause de deux jeunes vaches qui s'y étaient introduites, et y sont mortes de faim. J'y ai vu leurs squelettes en 1873.

par la teinte brique T¹. Il me paraît plus juste maintenant d'y voir du lias ; j'en parlerai donc au chapitre suivant.

Au delà de Plambuit la bande triasique de Salins disparaît sous le Flysch, qui vient recouvrir transgressivement toute la région au pied de Chamossaire, jusqu'assez près de la Grande-Eau. On retrouve toutefois au-dessus d'Exergillod deux ou trois affleurements de gypse, à Sous-le-Dard, et sous la Joux-du-Sex-blanc, qui sont évidemment la continuation souterraine de la bande gypseuse de Plambuit. Ce sont ces affleurements, et d'autres analogues qui ont fait croire à M. Chavannes que nos gypses appartenaient au Flysch [Cit. 130, p. 83 ; Cit. 101, 104, 111 et 126].

Ravins de la Grande-Eau. — Une nouvelle zone triasique se retrouve de l'autre côté de la bande de calcaires compacts, le long du cours de la Grande-Eau, tout à fait à l'angle NW de ma carte et dépassant son cadre. Elle commence un peu en arrière du Grand-Hôtel d'Aigle, étant cachée du côté d'aval par les amas d'erratique qui forment la terrasse de Clavellaire-d'en-haut. Les bâtiments de la Parqueterie sont fondés sur le calcaire rhétien, plongeant de 50° au N. J'ai pu suivre ce Rhétien au pied de la berge de Fahy le long du canal des usines ; je l'ai vu se redresser de plus en plus et atteindre la verticale vers l'origine de ce canal, à peu près sous l'hôtel.

Droit au-dessus, sous les jardins à l'est de l'hôtel, le haut de la berge est formé de calcaire dolomitique compact ou mieux finement cristallin, lequel passe insensiblement à la cornieule. Celle-ci continue à former la berge rocheuse de la rive gauche, jusque bien loin en amont, tandis que la rive droite est formée des bancs rhétiens verticaux. Vis-à-vis des Déserts et des Ravaires la bande de cornieule quitte le bord de la Grande-Eau, occupé dès lors par le Rhétien, et s'élève obliquement sur les pentes abruptes de la rive gauche. Un peu avant le torrent des Vannex, elle se voit au bord de la nouvelle route, qui l'entame dans ses parties saillantes, vers la cote 621 m. et un peu plus loin avant le torrent. Dans ses parties rentrantes au contraire la route entame des calcaires plus foncés, qui me paraissent liasiques, et probablement rhétiens. Dans cette partie de son affleurement la cornieule est déjà renversée sur le rhétien, qui borde la Grande-Eau (cp. 9).

Du torrent des Vannex, jusqu'au Torrent-Tentin, avant Exergillod, la bande de cornicule se voit à mi-côte du ravin en dessous de la route de la Chenau. Partout elle s'appuie sur le Rhétien fossilifère de la Grande-Eau, recouverte à son tour par des calcaires foncés, probablement liasiques, avec un plongement SE d'environ 50° (cp. 8). Au delà du Torrent-Tentin la cornicule forme le roc isolé des Avouilles, et le haut de la berge rocheuse de la Grande-Eau, dont la base est encore rhétienne (cp. 7).

En arrière se voient quelques affleurements de gypse autour du hameau d'Exergillod, et au delà du ruisseau qui limite la commune d'Ollon, en Molliettes. Ce gypse forme là comme une boutonnière au milieu de la bande de cornicule un peu élargie. Il me montre que toute la bande triasique, que je viens de décrire, appartient à un anticlinal rompu, de plus en plus déjeté au NW; à Exergillod la rupture de la voûte déjetée est plus profonde, et atteint le gypse sous-jacent à la cornicule. Déjà aux Molliettes la voûte se referme; la cornicule se retrouve sur toute la largeur de la bande, depuis le bord de la Grande-Eau jusqu'au dessus du chemin, en Autraigue, et entoure de ce côté l'affleurement gypseux.

Plus loin, la bande de cornicule, se rétrécissant de plus en plus, longe la rive gauche de la Grande-Eau jusqu'au Pont-de-la-Tine, où elle forme le haut du roc saillant qui domine le pont; puis elle traverse la rivière, et se retrouve par lambeaux sur la route du Sépey, sous Champollion, aux Frasses, sous Le Mellerat, et jusqu'au village du Sépey. Ici la bande de cornicule est de nouveau plus rélargie, et forme presque toute la colline du Vélard, au sud du Sépey. Ma coupe 6, qui figure cette colline de cornicule, est fautive au bord de la Grande-Eau et sur la rive gauche de la rivière, où la cornicule devrait être remplacée par la bande de calcaire compact, probablement liasique (ou jurassique ?) marqué à tort $\mathbf{T}^1$ sur les coupes 7 à 10.

Massif de Chamossaire et Perche. — Ici j'ai constaté une bande de cornicule, qui se présente dans des conditions de gisement assez différentes de tout ce que j'ai vu ailleurs. Elle forme un long affleurement semi-circulaire, presque constamment accompagné, dessus et dessous, de schistes noirs liasiques. Le point extrême où j'ai pu l'observer est droit au-dessus d'Exergillod, plus haut que le chalet de L'Hurty, près d'une petite case à moutons, au pied de la grande paroi calcaire de Chamossaire (cp. 7). La cornieule se trouve là dans un petit vallon oblique qui borde immédiatement le pied des rochers. Elle forme dans ce vallon une saillie longitudinale, et tout autour se trouvent des éboulis qui empêchent de voir les couches qui l'environnent. D'après ce qui se montre plus loin, j'ai lieu de penser que le fond du vallon est occupé par la bande de schistes toarciens qui, très peu consistants, auront été plus fortement érodés, puis recouverts d'éboulis. Naturellement la cornieule elle-même est fréquemment recouverte, mais je l'ai vue affleurer sur divers points, dans la même situation : sur Haute-Siaz, droit en dessous du sommet de Chamossaire; et un peu plus haut en Orsey, près du col. A l'ouest de la bande triasique, indiquée par ces affleurements successifs, se trouve le flysch, continuation de celui du Roc-de-Breya. Sauf ce dernier, tous les noms que je viens de citer sont en dehors du cadre de ma carte.

La bande de cornieule passe ensuite à l'est du Roc-de-Breya, au pied d'un petit rocher isolé de Dogger, un peu avant le chemin de Bretaye. Là, et surtout au col entre ce roc et l'arête de Tazajoux, on peut facilement constater que les schistes noirs liasiques se trouvent de chaque côté de la bande de cornieule. Celle-ci traverse le chemin et le ruisseau de Bretaye, et se retrouve de l'autre côté du ravin, en Léchères, le long du sentier qui conduit à Ensex. Ici encore la bande de cornieule est comprise entre deux bandes de schistes toarciens fossilifères, et me paraît former *un genou* (cp. 7), autrement dit une voûte rompue, déjetée au S. Elle présente toutefois quelques irrégularités et intercalations, qui semblent indiquer de petites failles, ou replis locaux.

Un peu avant les chalets d'Ensex (ou Ancex), la bande de cornieule est interrompue. Je ne pense pas qu'elle disparaisse seulement sous les éboulis, mais bien plutôt sous les schistes toarciens, dont les deux bandes paraissent ici se rejoindre, et former voûte. Mais tout de suite après les chalets d'Ensex, la cornieule est de nouveau visible (cp. 6), et se continue dans la direction de l'est, pour venir se souder à la bande triasique de la Croix-d'Arpille.

Sur le versant N de la chaîne de Perche, on a, paraît-il, exploité anciennement du gypse un peu en dessous des Chavonnes, sur le sentier qui descend à La Forclaz. On m'a montré l'emplacement, au milieu d'un affleurement toarcien, entouré des calcaires du Dogger ; mais je n'ai pu y constater moi-même aucune trace de gypse, ni de cornieule.

3. Région des cols.

A l'extrémité NE de la Région salifère, le Trias ne forme plus qu'une zone rétrécie, qui sépare la Région du Flysch de celle des Hautes-Alpes. Cette zone déprimée constitue une série de cols ou passages : La Croix, Pillon, Krinnenn, Truttlispass, etc., dont les premiers sont encore de mon ressort. Je dois y ajouter quelques affleurements isolés, au milieu du Flysch, dans la vallée des Ormonts.

Col-de-la-Croix. — Le passage de la Croix-d'Arpille, entre la vallée de la Gryonne et le Plan-des-Iles, est entièrement formé de gypse et de cornieule.

A Coufin, dans la Haute-Gryonne, le fond de la vallée est rempli de glaciaire, mais la cornieule est largement développée un peu au-dessus des chalets. Au NW elle est séparée du Dogger par une étroite bande de schiste toarcien, que je n'ai pas retrouvée au SE, où la cornieule paraît border le Dogger. Un peu plus haut apparaît le gypse, qui forme en dessus d'Ensex un affleurement allongé, complètement entouré de cornieule. Le col lui-même est formé de cornieule, ainsi que la saillie de droite qui porte les chalets de La Croix.

A gauche du col, au contraire, s'élève une colline de gypse visible de loin et bien connue. Rien de plus curieux que cette montagne blanche, hérissée de pyramides ou de cônes aigus, parfois de véritables aiguilles de gypse, sur le flanc desquelles croissent quelques sapins, et que séparent des gouffres plus ou moins profonds, tantôt en forme d'entonnoirs, tantôt plus irréguliers. Ce second affleurement gypseux descend du côté des Ormonts jusqu'au confluent des torrents qui coulent à l'est. Il forme une voûte anticlinale, spécialement bien accusée sur le versant N de la colline, quand on la contemple depuis les chalets de Sur-le-Mazot.

Au delà de ce confluent à l'E, on ne voit plus que la cornieule, qui forme tout le bas des Mazots, ainsi que les berges du torrent de Culand, et se poursuit tout le long du chemin de Trechadèze, jusqu'au Plan-des-Iles (cp. 5 et 4).

Au-dessus le gypse forme toute la colline des Jorasses. Je l'ai constaté depuis la cote 1730 m. au haut des Mazots (cp. 5), jusqu'au bord de la plaine des Iles (cp. 4), où la bande gypseuse a une assez grande largeur. Sur plusieurs points de ce vaste espace j'ai vu des lambeaux de cornieule recouvrant le gypse, ainsi en arrière de la cote 1730 m. et au sommet même des Jorasses 1688 m., où s'en trouve un lambeau assez important.

Ormont-dessus. — Dans la région même du Flysch, se trouvent divers affleurements triasiques, que je considère comme d'anciennes *klippes démantelées*.

J'en ai constaté un, assez important, au bord de la Grande-Eau, sous les Echenards, un peu en amont du Pont-de-la-Frenière. Là on voit le gypse et la cornieule sortant de dessous le glaciaire, et très près se trouve le Flysch; mais le contact n'est pas visible.

Au-dessus de Vers-l'Eglise, à la lisière des bois, se trouvent plusieurs petits affleurements isolés de gypse et de cornieule, qui sortent de dessous le Flysch, comme à Exergillod, et que je m'explique de la même manière, par la transgressivité de ce terrain.

Col-du-Pillon. — J'ai fait connaître cette contrée en 1865 [Cit. 87]. J'en ai donné la carte géologique au 50 millième, et plusieurs profils à l'échelle double. Je reproduis ici le principal de ces profils, un peu amélioré (cl. 11), qui représente par des lignes pointillées le raccordement des couches, tel qu'il me paraît devoir être.

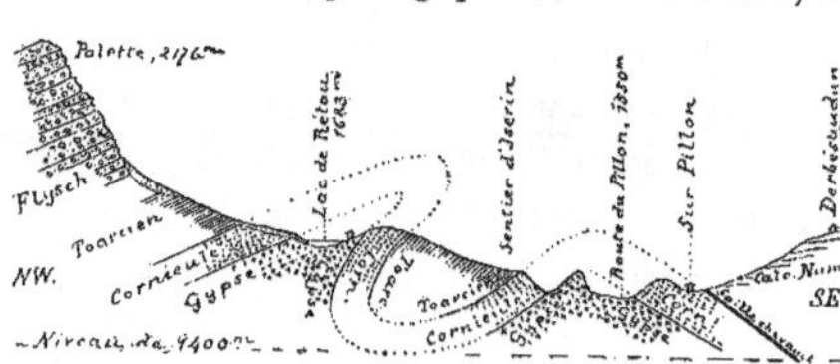

Cl. 11. Col du Pillon. — Echelle 1/25 000.

En 1884, M. Schardt [Cit. 159] a critiqué mon interprétation, tout en confirmant les affleurements observés. Se basant sur l'absence du Lias inférieur, il estime plus probable que le gypse et la cornieule du Pillon soient supérieurs au Toarcien, et il intervertit les plis que j'avais admis, faisant de mes synclinaux des anticlinaux, et vice versa. J'avoue ne rien comprendre à son argumentation. L'absence du Sinémurien et la transgressivité du Toarcien sont un fait général dans notre région salifère, et n'ont rien de surprenant.

D'autre part la superposition admise par M. Schardt, du Flysch au Toarcien, montre que celui-ci, au Lac de Rétau, n'est pas renversé (cl. 11), et que par conséquent la cornieule et le gypse, qui viennent après ce Toarcien, lui sont bien sous-jacents. Pour admettre l'interprétation de M. Schardt il faudrait retrouver une bande de gypse et de cornieule entre le Toarcien et le Flysch, ou placer en ce point une nouvelle faille, que rien dans la contrée ne peut faire supposer.

Dans la monographie des Préalpes de MM. E. Favre et Schardt [Cit. 172, p. 226] le premier de ces auteurs admet les vues ci-dessus de son collaborateur, et c'est à l'Eocène que sont attribués le gypse et la cornieule du Pillon. A ce mémoire est jointe une petite carte du Pillon au 50 millième [Pl. VIII] et 4 profils [Pl. VI, f. 9 à 12], qui représentent les affleurements à peu près comme je l'avais fait en 1865. Sur les faits concrets il n'y a donc guère de divergence ; ce n'est que sur leur interprétation que nous différons. L'avenir montrera où se trouve la vérité !

Une *1re bande de cornieule,* qui va d'Aiguenoire jusqu'à La Ruche (Reusch), est la continuation évidente de celle qui suit le torrent de Culand, depuis la Croix-d'Arpille. Au SE cette bande de cornieule vient buter tantôt à l'Urgonien, tantôt au Nummulitique. Je ne puis pas certifier que j'aie vu quelque part le contact immédiat, mais près des chalets Sur Pillon il s'en manque de très peu ; ailleurs la bande d'éboulis, qui empêche de voir la jonction, atteint une plus grande largeur [Cit. 172, p. 477]. Il me paraît évident qu'il y a là une faille longitudinale, que dans mes premiers travaux j'avais représentée verticale, mais que maintenant je supposerais plutôt déclive et accompagnée de chevauchements (cl. 11).

A cette bande de cornieule succède au NW une large *bande de gypse,* constatée également depuis le Plan-Fromentin (Ormont) jusqu'à la petite plaine de Reusch. Elle forme, le long de la Route du Pillon, une série de monticules allongés, dont plusieurs sont hérissés d'aiguilles blanches, comme au passage de La Croix. C'est évidemment la prolongation de la bande de gypse de la Croix-d'Arpille et des Jorasses.

Une *2de bande de cornieule*, borde à son tour la précédente. Sa largeur est moindre que celle de la 1re bande ; les bancs plongent au NW d'environ 45°. Les deux cartes susmentionnées lui donnent à peu près la même extension.

Au-dessus de cette 2de cornieule se trouve le Toarcien fossilifère, composé de schistes noirs friables, qui d'après la petite carte de MM. Favre et Schardt formerait une bande continue jusqu'au delà de Reusch.

Aux abords du Lac de Rétau se voit une *3me bande de cornieule,* puis une *2de bande gypseuse,* qui doit passer sous le lac, et à laquelle est due sans doute cette dépression du sol, enfin une *4me bande de cornieule,* que je n'avais pas su voir en 1865, mais que MM. Favre et Schardt marquent dans leur carte et dans leurs profils. C'est sur cette 4me cornieule que repose la seconde bande de Toarcien, avec un plongement NW de 30° environ, et par-dessus, le Flysch de la Palette-du-Mont.

Il me paraît très naturel d'admettre une superposition régulière du Flysch sur le Toarcien, et de celui-ci sur la 4me cornieule. Ces deux derniers, formant un pli anticlinal rompu, fortement déjeté au SE, auraient pour noyau le gypse de Rétau, tandis que la 1re bande de gypse serait le noyau d'un autre anticlinal plus normal et plus constant.

Dans mes études de 1865 j'avais cru reconnaître en dessous d'Iserin la fusion de la 2de et de la 3me bande de cornieule, et plus loin vers Reusch celle des deux bandes de gypse. MM. Favre et Schardt, au contraire, anastomosent les deux bandes de Toarcien un peu plus loin qu'Iserin [Carte Pl. VIII]. C'est là le principal désaccord entre nos tracés. Comme je ne suis pas retourné sur les lieux, je ne puis rien affirmer.

Contrée de Gsteig. — Au delà de la petite plaine alluviale de Reusch, la bande triasique est en grande partie recouverte de glaciaire ou d'éboulis. Cependant j'ai pu constater quelques affleurements, qui indiquent la continuation de la 1re bande de cornieule et de la 1re bande de gypse, jusqu'aux environs de Gsteig (Châtelet). Les affleurements de cornieule sont situés dans le haut dans la côte, un peu en dessous des chalets de Topfelsarsch ; ceux de gypse, passablement plus bas dans le ruisseau d'Aegerten, où il a été exploité.

Sur la rive gauche du Reuschbach, en revanche, on ne voit plus que les schistes noirs toarciens. — Enfin à l'est de la petite plaine alluviale de Gsteig, la bande triasique se continue par le col de Krinnen, jusque vers Lauenen. Le gypse est en particulier très visible à Lengmatten au-dessus de Gsteig. Je l'ai constaté plus haut encore à Vuspille (Walliser-Windspillen).

4. Région de la Haute-Lizerne.

Les terrains triasiques se retrouvent, comme je l'ai dit, dans une quatrième région, bien différente des trois précédentes, au pied de la grande paroi sud des Diablerets (cp. 4). Là ils sont surmontés par toute la série régulière des terrains jurassiques, crétaciques et nummulitiques. La roche est essentiellement de la cornicule, au milieu de laquelle se voit quelquefois le gypse.

C'est au NE des Eboulements des Diablerets, entre Vozé et La Combaz que le Trias est le plus développé. Il s'y trouve un vaste affleurement de gypse, qui s'étend jusqu'au torrent de La Tschiffa, au dessus des berges duquel on voit des pyramides gypseuses, comme à la Croix-d'Arpille. Tout autour se trouve la cornieule, qui est elle-même environnée de Dogger (carte Pl. 1). Dans la pointe ouest de cette cornieule, assez près des Eboulements, j'ai encore rencontré un petit lambeau de gypse.

A La Combaz, la cornieule repose sur des schistes foncés, irréguliers, avec des paillettes de mica et des rognons marno-calcaires. On y voit aussi des intercalations de bancs plus durs, une sorte de calcaire micacé. Le tout m'a paru identique aux couches qui recouvrent la cornicule à Vozé, et la séparent des schistes feuilletés brillants, d'âge callovien. Tous ces terrains schisteux ont beaucoup de rapport avec le Bajocien fossilifère des Fares sur Arveyes. Près de Vozé j'y ai trouvé des *Belemnites*. Du côté des Eboulements on voit ces schistes se contourner, et environner entièrement l'affleurement triasique, lequel représente donc le noyau d'une voûte rompue, déjetée au S (cp. 3).

Au delà du torrent de la Tschiffa à l'est, je n'ai plus rencontré de gypse. Toute la côte au-dessus de La Luy m'a paru formée exclusivement de cornieule, recouverte par les terrains jurassiques, et reposant sur le Dogger comme à La Combaz (cp. 3). On peut bien voir cette superposition dans le ravin de la Lizerne (cp. 4).

Au delà de la Lizerne la direction de la bande triasique change, et devient presque directement N-S, mais sa position stratigraphique reste absolument la même, puisqu'elle est toujours surmontée des terrains jurassiques et crétaciques (cl. 12). Elle est encore essentiellement composée de cornieule, mais présente par place des affleurements gypseux. Le plus considérable de ceux-ci se trouve droit au-dessus des chalets de Mont-bas (cl. 13). J'en ai retrouvé quelques autres le long du versant gauche du ravin de Courtenaz.

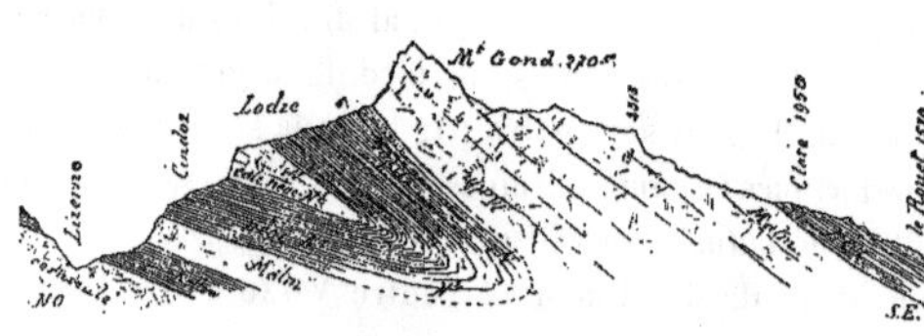

Cl. 12. Coupe du Mt Gond. — Echelle 1/50 000.

Depuis Mont-bas jusqu'à Besson, la rive droite du torrent de Courtenaz montre la série régulière des terrains Nummulitique, Urgonien et Néocomien, qui viennent butter contre la cornieule du bord opposé. J'ai donc dû admettre là une faille (cl. 13), sans laquelle je ne pouvais pas comprendre cette singulière disposition. Sur un point même, dans le haut du ravin, j'ai vu le calcaire nummulitique s'enfoncer sous la cornieule, qui le recouvre d'une manière très nette. Il y a donc chevauchement de la lèvre relevée.

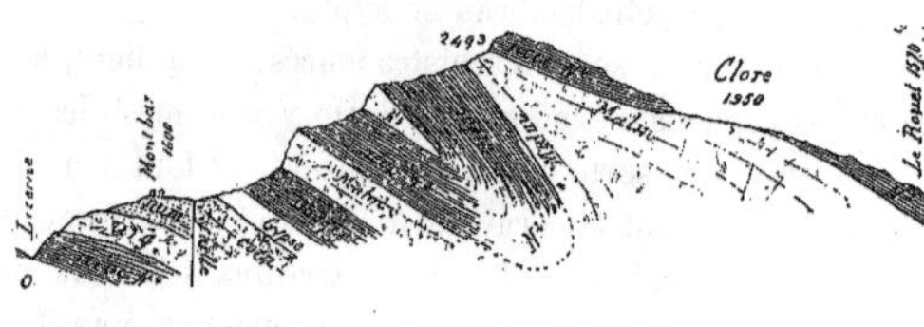

Cl. 13. Coupe par Mont-bas. — Echelle 1/50 000.

Enfin dans le Ravin du Verne, qui descend de la Montagne de Loze, et se réunit à celui de Courtenaz près de Besson, j'ai relevé la coupe suivante, allant de haut en bas :

a) Schistes foncés, micacés (Dogger ?).
b) Cornieule, mince couche.
c) Couche de schistes verts, feuilletés.
d) Banc de gypse.
e) Masse de cornieule assez épaisse, avec intercalations de calcaire dolomitique compact et de schistes verts.
f) Mince banc de gypse.
g) Couche de schistes verts feuilletés.
h) Cornieule, formant le bas de la coupe visible.

ORIGINE DE NOS TERRAINS GYPSO-SALIFÈRES

Dès 1864, au plus tard, j'ai professé que nos gypses, cornicules, etc. s'étaient formés par *précipitation chimique* dans des nappes aqueuses. Ce mode de formation est maintenant si généralement admis, qu'il serait inutile de le démontrer encore, si notre région alpine n'eût été précisément le point de départ des vues contraires de MM. C. BRUNNER, S. CHAVANNES, DE TRIBOLET, etc. (cf. p. 74).

Pour ces auteurs, les gypses et cornieules de nos Alpes sont toujours le produit d'*altérations épigéniques* postérieures, sur toutes sortes de terrains, par des émanations gazeuses, le long des lignes de fracture du sol. [Cit. 101, p. 114, etc.]. M. CHAVANNES ne s'est pas contenté de faire provenir nos gypses de l'*action de l'anhydride sulfureux sur les calcaires,* mais il est allé jusqu'à admettre la même transformation pour *des schistes, des grès* et *des conglomérats* du Flysch ! [Cit. 104, XII, p. 465.]

Je crois donc nécessaire de montrer que l'étude attentive de cette région bouleversée, bien loin de favoriser de semblables hypothèses, leur est absolument défavorable, et fournit de nombreux arguments aux vues opposées, basées sur l'étude de bassins salifères réguliers, comme celui de Stassfurt, par exemple.

Voici donc les arguments qui me paraissent établir, d'une manière incontestable, l'*origine sédimentaire*, *simultanément hydro-chimique et mécanique,* de nos gypses, cornieules et calcaires dolomitiques alpins.

Stratification. — Nos gypses sont clairement stratifiés, je l'ai montré dans la description orographique, et mes prédécesseurs l'avaient reconnu avant moi. On trouve la constatation de ce fait dans les travaux de STRUVE, DE CHARPENTIER, etc. M. CHAVANNES lui même a bien dû en convenir [Cit. 101, p. 112 et 119], mais il attribue cette stratification aux calcaires préexistants, qui auraient été selon lui *gypsifiés*. Il invoque à l'appui de cette idée les inclusions calcaires ou argileuses, parfois lenticulaires, qui existent dans le gypse. Pour lui ce sont des débris de la roche primitive, non entièrement transformée.

J'y vois au contraire des interstratifications sédimentaires, accompagnant la précipitation hydro-chimique du gypse.

La cornieule est aussi stratifiée. Parfois cela est moins évident lorsqu'elle est vacuolaire, surtout dans de petits affleurements ; mais sur des masses d'une certaine étendue, elle est souvent très apparente.

Cette stratification est surtout démontrée par les alternats de roches différentes en superposition régulière, comme je l'ai constaté par exemple dans le ravin du Verne (p. 116). Parfois on voit des lambeaux de cornieule interstratifiés dans le gypse, ou inversement des lentilles de gypse dans la cornieule. Ceci s'explique aisément, à mon point de vue, par une différence momentanée dans la concentration de la nappe d'eau. Dans l'hypothèse épigénique, au contraire, quel serait l'agent capable de transformer un calcaire, partie en gypse, partie en dolomie ?

Position stratigraphique. — Si ces terrains apparaissent parfois près des lignes de rupture, c'est que l'érosion a profité de celles-ci pour les dénuder, mais ce fait est loin d'être général. Souvent au contraire on voit le gypse et la cornieule recouverts normalement par une série sédimentaire régulière.

A Villeneuve, par exemple, se trouve un affleurement ellipsoïde de gypse dans le fond d'une voûte rompue, et ici l'on peut constater avec évidence la superposition normale suivante [Cit. 84, p. 4 [1]] :

Hettangien fossilifère.
Rhétien fossilifère.
Calcaire dolomitique.
Cornieule.
Gypse.

Au Lac de Rétau, comme je l'ai dit p. 114, on constate, avec un plongement N de 25° à 35°, la superposition régulière ci-après :

Conglomérats du Flysch.
Schistes toarciens.
Cornieule.
Gypse.

[1] A cette époque je n'avais pas encore constaté le banc de cornieule superposé au gypse ; en revanche j'avais cru inférieure au gypse la cornieule renversée de la branche NW du pli.

A Vozé, au pied des Diablerets (cp. 4), j'ai constaté la superposition normale des terrains suivants :

Callovien fossilifère.
Dogger avec *Belemnites.*
Cornieule.
Gypse.

Enfin à Arbignon, j'ai fait voir à la Société géologique suisse [Cit. 169, p. 82] les terrains suivants, avec plongement de 15° environ (cp. 3) en superposition régulière :

Calcaire sinémurien.
Lumachelle rhétienne (?)
Schistes foncés, alternant avec
Calcaire dolomitique blanchâtre.
Cornieule.
Terrain houiller fossilifère.

Je m'en tiendrai à ces quatre exemples, qui me paraissent suffisamment probants. Dans les trois premiers cas le gypse forme la base de la série, parce que l'érosion ne va pas plus profond ; dans le quatrième il n'y a pas de gypse, parce que, faute d'une condensation suffisante des eaux, il n'en a pas été déposé ; mais là il y a interstratification évidente de la cornieule, entre le Lias et le Carbonique.

Masse. — Les arguments précédents sont moins applicables à notre *Région salifère*, où la stratification est parfois peu nette et la position stratigraphique moins facile à constater. Mais, outre qu'on ne peut guère supposer que le gypse et la cornieule y aient une autre origine que dans les régions voisines, l'extension même et la masse énorme qu'y présentent ces terrains, me paraît un argument péremptoire contre l'hypothèse d'un métamorphisme épigénique.

Du Pré-des-Cornes (Bex) jusqu'au delà de Verchy près Aigle, *sur une largeur de plus de 8 kilomètres* la masse de gypse existe sans discontinuité ; par-ci par-là elle disparaît sous le glaciaire, mais sa prolongation souterraine est hors de doute. Quant à son épaisseur, je ne puis la calculer, puisque c'est le *terrain fondamental* de la contrée, et que nous ne connaissons pas son *substratum.* En tout cas elle doit être considérable à en juger d'après la Glaivaz, le Montet, et le Mont-de-Gryon, qui sont de vraies montagnes de gypse. Cette dernière en particulier est parcourue, jusqu'à une grande profondeur, par les galeries des Mines de sel, qui sont essentiellement percées dans le gypse ou l'anhydrite.

Qu'on cherche à se représenter une pareille masse calcaire, *large* de 8000 mètres, métamorphisée en gypse sous l'influence d'émanations gazeuses. Il me semble que le simple énoncé d'une pareille proposition est une *démonstration par l'absurde.* — Et je n'ai rien dit de la cornieule! qui d'après cette théorie devrait provenir encore de la même épigénie [Cit. 101, p. 116], ou n'être que le résidu d'autres grandes masses de gypse, détruites par l'érosion! [Cit. 101, p. 123 et 128.]

Rôle orographique. — Dans l'hypothèse épigénique, les gypses et cornieules ne devraient se trouver que sur des lignes de ruptures, ou dans leur voisinage immédiat. Mais tout autre est le gisement de ces roches dans nos Alpes.

La grande bande de cornieule, qui environne la Région cristalline, n'est en aucune manière sur une ligne de fracture. La forme même de cet affleurement lobé serait déjà bien extraordinaire pour une rupture du sol. Mais surtout ses allures prouvent surabondamment qu'il s'agit d'un terrain interstratifié. Tantôt presque horizontal (15°), tantôt plus ou moins incliné, vertical ou même renversé, tordu de toutes les manières, le banc de cornieule suit constamment les formes superficielles du massif sur lequel il repose. Le lambeau isolé du Portail-de-Fully, est une preuve encore plus manifeste de la superposition régulière du banc de cornieule sur le carbonique, et des dénudations considérables qui l'ont séparé de la masse principale.

Dans la Région salifère, de même, je ne connais aucune faille de quelque importance. Par suite des dénudations la cornieule n'y existe que par lambeaux plus ou moins étendus, mais le gypse sous-jacent y est continu, abstraction faite du recouvrement régulier par les terrains plus récents.

La bande de cornieule, de Chamossaire à Ensex, pourrait, il est vrai, produire à quelques-uns l'effet d'une faille, mais elle s'explique bien mieux encore par la rupture d'une voûte déjetée, laissant affleurer tantôt le lias, tantôt la cornieule, l'érosion n'allant jamais jusqu'au gypse (cp. 6 et 7).

A Mont-bas (p. 116), j'ai bien constaté une faille importante (cp. 5), mais vers le nord l'affleurement de cornieule s'en éloigne, est entouré de Dogger, et présente bien le caractère d'une voûte rompue jusqu'au gypse (cp. 3).

L'affleurement de gypse de la Croix-d'Arpille, environné de cornieule, et celle-ci de Lias et de Dogger (p. 111), présente les mêmes caractères, à cette exception près que la voûte est peu déjetée.

Ainsi donc partout affleurements normaux de couches, et non alignement sur fractures !

Il y a pourtant dans la contrée une très grande faille, bien constatée celle-là. Elle traverse presque toute ma carte en diagonale, de Cheville jusqu'à Javerne, mettant constamment en contact le calcaire néocomien avec le Nummulitique ou le Flysch (cp. 3, 5, 6, 7, 8, 9, etc.). Il y avait là une belle occasion pour les émanations gazeuses, et pour l'altération des calcaires. Si l'hypothèse épigénique était vraie, c'est sur cette ligne de fracture qu'on devrait trouver surtout du gypse et de la cornieule ; d'autant plus que cette faille est postérieure au Flysch, et correspond par conséquent à l'époque où, d'après les derniers travaux de MM. Chavannes et de Tribolet, ces actions épigéniques devaient atteindre leur maximum d'intensité [Cit. 101, p. 115]. Or *sur toute la longueur de cette faille, je n'ai jamais pu voir la moindre altération des calcaires !*

Dans la faille de Mont-bas à Besson, de même, le *calcaire* nummulitique de la lèvre occidentale n'a subi aucune altération, et son contact avec la cornieule est parfois d'une grande netteté (p. 116).

Il me semble ressortir de tout ceci, avec la plus grande évidence, que le mode d'affleurement de nos roches en question, est tout à fait celui de terrains sédimentaires normaux, et s'oppose également à l'hypothèse de modifications épigéniques sur des lignes de fracture.

Analogie avec les formations salines actuelles. — Il n'est d'ailleurs nullement besoin d'imaginer des altérations postérieures, pour expliquer l'origine des roches gypseuses et dolomitiques. Ne les voit-on pas se former de nos jours dans certaines conditions spéciales, comme celles de la mer Caspienne, de la Mer-Morte, et des lacs salés en général !

Un des derniers explorateurs de la Mer-Morte, M. L. Lartet, a montré qu'il s'y forme actuellement des dépôts de gypse, en même temps qu'il s'y précipite divers sels ; tandis que les affluents et les eaux de pluie doivent nécessairement y entraîner des cailloux, des sables et des limons plus ou moins calcaires, selon la composition des montagnes environnantes.

Suivant le degré de concentration des eaux, et la nature des sels en dissolution, les dépôts doivent beaucoup varier. Malheureusement nous avons encore trop peu d'observations sur ces dépôts des nappes extra-salées ; mais ce que nous savons suffit pour démontrer l'analogie remarquable entre notre terrain salifère et les dépôts salins actuels. M. le professeur J. B.-SCHNETZLER l'a bien fait ressortir, en décrivant ce qui se passe au golfe de Korabugas, sur la côte orientale de la mer Caspienne [Cit. 124, p. 7]. Je pourrais invoquer encore les observations faites sur les marais salants des bords de la Méditerranée, mais je ne veux pas m'étendre davantage sur ce sujet, qui dépasse les cadres d'une description géologique locale.

Je conclus donc que les roches salines, gypseuses et dolomitiques, associées dans notre région, constituent une *formation* d'une nature particulière, analogue aux dépôts actuels des nappes extra-salées (*formation halogène*). Elle se compose de dépôts sédimentaires proprement dits, par voie mécanique, entremêlés, en proportion plus ou moins considérable, aux produits variés de la précipitation hydro-chimique, résultat de la concentration de l'eau salée par l'évaporation. De là la gradation suivante dans l'élaboration des roches salifères [Cit. 114, p. 12].

Les *calcaires dolomitiques* devaient se former dans des eaux moins salées, peut-être moins profondes, par des dépôts mixtes, en partie sédimentaires, en partie hydatogènes. De là la nature hétérogène des *brèches dolomitiques* et de la *cornieule pleine*, dont la variété *vacuolaire* n'est qu'une altération par les agents atmosphériques. L'absence, ou la très grande rareté des fossiles dans ces roches, est due sans doute à la composition de l'eau, déjà trop salée pour entretenir la vie organique.

Le *gypse*, un peu soluble à l'état de sulfate hydraté, n'a dû se déposer que dans des eaux déjà plus concentrées. Or, comme l'a montré M. L. LARTET pour la Mer-Morte, la densité des eaux et leur concentration s'accroissent à mesure qu'on atteint des zones plus profondes. Il y a donc des raisons de penser que la déposition du gypse peut s'effectuer dans la profondeur, tandis que sur les bords il se dépose des limons plus ou moins dolomitiques. Mais si la nappe s'évapore davantage, jusqu'à atteindre superficiellement le degré de saturation voulue, il pourra se déposer du gypse sur toute l'étendue.

L'*anhydrite* me paraît constituer un degré intermédiaire entre la déposition du gypse hydraté, et celle du sel gemme. Struve attribuait sa formation à une évaporation plus rapide [Cit. 24]. Heidenheim dit que le sulfate de calcium se précipite à l'état d'anhydrite, sous une pression de 10 atmosphères [*Zeitsch. geol. Ges.* 1874, XXVI, p. 278]. Il semblerait ressortir aussi des faits rapportés par M. Schnetzler [Cit. 124] que dans une eau très concentrée il se déposera de l'anhydrite plutôt que du gypse. Aux chimistes à éclaircir ce point spécial !

Le *sel gemme* enfin, beaucoup plus soluble, exige pour sa précipitation un degré bien plus grand de concentration des eaux. Ce cas se sera plus rarement produit. Voilà pourquoi on voit tant d'amas gypseux sans sel gemme, comme Montmartre, Aix, et beaucoup d'autres. Lorsque la nappe salée se sera trouvée dans les conditions favorisant une très forte concentration des eaux, il aura pu se former de véritables bancs de sel gemme, sur toute la surface du bassin, comme à Cardona, au Djebel-Usdom et ailleurs. Si au contraire la concentration des eaux superficielle était insuffisante pour la précipitation du sel gemme, il pouvait arriver néanmoins qu'elle atteignît le degré voulu dans les parties profondes du bassin. C'est ainsi que je m'explique nos amas occasionnels de sel gemme, toujours compris dans l'anhydrite, et situés en général dans le centre de la région gypseuse, là où notre terrain salifère atteint ses plus grandes épaisseurs. Si en revanche on trouvait le sel gemme plutôt sur les bords du terrain gypseux, il pourrait s'expliquer facilement par la concentration des eaux dans des lagunes littorales, comme le golfe de Korabugas mentionné plus haut (p. 122) et les marais salants des bords de l'Océan et de la Méditerranée.

Il y a là une ample variété de phénomènes actuels, suffisants pour expliquer tous les cas particuliers de nos formations halogènes [Cit. 162, p. 31].

Application à nos régions alpines. — D'après toutes les considérations qui précèdent, je me crois en droit de considérer nos diverses régions triasiques comme d'anciennes mers intérieures ou *lacs salés,* peut-être d'anciennes lagunes, dans le voisinage de l'océan, qui recouvrait les Alpes orientales. Suivant l'étendue, la profondeur, ou l'isolement plus ou moins complet de ces lacs ou lagunes, leurs eaux devaient atteindre divers degrés de concentration [Cit. 170, p. 41].

La Région cristalline devait former une nappe d'eau moins concentrée, ne déposant sur son bord septentrional que des limons dolomitiques (bande de cornieule, de Salanfe par Lavey et Morcles à Saillon). Aux environs de Charrat la nappe a dû être plus profonde, et dans les eaux plus denses du fond il s'est déposé, pendant un temps, du gypse, précédé et suivi de limons dolomitiques.

La Région des cols et celle de la Lizerne, assez voisines, ont peut-être constitué une seule et même lagune, peut-être plusieurs ? Ici, comme à Villeneuve, etc., les eaux ont dû atteindre graduellement un plus haut degré de concentration, puisqu'il s'y est formé de plus grands amas gypseux. Mais ces eaux se sont petit à petit désalées, et ont déposé, par-dessus ces amas de gypse, des limons dolomitiques. La cornieule en effet s'y trouve généralement superposée au gypse.

La Région salifère enfin présente les conditions *halogènes* les plus accentuées. L'épaisseur de la nappe salée a dû y être beaucoup plus considérable ; sa durée plus longue, peut-être ; en tout cas elle a atteint un degré de concentration beaucoup plus fort, soit dans l'ensemble de la lagune, soit surtout dans sa partie centrale et profonde. En effet le gypse y est prédominant ; sa masse y est considérable ; une forte part de ce sulfate est à l'état d'*anhydrite*, dans les profondeurs ; enfin celle-ci contient du *sel gemme*.

Mais ici de même, les eaux ont dû, à la longue, devenir moins denses, et ne plus déposer que des limons dolomitiques. Sur un grand nombre de points en effet la cornieule et le calcaire dolomitique recouvrent le gypse, très particulièrement sur les bords du bassin (Avançon, Sergnement, Grande-Eau). Aux Ecovets la cornieule sépare le gypse du Lias superposé; si aux environs de Gryon on voit parfois le Toarcien reposer directement sur le gypse, cela peut être le résultat d'une transgression, ou des actions érosives, qui ont dû se produire pendant le commencement de la période liasique, alors que le sol de cette région devait être émergé.

AGE DE CES FORMATIONS HALOGÈNES

A toutes les époques de l'histoire du globe, il a pu se former de semblables dépôts halogènes. En Amérique on en cite dans la période silurique (*Onondaga Salt group*). En Thuringe on en connaît dans le Permien, à la partie supérieure du *Zechstein*. Les formations halogènes sont fréquentes dans le Trias, à divers niveaux ; parfois dans le *Grès bigarré ;* plus souvent dans le *Muschelkalk*, comme en Argovie et en Wurtemberg ; tandis que dans le Jura, en Lorraine et dans les Alpes autrichiennes elles sont au contraire *Keupériennes*. Je n'en connais guère dans le Lias, ni dans les terrains jurassiques, à facies ordinairement tout à fait pélagique. Mais dans le *Purbeck* de notre Jura se retrouvent de petits amas de gypse, avec calcaires dolomitiques et vraies cornieules, qui indiquent une formation halogène, précédant la formation d'eau douce. Dans la période crétacique on cite des terrains salifères en Espagne (Cardona) et en Judée (Djebel-Usdom). Enfin les formations halogènes tertiaires sont nombreuses, les unes avec sel gemme (Wieliczka, Slanik, etc.) les autres moins complètes, n'allant que jusqu'au gypse (Montmartre, Aix-en-Provence, etc.).

L'âge d'un terrain salifère est ainsi tout à fait indépendant de son mode de formation, et doit être fixé uniquement d'après les faits locaux de superposition, puisque les débris organiques font défaut.

Le *substratum* de nos roches salifères est inconnu dans la plus grande partie de nos Alpes. Dans la région cristalline seule on les voit reposer sur un autre terrain. Celui-ci étant fossilifère, son âge est certain ; c'est comme nous l'avons vu l'étage houiller tout à fait supérieur. Le gisement de Brayaz-d'Arbignon est sous ce rapport le plus instructif ; on y voit très clairement la cornieule reposer sur le carbonique, à une petite distance verticale du gisement de plantes fossiles (cp. 3). Mais comme je l'ai déjà dit page 60, notre série houillère n'est pas complète en ce point ; il y manque les poudingues supérieurs à ciment rouge, si développés un peu plus loin en Dzéman, et qu'on pourrait considérer comme permiens. Voilà pour la limite inférieure.

Quant au *superstratum* il est assez variable par suite de discordances transgressives, qui indiquent une lacune sédimentaire, plus ou moins grande. Aux Ormonts, c'est sous le Flysch ou sous le Lias que se trouvent nos gypses et cornieules. Au N et au S du massif des Diablerets, à la Croix-d'Arpille comme à Vozé, ainsi que dans la plus grande partie de la Région cristalline, la cornieule est recouverte par le Dogger ou le Toarcien. A Arbignon elle l'est au moins par le Sinémurien. Dans la Région salifère c'est également au Lias qu'appartiennent essentiellement les lambeaux superposés ; tantôt au Toarcien, comme aux environs de Gryon, et dans la chaîne de Perche, tantôt au Sinémurien, comme au Coulat et à Huémoz.

Enfin le *superstratum* le plus ancien, que j'aie pu constater sur la cornieule, appartient chez nous, comme en Savoie et en Provence, à l'étage rhétien. Dans tout le nord des Alpes vaudoises, à Montreux, Villeneuve, Corbeyrier, et dans les gorges de la Grande-Eau, la cornieule est recouverte par du Rhétien fossilifère, que j'ai fait connaître déjà en 1864, peu après la découverte générale de ce nouvel horizon géologique en Allemagne, en France et en Angleterre [Cit. 84]. Dans tous ceux de ces gisements où les couches de contact sont bien visibles, on peut observer à la partie supérieure de la cornieule des bancs de calcaire dolomitique grisâtre, devenant de plus en plus compacts, puis prenant des teintes plus foncées, et contenant alors les fossiles rhétiens. Au Pissot sur Villeneuve, on trouve déjà quelques fossiles dans les dernières couches de calcaire blanc ; ce sont des dents de poissons, et en particulier de *Sargodon tomicus*. Ce contact peut s'observer tout le long de la Grande-Eau, depuis Fahy jusqu'au Pont-de-la-Tine; seulement les couches sont dans l'ordre renversé, la cornieule s'appuyant sur le Rhétien, qui à son tour repose sur l'Hettangien (cp. 7, 8 et 9).

Notre formation halogène est donc comprise entre le terrain houiller d'une part, et l'étage rhétien de l'autre, et appartient ainsi presque indubitablement à la période triasique. Je ne fais que les réserves suivantes :

On pourrait admettre que notre terrain salifère fût permien, puisque cet étage n'est pas constaté avec certitude en-dessous. A cette hypothèse j'objecterais qu'il y a transgressivité, et par conséquent lacune stratigraphique, entre le terrain houiller le plus supérieur et la cornieule, tandis qu'au contraire il y a transition insensible, et continuité stratigraphique parfaite, entre la cornieule et le rhétien.

On pourrait supposer, d'autre part, que notre terrain salifère appartînt à l'époque rhétienne, dont il représenterait la partie inférieure. Ceci serait d'autant plus plausible, que le Rhétien manque là où notre formation halogène est la plus développée, et que dans d'autres contrées, comme en Autriche par exemple, cet étage est bien plus développé que chez nous. J'ajoute qu'on a constaté dans diverses parties de la France, en Franche-Comté et autour du Plateau central, des bancs de cornieule vacuolaire intercalés dans le Rhétien fossilifère [Bull. géol. Fr. 2e s., XX, p. 161].

Au point de vue théorique, je serais assez porté à admettre, en effet, que notre formation halogène, tout en ayant commencé à se produire pendant la période triasique, se fût prolongée sur certains points jusqu'à l'époque rhétienne, et qu'ainsi une partie des gypses du Coulat, par exemple, fussent contemporains du Rhétien de la Grande-Eau. Sur ce dernier point, eût été le rivage de la mer proprement dite, tandis que la lagune halogène se fût étendue plus au sud.

Au point de vue pratique, en revanche, je crois mieux faire de maintenir ces terrains séparés, jusqu'à preuve paléontologique du contraire. D'ailleurs à Villeneuve nous avons un Rhétien assez complet, superposé à une formation halogène très puissante, ne fournissant point de sel gemme, il est vrai, mais montrant un bel affleurement de gypse.

Entre les deux époques successives a dû se produire un phénomène géographique important : les lagunes ou lacs salés ont dû être envahis par la mer rhétienne, qui s'est étendue jusqu'à la Grande-Eau, et probablement même plus loin. C'est ce remarquable événement qui marque à mes yeux, dans notre contrée, la limite entre les périodes triasique et liasique !

Post-scriptum. — Octobre 1889.

Les pages qui précèdent ont été écrites dans l'hiver 1879-1880, *avant que* M. H. Schardt *fût sur les bancs de notre Faculté des sciences !* Intentionnellement je ne change rien à ce dernier § sur l'âge de nos terrains salifères, afin qu'on connaisse quel était alors mon point de vue. Malgré les beaux travaux de mon *ancien élève*, en 1884 et 1887 [Cit. 159 et 172], ma conviction n'a point été ébranlée, et je considère toujours l'ensemble de nos terrains gypsosalifères comme d'âge triasique.

Jusqu'à ces travaux, il régnait une sorte de solidarité entre l'origine et l'âge de ces terrains, les auteurs, qui attribuaient à l'Eocène une partie de nos gypses et de nos cornieules, étant ceux qui préconisaient en même temps leur origine épigénique. M. SCHARDT a pris une position intermédiaire. Tout en admettant la formation halogène des terrains en question [Cit. 159, p. 39], il en place une bonne partie dans le Flysch (p. 75). Parfois cependant il est plus prudent, et les fait seulement *post-toarciens !* [Cit. 159, p. 64.]

J'ai bien pesé les arguments de M. SCHARDT, mais il ne m'a pas convaincu. J'admets parfaitement qu'il puisse y avoir des *formations halogènes d'âge éocène* (cf. p. 125), mais je ne puis pas en constater dans la région que j'ai étudiée. Je pense que M. Schardt a été induit en erreur, par quelques superpositions inverses résultant des plissements. Cela me paraît être le cas en particulier dans son profil de la Gryonne [Cit. 159, pl. IV, f. 13]. Quant à l'absence du Sinémurien entre le gypse et le Toarcien, c'est un simple fait de transgressivité, fréquent, mais pas constant.

M. SCHARDT admet sans restriction l'âge triasique, pour les gypses et cornieules du bord des Préalpes [Cit. 172, p. 14], comme pour la bande de cornieule de Morcles, Arbignon, etc. [Cit. 159, p. 54]. Il place au contraire dans l'Eocène les mêmes roches du Pays-d'Enhaut, des Ormonts, ainsi que de la Région salifère de Bex et d'Ollon.

Cette dualité me paraît une erreur. Elle présuppose dans notre contrée, à l'époque éocène, une *récurrence* des conditions géophysiques, caspiques ou lagunaires, qui s'y étaient produites à l'époque triasique. Je ne saurais admettre, sans preuves plus convaincantes, une pareille récurrence. — Nos cornieules, gypses, etc. sont d'ailleurs tout à fait semblables dans ces diverses régions ; et tant qu'il n'aura pas été prouvé, sans conteste, qu'une partie de ces roches sont *interstratifiées* à un autre niveau, il me paraîtra plus logique de les attribuer toutes au Trias !

Les petits affleurements de gypse et de cornieule, qui ont été signalés dans le Flysch, se sont toujours montrés inférieurs à celui-ci, et s'expliquent ainsi facilement par la superposition transgressive de ce terrain, sur de vastes étendues, précédemment ondulées et érodées. Ce sont de véritables *Klippes !* qui ne sont pas saillantes, parce que ces roches sont trop peu consistantes.

TERRAINS LIASIQUES

Nous entrons ici dans la longue série des terrains fossilifères marins, au sujet desquels il existe beaucoup moins d'incertitude, soit quant à leur âge, soit quant à leur origine.

Le Lias joue dans les Alpes un rôle assez important et assez spécial, pour qu'on lui ait attribué une teinte spéciale, dans la tabelle de la Commission géologique fédérale. La couleur violette, adoptée pour les terrains liasiques, ne figure guère que dans l'angle nord-ouest de ma carte, c'est-à-dire dans la Région salifère ci-dessus décrite. Le Lias y forme des lambeaux plus ou moins étendus, compris dans les replis du Trias. La roche, tantôt calcaire, tantôt marno-schisteuse, se distingue en général par ses teintes foncées, tirant sur le bleuâtre. Les fossiles, assez nombreux, recueillis dans les divers gisements, permettent d'y établir des subdivisions stratigraphiques, qui correspondent à autant d'époques successives.

Au point de vue stratigraphique et paléontologique, je reconnais, dans notre Lias alpin, cinq subdivisions qui ont une individualité propre. Ce sont, dans leur ordre de superposition, les étages :

Opalinien ou Zone à *Am. opalinus*,
Toarcien ou Lias supérieur et moyen,
Sinémurien ou Lias inférieur,
Hettangien ou Infralias (vrai),
Rhétien ou Zone à *Av. contorta*.

Je suivrai naturellement l'ordre chronologique dans la description de ce terrain, renvoyant, pour les questions générales de groupement et de parallélisme, à mon *Tableau VI des terrains sédimentaires* [Cit. 103]. Les renseignements que j'ai à donner sur les travaux antérieurs et sur les roches, au lieu de former comme jusqu'ici des chapitres spéciaux en tête, trouveront leur place toute naturelle dans la description de chacun des étages.

ÉTAGE RHÉTIEN

Cet étage, d'introduction récente dans l'échelle stratigraphique, forme dans beaucoup de pays une transition presque insensible entre les terrains triasiques et liasiques. Je n'ai pas à me préoccuper ici de son attribution à l'une ou à l'autre période, je l'ai discutée ailleurs [Cit. 84, p. 52] et résolue, déjà en 1864, dans le sens présentement adopté. Les études et découvertes postérieures n'ont fait que confirmer ma manière de voir. La présence, dans les couches rhétiennes, de *Didelphes*, *Ichtyosaures*, *Plésiosaures*, même de *Belemnites*, indique bien le commencement d'une ère nouvelle, et accroît les rapports paléontologiques avec le Lias. Toutefois la question a peu d'importance en elle-même, et j'admets parfaitement que ces terrains intermédiaires puissent avoir, suivant les contrées, une plus grande affinité aux époques antérieure ou postérieure.

Dans les Alpes occidentales, le Rhétien constitue le plus ancien terrain fossilifère marin, et le Trias a dû se déposer dans des mers anormales, lagunes ou lacs extra-salés. Il y a ainsi entre ces deux époques une modification géographique si importante, et d'autre part entre *Rhétien, Hettangien* et *Gryphitien*, une liaison si intime, que, pour notre contrée, le maximum d'affinité est évidemment avec le Système liasique.

Du reste l'étage rhétien ne joue qu'un petit rôle dans la région que je décris ici. Il n'y existe fossilifère que juste à l'angle NW de ma carte, où je l'ai désigné par le monogramme **Rt**, et représenté par un barré rouge, sur la teinte violette du Lias. Il forme là une bande étroite, qui longe le cours de la Grande-Eau. Dans les Hautes-Alpes je n'en connais que quelques indices sans fossiles, à Arbignon, sur le flanc des Dents-de-Morcles.

Dans les Préalpes, en revanche, il est abondamment développé [Cit. 84]. Il figure sur la Feuille XVII, au 100 millième, en couleur brique **K**.

Je me crois donc autorisé à conclure que, sauf peut-être un petit golfe allongé sur l'emplacement actuel de la vallée du Rhône, la mer rhétienne avait son rivage méridional aux environs d'Aigle, et que tout le reste de mon domaine actuel était émergé, à moins qu'il ne s'y trouvât encore quelques vestiges des lagunes gypsifères du Trias.

Les *Roches*, qui représentent chez nous l'étage rhétien, ne sont que des calcaires ou marno-calcaires, généralement de couleur foncée, avec quelques alternats de schistes noirâtres, surtout à la partie inférieure. Elles sont tout à fait semblables à celles de la région des Préalpes.

Je n'ai pas à mentionner de *travaux antérieurs*, puisque j'ai été le premier à reconnaître cet horizon géologique dans les Alpes vaudoises, en 1859 [Bull. vaud. sc. nat. VI, p. 159 ; et Cit. 84]. Ce que MM. E. FAVRE et SCHARDT ont dit de ce terrain [Cit. 172, p. 30] se rapporte surtout aux Préalpes, et a été extrait en partie de mon propre travail. [Cit. 172, p. 45, 52, etc.]

RELATIONS OROGRAPHIQUES

Je suivrai d'abord la bande rhétienne fossilifère, en remontant la vallée de la Grande-Eau ; je mentionnerai ensuite les équivalents probables sur le flanc gauche de cette vallée, dans la bande calcaire des bois de la Chenau; enfin je ferai connaître le lambeau d'Arbignon.

Aigle. — Le point le plus bas où j'aie constaté les couches rhétiennes est la Parqueterie d'Aigle (cp. 10). Là, sur le bord du chemin qui monte au Grand-Hôtel, on voit des bancs de calcaire foncé, avec alternats schisteux, qui plongent de 50° au N, un peu NE. Je n'y ai point trouvé de fossiles, mais la roche a tout à fait l'aspect des couches rhétiennes. C'est d'ailleurs un affleurement assez restreint, recouvert de graviers erratiques.

Si, au lieu de monter la côte par le chemin de Fahy, on en suit le pied, par le canal des usines, on voit les mêmes couches se continuer en amont, le long du canal, qui y est creusé en partie. Sous l'Hôtel de Fahy, la berge de la rivière est formée de calcaire rhétien, surmonté de graviers formant terrasse. Un peu plus loin la cornieule apparaît dans le haut de la berge, mais la base est encore rhétienne, jusque vers la prise d'eau du canal.

Sous Fontaney. — Dans le trajet précédent on voit le plongement devenir de plus en plus fort, et sur la rive droite, sous Fontaney, on rencontre les couches rhétiennes presque absolument verticales. C'est là que se trouve mon premier gisement de fossiles. La route des Ormonts fait un grand lacet en dessous du hameau de Fontaney ; si l'on quitte la route au contour inférieur de ce lacet, et qu'on descende par un petit sentier vers la rivière, on traverse les couches rhétiennes jusqu'au barrage de la Grande-Eau. Ce sont des alternats de calcaires et de schistes, dont plusieurs bancs ont fourni des débris organiques.

En réunissant à ceux que j'ai trouvés moi-même, les fossiles récoltés par Ph. Cherix, et par mon ami le Dr Ph. de la Harpe, je puis constater dans ce gisement une vingtaine d'espèces environ, en général caractéristiques du rhétien. Ces fossiles ne sont pas tout à fait les mêmes dans le calcaire et dans les schistes, ou tout au moins n'y sont pas dans la même proportion. Les calcaires, ordinairement foncés, sont parfois pétris de petits fossiles, dont les plus abondants sont : *Avicula contorta, Pecten Luani, Placunopsis alpina.* C'est la lumachelle rhétienne, telle qu'elle se rencontre si fréquemment dans les Alpes.

Les parties schisteuses, foncées ou grisâtres à l'air, m'ont fourni surtout : *Avicula contorta, Pecten valoniensis, Rhabdophyllia langobardica? Bactryllium striolatum.* Il est à remarquer que cette dernière espèce, d'après M. Stoppani [Pal. Lomb. 3e s.. p. 143], caractérise en Lombardie les couches les plus inférieures du rhétien. Ici elle paraît se rencontrer dans toute la hauteur de l'étage. Le Dr Ph. de la Harpe m'a assuré l'avoir trouvée dans la plupart des alternats schisteux du gisement en question.

Au coude que fait la Grande-Eau près du barrage, le rhétien, à peu près vertical, occupe de nouveau les deux rives sur un petit espace. Mais relégué bientôt sur la rive droite, il y forme de grands escarpements rocheux, fort peu accessibles, dont les couches sont tout à fait verticales. Celles-ci se continuent, par-dessous La Bertholette, jusqu'en bas des Afforets.

Sous les Afforets. — Je désignerai ainsi un second gisement fossilifère, dont je ne puis préciser mieux l'emplacement, mais qui se trouve au fond du ravin, sur rive droite de la Grande-Eau, un peu au delà des limites de ma carte. J'ai obtenu de là divers fossiles, contenus dans la lumachelle : *Avicula contorta, Plicatula intusstriata, Placunopsis alpina*, etc.

Les bancs rhétiens jusque-là verticaux, commencent à s'incliner. Ils plongent au SE, renversés par-dessus l'Hettangien, en stratification concordante avec lui (cp. 9). Par suite de la direction de la rivière, l'affleurement rhétien passe de nouveau sur la rive gauche, qu'il suit dès lors constamment, jusque près de Vuargny, recouvert toujours par la cornieule, avec ⊥ SE décroissant de 70° jusqu'à 50° (cp. 8).

Vuargny. — Ici les couches rhétiennes occupent de nouveau les deux rives de la Grande-Eau, et s'élèvent, avec un plongement renversé de 45° au SE, jusqu'à la route du Sepey. Dans le couloir qui traverse la route à son angle rentrant, après les Grands-Rochers, on voit les couches rhétiennes former tout l'escarpement E du ravin transversal. Elles viennent butter, avec leur plongement SE de 45°, contre le Dogger (calcaire à *Mytilus*) des Grands-Rochers, lequel plonge plus directement au S de 60° à 65° (cl. 14), et repose lui-même sur le Malm [Cit. 172, p. 49].

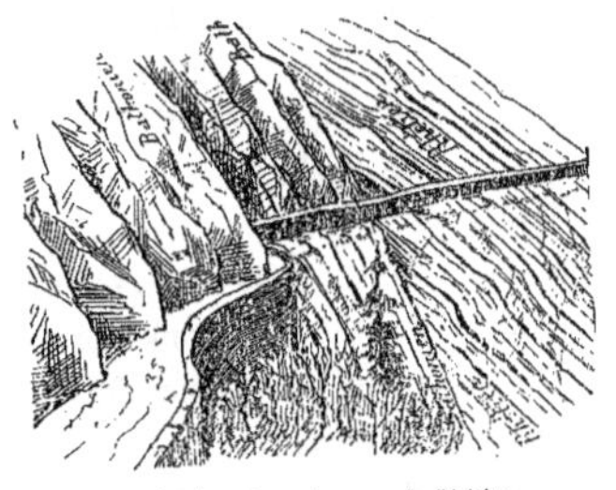

Cl. 14. Discordance inverse, du Rhétien sur le Dogger, à Vuargny.

C'est un des plus beaux exemples de discordance que je connaisse dans nos Alpes; mais c'est une *discordance inverse*, car toutes les couches sont renversées. A la discordance s'ajoute la transgressivité, puisque le reste de la série liasique fait défaut; et ce qui rend ce phénomène encore plus intéressant c'est que les deux terrains en contact, d'une manière si anormale, sont ici l'un et l'autre fossilifères, et d'âge par conséquent incontestable.

M. Schardt a cherché à expliquer cette discordance inverse par un *glissement* [Cit. 156, p. 134, pl. B, prof. 5], c'est-à-dire par une faille accompagnée de chevauchement! Mon explication est beaucoup plus simple, et me paraît plus rationnelle : Après le dépôt du Rhétien, une première flexion du sol a émergé celui-ci, et empêché la formation, en ce point, de l'Hettangien et des étages subséquents. Plus tard sur ce Rhétien, incliné de 15 à 20°, est venu se déposer horizontalement le Dogger, puis le Malm. Plus tard enfin s'est produit le plissement général, et par le déjettement au NW du pli anticlinal, le Rhétien s'est trouvé reposer sur le Dogger, en discordance inverse.

Cette transgressivité, pour ainsi dire native, est en rapport avec celle qui existe habituellement dans la contrée de Gryon, et au NE, entre le Trias et l'Opalinien.

Ici, comme en aval, le Rhétien est formé d'alternances de calcaires et de marnes, généralement de couleur foncée. Toutefois certains bancs de lumachelle sont d'un gris un peu plus clair. Le contenu de ces divers bancs est exactement le même que sous Fontaney ; outre les fossiles que j'y ai recueillis personnellement au bord de la route et en dessous, j'en ai obtenu un certain nombre par mon fidèle collecteur Ph. Cherix, et d'autres par Ph. de la Harpe. Le tout se monte à une trentaine d'espèces, dont les plus abondantes sont : *Cardita austriaca, Avicula contorta, Pecten valoniensis, Plicatula intusstriata, Placunopsis alpina.* de la Harpe y avait aussi trouvé des *Bactryllium.*

Cherix, qui était très attentif à récolter les fossiles couche par couche, a pu faire les distinctions stratigraphiques suivantes de haut en bas :

a) Marne schistoïde foncée, avec *C. austriaca, Av. contorta, P. valoniensis.*

b) Lumachelle grisâtre, avec *Gervilia præcursor.*

c) Lumachelle plus foncée, avec nombreux *Placunopsis alpina.*

Comme les couches sont renversées les lumachelles seraient les bancs les plus récents, et les marnes formeraient le Rhétien inférieur. C'est bien là en effet l'ordre stratigraphique que j'ai observé ailleurs, sur des points où la stratification est normale, comme au Pissot sur Villeneuve [Cit. 84, p. 5].

J'ai obtenu aussi de Cherix une autre petite série de fossiles, provenant du fond du ravin, au coude de la Grande-Eau. C'est encore tout à fait la même faune, mais quelques espèces rares sur les autres points y sont un peu plus fréquentes. Je citerai en particulier *Lima discus* et *Terebratula gregaria.*

A partir de ce gisement, les bancs rhétiens se continuent au NE, tout le long de la Grande-Eau, formant sur les deux rives des escarpements presque inaccessibles. Au Pont-de-la-Tine j'en ai constaté un dernier affleurement, recouvert par la cornieule, avec ⊥ semblable à celui de Vuargny.

Bois de la Chenau. — En suivant, sur rive gauche de la Grande-Eau, la nouvelle route en construction, qui passe à côté de l'Hôtel de Fahy, on marche sur les graviers erratiques jusqu'à la cote 618 m., à peu près en dessous de Panex. Un peu au delà, au premier angle rentrant de la route, vis-à-vis des Afforets, j'ai constaté des bancs de calcaire foncé, qui ont tout l'aspect du Rhétien, mais dans lesquels je n'ai pas pu trouver de fossiles. Ces bancs plongent d'environ 55° au SE, et ne sont atteints par la route que dans sa partie la plus rentrante. En continuant on voit, à leur base, des alternats schisteux ; la roche devient plus grisâtre, et passe insensiblement à la cornieule, qui occupe la partie saillante de la route, jusque vers la cote 621 m. Au nouvel angle rentrant de la route, sous le Creux-d'Enfer, et vis-à-vis du Pont des Afforets, le tracé entame de nouveau ces calcaires foncés, plus ou moins schistoïdes, probablement rhétiens ; tandis qu'à la nouvelle saillie plus anguleuse, qui précède le torrent des Vannex, la route est de nouveau taillée dans les bancs de cornieule.

Ces faits observés, grâce à la construction de la route, postérieurement à l'impression de mes profils et de ma carte, joints à d'autres constatations dont je parlerai au chapitre de l'hettangien, m'ont montré que j'avais commis une erreur en coloriant comme trias T^1 toute la bande calcaire du revers SE de la vallée de la Grande-Eau. Il me paraît évident maintenant qu'il y a là de nouveau un synclinal liasique, entre la bande de cornieule qui longe la Grande-Eau, et la bande triasique de Panex-Salins-Planbuit. Il faudra modifier dans ce sens l'angle NW de ma carte, ainsi que la partie correspondante de mes coupes 8, 9 et 10.

Arbignon. — Lors de l'excursion de la Société géologique suisse dans nos Hautes-Alpes, en août 1886, nous avons découvert un autre petit lambeau de Rhétien, beaucoup plus méridional, au pied des Dents-de-Morcles [Cit. 169, p. 82]. En remontant le torrent de Pseut, entre Arbignon et Dzéman, un peu au-dessus du gisement fossilifère houiller de Brayaz (p. 60 et 89), nous avons vu, sur la cornieule, des bancs minces de calcaire dolomitique blanchâtre, alternant avec des schistes foncés. Au-dessus se trouve une sorte de lumachelle, dans laquelle M. le Dr HOLLANDE a trouvé des traces de fossiles.

Je ne suis pas retourné dès lors sur les lieux ; mais ces caractères pétrographiques sont tellement semblables à ceux du Rhétien des Préalpes, que malgré l'absence de fossiles déterminables, je ne puis hésiter à y reconnaître cet étage, en tenant compte du fait que, peu au-dessus, se rencontre le Sinémurien fossilifère.

FOSSILES DU RHÉTIEN Les chiffres désignent le nombre d'échantillons constaté dans chaque gisement. n = en nombre supérieur à 5 ex. c = commun.	GISEMENTS				NIVEAU HABIT.	
	Sous Fontanney	Sous Afforets .	Vuargny (Galer)	Sous Vuargny .	Rhétien . . .	Hettangien . .
Gastropodes.						
Turritella sp.	.	.	1	.	.	.
Turbo cf. alpinus, Winkl.	.	.	1	.	*	.
Pleurotomaria cf. Pl. turbo, Stop.	1	.	.	.	*	.
Pélécypodes.						
Pleuromya ? alpina, Winkl.	.	.	3	.	*	.
— bavarica ? Winkl.	.	.	.	1	*	.
Cardita austriaca, Hauer sp.	n	.	c	.	*	.
Cardium rhæticum, Mer.	.	1	3	1	*	.
Cypricardia porrecta ? Dumort.	.	.	4	.	.	*
Tæniodon Ewaldi, Born (Schizodus cloacinus, Qu.).	2	1	1	.	*	.
— concentricus, Moore sp.	1	.	.	.	*	.
Trigonia postera, Qu. (Myophoria ?)	1	.	.	.	*	.
Myophoria Emmerichi, Winkl.	.	.	1	.	*	.
Arca sp.	.	.	1	.	.	.
Nucula Bocconei, Stop.	.	.	.	1	*	.
Modiola minuta, Alberti	2	.	4	.	*	.
— ervensis ? Stop. (M. glabratus ? Dunk.)	2	.	3	.	*	.
Avicula contorta, Portl.	c	n	c	4	*	.
Gervilia crenatula, Qu.	.	.	2	.	.	*
— præcursor, Qu.	.	.	2	.	*	.
Lima discus, Stop.	.	.	.	5	*	.
Pecten valoniensis, Defr.	5	.	c	2	*	*
— Luani, Rnv. (P. simplex, Winkl., non Mich[ti].) [Cit. 84, p. 37.]	c	.	.	.	*	.
Plicatula intusstriata, Emr. sp.	4	4	n	5	*	*
Placunopsis alpina, Winkl. sp.	c	n	n	.	*	.
Brachiopodes.						
Terebratula gregaria, Sues.	1	.	4	n	*	.
Polypiers.						
Rhabdophyllia langobardica ? Stop.	n	.	n	.	*	.
Plantes.						
Bactryllium striolatum, Hr.	c	.	3	.	*	.
— Schmidti, Hr.	2	.	.	.	*	.
Total : 28 espèces, dont	16	5	20	8	24	4

FAUNE RHÉTIENNE

Je termine cet exposé relatif à l'étage rhétien, par une liste des espèces dont j'ai pu constater l'existence dans les divers gisements précités. Ceux-ci sont bien moins riches que les gisements plus septentrionaux des Préalpes ; mais je ne ne puis comprendre ces derniers dans mon tableau, ce serait sortir des cadres de ce mémoire.

Cette liste a pour base mes travaux antérieurs, complétés par les découvertes plus récentes. Quoique établie par des déterminations personnelles sérieuses, elle n'a pas de prétention paléontologique proprement dite. Je dois réserver cela à une monographie, comprenant tous les gisements similaires du pays.

Sur les 28 espèces contenues dans mon tableau, 24 sont des types spécialement rhétiens ; parmi eux, quelques fossiles aisément reconnaissables qu'on retrouve partout à ce niveau. Deux espèces sont plutôt des types hettangiens ; deux autres sont communs à l'Hettangien et au Rhétien. Il n'y a donc aucun doute possible sur l'âge de nos quatre gisements.

ÉTAGE HETTANGIEN

Au-dessus des couches rhétiennes viennent les couches hettangiennes, c'est-à-dire l'*Infralias* proprement dit ou Zone à *Am. planorbis*, qui sont classées par tous les auteurs dans la série liasique. Dans nos Alpes, ce terrain a presque la même extension géographique que le Rhétien. Développé surtout dans la partie septentrionale des Préalpes vaudoises, il ne se rencontre qu'à l'angle NW de ma carte, où je l'ai représenté par la teinte générale du Lias inférieur, pointillé bleu sur fond violet, **Li.**

La *Roche* est essentiellement un calcaire compacte foncé, bleuâtre ou brunâtre, bien homogène, bien lité, formant des bancs peu épais, avec fines intercalations plus marneuses. Son aspect est beaucoup plus régulier et uniforme que celui du Rhétien. On n'y trouve pas de larges bancs schisteux, comme dans ce dernier.

En 1852, j'ai signalé pour la première fois quelques-uns des gisements qui s'y rapportent, mais en me méprenant sur leur âge [Cit. 55, p. 138]. J'ai reconnu leur vrai niveau en 1863, et décrit peu après leur faune [Cit. 84, p. 10, 48, etc.]. C'est alors que j'ai introduit le nom de *Hettangien* [p. 51]. MM. Favre et Schardt en ont également fait mention, mais surtout pour les Préalpes [Cit. 172, p. 53].

RELATIONS OROGRAPHIQUES

L'Hettangien typique ne se rencontre, sur mon domaine actuel, qu'à la partie inférieure de la Grande-Eau. Il y forme deux bandes continues : l'une le long de la route du Sépey, sur le versant NW de la vallée ; l'autre sur le versant SE, dans les Bois de la Chenau.

1. Route du Sépey.

L'affleurement septentrional suit presque constamment cette route, depuis Aigle jusque vers Vuargny, longeant au NW l'affleurement rhétien, qui occupe le fond du ravin. Cette bande passablement fossilifère, et par conséquent bien déterminée, vient du cirque de Corbeyrier, par-dessous les rochers qui dominent Yvorne et Aigle. Je la décris en allant du SW au NE.

Aigle. — J'ai obtenu de diverses personnes, particulièrement de feu le pasteur Aug. Colomb, quelques fossiles hettangiens trouvés aux environs d'Aigle, et dans le bas de la route du Sépey, mais, n'en ayant pas recueilli moi-même en place, je ne puis préciser leur gisement. Dans cette première partie de la bande hettangienne, les couches plongent au N comme celle du Rhétien. Dans la rue du Cloître, qui monte au Château, se trouve un affleurement de calcaire bleuâtre, ⊥ 23° N, que je crois hettangien.

Fontaney. — En dessous des premières maisons de Fontaney, les couches se renversent et prennent un plongement SE, d'au moins 70°, qu'elles conservent à peu près le même, jusqu'au commencement des Grands-rochers (cp. 8 et 9).

On voit les bancs hettangiens presque verticaux, au bord de la route, en dessous des Maricottes.

A l'auberge de la Bertholette, j'ai trouvé 75°. Là, vers la bifurcation de l'ancienne route et des lacets de la nouvelle, Ph. Cherix avait récolté quelques fossiles, franchement hettangiens. Les espèces les plus fréquentes sont : *Plicatula hettangiensis, Ostrea sublamellosa.*

Afforets. — Un peu plus loin, au bord de l'ancienne route, et particulièrement près du Pont-des-Afforets 581 m., un assez grand nombre de fossiles ont été ramassés soit par Ph. Cherix, soit par Ph. de la Harpe, ou par moi-même. J'y ai constaté une 20me d'espèces, mentionnées dans le tableau final, dont les plus communes sont : *Cardinia depressa, Pecten valoniensis, Plicatula hettangiensis, Ostrea sublamellosa.* Avec ces fossiles se sont trouvés quelques jolis petits cristaux de quartz hyalin, bipyramidé.

Douvaz. — Un peu plus loin, l'ancienne route faisait un gigantesque lacet, de la cote 648 m. à la cote 681 m. Cette portion de la route était tout entière taillée dans le calcaire hettangien, plongeant de 70° au SE. Un éboulement étant survenu en 1861, la route fut interceptée, ce qui détermina la construction du nouveau tronçon de route actuellement en usage. Les ingénieurs appelaient ce lacet le *Contour-bleu*, mais le nom cadastral de cet endroit est La Douvaz [Cit. 84, p. 10]. Beaucoup de fossiles se trouvaient, sous ces deux noms, dans nos collections, car ce gisement était un des plus riches, et du temps où ce bout de route était parcouru, on en récoltait fréquemment, sur les rochers qui la bordent. Depuis l'éboulement, j'y ai cherché encore à plusieurs reprises, mais maintenant cela devient difficile à cause de l'envahissement des épines et des broussailles. Tout près de l'endroit où la route a été enlevée, j'ai trouvé entre autres plusieurs Ammonites, caractéristiques de ce niveau : *Psiloceras planorbis, Ps. Johnstoni, Ps. longipontinum.*

En somme j'ai constaté dans ce gisement une 30^ne^ d'espèces, dont les plus fréquentes sont : *Cardinia regularis, Lima tuberculata, Plicatula hettangiensis, Ostrea sublamellosa, Waldheimia perforata.*

Ile-aux-Tassons. — Du coude inférieur de l'ancien lacet (cote 648 m.), part un petit sentier qui descend vers la Grande-Eau ; il traverse d'abord le torrent encaissé qui sépare les rochers de la Douvaz de ceux de Vuargny; puis ce sentier aboutit à la rivière, en aval du torrent de Mottier. Près de là se trouve un petit îlot, connu sous le nom de Ile-aux-Tassons. Dans cet endroit les calcaires hettangiens arrivent jusqu'au bord de la rivière, dont ils forment toute la rive droite. Les couches y sont à nu sur un assez grand espace et passablement fossilifères ; mais l'abord en est peu aisé. J'y fus conduit en 1864 par Ph. Cherix, qui venait de découvrir ce nouveau gisement ; nous y fîmes ensemble d'assez bonnes trouvailles, qui m'ont procuré une 30^ne d'espèces, spécialement : *Lima valoniensis, Lima tuberculata, Pecten valoniensis, Ostrea sublamellosa, Waldheimia perforata, Rhynconella plicatissima.*

C'est là le dernier point où j'aie pu constater la faune hettangienne. Les calcaires s'élèvent de là jusqu'à la route, où j'ai trouvé aussi quelques fossiles, entre autres des *Cardinia.* Vers la cote 745 m., leur déclivité renversée va jusqu'à 45°, même plongement que le Rhétien de Vuargny ; je les ai constatés encore un peu plus loin sur le bord de la route, jusque près des Grands-Rochers ; mais avant cette haute paroi de Dogger, les bancs hettangiens descendent contre la rivière et disparaissent entièrement entre le Bathonien et le Rhétien, en contact à la galerie de Vuargny (p. 133).

2. Bois de la Chenau.

Au revers sud de la même vallée, se trouve une autre masse de calcaire, comprise entre la bande de cornieule de la Grande-Eau, et celle de Salins-Plambuit ; elle occupe la plus grande partie du Bois-de-la-Chenau. La roche est un calcaire compact, ou finement cristallin, dont certaines parties sont gris-clair, et d'autres plus foncées; le plongement est régulièrement au SE, variant de 55° à 80° suivant les places. Comme je n'ai jamais pu y trouver de fossiles, j'ai longtemps hésité sur son âge. La texture cristalline et la couleur blanchâtre de certaines parties, m'avaient d'abord induit à le considérer comme un calcaire dolomitique triasique, c'est pourquoi il figure sur ma carte et mes coupes, avec la teinte brique T^1.

Depuis que celles-ci sont imprimées, j'ai acquis la conviction que ces calcaires sont en partie la continuation de ceux de Saint-Triphon, qui contiennent quelques fossiles liasiques. Au Fond-de-Plambuit, dans le bois au nord de Salins, et sur d'autres points, j'ai trouvé des calcaires noirs tout à fait semblables au marbre de Saint-Triphon.

Cette analogie pétrographique me porte à admettre maintenant, entre les deux bandes de cornieule, un repli synclinal, probablement formé en bonne partie de calcaires hettangiens, mais contenant peut-être dans son milieu des terrains plus récents. C'est ainsi que je l'ai représenté dans la feuille XVII au 100 millième **(Lmi)**.

En dessous de Panex, sur le chemin qui descend à Fahy, sur Séchaud, et au mont de Plan-Tour, le calcaire est plutôt grisâtre, souvent gris-fumée, ou aussi brunâtre ; son plongement est toujours au SE, mais il se rapproche beaucoup de la verticale. A l'extrémité ouest du mont de Plan-Tour, au bord de la vallée se trouvent les carrières de Chalex, où l'on exploite un marbre très semblable à celui de Saint-Triphon, seulement un peu plus clair. J'y ai vu, mais sans réussir à les extraire, des Terebratules semblables à celles de Saint-Triphon ; les bancs exploités sont presque verticaux, 70° à 80° au SE. Du côté d'Aigle les bancs inférieurs deviennent plus grisâtres ; du côté sud, au contraire, les bancs supérieurs sont de plus en plus noirs, et tout à fait identiques au calcaire de Saint-Triphon. Dans les grands rocs qui dominent l'établissement de pisciculture et d'horticulture, on a trouvé, dit-on, des fossiles, mais je ne les ai pas vus et j'en ai vainement cherché moi-même.

FAUNE HETTANGIENNE

Le tableau ci-après donne la liste des fossiles que j'ai pu constater dans les gisements hettangiens de la vallée de la Grande-Eau. Sans en faire une nouvelle étude paléontologique complète, je les ai déterminés de mon mieux. Ces fossiles proviennent en partie de mes propres recherches, en partie de celles de Ph. Cherix, ou de mon ami Ph. de la Harpe. Ils sont tous conservés au Musée de Lausanne.

FOSSILES DE L'HETTANGIEN Les chiffres désignent le nombre d'échantillons constaté dans chaque gisement : n = en nombre supérieur à 5 ex. c = commun.	GISEMENTS					NIVEAU HABITUEL		
	Aigle	Bertholette	Afforets	Douvaz	Ile-aux-Tassons	Rhétien	Hettangien	Sinémurien
Reptiles.								
Termatosaurus ? sp. (dent)	.	.	1	.	.	.	.	.
Céphalopodes. (Ammonites.)								
Psiloceras planorbis, Sow.	.	.	.	1	.	.	*	.
— Johnstoni, Sow.	.	.	.	3	3	.	*	.
— longipontinum, Op.	.	.	.	n	.	.	*	.
Gastropodes.								
Pseudomelania cf. Turritella Deshayesi, Terq.	2	.	.	2	1	.	*	.
— cf. abbreviata, Terq.	.	.	.	.	1	.	*	.
— cf. crassilabrata, Terq.	.	.	.	.	1	.	*	.
Natica cf. Ampullaria gracilis, Terq.	.	.	.	.	1	.	*	.
Pleurotomaria cf. Hennoquei, Terq.	.	.	.	.	1	.	*	.
Pélécypodes.								
Pleuromya striatula, Ag.	.	.	.	2	.	.	.	*
— Galathea ? Ag.	.	.	.	.	1	.	*	.
— crassa ? Ag.	.	.	.	.	1	.	.	*
Pholadomya prima, Qu. (Ph. glabra ? Ag.)	.	.	3	2	2	.	*	.
Goniomya sp.	.	.	.	1	.	.	.	.
Solen Deshayesi, Terq.	.	.	.	.	1	.	*	.
Cardinia regularis, Terq.	.	.	5	n	.	.	*	.
— trigona, Orb. (in Martin)	.	.	.	5	1	.	*	.
— Collenoti, Mart.	.	.	3	.	.	.	*	.
Astarte cingulata ? Terq.	.	.	.	1	1	.	*	.
Cucullæa similis, Terq.	.	.	.	1	.	.	*	.
Modiola psilonoti, Qu.	.	.	4	1	4	.	*	.
— Hillana, Sow.	.	.	.	.	1	.	*	.
Pinna semistriata ? Terq.	.	.	.	1	3	.	*	.
— cf. trigonata, Mart.	.	.	1	.	2	.	*	.

FOSSILES DE L'HETTANGIEN (*Suite.*)	GISEMENTS					NIVEAU HABITUEL		
	Aigle	Bertholette	Afforets	Douvaz	Ile-aux-Tassons	RHÉTIEN	HETTANGIEN	SINÉMURIEN
Pèlécypodes (*Suite*).								
Avicula sinemuriensis ? Orb.	.	.	2	.	.	.	.	*
Perna infraliasica, Qu.	.	.	.	.	3	.	*	.
Lima valoniensis, Defr.	4	.	3	5	c	.	*	.
— gigantea, Sow. sp.	.	.	1	1	1	.	*	*
— amœna, Terq.	.	.	.	1	.	.	*	.
— Hausmanni, Dunk.	.	.	.	2	.	.	*	.
— hettangiensis, Terq.	.	.	.	2	.	.	*	*
— dentata, Terq.	.	.	1	.	.	.	*	.
— tuberculata, Terq.	.	.	1	n	c	.	*	.
Pecten valoniensis, Defr.	.	.	4	3	c	*	*	.
— lugdunensis, Mich.	.	.	.	.	1	.	*	.
— Thiollierei, Mart.	.	.	n	.	2	.	*	.
— securis, Dumort.	.	1	2	.	2	.	*	.
Spondylus Delaharpei, Rnv. [Cit. 76, pl. 1, f. 7]	.	1	2	.	.	.	*	.
Plicatula Hettangiensis, Terq.	.	c	5	n	2	.	*	.
— intusstriata, Emr. sp.	2	.	1	.	.	*	*	.
Ostrea sublamellosa, Dunk. (O. irregularis, Rnv.)	.	1	4	n	c	.	*	.
— anomala, Terq.	.	.	.	.	2	.	*	.
Brachiopodes.								
Waldheimia (Zeilleria) perforata, Piet.	.	n	1	n	c	.	*	*
— psilonoti, Qu.	.	.	.	3	.	.	*	.
— Rehmanni, Buch	.	2	.	1	2	.	.	*
Rhynconella plicatissima, Qu. sp.	.	.	.	5	n	.	.	*
— Maillardi, Haas	.	.	.	.	3	.	.	.
Echinides.								
Diademopsis serialis ? Ag. sp.	1	.	.	1	.	.	*	.
Total : 48 espèces, dont	4	6	19	27	31	2	40	8

Quelles que puissent être les modifications que doive subir cette liste par suite de nouvelles études, cela ne pourra pas altérer la conclusion d'âge qui en ressort avec évidence.

En effet, sur 48 espèces énumérées, 40 au moins ont été rencontrées dans divers gisements hettangiens classiques, et plusieurs sont caractéristiques de ce niveau. Deux seulement sont des espèces rhétiennes, que l'on trouve habituellement dans les deux étages ; 3 espèces se rencontrent simultanément dans l'Hettangien et le Sinémurien ; 5 enfin sont des types plus spécialement sinémuriens.

Il en résulte très clairement que les couches en question appartiennent certainement à l'Hettangien ; et que d'autre part leurs affinités sont plus grandes avec le Sinémurien qu'avec le Rhétien.

Je suis frappé en particulier de retrouver, dans ce facies calcaire, un aussi grand nombre de fossiles du gisement d'Hettange (Moselle).

ÉTAGE SINÉMURIEN

Au point de vue systématique l'Hettangien fait partie de l'Etage sinémurien, dont il n'est sans doute qu'un facies, mais par sa distribution géographique, comme par sa faune, il joue dans nos Alpes un rôle si spécial et si important, que j'ai dû le traiter à part, en raison de son individualité propre. Il n'en est pas de même des autres zones du lias inférieur, qu'il ne m'a pas été possible de distinguer les unes des autres, dans ma région. Elles forment ici un seul ensemble, qui correspond bien au vrai *Lias*, dans le sens primitif du nom, c'est-à-dire à l'étage Sinémurien de d'Orbigny.

Les *Roches* de cet étage consistent, dans notre contrée, en alternats de calcaire compact bleuâtre et de schistes marneux plus foncés. Là où elles ne présentent pas de fossiles, elles sont difficiles à distinguer des autres roches liasiques. C'est pourquoi dans une partie de ma carte j'ai marqué le *Lias*, sans distinction d'étages, par la teinte violette unie et le monogramme **L**. En revanche, là ou le Lias inférieur (Hettangien et Sinémurien) était assez distinct et assez étendu, je l'ai désigné par le pointillé bleu sur violet et l'ai affecté du monogramme **Li**.

TRAVAUX ANTÉRIEURS

Le Sinémurien, sous le nom de Lias inférieur, est bien plus anciennement connu dans nos Alpes que les deux étages précédents.

Cela est dû essentiellement au gisement fossilifère du Coulat, situé non loin d'une des entrées principales des Mines de Bex. Il est à supposer que ce gisement est connu depuis qu'on a commencé à percer la galerie du Coulat, c'est-à-dire depuis le commencement du siècle.

Déjà en 1821 Buckland, qui avait vu les fossiles du Coulat, sans doute chez de Charpentier, les déclare identiques à ceux du Lias anglais [Cit. 32, p. 8]. Ce gisement fut mentionné dès lors par divers auteurs, entre autres en 1834 par B. Studer [Cit. 38, p. 69 et 207].

En 1847 Lardy le fit connaître plus complètement, sous le nom de *Sex-blanc* [Cit. 45, p. 201]. Dans cet ouvrage il donne une liste d'une vingtaine d'espèces sinémuriennes, d'après les déterminations d'Alcide d'Orbigny, auquel il avait communiqué les fossiles du Musée de Lausanne. C'est d'après ces mêmes documents, que le *Prodrome* de d'Orbigny, paru en 1850, cite aux Etages sinémurien, liasien et toarcien, un certain nombre d'espèces des environs de Bex (Cressel, Fondement, etc).

En 1852 j'avais également exploré le gisement du Coulat, et je donnais une liste des fossiles que j'en avais rapportés [Cit. 55, p. 139], laquelle fut reproduite par B. Studer dans sa *Geologie der Schweiz* [Cit. 57, p. 473].

La présence de fossiles sinémuriens aux environs d'Aigle, était également connue de Lardy, Charpentier et Studer [Cit. 57, p. 27]. — Mais à cela se bornaient les connaissances sur ce terrain de nos Alpes.

RELATIONS OROGRAPHIQUES

Je connais maintenant une dizaine de gisements fossilifères de l'étage sinémurien, groupés essentiellement dans les vallées de la Grande-Eau et de la Gryonne, mais exclusivement dans les parties inférieures de ces deux vallées, à proximité de la Vallée du Rhône.

Un seul point fait exception, c'est le gisement d'Arbignon situé beaucoup plus au sud.

Partout ailleurs, dans les parties hautes de ma carte le Sinémurien fait défaut, et le Trias se trouve recouvert transgressivement, par le Lias supérieur, le Dogger, ou même le Malm !

On voit donc que s'il y avait eu empiétement sensible de la mer, depuis l'époque rhétienne, cette immersion s'était bornée aux régions qui bordent la vallée du Rhône. Il est probable que celle-ci constituait déjà *une dépression*, qui fut occupée la première par la mer envahissante. A l'époque sinémurienne elle devait former un golfe s'ouvrant au N, et se terminant en pointe aux environs d'Arbignon.

1. Vallée de la Grande-Eau.

Je décrirai les divers gisements de cette contrée en remontant la vallée sur rive droite, pour la redescendre sur rive gauche.

Aigle. — Le Sinémurien existe incontestablement dans les rochers qui dominent Aigle du côté NE. J'ai recueilli moi-même en place, au pied de ces rochers, une ammonite du genre *Arietites*. En outre le Musée de Lausanne possède un bel exemplaire de *Arietites bisulcatus*, qui a été trouvé au haut des vignes, dans des blocs éboulés de ces rochers, et que le Collège d'Aigle a bien voulu nous céder.

De là ce terrain descend contre la Grande-Eau, et vient former le premier escarpement rocheux qu'on rencontre sur la route du Sépey, vis-à-vis de la Parqueterie (cp. 10). Ce sont des bancs calcaires, de couleur foncée, un peu brunâtre, qui plongent très fortement au N. Ce gisement m'a été signalé par feu le pasteur A. Colomb, qui y avait récolté quelques fossiles. J'y ai recueilli moi-même en place des *Arietites* écrasées, suffisantes pour caractériser le niveau. En 1847, Lardy le connaissait également, paraît-il. [Cit. 45, p. 202].

En tout, le Musée de Lausanne possède une 10me d'espèces sinémuriennes des environs d'Aigle. La plupart sont mal conservées, mais l'ensemble est suffisant pour ne laisser aucun doute sur l'âge de ces couches.

Route du Sépey. — Plus haut, sur le revers NW de la vallée, j'ai encore quelques indices de cet étage. Au-dessus de Fontaney, sur le chemin de Drappel, j'ai trouvé des *Arietites*, probablement *A. Hartmanni*, dans un calcaire différent de l'hettangien.

En amont des Afforets, sur la route actuelle du Sépey, Cherix a trouvé une grande ammonite, qui paraît être *Schlotheimia Moreana* très adulte. Cela indiquerait les couches de passage entre l'Hettangien et le Gryphitien.

Du côté de la Douvaz et de Vuargny je n'en ai plus trouvé trace, et je l'attribue à la transgressivité des couches, constatées p. 133.

Roc du Dard. — Sur le revers SE de la vallée je n'ai que peu d'indices du Sinémurien, mais ils sont suffisants pour en affirmer la présence. Dans le cours du torrent Tentin, qui descend des rochers du Dard, j'ai rencontré un bloc calcaire, pétri de *Gryphæa arcuata*. Ce bloc descendait évidemment des ravins du Dard, et nous révèle ainsi l'existence de bancs sinémuriens dans ces escarpements, mais le gisement précis n'a pas pu être constaté.

Bois de la Chenau. — Là aussi j'ai vu des calcaires noirs, probablement de même âge, mais jusqu'ici les fossiles font défaut.

Chalex. — En revanche, il existe au Musée de Lausanne une empreinte d'*Arietites*, qui ne peut être que sinémurienne, et qui provient des carrières de Chalex, au S d'Aigle, lesquelles sont au bord de la vallée du Rhône, dans la prolongation de la bande calcaire du Bois de la Chenau.

2. Vallée de la Gryonne.

Là se trouve notre principale région liasique. Mais j'ai dû renoncer à y distinguer les différents étages du Lias, sur ma carte, son échelle étant pour cela insuffisante, et mes renseignements trop imparfaits. Le Lias y est donc représenté en bloc par la teinte violette, accompagnée du monogramme **L**.

C'est le cas en particulier pour la grande bande liasique, qui part de Plambuit, passe au-dessus de Salins, et traverse le Bois-de-Confrène, jusqu'à Huémoz. Sauf aux environs de ce dernier endroit, je n'y ai point trouvé de fossiles, mais j'y ai vu fréquemment des calcaires compacts foncés, qui doivent être sinémuriens. Ils se trouvent essentiellement sur les bords de ce grand lambeau. J'en connais à son bord inférieur, sur les deux chemins de Panex; ils passent insensiblement à la cornieule. MM. FAVRE et SCHARDT indiquent également du Lias inférieur en Biot sur Salins [Cit. 172, p. 75].

Aux Ecovets, et jusqu'en dessous de la Truche, j'ai constaté de nombreux lambeaux liasiques, reposant sur le gypse et la cornieule. A en juger par la roche, ils doivent appartenir essentiellement au Sinémurien, car ce sont, comme au Coulat, des alternats de calcaire bleuâtre et de schistes foncés, bien différents des schistes toarciens.

Huémoz. — Les environs d'Huémoz, en revanche, ont fourni quelques fossiles. A la Crétaz d'Huémoz, au SW du village, CHERIX a trouvé une portion d'ammonite, appartenant certainement au genre *Arietites*, probablement à *Arietites Bucklandi.*

Au-dessus du village, dans la direction des Ecovets, CHERIX avait découvert, en dernier lieu, un gisement fossilifère un peu plus important, qu'il n'a plus eu le temps, avant sa mort, de me faire voir en place. Les fossiles qu'il en avait rapportés consistent en un assez grand nombre de fucoïdes, de formes variées, quelques empreintes d'ammonites dans le schiste foncé, et quelques autres fossiles dans un calcaire bleuâtre. J'ai pu y reconnaître entre autres les espèces suivantes, qui ne me laissent pas de doute sur le niveau géologique : *Arietites Hartmanni*, *A. Conybeari*, *Pecten Hehli*, *Rhynconella belemnitica.*

Entre-deux-Gryonnes. — En dessous du village de Pallueyres et des Moulins du même nom, la Gryonne, qui vient de Confin par le Coulat, reçoit un affluent connu sous le nom de Gryonne-de-Chesière. Leur confluent a lieu au milieu des couches liasiques, appartenant à la grande bande dont je viens de parler. Il y a là un repli synclinal fortement accusé, dont la lèvre orientale est renversée. Le sommet de l'escarpement de rochers, dit Entre-deux-Gryonnes, est formé de gypse ; en dessous vient un banc de cornieule peu épais et peu constant ; et le tout repose sur le Sinémurien bien caractérisé, formé d'alternances de calcaires et de schistes marneux, comme au Coulat.

A l'ouest ces bancs sinémuriens se prolongent jusqu'aux Moulins-de-

Pallueyres, où ils encaissent la Gryonne-de-Chesière dans une gorge resserrée, et lui font faire une série de cascades. On a trouvé, m'a-t-on dit, de grandes Ammonites dans le torrent, en dessous des Moulins-de-Pallueyres; mais où sont allés les échantillons? Je n'ai pu en voir qu'une empreinte, dans un mur du moulin. J'ai obtenu de là, en revanche, quelques autres fossiles sinémuriens, en particulier *Belemnites acutus*.

Du côté E, les bancs calcaires se poursuivent jusqu'au cours principal de la Gryonne, qu'ils atteignent un peu en aval de l'ancienne galerie de Mine dite Bey-de-la-Coulisse. Là, au bord du torrent, Ph. Cherix a exploité un gisement de fossiles sinémuriens, qui m'a fourni une 10ne d'espèces, parmi lesquelles la petite ammonite pyriteuse si fréquente au Coulat, *Arietites spiratissimus*, ainsi que d'autres plus grandes, mais écrasées, qui me paraissent appartenir à *Arietites Conybeari*.

En dessous de ces bancs calcaires, qui forment un hémicycle proéminant entre les deux Gryonnes, vient une grande épaisseur de schistes foncés toarciens, constituant tout le bas de l'escarpement, ainsi que les rochers opposés du Bois-de-Feuilles.

Dans la même bande liasique, j'ai encore constaté le Sinémurien en dessus de Forchez (cp. 11); et plus au sud, non loin du Bouillet. Enfin j'ai une *Arietites Conybeari*, trouvée sur le chemin de Fenalet, en dessous du gisement toarcien de Crêt-à-l'Aigle. — Tout cela montre que ce grand affleurement liasique de Confrène-Huémoz-Pallueyres-Bouillet, constitué un pli synclinal allongé du N au S, et déjeté à l'ouest. Au centre se trouve le Lias supérieur; entre le Toarcien et le Trias se trouve l'affleurement sinémurien (Biot, Ecovets, Huémoz, Moulins-de-Pallueyres, Entre-deux-Gryonnes), renversé sous la cornieule et le gypse, dans ces derniers gisements. La branche opposée du pli est au contraire normale, et présente un autre affleurement sinémurien (Confrène, Crétaz d'Huémoz, Forchez, Sur le Bouillet), qui sépare égalcment le Toarcien du Trias (cf. p. 128).

Coulat. — Cet important gisement se trouve plus haut dans le cours principal de la Gryonne, et appartient à un autre pli synclinal (cp. 10), beaucoup plus compliqué et moins étendu. En raison même de cette complication, et de l'impossibilité de marquer, sur ma carte au 50 millième, tous les gisements fossilifères compris dans ce lambeau liasique, je reproduis ici un plan au $^1/_{5000}$ des environs du Coulat (cl. 15).

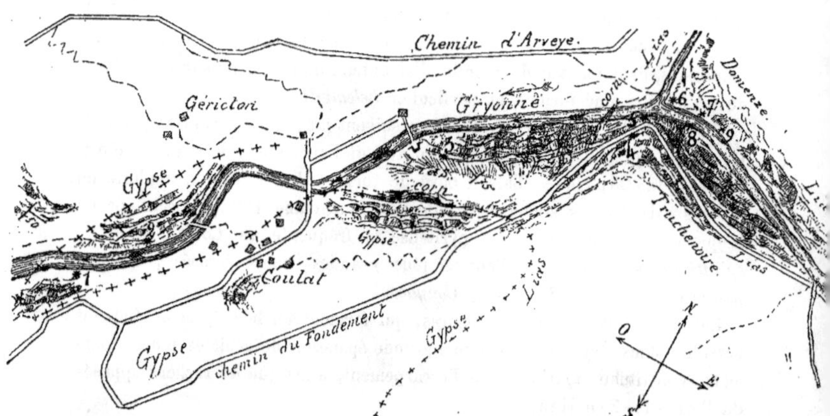

Cl. 15. Carte du Coulat. — Echelle $^1/_{5000}$. — * *Gisements fossilifères* : 1. Sous Coulat (Opalin.). 2. Géricton (Opalin.). 3. Déchargeoire (Siném.). 4. Truchenoire (Toarc.). 5. Sous-Truchenoire (Siném.). 6. Confluent de la Domenze (Siném.). 7 et 8. Gisements à *Spiriferina*. 9. Domenze (Toarc.).

Le gisement fossilifère du Coulat (n° 3), se trouve à peu de distance de l'entrée principale des Mines de sel, au-dessus de l'ouverture d'une galerie de décharge, dite la Déchargeoire du Coulat, et au pied de grands rochers de gypse blanc, dits le Sex-blanc. De là les noms divers sous lesquels il a été mentionné. Les couches liasiques sont redressées jusqu'à 65° et même 70°, et s'appuient contre le gypse, dont elles sont séparées par des bancs de cornieule, peu épais. Immédiatement avant l'orifice de la Déchargeoire, j'ai vu au toit de la galerie des Belemnites, qui sembleraient indiquer du Lias supérieur ou moyen. Droit au-dessus de la galerie les couches ne sont pas visibles, mais en continuant à monter contre le Sex-blanc, on arrive bientôt au sinémurien, dont on atteint en premier lieu la partie supérieure. En continuant à s'élever contre les rochers du Sex-blanc on traverse toute la série sinémurienne, composée d'alternances de calcaires compacts bleuâtres, peu épais, avec des marnes schistoïdes foncées, jusqu'à ce qu'on arrive enfin à la cornieule et au gypse. Voici la série de ces couches, dans leur ordre normal de superposition, telle que je l'ai relevée en 1865 :

a) Banc de calcaire dur.
b) Marne schistoïde avec Ammonite spyriteuses (*Arietites spiratissimus*).
c) Banc de calcaire dur.
d) Marne schistoïde à petites Ammonites pyriteuses.
e) Banc de calcaire dur à Rhynconelles.
f) Marne schistoïde à *Gryphæa arcuata*.
g) Banc de calcaire dur.
h) Marne schistoïde à grandes Ammonites écrasées (*Ar. rotiformis*, etc.) et à *Chondrites bollensis*.
i) Calcaire dur à Nautiles, Pentacrines, etc.
k) Marnes schistoïdes.
l) Cornieule.
m) Banc de calcaire gris-noirâtre.
n) Cornieule.
o) Gypse, formant les rocs du Sex-blanc.

On voit que la série des couches sinémuriennes s'appuie directement contre la cornieule et le gypse, sans aucun intermédiaire. Toutefois dans un de ces bancs calcaires, je ne saurais dire lequel, se sont trouvées deux Ammonites qui caractérisent la base du Sinémurien : *Schlotheimia angulata* et *Schloth. Moreana*, cette dernière moins rare.

Le Musée de Lausanne possède un assez grand nombre de fossiles de ce gisement ; les uns proviennent de Lardy ou de de Charpentier (étiquetés Sex-blanc), ce sont ceux que A. d'Orbigny a eus entre les mains. D'autres ont été récoltés par mes divers pourvoyeurs, ou par moi-même. La faunule de ce gisement se monte actuellement à 71 espèces, dont une vingtaine sont des Ammonites. Elles sont énumérées dans mon tableau ci-après. Quoique la détermination de quelques-unes puisse laisser à désirer, l'âge de cette faune est hors de question. En effet les types les plus communs sont : *Arietites bisulcatus*, *Ariet. spiratissimus*, *Schlotheimia Charmassei*, *Lima gigantea*, *L. succincta*, *Pecten Hehli*, *Gryphæa arcuata*, *Rhynconella plicatissima*, *Pentacrinus tuberculatus*.

Sous Truchenoire. — Je désigne ainsi un second gisement fossilifère, du même lambeau liasique, qui se trouve au bord de la Gryonne, sur rive gauche, en dessous des rochers de Truchenoire (cl. 15, n° 5). Là un banc de calcaire dolomitique gris-verdâtre (marqué sur le cliché *corn.*) traverse obliquement la Gryonne du N au S. En remontant depuis là jusqu'au Confluent de la Domenze, on constate, comme au Coulat, des alternances de calcaires et schistes foncés, avec une faune sinémurienne identique. Mais les bancs, d'ailleurs presque verticaux, plongent plutôt à l'est, c'est-à-dire en sens inverse de ceux de la Déchargeoire.

Sur le calcaire dolomitique s'adosse une première couche schistoïde, très noire, avec une petite ammonite, *Schlotheimia lacunata.* Par-dessus vient un calcaire compact bleuâtre avec *Terebratula punctata, Gryphæa arcuata, Cardinia, Lima succincta,* et surtout *Lima gigantea* en beaux exemplaires assez nombreux. Dans une nouvelle couche marno-schisteuse superposée se trouvaient des *Pleuromya, Pecten,* et autres bivalves, assez encroûtés. Plus loin encore, une troisième couche marno-schisteuse contenait bon nombre de petites Ammonites pyriteuses : *Arietites spiratissimus, Ægoceras lævigatum, Schlotheimia Charmassei.* Ce dernier niveau correspond donc aux bancs les plus récents du Sinémurien de la Déchargeoire.

Ce gisement, relativement assez riche, m'a fourni en somme 38 espèces, qu'on trouvera indiquées dans la liste générale.

Confluent de la Domenze. — De l'autre côté de la Gryonne, sur rive droite, les couches liasiques se continuent avec le même plongement. Un peu en amont du Confluent (cl. 15, n° 6), Cherix a trouvé, dans une couche schisteuse, des *Belemnites* et des *Chondrites filiformis* ; puis un peu plus loin, dans un banc calcaire superposé, qui traverse la Gryonne (n°s 7 et 8), de nombreux Brachiopodes : *Spiriferina alpina, Rhynconella belemnitica, Rh. Deffneri, Terebratula punctata.* Enfin plus loin en amont, il a rencontré les schistes toarciens fossilifères. — La stratigraphie de ces ravins escarpés, boisés, et sans chemins, est d'une grande difficulté, et nécessiterait une étude spéciale très minutieuse, avec recherche des fossiles couche par couche ; mais il faudrait pour cela séjourner sur place, et pouvoir y consacrer beaucoup de temps.

Fondement. — Je désigne ainsi un quatrième gisement sinémurien, qui se trouve tout à fait à l'extrémité NE de ce même lambeau liasique, près de l'ancienne Mine du Fondement[1]. Celui-ci n'est plus situé sur mon plan, mais à une petite distance de son bord droit. On y arrive en suivant le sentier qui passe à Truchenoire, puis rejoint la Gryonne. Au point où ce sentier quitte le Lias, pour passer sur le gypse, un peu en aval des bâtiments du Fondement, se trouvait autrefois un pont, et vis-à-vis, sur rive droite, l'entrée d'une ancienne galerie de Mine.

C'est tout près de cet ancien orifice que j'ai pu constater de nouveau le Sinémurien, en couches à peu près verticales, s'adossant contre le gypse. Entre deux ne se trouve absolument rien autre qu'une mince couche de *minerai pyriteux*. Les premiers bancs liasiques consistent en une marne schistoïde foncée, qui m'a fourni quelques fossiles mal conservés, mais suffisants cependant pour y reconnaître du Sinémurien : *Belemnites acutus*, *Arietites Conybeari*, *Ar. spiratissimus*, etc.

Ce lambeau liasique de Coulat-Domenze-Fondement me paraît former au milieu du gypse un pli synclinal en U, à flancs presque verticaux (cp. 10). Le Toarcien de Truchenoire et de Domenze (cl. 15, n° 4 et 9) en occupe le centre ; tandis que le Sinémurien, en contact avec la cornieule ou le gypse, paraît en constituer les bords. Il est clair que ce n'est là qu'une représentation schématique de ce lambeau, qui dans ses détails est passablement plus compliqué. Toutefois je ne puis absolument pas comprendre comment M. Schardt [Cit. 159, p. 63, prof. 13] a pu y voir le Toarcien compris entre le Sinémurien et le gypse, et transformer le tout en un anticlinal ! Pour en arriver là, il a dû faire abstraction complète des gisements sinémuriens de la Domenze et du Fondement, qui, introduits dans son profil, rendraient sa conception impossible.

3. Arbignon.

M. Studer écrivait en 1853 [Cit. 57, p. 31] que rien ne pouvait faire supposer l'existence du Lias, entre les schistes antraxifères d'Arbignon et les

[1] Dite aussi Fondement supérieur par opposition au Coulat, qu'on appelait autrefois Fondement inférieur.

terrains plus récents des Dents-de-Morcles. Dix ans plus tard, en explorant les environs d'Arbignon, avec le Dr PH. DE LA HARPE et PH. CHERIX, nous eûmes la bonne chance d'y constater l'existence du Sinémurien, et d'en rapporter quelques fossiles caractéristiques. En peu de temps nous avions ramassé une dizaine d'échantillons, mal conservés il est vrai, mais suffisants pour ne laisser aucun doute. Ce sont quelques tronçons d'*Arietites bisulcatus* de grande taille, deux autres ammonites, et deux bivalves : *Arietites spiratissimus, Ar. Arnouldi, Myoconcha scabra* et *Plicatula hettangiensis.*

Ces fossiles sinémuriens ont été trouvés au bord du torrent de Pseut, au point marqué sur ma carte d'un astérisque bleu. Ils se trouvaient dans un calcaire schistoïde bleuâtre foncé, analogue aux roches du Coulat, mais d'aspect plus métamorphique. Ce calcaire occupe le cours du torrent, au-dessus des gisements carbonique, triasique et rhétien, précédemment mentionnés (p. 60, 89 et 135). Ainsi que la Société géologique suisse a pu le constater en 1886 [Cit. 169, p. 82], la superposition y est très régulière, avec faible ⊥ E (cp. 3), et le Lias paraît occuper une dépression synclinale des terrains plus anciens (cp. 13).

En remontant le torrent, on arrive bientôt au pied d'une paroi de rochers inaccessibles, qui m'a paru appartenir encore au Lias, mais dont la partie supérieure, d'aspect plus schisteux, représente peut-être le Toarcien. Le tout est recouvert par les calcaires jurassiques de la paroi de Ballacrètaz.

FAUNE SINÉMURIENNE

Au total, j'ai pu constater, dans les divers gisements sinémuriens de nos Hautes-Alpes, 91 espèces qui sont énumérées dans le tableau ci-après. J'ai marqué, dans quatre colonnes de ce tableau, la signification chronologique de la plupart de ces espèces, d'après les travaux d'OPPEL *(Juraformation)*, DUMORTIER, TERQUEM, etc. Quoique les faunes hettangienne, gryphitienne et oxynotienne soient reliées par un certain nombre d'espèces communes, et qu'on doive les considérer comme appartenant ensemble à l'étage sinémurien, elles ont néanmoins dans le bassin du Rhône inférieur, ainsi qu'en Wurtemberg et en Angleterre, une individualité propre, caractérisée par des espèces spéciales.

FOSSILES DU SINÉMURIEN Les chiffres désignent le nombre d'échantillons constaté dans chaque gisement. n = en nombre supérieur à 5 ex. c = commun.	GISEMENTS								NIVEAU HABITUEL			
	Aigle	Huémoz	Entre 2 Gryonnes	Coulat	Sous Truchenoire	Domenze	Fondement	Arbignon	HETTANGIEN	GRYPHÉEN	OXYNOTIEN	CYMBIEN
Poissons.												
Sphenodus sp. (dents)	.	.	.	2	.	.	.	.	.	.	.	.
Céphalopodes.												
Belemnites acutus, Mill.	.	.	2	4	1	.	2	.	.	.	*	.
Nautilus striatus, Sow.	.	.	.	4	1	.	.	.	.	*	*	.
— cf. intermedius, Sow.	.	.	.	4	.	.	.	.	.	.	.	*
— nov.? sp.	.	.	.	.	1	.	.	.	.	.	.	.
Ammonites.												
Arietites bisulcatus, Brug.	3	.	.	n	.	.	.	4	.	*	.	.
— Bucklandi, Sow.	.	1	.	1	.	.	.	.	.	*	.	.
— Conybeari, Sow.	1	1	2	5	.	.	2	.	.	*	.	.
— spiratissimus, Qu.	.	.	5	c	n	.	n	3	.	*	.	.
— Arnouldi, Dumort.	.	.	.	.	.	.	.	1	.	*	.	.
— Turneri, Sow.	.	.	.	n	.	1	.	.	.	*	.	.
— rotiformis, Sow.	.	1	.	5	.	.	.	.	.	*	.	.
— Bonnardi, Orb.	.	.	.	1	.	.	.	.	.	*	*	.
— sinemuriensis, Orb.	.	.	.	1	.	.	.	.	.	*	.	.
— Hartmanni, Op. (A. Kridion, Orb., non Hehl)	3	n	.	.	.	.	.	.	.	.	*	.
— vellicatus, Dumort.	.	.	.	1	.	.	.	.	.	.	*	.
— cf. Maugenesti, Orb.	.	.	.	1	.	.	.	.	.	.	.	*
— stellaris, Sow.	.	.	.	2	.	.	.	.	.	.	*	.
? sagittarium, Black (A. Turneri, Qu., non Sow.)	1	.	.	.	.	.	.	.	.	.	*	*
Ægoceras Actæon, Orb.	2	.	.	.	.	.	.	.	.	.	.	*
— lævigatum, Sow. (A. Davidsoni, Dum.)	.	.	.	n	n	.	.	.	.	.	*	.
— Berardi? Dumort.	.	.	.	3	.	.	.	.	.	.	*	.
— tamariscinum, Schlœnb.	.	.	.	1	.	.	.	.	.	.	*	.
Schlotheimia Charmassei, Orb.	.	.	.	c	n	.	.	.	.	*	.	.
— lacunata, Buckm.	.	.	1	n	1	.	.	.	.	.	*	.
— Moreana, Orb.	.	.	.	n	.	.	.	.	*	.	.	.
— angulata, Schl.	.	.	.	1	.	.	.	.	*	.	.	.
Phylloceras? altum? Dumort.	.	.	1	.	.	.	2	.	.	.	*	.
— sp.	.	.	.	.	1	.	.	.	.	.	.	.

FOSSILES DU SINÉMURIEN (*Suite.*)	GISEMENTS								NIVEAU HABITUEL			
	Aigle	Huémoz	2 Gryonnes	Coulat	Ste Truchen.	Domenze	Fondement	Arbignon	Hettangien	Gryphitien	Oxynotien	Cymbien
Gastropodes.												
Chemnitzia vesta, Orb.	.	.	.	.	1	.	.	.	.	*	.	.
Turbo odius, Orb.	.	.	.	3	.	.	.	.	.	.	.	*
— cf. liasicus, Mart.	.	.	.	n	.	.	.	.	*	.	.	.
Pleurotomaria similis, Sow. sp.	.	.	.	2	n	.	.	.	.	*	.	.
— expansa, Sow. sp.	.	.	.	5	.	.	.	.	.	*	*	*
— subturrita, Orb.	.	.	.	1	.	.	.	.	.	.	.	*
Pélécypodes.												
Pleuromya Galathea, Ag.	.	.	.	2	2	.	.	.	.	*	*	.
— cf. crassa, Ag.	.	.	.	.	1	.	.	.	.	.	*	.
Pholadomya glabra, Ag.	.	.	.	2	.	.	.	.	*	*	.	.
Lucina liasina, Dumort.	.	.	.	3	1	.	.	.	.	*	*	.
— cf. circularis, Stop.	.	.	.	5	3	.	.	.	*	.	.	.
Cardinia Deshayesi, Terq.	.	.	.	5	1	.	.	.	*	.	.	.
— Listeri, Sow. sp.	.	.	.	.	1	.	.	.	*	*	*	.
Arca sp. (grande esp.)	.	.	.	1	.	.	.	.	.	.	.	.
— sp. (petite esp.)	.	.	.	2	.	.	.	.	.	.	.	.
Modiola producta, Terq. (M. Morrisi, Op.)	.	.	.	5	2	.	.	.	*	*	.	.
— hillana, Sow.	.	.	.	1	.	.	.	.	*	.	.	.
Mytilus lamellosus, Terq.	.	.	.	1	.	.	.	.	*	.	.	.
Myoconcha scabra, Terq. & Piet.	.	.	.	.	.	.	.	1	.	*	.	.
Pinna Hartmanni? Ziet.	.	.	.	1	2	.	.	.	.	*	*	.
Avicula sinemuriensis, Orb.	.	.	.	2	.	.	.	.	.	*	*	.
Inoceramus Weissmanni, Op.	.	1	.	5	.	.	.	.	*	.	.	.
Lima gigantea, Sow. sp.	.	.	.	c	c	.	.	.	*	*	.	.
— punctata, Sow. sp. (L. valoniensis?)	3	.	.	3	.	.	.	.	*	*	*	.
— pectinoïdes, Sow. sp.	.	.	.	3	.	.	.	.	.	*	*	.
— hettangiensis, Terq.	.	.	.	n	n	.	.	1	*	*	.	.
— succincta, Schl. sp. (L. Hermanni Goldf.)	.	.	.	n	n	.	.	.	.	*	*	.
— nodulosa, Terq.	.	.	.	2	.	.	.	.	*	.	.	.
— tuberculata, Terq.	.	.	.	.	1	.	.	.	*	*	.	.
Pecten Hehli, Orb. (P. glaber, Hehl)	.	.	.	n	2	.	.	.	*	*	*	.
— dextilis, Munst.	.	1	.	.	.	.	.	.	.	?	.	.
— textorius, Schl.	.	.	.	5	.	.	.	.	.	*	*	.

FOSSILES DU SINÉMURIEN (*Suite.*)	GISEMENTS								NIVEAU HABITUEL			
	Aigle	Huémoz	2 Gryonnes	Coulat	Se Truchen	Domenze	Fondement	Arbignon	Hettangien	Gryphitien	Oxynotien	Cymbien
Pélécypodes. (*Suite.*)												
Pecten subulatus, Goldf.	.	.	.	2	.	.	.	.	.	*	.	.
— acutiradiatus, Munst.	1	.	.	4	.	.	.	.	.	*	*	.
Spondylus Delaharpei, Rnv. [Cit. 84, pl. 1, f. 7]	.	.	.	1	1	.	.	.	*	.	.	.
Gryphæa arcuata, Lk.	.	.	.	c	n	.	.	.	.	*	.	.
— obliqua, Goldf.	.	.	.	n	4	.	.	.	.	.	*	.
Ostrea sublamellosa, Dunk. (O. irregularis, Rnv.)	.	2	.	n	4	1	.	.	*	.	.	.
— anomala, Terq.	.	.	.	5	3	.	.	.	*	.	.	.
— semiplicata ? Munst.	.	.	.	1	.	.	.	.	.	*	.	.
Anomya liasina, Op.	.	.	.	3	.	.	.	.	.	.	*	.
Brachiopodes.												
Spiriferina alpina, Op.	.	.	.	n	n	c	.	.	.	*	.	.
— Foreli, Haas	.	.	.	1	.	.	.	.	.	.	.	.
Rhynconella belemnitica, Qu. sp.	.	3	2	n	1	n	.	.	.	*	.	.
— gryphitica, Qu. sp.	.	.	.	n	.	.	.	.	.	*	.	.
— plicatissima, Qu. sp.	.	.	.	c	n	.	.	.	.	*	*	.
— Colombi, Rnv. (jeunes ou nov. sp.)[1]	.	2	.	c	n	n	.	.	.	.	.	.
— Deffneri, Op.	1	.	.	.	.	n	.	.	.	*	.	.
— acuta, Sow.	.	.	.	1	.	.	.	.	.	.	.	*
Waldheimia (Zeilleria) perforata, Piet. sp.	.	.	.	6	2	2	.	.	*	*	.	.
— Rehmanni, Buch. sp.	.	.	.	2	n	.	.	.	*	*	.	.
— Choffati, Haas	.	.	.	.	3	2	.	.	.	.	.	.
Terebratula punctata, Sow.	.	4	.	n	n	n	.	.	.	.	*	*
Lingula sp.	.	.	.	1	.	.	.	.	.	.	.	.
Echinodermes.												
Cidaris psilonoti, Qu. (radioles)	.	.	.	.	4	.	.	.	*	.	.	.
— Deslongchampsi, Cot. (radioles)	.	.	.	.	2	.	.	.	.	.	.	*
Pentacrinus tuberculatus, Mill.	2	1	1	n	.	5	.	.	.	*	*	.
Plantes.												
Chondrites Bollensis, Ziet. sp. . . (esp. Toarc.)	.	c	.	n	.	.	.	.	.	.	.	.
— filiformis, Fisch. . . . . . (esp. Toarc.)	.	.	.	.	.	n	.	.	.	.	.	.
— liasinus, Hr.	1	1	.	.	.	.	.	.	*	.	.	.
Fucoïdes tæniatus ? Kur. sp. . . (esp. Toarc.)	.	3	.	.	.	.	.	.	.	.	.	.
— rigidus, Hr.	.	.	.	1	.	.	.	.	*	.	.	.
Total : 91 espèces, dont	10	14	7	71	38	11	4	5	25	43	30	10

[1] Voir la note p. 158.

Dans nos Alpes, comme je l'ai dit p. 144, la faune hettangienne est assez distincte, mais l'Oxynotien paraît se confondre avec le Gryphitien, et les gisements que j'ai fait connaître les représentent évidemment en bloc, sans que j'ai pu établir leur distinction stratigraphique. Toutefois c'est essentiellement le sous-étage gryphitien qui est représenté dans nos gisements, puisque, sur environ 78 espèces comparables, 43 appartiennent à ce niveau et une 30^ne^ seulement à l'Oxynotien.

Ce n'est d'ailleurs pas la première fois, que l'on observe dans les Alpes une répartition de fossiles, un peu différente de ce qu'elle est ailleurs, et un groupement en faunes moins nombreuses et moins variées. Cependant je dois faire remarquer, que mes faunes liasiques ont des rapports paléontologiques plus intimes avec les gisements classiques extra-alpins, que cela ne paraît être le cas dans les Alpes orientales.

NOTE SUR RHYNCONELLA COLOMBI, Rnv.

[Cit. 84, p. 46, pl. 3, f. 6, 7.]

La Rhynconelle la plus fréquente au Coulat, et en général dans nos gisements de la Gryonne, est une petite espèce reniforme, plus ou moins carrée, de la taille d'un pois, remarquable par ses plis seulement sur les bords, et par son sinus évasé sur le milieu de la petite valve, ce qui rend la commissure palléable concave. — M. Haas [Cit. 161, p. 35] l'a considérée comme le jeune âge de *Rh. gryphitica*, mais en examinant attentivement ses originaux, qui sont tous entre mes mains, je ne puis admettre ce point de vue. Nos *Rh. gryphitica* adultes sont toutes plus ou moins triangulaires, plus hautes que larges, avec une protubérance bien accusée sur le bord de la petite valve, et des plis beaucoup plus marqués, même près des crochets (Haas, pl. III, f. 3, 7, 9, 13, 30, 45, 46). La Rhynconelle en question (f. 17, 18, 21, 22, 23, 25, 27, 33, 34, 35, 36) a un tout autre cachet ; elle est beaucoup plus semblable à *Rh. Colombi*, Rnv. (Haas, pl. I, f. 17 à 19) qui a, comme elle, une commissure à peu près droite ou concave, le pourtour des crochets lisse, et la forme générale reniforme.

Le gisement de cette dernière était resté douteux, parce qu'elle n'avait pas été trouvée en place. Dès lors M. Haas a déterminé comme *Rh. plicatissima* des exemplaires trouvés avec elle dans le même morceau de marne ; les couches sinémuriennes existent d'ailleurs droit au-dessus du gisement du Pissot, d'où provenait cet échantillon. Il se pourrait donc fort bien que ma *Rh. Colombi* fût sinémurienne, et que les spécimens si communs du Coulat, n'en fussent que le jeune âge. Sinon ils devraient constituer une espèce nouvelle.

ÉTAGE TOARCIEN

Dans les Alpes autrichiennes, comme aussi dans celles de la Savoie, on a déjà observé l'intime liaison existant entre le Lias moyen et le Lias supérieur, lesquels ne forment la plupart du temps qu'un seul tout, et dont les fossiles paraissent souvent mélangés. Cela tient-il à ce que les distinctions stratigraphiques sont plus difficiles et moins avancées dans les Alpes, ou à une association différente des êtres dans cette province zoologique? Voilà ce qui n'est pas encore clairement établi. Quoi qu'il en soit je rencontre un fait semblable dans les Alpes vaudoises, où je n'ai pas rencontré un Lias moyen distinct.

Je groupe donc tous ces schistes liasiques, supérieurs au sinémurien, en un seul grand ensemble toarcien. Ce mode de groupement aurait sa raison d'être, aussi hors des Alpes; c'est l'ancien groupe *supra-liasique* de Dufrenoy et Elie de Beaumont, dit aussi *Marnes à bélemnites*, que l'on peut subdiviser en sous-étages, plus ou moins locaux, comme je l'ai fait dans mon Tableau des terrains sédimentaires [Cit. 103, Tabl. VI], savoir :

Toarcien ou Supra-lias { Zone à *Am. opalinus* = Opalinien.
Lias supérieur (vrai) = Thouarsien.
Lias moyen = Cymbien.

Cet ensemble est figuré sur ma carte par la teinte violette, accompagnée du monogramme **Ls**, là où il existe seul, ou de la lettre **L**, quand je n'ai pas pu en séparer le Sinémurien.

Mais la plus grande partie des affleurements marqués **Ls** ne présentent que l'Opalinien, qui a dans nos Alpes, à l'inverse du Cymbien, une individualité propre, soit par sa faune, soit par son extension. Ce sous-étage est d'ailleurs attribué, par beaucoup d'auteurs, au Dogger plutôt qu'au Toarcien. C'est pourquoi je lui consacrerai un chapitre spécial, et n'envisagerai ici que les deux autres sous-étages, fusionnés dans notre région.

Ce terrain est formé de schistes marneux foncés, généralement peu feuilletés, qui accompagnent habituellement le Sinémurien.

TRAVAUX ANTÉRIEURS

Le Lias supérieur est connu dans nos Alpes depuis longtemps. Dans les gisements qui avoisinent les Mines de sel, des fossiles avaient été récoltés par les ouvriers mineurs, et donnés par DE CHARPENTIER au Musée de Lausanne. A l'origine ils étaient confondus avec ceux du Sinémurien sous le nom général de Lias [Cit. 32].

La première distinction de notre Toarcien paraît due à ALCIDE D'ORBIGNY, grâce aux fossiles que lui avait soumis CH. LARDY [Cit. 45, p. 201]. Quelques espèces de Bex sont mentionnées au *Prodrome* en 1850 [I, p. 245].

Mais dans ces deux catalogues les noms des gisements sont plus ou moins fautifs, et parfois méconnaissables: LARDY cite Cret-à-l'Aigle, sous le nom de *Crettex*, dont D'ORBIGNY avait fait *Cressel!* Ailleurs il le cite aussi sous le nom de *Boët*, dit aussi *Boët-de-Fenalet*, nom cadastral du versant boisé où se trouve le Cret-à-l'Aigle. Le gisement de Truchenoire était également connu de LARDY, qui le cite sous le nom de *Sex-blanc sur Fondement*. Du Sex-blanc (rocher de gypse blanc) à Truchenoire (rocher de Lias noir) la distance n'est pas grande ; mais il y aurait inconvénient à désigner par un même nom, impropre d'ailleurs, les deux gisements bien distincts, du Sinémurien et du Toarcien.

En 1852, après avoir visité ces gisements, je les distinguai les uns des autres, et fis connaître leur emplacement, en citant quelques fossiles que j'y avais recueillis [Cit. 55, p. 139].

L'année suivante B. STUDER donna une liste de 17 espèces toarciennes des environs de Bex, en groupant celles précédemment publiées [Cit. 57, p. 31].

RELATIONS OROGRAPHIQUES

L'extension géographique de ce terrain (abstraction faite de l'Opalinien) est à peu près la même que celle du Sinémurien. On le rencontre dans les mêmes plis synclinaux, dont il occupe le centre. Il ne m'a fourni qu'une demi-douzaine de gisements fossilifères, mais j'ai pu le poursuivre ailleurs par similitude pétrographique.

1. Vallée de la Grande-Eau.

Je n'ai pas pu constater avec certitude le Toarcien sur le revers NW de cette vallée. MM. E. Favre et Schardt l'y indiquent, il est vrai [Cit. 172, p. 74], mais en se basant uniquement sur des empreintes de fucoïdes. Je connais en effet, dans le haut des Afforets, sous Ponty, une zone de schistes foncés, comprise entre l'Hettangien et le Dogger, mais je n'y ai trouvé aucun fossile sûrement déterminable. Il se pourrait que ce fût du Toarcien.

Au revers opposé, je connais le Toarcien au-dessus de Plambuit, de Panex et d'Ollon, dans le grand synclinal liasique marqué **L** sur ma carte.

Plambuit. — La paroi de rochers qui domine Plambuit (un peu en dehors du cadre de la carte, au nord) et qui s'élève en écharpe dans la direction de Biot, me paraît entièrement formée de schistes toarciens. Les couches plongent régulièrement au SE, et sont recouvertes par le Flysch de Plan-Saya (cp. 8). La roche est tout à fait la même qu'aux gisements fossilifères de la vallée de la Gryonne. Jusqu'ici les fossiles ont fait à peu près entièrement défaut. Je n'en connais qu'un seul, une Belemnite, probablement *B. tripartitus*, que nous avons trouvée M. H. Pittier et moi, sur le chemin du Dard-dessus, dans les premiers rocs qu'on rencontre depuis Plambuit. Ce chemin suit au N, dans les schistes toarciens, jusque vers l'ancienne galerie de mine, maintenant abandonnée ; au delà le sentier paraît être sur le Flysch, tandis que le Toarcien se continue dans les grands rocs qui supportent le chemin du Dard.

Au-dessus de Salins et de Panex j'ai remarqué le Lias sur un grand nombre de points, mais je n'ai pas pu y distinguer de Toarcien authentique.

Confrène. — Au-dessus d'Ollon, dans le bois de Confrène, le Toarcien paraît jouer un rôle important. J'ai constaté les schistes foncés avec Belemnites, sur plusieurs points des chemins menant à Huémoz. Le plongement est ici dirigé au NW; sur un point, au-dessus de May, je l'ai trouvé de 45°.

Plus bas sur le chemin qui descend de May à Ollon, un peu au-dessus des Moulins d'Ollon, j'ai trouvé les mêmes schistes contenant des Ammonites écrasées, probablement *Harpoceras subplanatum*. Enfin j'ai au Musée quelques fossiles trouvés par Cherix, étiquetés « Bois de Confrène, » mais dont le gisement exact ne m'est malheureusement pas connu. Parmi eux entre autres : *Belemnites tripartitus*, *Harpoceras bifrons*, *Stephanoceras anguinum*.

2. Vallée de la Gryonne.

C'est ici que se trouvent nos principaux gisements de fossiles toarciens, compris dans les deux lambeaux synclinaux, que j'ai déjà mentionnés à propos du Sinémurien.

Sur divers points des environs d'Huémoz, vers Pousaz, en Combes, etc., j'ai rencontré des affleurements de schistes semblables.

Entre-deux-Gryonnes. — Aux environs de Pallueyres et de Forchez la bande liasique m'a paru composée essentiellement de Sinémurien (p. 148), mais au Confluent des deux Gryonnes, 614 m., se trouvent des masses considérables de schistes bleuâtres, qui doivent appartenir au Toarcien, quoique par l'effet du renversement elles soient recouvertes par le Sinémurien.

Dans le temps on a essayé d'exploiter ces schistes comme ardoise, mais ils se sont montrés trop calcaires, et n'ont donné que de mauvais matériaux. On voit encore ces ardoisières abandonnées, sur le sentier du Bois-de-feuille, un peu au-dessus du confluent. Ces schistes n'ont fourni que très peu de fossiles, mais suffisamment significatifs : *Belemnites acuarius*, *Bel. tripartitus*, *Harpoceras subplanatum ? Cycadites valdensis*.

Cret-à-l'Aigle. — A peu de distance au sud du confluent des deux Gryonnes, un peu au-dessus du chemin, qui mène du village de Fenalet au Coulat, se trouve notre principal gisement de fossiles toarciens, marqué sur ma carte d'un astérisque bleu. Le nom de Cret-à-l'Aigle (en patois *Cret-à-l'Aille*) désigne un rocher qui domine le chemin de Fenalet, en ligne directe au-dessus de la Mine du Bouillet (cp. 11). Beaucoup de blocs tombés de ce rocher sont disséminés dans le bois, jusque sur le chemin, et ont livré dès longtemps un grand nombre de fossiles, surtout des Ammonites écrasées.

Actuellement je connais de ce gisement 26 espèces, que j'énumère dans ma liste finale. Le plus grand nombre de ces espèces, et les plus abondantes, appartiennent au Toarcien proprement dit, comme : *Belemnites tripartitus, Harpoceras radians, H. thouarsense, H. vittatum.*

Quelques autres se rencontrent habituellement dans le Lias moyen. Je cite en particulier deux ammonites dont la détermination est certaine : *Amaltheus margaritatus* et *Lytoceras fimbriatum.* Ces fossiles cymbiens sont contenus dans une roche toute semblable, et paraissent provenir des mêmes bancs ; toutefois je ne puis pas dire que j'aie trouvé les uns et les autres simultanément dans le même bloc. Or comme presque tous ont été récoltés dans des éboulis du dit rocher, il se pourrait bien qu'ils appartinssent à des bancs différents, mais très rapprochés.

Les schistes toarciens s'étendent à quelque distance autour de Cret-à-l'Aigle. Au sud jusque vers Fenalet, car j'ai un *Harpoceras bifrons,* trouvé dans les champs, près du village. Au nord je les ai poursuivis assez loin dans la forêt, où leur limite est difficile à constater.

Meuchier. — Droit au-dessus du Cret-à-l'Aigle se trouve, sur un *replan,* le hameau de Meuchier (cp. 11), où la route de Gryon vient faire un de ses grands contours. Là affleurent de nouveau les schistes toarciens avec ⊥ NW. Ils arrivent jusqu'au contact du gypse, qui a le même plongement. J'ai trouvé *Harpoceras bifrons* tout près du gypse, sur le chemin de la Prélaz, avant la fontaine. Ici donc le Sinémurien fait défaut, ce qui dénote la transgressivité du Toarcien. Cherix a également récolté quelques ammonites toarciennes, un peu au-dessus de Meuchier, à l'entrée du chemin du Coulat.

Truchenoire. — Ce gisement, le second en importance paléontologique, appartient à l'autre lambeau liasique, qui encaisse le cours de la Gryonne depuis le Coulat jusqu'au Fondement supérieur, et forme un repli au milieu des gypses. On y aboutit du Coulat par un petit sentier, qui monte en zigzag aux rochers de gypse du Sex-blanc (cl. 16) et continue ensuite, sans grande pente, au travers des bois, jusqu'au-dessus du Confluent de la Domenze. Vers la fin de ce parcours, le sentier traverse constamment les schistes toarciens, mais les fossiles se trouvent surtout dans les rochers qui dominent le sentier, au-dessus du confluent, au point marqué sur ma carte d'un astérisque bleu (cl. 16, n° 4). Ce sont ces rochers toarciens qu'on nomme dans la contrée Truchenoire (rocher noir), par opposition au Sex-blanc (rocher blanc). Le sentier lui-même, qui conduit au Fondement supérieur, est souvent appelé sentier de Truchenoire.

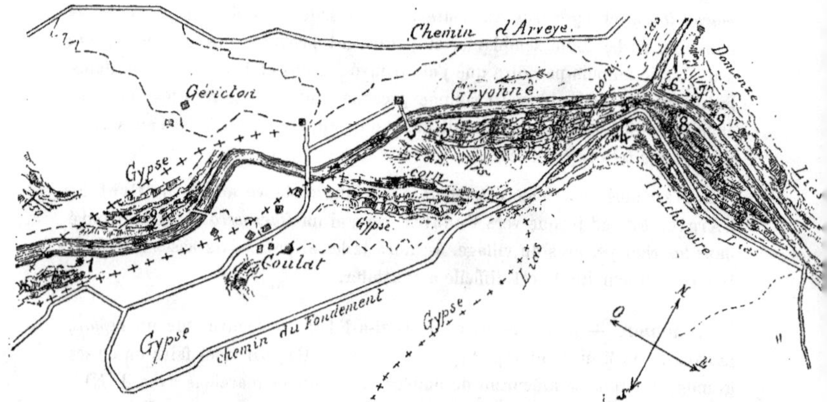

Cl. 16. Carte du Coulat. — Echelle 1/5000. — * Gisements fossilifères : 1. Sous Coulat (Opalin.). 2. Géricton (Opalin.). 3. Déchargeoire (Siném.). 4. Truchenoire (Toarc.). 5. Sous-Truchenoire (Siném.). 6. Confluent de la Domenze (Siném.). 7 et 8. Gisements à *Spiriferina*. 9. Domenze (Toarc.).

Ce gisement m'a fourni en tout 18 espèces, pour la plupart franchement toarciennes. Les plus communes sont : *Belemnites tripartitus*, *Harpoceras radians*, *Harp. vittatum*, *Lytoceras rubescens*.

Comme à Cret à l'Aigle, avec ces fossiles toarciens on trouve des ammonites du Lias moyen : *Lytoceras fimbriatum* et *Amaltheus margaritatus*. Mais j'ai pu m'assurer que cette dernière se rencontre, en dessous du sentier, à un niveau un peu inférieur, où je n'ai pas trouvé les espèces toarciennes. Il paraît donc que les couches cymbiennes sont distinctes des autres, quoique pétrographiquement tout à fait semblables.

Cherix m'a affirmé avoir rencontré, un peu plus bas, le schiste marneux à *Spcrifrina* et *Rhynconella*, dans l'escarpement boisé, qui domine le gisement sinémurien du bord de la Gryonne (cl. 16, n° 5). Il y a donc à Truchenoire toute la série des couches liasiques, se suivant régulièrement, mais comme les bancs plongent 70° NW, aux abords du sentier, il s'ensuit que cette série est renversée, au moins dans le haut.

J'ai retrouvé les schistes toarciens plus haut que Truchenoire, sur le sentier qui aboutit au Fondement supérieur, par le haut du Boët, en venant de Champ-Plan. Là, comme plus bas, les couches plongent contre la Gryonne, soit NW 70° environ.

Domenze. — En amont de son confluent avec le ruisseau de la Domenze, le cours de la Gryonne dévie à l'est. Il en résulte que toutes les couches de Truchenoire traversent la Gryonne et se retrouvent sur la rive opposée (cl. 16, n° 9) avec leur même plongement 70° NW, un peu au-dessus des couches à *Spiriferina*. Cette partie du cours de la Gryonne, d'un accès assez difficile, a été rarement explorée ; toutefois Cherix m'en a rapporté quelques fossiles, tout à fait semblables à ceux de Truchenoire, parmi lesquels j'ai pu reconnaître une 10^{ne} d'espèces, entre autres : *Belemnites acuarius, Harpoceras radians, Harp. serpentinum.*

Ces couches toarciennes ne peuvent s'observer que dans le ravin de la Gryonne. Au-dessus, elles sont recouvertes d'amas erratiques, qui empêchent d'en voir l'extension N et S. Le long du cours de la Gryonne, en revanche, il est très évident qu'elles sont comprises entre le Sinémurien du Confluent (cl. 16, n° 5 et 6) et celui du Fondement (p. 153), et que le tout forme un pli synclinal en U, légèrement déjeté à l'est.

3. Vallée du Rhone

Au sud de la Région salifère, je ne connais plus aucun gisement de fossiles toarciens, mais la similitude pétrographique peut faire supposer l'existence de ce terrain sur deux points de la Vallée du Rhône.

Arbignon. — Au-dessus du Sinémurien du torrent de Pseut, sur Arbignon, (p. 154), se voit une bande assez épaisse de calschistes foncés, recouverts par le calcaire jurassique de la Paroi de Ballacrétaz (cp. 3 et 13). Il est bien probable que c'est du Toarcien.

Leytron. — Sur ma coupe 10, j'ai marqué encore, comme Toarcien douteux, les schistes exploités aux Ardoisières de Leytron, dans lesquels on n'a trouvé que des *Belemnites tronçonnées*. Je suis plutôt porté maintenant à les considérer comme Jurassique inférieur ou moyen.

FAUNE ET FLORE TOARCIENNES

Les divers gisements décrits ci-dessus m'ont fourni ensemble 40 espèces au moins, dont 27 sont des types proprement toarciens. Il n'y a donc pas de doute sur le classement général de ces schistes.

FOSSILES DU TOARCIEN Les chiffres désignent le nombre d'échantillons constaté dans chaque gisement. n = en nombre supérieur à 5 ex. c = commun.	GISEMENTS						NIVEAU HABIT.		
	Confrêne	Entre 2 Gryonnes	Crêt à l'Aigle	Meuchier	Truchenoire	Domenze	CYMBIEN	THOUARSIEN	OPALINIEN
Céphalopodes.									
Belemnites tripartitus, Schl.	n	1	c	.	n	1	.	*	.
— acuarius, Schl.	1	1	.	.	.	2	.	*	.
— paxillosus ? Schl.	.	.	1	.	.	.	*	.	.
Nautilus semistriatus, Orb.	.	.	1	.	.	.	*	*	.
Ammonites.									
Stephanoceras anguinum, Rein. (Am. annulatus, Sow.)	2	.	.	1	1	1	.	*	.
— commune, Sow.	.	.	.	.	1	.	.	*	.
— crassum, Phill. (Am. Raquinianus, Orb.)	.	.	3	.	3	.	.	*	.
Harpoceras bifrons, Brug.	n	.	2	2	.	.	.	*	.
— radians, Reineck	.	.	c	.	c	2	.	*	.
— serpentinum, Reineck	1	.	.	.	.	2	.	*	.
— thouarsense, Orb.	.	.	c	.	1	.	.	*	.
— vittatum, Phill.	.	.	c	.	n	.	.	*	.
— undulatum, Stahl. (Am. Levesquei, Orb.)	.	.	2	.	.		.	*	.
— subplanatum, Op. (Am. complanatus, Orb.)	1	1	1	.	.	.	.	*	.
— Levisoni, Hauer	.	.	.	.	1	.	.	*	.
Ægoceras hybridum, Orb.	.	.	1	.	.	.	*	.	.
Amaltheus margaritatus, Montf.	.	.	n	.	c	1	*	.	.

FOSSILES DU TOARCIEN (*Suite.*)	GISEMENTS						NIVEAU HABIT.		
	Confrène	2 Gryonnes	Crêt à l'aigle	Meuchier	Truchenoire	Domenze	Cymbien	Thouarsien	Opalinien
Ammonites. (*Suite.*)									
Lytoceras fimbriatum, Sow.	.	.	n	.	5	3	*	.	.
— torulosum ? Schubl.	.	.	2	.	3	2	.	.	*
— rubescens, Dumort.	.	.	.	.	5	.	.	*	.
Phylloceras heterophyllum, Sow.	.	.	1	1	.	.	.	*	.
Aptychus elasma, v. Mey.	1	.	.	.	.	.	.	*	.
Gastropodes.									
Turritella anomala ? Moore	.	.	.	.	1	.	*	*	.
Pélécypodes.									
Lucina plana, Ziet.	.	.	.	.	2	1	.	.	*
Nucula Hammeri, Defr.	1	.	.	.	.	.	.	*	*
Inoceramus undulatus, Ziet.	.	.	3	.	.	.	.	*	.
Lima cf. Locardi, Dumort.	.	.	1	.	.	.	.	*	.
Pecten textorius ? Schl.	.	.	.	.	2	.	*	*	*
— fortunatus, Dumort.	.	.	1	.	.	.	*	.	.
— dextilis ? Munst.	.	.	.	.	1	.	.	.	.
Hinnites velatus, Goldf.	.	.	2	.	5	.	*	*	*
Exogyra Berthaudi, Dumort.	.	.	1	.	.	.	.	*	.
Brachiopodes.									
Terebratula Lycetti ? Dav.	.	.	1	.	.	.	.	*	.
Rhynconella sp	.	.	1	.	.	.	.	.	.
Plantes.									
Cycadites valdensis, Hr. [Cit. 112, pl. 54, f. 15] (Ex. orig.)	.	1	1	.	1	.	.	.	.
Sagenopteris Charpentieri, Hr. [Id., pl. 51, f. 9] (Ex orig.)	.	.	1	.	.	.	.	.	.
Ctenopteris Laharpi, Hr. (Cité par Heer)	.	.	?	.	.	.	.	.	.
Laminarites cuneifolia, Kur.	.	.	1	.	.	.	.	*	.
Chondrites bollensis, Ziet. sp.	.	.	.	.	.	1	.	*	*
Gyrochorte comosa, Hr.	.	1	.	.	.	.	.	.	*
Total : 40 espèces, dont	8	5	26	3	18	10	9	27	7

Mais avec ces fossiles se trouvent, dans plusieurs endroits, quelques espèces du Lias moyen, qui indiquent l'existence du sous-étage cymbien sous le Toarcien, ou peut-être un mélange d'espèces, comme en Savoie et dans les Alpes autrichiennes.

Pour l'appréciation de l'âge des espèces je me suis basé essentiellement sur les ouvrages de Dumortier et de Oppel.

On remarquera la présence de quelques plantes terrestres, décrites et figurées par Oswald Heer, dans sa *Flora Helvetiæ*, d'après les originaux conservés au Musée de Lausanne. C'est là également qu'on pourra trouver, sauf indication contraire, tous les fossiles de mes listes.

ÉTAGE OPALINIEN

Dans l'origine j'avais confondu, avec le vrai Toarcien, des schistes noirs friables, caractérisés par la fréquence d'un petit bivalve, que je ne saurais distinguer de *Posidonomya Bronni*, schistes qui s'étendent beaucoup plus à l'est, sous le Dogger et le Flysch. C'est pourquoi je les avais figurés sur ma carte par la teinte violette, affectée du monogramme **Ls**.

Sur la moitié ouest de la Feuille XVII au 100 millième, ces schistes sont aussi confondus avec le Lias supérieur, et représentés de la même manière; mais à partir de Gsteig, dans la moitié E de la même carte, M. Ischer les a attribués au Dogger, et figurés en bleu, avec monogramme **JLs**.

En étudiant les fossiles que j'ai pu me procurer de ces *Couches à Posidonies*, je me suis convaincu que leur faune est essentiellement différente de la faune toarcienne, et fort différente également de la faune bajocienne. Elle concorde bien, en revanche, avec celle de la Zone à *Am. opalinus*, dont les uns font la base du Dogger (*Brauner Jura* α), tandis que d'autres la rattachent, comme terme supérieur, à la série liasique.

C'est à cette dernière manière de voir que je me suis rangé jusqu'ici [Cit. 103, tab. VI]. Mais je reconnais parfaitement qu'il s'agit, comme pour le Rhétien, de couches intermédiaires, qui, suivant les contrées, peuvent avoir une plus grande affinité avec les terrains qui les précèdent, ou avec ceux qui les suivent.

Dans notre région alpine, où cet étage opalinien joue un rôle orographique important, il possède une individualité propre assez remarquable, et ses affinités se balancent à peu près. Si d'une part il est beaucoup plus semblable au Toarcien, par sa nature pétrographique, à tel point que tous les explorateurs l'y ont englobé jusqu'ici, d'autre part, comme le Dogger, il a une extension géographique beaucoup plus grande dans la direction du NE, au pied des Hautes-Alpes calcaires.

Cette extension de l'Opalinien nous montre, avec évidence, qu'il s'est effectué avant sa déposition une importante modification géographique dans nos Alpes. Un affaissement du sol, qui paraît avoir été assez brusque, a donné lieu à un empiétement de la mer, beaucoup plus considérable que celui qui s'était produit après le Sinémurien, voire même après le Rhétien. C'est ce que prouve la superposition immédiate des schistes opaliniens sur le Trias, dans la plupart de nos gisements.

La *Roche* de cet étage est le plus habituellement un schiste argileux noir, assez feuilleté, mais beaucoup trop friable pour être utilisé comme ardoise. Ce schiste est souvent passablement terreux ; certains bancs, par exemple aux Léchères, sont plutôt grisâtres et très tendres ; d'autres, comme près du Coulat, sont plus calcaires, et si semblables aux schistes toarciens que les fossiles seuls ont permis de les distinguer.

Dans les régions très tourmentées, où les roches ont subi des pressions plus considérables, comme à l'origine de la chaîne des Diablerets, ces schistes noirs à Posidonies se chargent de paillettes de mica, sous l'influence d'un métamorphisme plus intense.

RELATIONS OROGRAPHIQUES

Ce terrain ne se rencontre, comme les précédents, que dans la partie N de mon champ d'étude, c'est-à-dire dans la Région salifère et sa prolongation au nord-est. Il y forme de très nombreux lambeaux ou affleurements, que je grouperai en trois régions, dans chacune desquelles l'Opalinien présente des relations orographiques et stratigraphiques différentes.

1. Basse-Gryonne et Mont-de-Gryon.

Dans cette première région, essentiellement triasique, les schistes opaliniens se présentent en nombreux petits lambeaux, disséminés à la surface du gypse, et qui ne sont presque jamais recouverts d'un terrain plus récent, exception faite de l'erratique. Dans les ravins de la Gryonne, et dans les Mines de sel, ces schistes à Posidonies se trouvent avoisiner le Toarcien proprement dit, sans que j'aie jamais pu observer leur superposition régulière,

Sous Coulat. — Un peu en aval des bâtiments du Coulat, sur rive gauche de la Gryonne (p. 164, cl. 16, n° 1), non loin de l'ancienne galerie de mine, dite Bey-de-la-Coulisse, se trouve un premier gisement fossilifère. La roche est un schiste marno-calcaire, gris-foncé, moins feuilleté, très semblable au Toarcien de Truchenoire. Ce gisement a fourni : *Harpoceras opalinum* et *Harp. fluitans*. Les *Posidonomya Bronni* s'y trouvent aussi abondamment, mais dans un schiste noir plus feuilleté.

Géricton. — En dessous des bâtiments de Géricton, de l'autre côté de la rivière, on retrouve les mêmes bancs, évidemment continus avec les précédents (cl. 16, n° 2). Ils forment une côte rocheuse, qui borde la rivière sur une centaine de mètres. Les fossiles y sont un peu plus nombreux, et un peu meilleurs. J'ai de là une 10ne d'espèces, spécialement : *Harpoceras opalinum*, *Lytoceras delucidum*, *Phylloceras tatricum*, *Posidonomya Bronni*.

La majorité de ces fossiles proviennent des bancs inférieurs, plus durs et plus grisâtres. Dans les schistes argileux noirs et délitables, qui les recouvrent, je n'ai guère trouvé que les Posidonies, et un fragment d'ammonite : *Harpoceras fluitans*. Le plongement est de 45° NW.

Ce lambeau opalinien est environné de gypse, dont les limites sont tracées sur le cliché 16. Je n'ai aucune preuve qu'il soit continu avec le lambeau liasique du Confluent. Il est pourtant probable qu'il occupe le milieu du même pli synclinal.

Sous Cret-à-l'Aigle. — J'ai pu constater deux ou trois petits affleurements de schistes opaliniens, avec *Posidonomya Bronni*, sur le chemin qui conduit de Fenalet au Coulat, en dessous du Cret-à-l'Aigle (cp. 11). Il est probable que ces schistes argileux y occupent une certaine étendue, et sont la cause de l'état marécageux de cette portion du bois, où le chemin a un parcours horizontal. Du reste j'y ai vu aussi plusieurs affleurements de gypse, interposés entre ceux de schiste. Le contact avec le Toarcien proprement dit n'est nulle part visible.

Sous Les Posses. — Au versant sud du Mont-de-Gryon, je connais aussi quelques affleurements de schistes opaliniens. Un petit lambeau existe entre la Posse-dessous et la Vignasse, sur le sentier qui descend au Chène. J'y ai constaté en 1871 les schistes noirs à paillettes de mica, identiques à ceux de la Barboleuse.

Un peu plus à l'est, se trouve, encore en dessous des Posses, un gisement un peu plus étendu, que j'ai marqué sur ma carte. On l'observe bien sur le chemin de Fontana-seule, et sur celui de Champliver, peu après leur bifurcation. Je n'y ai pas trouvé de *Posidonomya*, mais le schiste est parsemé de paillettes de mica, comme à la Barboleuse. Tout auprès, sur le chemin de la Posse, affleure la cornieule.

Gryon. — J'en connais aussi plusieurs lambeaux au-dessus de Gryon. En Sépey, j'ai constaté l'existence de ces schistes dans une pépinière forestière appartenant à M. Bertrand. Il est probable qu'il y en a une plus grande étendue sur le haut de ce mont, mais le revêtement glaciaire qui recouvre tout le sous-sol empêche de les voir.

Au NE de Gryon, à la croisée des chemins, dite Vers l'Ostan (Stand), il existe un affleurement schisteux, contenant *Posid. Bronni*, facile à constater au bord du chemin; il est indiqué sur la carte. Ces schistes reposent sur le gypse, qui a été autrefois exploité sur ce point pour les besoins locaux, et paraissent former un lambeau superficiel. — Enfin non loin de là, dans les champs, Ph. Cherix avait trouvé un bloc isolé, de nature plus calcaire, noirâtre, analogue aux nodules qu'on rencontre dans les schistes opaliniens. De ce seul bloc nous avons retiré une 20^{ne} de fossiles, appartenant à 9 espèces, *Harpoceras Murchisonæ, Lucina murvielensis, Leda cf. acuminata.*

Les Prèz. — Droit au N de Gryon, vers le confluent du Nant d'Arveyes dans la Gryonne, à l'endroit dit Prèz-d'en bas, se trouve un affleurement plus étendu de schistes opaliniens, isolés au milieu des gypses, sur lesquels ils reposent. Ces schistes, un peu micacés, forment une petite colline sur la rive droite de la Gryonne, vis-à-vis de la limite des communes de Bex et Gryon. On y trouve des nodules noirs, calcaires, dont quelques-uns sont pétris de fossiles.

J'ai retiré de ces nodules une 10[ne] d'espèces, parmi lesquelles une des plus fréquentes est *Harpoceras Murchisonæ*, dont le niveau ordinaire est le Bajocien inférieur. Toutefois Dumortier a déjà cité cette espèce à la Verpillière, à Crussol, etc., dans un niveau incontestablement opalinien. Vu les espèces qui lui sont associées dans les nodules des Prèz : *Phylloceras heterophyllum, Lucina murvielensis, Astarte Voltzi*, et vu les *Posid. Bronni* abondamment répandues dans les schistes noirs, qui contiennent ces nodules, je n'hésite pas à considérer cet ensemble comme Opalinien. Il n'en est pas moins évident que l'association des espèces est ici bien différente de ce qu'elle est dans les régions extra-alpines. Or ces fossiles ayant été extraits d'un petit nombre de nodules identiques, il ne peut y avoir aucun doute sur leur coexistence.

Barboleuse. — En remontant la Gryonne depuis Les Prèz, j'ai constaté plusieurs affleurements des mêmes schistes, apparaissant par-ci par-là sur le gypse, et souvent recouverts d'erratique. Le plus important d'entre eux est sur rive gauche de la Gryonne, au bas des pentes de la Barboleuse, un peu en aval des Moulins d'Arveyes.

Ce sont des schistes, un peu micacés, tout semblables à ceux des Prèz, contenant aussi des nodules marno-calcaires, dont malheureusement aucun ne s'est montré fossilifère. Outre les *Posidonomya Bronni*, assez abondantes, à la partie supérieure surtout, ces schistes n'ont livré que quelques rares fossiles : *Harpoceras fluitans, Leda ovum*, etc., suffisants toutefois pour montrer que nous avons toujours affaire au même niveau.

La disposition de cet Opalinien est exceptionnelle et m'a longtemps intrigué. Il forme une assise épaisse, à ⊥ NE, reposant sur la cornieule, et recouverte par un banc de gypse ! Je ne puis l'expliquer que par un renversement ou un chevauchement. L'erratique recouvrant tout le sol environnant, il est difficile d'arriver à une solution.

Aiguerosse. — Au NE de Gryon, je connais encore quelques lambeaux de schistes opaliniens au milieu de la cornieule, sans connexion avec d'autres terrains. L'un d'eux se trouve en Saussouye, sur le chemin de Frience. Un autre en dessous des Ernets, sur le chemin de la Porreyre.

Le plus important occupe tout le ravin dit Ruisseau d'Aiguerosse, du chemin de Sergnement au sentier des Ernets. Là les schistes noirs se trouvent recouverts par la cornieule renversée, continuation de celle du Sex-de-la-Croix.

Dans aucun de ces endroits je n'ai trouvé de fossiles, mais les schistes sont toujours les mêmes, avec paillettes de mica, et nodules marno-calcaires.

2. Haute-Gryonne et Massif de Chamossaire.

Dans ce vaste quadrilatère, compris entre Arveye, Breya, Porreyre et Ensex, qui de plus dépasse au N le cadre de ma carte, les mêmes schistes opaliniens sont constamment recouverts par le Dogger. Lorsque leur substratum est visible, il consiste en cornieule. La position stratigraphique est donc très nette, et la transgressivité de l'Opalinien sur le Trias, évidente. Le bassin de la Haute-Gryonne, d'Arveye jusqu'aux environs de Coufin, est formé essentiellement de Dogger, mais dans le fond de la vallée, ce terrain est généralement caché sous les accumulations erratiques, tandis qu'il est bien visible sur toutes les hauteurs alentour, aussi bien au SE qu'au NW. Sur un grand nombre de points on peut voir les schistes opaliniens à la base du Bajocien.

Salieux. — Au NE de Gryon, entre La Croix et le Sex-de-la-Croix, se trouve un profond petit vallon, qu'on voit à sa droite en allant à Taveyannaz. Il est dû à l'affleurement opalinien, compris entre le Bajocien et la cornieule renversée du Sex (cp. 1). La roche est un schiste noir délitable, contenant des paillettes de mica, et des nodules marno-calcaires. J'y ai trouvé des *Posidonomya Bronni.* Quelques indices montrent la continuation de la bande opalinienne au SW, du côté de Colieux, mais le sous-sol est en général entièrement caché par les éboulis et le glaciaire. Cette bande est évidemment en connexion avec l'affleurement de Saussouye, et peut-être celui d'Aiguerosse.

Arête de Chaux-Ronde. — A l'origine ouest de cette arête, prélude de la chaîne des Diablerets, au NE de Frience, les schistes opaliniens forment le fond marécageux d'un cirque de quelque étendue, point de départ du torrent d'Aiguerosse, dit ici le Bey-des-Gores. Les bords du cirque consistent en Dogger, qui repose sur les schistes noirs, et un peu en aval dans le torrent se trouve la cornieule (cp. 1).

Plus haut sur le versant S de l'arête, au point marqué d'un astérisque bleu sur ma carte, se voit un gisement fossilifère très intéressant. Dans le haut d'un *chable* dirigé contre la Porreyre, on voit, grâce à l'érosion qui a produit ce couloir, un petit affleurement de schistes à Posidonies apparaître sous des schistes gris à Ammonites calloviennes, recouverts eux-mêmes de Flysch. Toutes ces couches sont fortement déclives et concordantes. Les schistes noirs sont très feuilletés, moins friables et remplis de paillettes de mica argentin, qui leur donnent un aspect cendré. Ils sont remplis de Posidonies très écrasées, que je ne saurais distinguer de *P. Bronni.* Il me paraît que ce sont les mêmes schistes opaliniens, mais beaucoup plus métamorphiques, vu leur situation à l'origine de la chaîne des Diablerets, si bouleversée et plissée.

J'ai remarqué en effet que dans ces schistes opaliniens, les paillettes de mica se multiplient à mesure qu'on s'avance plus à l'est. Dans la Basse-Gryonne, sous Cret-à-l'Aigle, il n'y en a presque point; il y en a un peu plus à Géricton et Coulat; davantage encore aux Prèz et à la Barboleuse; le maximum se rencontre ici, où la roche présente tous les caractères d'une lamination plus intense. Il me paraît éminemment probable que c'est un effet du *dynamorphisme.*

Arveye. — Aux environs de ce village je connais de nombreux affleurements opaliniens, quelques-uns fossilifères. D'abord dans le cours de la Gryonne, au passage du nouveau chemin de la Barboleuse, un peu en amont des anciens Moulins. Aux alentours on ne voit que du glaciaire; mais à peu de distance se trouve le Bajocien du Roc des Fares, qui évidemment recouvre ces schistes noirs (cp. 9).

Entre la Gryonne et Arveye les schistes opaliniens affleurent sur plusieurs points, au milieu de l'erratique. Mais c'est surtout au bas du coteau, qui domine au N. le village, que j'ai bien pu les observer. Le vieux chemin de

Coufin les entame fortement. J'y ai trouvé des *Posidonomya Bronni* et M. Schardt y a recueilli de jolies *Leda Diana*, qu'il a offertes au Musée de Lausanne. Les couches plongent ENE, s'enfonçant ainsi sous le Bajocien, qu'on trouve un peu plus haut.

D'Arveye la bande opalinienne se dirige au N, coupant en écharpe le versant E des monts de Plan-Jorat et de Teisajoux, dont le haut est formé de Dogger. Sur le chemin qui monte de Chesière en Soud, j'ai constaté les schistes noirs, ⊥ 55° ENE sous le Bajocien. Le *substratum* n'est pas visible, non plus qu'à Arveye, grâce aux énormes masses d'erratique qui remplissent tout le cirque de Chesière.

Plus haut encore j'ai retrouvé l'Opalinien sur les deux sentiers qui montent de Chesière à Bretaye, de chaque côté du ravin. De là l'affleurement se dirige à l'ouest du côté des Ecovets.

Ici je dois faire une correction à ma carte. Dans une exploration postérieure à 1875, j'ai pu constater que le Bajocien de Teisajoux se prolonge à l'ouest du côté du Roc de Breya, séparant la bande opalinienne, dont il est ici question, de celles des Léchères.

Coufin. — Une étroite bande d'Opalinien se voit sur la rive droite de la Haute-Gryonne aux environs de Coufin, séparant la cornieule du Dogger. J'en ai trouvé les premières traces un peu au-dessus de la Scierie de la Joux-Ronde, vis-à-vis du Ruisseau Gaillard. J'ai pu constater les schistes noirs dans plusieurs des ruisseaux qui descendent de la montagne d'Ensex; ils y sont régulièrement recouverts par le Dogger, et reposent sur la cornieule ou sur le gypse. Cette disposition se voit particulièrement bien en remontant les ravins, droit en dessous des chalets d'Ensex, ainsi qu'en suivant le chemin qui monte de Coufin à Ensex.

Bretaye. — C'est surtout dans le massif de Chamossaire-Perche, et particulièrement aux environs des Chalets de Bretaye, que les schistes opaliniens sont le plus développés.

Ils y constituent d'abord deux zones, qui bordent à droite et à gauche la bande de cornieule du versant sud de ce massif, que j'ai décrite p. 110. On pourrait croire au premier abord à une interstratification de cornieule dans les schistes, mais parfois on voit ceux-ci plonger en sens inverse de chaque côté de la cornieule, montrant ainsi qu'il s'agit d'un anticlinal rompu (cp. 6, 7). On retrouve d'ailleurs le Dogger au N et au S de l'Opalinien, ce qui complète la démonstration.

La bande septentrionale d'Opalinien se prolonge au N au delà des chalets de Bretaye 1795 m., formant tout le fond de la combe principale et de ses embranchements latéraux. Elle s'étend à l'est jusqu'aux chalets de Conches 1843 m.; et reparaît au delà, entre Conches et Perche. J'ai constaté les mêmes schistes noirs près des chalets de Chavonnes, dans un endroit marécageux, d'où l'on assure qu'il a été extrait du gypse (p. 110).

L'Opalinien forme ainsi presque toutes les parties basses de ce massif, vallons, cirques, cols, constamment recouvert par le Dogger, qui en constitue les parties saillantes. Il est composé partout des mêmes schistes noirs, tendres, presque exclusivement argileux, renfermant des nodules marno-calcaires foncés, dans lesquels je n'ai pas pu trouver de fossiles, mais seulement des feuillets cristallins brillants.

Léchères. — Si je n'ai point rencontré de fossiles dans les environs de Bretaye, j'en ai en revanche quelques-uns, récoltés par Cherix et par moi en dessous des chalets des Léchères, dans les berges du ruisseau qui descend de Bretaye au sud. A peu de distance en aval du passage de la bande de cornieule au travers de ce ravin, nous avons rencontré sur plusieurs points *Posid. Bronni.* En outre, dans un banc particulier, brunâtre, très terreux, intercalé dans les schistes noirs, Cherix a récolté une douzaine d'autres fossiles, malheureusement mal conservés, dont 4 espèces d'ammonites qui me paraissent se rapporter à *Harpoceras fallax, Hammatoceras insigne, Schlotheimia scissa* et *Phylloceras tatricum.*

Ensex. — Les deux bandes de schistes opaliniens se poursuivent vers l'est, en s'élargissant, et viennent se rejoindre vers les Chalets d'Ensex, où elles forment tout le fond du cirque (p. 110).

Au delà de ces chalets elles sont de nouveau séparées par la cornieule. La bande sud va rejoindre celle de Coufin, un peu au delà du cadre de ma carte. La bande nord au contraire longe le pied de la chaîne du Signal-d'Ensex dans la direction du Rachy.

3. Ormonts et Col du Pillon.

Dans cette troisième région, au nord des deux précédentes, et entièrement hors des limites de ma carte, les schistes opaliniens reposent sur la cornieule, ou peut-être parfois sur le gypse; mais ils sont habituellement recouverts par le Flysch. Or comme ce dernier présente aussi des schistes noirs analogues, la distinction devient parfois très difficile, et n'a pu être faite avec certitude que là où il s'est trouvé des fossiles. Il est donc à prévoir qu'il y existe beaucoup plus d'Opalinien que je ne puis en faire connaître, et que n'en indique la F^lle XVII, au 100 millième.

Aigremont. — Un peu à l'ouest du Pont d'Aigremont, sur la route du Sepey à Ormont-dessus, juste vis-à-vis du fameux éboulement, le talus qui borde la route est formé de schistes friables foncés, avec paillettes de mica argentin, et rognons noirs. Le 25 août 1879, j'ai recueilli, dans les talus de la route, des *Belemnites* et des *Posidonomya Bronni*. M. le Dr Chausson y avait trouvé auparavant une ammonite très bien conservée, dont il a fait don au Musée de Lausanne. C'est *Harpoceras Alleoni.*

Dans le ravin de la Raverettaz, en dessous de la route, on voit ces schistes foncés descendre jusque vers la Grande-Eau. M. Schardt, qui a exploré plus tard ce gisement [Cit. 159, p. 26], a aussi trouvé dans le haut des *Belemnites,* des fragments d'*Ammonites* et une *Posidonomya.* Vers le confluent de la Raverettaz avec la Grande-Eau, dans des schistes plus franchement noirs, sans paillettes de mica, il a récolté quelques petites *Ammonites* et de nombreuses *Posidonomya Bronni,* bien conservées. (Cit. 159, p. 27)

Tous les environs étant formés de Flysch, il est évident que nous avons là un pointement isolé d'Opalinien. Ce serait une vraie *Klippe*, si le terrain était formé de calcaire compact, au lieu de consister en schistes friables. Il se peut d'ailleurs fort bien, comme le pense M. Schardt, que la partie supérieure de ce Lias ait été plus ou moins remaniée sur place, au pourtour du pointement, lors de la formation du Flysch; mais les *Posidonomya* sont des coquilles si délicates, qu'on ne peut guère admettre le remaniement des couches, là où on les rencontre bien conservées.

Sur le Rachy. — Au-dessus de Vers-l'Eglise, en montant au hameau du Rachy, et redescendant de là au Plan-des-Iles, par les Vioz, on voit sous un rocher calcaire isolé, que j'attribue au Dogger, des schistes foncés, qui ont aussi beaucoup de rapport avec ceux de l'Opalinien ou du Toarcien ; mais je n'y ai jamais trouvé de fossiles. Il me paraît cependant, d'après la disposition des lieux, que nous avons affaire ici à la bande opalinienne d'Ensex, qui se continuerait par le ravin du Bois-de-Moillet jusque sur le Rachy.

Lac de Rétau. — Déjà en 1865, j'avais signalé [Cit. 87, p. 77], en dessous de la Palette-du-Mont, des schistes noirs friables, associés au gypse et à la cornieule du Col de Pillon, formant deux bandes, qui passent l'une au N et l'autre au S du Lac de Rétau. N'y ayant pas trouvé de fossiles, je n'avais pas osé les déclarer liasiques, mais leur analogie avec les schistes noirs de Gryon et de Bretaye, me faisait incliner à les croire de même âge.

En 1882, MM. Rittener et Schardt ont été assez heureux pour y découvrir quelques fossiles [Cit. 172, p. 76], sur le sentier d'Iserin, dans la bande méridionale de schistes noirs. Ces fossiles qu'ils ont aimablement donnés au Musée de Lausanne, sont deux ammonites écrasées, qui paraissent bien appartenir à *Harpoceras aalense*, et quelques empreintes de *Posidonomya Bronni*. L'assimilation de ces schistes noirs à ceux d'Aigremont, et des deux régions précédentes, se trouve ainsi pleinement confirmée.

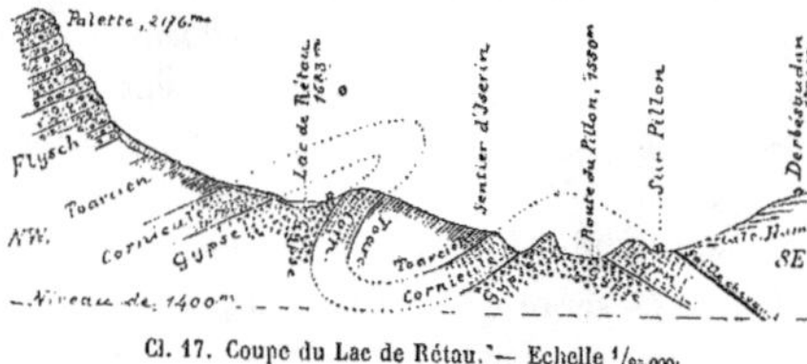

Cl. 17. Coupe du Lac de Rétau. — Echelle $^1/_{25\,000}$.

Le cliché ci-joint fait connaître leur position, relativement au Flysch et au Trias, telle que je me la représente. Je ne veux pas revenir sur les idées contraires de M. Schardt, que j'ai déjà réfutées p. 112.

Dans leur petite carte au 50 millième, MM. E. Favre et Schardt [Cit. 172 pl. VIII] marquent les deux bandes d'Opalinien jusqu'à la frontière bernoise, un peu au delà d'Iserin. Là ils les fondent en une seule bande plus large, qui limite au N la petite plaine alluviale de La Ruche (Reusch).

Gsteig. — Depuis Reusch, ces schistes noirs occupent constamment la rive gauche du Reuschbach, et paraissent s'élever assez haut contre le flanc du Studelhorn. On les voit affleurer fréquemment, le long de la nouvelle route de Gsteig.

Ce terrain ne cesse point ici, comme on pourrait le croire d'après les couleurs de la F[lle] XVII, mais il se continue dans des conditions analogues, ainsi que j'ai pu le constater, par les cols du Krinnen et du Truttlispass, où il est compris dans la teinte bleue **JLs**. M. Ischer a trouvé dans cette région des ammonites, se rapportant, paraît-il, à *Harpoceras opalinum* et *Harp. aalense.*

J'ai recueilli moi-même en 1879, à Oberlaubhorn près de La Lenk, *Harpoceras Murchisonæ*, etc. — Ce sont sans doute les mêmes schistes noirs à nodules, qui forment les cols de la Petite et de la Grande Scheidegg. On voit quelle belle extension présente cet Opalinien, sur le bord de nos Hautes-Alpes.

FAUNE OPALINIENNE

L'ensemble des gisements que je viens de décrire m'a fourni au moins 34 espèces, énumérées dans la liste ci-après. Sur les 29 d'entre elles, qui peuvent nous fournir des renseignements d'âge, 17 sont des espèces spécialement opaliniennes, 11 des espèces plutôt toarciennes, et seulement 3 des espèces bajociennes. On voit donc qu'au point de vue paléontologique, ces couches intermédiaires ont, dans notre région alpine, des rapports plus intimes avec le Toarcien, et doivent être groupées avec lui, plutôt qu'avec le Dogger.

Un fait bien remarquable, c'est l'association si constante de *Harpoceras Murchisonæ* à des espèces opaliniennes, et à d'autres plus franchement toarciennes. Cette coexistence ne peut être mise en doute, puisque ces espèces étaient réunies dans un même bloc, trouvé à Gryon par Ph. Cherix. Cette association a d'ailleurs été déjà signalée par Dumortier dans le Bassin du Rhône. Chez nous, il semble que *Harpoceras Murchisonæ* se trouve spécialement dans les rognons marno-calcaires, inclus au milieu des schistes à Posidonies. Je ne crois pas en avoir rencontré dans les schistes eux-mêmes.

FOSSILES DE L'OPALINIEN Les chiffres désignent le nombre d'échantillons constaté dans chaque gisement. n = en nombre supérieur à 5 ex. c = commun.	GISEMENTS								NIVEAU HABIT.		
	Sous Coulat	Géricton.	Les Prés.	Arveyes.	Gryon (bloc)	Barboleuse.	Léchères.	Aigremont.	TOARCIEN.	OPALINIEN.	BAJOCIEN.
Céphalopodes.											
Belemnites canaliculatus, Schl.				1				2			*
— cf. exilis, Orb. (un seul sillon visible)						1				*	
Ammonites.											
Stephanoceras norma ? Dumort.	1									*	
Hammatoceras insigne ? Schubl.							4		*		
Harpoceras Murchisonæ, Sow.		1	n		3					*	*
— Alleoni, Dumort.								1		*	
— opalinum, Rein.	2	5								*	
— fluitans, Dumort.	1	1				1				*	
— exaratum ? Young & Bird.					1				*		
— comense, Buch. (H. Grunowi, Dum.)					1				*		
— fallax ? Beneck.							4			*	
— lythense ? Young & Bird					1				*		
Schlotheimia scissa ? Beneck.							3		*		
Ægoceras Dumortieri, Thiol. (Cité par Dumortier.)	*									*	
Lytoceras delucidum, Op		2								*	
Phylloceras heterophyllum, Sow.		1	4		1				*		
— tatricum, Pusch (non Orb.).		2					1			*	
Aptychus sp.		2									
Gastropodes.											
Phorus cf. Trochus heliacus, Orb.			1						*		
Dentalium elongatum, Munst.					1				*		
Pélécypodes.											
Pleuromya æquistriata, Ag.			1							*	
Lucina murvielensis, Dumort.			n		4					*	
Leda Diana, Orb.				3						*	
— Rosalia, Orb. (Nucula striata, Rœm.)			2						*		
— ovum, Sow. sp.			1			1			*		
— cf. Nucula acuminata, Buch.					4				?		
Nucula Hammeri, Defr.			4							*	
Avicula sp.			1								
Inoceramus fuscus, Qu.					2					*	
Posidonomya Bronni, Voltz	c	c	c	c		c	c	n	*		
— Buchi, Rœm. (P. alpina ? Gras)			2								*
— opalina, Qu.			3							*	
— cf. socialis, Munst.	n	n									
Brachiopodes.											
Terebratula Rossii, Canav.			2							*	
Total : 34 espèces, dont	6	9	13	3	9	4	5	3	12	17	3

Notre Opalinien représente peut être simultanément la zone à *Am. opalinus* et celle à *Am. Murchisonæ*, c'est-à-dire l'étage *Aalenien* complet de M. MAYER-EYMAR, dont les affinités seraient ici plutôt toarciennes que bajociennes.

TERRAINS JURASSIQUES

Les terrains jurassiques ont, dans la contrée que je décris, une extension bien plus considérable que le Lias. Au lieu d'être restreints, comme celui-ci, à l'angle NW de ma carte, ils y sont disséminés presque partout, et la teinte bleue, adoptée pour les représenter, couvre une vaste étendue dans sa partie centrale.

Ces terrains, essentiellement calcaires, peuvent se subdiviser grosso-modo en deux masses, qui correspondent assez bien aux divisions habituelles : Dogger et Malm. Mais entre les deux se rencontre un terrain schisteux, qui correspond exactement à l'Oxfordien typique (*Oxfordclay* = Marnes oxfordiennes = Divésien), et qui joue dans nos Alpes un rôle spécial, assez important pour qu'il me paraisse nécessaire de lui consacrer un chapitre à part.

J'arrive donc au groupement suivant, le plus naturel pour notre contrée:

JURASSIQUE	supérieur	ou MALM.
	moyen	ou OXFORDIEN.
	inférieur	ou DOGGER.

Vu l'uniformité pétrographique du Dogger et du Malm, ainsi que la rareté des fossiles dans ces terrains calcaires, il ne m'est pas possible de connaître exactement l'extension géographique de chacun des étages que j'ai pu y distinguer.

Je me contenterai donc de faire connaître ceux-ci par leurs gisements fossilifères, et traiterai des relations orographiques en bloc, pour chacune des trois divisions ci-dessus. Cela est d'autant plus à propos, que le plus souvent, tout en reconnaissant le Dogger ou le Malm, je n'ai pu en définir le niveau précis.

JURASSIQUE INFÉRIEUR ou DOGGER

Le Dogger joue dans mon champ d'étude un rôle relativement secondaire. Il ne s'y rencontre guère que dans les parties septentrionale et orientale de ma carte. Je l'y ai figuré par la couleur bleue, barrée de rouge, accompagnée du monogramme **Ji.** Dans les profils, j'ai substitué au barré rouge, un pointillé blanc, formé de réserves, afin d'éviter toute confusion possible avec la stratification. Dans la feuille XVII au 100 millième le Dogger est représenté par le bleu foncé **Ji.**

La détermination paléontologique, des étages bajocien et bathonien, ne m'a pas été possible que pour un petit nombre de gisements fossilifères. La nature pétrographique m'a permis de constater encore ces étages dans le voisinage des dits gisements. Mais audelà je n'ai plus pu reconnaître que du Dogger en général.

Quant au Callovien proprement dit (Zone à *Am. macrocephalus),* je n'ai pu en trouver jusqu'ici aucun gisement dans nos Alpes, sauf peut-être celui de Chamosentze. Il est probable qu'il se confond chez nous avec le Divésien. Il me paraît du reste que ces deux subdivisions ne sont guère que deux facies d'un même étage, car dans bien des lieux l'un ou l'autre fait défaut, et le nombre des espèces communes aux deux est assez considérable.

TRAVAUX ANTÉRIEURS

En 1847 Lardy connaissait à peine ce terrain dans notre région. Il citait, il est vrai, *Am. Humphriesianus,* des environs de Bex et quelques autres espèces de la Grande-Eau, mais sans pouvoir en préciser le gisement [Cit. 45, p. 203]. Une partie de ces derniers se sont trouvés être des fossiles liasiques. En revanche il connaissait les couches à *Mytilus* de Vuargny, mais il les classait dans le jurassique supérieur [p. 204, 205].

Je n'en savais guère davantage en 1852. J'avais cependant exploré les gisements fossilifères de Vuargny et du Pont-de-la-Tine, mais, comme tous les auteurs d'alors, je les attribuais au Kimridgien [Cit. 55, p. 138.]

B. Studer fait de même en 1853 [Cit. 57, p. 59] et cela n'est pas étonnant, car la faune de Vuargny est identique à celle du Pont-de-Wimmis, que tous les paléontologistes du temps, Voltz, Thurmann, Merian, etc., avaient déclaré Kimridgienne [Cit. 156, p. 99]. — Studer donne une liste des fossiles jurassiques inférieurs découverts jusqu'alors dans les Alpes vaudoises, laquelle ne contient que 3 espèces de ma région. Il nous fait savoir en outre que Escher de la Linth attribuait au Dogger le sommet de Chamossaire [Cit. 57, p. 42].

Je suis, paraît-il, un des premiers qui ait émis des doutes, en 1868, sur l'attribution au Kimridgien du calcaire à *Mytilus*. J'en étais venu à y voir de l'*Oxfordien* et j'ajoutais : *Si même le calcaire à Mytilus n'est pas encore plus ancien.* [Bull. vaud. sc. nat. X p. 55.] — Mais c'est à Coquand que revient le mérite d'avoir reconnu son véritable niveau, en 1871. Après avoir étudié les fossiles des gisements de Biot (Var), dont il avait reconnu la similitude complète avec ceux du calcaire à *Mytilus* de Wimmis, Coquand discutait la question de leur attribution au Callovien ou au Bathonien, et arrivait à la conclusion qu'ils doivent appartenir au *Cornbrash*, c'est à dire à la partie supérieure du Bathonien [Bull. géol. Fr., 2e s. XXVIII, p. 219].

Mais l'ancienne manière de voir prévalut longtemps. En 1874, dans mon Tableau de la Période jurassique, je plaçais encore le terrain en question dans le Malm [Cit. 103, Tabl. V].

Enfin l'étude paléontologique, entreprise en 1883 par M. P. de Loriol, sur les fossiles de nos gisements de Vuargny et de la Laitmaire, vint clore le débat, et établir l'âge bathonien de cette faune [Cit. 156].

Cependant M. V. Gilliéron émet encore en 1885 des doutes sur cette classification, et critique quelques unes des déterminations de M. de Loriol. Il inclinerait à rapporter au Callovien les couches à *Mytilus* [Mat. Cart. géol., 18e livr. p. 330 ; et Verhandl. Nat. Ges. Bâle VIII, p. 133].

C'est du reste à M. H. Schardt que nous devons surtout l'étude stratigraphique de ce terrain [Cit. 156, p. 97; Cit. 159, p. 91; Cit. 172, p, 94].

Quant aux gisements bajociens de notre région, je ne connais aucune publication qui s'y rapporte, ou les mentionne.

ETAGE BAJOCIEN

Les roches, qui constituent ce terrain, consistent en alternats de calcaires foncés, souvent très durs, avec des marno-calcaires plus ou moins schistoïdes, également foncés, remplis parfois de paillettes de mica. Quatre gisements principaux nous révèlent cet étage d'une manière certaine, dont deux dans la Haute-Gryonne: Les Fares et Les Combes; un dans la Haute-Lizerne, au pied du Mont-Gond, et le quatrième, qui n'est peut-être qu'un énorme bloc erratique, en dessous de Gryon.

Les Fares. — On nomme ainsi des rochers calcaires, qui encaissent le torrent de la Gyonne (cp. 9), un peu en amont du Pont d'Arveyes. Sous le nouveau pont, se trouvent les schistes noirs opaliniens, qui n'ont été mis à nu par l'érosion que depuis 1875, et par conséquent ne figurent pas sur ma carte. Les deux berges sont formées de glaciaire, mais en remontant le cours du torrent on peut voir presque constamment les couches, qui plongent régulièrement au NE.

Aux schistes noirs se superposent d'autres schistes, de plus en plus micacés et plus grossiers ; j'y ai trouvé une Belemnite. Avant les Rocs-des-Fares, près du point marqué d'un astérisque bleu, on rencontre des bancs plus épais, dont l'un assez tendre est farci de *Zoophycos scoparius*. Audelà, les bancs encore schistoïdes deviennent de plus en plus grisâtres, et marqués de taches noirâtres ; j'y ai trouvé des Belemnites, de petites Ammonites et des Crinoïdes. En continuant à remonter le torrent, on arrive à des bancs plus durs et plus épais, mais toujours micacés, contenant les grandes ammonites : *Stephanoceras Humphriesi,* etc. Puis ce sont de continuelles alternances de bancs plus durs et plus tendres; vers le haut, leur consistence est plus régulière, et si mes souvenirs ne me trompent pas c'est là, à quelque distance audessus des autres bancs fossilifères, que j'ai trouvé deux petites ammonites noires, se rapportant à *Parkinsonia Garanti.*

Ce gisement, le plus anciennement connu, m'a fourni en somme 23 espèces, la plupart franchement bajociennes. (Voir au tableau.)

Les Combes. — Un peu en aval, droit sous le village d'Arveye, on retrouve les bancs de calcaire bajocien, ⊥ NNE, sur le flanc gauche du ravin dit Nant d'Arveye, en dessous des bâtiments des Combes. La partie inférieure du Nant, qui va se jeter dans la Gryonne aux Prèz d'en bas, traverse le gypse, mais on y trouve fréquemment de gros blocs calcaires, évidemment éboulés du rocher supérieur. C'est dans ces rochers et dans ces blocs éboulés que Ph. Cherix a fait d'abondantes récoltes, particulièrement en grosses ammonites, dont quelques unes fort belles. *Stephanoceras Humphriesi* est de beaucoup la plus commune, puis *Steph. Blagdeni, Phylloceras cf tatricum,* et une série d'autres espèces bajociennes. *Zoophycos scoparius* y est aussi commun ; nous en avons de grandes plaques au Musée de Lausanne. Au total 21 espèces, essentiellement bajociennes.

Fy-sous-Gryon. - Au sud du village de Gryon, ma carte porte un astérisque bleu au milieu du terrain erratique. En ce point, à 965 m. d'altitude environ, se trouve dans les champs un rocher très peu étendu, peut-être même actuellement recouvert. En exploitant ce roc à plusieurs reprises, Ph. Cherix y a récolté une cinquantaine de fossiles, dont plusieurs bien conservés.

J'ai visité ce singulier gisement en août 1868, et n'ai pu y faire aucune observation stratigraphique ; on n'y voyait qu'un roc presque à fleur terre, se prolongeant sous le gazon. C'est un calcaire noirâtre cristallin, assez semblable à celui de la Lizerne. Je ne puis avoir aucun doute sur la provenance des fossiles, mais je me demande si c'est bien un roc en place, ou peut-être un grand bloc erratique enterré ? — Quoi qu'il en soit, son âge ne peut être douteux car, sur 15 espèces constatées, 10 sont typiques du Bajocien. Parmi ces fossiles quelques-uns indiqueraient des couches assez supérieures : *Lytoceras tripartitum, Parkinsonia Parkisoni, Posidonomya Buchi.* D'autres suggèrent plutôt un niveau bas : *Harpoceras Murchisonæ, Oppelia subradiata* (très bel exemplaire), *Phylloceras heterophyllum.* Cette association peut surprendre, mais elle est indiscutable, ces fossiles provenant tous d'un seul banc peu épais, et présentant une gangue identique.

FOSSILES DU BAJOCIEN Les chiffres désignent le nombre d'échantillons constaté dans chaque gisement. n = un nombre supérieur à 5 ex. c = commun.	GISEMENTS					NIVEAU HABITUEL			
	Bretaye	Fares	Combes	Fy s/Cryon	Lizerne	Toarcien	Opalinien	Bajocien	Bathonien
Poissons.									
Sphenodus ornati, Qu. (dent)	.	.	.	1	.	.	.	.	*
Hybodus sp. (dent)	.	.	.	.	1	.	.	.	.
Céphalopodes.									
Belemnites canaliculatus, Schl.	2	4	.	.	.	.	.	*	.
— Blainvillei, Voltz	.	3	2	.	.	.	.	*	.
— ari-pistillum, Lloyd (sec. Phillips)	2	n	.	.	.	.	.	*	.
— giganteus, Schl.	.	1	.	.	.	.	.	*	.
— rhenanus, Op.	.	1	.	.	.	.	.	*	.
Nautilus lineatus, Sow.	.	2	2	.	.	.	.	*	.
Ammonites.									
Parkinsonia Parkinsoni, Sow.	.	.	1	5	.	.	.	*	*
— Garanti, Orb.	.	5	.	.	.	.	.	*	.
Stephanoceras Humphriesi, Sow. (Am. Bayleanus, Op.)	.	n	c	.	.	.	.	*	.
— contractum, Sow. (A. Humphriesi, Orb., pl. 134)	.	2	2	.	.	.	.	*	.
— Deslongchampsi, Defr.	.	.	.	.	1	.	.	*	.
— Blagdeni, Sow.	.	1	3	.	.	.	.	*	.
— Gervillei, Sow. (Am. Brongniarti, Orb.)	.	2	2	.	.	.	.	*	.
— Brongniarti, Sow. (Am. Gervillii, Orb.)	.	1	2	.	.	.	.	*	.
— Braikenridgi, Sow.	.	.	2	.	.	.	.	*	.
Haploceras ooliticum ? Orb.	.	2	.	.	.	.	.	*	.
Oppelia subradiata, Sow.	.	.	.	1	.	.	.	*	.
Harpoceras Murchisonæ, Sow.	.	1	.	1	.	.	*	*	.
— Romani, Op.	.	.	2	.	.	.	.	*	.
— Tessoni, Orb.	.	2	1	.	.	.	.	*	.
Oxynoticeras discus, Sow.	.	2	2	.	.	.	.	.	*
Lytoceras Eudesi, Orb.	.	.	1	.	.	.	.	*	.
— tripartitum, Rasp.	.	.	.	n	.	.	.	*	.
Phylloceras heterophyllum, Sow.	.	.	.	n	.	*	.	.	.
— cf. tatricum, Pusch	.	2	n	.	.	.	*	.	.
Aptychus sp.	.	.	4	.	.	.	.	.	.

FOSSILES DU BAJOCIEN (*Suite.*)	GISEMENTS					NIVEAU HABITUEL			
	Bretaye	Fares	Combes	Fy s/Gryon	Lizerne	TOARCIEN	OPALINIEN	BAJOCIEN	BATHONIEN
Gastropodes.									
Chemnitzia normaniana, Orb.	.	.	.	1	.	.	.	*	.
Tylostoma sp.	.	.	.	1	.	.	.	.	.
Natica Zetes, Orb.	.	.	.	4	.	.	.	.	*
— Verneuilli, Arch.	.	.	.	2	.	.	.	.	*
Pleurotomaria Ebrayi ? Orb.	.	.	.	1	.	.	.	*	.
Acteonina pulchella, Orb.	.	.	.	.	3	.	.	*	.
Pélécypodes.									
Lucina zonaria, Qu.	.	.	.	2	.	.	.	*	.
Leda anglica ? Orb.	.	.	.	.	2	.	.	*	.
Nucula Hammeri ? Defr.	?	.	.	.	3	.	*	.	.
Avicula Munsteri ? Bron.	.	.	.	.	2	.	.	*	.
— sp.	.	.	.	.	2	.	.	.	.
Inoceramus, cf. amygdaloïdes, Goldf.	.	.	.	.	1	.	.	*	.
— sp.	.	.	3	.	.	.	.	.	.
Posidonomya Buchi, Rœm. (P. alpina ? Gras.)	.	n	.	5	1	.	.	*	.
Pecten pumilus, Lk. (P. personatus, Ziet.)	.	.	.	.	n	.	.	*	.
— cf. demissus, Goldf.	1	.	.	1	.	.	.	*	.
— sp.	.	.	1	.	.	.	.	.	.
Hinnites velatus, Goldf.	.	.	.	1	.	*	.	.	.
Brachiopodes.									
Terebratula Aspasia, Meneg.	.	.	1	.	.	*	*	.	.
— Rossii, Canav.	.	.	1	.	.	.	*	.	.
Rhynchonella varians, Schlot.	.	.	.	3	.	.	.	*	*
Echinodermes.									
Phyllocrinus Brunneri, Oost.	.	1	.	.	.	.	.	.	.
Balanocrinus sp.	.	5	.	.	.	.	.	.	.
Plantes.									
Zoophycos scoparius, Thiol. [Orig. Cit. 112, pl. 48 et 49.]	.	c	c	.	.	.	.	*	.
— proccrus, Hr. [Orig. id., pl. 48, f. 3-5]	.	4	.	.	.	.	.	.	.
— ferrum-equinum, Hr. [Orig. id., pl. 48, fig. 1.]	.	1	.	.	.	.	.	.	.
Total : 54 espèces, dont	4	23	21	16	10	3	5	31	6

Lizerne. — En 1871, j'ai trouvé en compagnie de Ph. Cherix un gisement bajocien fort intéressant, que je mentionne sous ce nom dans ma liste de fossiles. Il se trouve au bord du sentier qui va de Mont-bas au fond du ravin de la Lizerne, au pied de la haute paroi de rochers qui supporte les chalets de Cindoz. Je l'ai marqué d'un astérisque.

La roche est un calcaire noirâtre, un peu cristallin, qui est recouvert par les schistes satinés de l'Oxfordien, au pied de la paroi de Malm. Les fossiles y sont en général de bonne conservation. J'en ai rapporté une dizaine d'espèces, surtout des bivalves, dont les moins rares sont : *Acteonina pulchella, Leda anglica? Nucula Hammeri, Pecten pumilus.* Ce sont presque toutes des espèces bajociennes, mais très peu d'entre elles se trouvent dans les autres gisements de cet étage.

Les 4 gisements, que je viens de décrire, contiennent ensemble une faunule de 54 espèces. Sur 43 d'entre elles, qui peuvent nous fournir des renseignements d'âge, 33 sont des espèces bajociennes, et un petit nombre seulement se rencontrent d'habitude plus haut ou plus bas dans la série. C'est ce que montre en détail le tableau ci-joint. L'âge se trouve ainsi clairement déterminé.

On remarquera, dans les deux gisements de la Haute-Gryonne, la forte prédominence des Céphalopodes, la plupart de grande taille : 17 sur 23 espèces aux Fares; 16 sur 21 espèces en Combes. La faune de ces deux gisements est évidemment pélagique, et nous prouve que cette contrée devait être alors, si non dans la haute mer, au moins en communication facile avec elle. Par contre le gisement de la Lizerne présente une faune beaucoup plus littorale. Cela montre que depuis la période liasique la mer avait beaucoup empiété au SE, et que son rivage devait se trouver quelque part sur territoire valaisan, en tout cas au-delà des Diablerets.

ÉTAGE BATHONIEN

Cet étage est représenté chez nous par des calcaires foncés, attribués à tort précédemment au Kimridgien, et connus sous le nom de *couches à Mytilus.* Ce terrain, qui joue un certain rôle dans les Préalpes (Wimmis, Laitmaire etc.) présente un de ses plus anciens gisements fossilifères aux confins immédiats de ma carte, dans la vallée de la Grande-Eau. A ce gisement de Vuargny s'en ajoute un second, celui de Pont-de-la-Tine, un peu plus au NE. Mais à part ces deux points, et spécialement dans la région des Hautes-Alpes calcaires, je n'ai jamais trouvé aucun fossile qui révèle cet étage. En traitant des relations orographiques du Dogger, je mentionnerai sur divers points des calcaires qui le représentent peut-être.

Vuargny. — Le gisement fossilifère bathonien se trouve sur la route d'Aigle à Ormont-dessous, à l'endroit nommé les Grands-Rochers, un peu avant le gisement rhétien, décrit p. 133. La paroi de roc est formée par la surface même des couches, qui plongent au S de 60 à 65°, et la route est entièrement taillée dans le roc (cl. 18). La série stratigraphique est ici renversée; le Bathonien est recouvert par le Rhétien en discordance inverse (p. 133).

Cl. 18. Grands-Rochers de Vuargny.

J'ai décrit ce gisement en 1861, en faisant connaître une grande feuille de *Zamia* que j'y avais trouvée [Bull. vaud. sc. nat. VII, p. 163].— M. SCHARDT, qui a fait une étude stratigraphique spéciale des couches à *Mytilus* [Cit. 156, p. 95 ; et Cit. 172, p. 107], décrit également le gisement de Vuargny, où il n'a pu constater avec certitude que deux des niveaux, qu'il avait distingués au Pays-d'Enhaut, et un 3me dubitativement [Cit. 156, p. 135], savoir:

B. Niveau à Myes et Brachiopodes.
C. id. à Modioles et Hemicidaris.
? D. id. à fossiles triturés et Polypiers.

La roche est un calcaire foncé, en bancs peu épais, séparés par des feuillets marno-calcaires. Dans certaines couches les fossiles sont très abondants, mais pas toujours faciles à extraire. On en a beaucoup récolté autrefois, dans les déblais, en dessous de la route qu'on venait de construire. Ceux que j'ai recueillis moi-même l'ont été surtout dans les rochers en talus, qui dominent la route.

MM. de Loriol et Schardt n'ont cité de ce gisement que 18 espèces [Cit. 156, p. 139]. J'en connais maintenant une 30ne, dont plus de la moitié sont des espèces bathoniennes, suivant les déterminations de M. de Loriol. Nous possédons au Musée de Lausanne la plupart des exemplaires originaux de sa monographie. Comme dans les autres gisements alpins, ces fossiles sont en général à l'état de moules, et souvent assez mauvais. Quelles que soient les erreurs d'assimilation qui puissent en résulter, il me paraît toutefois que le niveau de cette faune est maintenant passablement fixé. Le seul doute qui puisse subsister serait entre le Bathonien et le Callovien ; peut-être représente-t-elle en même temps ces deux étages ?

Les espèces les plus communes à Vuargny sont : *Mytilus laitmairensis*, *Modiola imbricata*, *Lima cardiiformis*, *Ostrea costata*, *O. vuargnyensis*, *Rhynchonella Orbignyana*, *Rh. spathica*, *Hemicidaris alpina*. C'est dans ce gisement que j'avais trouvé en 1860 la grande feuille de Zamiée que Heer a décrite sous le nom de *Zamites Renevieri*. Quoique incomplète à ses deux extrémités, cette feuille mesure 70 cm. de longueur. Dans le même bloc il y avait des exemplaires de *Modiola imbricata*, espèce si commune dans ce terrain, et particulièrement au niveau **C** de M. Schardt.

Pont-de-la-Tine. — Ce second gisement se trouve sur la route du Sépey, vers la cote 881 m., droit au N du hameau du Pont. Il a été découvert par un ancien mineur de Gryon, Jean-Pierre Ravy, qui m'y a conduit, sauf erreur en 1851. La roche est tout à fait semblable à celle des Grands-Rochers. Lors de ma preemière visite j'y recueillis quatre espèces, que je citai en 1852 [Cit. 55, p. 138], sous des noms fautifs alors en usage ; ce sont, avec leurs dénominations actuelles :

Ceromya concentrica (cité *C. excentrica*).
Modiola imbricata (cité *Mytilus jurensis*).
Ostrea costata (cité *O. solitaria*).
Rhynchonella Orbignyi (cité *Rh. inconstans*).

Ce gisement, d'ailleurs peu fossilifère, n'a guère été exploré. J'y ai retrouvé dès lors *Ostrea vuargnyensis*, que cite également M. Schardt [Cit. 156, p. 137]. Ces espèces sont précisément d'entre les plus communes des couches à *Mytilus*.

FOSSILES DU BATHONIEN Les chiffres désignent le nombre d'échantillons constaté dans chaque gisement. n = en nombre supérieur à 5 ex. c = commun.	GISEMENTS		NIVEAU HABITUEL		
	Vuargny	Pont-de-la-Tine	Bajocien	Bathonien	Callovien
Gastropodes.					
Natica, cf. ranvillensis, Orb.	1	.	.	*	.
— sp.	1	.	.	.	.
Purpuroidea sp.	1	.	.	.	.
Capulus ? sp.	1	.	.	.	.
Pélécypodes.					
Ceromya plicata, Ag.	3	.	.	*	.
— concentrica, Sow. sp.	2	1	.	*	.
— Pittieri, Loriol.	1	.	.	.	.
Gresslya truncata, Ag.	1	.	.	*	.
Pholadomya texta, Ag.	1	.	.	*	.
Mytilus laitmairensis, Loriol [Cit. 156, pl. 3, f. 6 à 12].	n	.	.	.	.
Modiola imbricata, Sow.	c	1	.	*	.
Lima cardiiformis, Sow.	n	.	.	*	.
— impressa, Mor. & Lyc.	1	.	.	*	.
— cf. semicircularis, Goldf.	2	.	.	*	.
— Schardti, Loriol.	3	.	.	.	.
Hinnites abjectus, Mor. & Lyc.	1	.	.	*	.
Ostrea costata, Sow.	c	1	.	*	.
— vuargnyensis, Loriol. [Cit. 156, pl. 11, f. 19 à 22]	c	1	.	.	.
— cf. Sowerbyi, Mor. & Lyc.	1	.	.	*	.
— cf. Marshi, Sow.	2	.	.	*	.
Placunopsis sp.	1	.	.	.	.
Brachiopodes.					
Terebratula ventricosa, Hartm.	1	.	*	*	.
Waldheimia obovata, Sow. sp.	5	.	.	*	.
— Mandelslohi, Op.	2	.	.	*	.
Rhynchonella Orbignyi, Op.	c	1	.	.	*
— spathica, Lk.	n	.	.	.	*
Echinodermes.					
Hemicidaris alpina, Ag.	n	.	.	.	.
Plantes.					
Zamites Renevieri, Hr. [Cit. 112, pl. 53 & 54].	5	.	.	.	.
Palæocyparis sp. [Thuites Itieri, Hr. Id., pl. 54, f. 8].	1	.	.	.	.
Total : 29 espèces, dont.	29	5	1	16	2

Cette faunule de 29 espèces, tout à fait semblable à celle des gisements du Pays d'Enhaut et du Simmenthal, paraît avoir son maximum d'affinité avec le Bathonien, puisque, sur 18 espèces comparables, 16 sont bathoniennes.

Elle présente tous les caractères d'une formation littorale, non seulement par les mollusques qui la composent, mais aussi par la fréquence de débris végétaux terrestres, souvent à l'état de vestiges charboneux indéterminables. Ceux-ci ne se sont pourtant jamais montrés assez abondants, pour provoquer des tentatives d'exploitation, comme cela a eu lieu dans le massif des Cornettes (Valais) et à Darbon (Chablais).

Ces caractères indiquent la proximité d'une terre ferme, ce qui concorde parfaitement avec les données que j'ai déduites p. 133 de la discordance inverse du Rhétien sur le Dogger. Il faut qu'il y ait eu après le dépôt du Rhétien une émersion momentanée du sol dirigée SO-NE, qui explique en même temps la transgressivité, et le facies littoral des couches à ***Mytilus***. Ce facies littoral contraste d'une manière remarquable avec le caractère pélagique qu'offre le Bajocien, aussi bien dans les Préalpes des bords du Lac Léman, que dans la Haute-Gryonne.

Comme ces deux terrains de nos Alpes n'y ont jamais été rencontrés en superposition directe, on peut même se demander s'ils ne représentent pas l'un et l'autre, l'ensemble du Dogger, dont l'un serait le facies littoral et l'autre le facies pélagal. Cela serait d'autant plus admissible, que j'ai rencontré au haut du Bajocien (p. 184) des *Parkinsonia*, qui en Souabe et en Argovie caractérisent le Bathonien. Si ma supposition était juste, les deux étages, que je viens de décrire séparément, ne seraient pas successifs, mais contemporains, et ne seraient par conséquent que deux facies.

RELATIONS OROGRAPHIQUES

Le Dogger occupe, dans le cercle de mon étude, quatre régions distinctes, dans chacunes desquelles il se présente avec des caractères un peu différents.

1. Vallée de la Grande-Eau.
2. Massif de Chamossaire.
3. Vallée de la Haute-Gryonne.
4. Vallée de la Lizerne.

Je mentionnerai en outre quelques affleurements isolés, plus ou moins douteux.

1. Vallée de la Grande-Eau.

Fontaney. — A partir d'Aigle, sur la rive droite de la rivière, le premier affleurement que je connaisse se trouve sur le chemin de Vyneuvaz, qui aboutit au village de Fontaney, par dessus les rochers de la route du Sépey. Là j'ai vu des schistes marno-calcaires, qui m'ont paru appartenir au Dogger, mais où je n'ai pas trouvé de fossiles. Ils plongent au N, sous le Malm de Drapel, et surmontent les rochers de Lias, qui font face à la Parquéterie. Un peu plus loin j'ai pu constater une torsion, et vers Fontaney ces mêmes couches plongent au S.

Sur la route de Fontaney à Drapel, j'ai rencontré vers Vuettaz des calcaires compacts, qui paraissent sortir de dessous les schistes précédents, et qui sont en prolongement de l'affleurement bathonien ; mais rien ne me prouve qu'ils appartiennent aux couches à *Mytilus*, quoique pétrographiquement ils leur ressemblent.

Ponty. — Au dessus des Afforets, la nouvelle route forme un sinus profond pour traverser les gorges du torrent en dessous de Ponty. Elle quitte ainsi l'Hettangien des Afforets, et coupe les couches renversées qui lui succèdent. Ce sont d'abord des schistes noirâtres, probablement liasiques, que M. Schardt attribue au Toarcien. Peut-être a-t-il raison ? Toutefois, c'est dans ces schistes et en ce point que Cherix a trouvé une grande ammonite, qui me paraît être *Schlotheimia Moreana* (p. 147). Il se pourrait donc qu'ils fussent plutôt sinémuriens.

Vers la cote 660 m. la route atteint un calcaire compact foncé, avec alternats schisteux, ⊥ 30° à 35° SSE. Ces calcaires ressemblent beaucoup au Bathonien, auquel je les avais assimilés avec doute. M. Schardt y a trouvé des radioles de *Hemicidaris alpina*, et n'hésite pas à les attribuer au niveau **D** des couches à *Mytilus* [Cit. 156, p. 138 et Cit. 172, p. 107]. Vers la cote 674 m. la route rentre dans les schistes foncés, et plus loin, au Contour-bleu 684 m., dans l'Hettangien.

Vuargny. — Ce n'est qu'au commencement des Grands-Rochers que la route quitte de nouveau l'Hettangien pour passer au Bathonien, sans interposition de schistes liasiques. Les deux roches étant des calcaires foncés peu différents, on ne s'en aperçoit guère que par le changement de déclivité, qui passe de 45°, dans le calcaire hettangien, à 55° ou 60°, même jusqu'à 65°, dans le Bathonien. Il y a donc ici la même discordance, mais moins nette, que du côté opposé avec le Rhétien (cl. 18, p. 189). La continuation des calcaires à *Mytilus*, de Ponty aux Grands-Rochers, dans la côte rocheuse qui domine la route, me parait hors de doute, mais l'accès en est difficile, et je n'ai pas parcouru ces abrupts.

En dessous de la route, les assises bathoniennes descendent assez bas, jusque vers l'ancien chemin, où elles sont en grande partie recouvertes par les blocs qu'on a fait sauter, et cachées par les sapins qui y ont cru. Je me suis assuré toutefois que ce terrain ne va pas jusqu'à la rivière, dont les deux rives sont formées de Rhétien.

Au coude de la route on trouve le Rhétien, recouvrant, en discordance inverse, le Bathonien. Mais celui-ci doit se continuer par Vuargny d'en haut, pour rejoindre la chaussée quelque part en amont.

Pont-de-la-Tine. — Le point exact où cela a lieu n'est pas facile à préciser. Après l'auberge de Vuargny on voit encore le Rhétien au bord de la route ; de même vers la cote 835 m., où un ruisseau la traverse ; j'y ai trouvé ⊥ 45° SE. Plus loin j'ai observé des calcaires finement cristallins gris blanchâtres, dont je ne sais que faire, puis le glaciaire. Ce n'est, comme je l'ai dit p. 190, qu'au N du hameau du Pont que j'ai retrouvé au bord de la route le calcaire à *Mytilus* certain, mais il disparaît sous le glaciaire avant le ruisseau de Champillon.

En somme on peut dire que le Bathonien, renversé sur le Malm au SE de Leysin, présente un affleurement continu depuis Pont-de-la-Tine jusqu'à Ponty, éventuellement même jusque près de Drapel.

Exergillod. — Je mentionnerai avec doute divers affleurements calcaires que j'ai observés sur rive gauche de la Grande-Eau, et qui se rapportent peut-être encore au Dogger. C'est d'abord au S d'Exergillod, un calcaire foncé, qui paraît sortir de dessous le Flysch de Hautaz-Crètaz. Un peu plus bas sur le chemin d'Exergillod ce calcaire est gris clair et ressemble au Malm ; il y a peut-être les deux ?

Puis au-delà du Pontet, en Autraigue, se trouve un petit affleurement calcaire, sans connection directe avec le précédent, mais qui en est évidemment la continuation.

Les Planches. — Enfin depuis La Trappaz, tout le long de la Grande-Eau, jusqu'au delà du pont de Feneliet, sur le chemin de la Forclaz, se voient des rochers calcaires, que j'ai assimilés dubitativement au Dogger, et marqués en bleu foncé **Ji** sur la carte au 100 millième.

MM. Favre et Schardt n'admettent pas que ces calcaires soient du Dogger, ils voudraient en faire du Malm [Cit. 172, p. 94], mais ils ne donnent aucune preuve à l'appui. Il faudrait des fossiles pour trancher la question. Je n'y mettrai d'ailleurs aucune insistance.

Ormont-dessus. — En revanche les mêmes auteurs admettent comme Dogger [Cit. 172, p. 93] les rochers calcaires qui apparaissent au milieu du Flysch, au centre de la vallée d'Ormont-dessus, et sont figurés en bleu foncé **Ji**.

Je suis bien d'accord avec eux, pour une partie au moins, car, du lieu dit Les Rochers, sur rive droite, j'ai quelques Rhynchonelles qui paraissent être *Rh. concinna* et *Rh. Orbignyi*. Mais il doit y avoir encore d'autres terrains dans ces Klippes, puisque les mêmes Rochers m'ont fourni des *Spiriferina*, qui ne peuvent être que liasiques [Cit. 161, 76].

Truchaud. — Ce petit mont calcaire isolé, sur rive gauche, entre Vers-l'Eglise et Les Vioz, altitude 1344 m., me paraît probablement aussi jurassique inférieur. Du côté sud, on voit à la base du calcaire des schistes opaliniens ou bajociens !

2. Massif de Chamossaire.

Toutes les parties saillantes de ce massif, y compris les monts de Conches et des Chavonnes, jusque vers les chalets de Perche, sont formées d'un calcaire grisâtre, plus ou moins clair, qui repose sur les schistes opaliniens à nodules (p. 176), affleurant dans les bas-fonds (cp. 6 et 7). Ce calcaire gris, parfois silicieux, gréseux, spathoïde, souvent bréchiforme, ressemble passablement à la *brèche à Echinodermes.* Il est fréquemment traversé de nombreuses veinules spathiques.

Ces motifs stratigraphiques et pétrographiques m'ont porté à attribuer ces calcaires au Dogger, et à les considérer comme une prolongation probable des calcaires bathoniens de la Grande-Eau. Sur divers points au nord de Bretaye, ainsi qu'aux environs de Conches et de Perche, j'ai constaté entre ces calcaires et les schistes opaliniens sous-jacents, d'autres schistes moins noirs et moins argileux, qui m'ont paru ressembler passablement à certains schistes bajociens de la Haute-Gryonne. Les rares fossiles qu'on y a trouvés, quoique souvent presque indéterminables, confirment plutôt cette classification, déjà entrevue par Escher de la Linth, et qui du reste n'a point été contestée [Cit. 172, p. 94].

Voici les quelques points de ce massif, desquels j'ai obtenu des fossiles :

Chamossaire. — Au sommet même j'ai détaché, du calcaire gris bréchoïde, une *Belemnite* indéterminable.

Bretaye. — Au N des chalets, en descendant vers les Lagots, j'ai trouvé quelques mollusques à l'angle de rochers au-dessus du Lac-Noir ; ce sont : *Bel. canaliculatus ? Pecten cf. demissus,* etc.

Dans le petit vallon au S. de Bretaye, non loin de l'opalinien et de la cornieule, se sont rencontrés quelques autres fossiles, surtout des Bivalves, dans un calcaire plus foncé.

Ensex. — Enfin à l'ouest d'Ensex, sur le sentier des Lechères, Cherix avait recueilli quelques Brachiopodes, un gros *Pecten,* etc., qui sembleraient plutôt indiquer du Lias. Droit au-dessus, au sommet des Monts de Conches, se trouve un calcaire bréchiforme gris à petits éléments.

3. Vallée de la Haute-Gryonne.

Ici nous avons à faire, au moins en grande partie, au Bajocien typique, lequel forme tout le sous-sol de la vallée, et s'élève assez haut sur ses deux revers. J'en ai déjà fait connaître les principaux gisements fossilifères. L'analogie pétrographique et quelques rares fossiles, rencontrés par-ci par-là, permettent de reconnaître facilement ce terrain sur les deux flancs de la vallée. Quelques affleurements isolés perçant au travers du glaciaire complètent nos connaissances sur son extension. Je commence par l'aval de la rive droite.

Prèz-d'en-bas. — Vers les chalets de ce nom, presque au bord de la Gryonne, se trouve un petit lambeau de Bajocien, le plus occidental que je connaisse, qui forme un monticule au milieu des schistes opaliniens, sur lesquels il repose. Pour le marquer sur ma carte, j'ai dû en exagérer l'étendue. Je pense qu'il ne comprend que les couches inférieures du Bajocien. C'est près de là que Cherix a récolté beaucoup de fossiles, dans des blocs éboulés d'un calcaire dur foncé.

Les Combes. — Un peu plus haut, sur rive gauche du Nant d'Arveyes, se trouvent les rochers bajociens, déjà mentionnés p. 185, d'où provenaient sans doute ces blocs. Ils surmontent le gypse, et plongent fortement contre Arveyes, mais ne sont visibles que sur un petit espace, grâce au revêtement glaciaire.

Les Ruvines. — En dessous du chemin d'Arveyes à Villars, au milieu des graviers erratiques formant de grandes ravines, se trouve encore un petit affleurement calcaire, de nature un peu différente, et dans lequel je n'ai pas pu trouver de fossiles.

Rocs des Fares. — J'ai décrit p. 184 cet important gisement fossilifère, qui a été mon point de départ pour reconnaître ailleurs ce terrain. Sur un peu plus d'un kilomètre, les couches sont presque constamment visibles dans le cours de la Gryonne, soit sur une rive, soit sur l'autre, et vu leur plongement régulier en amont, on peut en voir successivement toute la série. Il serait possible que les bancs les plus supérieurs soient du Bathonien, toutefois je n'y ai point vu de calcaire qui ressemble à celui de Vuargny, ni à celui de Chamossaire.

Arveyes. — A l'est du village, à la première montée du chemin de Coufin, on voit les schistes noirs opaliniens passer insensiblement aux bancs micacés bajociens. En 1876, j'ai trouvé dans le haut, après le coude du chemin, une couche remplie de *Zoophycos scoparius,* mise au jour par la correction de ce chemin. C'est évidemment la continuation du banc que j'ai signalé dans la Gryonne, sous Les Fares.

De là les couches s'élèvent pour former toute l'arête de Plan-Jorat (cp. 9). On les voit très bien sur le chemin qui vient directement de Villars, et rejoint aux Paquis celui de Coufin. Plus au nord j'ai trouvé des *Zoophycos* près des chalets de Soud. Dans le chemin qui descend de Soud à Villars (cp. 8) on peut très bien observer la transition de l'Opalinien au Bajocien, comme dans la Gryonne. Dans toute cette région les couches plongent ENE, comme aux Fares.

Teisajoux. — Après le petit col de Soud, l'arête de Plan-Jorat est continuée au N par celle de Teisajoux, également formée de Bajocien évident.

Depuis l'impression de ma carte en 1875, j'ai pu constater que ce terrain se prolonge à l'ouest dans la direction du Roc de Breya. J'y ai trouvé en place, sur le sentier qui descend à Chesière, une *Belemnite* qui me paraît une forme bajocienne.

Revers NW. — De là le Bajocien s'étend sur tout ce revers septentrional de la vallée, avec un plongement N plus ou moins accentué. Au col des Loveresses, sur le chemin de Bretaye, j'ai trouvé *Zoophycos scoparius ;* plus bas au-dessus des chalets, le plongement est de 55° N. Le Dogger forme entre les deux bandes opaliniennes un pli synclinal déjeté au SE (cp. 7), qui se rétrécit graduellement jusque sous Ensex (cp. 6). Je n'y ai pas trouvé de fossiles, mais c'est toujours la roche des Fares.

Arpille. — Au NE de Coufin le Bajocien forme une large bande entre la cornieule du Col de la Croix et le Flysch (**Tv**) de Culand. Cette bande qui passe par les chalets d'Arpille, s'étend au delà du Col de la Croix, jusqu'au confluent du ruisseau de Culand. Je n'y ai pas trouvé de fossiles, mais c'est la continuation évidente du Bajocien de Taveyannaz.

Taveyannaz. — Autour des chalets, comme au Fond-de-Coufin, tout est recouvert d'erratique et d'éboulis, mais au bord du cirque à l'ouest on retrouve le Bajocien au Crétez. C'est probablement de là que provient une grande ammonite, *Stephanoceras Humphriesi*, qui m'a été remise comme trouvée à Taveyannaz. J'ai parcouru tous les ravins de ce versant, et j'y ai trouvé de nombreux affleurements de Dogger, tous semblables à la roche des Fares. Dans le haut de la côte ils étaient si rapprochés que j'ai dû, sur ma carte, faire abstraction du glaciaire et marquer un affleurement continu. Dans le ravin du Bey Broyon, sous Sodoleuvroz, j'ai mesuré ⊥ SE 60°.

Croix-de-Gryon. — Tout le petit mont, ainsi nommé, est encore formé de Bajocien bien caractérisé. Son flanc NW est revêtu de glaciaire, mais au sommet on voit affleurer, sur le chemin de Taveyannaz, le calcaire schistoïde micacé. Tout le versant S et SE en est également, jusqu'au Colieux, où l'on a constaté *Zoophycos scoparius* et des *Posidonomya*. Dans le petit vallon du Salieux, derrière la Croix, les couches bajociennes plongent 65° SE.

Arête de Chaux-ronde. — Enfin plus à l'est, à l'origine des Rochers-du-Vent, vers les sources du Bey-des-Gores, on voit le Bajocien former voûte, recouvrant les schistes noirs opaliniens, qui occupent le fond du cirque. Au nord le plongement est contre la Gryonne, tandis qu'il s'infléchit vers l'est sous Chaux-ronde.

4. Vallée de la Lizerne.

Ici le Dogger se présente dans une voûte rompue, dirigée d'abord W-E, puis se coudant au S à partir de la Lizerne, et s'adossant alors à la faille de Mont-bas.

Vozé. — Au pied de la paroi sud-est des Diablerets, sur territoire valaisan, le Dogger enveloppe l'affleurement de gypse et cornieule de Vozé et La Tor.

Au SW il est limité par les grands Eboulements de Cheville, mais au nord on le voit recouvert par les schistes oxfordiens, fossilifères sur quelques points. Au-dessus de Vozé, au nord-ouest, leur position stratigraphique est clairement définie, entre la cornieule et les schistes oxfordiens, beaucoup plus feuilletés, satinés et luisants. Ceux du Dogger, au contraire, sont des schistes foncés, irréguliers, parsemés de paillettes de mica, contenant des rognons marno-calcaires, et de fréquentes intercalations de bancs plus durs d'un calcaire micacé, analogue à celui des Farcs. En 1872 j'y ai trouvé quelques débris de *Belemnites* indéterminables, ce qui m'a confirmé dans l'assimilation de ces roches à celles des Farcs.

La Luys. — Au nord de la bande de cornieule j'ai poursuivi ce Dogger schisteux, par-dessous la paroi de Malm, jusqu'à la Lizerne. Au sud il se continue de même, par les hameaux de La Combaz et de La Luys, jusqu'au fond du torrent, où les deux bandes de Dogger ne sont séparées que par un étroit affleurement de cornieule (cl. 19).

Cl. 19. Lac de Derborence et Haute-Lizerne (autotypie).

Lizerne. — A partir de là, les deux bandes de Jurassique inférieur se dirigent au S, mais la bande occidentale disparaît bientôt entre la cornieule et le Nummulitique, par suite de la faille de Mont-bas.

La bande orientale au contraire, surmontée d'une paroi de Malm, forme un affleurement continu, longeant la vallée, depuis la Haute-Lizerne jusque près de la Chapelle St-Bernard, sur une longueur de 7 kilomètres. C'est à l'extrémité N de cet affleurement, que se trouve le gisement fossilifère dont j'ai parlé p. 188 : on y arrive en suivant un chemin presque horizontal, qui va de Mont-bas au fond de la Lizerne, et traverse obliquement toutes les couches, de la cornieule au Malm. Je n'ai pas trouvé de fossiles plus au sud, mais la continuité des bancs est évidente.

Au-dessus de Mont-bas, le Dogger forme la base des rochers du Mont-Gond, et surmonte le Trias qui butte contre la faille (cl. 20 et cp. 15). Le plongement des couches est ESE. Dans le ravin du Verne, j'ai trouvé une brèche à Echinodermes analogue à celle de Chamossaire.

Cl. 20. Coupe par Mont-bas. — Echelle 1/50 000.

Dès Zamperon on retrouve intégralement l'anticlinal rompu, déjeté à l'ouest, dont le Dogger constitue le noyau (cl. 21 et cp. 6). Cet affleurement anticlinal de Dogger forme les pâturages de Zamperon, Asnière, Orfelin, compris entre deux parois abruptes de Malm, puis il se rétrécit de plus en plus, pour disparaître à un demi-kilomètre de la Chapelle Saint-Bernard, où les deux bandes de Malm viennent se rejoindre. Dans cette dernière partie, plus rocheuse et abrupte, il est parcouru par le Chemin-neuf d'Avent (cp. 7).

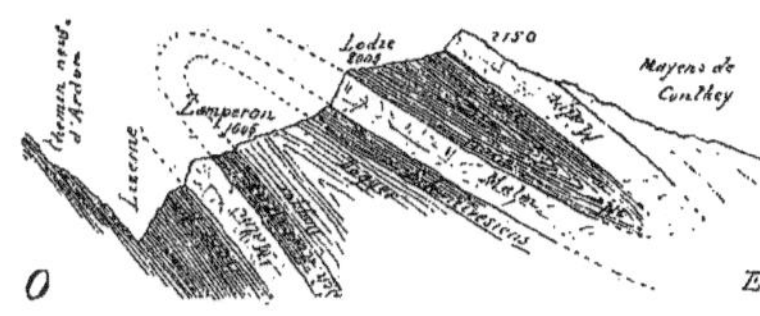

Cl. 21. Coupe par Zamperon. — Echelle 1/50 000.

5. Vallée du Rhône.

Sur divers points de la vallée du Rhône, j'ai observé des rochers calcaires, qui pourraient peut-être appartenir encore au Jurassique inférieur, mais l'absence de fossiles, ou au moins de fossiles déterminables, empêche toute certitude.

Ardèvaz. — Le mont de l'Ardèvaz, situé entre Chamoson, Leytron et Bertze, est tout entier formé de calschistes grisâtres, plus ou moins foncés, et feuilletés. Les couches plongent régulièrement au SE de 30 à 40° suivant les points. La paroi de roc qui regarde Leytron offre la coupe assez nette de ce petit massif. Les couches supérieures sont plus claires, et d'après leur plongement paraissent s'enfoncer sous les schistes feuilletés oxfordiens du pied de la Paroi du Gruz, sur Chamoson. C'est pourquoi j'ai marqué sur ma carte, l'Ardèvaz comme Dogger, mais avec le monogramme **Ji?** puisque je n'ai aucune preuve paléontologique.

Les seuls fossiles que j'ai pu y trouver sont quelques mauvaises *Belemnites* rencontrées au pied de la paroi sud, droit au nord de Leytron, au point marqué d'un astérisque. Les couches qui les contiennent sont une roche schisteuse grisâtre irrégulière. Leur prolongement dans la paroi passe par-dessus les schistes foncés, plus feuilletés, exploités à l'ouest comme dalles, sous le nom d'*Ardoises de Leytron*. Ces ardoises elles-mêmes contiennent des *Belemnites tronçonnées*, analogues à celles du Mœveran, mais dont les interstices blancs sont formés de *Quartz*, au lieu de Calcite. Aucune de ces *Belemnites* n'est déterminable. Suivant leur forme générale elles pourraient tout aussi bien se rapporter à des espèces toarciennes, bajociennes ou oxfordiennes.

A l'ouest, le massif de l'Ardèvaz paraît reposer de nouveau sur des schistes gris avec rognons, qui m'ont paru très semblables aux schistes oxfordiens de Saille, Chamosentze, etc. Il se pourrait en définitive que l'Ardèvaz, tout entier, appartînt au même niveau oxfordien dont l'épaisseur serait immense. Si non, il faut supposer ou un pli anticlinal couché, ou une faille, faisant surgir le Dogger au milieu de cette grande étendue d'oxfordien.

Ballacrètaz. — Entre le Lias d'Arbignon (p. 153 et 165) et le Malm, qui constitue la plus grande partie de cette belle paroi de roc, il doit aussi y avoir du Dogger. J'en ai trouvé des indices sur plusieurs points.

Près de l'Haut-de-Morcles, j'ai vu sur la cornieule un calcaire brunâtre spathoïde ressemblant à la brèche à Echinodermes, et surmonté de Malm. Malheureusement pas de fossiles. En revanche, Ph. Cherix avait trouvé quelques mauvais *Pecten*, *Ostrea* et *Terebratula*, dans un calcaire analogue, mais plus grisâtre, recouvrant la cornieule dans le Ravin de la Gourzine, près de la frontière valaisanne.

A l'extrémité SE de la même paroi calcaire, au fond du Creux-de-Dzéman, près du Col-des-Cornieules (cl. 9, p. 90), j'ai trouvé dans un couloir, intercalé aux bancs calcaires les plus inférieurs, un minerai de *fer oolitique rouge*, schisteux, assez analogue à la *Blegioolit* de la Windgälle (Uri). Il est toutefois d'un rouge beaucoup plus vif. Ses grains, quoique fortement aplatis, ne sont point attirables au barreau aimanté, et l'on n'y voit point d'octaèdres de Magnétite, même avec une forte loupe. Dans cette roche ferrugineuse, j'ai trouvé quelques fossiles à peine déterminables, qui me paraissent appartenir à *Belemnites canaliculatus* et *Haploceras ooliticum*.

Rive gauche du Rhône. — Il doit aussi y avoir du Dogger entre la cornieule et le Malm, à la base de la paroi calcaire, qui s'élève en écharpe de Saxon au Mont-de-Chemin ; mais je n'ai pas su le distinguer d'une manière précise, ni y trouver des fossiles.

M. Alph. Favre cite des *Belemnites*, *Pecten*, *Ostrea*, etc. aux environs du Planard et de Chemin, dans le voisinage des Mines de fer [Cit. 91, III, p. 116].

Il se pourrait aussi que tout ou partie du calcaire foncé, qui supporte la Tour de la Bâtiaz (cl. 6, p. 67), fût du Dogger. Je n'ai point pu y trouver de fossiles. Dans ce cas, comme dans les deux précédents, j'ai tout marqué sur ma carte en Malm **Jc**.

Enfin au Col-de-Jorat, je soupçonnerais aussi la présence du Dogger, au-dessus de la cornieule, et de même dans le bas de la paroi jurassique, qui supporte le village de Mex.

JURASSIQUE MOYEN OU OXFORDIEN

Grâce à sa nature schisteuse, assez feuilletée, la partie moyenne des terrains jurassiques se reconnaît assez facilement dans nos Hautes-Alpes, et y présente un caractère d'individualité propre, accompagnée d'une richesse paléontologique relative. Cette subdivision est figurée, sur ma carte au 50 millième, par le pointillé bleu sur fond bleu, avec le monogramme **Js** (**s** = schisteux); et sur la Feuille XVII au 100 millième, par le bleu pâle sans hachures, accompagné du monogramme **Jm.** Elle représente assez exactement le Divésien, soit Oxfordien proprement dit (*Oxford-clay*), à l'exclusion du soi-disant Oxfordien calcaire, qui fait partie du Malm.

Aucune publication antérieure n'a fait connaître ce terrain dans nos Alpes. Lardy [Cit. 45] n'en fait nulle mention. Je me souviens cependant que lors de mes premières explorations, les fossiles de Frête de Saille étaient connus de mes pourvoyeurs. En 1852 j'en citais une 10^{ne} d'espèces [Cit. 55, p. 139].

RELATIONS OROGRAPHIQUES

La plus grande extension et les meilleurs gisements de nos schistes oxfordiens se rencontrent dans le massif du Mœveran. Ils jouent encore un certain rôle dans le massif des Diablerets, mais ils y sont moins étendus, et surtout moins fossilifères. Ailleurs je ne connais ce terrain que par quelques fossiles isolés, ou par des représentants sans fossiles.

1. Massif du Mœveran.

Cette chaîne, dont l'arête sert de frontière entre les cantons de Vaud et Valais, a pour point culminant le Grand-Mœveran 3061 m. Sa charpente consiste en Malm, qui forme un vaste repli anticlinal, déjeté au NW, et dont la voûte rompue laisse apparaître, sur une certaine étendue, les schistes oxfordiens sous-jacents (cp. 3 et 8 à 11). Ces schistes formant le noyau de la voûte, dont la rupture n'a pas été plus profond, leur substratum n'est donc nulle part visible.

La *Roche* est presque partout la même. Ce sont des schistes grisâtres, plus ou moins foncés, très feuilletés, parfois lustrés, évidemment d'anciennes marnes argileuses, fortement laminées. La preuve de cette lamination gît dans les fossiles, qui sont pour la plupart écrasés et déformés de diverses manières.

Les *Belemnites*, assez fréquentes, sont en général étirées, et fracturées en tronçons plus ou moins nombreux, dont les interstices sont remplis de *Calcite* cristalline blanche. Leur longueur est ainsi parfois doublée, ou même plus que cela. Déjà en 1856 j'ai expliqué ce phénomène par la lamination des schistes [Cit. 67, p. 384]. Tout le mérite de mon explication revenait du reste à D. SHARPE, dont j'analysais les beaux travaux sur le clivage et la foliation des roches. — M. DAUBRÉE a confirmé cette idée en 1887, et a consacré l'expression de *Belemnites tronçonnées*. Il a même reproduit expérimentalement ce tronçonnement, en même temps que la schistosité [Bull. géol. Fr., 3e s., IV, p. 532, 540, 542]. — Enfin mon collègue, le professeur ALB. HEIM, dans son *Mechanismus der Gebirgsbildung*, a repris ce sujet; il l'a développé, et a figuré quelques remarquables exemples de ces déformations (pl. XIV et XV). Les figures 4, 5 et 6 de cette seconde planche ont été dessinées d'après des échantillons de Frête-de-Saille, que je lui avais communiqués, et que j'ai déposés au Musée de Lausanne. Je les reproduis ici en demi-grandeur (cl. 22). L'original de fig. B mesure 29 centimètres de longueur. La lamination du schiste est surtout évidente dans la coupe C de cet échantillon.

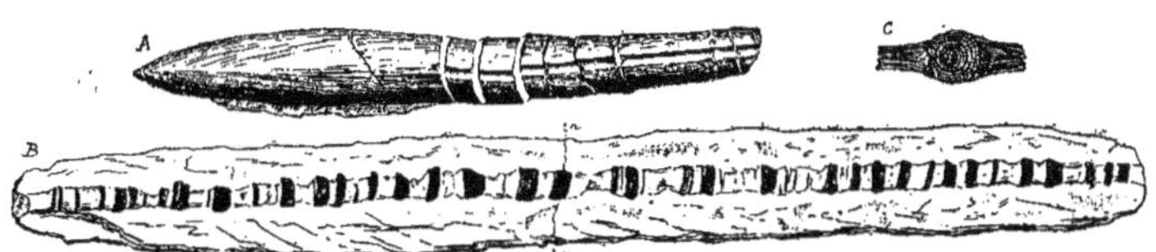

Cl. 22. Belemnites tronçonnées de Frête-de-Saille, 1/2 grand.
A. *Bel. hastatus* peu déformée; — B. Echantillon très étiré; — C. Coupe en *n n*.

L'écrasement oblique des tronçons, si apparent dans la fig. 3 de pl. XIV, est encore une preuve manifeste de la forte pression qui a dû se produire. Celle-ci n'a du reste rien qui doive nous surprendre ! Quand on voit les contorsions et plissements qu'ont subis ces terrains, on serait étonné au contraire d'y trouver des marnes non laminées et des fossiles intacts.

Les *Ammonites*, qu'on rencontre dans ces couches, ne sont pas toujours placées dans le sens des feuillets du schiste. Lorsque cela a lieu elles sont déprimées et plus ou moins fortement aplaties. Mais souvent elles sont transverses à la schistosité, et alors comprimées latéralement ; ou bien encore placées en biais, et dans ce cas elles sont écrasées obliquement. Cela nous montre que la pression ne s'est pas toujours produite perpendiculairement à la stratification, mais qu'elle a agi sur des couches déjà plus ou moins contournées, qui se sont trouvées atteintes de diverses manières. Actuellement la stratification originelle est rarement visible dans le détail. La pression l'a ou accentuée ou fait disparaître, en y substituant la schistosité, qui ne lui est pas toujours parallèle.

Avec les fossiles déformés, sus-mentionnés, on trouve aussi beaucoup de petites *Ammonites pyriteuses* qui ne sont point écrasées ; mais souvent leurs tours externes, non pyriteux, le sont très fortement. D'autres petites Ammonites noires, plutôt calcaires que pyriteuses, ne sont pas non plus écrasées ; elles proviennent sans doute de rognons durs, semi-calcaires, comme j'ai pu le constater pour plusieurs échantillons.

Je n'ai pas pu me rendre compte si ces différences de fossilisation dépendaient d'une différence de niveau. La plupart des espèces abondantes m'ont fourni des échantillons à ces divers états. Ph. Cherix avait toutefois observé que les Belemnites se trouvaient surtout dans les couches supérieures, et les Ammonites pyriteuses, plutôt à la partie inférieure.

Je connais dans ce massif au moins une demi-douzaine de gisements fossilifères oxfordiens, quelques-uns assez étendus, dont le principal et le plus anciennement connu est celui de Frête-de-Saille, cité souvent aussi sous le nom de Mœveran.

Frête-de-Saille. — On nomme ainsi un col de 2299 m. d'altitude, qui sépare le Petit, du Grand-Mœveran. On y monte depuis Pont-de-

Nant, par le sentier de La Larze, qui traverse la série renversée du Néocomien et du Malm, puis atteint les schistes oxfordiens un peu en dessous de l'arête (*frête* dans le langage du pays). De l'autre côté de celle-ci, sur territoire valaisan, ces schistes ont une extension plus grande, et forment tout le Creux-de-Coppel. Là on les voit normalement recouverts par le Malm (cp. 10), qui constitue d'un côté l'énorme masse du Grand-Mœveran, et de l'autre la pyramide beaucoup plus modeste du Petit-Mœveran.

Les couches étant presque partout dénudées, sauf lorsqu'elles sont recouvertes de neige, on trouve les fossiles, plus ou moins fréquemment, dans toute cette étendue, sur les deux versants. Par mes propres récoltes et par celles de mes divers pourvoyeurs, j'ai obtenu de ce gisement une 40me d'espèces, dont les plus communes sont : *Belemnites hastatus*, *B. baculoïdes*, *Peltoceras arduennense*, *Perisphinctes sulciferus*, *Harpoceras punctatum*, *Harp. lunula*, *Amaltheus Lamberti*, *Rhacophyllites tortisulcatus*. Le niveau géologique est ainsi nettement caractérisé. Il est d'ailleurs très rare de trouver autre chose que des ammonites ou des belemnites.

Au N de Frête-de-Saille, sur le versant ouest du Grand-Mœveran, on voit les schistes oxfordiens former deux replis successifs. L'anticlinal supérieur, plus fortement déjeté, se prolonge au nord, entre la Pointe-des-Ancrenaz 2654 mètres et la cime du Mœveran 3051 m. (cl. 23). Cette disposition n'est pas marquée sur ma carte, je ne l'ai reconnue que plus tard. Il me paraît probable que cette rupture de la voûte du Malm se prolonge jusqu'au versant N du massif, car j'ai une petite ammonite oxfordienne, *Harpoceras Brighti*, qui a été trouvée au bas du Glacier des Outans, dans les éboulis provenant de cette paroi.

Cl. 23. Grand-Mœveran vu des Martinets.

En se dirigeant au contraire au sud, on voit l'anticlinal de schistes oxfordiens se continuer, sur le versant ouest de la chaîne, par-dessous les pyramides calcaires du Petit-Mœveran 2820 m. et de la Pointe-d'Aufallaz 2735 mètres (cp. 11), jusque tout près de la Dent-Favre 2927 m. J'ai suivi les couches sur tout ce parcours, et presque partout j'y ai trouvé quelques fossiles.

Frête-de-Tsalan. — Entre le Petit-Mœveran et la Pointe-d'Aufallaz se trouve un nouveau col de 2515 m., assez fortement érodé pour que les schistes oxfordiens viennent former le centre de l'arête, mais sans descendre bien loin sur le versant valaisan. Celui-ci constitue un cirque, tout entier calcaire, dit le Creux-de-Tsalan, et l'arête déprimée qui le domine se nomme la Frête-de-Tsalan. De ce gisement, comprenant le col et son versant ouest, j'ai obtenu une 10[ne] d'espèces, dont : *Bel. hastatus, Peltoceras arduennense, Harpoceras punctatum, Rhacophyllites tortisulcatus,* etc., qui prouvent que ce sont bien les mêmes couches oxfordiennes.

Frête-de-Bougnonnaz. — Les schistes oxfordiens se poursuivent depuis la Frête-de-Tsalan, sur le flanc ouest de la Pointe-d'Aufallaz, jusqu'à un nouveau col, compris entre cette dernière et la Dent-Favre. Ce col, qui domine le Creux-de-Bougnonnaz, est dit Frête-de-Bougnonnaz 2631 m Il se relève dans son milieu en un mamelon arrondi, tout entier formé de schistes oxfordiens, jusqu'à sa base dans le Creux-de-Bougnonnaz. C'est là l'extrémité de l'anticlinal oxfordien. Au nord-est les schistes sont recouverts normalement par le Malm calcaire de l'arête d'Aufallaz (cp 11), tandis qu'au sud-ouest ils reposent sur le Malm calcaire renversé de Dent-Favre (cp. 3). La continuité de ces deux bandes calcaires, normale et renversée, se voit dans le Creux-de-Bougnonnaz.

Dans ce dernier gisement je n'ai vu que des traces de fossiles, *Belemnites,* etc. Peut-être n'a-t-on plus ici que des couches supérieures, moins fossilifères.

Pont-de-Derbon. — A l'est du Grand-Mœveran, tout en haut de la Vallée de Derbon, un peu au dessous du Glacier de la Forclaz, se trouve un autre gisement oxfordien, le second en importance paléontologique. C'est un petit affleurement de schistes tout entouré de calcaires du Malm, sauf du côté du Glacier, par-dessous lequel il se relie peut-être au gisement suivant. On l'a nommé Pont-de-Derbon, à cause d'une construction en maçonnerie sèche, probablement une digue, que la fonte du glacier a mise à découvert avant le milieu de ce siècle.

Ce gisement m'a fourni 26 espèces, qui presque toutes se retrouvent à Frête-de-Saille. Les moins rares sont : *Belemnites hastatus, Peltoceras arduennense, Harpoceras lunula, Harp. punctatum, Rhacophyllites Loryi.*

Un peu plus au nord, vers Plan-des-Fosses, au bas du Glacier de Derbon, dit aussi Tita-Neire, se voit un autre petit affleurement des mêmes schistes, complètement isolé.

Outannaz. — Ce nom désigne une pente rocheuse, comprise entre les massifs calcaires du Grand-Mœveran et de la Dent-de-Chamosentze, et descendant depuis l'arête culminante du Glacier de Forclaz 2561 m., jusqu'au thalweg de la Losentze[1]. Vers le haut de ce versant on perçait en 1866 une galerie, dès lors abandonnée, destinée à amener aux chalets de Chamosentze les eaux du Glacier de Forclaz ; de là le nom de Galerie de Chamosentze par lequel on a parfois désigné ce gisement. Toute cette pente est formée de schistes oxfordiens qui paraissent s'enfoncer sous les massifs calcaires adjacents. J'y ai trouvé par-ci par-là, jusqu'au bord du glacier, quelques belemnites tronçonnées et ammonites pyriteuses. Les moins rares sont : *Bel. hastatus* et *Rhacophyllites tortisulcatus*.

Chamosentze. — Les schistes oxfordiens se poursuivent par-dessous la Dent-de-Chamosentze, tout le long du thalweg de la Losentze, jusqu'à la Mine de fer, près de laquelle leur plongement est de 37° E. Cette mine, dont l'exploitation avait cessé avant ma première visite en 1867, est connue depuis fort longtemps. Gueymard en parle en 1814 [Cit. 19, p. 29] ; il dit que le fer oxydé en grains de la commune de Chamoison contient 45 % de fer, qu'il est stratifié, et qu'on y a trouvé des *Ammonites*. — En 1820 Berthier [Cit. 30] décrit ce minerai, sous le nom de *Chamoisite*, cité fréquemment dès lors comme espèce minérale. Il signale son action sur le barreau aimanté, et en donne l'analyse, qui correspond à peu près à la formule :

$$4\ FeO,\ Al^2O^3,\ 2\ SiO^2 + 4\ Aq.$$

Plusieurs auteurs ont encore parlé de cette mine, Fournet en 1849 [Cit 49, p. 232] ; B. Studer en 1834 [Cit. 38, p. 123] et en 1853 [Cit. 57, p. 54 et 57].

Enfin le Dr C. Schmidt [Cit. 168] traitant du fer oolitique de la Windgälle (Uri), mentionne aussi le minerai de Chamosentze, dont il a fait l'analyse microscopique. Je n'ai eu connaissance de son travail qu'après avoir

[1] Je conserve à ces noms valaisans la désinence ...*entze* qui, mieux que tout autre, rend la prononciation locale. Cette finale est aussi écrite ...*entse*, ou ...*enze*, ou même francisée en ...*ence !*

écrit ce qui suit, et je vois avec plaisir que ses observations confirment les miennes. Dans une dissertation minéralogique à ce sujet, p. 599 et suivantes, M. Schmidt veut maintenir le nom de *Chamoisite* comme espèce minérale, et refuse d'en faire, avec M. Loretz, une dénomination pétrographique.

A mes yeux le minerai de Chamosentze est un simple mélange de *Magnétite*, *Oligiste* et schiste argileux, qui a pour origine un Fer oolitique argileux, ordinaire, modifié par la pression. La roche est d'ailleurs assez variable d'aspect, rougeâtre, verdâtre ou noirâtre, plus ou moins schistoïde, à grains oolitiques plus ou moins abondants, et plus ou moins écrasés. Parfois même elle prend l'aspect d'un grès. Mes échantillons se rapportent à trois types principaux ;

a) *Type compact magnétique.* — Formé de petits grains noirs, irrégulièrement arrondis, peu écrasés, non attirables à l'aimant. Parfois d'aspect bréchiforme. La trace est noire. A la loupe on y distingue une multitude de petits octaèdres brillants de *Magnétite*, plus petits, mais plus nombreux, que dans le minerai de la Windgälle.

b) *Type semi-compact, non magnétique.* — Roche analogue, sans octaèdres de Magnétite.

c) *Type schisteux, non magnétique.* — Grains aplatis, plus ou moins noirâtres, non attirables à l'aimant. Trace plus ou moins rouge. Pas d'octaèdres.

Je constate que des grains nettement écrasés ne sont nullement magnétiques, alors même qu'ils n'ont plus la couleur rouge de l'oligiste. Des grains écrasés du minerai de la Windgälle m'ont donné le même résultat, tandis que les grains écrasés du minerai sidérolitique de la Dent-du-Midi sont au contraire magnétiques. A Chamosentze je n'ai pu constater la propriété magnétique que dans les échantillons contenant des octaèdres.

Il y a là métamorphisme évident, ou si l'on préfère *épigénie*. La même action de pression, qui a transformé l'argile en schiste, a développé de la chaleur et de la vapeur aqueuse, qui ont désoxydé parfois le Fe^2O^3, et l'ont fait cristalliser en Magnétite Fe^3O^4.

Quant à l'âge du dépôt de ces couches, il est peut-être un peu plus ancien que nos schistes oxfordiens. J'ai obtenu quelques fossiles de la roche ferrugineuse, plus ou moins schistoïde. Plusieurs appartiennent à des espèces plutôt calloviennes : *Belemnites calloviensis*, *Reineckia anceps*, *Pholadomya Escheri*. Mais avec eux se rencontre une grande ammonite qui paraît bien se rapporter à *Perisphinctes Schilli*, type plutôt oxfordien.

Immédiatement au-dessus du minerai, j'ai trouvé les schistes feuilletés oxfordiens avec *Perisphinctes Collinii*. Mais ces schistes ont peu d'épaisseur, et le Malm calcaire les recouvre bientôt. Une épaisseur beaucoup plus forte de schistes, avec intercalation de bancs calcaires, existe en dessous du banc ferrugineux, et descend jusqu'au fond du ravin de la Losentze. On y trouve des rognons siliceux et j'ai cru y voir des *Zoophycos* peu distincts.

Il paraît donc probable que ce minerai est intercalé entre le Dogger et l'Oxfordien, et représente ainsi le vrai Callovien, dont il serait le seul gisement, constaté dans cette région des Alpes. Toutefois il me reste des doutes à ce sujet. Vu le peu d'épaisseur des schistes superposés, et l'absence du minerai dans les autres gisements, où les schistes sont beaucoup plus épais, je serais porté à voir dans ce banc ferrugineux un facies local, remplaçant la partie inférieure des schistes oxfordiens. Quelques-unes des mêmes espèces calloviennes ont d'ailleurs été retrouvées dans les schistes de Frête-de-Saille et de Pont-de-Derbon, mais il m'est impossible de dire si elles y occupent spécialement les couches inférieures. Ce sont là des questions à résoudre, pour ceux qui viendront après moi.

2. Massif des Diablerets.

Dans ce massif, ce n'est plus sur l'arête culminante, mais au contraire vers le bas de la grande paroi sud, que se trouvent les affleurements jurassiques, tandis que les sommets ne présentent que Néocomien et Nummulitique. C'est ce que montre la coupe ci-contre, transversale à la paroi des Diablerets, sur un point où la voûte de Malm n'est pas entièrement rompue (cl. 24).

Cl. 24. Coupe N-S par la 2de Cime des Diablerets. — 1/25000.

Je ne connais que trois gisements fossilifères de schistes oxfordiens aux Diablerets, ceux de Vélard, Toulards et Vozé, les deux premiers sur territoire vaudois, le troisième sur Valais.

La roche est toujours la même qu'autour des Mœverans, mais devenant de plus en plus feuilletée et lustrée, à mesure qu'on s'avance vers l'est. Les fossiles habituels sont encore des Belemnites tronçonnées et de petites Ammonites pyriteuses, mais ils sont plus rares et plus déformés. Cette détérioration des corps organiques s'aggrave de plus en plus à mesure que la lamination des schistes augmente, et à partir de Vozé je ne connais plus de fossiles, quoique j'aie pu poursuivre ce terrain bien au delà, par similitude pétrographique.

Vélard. — Au N d'Anzeindaz on voit, au pied de la paroi des Diablerets, un premier abrupt calcaire dit la Truche-du-Vélard. C'est au-dessus de ce grand rocher que se trouvent les schistes oxfordiens. Ils forment une sorte de talus incliné, s'élevant obliquement dans la paroi, comme le représente la bande bleu-foncé, à l'angle de la photographie pl. II. Ces schistes plongent d'environ 15° E, un peu SE. Ils reposent sur le calcaire grisâtre qui doit être du Malm renversé.

En poursuivant ce contact à l'ouest du côté de la Tête-d'Enfer, on voit le calcaire se redresser de plus en plus, limiter à l'ouest l'affleurement schisteux, et venir bientôt le recouvrir de façon à l'entourer de 3 côtés. C'est donc une voûte de Malm déjetée et rompue (cp. 2). A l'est au contraire l'affleurement schisteux disparaît sous les éboulis de Luex-à-Jaques-Grept ; mais il ne paraît guère probable qu'il s'étende beaucoup plus loin. Au point où passe la coupe transversale ci-dessus (cl. 24), la boutonnière paraît déjà refermée.

Cet affleurement oxfordien est donc très peu étendu. Néanmoins j'en possède une 15e d'espèces, recueillies soit par moi-même, soit par mes pourvoyeurs, parmi lesquelles les moins rares sont : *Belemnites hastatus*, *Harpoceras lunula*, *Rhacophyllites tortisulcatus*.

Toulards. — Au pied de la même paroi, mais plus à l'est, juste sur la frontière de Vaud et Valais, se trouvent de grands rochers de Malm, dits

Les Toulards, qui forment un promontoire saillant au sud. Au pied de ces rochers, à l'origine des grands Eboulements, on voit apparaître sous le Malm la partie supérieure des schistes oxfordiens. Ces schistes sont ici très feuilletés, et de teinte plus jaunâtre que dans les autres gisements.

Les fossiles y sont rares et mal conservés. J'y ai trouvé cependant quelques belemnites tronçonnées, dont l'une au moins est *Belemnites hastatus*, et de même quelques petites ammonites pyriteuses, dont l'une paraît être *Reineckia anceps*.

Vozé. — Les grands Eboulements des Diablerets, remontant jusqu'à la paroi calcaire, empêchent de voir la continuation de ces couches schisteuses, mais elles se retrouvent au delà en prolongement direct, et se continuent jusqu'au-dessus de Vozé, toujours immédiatement recouvertes par le Malm calcaire (cp. 4). — Ici le substratum est visible, c'est le Dogger que j'ai décrit p. 199.

Les schistes oxfordiens de Vozé sont encore plus feuilletés, gris-clairs et lustrés, et les fossiles y sont toujours écrasés et déformés, mais ce sont bien les mêmes types. Je n'ai obtenu de ce gisement qu'une 10ne d'espèces, dont les moins rares sont, comme au Vélard : *Belem. hastatus, Harpoceras lunula, Rhacophyllites tortisulcatus.*

La bande oxfordienne subit une nouvelle interruption, par suite des accumulations modernes du cirque de la Tchiffaz, mais au delà je l'ai retrouvée en dessus de La Luys, toujours intercalée entre le Dogger schisto-calcaire, et la paroi calcaire de Malm. Je l'ai poursuivie de là jusqu'au fond du ravin de la Haute-Lizerne, mais je n'y ai plus vu trace de fossiles. La lamination s'accuse de plus en plus, les schistes deviennent plus brillants, et leur épaisseur paraît diminuer en proportion de leur écrasement.

3. Versant valaisan.

Les schistes oxfordiens ont encore une grande extension sur le versant SE de notre région, jusqu'à la Vallée du Rhône, mais sans aucun fossile, jusqu'ici.

Vallée de la Lizerne. — Tout le long de cette vallée l'Oxfordien forme une mince bande entre le Dogger et le Malm, dans l'anticlinal rompu, décrit p. 201. Il y est facilement reconnaissable à ses schistes lustrés très feuilletés, qui sont d'ailleurs continus avec ceux de La Luys et de Vozé.

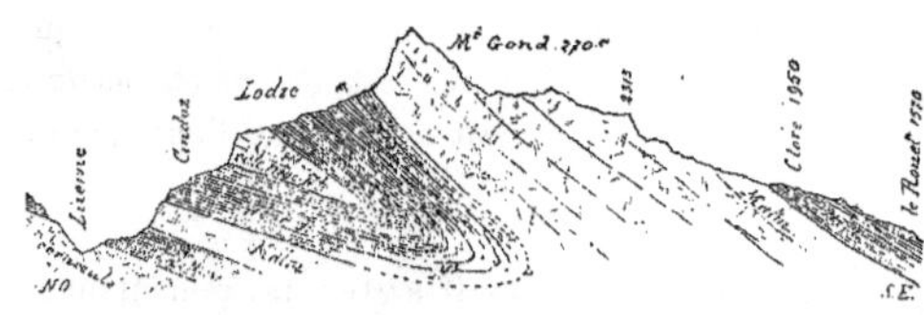

Cl. 25. Coupe du Mt Gond. — Echelle 1/50 000.
NB. Les bancs, marqués par erreur *Kellov.*, comprennent le Dogger et l'Oxfordien.

Après la traversée de la Haute-Lizerne, on voit l'affleurement oxfordien se relever contre Mont-bas, en suivant le pied de la paroi calcaire (cl. 25). Il passe en dessus du gisement fossilifère bajocien, mentionné p. 188, et se dirige au sud, s'élevant de plus en plus dans la paroi rocheuse, qui supporte la montagne de Lodze.

J'ai retrouvé plus loin cette même bande oxfordienne un peu au-dessus de Zamperon 1442 m., dans les lacets inférieurs du chemin qui monte à Lodze. Elle y est représentée par les mêmes schistes gris, lustrés, très feuilletés, disposés normalement sous la paroi calcaire de Malm, et reposant sur les schistes micacés du Dogger, beaucoup plus foncés (cl. 26).

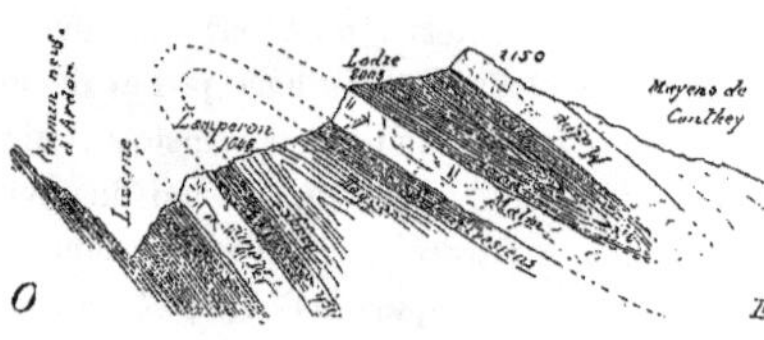

Cl. 26. Coupe par Zamperon. — Echelle 1/50 000.

Plus bas, en descendant de Asnière (Nanière) au chemin neuf d'Aven, on retrouve les mêmes schistes feuilletés, vers la jonction des deux chemins; mais ici dans l'ordre renversé, car ils reposent sur le calcaire du Malm, qui domine les gorges de la Lizerne (cl. 26). Ces schistes oxfordiens ont été exploités autrefois comme ardoise, au bord du chemin d'Aven.

La voûte rompue, déjetée au NW, est donc ici parfaitement évidente. Elle se continue au sud, en se rétrécissant de plus en plus. Le chemin neuf d'Aven la traverse obliquement, et vient couper la bande oxfordienne supérieure un peu avant la Chapelle de Saint-Bernard 1076 m. En dessous de cette chapelle la voûte est moins profondément rompue, et a pour noyau les schistes oxfordiens. Ceux-çi se prolongent dans la direction d'Ardon, un peu en contre-bas de l'arête de Malm, pour disparaître à leur tour, après les anciennes exploitations d'ardoise, marquées sur ma carte.

Vallée de la Losentze. — Dès la Mine de Chamosentze, jusque près du village de Chamoson, tout le pied de la Paroi-du-Gru est formé de schistes semblables, qui s'élèvent parfois assez haut dans les rochers, et s'étendent au sud et à l'ouest, au delà du cours de la Losentze. N'y ayant jamais trouvé de fossiles, j'ai teinté toute cette étendue en Oxfordien, mais avec la pensée qu'on pourrait y reconnaître plus tard des affleurements de Dogger, surtout dans le ravin de la Losentze. En tout cas j'ai constaté des schistes gris feuilletés, très semblables à ceux de Frête-de-Saille, tout le long du revers gauche de la Losentze, à Pouay, Ferraire, Appleye, Vérine, Azerin, Némiaz, Grugnay (cp. 9).

Vallée de la Salentze. — Il en est de même dans cette autre vallée. Le dos d'âne qui la sépare de la précédente, par Loutze, Pathier, Bertze, ne m'a offert que des schistes semblables sans fossiles (cp. 10). Ces mêmes schistes forment toute la montagne de Saille, et le versant E de celle de Bougnonnaz. A Ovronnaz (Névronaz), Mourthey, etc., ils sont recouverts de glaciaire, mais on les retrouve au SW, au-dessus du hameau de Tzou. De Bougnonnaz à Tzou ils sont sans doute renversés, car ils s'adossent à des calcaires compacts grisâtres, qui paraissent continuer ceux de Dent-Favre, et appartenir ainsi au Malm. Aux environs de Dugny (Dogny) et sur Montagnon, j'ai vu encore les mêmes schistes, contenant des nodules marno-calcaires noirs.

Il se pourrait enfin que les Ardoisières de Leytron appartinssent encore au même niveau (voir p. 166). On y trouve des *Belemnites tronçonnées*, analogues à celles du Mœveran (cl. 22 B, p. 205), mais dont les interstices sont remplis de *Quartz blanc* au lieu de *Calcite*. Au point marqué d'un astérisque bleu, au N de Leytron, j'ai trouvé quelques Belemnites un peu moins déformées, qui pourraient bien se rapporter à *B. hastatus*.

4. Gisements sporadiques.

Je dois encore mentionner ici quelques points isolés du territoire vaudois, où je ne me serais pas attendu à trouver de l'Oxfordien, et où ce terrain ne m'a été révélé que plus récemment, par l'étude attentive de quelques petits fossiles, dont pendant longtemps je n'avais su que faire. Il en résulte qu'aucun de ces gisements oxfordiens ne figure sur ma carte.

Arête de Chaux-Ronde. — A l'extrémité occidentale de la chaîne des Diablerets, droit au nord de la Poreyre, au bord de l'arête qui monte au sommet gazonné de Chaux-Ronde, j'ai signalé p. 174 un gisement de *Posidonomya* dans des schistes feuilletés, micacés, probablement opaliniens. Ces schistes occupent le fond d'un *chable,* de chaque côté duquel ils sont recouverts, en stratification concordante, par d'autres schistes plus clairs et moins feuilletés. Dans ces schistes supérieurs nous avions recueilli, Cherix et moi, quelques petites ammonites très encroûtées, qui sont restées longtemps indéterminées. Vu leur superposition à l'Opalinien, j'avais rapporté ces couches au Dogger, et les avais fait figurer ainsi dans ma carte de 1875. Plus tard en étudiant ces fossiles au Musée, nous avons réussi à les décroûter et à y reconnaître, avec une certitude presque entière, des espèces oxfordiennes : *Belemnites hastatus ? Perisphinctes sulciferus ? Rhacophyllites tortisulcatus.* L'un des trois exemplaires de cette dernière me paraît tout à fait certain. Ces fossiles sont d'ailleurs très semblables d'aspect à ceux du Mœveran.

Ensex. — Dans le ravin au sud-est d'Ensex, à la limite nord de ma carte, on voit la cornicule recouverte de schistes opaliniens, et ceux-ci de schistes du Dogger. A la partie supérieure de ce Dogger, vers le haut du ravin, j'avais trouvé en 1873 deux petites ammonites, trop encroûtées pour permettre une détermination. Sur ma carte j'avais tout marqué en Dogger.

Plus tard une de ces ammonites ayant pu être suffisamment décroûtée, j'y ai reconnu, sans hésitation, un *Rhacophyllites tortisulcatus*, tout à fait semblable d'aspect à ceux du Mœveran. Nous avons donc ici encore des schistes oxfordiens, reposant sur ceux du Dogger, et se confondant pétrographiquement avec eux. Si mes souvenirs ne me trompent pas ils sont pourtant un peu plus clairs, plus réguliers, et contiennent des nodules noirs calcaires. Mais sans la découverte de ce fossile il eût été impossible de les distinguer.

Il se pourrait qu'il en fût de même sur beaucoup d'autres points, que j'ai teintés en Dogger, et en particulier dans la prolongation de ce même synclinal, en dessous des Léchères.

Javernaz. — Droit au sud des chalets de Javernaz, sur le sentier qui mène au fond du vallon, on voit alterner des schistes feuilletés avec des bancs de grès plus ou moins grossiers et bréchiformes. Ces bancs plongeant au NE, leurs affleurements se relèvent au sud, et viennent traverser l'arête de Javernaz, entre La Croix et Le Châtillon. Sur l'arête on les voit s'enfoncer sous le Néocomien **N**[1], qui se distingue par sa couleur plus claire, et ses bancs plus calcaires.

Dans les schistes alternant avec les grès, nous avions trouvé, Cherix et moi, déjà en 1872, quelques fossiles, qui ressemblaient à ceux de Frête-de-Saille. Mais cette trouvaille étant restée isolée, ces fossiles étant peu nets, et les schistes du Mœveran ne m'ayant jamais montré d'intercalation de grès, j'avais renoncé à cette assimilation, et teinté tout le fond du vallon de Javernaz en vert, comme schistes néocomiens inférieurs **N**[2].

La découverte de fossiles oxfordiens dans les deux gisements ci-dessus m'engagea à examiner de nouveau ces fossiles de Javernaz, et après qu'ils eurent été soigneusement nettoyés, je finis par y reconnaître, avec plus ou moins de certitude, les espèces oxfordiennes suivantes : *Belemnites hastatus ? Peltoceras arduennense, Harpoceras lunula, Rhacophyllites tortisulcatus*, cette dernière en trois exemplaires. Il ne peut donc subsister aucun doute ; les alternats de schistes et grès bréchiformes, sous-jacents au Néocomien de Châtillon-de-Javernaz, appartiennent bien à l'Oxfordien.

Depuis l'Arête de Javernaz, ces couches redescendent sur le versant ouest du Châtillon, dans la direction des Monts-de-Châtel, et des Vernays. On m'a rapporté de là une petite ammonite noire, bien conforme à *Perisphinctes sulciferus*. Il y aura donc ici une importante correction à faire à ma carte ; mais de nouvelles études seront nécessaires pour délimiter cet Oxfordien, d'avec les schistes du Flysch.

FOSSILES DE L'OXFORDIEN Les chiffres désignent le nombre d'échantillons constaté dans chaque gisement. n = en nombre supérieur à 5 ex. c = commun.	GISEMENTS							NIVEAU HABITUEL				
	Frête-de-Tsalan	Frête-de-Saille	Outannaz	Chamosentze	Pont-de-Derbon	Vélard	Vozé	Bathonien	Callovien	Divesien	Argovien	Séquanien
Poissons.												
Strophodus cf. longidens, Ag. (V. pl. 16)	.	3	.	.	.	.	.	*	.	.	.	.
Céphalopodes.												
Belemnites hastatus, Blainv.	2	c	n	.	c	n	2	.	*	*	*	.
— calloviensis, Op.	1	5	.	1	2	.	.	.	*	.	.	.
— baculoïdes ? Oost.	1	c	4	.	3	2	.	.	.	?	.	.
Nautilus granulosus, Orb.	.	1	.	.	.	.	.	.	.	*	*	.
Ammonites.												
Peltoceras perarmatum, Sow. (Aspidoceras?)	1	3	.	.	1	.	.	.	.	*	*	.
— athleta, Phill.	.	n	.	.	.	.	.	.	.	*	.	.
— arduennense, Orb.	2	c	.	.	n	1	1	.	.	*	*	.
Perisphinctes sulciferus, Op.	1	n	.	.	1	2	1	.	.	*	.	.
— Martelli, Op. (A. plicatilis, Orb.)	.	3	.	.	.	.	.	.	.	.	*	.
— Schilli, Op.	.	.	.	1	.	.	.	.	.	.	*	*
— Collinii, Op.	.	3	1	1	2	.	.	.	.	.	*	.
— cf. lacertosus, Fontan.	.	2	.	.	.	.	.	.	.	.	.	*
— Doublieri, Orb. (A. randenensis, Mœsch.)	.	3	.	.	1	.	.	.	.	*	*	*
Simoceras cf. Herbichi, Hau	.	1	.	.	.	.	.	.	.	.	.	*
Reineckia anceps, Rein.	.	2	.	1	1	.	.	.	*	.	.	.
— Greppini, Op.	.	1	.	.	1	.	.	.	*	.	.	.
Cosmoceras ornatum, Schl.	.	1	.	.	.	.	.	.	.	*	.	.
Œcoptychius refractus, Haan	.	4	.	.	3	.	.	.	*	.	.	.
Stephanoceras Bombur ? Op.	.	.	.	.	1	.	.	.	*	.	.	.
Haploceras Erato, Orb.	.	3	.	.	1	1	.	.	.	*	*	.
— auritulus, Op. (jeunes Erato ?)	.	n	.	.	.	2	.	.	.	*	.	.
Oppelia suevica, Op.	.	n	.	.	.	1	.	.	.	*	.	.
— subcostaria, Op.	.	4	.	.	2	.	.	.	*	.	.	.
— lochensis, Op.	.	2	.	.	.	.	1	.	.	.	.	*
Harpoceras lunula, Ziet.	.	n	.	.	n	n	3	.	*	*	.	.
— punctatum, Stahl	1	c	.	.	n	1	1	.	*	*	.	.
— Brighti, Pratt.	1	3	.	.	5	1	1	.	.	*	.	.
— Lonsdalei, Pratt	.	1	.	.	.	.	.	.	.	*	.	.

FOSSILES DE L'OXFORDIEN (*Suite.*)	GISEMENTS							NIVEAU HABITUEL				
	Frète de-Tsalan	Frète-de-Saille.	Outannaz . .	Chamosentze.	Pont-de-Derbon	Vélard	Vozé	BATHONIEN. . .	CALLOVIEN . .	DIVÉSIEN . . .	ARGOVIEN . .	SÉQUANIEN. .
Ammonites. (*Suite.*)												
Amaltheus Lamberti, Sow.	.	c	.	.	5	1	2	.	.	*	.	.
— Sutherlandiæ, Murch.	.	.	.	.	2	.	.	.	.	*	.	.
— Mariæ, Orb.	.	n	.	.	.	.	.	.	.	*	.	.
— Goliatus? Orb.	.	1	.	.	.	.	.	.	.	.	*	.
Lytoceras Adelæ? Orb.	.	.	.	.	.	1	.	.	.	*	.	.
Rhacophyllites tortisulcatus, Orb.	2	c	n	.	n	n	5	.	.	*	*	*
— cf. Loryi, Munier. (R. Silenus, Font.) . .	.	c	n	.	c	.	.	.	.	.	.	*
Phylloceras Zignoi, Orb.	.	5	1	.	2	.	.	.	.	*	.	.
— Manfredi, Op.	.	3	.	.	1	.	.	.	.	.	*	.
— Puschi, Op. (A. tatricus, Orb.)	.	1	.	.	.	.	.	.	.	*	.	.
— plicatum? Neum, ...	.	n	2	.	n	1	.	.	.	.	*	.
Gastropodes.												
Aporrhais trochiformis? Qu.	.	.	.	.	.	1	.	.	.	*	.	.
Discohelix cf. Straparolus Sapho, Orb.	.	1	.	.	.	.	.	.	.	.	*	.
Pélécypodes.												
Pholadomya Escheri, Ag.	.	.	.	1	.	.	.	.	*	.	.	.
Modiola cf. gibbosa, Sow.	.	1	.	.	.	.	.	.	?	.	.	.
Hinnites sp.	.	1	.	.	.	.	.	.	.	.	.	.
Posidonomya ornati, Qu.	.	1	.	.	1	.	.	.	.	*	.	.
Brachiopodes.												
Rhynchonella arolica, Op.	.	.	.	n	.	.	.	.	.	.	*	.
— triplicosa, Qu. (var. furcillata)	.	.	.	n	.	.	.	.	.	.	*	.
Terebratula Zieteni, Lor.	.	.	.	n	.	1	.	.	.	.	*	*
Echinodermes.												
Pseudodiadema, cf. priscum, Ag.	.	2	.	.	1	.	.	.	.	.	*	.
Hemicidaris cf. alpina, Ag.	.	.	.	1	.	.	.	*	.	.	.	.
Pentacrinus subteres? Munst.	.	2	.	.	.	.	.	.	.	.	*	.
Cœlenterés.												
Montlivaultia? sp.	.	2	.	.	.	.	.	.	.	.	.	.
Total : 53 espèces, dont	9	43	7	9	26	16	9	2	11	25	19	8

FAUNE OXFORDIENNE

Le tableau qui précède fait connaître l'ensemble de cette faune, rarement si bien représentée dans les Alpes ; je n'y ai fait figurer que les gisements les plus importants.

Sur un total de 53 espèces, dont 4 seulement ne sont pas utilisables pour la détermination de l'âge, j'en trouve 43 qui sont oxfordiennes, au sens large de ce nom ; il ne peut donc y avoir aucun doute sur cette attribution générale. D'autre part, si je cherche à me rendre compte de l'étage plus spécial auquel appartiennent ces schistes, je constate que 24 espèces, soit près de la moitié sont *divésiennes*, tandis que 11 seulement sont *calloviennes* et 19 *argoviennes* Or comme je retrouve au-dessus des schistes oxfordiens, à la base du Malm calcaire, une faune proprement argovienne, il ne peut pas y avoir d'hésitation. Nos schistes représentent avant tout l'étage divésien (argiles de Dives), c'est-à-dire l'oxfordien (*sensu stricto*) ou *Ornatenthon*, qui dans les contrée avoisinantes, en Souabe comme dans le Jura, se trouve aussi à l'état argileux ou marneux (marnes oxfordiennes à fossiles pyriteux).

En même temps il est facile de constater que cet Oxfordien présente ici plus d'affinité avec le Malm qu'avec le Dogger.

Sur ces 53 espèces 39, soit presque les $^3/_4$, sont des Céphalopodes. Les autres fossiles sont presque tous assez rares. Cette faune est donc au plus haut degré pélagique, sur toute l'étendue jalonnée par nos gisements fossilifères, là même où j'avais constaté la proximité du rivage (Lizerne), à l'époque du Dogger. L'empiétement de la mer vers le sud avait donc continué à se produire, et s'était fortement accru. Le rivage méridional de la mer oxfordienne nous est inconnu. Peut-être se trouvait-il quelque part au sud du Rhône actuel, sur le bord des Alpes cristallines ?

JURASSIQUE SUPÉRIEUR OU MALM

L'extension du Malm dans ma région dépasse encore celle de l'Oxfordien. Il se voit presque partout sur ma carte, sauf à son angle NW. Il y est figuré par la teinte bleue sans hachures, avec le monogramme **Jc** (jurassique calcaire). Sur la Feuille XVII au 100 millième, il est représenté par le bleu clair avec hachure verticale, accompagné de **Js** (jurassique supérieur).

Mais si le rôle orographique du Malm est considérable dans nos Alpes, ce terrain est bien moins intéressant au point de vue paléontologique. Les fossiles y sont extrêmement rares, et presque toujours mal conservés. Il n'offre aucun gisement fossilifère proprement dit; ce n'est qu'à force de recherches que j'ai eu un petit nombre de fossiles, qui m'ont permis d'y reconnaître sur quelques points les trois étages suivants :

Malm { Tithonien (Portlandien et Kimridgien).
Séquanien (Badener Schichten).
Argovien (Birmenstorfer Schichten).

Il ne peut être question de poursuivre séparément l'extension géographique de ces étages, car la masse calcaire du Malm n'est généralement pas susceptible de subdivision. Je décrirai donc les relations orographiques de l'ensemble du Malm, après avoir légitimé mes trois étages, en faisant connaître les points fossilifères et la faune de chacun d'eux.

Quant aux travaux antérieurs, sur ce terrain de ma région, il n'en existe à proprement parler aucun. Lardy signale, il est vrai, le Jurassique supérieur et moyen dans les Alpes vaudoises [Cit. 45, p. 176 et 204], mais il s'agit ou des Préalpes, ou du Bathonien de Vuargny. La seule indication de quelque valeur qu'il fournisse sur le Malm des Hautes-Alpes, est la citation d'un *Perisphinctes* (sous le nom de *Am. biplex*) dans le calcaire bleuâtre des environs de Lavey.

Studer décrit le Malm des Hautes-Alpes, sous le nom de *Hochgebirgskalk* [Cit. 57, p. 53], mais c'est à peine s'il mentionne notre région.

ÉTAGE ARGOVIEN

La partie inférieure du Malm, qu'on voit directement superposée aux schistes oxfordiens, est en général formée d'un calcaire moins homogène, mieux lité, parfois un peu schistoïde, et qui sur quelques points m'a fourni de rares fossiles indiquant le niveau de Birmenstorf, ou ce que l'on a appelé, dans le Jura, Oxfordien calcaire. C'est donc l'étage argovien, tel qu'il a été établi par MARCOU, adopté par beaucoup d'auteurs, et conservé dans mon « Tableau de la période jurassique » [Cit. 103].

Je n'ai pu constater paléontologiquement cet étage que dans cinq ou six gisements, dont le suivant seul m'a fourni des renseignements stratigraphiques précis.

Frête-de-Saille. — A la base des pitons calcaires du Grand-Mœveran et du Petit-Mœveran, on voit les couches supérieures des schistes oxfordiens devenir de plus en plus calciques, et passer insensiblement à des calcaires schistoïdes foncés. C'est là que j'ai rencontré des couches pétries de Fucoïdes, qui alternent avec des calchistes contenant de grandes Ammonites calcaires, différentes de celles des schistes oxfordiens sous-jacents.

OSWALD HEER, à qui j'avais communiqué plusieurs plaques de ces Fucoïdes, maintenant conservées au Musée de Lausanne, en a figuré diverses espèces dans sa *Flora fossilis Helvetiæ,* sous les noms de *Chondrites æmulus*, *Ch. setaceus, Ch. Renevieri*, *Nulliporites alpinus*. — HEER avait créé le genre *Nulliporites* pour de petites tiges cylindriques, qu'il considérait comme des Algues à fronde solide, incrustées de calcaire [Cit. 112, p. 111]. M. DE SAPORTA n'admet pas cette distinction, et reporte toutes ces espèces dans le genre *Chondrites* [Pal. fr. Veg. I, p. 157]. Quoi qu'il en soit, ce type à ramules cylindriques est abondant, et même prédominant, dans les couches sus-mentionnées. Beaucoup de nos échantillons sont tout à fait semblables à *Nulliporites hechingensis*, qui, d'après M. MŒSCH, forme deux bancs à la partie supérieure des *Birmenstorferschichten* d'Argovie [Mat. Cart. géol. 4e liv., p. 132].

Quant aux autres fossiles qui paraissent provenir des calcaires schistoïdes intercalés, la plupart n'ont pas été pris sur place, mais ramassés en dessous, avec les fossiles oxfordiens, dont ils se distinguent par leur fossilisation et par la gangue adhérante. Malgré leur conservation très imparfaite, j'ai cru pouvoir y reconnaître : *Perisphinctes Martelli, Oppelia pseudoflexuosa, Rhacophyllites cf. Loryi, Aptychus sparsilamellosus, Pseudodiadema priscum ? Pentacrinus subteres.* La plupart sont des espèces franchement argoviennes. *Rhacoph. Loryi*, qui n'avait été cité que d'un niveau plus élevé, se retrouve identique dans les schistes oxfordiens sous-jacents, mais en échantillons pyriteux, beaucoup plus petits.. Il ne diffère de *Rhac. tortisulcatus* que par son ombilic plus étroit.

Je possède encore de Frête-de-Saille deux ammonites calcaires, moins déprimées, à gangue noirâtre plus compacte : *Perisphinctes metamorphus* et *Perisphinctes colubrinus.* Ce sont des espèces habituellement séquaniennes, qui pourraient être tombées de plus haut.

Sur le versant W de Frête-de-Saille, dans le bas de l'affleurement oxfordien, j'ai retrouvé les mêmes bancs à Fucoïdes, qui séparent les schistes oxfordiens de la bande inférieure de Malm. Ici toutes les couches sont renversées, et forment le jambage opposé de la voûte rompue, déjetée à l'ouest.

Outans. — Sur le flanc nord du Grand-Mœveran, dans la moraine terminale du Glacier des Outans, le Dr Ph. de la Harpe avait recueilli quelques fossiles, dont plusieurs, présentant la même gangue calcaire, révèlent aussi sur ce versant la présence de l'Argovien. Ce sont : *Belemnites hastatus, Bel. Sauvanaui ? Rhacophyllites tortisulcatus.*

Dent-de-Chamosentze. — Sur le versant E du même massif, j'en connais aussi plusieurs indices. La masse calcaire de la Dent-de-Chamosentze recouvre les schistes oxfordiens d'Outannaz. Ici je n'ai pas pu observer la transition graduelle comme à Frête-de-Saille, mais quelques fragments de roche à Fucoïdes, et d'autres fossiles à gangue calcaire, ramassés au pied de la paroi, indiquent l'existence de l'Argovien à la base de la Dent, ce sont les espèces : *Belemnites Sauvanaui, Rhacophyllites Loryi, Chondrites setaceus, Ch. intricatulus, Nulliporites alpinus.*

Haut-de-Derbon. — Au bas du Glacier de Forclaz, le petit affleurement oxfordien (p. 208) est environné de Malm. Les parties inférieures de ces calcaires, qui recouvrent les schistes, doivent aussi appartenir à l'Argovien, à en juger par les fossiles suivants, à gangue de calschiste, rapportés de ce gisement : *Belemnites Sauvanaui, Bel. hastatus, Perisphinctes Martelli, Aptychus Beyrichi, Pseudodiadema priscum ?*

Un peu plus en aval, au Plan-des-Fosses, dans le bas du Glacier de Tita-Neire, le Dr Ph. de la Harpe avait récolté *Perisphinctes metamorphus ?* et *Aptychus Beyrichi*, dans les calcaires qui entourent le petit affleurement de schistes oxfordiens. Ces fossiles me paraissent encore indiquer l'étage argovien.

Toulards. — A la base de la paroi méridionale des Diablerets, j'ai aussi trouvé une faunule argovienne. Les grands rochers des Toulards, qui s'élèvent à pic au-dessus des pâturages, au bord occidental des grands Eboulements, sont entièrement formés de Malm, reposant sur les schistes oxfordiens fossilifères.

Parmi les éboulis de ces rocs calcaires, j'ai trouvé quelques fragments de schistes à Fucoïdes avec *Nulliporites alpinus*, et une dizaine d'autres fossiles, se rapportant pour la plupart à des espèces argoviennes. Leur gangue est un calcaire noir très homogène et un peu schistoïde. Ce sont : *Belemnites Sauvanaui, B. semisulcatus, B. argovianus, B. monsalvensis, B. cf. alpinus, Oppelia pseudoflexuosa, Harpoceras Eucharis, Rhynchonella monsalvensis.* Cette association ne peut guère laisser de doute sur l'âge. Une autre ammonite, *Aspidoceras longispinum* indiquerait plutôt du Séquanien, mais sa gangue n'est pas tout à fait la même. Elle peut être tombée de plus haut.

Sex-Veudran. — Le rocher de ce nom se trouve au-dessus du Bévieux, dans le cours du Bey de Serrisson, et domine le petit affleurement de cornieule de Plan-Saugey (p. 98). Il forme l'extrémité septentrionale de la paroi rocheuse qui descend de Châtillon-de-Javernaz et domine les Vernays (p. 217). Ce rocher, très apparent depuis le chemin de Gryon, m'avait intrigué. Je le visitai en 1864, mais sans pouvoir y trouver de fossiles.

La roche est un calcaire grisâtre, à bancs peu épais, assez analogue au Néocomien de Châtillon. Je l'avais donc considéré comme n'en étant que le prolongement, et l'ai compris sur ma carte dans la teinte $\mathbf{N}^1$.

FOSSILES DE L'ARGOVIEN Les chiffres désignent le nombre d'échantillons constaté dans chaque gisement. n = en nombre supérieur à 5 ex. c = commun.	GISEMENTS					NIVEAU HABITUEL		
	Les Toulards	Les Outans	Frête-de-Saille	Dt-de-Chanosentze	Haut-de-Derbon	Divésien	Argovien	Séquanien
Céphalopodes.								
Belemnites hastatus, Blainv.	.	5	.	.	1	*	*	.
— Sauvanaui, Orb.	1	2	1	2	1	.	*	.
— monsalvensis, Gilliéron	2	.	.	.	.	.	*	.
— semisulcatus, Münst.	1	1	.	.	1	.	*	*
— argovianus, Mayer	1	.	.	.	.	.	*	.
— cf. alpinus, Ooster	2	.	.	.	.	.	.	.
— cf. abbreviatus, Phill.	.	.	1	.	.	.	*	.
Ammonites.								
Aspidoceras longispinum, Sow.	1	.	.	.	.	.	.	*
Perisphinctes Martelli, Op. (Am. plicatilis, Orb. — non Sow.)	.	.	2	.	1	.	*	.
— metamorphus, Neum.	.	.	.	.	1	.	.	*
Oppelia pseudoflexuosa, Favre	1	.	1	.	.	.	*	*
Harpoceras Eucharis, Orb.	1	.	.	.	.	.	*	.
Rhacophyllites tortisulcatus, Orb.	.	2	.	.	.	*	*	*
— Loryi, Munier. (Am. Silenus, Fontan.)	.	.	2	n	.	*	.	*
Aptychus Beyrichi, Op.	.	.	.	.	2	.	*	.
— sparsilamellosus, Gümb.	.	.	3	.	.	.	.	*
Brachiopodes.								
Terebratula Zieteni, Loriol.	1	.	.	.	.	.	*	*
Rhynchonella monsalvensis, Gill.	2	.	.	.	.	.	*	.
Echinodermes.								
Pseudodiadema, cf. priscum, Ag.	.	.	2	.	1	.	*	*
Cidaris spinosa, Ag. (radiole)	1	.	.	.	.	.	*	.
Pentacrinus subteres, Münst.	.	.	2	.	.	.	*	*
Plantes.								
Chondrites setaceus, Hr.	.	.	c	n	.	.	.	.
— intricatulus, Hr.	.	.	n	n	.	.	.	.
— Renevieri, Hr.	.	.	2	.	.	.	.	.
Nulliporites hechingensis, Qu. sp.	.	.	c	.	.	.	*	.
— alpinus, Hr.	.	.	c	c	.	.	.	.
Total : 26 espèces, dont	11	4	13	5	7	3	17	10

Depuis lors Ph. Cherix m'en a rapporté quelques fossiles, appartenant tous au Malm. Deux espèces indiqueraient plutôt l'Argovien : *Bel. monsalvensis* et *Perisphinctes Martelli*. Deux autres sont plutôt des types séquaniens : *Aptychus sparsilamellosus* et *Pxgope Bouei*. Ils ne sont pas identiques de gangue et peuvent fort bien provenir de niveaux différents.

Rien de plus naturel que cette paroi soit du Malm, puisque sa base, un peu plus au sud vers les Vernays, est formée de ces alternats de schistes et grès grossiers, qui à Javernaz contiennent des fossiles oxfordiens.

J'ai résumé dans le tableau ci-dessus la pauvre faunule argovienne de cette partie de nos Alpes.

ETAGE SÉQUANIEN

Au-dessus de l'Argovien, représenté par des calcaires plutôt schistoïdes, s'élève dans nos Hautes-Alpes une masse considérable de calcaires beaucoup plus compacts, généralement gris à l'extérieur, mais noirs, ou plus ou moins foncés, à la cassure. Les fossiles y sont encore plus rares et mal conservés. Leur position stratigraphique, aussi bien que les rares débris organiques déterminables, les désignent comme appartenant à l'étage séquanien, dit souvent Corallien compact.

A l'instar de MM. de Loriol, Tombeck, etc., je prends ici le nom de Séquanien dans son sens étendu, pour désigner d'un seul mot ce que l'on appelle tour à tour : Zone à *Am. tenuilobatus*, Zone à *Am. acanthicus*, Zone à *Am. polyplocus*, ou aussi *Badenerschichten*. Ce n'est à mes yeux que le facies bathial ou pélagal de l'ancien *Corallien* de d'Orbigny, terme fallacieux, qui doit être abandonné, en tant que dénomination stratigraphique ou chronologique.

Grâce aux fossiles recueillis, je puis signaler l'existence de cet étage séquanien dans six gisements de nos Alpes.

On peut le constater encore sur beaucoup d'autres points, par la présence de nombreux rognons siliceux disséminés dans le calcaire. L'observation m'a montré que ces rognons siliceux se rencontrent essentiellement dans les parties supérieures du Malm. Plusieurs fois je les ai trouvés associés à des fossiles séquaniens. Je puis donc les considérer, dans ma région, comme plus ou moins caractéristiques de ce niveau.

A cause de leur texture spongieuse, et de leurs formes imitatives, parfois renflées aux extrémités, on avait dans le temps pris ces rognons pour des ossements de vertébrés. Il se pourrait bien qu'ils fussent d'origine organique, mais dus plutôt à des Spongiaires siliceux.

Outans. — Mon ami le Dr PH. DE LA HARPE avait recueilli quelques espèces séquaniennes dans la moraine terminale du Glacier des Outans, branche SW du glacier de Plan-Névé. Ce sont : *Perisphinctes metamorphus*, *P. colubrinus*, *Amaltheus Kapffi*, *Rhync. sparsicosta*. Ces fossiles étaient évidemment tombés soit du Mœveran, soit du Sex-Percia. A la base septentrionale du Sex-Percia, qui sépare les deux branches du glacier de Plan-Névé, on voit des bancs calcaires remplis de rognons siliceux, ce qui confirme encore la présence de cet étage.

Dent-de-Chamosentze. — Parmi les fossiles ramassés au pied de ce rocher, avec ceux de l'Oxfordien et de l'Argovien, il s'est trouvé aussi quelques espèces séquaniennes, contenues dans un calcaire compact, à cassure noire : *Perisph. metamorphus*, *Terebratula Zieteni*, *Rhync. sparsicosta*, *Rhabdocidaris Orbignyi*. On peut admettre qu'ils provenaient du haut de la paroi, dont la base, comme nous l'avons vu p. 223, est argovienne, et repose sur les schistes oxfordiens.

Plan-des-Fosses. — Le Dr PH. DE LA HARPE avait aussi ramassé quelques fossiles séquaniens dans le haut de la Vallée de Derbon, où l'on se trouve en plein dans le Malm. Malheureusement il n'a pas cité les gisements précis; il mentionnait les uns comme trouvés entre les deux Glaciers de Derbon. (Forclaz et Tita-neire); tandis que d'autres portent l'étiquette : entre le Pont et le Pas-de-Derbon. J'ai recueilli moi-même quelques espèces séquaniennes au Plan-des-Fosses, qui se trouve au centre de ce grand espace calcaire. Le tout fait 6 espèces, qui indiquent bien le séquanien : *Belemnites semisulcatus*, *Perisphinctes metamorphus*, *P. colubrinus*, *Terebratula Zieteni*, *Rhynchonella sparsicosta*.

Creux-de-Tsalan. — Au sud du Petit-Mœveran, dans le cirque de Tsalan, qui est tout entier calcaire, au point marqué d'un astérisque bleu sur ma carte, dans un calcaire siliceux grisâtre, j'ai recueilli une Ammonite,

Perisphinctes matamorphus et beaucoup de Térabratules, appartenant à *Ter. Zieteni* et *Walheimia humeralis*. J'y ai trouvé également dans un calcaire spathoïde plus foncé de nombreuses tiges de Pentacrines, probablement *Pent. Desori*.

FOSSILES DU SÉQUANIEN Les chiffres désignent le nombre d'échantillons constaté dans chaque gisement. n = en nombre supérieur à 5 ex. c = commun.	GISEMENTS						NIVEAU HABITUEL		
	Les Oulans	D-de-Chamos	Plan-d.-Fosses	Cr.-de-Tsalan	Sex-Veudran	Bas-de-Culand	Argovien	Séquanien	Tithonien
Céphalopodes.									
Belemnites semisulcatus, Münst.	.	.	1	.	.	.	*	*	.
Perisphinctes metamorphus, Neum.	2	2	3	2	.	.	.	*	.
— colubrinus, Rein.	1	.	1	1	.	.	*	*	.
— Balderus ? Op.	.	.	3	.	.	.	.	*	.
Amaltheus Kapffi, Op.	1	.	.	.	.	.	.	*	.
Aptychus sparsilamellosus, Gümb.	.	.	.	.	1	.	.	*	.
Brachiopodes.									
Terebratula Zieteni, Loriol	.	2	1	n	.	.	*	*	.
Pygope Bouei, Zeusch. sp.	.	.	1	.	1	.	.	*	*
Waldheimia humeralis, Rœm. sp.	.	.	.	n	.	.	.	*	.
— Mœschi, Mayer.	.	.	.	.	.	5	.	*	.
Rhynchonella sparsicosta, Op.	2	1	n	.	.	.	.	*	.
Echinodermes.									
Acrocidaris cf. nobilis, Ag.	.	.	.	.	.	1	.	*	.
Cidaris sp. (radiole)	.	.	.	.	.	1	.	.	.
Rhabdocidaris Orbignyi, Desor.	.	1	.	.	.	.	.	*	.
Apiocrinus polycyphus ? Desor sp.	.	.	.	.	.	3	.	*	.
Millericrinus Munsteri ? Orb.	.	.	.	.	.	n	.	*	.
Pentacrinus Desori, Thurm.	.	.	.	n	.	.	.	*	.
Cœlentérés.									
Spongiaires siliceux ? (rognons)	c	.	.	c	.	.	.	.	.
Total : 18 espèces, dont	5	4	7	6	2	5	3	16	1

Sex-Veudran. — De ce rocher calcaire, situé au NW, assez loin des précédents, j'ai aussi obtenu deux espèces : *Aptychus sparsilamellosus* et *Pygope Bouei,* qui indiquent la présence du Séquanien, au-dessus de l'Argovien mentionné p. 224.

Bas du Glacier-de-Culand. — Enfin, sur le versant nord des Diablerets, entre le bas du Glacier de Culand, et le bord de la paroi qui domine Creux-de-Champ, se trouve un grand *lapié* de calcaire gris, visible de loin, et tout entouré de néocomien schisteux plus foncé. Au point marqué sur ma carte d'un astérisque bleu, j'y ai trouvé quelques fossiles, qui paraissent appartenir à des types séquaniens : *Waldheimia Mœschi, Acrocidaris nobilis, Apiocrinus polycyphus, Millericrinus Munsteri.* J'ai dit paraissent, car ils sont trop mal conservés pour établir une détermination certaine. Les tiges d'Apiocrinides sont assez abondantes, mais on ne peut en tirer grand parti. Je regarde cet affleurement comme très probablement jurassique supérieur, quoique en 1875 je n'aie pas osé le marquer comme tel sur ma carte.

Le tableau ci-contre résume cette maigre faune séquanienne. Les fossiles qui le composent ayant été presque tous ramassés dans les éboulis, ou sur des points isolés, il ne peut donner lieu à aucune inférence d'association des espèces.

En revanche on peut remarquer dans ce tableau, comme dans celui de l'Argovien, que les Céphalopodes prédominent beaucoup moins que dans l'Oxfordien.

Il semblerait ainsi que le Malm ait dans nos contrées un caractère moins pélagique que l'Oxfordien. La roche essentiellement calcaire parlerait dans le même sens et indiquerait plutôt des profondeurs moindres de l'océan! Peut-être le mouvement d'affaissement du sol avait-il déjà cessé, et des récifs de Spongiaires, sinon de Polypiers, avaient-ils pu se développer dans des eaux moins profondes? Il est difficile de tirer des inductions valables, de documents paléontologiques si incomplets.

ÉTAGE TITHONIEN

Dans les Préalpes romandes, on a généralement désigné sous le nom de Tithonique l'étage le plus supérieur du Jurassique alpin, caractérisé par *Phylloceras ptychoicum, Pygope janitor*, etc., et dont M. E. Favre a décrit la faune dans le volume VI des Mémoires de la Société paléontologique suisse. C'est le niveau qui est ordinairement désigné en Allemagne sous le nom de *Ober-tithon*, tandis que notre Séquanien y est assez habituellement appelé *Unter-tithon*.

Dans les Hautes-Alpes calcaires je n'ai jamais retrouvé ces calcaires blancs, à faune tithonique, des Préalpes. En revanche j'ai quelques Ammonites de diverses localités, recueillies pour la plupart dans des éboulis, mais paraissant provenir de la base des terrains néocomiens. Elles présentent des caractères pétrographiques assez uniformes ; elles ont pour gangue un calcaire noir, marneux, plus ou moins feuilleté, et sont, presque toutes, passablement écrasées. Tout en reconnaissant que ces Ammonites devaient appartenir à un même niveau, je n'avais pu, jusqu'à 1886, arriver pour elles à aucune détermination certaine, et jugeant d'après l'analogie de la roche, je les avais attribuées, sous toutes réserves, à la partie inférieure du néocomien, les considérant comme représentants probables du Valangien. En reprenant cette question difficile, restée en suspens, j'ai pu, grâce à la belle monographie de M. Zittel : *Céphalopoden der Stramberger-Schichten,* arriver à des déterminations moins hypothétiques, qui paraissent indiquer avec une assez grande probabilité le niveau tithonique supérieur.

Mon induction étant de nature essentiellement paléontologique, je ne puis pas procéder ici comme je l'ai fait pour les autres étages. Je me contenterai d'énumérer ces fossiles, en indiquant, pour chacun d'eux, ce que je sais sur les gisements où il a été trouvé.

Perisphinctes Richteri, Op. — C'est l'espèce dont la détermination me paraît la plus sûre. J'en ai au Musée de Lausanne 7 échantillons, dont un ou deux assez complets : 3 proviennent de Luex-à-Jaques-Grept, dans les éboulis des Diablerets, vers Anzeindaz; 1 des éboulis des Toulards, au-dessus du Col-de-Cheville; 1 des éboulis du Mœveran, au bas de la montée du Richard; 1 est indiqué de L'Avare; 1 autre enfin du Vallon de L'Avare.

Perisphinctes Calisto ? Orb. — Moins sûr, représenté par 3 échantillons; l'un est étiqueté : du revers sud des Diablerets ; un autre, des Toulards ; le troisième provient des éboulis du Mœveran, à la montée de La Larze.

Perisphinctes Lorioli, Zit. — 2 exemplaires trouvés dans les éboulis du Mœveran, l'un à la montée de La Larze, et l'autre au bas des Outans.

Perisphinctes transitorius ? Op. — Un seul exemplaire, étiqueté Mœveran.

Perisphinctes senex, Op. — Un seul exemplaire trouvé en place, dans la paroi sud des Diablerets, au-dessus du Malm du Vélard.

La plupart de ces fossiles n'ont donc point été trouvés en place, mais ils proviennent de régions où passe la limite entre les terrains jurassiques et crétaciques, et où par conséquent on peut s'attendre à trouver le Tithonien. L'existence de cet étage paraît donc très probable, d'une part dans la paroi sud des Diablerets, d'autre part sur le revers NW du Mœveran, et dans sa continuation à l'est jusqu'au delà de L'Avare.

En outre j'ai trouvé vers le bas du Mont-Gond, aux environs de Cindoz, des calcaires schistoïdes foncés, occupant une position analogue, à la base du néocomien, et contenant, comme ceux de la paroi sud des Diablerets, des traces de fossiles écrasés, plus ou moins ferrugineux.

RELATIONS OROGRAPHIQUES

Après avoir parlé des étages jurassiques supérieurs, que les fossiles m'ont permis de reconnaître, j'en viens aux allures du Malm dans son ensemble, et à sa distribution dans la contrée.

Le Malm joue un rôle prédominant dans le massif du Mœveran, et dans les régions du Valais qui l'avoisinent au sud et à l'est. Il se rencontre également dans le massif des Diablerets, la chaîne du Mont-Gond, le massif de Morcles, et sur quelques points de la rive gauche du Rhône. Il forme la principale charpente de ces massifs montagneux, et manifeste très bien leur structure plissée.

1. Massif du Mœveran.

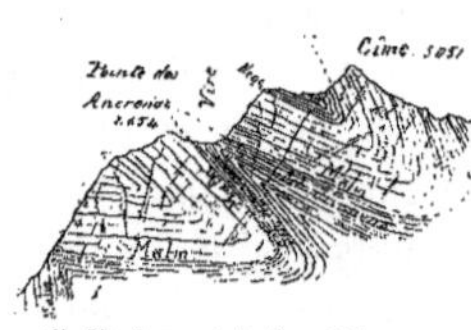

Cl. 27. Sommet du Grand-Mœveran vu des Martinets.

Ce massif, dans lequel nos terrains jurassiques ont leur plus grand développement, est constitué par un vaste pli anticlinal, déjeté au NW (cp. 3 et 8 à 12), dont la voûte est rompue par places jusqu'à l'oxfordien. Ce pli principal est compliqué de divers plis secondaires, qui s'observent surtout dans la partie centrale et culminante du massif (cp. 10 et cl. 27).

Paroi Ouest. — Le jambage NW de ce grand pli du Malm commence au bas des Outans, au N du Grand-Mœveran, et se prolonge au sud jusqu'à Dent-Favre. Au dessus de Pont-de-Nant et de La Larze, les bancs calcaires du Malm sont plus ou moins verticaux et ondulés, formant l'origine de la grande voûte jurassique, contre laquelle sont redressés les schistes néocomiens des Outans (cp. 10). C'est probablement de cette zone de contact que proviennent les Ammonites tithoniques que j'ai citées p. 230.

Mais ce jambage calcaire se déjette de plus en plus à l'ouest, de manière à être absolument renversé, depuis le passage de La Tour, au-dessus des chalets de Nant (cp. 11). Il constitue alors une haute paroi calcaire, à couches faiblement inclinées au SE, qui s'élève en écharpe jusqu'à Dent-Favre, recouvrant les schistes néocomiens (cp. 12).

Ceux-ci forment sous la Dent une corniche praticable, dite la Vire-Longet. J'ai pu m'assurer de ce renversement absolu en gravissant le 21 août 1867 le passage dit Pertuis-à-Chamorel. Dans cette ascension depuis le fond de la Vallée-de-Nant jusqu'au faîte de la chaîne, j'ai rencontré, dans l'ordre renversé, d'abord le Nummulitique, puis les divers étages crétaciques et néocomiens, surmontés par le Malm, qui forme le piton de Dent-Favre.

Versant Est. — Depuis la pyramide de Dent-Favre 2927 m., on peut poursuivre au SE sans interruption ces calcaires du Malm, par les Pointes-des-Armeys, jusqu'au massif calcaire du Grand-Chavalard et de la Grande-Garde.

Il en est de même au NE ; mais ici les bancs calcaires se contournent, et viennent recouvrir le noyau de schistes oxfordiens du Creux-de-Bougnonnaz (cp. 3). Dans cette situation normale, le Malm forme le piton de la Pointe-d'Aufallaz 2735 m. (cp. 11) et celui du Petit-Mœveran 2820 m., ainsi que la Pointe-de-Cheveloz 2729 m. entre Saille et Chamosentze. Il se relie ainsi au Malm du Grand-Mœveran, et du massif de Haut-de-Cry. C'est le jambage sud-est du grand anticlinal rompu, qui non seulement est normalement stratifié, mais encore faiblement incliné au SE (cp. 10).

Les calcaires de cette région sont en général noirâtres à la cassure, et contiennent fréquemment ces singuliers rognons siliceux, que je crois appartenir plus spécialement au niveau séquanien. J'ai rencontré ce calcaire à rognons sur un grand nombre de points, entre autres : des chalets de Saille à ceux de Bougnonnaz, vers Loutze-d'en-haut, en Semont, en Comonoz, derrière les chalets de Chamosentze, autour de la Pointe-de-Cheveloz, ainsi qu'à la montée de Chamosentze à Forclaz.

En faisant le 13 août 1867 l'ascension du Grand-Mœveran, j'ai pu m'assurer que toute sa pyramide supérieure, qui domine le Creux-de-Coppel, est formée des mêmes calcaires compacts foncés. Mais ici ils présentent ces replis secondaires, qui portent l'altitude de cette sommité centrale à 3061 m. (cl. 27 et cp. 10).

Flanc Nord. — Les calcaires du Malm forment la plus grande partie du haut de la Vallée de Derbon (cp. 7, 8), où ils ont fourni quelques fossiles, qui révèlent les étages argovien et séquanien. C'est le cas spécialement à la Dent-de-Chamosentze, à Pont-de-Derbon et à Plan-des-Fosses (p. 223, 227).

Ils constituent également l'arête qui sépare cette vallée des glaciers vaudois de Plan-Névé et de Pancyrossaz. Un clubiste m'a rapporté du passage du Pascheu (cp. 9), une portion d'ammonite, qui paraît se rapporter à *Perisphinctes colubrinus*.

Sur le versant NW de cette longue arête calcaire, le Malm constitue un pli synclinal déjeté, particulièrement apparent au Col-des-Chamois, entre

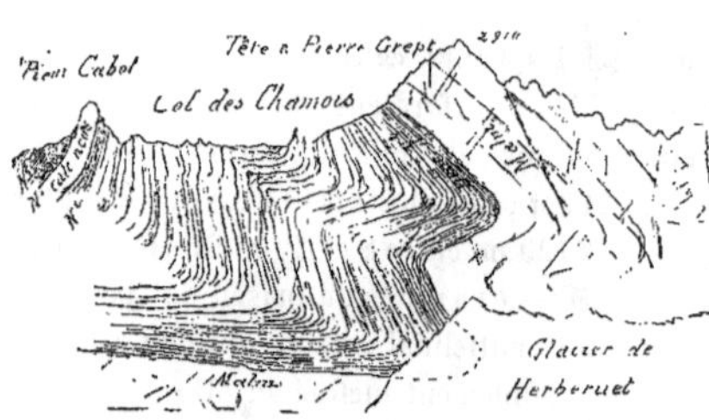

Cl. 28. Col-des-Chamois, vu du SW.

le glacier de Plan-Névé et celui de Paneyrossaz. Le croquis ci-joint (cl. 28), pris du glacier de Plan-Névé, montre le calcaire jurassique, qui forme l'arête de Tête-à-Pierre-Grept 2910 m., renversé sur les schistes néocomiens.

Le dernier point où cette arête consiste encore en Malm, est Luex-Zernoz, au SE du glacier de Paneyrossaz (cl. 29). On y voit bien le bord de la voûte du Malm, qui se recourbe contre la vallée de Derbon.

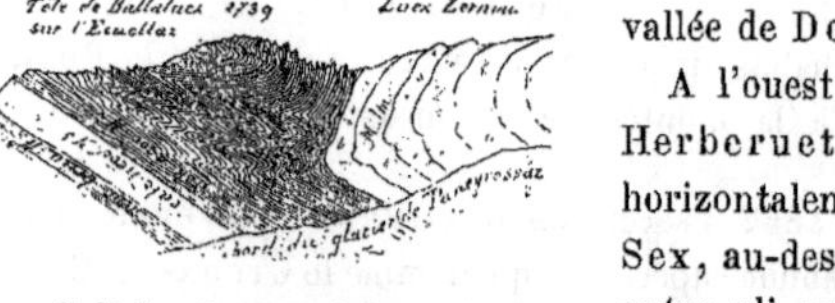

Cl. 29. Luex-Zernoz, vu du bas du glacier de Paneyrossaz.

A l'ouest du Col-des-Chamois, en Herberuet, le Malm s'en va à peu près horizontalement constituer le Grand-Sex, au-dessus de l'Avare, qui forme un autre pli anticlinal (cp. 8) ; mais celui-ci est beaucoup moins saillant, de sorte que l'affleurement de Malm va se perdre au nord sous le Néocomien, un peu avant la Boëllaire.

Au sud, au contraire, cet anticlinal du Grand-Sex prend plus d'importance et vient former la pyramide calcaire du Sex-Percia (cp. 9), qui sépare les deux glaciers, confondus habituellement sous le nom de Plan-Névé: le glacier de Herberuet au NE et celui des Outans au SW. [Cit. 93.]

A la base septentrionale du Sex-Percia, on voit des bancs calcaires remplis de rognons siliceux ossiformes. Ces bancs, d'apparence horizontale, paraissent reposer sur le Néocomien schisteux, comme à la base du Grand-Sex. Il y a donc renversement presque complet de la branche NW de l'anticlinal. Ce pli anticlinal du Grand-Sex et du Sex-Percia m'a paru se continuer dans le flanc ouest du Grand-Mœveran, et être séparée par le synclinal néocomien des Outans, de l'anticlinal de Malm qui domine La Larze.

2. Massif des Diablerets.

Ce massif, essentiellement néocomien, offre pourtant quelques affleurements de Malm, grâce à son intense plissement. Sur le versant N de la chaîne, je n'en connais qu'un seul de certain ; mais la grande paroi S, qui regarde Anzeindaz, en présente plusieurs, parfaitement constatés.

Je ne serais point étonné qu'on en découvre d'autres, surtout à l'extrémité ouest du massif, dont l'enchevêtrement est tel que je n'ai pu le débrouiller entièrement, faute de fossiles. Il y a là encore une belle tâche pour un jeune géologue, habitué aux escalades clubistiques, surtout lorsqu'on possédera la carte détaillée, au 25 millième, de ce remarquable massif.

Bas du Glacier de Culand. — Un peu en dessous de l'extrémité inférieure de ce glacier, et au-dessus de la paroi de rochers, qui entoure le cirque de Creux-de-Champ du côté SW, se voit un calcaire grisâtre qui affleure au milieu des schistes néocomiens (cl. 30). J'ai trouvé dans ce calcaire un certain nombre de tiges d'Apiocrinides, et quelques Brachiopodes, cités p. 229, lesquels semblent indiquer du Séquanien, ce qui vient confirmer les données stratigraphiques. Le point fossilifère est marqué d'un astérisque sur ma carte, mais comme je n'étais pas fixé à ce sujet au moment de sa publication, je n'ai pas osé y dessiner un affleurement jurassique.

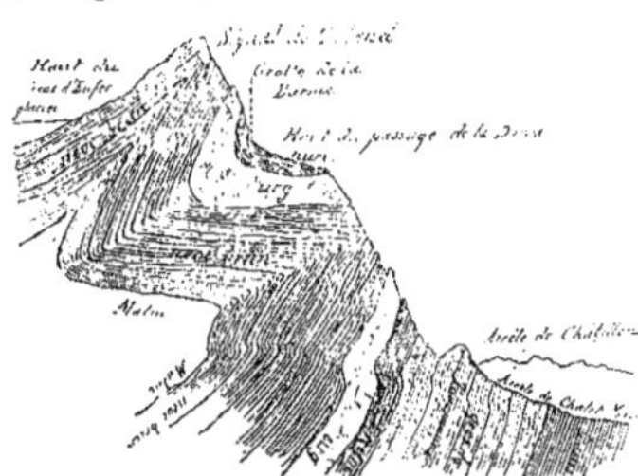

Cl. 30. Signal de Culand, vu du NE sur Prapioz.

Truche-du-Vélard. — Droit vis-à-vis, au pied de la paroi méridionale de Culand, j'ai marqué en Malm le rocher de ce nom, qui forme un noyau anticlinal au milieu du Néocomien schisteux. Le croquis suivant (cl. 31) en donnera une idée plus complète que je ne pourrais le faire par une description. Je le dois à mon ancien élève, M. le professeur Henri Golliez,

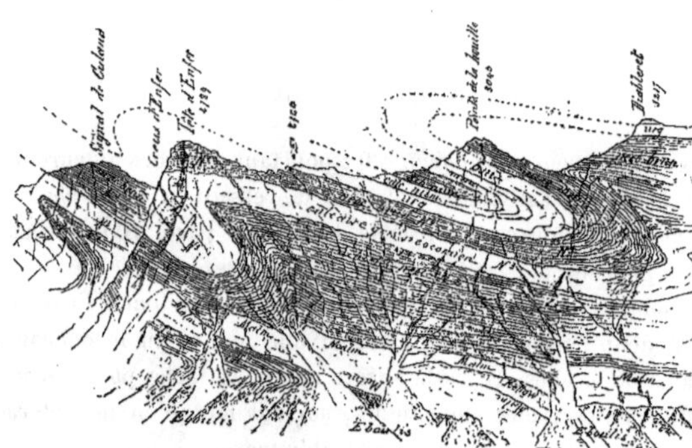

Cl. 31. Partie de la paroi sud des Diablerets, vue de la Tour d'Anzeindaz.

lequel a bien voulu venir ad hoc à Anzeindaz, pour dessiner cette paroi sous mes yeux, et en profitant de mes indications. Le cl. 24 (p. 211) représente le même affleurement en coupe transverse.

Le Malm s'étend à l'ouest jusque sous la Tête-d'Enfer, dans une paroi inaccessible, où il finit en pointe au milieu des schistes. A l'est, au contraire, l'anticlinal s'élargit, et la voûte calcaire s'entr'ouvre pour laisser affleurer les schistes oxfordiens du Vélard (p. 212). La bande inférieure de Malm, renversé, forme le rocher dit proprement Truche-du-Vélard, qui disparaît bientôt sous le grand cône d'éboulis dit Luex-à-Jaques-Grept. La bande supérieure normale, ⊥ 15° SE, se prolonge un peu plus loin, au pied de la paroi des Diablerets, jusque vers Luex-Tortay (Pl. II.)

Je n'ai pas rencontré de fossiles déterminables dans ces calcaires compacts foncés, mais leur intercalation entre l'Oxfordien fossilifère et le Néocomien ne peut guère laisser de doute sur leur âge. J'ajoute que les fossiles tithoniques, trouvés dans les éboulis au pied de cette paroi (p. 230), ont une gangue noire schistoïde, qui fait une transition graduelle aux schistes néocomiens.

Toulards. — Dans cette même paroi, mais plus à l'E, au pied de la Cime principale des Diablerets, se trouvent les rochers dits Truche-des-Toulards, à la base desquels j'ai déjà signalé (p. 212) un petit affleurement de schistes oxfordiens. Ces rochers, formés d'un calcaire compact foncé, sont évidemment jurassiques, comme le prouvent les quelques fossiles recueillis dans des blocs qui en provenaient (p. 224).

Cet affleurement jurassique ne paraît pas appartenir au même anticlinal que le Malm du Vélard. Ce serait plutôt, me paraît-il, la branche supérieure d'un second pli parallèle, qui se continue du côté de Vozé, et va se relier à celui de la Lizerne. On voit en effet ces bancs calcaires passer au-dessus des Eboulements, constamment recouverts de schistes, qui doivent être néocomiens. Je n'ai pu voir tout cela que de loin, car il s'agit de parois très escarpées, d'un accès difficile, où je ne me suis pas aventuré.

Cirque de la Tchiffa. — Du haut des Eboulements, la paroi de Malm s'abaisse contre Vozé, en formant divers replis bien visibles, puis constitue le gradin inférieur du cirque de la Tchiffa, en dessous du petit glacier de ce nom, et enfin se dirige à l'est contre la Haute-Lizerne. La photographie, reproduite par le cliché 32, montre la paroi de Malm s'abaissant rapidement vers le fond de la gorge, pour se relever du côté opposé, au pied du Mont-Gond. Elle est surmontée des schistes néocomiens qui forment les pâturages inclinés de Fenage.

Cl. 32. Lac de Derborence et Haute-Lizerne (autotypie).

Hauts-Cropts. — Je dois mentionner encore un affleurement de Malm qui, sans faire proprement partie du massif des Diablerets, me paraît s'y rattacher. C'est le versant E des Hauts-Cropts, au sud du Pas-de-Cheville. J'avais observé là de grandes surfaces, érodées en lapiés, d'un calcaire compact grisâtre, ressemblant beaucoup au Malm, dans lequel je n'avais trouvé, en fait de fossiles, qu'une tige indéterminable d'Apiocrinide. Vu le manque de preuves, je n'avais pas distingué cet affleurement sur ma carte, et l'avais englobé dans le Néocomien.

Lors de l'excursion de la *Société géologique suisse*, en août 1886, je montrai ce terrain à mes collègues, qui furent unanimes pour y reconnaître du calcaire jurassique supérieur [Cit. 169, p. 93]. Il se pourrait que ce Malm se prolongeât jusqu'à Cheville, d'où j'ai un grand *Aptychus*, que je ne puis distinguer de *A. sparsilamellosus*.

3. Chaine du Mont-Gond.

La chaîne qui borde ma carte géologique à l'est et qui, depuis le massif des Diablerets, s'abaisse au sud jusqu'à Aven, et la Vallée du Rhône, est formée essentiellement par deux plis anticlinaux de Malm, parallèles et fortement déjetés à l'ouest. Les trois coupes transversales ci-jointes (cl. 33, 34, 35) montrent les allures de cette chaîne. Je les ai établies après mes explorations d'août 1871 et vérifiées l'année suivante. Ce double anticlinal déjeté donne lieu à trois bandes longitudinales de Malm, visibles de loin, grâce au calcaire gris compact qui les constitue. Elles sont marquées sur ma carte par le bleu uni **Jc.** Vu l'absence presque abso-

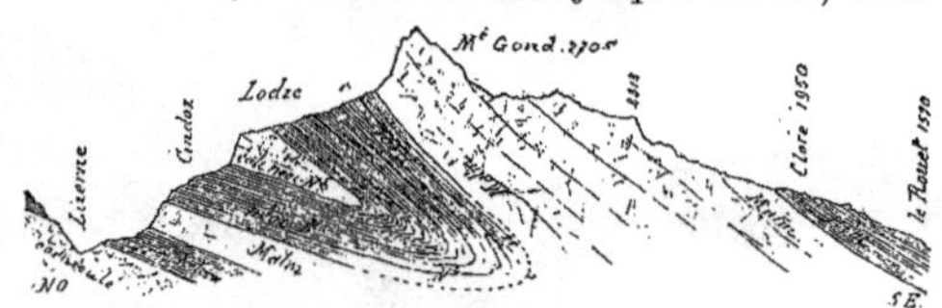

Cl. 33. Coupe du Mt Gond. — Echelle 1/50 000.

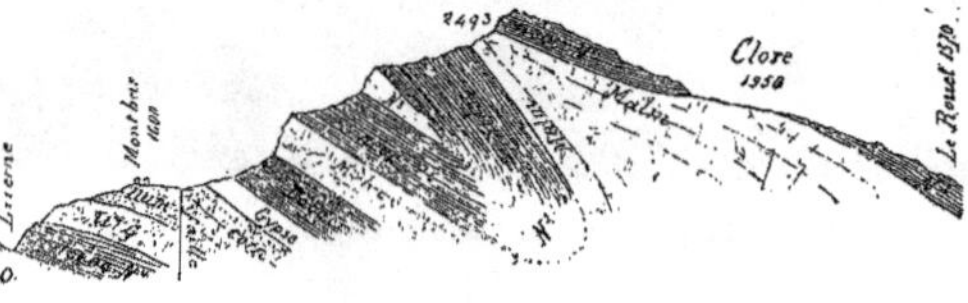

Cl. 34. Coupe par Mont-bas. — Echelle 1/50 000.

lue de fossiles dans cette chaîne, on en est réduit aux renseignements fournis par les caractères pétrographiques.

La *bande moyenne* est la plus complète, et peut se suivre sans interruption d'un bout à l'autre de la chaîne. C'est le jambage supérieur de la voûte inférieure rompue, ayant son regard du côté ouest, et présentent la stratification normale. Cette bande se relie dans les gorges de la Haute-Lizerne avec les rochers de Malm de la base des Diablerets (cl. 32); elle se traduit tout le long de la chaîne en une longue paroi calcaire, qui domine Mont-bas, Zamperon, le chemin neuf d'Aven, et qui supporte les grands pâturages de la montagne de Lodze (Loge), pour venir aboutir à la Chapelle de Saint-Bernard, et s'abaisser de là vers Ardon.

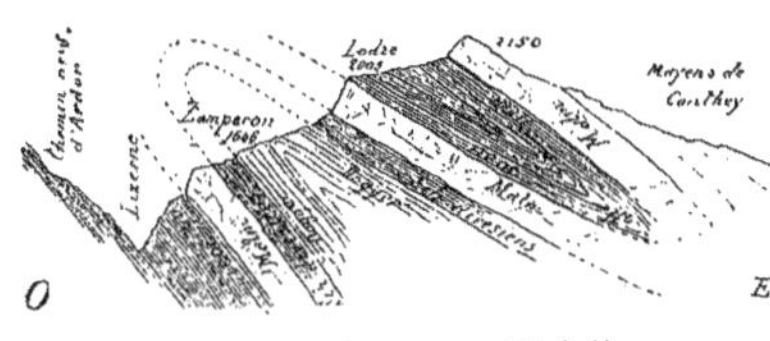

Cl. 35. Coupe par Zamperon. — Echelle 1/50 000.

La *bande inférieure* est le jambage renversé de la même voûte rompue. Grâce à la faille de Mont-bas elle manque dans la partie nord de la chaîne, et n'apparaît qu'à la pointe terminale des grands éboulements des Diablerets, un peu en aval de Besson. La paroi calcaire domine d'abord le chemin neuf d'Aven, qui bientôt entre dans la bande de Malm, et la suit jusque vers l'embranchement du chemin d'Asnière (Nanière).

La roche est un calcaire gris compact, présentant les traces d'une forte compression. Je n'ai pu y découvrir qu'une seule trace de fossile, une mauvaise empreinte de *Perisphinctes*, tellement fondue avec la gangue qu'elle était tout à fait indéterminable. Dans tout ce trajet, et encore un peu plus en aval, le Malm ne descend pas jusqu'à la Lizerne, dont le thalweg, fortement raviné, est formé de néocomien renversé, semblable sur les deux rives (cl. 35).

Plus au sud, cette paroi inférieure de Malm s'abaisse jusqu'au fond du torrent. Un peu avant Ardon la rupture de la voûte cesse, et les deux bandes de Malm sont réunies.

Enfin la *bande supérieure* commence au nord, en dehors du cadre de ma carte, au flanc de La Fava 2614 m. (cl. 32, p. 237). Elle forme l'arête de la chaîne, par la Croix-de 30 pas, jusqu'au Mont-Gond. Ici le Malm est de nouveau renversé sur le néocomien, plongeant d'environ 45° ESE ; mais il se replie sur lui-même en une voûte déjetée non entièrement rompue (cl. 33). Sur le flanc E du Mont-Gond le Malm occupe une grande surface, jusque vers les chalets de Sô et Airaz (Clore sur les anciennes cartes, où le Mont-Gond était dit Pointe-de-Clore).

J'ai rapporté du Mont-Gond une mauvaise *Belemnite* contenue dans une gangue de calcaire gris un peu schistoïde, mais c'est tout ce que j'ai pu y trouver en fait de fossiles.

Au sud du Mont-Gond, en Praz-Rotzé, le Malm se termine en pointe aiguë, au-dessus de la Zau-de-Lodze (Chaud-de-Loge), au milieu des schistes néocomiens, qui viennent le recouvrir, et former l'arête, dès la Pointe de Praz-Rotzé 2489 m. au sud. Mais si l'on descend sur le versant E, on peut suivre pied à pied le calcaire jurassique, qui s'élève de nouveau vers l'arête, au-dessus de l'Euden-de-Lodze, pour la constituer entièrement, depuis le passage des Fontanelles jusqu'au Six-Riond 2034 mètres (cl. 35).

Cette troisième bande de Malm est ainsi constamment renversée sur le synclinal de schistes néocomiens.

4. Massif de Haut-de-Cry.

Ardon. — Tous les rochers derrière Ardon sont formés de calcaire gris jurassiques, plus ou moins schistoïdes ou en plaquettes (cp. 8). C'est la continuation de l'anticlinal inférieur du Mont-Gond.

Paroi-du-Gruz. — Le signal dit du Gruz, entre Ardon et Chamoson, est constitué par le même calcaire, plongeant 50° SE. De là le Malm s'élève pour former la grande paroi de rochers qui supporte Haut-de-Cry, et dont le haut renferme plusieurs replis néocomiens. Le croquis ci-joint (cl. 36) pris le 29 juin 1872 depuis la montagne de Bertze, qui est en face, me dispense de toute description.

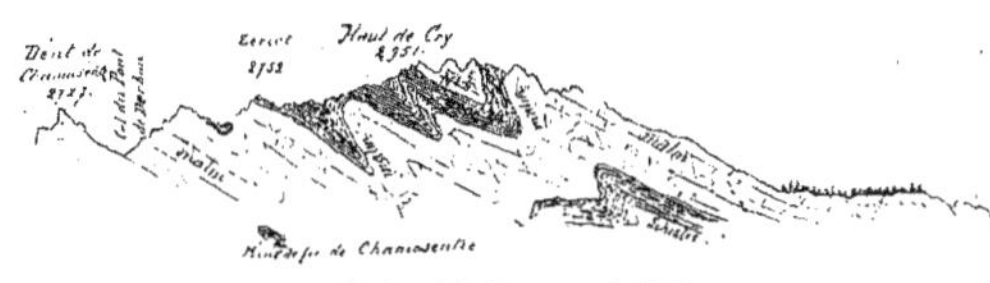

Cl. 36. Paroi du Gruz, vue de Bertze.

Droit dessous le Zeriet (Teriet) 2752 m., ce Malm repose sur les schistes oxfordiens fossilifères de la Mine de Chamosentze, et au delà il est continu avec celui du Haut-de-Derbon et de Dent-de-Chamosentze (cp. 9).

Verzan. — Dans une exploration faite en septembre 1872, j'ai pu me convaincre que le Malm forme encore presque toute la montagne de Verzan, située au NE de l'Arète du Gruz ; seulement on marche ici sur la surface des couches, qui plongent, comme au Signal-du-Gruz, d'environ 50° E (cp. 8). Le Torrent-de-la-Tine limite au NE le Malm, qui immédiatement au delà est recouvert de schistes néocomiens.

En haut de Verzan le calcaire jurassique forme encore l'arête du Tzevau, et peut-être le haut de la montagne de Nenzon, Le Cœur et la base du Montacavoere. Mais mes notes sont contradictoires sur ces derniers points et, comme je n'ai pas pu y retourner pour les vérifier, je n'ai pas osé étendre la teinte bleue aussi loin.

Je n'ai d'ailleurs trouvé aucune trace de fossile du Malm dans tout ce massif.

5. Massif du Grand-Chavallard.

Ce massif est séparé du précédent par la large dépression oxfordienne, comprise entre le Ruisseau de Cry et la Salentze (cp. 9 et 10).

Saillon. — Le village de Saillon, et ses curieuses ruines, au bord de la Vallée du Rhône, sont sur un monticule de Malm, formé de calcaire gris, avec quelques intercalations schisteuses. Au bas du village, à sa sortie E, les bancs calcaires sont verticaux, mais, sauf ce point, je leur ai généralement trouvé dans tout ce massif une déclivité moyenne au SE.

Grande-Garde. — Au-dessus de Saillon, de Botzatey, des carrières de Marbre blanc (p. 91), et de la bande de cornieule, qui se prolonge par Lousine jusqu'au lac de Fully, tout est calcaire gris, appartenant probablement au Malm.

Ce même calcaire forme entièrement le petit massif de Tête-du-Bletton 1763 m., Grande-Garde 2144 m., La Seya 2183 m. Il se continue par la Pointe-des-Armeys avec le Malm renversé de Dent-Favre, plutôt qu'avec le Malm normal de la Pointe-d'Aufallaz, comme le ferait supposer mon profil cp. 11, défectueux à ce point de vue. Du reste les allures du Malm de cette région me laissent beaucoup d'incertitude, et si mes explorations m'ont paru suffisantes pour le tracé de la carte, elles sont loin de l'être pour me donner une idée claire des allures des plis.

Chavallard. — Vers les chalets de Euluex (Luy-d'Août), sous La Seya, et au delà du côté de Grand-Pré, j'ai trouvé dans ce Malm des rognons siliceux, comme dans le Séquanien du massif du Mœveran. A l'ouest de Euluex le calcaire jurassique, probablement renversé, forme également les rochers du Grand-Tsateau 2502 m. (cp. 12), ainsi que ceux du Petit-Tsateau, du Creux-du-Bouit, et toute la base du Grand-Chavallard (cp. 13).

Quant au sommet de cette grande pyramide il paraît consister en néocomien schisteux, qu'on voit se prolonger depuis le col de Fenestral. Je n'en ai jamais fait l'ascension, et j'y soupçonne divers replis, mais sans pouvoir les préciser. Il y a là du travail pour mes successeurs.

6. Massif de Morcles.

Je n'ai point pu voir de Malm dans le fond du cirque des Lacs-de-Fully. La bande de cornieule, qui borde le terrain houiller, paraît y être immédiatement recouverte par le calcaire nummulitique. Mais, sur le versant SW du massif des Dents-de-Morcle, se retrouve une grande paroi de calcaire gris évidemment jurassique.

Ballacrètaz. — Cette nouvelle paroi de Malm commence au Col-des-Cornieules, au pied du Sex-Trembloz, où j'ai constaté, entre le Malm et la cornieule, un petit gisement de fer oolitique du Dogger (p. 203). Depuis Haut-d'Arbignon on la voit très nettement se continuer tout le long du vallon de Dzéman, jusqu'au-dessus des chalets d'Arbignon (cp. 13). Dans les éboulis de ces rochers CHERIX avait trouvé une *Ammonite* malheureusement indéterminable, et j'y ai trouvé moi-même un fragment de *Belemnite*. D'ailleurs cette paroi calcaire passe droit au-dessus du gisement liasique mentionné p. 153, et la disposition des couches est presque horizontale. On peut donc admettre en ce point, avec une très grande probabilité, la superposition régulière de toute la série jurassique (cp. 3).

La paroi calcaire de Ballacrètaz se prolonge au NW jusque sur territoire vaudois, au delà du Torrent-sec. Elle y est graduellement envahie par le Flysch transgressif, qui finit par la recouvrir entièrement, et la faire disparaître en dessous de la Riondaz.

Haut-de-Morcles. — Droit au-dessus des chalets de L'Haut, la paroi de Malm reparaît, avec la bande de cornieule sous-jacente, et forme un vaste cirque jusque sous la Rosseline (cp. 2). Toute cette paroi est formée d'un calcaire grisâtre, parfois poudinguiforme, identique à celui de Ballacrètaz. Dans le haut, ce calcaire est plus schistoïde et plus foncé ; vers la base de la paroi au contraire je l'ai trouvé plus compact et plus clair, mais cela peut varier suivant les points.

Sous la Rosseline, la paroi calcaire atteint de nouveau une grande hauteur (cp. 14) et, bordant au nord le Torrent-de-Morcles, elle se continue jusque près des chalets de Praz-Riond sur Morcles.

Dailly. — Au sud-ouest de ces chalets on retrouve le Malm avec un faible ⊥ NW, constituant la base de la paroi SE de la Quille. Il se prolonge par la Golèze et Plan-Joyeux, jusqu'à l'épaulement de Dailly 1265 m. (cp. 2), qui en est entièrement formé. Ici c'est un calcaire gris-bleuâtre schistoïde à peu près horizontal.

La gigantesque paroi calcaire des Glappeys, qui supporte Dailly, et descend presque verticalement sur Lavey-les-Bains, au bord du Rhône (cp. 2), me paraît aussi entièrement jurassique. Dans les éboulis de ces rochers, j'ai trouvé un débris d'Ammonite, et Lardy en a cité un *Perisphinctes* (p. 221). Mais cet escarpement, d'environ 800 m. de haut, résulte évidemment de replis successifs, qui suivant l'éclairage sont plus ou moins apparents. J'ai observé ces couches plissées et contournées d'une manière très nette dans les rochers de Feuilleneys, au-dessus de Tinsaut, où doit se trouver la charnière d'un grand repli (cl. 37), et de même dans la paroi calcaire qui domine immédiatement au nord les Hôtels de Lavey. Dans ces rochers inférieurs le plongement moyen est d'environ 40° N ; ma carte l'indique par un ⊥.

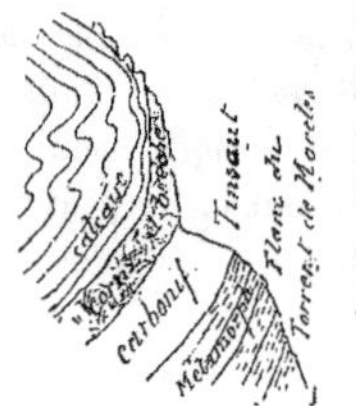

Cl. 37. Replis de Feuilleneys.

Enfin sur le versant NW de la Quille, le Malm s'étend assez loin au nord, en prolongement des Rochers des Glappeys. Il y forme un grand repli entouré de Néocomien, mais la limite des deux terrains n'est pas aisée à déterminer.

Javernaz. — Faute de certitude, je n'ai pas distingué sur ma carte une autre bande calcaire, que je suis de plus en plus porté à attribuer également au Malm. Il s'agit d'une paroi de roc qui forme la base ouest des Martinets, depuis la Frête-de-Javerne au S, jusqu'en dessous de Pré-Fleury au N. Ces rochers sont formés d'un calcaire gris-noirâtre, parfois poudinguiforme, contenant des rognons siliceux comme au Sex-Percia.

Il semblerait donc que ce soit du Malm, en connexion peut-être avec l'oxfordien de Javernaz ; mais la position singulière de cette bande entre le Nummulitique et le Flysch me laisse dans une grande incertitude à son sujet.

7. Rive gauche du Rhône.

Quoique cela sorte proprement de mon cadre naturel, j'ai dû étudier aussi, mais d'une manière moins approfondie, la continuation des mêmes terrains de l'autre côté de la vallée du Rhône, dans les parties tout au moins qui figurent encore sur ma carte.

Saxon-Chemin. — Vis-à-vis de Saillon, où le calcaire gris du Malm descend jusqu'à la plaine du Rhône, il se retrouve en situation semblable tout autour du village de Saxon. Comme aux environs de Saillon, il y repose sur la cornieule, qui s'élève en écharpe depuis les Bains-de-Saxon. Dans cette région le Malm est généralement plus feuilleté que sur la rive droite. C'est d'abord une sorte de calschiste gris-bleuâtre foncé ; puis à l'entrée du village des bancs calcaires plus compacts. Au-dessus de ceux-ci des schistes très feuilletés et très brillants, traversés par le chemin qui monte à la Tour. Ces schistes plongent au SSE d'environ 50°, et sont surmontés par des bancs calcaires plus compacts, qui dominent le haut du village de Saxon, et s'élèvent en écharpe par-dessous Arbarey. Cet ensemble calcareo-schisteux, qui représente probablement tout le jurassique, se prolonge au SO par Sapinon, Bleyeu et Prarion (cp. 12, 13 et 14), en s'élevant de plus en plus jusqu'à la pointe de Vollèges 1817 m. pour redescendre sur Sembrancher, et se continuer sur le flanc E du Catogne. Les calschistes qu'on exploite sous le nom de *Dalles de Sembrancher* en font partie.

Bâtiaz. — Une autre bande calcaire commence tout près de Martigny, sur la rive gauche de la Dranse et se poursuit au SW, bordant la vallée. C'est un calcaire feuilleté, bleuâtre, plus ou moins foncé, en couches à peu près verticales qui porte sur sa tranche la Tour de la Bâtiaz (cl. 38) et s'adosse au *Marbre blanc* (p. 95). C'est là l'extrémité du synclinal de Chamouny, auquel il est relié par les divers affleurements calcaires de La Combe, La Forclaz et Col-de-Balme.

Cl. 38. Coupe naturelle SE-NO par la Bâtiaz.

La roche est très semblable à celle de Saillon, Ardon, etc., aussi je n'hésite pas à l'attribuer au Jurassique, mais en l'absence de fossiles, je ne puis savoir s'il y a vraiment là du Malm, comme la roche semblerait l'indiquer, ou s'il s'agit seulement de Lias et de Dogger, comme le ferait supposer la continuité de stratification avec les Marbres blancs, plus anciens. Tant que les fossiles feront défaut, il ne sera pas possible de savoir à quoi s'en tenir.

Mex. — Enfin vis-à-vis de Lavey-les-Bains, et faisant un vrai pendant à la bande calcaire qui descend de Dailly (p. 243), se voit sur rive gauche la paroi calcaire qui supporte le village de Mex, et domine l'escarpement des Gorges de Saint-Barthélemy. Cette bande commence droit au-dessus d'Epinacey, et s'élève en écharpe jusque sous Mex. Là elle repose clairement sur la cornieule, qu'elle accompagne sur le versant gauche du torrent, jusque près du giscment porphyrique de Borlot. Dans cette dernière partie la bande calcaire s'atténue de plus en plus, par suite de la transgressivité du Flysch, qui finit par la faire disparaître.

C'est partout un calcaire schistoïde gris-bleuâtre, très semblable à celui de Dailly. Au nord de Mex, il est recouvert par les bancs néocomiens qui se continuent vers Saint-Maurice. La disposition est la même qu'au-dessus de Dailly et à la Rosseline; on peut donc avec assez de certitude attribuer au Malm cette paroi calcaire de Mex.

TERRAINS NÉOCOMIENS

Grâce au mouvement d'affaissement du sol qui s'est produit dans la contrée pendant toute la Période jurassique, et qui paraît avoir atteint son apogée vers la fin de cette période, le Malm, comme nous venons de le voir, occupe dans notre région de vastes étendues, malheureusement trop dénuées de fossiles.

Dès lors les circonstances changent, et dès le commencement de la Période néocomienne on peut constater un mouvement lent d'exhaussement du sol, qui rétrécit de plus en plus l'étendue occupée par la mer, dans la région de nos Hautes-Alpes calcaires. Néanmoins le Néocomien, ou du moins sa partie inférieure, y occupe encore de vastes surfaces, presque équivalentes à celles du Malm.

Cet exhaussement graduel du sol donne à nos formations néocomiennes un caractère de plus en plus littoral, et en rend les faunes successives, comme aussi les caractères pétrographiques, plus variés. C'est ce qui m'a permis d'y reconnaître presque tous les étages constatés dans les autres régions alpines et extra-alpines. Ces étages ayant pour la plupart des caractères pétrographiques distincts, on peut en délimiter l'extension plus aisément et plus sûrement que je n'ai pu le faire pour ceux du Malm. C'est par eux en grande partie que j'ai pu reconnaître les dislocations si remarquables et si compliquées de mon champ d'études.

Je puis grouper nos terrains néocomiens en deux séries, assez distinctes l'une de l'autre, aussi bien par leurs caractères pétrographiques que par leurs fossiles, et dont l'extension géographique est bien différente : une série inférieure, comprenant les étages Valangien et Hauterivien, beaucoup plus étendus ; et une série supérieure, formée des étages Urgonien, Rhodanien et Aptien, qui occupent seulement une zone centrale restreinte, traversant ma carte en diagonale.

Néocomien (*s. lat.*)	sup. = Urg-Aptien	Aptien
		Rhodanien
		Urgonien
	inf. = Néocomien (*s. str.*)	Hauterivien
		Valangien

NÉOCOMIEN INFÉRIEUR ou NÉOCOMIEN (s. str.)

Le Néocomien proprement dit était connu dans nos Alpes vers le milieu du siècle, mais d'une manière très rudimentaire.

C'est encore à Lardy que revient le mérite des premières indications à son sujet. En 1847, il en constatait la présence aux environs de Bex, par la découverte de *Holaster complanatus* [Cit. 45, p. 177].

En 1852, je signalais ce même *Toxaster* à Paneyrossaz et à l'Ecuellaz [Cit. 55, p. 138].

L'année suivante B. Studer y ajoutait deux ammonites néocomiennes et *Exogyra Couloni* [Cit. 57, p. 71]. C'est là tout ce qu'on en savait.

Ce terrain est figuré sur ma carte au 50 millième par la teinte vert pâle **N** et sur la Feuille XVII au 100 millième, par le vert foncé, accompagné du monogramme **Cn**.

La roche est formée alternativement de schistes et de calcaires foncés. Les fossiles y sont rares, toutefois moins que dans le Malm. En combinant les renseignements qu'ils m'ont fournis avec les données pétrographiques, j'ai pu reconnaître dans le Néocomien proprement dit les subdivisions suivantes, que je cite dans leur ordre de superposition :

N[4] = Néocomien brun à *Toxaster* } — HAUTERIVIEN.
N[3] = Calcaire gris néocomien . . }
N[2] = Schistes néocomiens inférieurs — VALANGIEN.

J'ai dû distinguer en outre, par un signe spécial **N**[1], un facies particulier du Néocomien, qui représente peut-être l'ensemble des trois divisions ci-dessus, ou tout au moins des deux supérieures ; et dont la répartition géographique est entièrement distincte. Je le décrirai à part sous le nom usité de *Néocomien à Céphalopodes*, qui fait ressortir son identité de facies avec le Néocomien des Préalpes.

Comme pour le Jurassique, je ferai connaître d'abord les étages constatés, leurs principaux gisements fossilifères et leur faune ; et traiterai, seulement après, des relations orographiques du Néocomien dans son ensemble.

ÉTAGE VALANGIEN

Les couches les plus inférieures de notre Néocomien sont malheureusement si pauvres en débris organiques, et les rares fossiles qu'on y trouve sont d'une détermination si peu sûre, que je n'ai pu constater nulle part dans ma région, avec certitude, l'un des facies connus du Valangien, pas plus les facies alpins du midi : Calcaire de Berrias et Marnes à Belemnites, que nos facies divers jurassiens.

La mer occupait pourtant nos contrées à l'âge valangien, car rien n'indique une interruption dans la sédimentation, et nous constatons d'épaisses masses de schistes, entre le Malm le plus supérieur et les couches que leurs fossiles permettent d'attribuer avec certitude à l'étage hauterivien.

Ces schistes, généralement noirs ou plus ou moins foncés, et habituellement très feuilletés, sont représentés sur ma carte par le monogramme **N**[2], et la couleur vert pâle sans hachure. Leur extension est moins exactement désignée que celle des autres subdivisions dans la partie valaisanne de ma carte, où je n'ai pas toujours pu distinguer les divers niveaux néocomiens ; de sorte que je les ai marqués ensemble en vert pâle sans hachure, avec le monogramme **N** sans exposant. Sur la feuille fédérale XVII, faute de place et de certitude, mes schistes néocomiens inférieurs ont été confondus avec l'Hauterivien, dans la teinte vert foncé **Cn**.

Voici les rares points fossilifères de ces couches inférieures.

Sur Bovonnaz. — Au-dessus des chalets de Bovonnaz, non loin du lambeau de cornieule mentionné p. 100, se trouve sur ma carte un astérisque bleu. Autour de ce point, dans la partie supérieure de la montagne de Bovonnaz, qui porte le nom local de Pas-de-la-Larze, nous avons récolté à diverses reprises, soit Cherix soit moi-même, de petites ammonites pyriteuses, plus ou moins hydroxydées, jaunes ou brunâtres, qui paraissent appartenir à *Phylloceras diphyllus*, *Ph. picturatus*, *Ph. Guettardi*, *Desmoceras inornatus*. Les trois dernières sont, d'après d'Orbigny, des espèces aptiennes, mais on les rencontre aussi dans notre Néocomien à Céphalopodes. Ces ammonites se trouvaient dans des schistes foncés à ⊥ E, que j'ai attribués sur ma carte à l'assise **N²** ; mais je constate que ces schistes étaient interstratifiés avec quelques bancs calcaires, minces, tout à fait analogues à **N¹**. J'ai donc maintenant de forts doutes sur l'âge de ce gisement.

Diablerets. — Au-dessus du Vélard d'Anzeindaz, j'ai trouvé aussi quelques mauvaises Ammonites ferrugineuses, très écrasées, ressemblant à *Hoplites macilentus*. Elles proviennent des schistes noirs **N²**, qui reposent sur le Jurassique, et sont recouverts de **N³**.

L'un de ces fossiles a été trouvé à la base du roc hauterivien sous le gisement éocène, l'autre au-dessus de l'Oxfordien du Vélard. Ces schistes **N²** se poursuivent tout le long de la paroi sud des Diablerets, par-dessous l'Hauterivien calcaire, jusqu'au-dessus des rocs des Toulards, d'où j'ai obtenu également des vestiges d'Ammonites ferrugineuses semblables.

Intercalés ici d'une manière évidente entre le Malm et le Hauterivien, ces schistes **N²** ne peuvent guère appartenir qu'au Valangien ; à moins toutefois que leur partie inférieure ne représente le Tithonique, dont quelques fossiles ont été recueillis dans les éboulis de cette paroi (p. 236).

De ces mêmes schistes, mais du revers sud des Diablerets, j'ai obtenu un long bout de tige de Crinoïde, ferrugineux, se rapportant assez bien à *Millericrinus valangiensis*.

Saint-Maurice. – Les schistes noirs **N**[2] se rencontrent encore dans la Vallée du Rhône, au sud de Saint-Maurice, reposant sur le Malm de Mex. Je n'y ai pas trouvé de fossiles, mais il en a été recueilli quelques-uns dans les calcaires noirs de Saint-Maurice, qui recouvrent ces schistes.

Sous le Pont de Saint-Maurice, dans les rochers qui bordent la rive gauche du Rhône, le Dr PH. DE LA HARPE [Cit. 71] avait récolté en 1859 quelques exemplaires d'une *Requienia*, qui me paraît appartenir à *R. eurystoma* du Valangien d'Arzier, plutôt qu'à *R. Lonsdalei* à laquelle il les avait rapportés.

Dans le calcaire noir du Tunnel du chemin de fer, un peu supérieur à ces bancs à Réquienies, DE LA HARPE avait trouvé, pendant les travaux de percement, des échantillons pétris de tiges d'Apiocrinides.

Enfin j'ai au Musée une Nérinée provenant de calcaires gris de la rive vaudoise, qui doivent être en continuation avec les précédents. Elle me paraît se rapporter à *N. valdensis*, citée du Valangien.

D'après ces quelques fossiles il semble donc probable que ces calcaires noirs, ou tout au moins leur partie inférieure, appartiennent à l'étage valangien, d'autant plus qu'ils sont recouverts par le Hauterivien à *Toxaster complanatus*, qui forme l'assise supérieure de la paroi calcaire de Saint-Maurice.

Il est vrai que dans le centre de ma région il y a un calcaire foncé **N**[3], encore Hauterivien, en dessous du Néocomien à *Toxaster* **N**[4] ; mais ce banc calcaire **N**[3] est peu épais, et repose sur une assise schisteuse **N**[2] d'une grande puissance ; tandis qu'à Saint-Maurice c'est l'inverse, la paroi calcaire est énorme, formée de plusieurs assises successives, et repose sur une faible épaisseur de schistes. Le Valangien, ailleurs entièrement schisteux, aurait ici des bancs calcaires à sa partie supérieure.

Comme PH. DE LA HARPE l'a fait remarquer, on trouve au milieu de ces calcaires beaucoup d'interstratifications oolitiques. Cela m'engage à considérer encore comme Valangien des calcaires noirs à petits grains oolitiques, que j'ai rencontrés sur divers points des revers valaisans.

ÉTAGE HAUTERIVIEN

Cet étage est constaté dans notre région d'une manière beaucoup plus sûre, grâce à ses fossiles, assez nombreux et d'une détermination plus certaine. Il s'y présente sous deux facies, bien différents l'un de l'autre, aux points de vue paléontologique et pétrographique, et qui paraissent s'exclure réciproquement, car je ne les ai jamais trouvés en contact. Je les désignerai sous les noms de : *Facies ordinaire* (**N**³ et **N**⁴) et *Facies à Céphalopodes* (**N**¹).

a) Facies ordinaire.

Ce premier facies de l'étage hauterivien de nos Alpes y est le plus généralement répandu, et y forme toujours le substratum de l'Urgonien. D'autre part il est partout superposé aux schistes néocomiens **N**² ; de sorte que sa position stratigraphique est bien nettement définie.

On peut y distinguer en général deux assises, pétrographiquement différentes, et qui, grâce à leurs teintes, s'observent facilement de loin dans les parois de rochers.

Sur la Feuille XVII au 100 millième ces deux assises sont figurées ensemble par le vert foncé **Cn**², tandis qu'elles présentent des hachures distinctes sur ma carte au 50 millième.

N³. Calcaire gris néocomien. — Cette assise inférieure est formée d'un gros banc calcaire, gris-foncé à la cassure, mais gris-clair à la surface. De loin, on le confondrait facilement avec le roc urgonien, qui a presque la même épaisseur et le même aspect extérieur. Partout où j'ai pu le distinguer, ce banc repose directement sur le Néocomien schisteux **N**². Sur ma carte au 50 millième, j'ai figuré cette assise par de petits traits rouges, alignés dans le sens de la stratification, sur le fond vert pâle du Néocomien.

Compris entre deux assises schisteuses, ce banc forme dans les rochers une saillie plus ou moins apparente. Mais cette saillie n'est pas constante ; je l'ai observée surtout dans le centre de ma région. Cette assise calcaire **N**³ s'est ainsi développée au commencement de l'époque hauterivienne, au pourtour de l'espace occupé par le Néocomien à Céphalopodes N^1, également calcaire. Je suis donc porté à y voir un facies intermédiaire entre les assises N^4 et N^1; je dis intermédiaire, non au point de vue de l'âge, mais à celui des conditions de formation.

L'assise N^3 est ordinairement peu fossilifère, mais les quelques fossiles qui y ont été trouvés sont en général des espèces hauteriviennes. En fait de gisements fossilifères appartenant à ce niveau spécial, je ne puis guère citer que ceux du Richard et de Pont-de-Nant.

N^4. Néocomien brun à *Toxaster*. — Cette assise supérieure de l'Hauterivien, plus épaisse que la précédente, est formée de couches schisto-calcaires foncées, souvent d'un gris bleuâtre, mais qui prennent à l'air une teinte brunâtre. On y voit fréquemment des coupes d'oursins arrondis, et plus rarement des échantillons déterminables, qui se rapportent à *Toxaster complanatus*. De ces deux circonstances provient le nom local de ces bancs schistoïdes.

Sur ma carte au 50 millième, j'ai distingué cette assise N^4 par le pointillé bleu sur fond vert pâle. J'en ai constaté l'existence bien au delà des limites de l'assise inférieure. Elle est donc souvent seule à représenter le Hauterivien; ou pour parler plus exactement, dans certains massifs extrêmes (Oldenhorn, Morcles, etc.) les deux assises se confondent. Dans les massifs de l'Oldenhorn et des Diablerets, elle présente souvent des bancs *glauconieux*, ordinairement un peu plus durs et plus calcaires.

Sans être riche, l'assise N^4 est un peu plus fossilifère que N^3, et l'on peut citer quelques gisements où les fossiles ne sont pas très rares, spécialement autour de Tête-Pegnat, et du Glacier de Paneyrossaz. Du reste presque partout on peut y voir des traces de *Toxaster complanatus* et assez souvent aussi de *Belemnites pistiliformis*.

Le tableau page 256 fera connaître l'ensemble de cette faune hauterivienne des assises N^3 et N^4. Je dois seulement l'accompagner de quelques explications sur les gisements fossilifères qui y sont mentionnés.

Oldenhorn. — J'inscris dans cette colonne tout ce que j'ai obtenu de ce massif en fait de fossiles hauteriviens. Ce sont principalement des *Belemnites pistiliformis*, recueillies soit à l'Oldenhorn même, soit au Creux-du-Croset, sur Aiguenoire. La surface de ces belemnites est souvent marquée de petits anneaux concentriques, par l'effet du mode de fossilisation. Du Sex-Rouge, et de ses éboulis sur Prapioz, j'ai obtenu *Ostrea rectangularis*, *Exogyra Couloni*, *Waldheimia pseudo-jurensis*.

Diablerets. — Les fossiles mentionnés dans la colonne Diablerets, proviennent de différents points de ce massif; du versant nord, au-dessus de Creux-de-Champ ou de Creux-de-Culand; de l'extrémité ouest, près de la Pointe-de-Châtillon; ou enfin de la paroi sud. De chacun de ces endroits je n'ai obtenu qu'un ou deux exemplaires isolés.

Un seul point m'a fourni des fossiles un peu plus nombreux, et d'une conservation meilleure. C'est le bord supérieur du Creux-d'Enfer, entre Tête-d'Enfer et Signal-de-Culand. Là, sur l'arête même des Diablerets, j'ai recueilli dans un calcaire compact noir-verdâtre, une trentaine de fossiles, appartenant à 7 espèces, dont les plus fréquentes sont : *Belemnites pistiliformis*, *Phylloceras Guettardi ? Oppelia cf. zonaria*. Le banc fossilifère repose sur des couches schistoïdes brunâtres, s'élevant jusqu'au sommet du Signal-de-Culand, qui paraît en être entièrement formé.

Cette petite faunule de l'Arête d'Enfer est remarquable par la coexistence d'espèces à signification différente : Une *Oppelia*, genre jusqu'ici exclusivement jurassique ; *Cid. pretiosa ?* spécialement valangien ; *Bel. pistiliformis* et *Aptychus angulicostatus*, de détermination certaine, franchement hauteriviens ; *Phyl. Guettardi*, espèce aptienne, mais qui se retrouve dans notre Néocomien à Céphalopodes ; enfin *Hamites* et *Discohelix*, qui rappellent le Gault ! Il ne peut pourtant y avoir aucun doute sur cette association, car tous ces fossiles ont été trouvés en place, en une seule fois, dans un banc peu épais, qui m'a paru intercalé dans l'assise $\mathbf{N}^4$, et sur un point élevé où les mélanges par éboulement n'étaient pas à craindre.

Tête-Pegnat. — Cette somité de 2593 m., à l'extrémité NE de la chaîne du Mœveran, est formée de *Calcaire gris néocomien* $\mathbf{N}^3$. Sur son flanc nord s'adosse le *Néocomien brun* **N⁴**, qui descend assez bas jusqu'au Lapié-de-Cheville (cp. 3). C'est dans le haut de ce Lapié, que CHERIX a récolté un bon nombre de fossiles, malheureusement pour la plupart à l'état de moules fortement corrodés. Malgré ce mauvais état de conservation, j'ai pu y reconnaître une 15^{ne} d'espèces franchement hauteriviennes, dont les principales sont : *Bel. pistiliformis, Hoplites angulicostatus, Exogyra Couloni, Tox. complanatus.*

Les couches les plus supérieures de l'assise **N⁴**, au contact de l'Urgonien, sont un calcaire gris-foncé pétri de Serpules : *Serp. heliciformis ?* et *S. cf. socialis.* J'ai pu suivre ces couches à Serpules assez loin du côté de Derborence.

A la même colonne je fais figurer des espèces trouvées, dans la continuation des mêmes bancs, au-dessus de Derbon, à Tête-Grosjean, et à L'Ecuellaz.

Paneyrossaz. — L'Hauterivien supérieur **N⁴** est aussi assez développé et fossilifère en dessous du Glacier de Paneyrossaz. Le point est marqué d'un astérisque sur ma carte. On y trouve un assez grand nombre de petites *Rhynchonella globulosa.* J'y ai recueilli en outre *Bel. pistiliformis*, *Exogyra Couloni, Toxaster complanatus*, et quelques autres espèces plus rares.

Vallon de l'Avare. — Du glacier, la bande hauterivienne **N⁴** descend au N jusqu'au fond du vallon de l'Avare (La Varraz), au lieu dit la Boëllaire. J'ai de là un bel exemplaire de *Nautilus pseudo-elegans*, qui m'avait été donné par le regretté GERLACH. On y trouve d'ailleurs des *Toxaster complanatus.*

De là les deux bandes **N³** et **N⁴** forment tout le versant SE d'Argentine, pour revenir ensuite contre les chalets de l'Avare. PH. DE LA HARPE avait beaucoup parcouru cette région à la recherche des fossiles, et presque tout ce que notre Musée en possède vient de lui. Aux Hauts-Crottaz, sous la cime d'Argentine, il avait trouvé dans l'assise **N⁴** *Nautilus pseudo-elegans* et *Toxaster complanatus.* Non loin des Chalets de l'Avare, il avait récolté : *Exogyra Couloni* et *Terebratula Moutoni.*

Le Richard. — De l'Avare les bancs hauteriviens descendent sur Le Richard. Derrière les chalets de ce nom, DE LA HARPE avait récolté quelques fossiles dans le calcaire gris **N³** en bancs presque verticaux, entre autres *Gervilia anceps ?* et *Tereb. salevensis.* Plus à l'ouest du côté de Tentes-de-Champ, il avait recueilli *Tereb. acuta, T. tamarindus, Tox. complanatus*, etc.

Enfin à la grande montée sous Le Richard, au point marqué d'un astérisque, il avait trouvé *Lytoceras Honnorati*, *Tereb. Moutoni*, *T. sella*. Ce gisement du Richard a donc fourni une 15^{ne} d'espèces, provenant en grande partie de l'assise inférieure **N**^{3}.

Pont-de-Nant. — Le facies ordinaire du Hauterivien est aussi fossilifère aux environs de Pont-de-Nant.

Ph. de la Harpe avait recueilli, à la base du Grand-Sex, sous le Bertet, 5 espèces hauteriviennes, dans le Néocomien brun **N**^{4}, savoir : *Naut. pseudo-elegans*, *Pecten Robinaldi ? Vola atava*, *Rhynchonella multiformis*, *Rh. lata*.

Moi-même j'ai récolté quelques fossiles au bas des lacets du sentier de La Larze, au point marqué d'un astérisque : *Ostrea rectangularis*, *Exogyra Couloni*, *Terebratula Moutoni*, etc. Ces couches paraissent appartenir à l'assise **N**^{3}.

Savolaires. — Vers le sud les fossiles deviennent plus rares. L'arête des rochers de Savolaires est formée de Néocomien brun, renversé sur l'Urgonien. Sur la montagne de Senglioz, de la Harpe avait récolté *Exogyra Couloni*, *Rhynchonella lata* et *Tox. complanatus*. De la Pointe-de-Savolaires il avait rapporté également *Toxaster complanatus*.

Dent-de-Morcles. — Enfin le Néocomien brun, qui forme tout le haut de la Grande-Dent m'a fourni *Belemnites pistiliformis* et *Toxaster complanatus ;* mais ici les assises **N**^{3} et **N**^{4}, qui tendent à se confondre.

Les divers gisements que je viens d'énumérer renferment ensemble une faunule de 50 espèces, dont le caractère est nettement hauterivien. Le tableau ci-contre en donne l'énumération complète. J'y ai réservé une colonne qui indique celles de ces espèces se retrouvant dans l'autre facies de ma région, dit Néocomien à Céphalopodes.

Quant à la répartition des espèces par étages, je l'emprunte essentiellement aux « Matériaux pour la Paléontologie suisse » de Pictet. De ces 50 espèces, il n'y en a que 40 qui fournissent des renseignements d'âge, et de celles-ci 32 sont surtout hauteriviennes, quelques-unes, il est vrai, se retrouvant fréquemment plus haut ou plus bas.

FOSSILES DU HAUTERIVIEN FACIES ORDINAIRE Les chiffres désignent le nombre d'échant. constaté dans chaque gisement. n = en nombre supérieur à 5 ex. c = commun.	GISEMENTS									FACIES à CÉPHALOPODES Nt	NIVEAU HABITUEL			
	Oldenhorn	Diablerets	Tête-Pegnat	Paneyrossaz	Vallon-de-l'Avare	Le Richard	Pont-de-Nant	Savolaires	Dent-de-Morcles		VALANGIEN	HAUTERIVIEN	URGONIEN	APTIEN
Céphalopodes.														
Belemnites pistiliformis, Blainv.	5	n	4	1	1	.	.	.	4	*	.	*		.
— dilatatus, Blainv.	1	.	.	.	.	.	.	.	.	*	.	*	.	.
Nautilus peudo-elegans, Orb.	.	.	1	1	2	.	.	.	.	.	*	*	*	.
— neocomiensis, Orb.	.	.	1	.	.	.	.	.	.	.	.	*	.	.
— plicatus, Sow. (N. Requieni, Orb.)	.	1	.	.	.	.	.	.	.	.	.	.	*	*
Ammonites.														
Hoplites angulicostatus, Orb.	.	.	n	.	2	.	.	.	.	*	.	*	*	.
— cf. fascicularis, Orb.	.	.	.	.	.	1	.	.	.	.	.	.	.	.
Holcostephanus Astieri, Orb.	.	1	.	.	.	.	.	.	.	*	.	*	.	.
Oppelia cf. zonaria, Op.	.	4	.	.	.	.	.	.	.	.	.	.	.	.
Lytoceras subfimbriatum, Orb.	.	.	1	.	.	.	.	.	.	*	.	*	.	.
— Honnorati ? Orb.	.	.	.	.	.	1	.	.	.	*	.	.	*	.
— striatisulcatum ? Orb.	.	.	1	1	.	.	.	.	.	.	.	.	.	*
— Juilleti, Orb.	.	.	1	.	.	.	.	.	.	.	.	*	.	.
Phylloceras picturatum, Orb.	.	.	2	.	.	.	.	.	.	*	.	.	.	*
— Tethys ? Orb. (A. semistriatus, Orb.)	.	.	1	.	.	.	.	.	.	*	.	*	.	.
— Guettardi ? Rasp.	.	n	.	.	.	.	.	.	.	*	.	.	.	*
Hamites ? senilis, Oost	1	2	.	.	.	.	.	.	.	.	.	.	.	.
Aptychus angulicostatus, Pict. & Lor.	.	1	.	.	.	.	.	.	.	*	.	*	.	.
Gastropodes.														
Pterocera Desori ? Pict. & Cp.	.	.	1	.	.	.	.	.	.	.	*	.	.	.
Discohelix cf. Solarium Martini, Orb.	.	1	.	.	.	.	.	.	.	.	.	.	.	.
Pélécypodes.														
Pleuromya neocomiensis ? Orb.	.	1	.	.	.	.	.	.	.	.	.	*	*	.
Unicardium cf. Lav. Clementi, Orb.	.	.	.	.	.	1	.	.	.	.	.	.	.	.
Isocardia neocomiensis ? Ag.	.	.	.	.	.	1	.	.	.	.	*	*	.	.
Lucina Cornueli, Orb.	.	.	.	.	.	1	.	.	.	.	.	*	.	.
Gervilia anceps, Desh.	.	.	.	.	.	3	1	.	.	.	.	*	.	.

FOSSILES DU HAUTERIVIEN FACIES ORDINAIRE (*Suite.*)	GISEMENTS									FACIES à CÉPHALOPODES	NIVEAU HABITUEL			
	Oldenhorn	Diablerets	Tête-Pégnat	Paneyrossaz	Vallon-de-l'Avare	Le Richard	Pont-de-Nant	Savolaires	Dent-de-Morcles	Nº	VALANGIEN	HAUTERIVIEN	URGONIEN	APTIEN
Pélécypodes. (*Suite.*)														
Pecten Cottaldi, Orb.	.	.	.	.	.	n	.	.	.	.	*	*	.	.
— Robinaldi, Orb.	.	.	.	.	.	.	1	.	.	.	.	*	*	.
Vola atava, Rœm. (Janira)	.	.	.	.	.	.	1	.	.	.	.	*	*	.
Exogyra Couloni, Defr.	1	5	3	2	3	.	c	3	.	.	.	*	.	.
Ostrea (Alectryonia) rectangularis, Rœm.	1	.	1	.	.	.	4	.	.	.	.	*	.	.
Brachiopodes.														
Terebratula acuta, Qu.	.	.	.	.	.	3	.	.	.	.	.	*	.	.
— sella? Sow.	.	.	.	.	.	1	.	.	.	.	.	*	*	*
— salevensis, Lor.	.	1	.	.	.	n	1	.	.	.	.	*	.	.
— Moutoni, Orb.	.	.	1	.	1	1	4	.	.	.	*	*	.	.
Waldheimia pseudojurensis, Orb.	3	4	.	.	.	.	.	.	.	.	*	*	.	.
— tamarindus, Orb.	.	.	.	.	.	2	.	.	.	.	*	*	*	*
— cf. hippopus, Rœm.	.	1	.	.	.	.	.	.	.	.	.	.	.	.
Eudesia Marcoui? Orb.	.	.	.	.	.	.	3	.	.	.	.	*	.	.
Rhynchonella multiformis, Rœm.	.	2	.	.	.	.	2	.	.	.	.	*	.	.
— lata, Orb. (non Sow.)	.	.	1	.	.	.	4	2	.	.	.	.	*	.
— globulosa, Pict.	.	.	4	c	.	.	.	.	.	.	.	*	.	.
Annélides.														
Serpula heliciformis? Goldf.	.	.	n	.	.	.	.	.	.	.	.	*	.	.
— cf. socialis, Goldf.	.	.	c	.	.	.	.	.	.	.	.	.	.	.
Echinodermes.														
Toxaster complanatus Lin. = Echinospatagus cordiformis, Orb.	.	2	n	3	n	2	c	n	2	.	.	*	.	.
Echinobrissus subquadratus, Ag.	.	1	.	.	.	.	.	.	.	.	.	*	.	.
Pyrina pygea? Ag.	.	.	1	.	.	.	.	.	.	.	.	*	*	.
Cidaris pretiosa? Des. (radiole)	.	1	.	.	.	.	.	.	.	.	*	.	.	.
Millericrinus sp.	.	.	1	.	.	.	.	.	.	.	.	.	.	.
Polypiers.														
Montlivaultia sp.	.	1	n	.	.	2	.	.	.	.	.	.	.	.
Calamophyllia sp.	.	.	1	.	.	.	.	.	.	.	.	.	.	.
Total : 50 espèces, dont	6	18	22	6	6	14	11	3	2	10	8	32	11	6

L'ensemble de cette faune me paraît présenter plutôt un facies littoral, et être plus analogue au Hauterivien du Jura que cela ne se voit habituellement dans les Alpes. Toutefois le gisement de Tête-Pegnat présente sous ce rapport un caractère un peu intermédiaire ; il contient une demi-douzaine d'Ammonites, qui se retrouvent pour la plupart dans le Néocomien à Céphalopodes.

b) Facies a Céphalopodes.

Ce second facies du Hauterivien, bien connu dans les Préalpes, n'avait pas encore été signalé dans les Hautes-Alpes, du moins à ma connaissance. C'est le Néocomien à Céphalopodes du midi de la France, que Pictet avait nommé spécialement *Néocomien alpin*, et décrit avec M. de Loriol des Voirons. Il forme dans nos Préalpes une zone à peu près continue, depuis la chaîne du Stockhorn, par les Alpes fribourgeoises et celles du Chablais, jusqu'aux Voirons et au Môle. Dans toute cette région il est superposé au Malm, parfois au Tithonique, et recouvert de Flysch ou de Crétacique supérieur, sans interposition d'Urgonien et de Gault. Il est donc seul à y représenter le Néocomien, et mérite bien son nom de *Néocomien alpin*.

Mais dans notre région des Hautes-Alpes il n'en est plus de même, et je ne puis me servir de cette expression. Ce facies s'y rencontre d'ailleurs dans des conditions analogues à celles des Préalpes, et avec une répartition toute spéciale. Il y occupe une zone bien déterminée, s'étendant depuis les environs de Cheville au NE, jusqu'à Javernaz au SW. On l'y voit représenté sur ma carte au 50 millième par la couleur vert clair, pointillée de vert foncé. Je regrette de l'avoir désigné par le monogramme $\mathbf{N}^1$, qui pourrait faire croire à une infraposition aux assises $\mathbf{N}^2$, $\mathbf{N}^3$, $\mathbf{N}^4$.

En effet les rapports stratigraphiques de ce facies, avec les autres assises néocomiennes, sont quasi nuls. A Bovonnaz $\mathbf{N}^1$ m'a paru superposé à $\mathbf{N}^2$, mais c'est encore douteux. Ailleurs notre Néocomien à Céphalopodes repose plutôt sur le Jurassique (Cheville, Javernaz). Quant au *superstratum* je ne lui en connais point! Dans l'espace spécial qu'il occupe, je n'ai jamais vu d'Urgonien, ni de Gault. Il se pourrait qu'il fût recouvert quelque part de Flysch **Tv**, mais cela même n'est pas certain. Le Néocomien à Céphalopodes joue donc dans nos Hautes-Alpes un rôle tout à fait exceptionnel, et s'y trouve pour ainsi dire isolé; buttant d'un côté, par faille, contre le Nummulitique d'Argentine, et circonscrit de l'autre par des éboulis, et le glaciaire.

La roche qui constitue ce type spécial, a aussi beaucoup d'analogie avec celle du *Néocomien alpin* des Préalpes, à cette différence près qu'elle est plus métamorphique, ayant subi de plus fortes compressions. C'est presque partout un calcaire foncé, gris bleuâtre, en nombreux bancs peu épais, bien lités, alternant avec des schistes marneux, plus ou moins feuilletés, qui forment de minces délits entre les bancs calcaires, mais qui parfois aussi acquièrent un peu plus de puissance.

Ces calcaires m'ont fourni un assez grand nombre de fossiles, beaucoup plus écrasés que dans les Préalpes, et pour la plupart assez mal conservés. Ce sont essentiellement des Ammonites, appartenant aux mêmes types que celles du Néocomien alpin de Châtel-Saint-Denis, Voirons, etc. Indépendamment de quelques débris organiques rencontrés isolément par-ci par-là, je puis mentionner sept principaux gisements fossilifères, échelonnés de Cheville à Javernaz.

Cheville. — Le gisement le plus oriental se trouve au Pas-de-Cheville, dans les rochers qui dominent les chalets, au haut des zigzags du chemin. Il est marqué sur ma carte d'un astérisque bleu. Je connais de là 6 espèces, recueillies principalement par le Dr Ph. de la Harpe. La présence de *Belemnites pistiliformis*, *Bel. dilatatus* et *Aptychus Mortilleti* ne peut guère laisser de doutes sur l'âge de ces couches.

Pabrenne. — Non loin de Solalex, mais sur rive gauche de l'Avançon, j'ai découvert en 1862, en compagnie de Ph. de la Harpe, un joli gisement de Néocomien à Céphalopodes, au point marqué sur ma carte d'un astérisque, en dessous des rochers de Pabrenne, qui font partie du petit massif de la Tour-d'Anzeindaz. Là nous avons récolté ensemble, dans les éboulis, 17 espèces presque toutes bien caractéristiques de ce niveau, entre autres : *Holcostephanus Astieri*, *Lytoceras inæqualicostatum*, *Phylloceras Rouyi*, *Aptychus Seranonis*.

Meruet. — Notre plus riche gisement fossilifère se trouve un peu plus à l'ouest, sur le flanc N d'Argentine, près du chalet de Meruet, et en dessous du rocher dit Tête-du-Meruet. Je le connais depuis 1858, soit pour l'avoir exploré moi-même, soit pour en avoir souvent obtenu des fossiles de mes pourvoyeurs. La somme de toutes ces récoltes se monte à 43 espèces, dont les plus fréquentes sont : *Hoplites cryptoceras, H. angulicostatus, Lytoceras subfimbriatum, Phylloceras Rouyi, Aptychus Seranonis, Hamulina hamus.* C'est tout à fait la faune néocomienne de Châtel-Saint-Denis.

Mattélon. — Le gisement que je désigne ainsi se trouve au bord de l'Avançon d'Anzeindaz, au coude que forme cette rivière en aval de Sergnement. C'est la continuation directe des couches de Meruet, ayant tout à fait le même aspect. On y recueille des fossiles sur les deux rives de l'Avançon, et sur un demi-kilomètre de longueur. C'est le second gisement en importance, et très facilement accessible. Entre Cherix et moi, nous y avons récolté une 20me d'espèces, spécialement : *Desmoceras Emerici, Lytoceras recticostatum, Phylloceras Rouyi, Aptychus angulicostatus, Ancyloceras Jauberti ?* C'est encore la même faune, mais avec prédominance de quelques espèces, plus rares à Meruet.

Bovonnaz. — Je réunis dans la colonne ainsi désignée quelques fossiles recueillis, soit par Ph. de la Harpe, soit par moi-même sur divers points de la montagne de Bovonnaz, dans des bancs calcaires tout semblables à ceux de Meruet et Mattélon. Je devrais peut-être y ajouter ceux que j'ai cités p. 249 comme recueillis dans les schistes du Pas-de-la-Larze.

Torcul. — Je mentionne dans cette colonne du tableau quelques fossiles trouvés par le D^{r} Ph. de la Harpe, au-dessus de la route des Plans à Fregnière, et surtout un peu plus haut vers les chalets de Torcul.

Javernaz. — Enfin mon dernier gisement de quelque importance se trouve au-dessus des chalets de Javernaz, sous les rochers du Grand-Châtillon, au point marqué sur ma carte d'un astérisque bleu. Je signale de là en particulier *Aptychus Didayi*, et *Chondrites serpentinus*, trouvés avec d'autres espèces habituelles à ces couches.

Faune du Facies à Céphalopodes. — Le tableau suivant, dans lequel j'ai groupé tous les fossiles de ces gisements, donne un total de 59 espèces, dont une 10ne seulement ne sont pas susceptibles de comparaison. Des 50 espèces comparables, 44 sont des types hauteriviens, la plupart caractéristiques du facies des Préalpes, dit par PICTET *Néocomien alpin*. Une 10ne de ces espèces sont citées, il est vrai, par d'ORBIGNY du Barrêmien, qu'il assimilait à l'Urgonien; mais depuis longtemps F. J. PICTET a montré que la plupart de ces espèces sont, dans nos Préalpes, les compagnes habituelles des autres types, néocomiens inférieurs pour d'Orbigny. Enfin 3 Ammonites, *Desm. Emerici*, *Lyt. Matheroni*, *Phyll. Guettardi*, appartiennent en France à l'étage aptien; tandis que 1 Pélécypode et 3 Brachiopodes sont plutôt du Berriasien.

Malgré ces quelques divergences d'association, que je crois dûment constatées, il me paraît hors de doute que nous avons ici un facies particulier du Hauterivien. Vu la forte prédominance des Céphalopodes (45 espèces sur 59), cette faune doit être considérée comme éminemment pélagique.

Reste la question des relations de ces couches **N¹** avec les autres assises hauteriviennes **N³** et **N⁴**. Ces rapports me paraissent à peu près les mêmes qu'entre le Hauterivien du Jura et celui des Préalpes, seulement ce qu'il y a d'étrange, c'est de trouver ici ces deux facies si rapprochés, et toutefois si distincts. Les traits d'union ne manquent pourtant pas absolument, puisque mes deux listes de fossiles présentent 10 espèces communes, dont en particulier deux types, qui sont également communs à l'Hauterivien des Préalpes et du Jura : *Belemnites pistiliformis* et *Holcostephanus Astieri !*

J'ajoute que le gisement **N⁴** de Tête-Pegnat qui est géographiquement le plus rapproché de la zone **N¹** est aussi le plus riche en Céphalopodes. Sur une 15ne d'espèces, il en contient 9, dont 5 se retrouvent dans la faune **N¹**. Ce gisement présente donc un facies un peu intermédiaire, semi-pélagique.

Je remarque en outre que la bande **N¹** va en s'élargissant à l'ouest, de Cheville vers la vallée du Rhône, que cette bande ne contient que du Néocomien à Céphalopodes, enfin qu'elle est entourée au N et au S par les assises **N³** et **N⁴**, représentant un facies plus littoral. On pourrait donc penser que la bande **N¹** s'est formée dans les parties centrales et profondes d'un golfe, sur les bords duquel se déposaient simultanément les assises **N³** et **N⁴**.

FOSSILES DU HAUTERIVIEN FACIES A CÉPHALOPODES Les chiffres désignent le nombre d'échantillons constaté dans chaque gisement. **n** = en nombre supérieur à 5 ex. **c** = commun.	GISEMENTS							FACIES ORDINAIRE N3N4	NIVEAU HABITUEL			
	Chevillé .	Pabrenne.	Meruet. .	Mattélon. .	Bovonnaz.	Toreul. .	Javernaz .		BERRIASIEN .	HAUTERIVIEN	BARRÉMIEN .	APTIEN. .
Céphalopodes.												
Belemnites pistiliformis, Blainv.	2	.	1	1	.	1	1	*	.	*	.	.
— Orbignyi ? Duv.	.	.	1	.	.	.	.	.	.	*	.	.
— dilatatus ? Blainv.	1	.	.	.	.	.	.	*	.	*	.	.
— cf. Mayeri, Gil.	.	2	.	1	2	.	.	.	.	.	.	.
— sp. (très allongée et grêle)	2	1	2	.	.	.	.	.	.	.	.	.
Rhynchoteuthis Quenstedti, Pict. & Lor. . . .	.	1	.	.	.	.	.	.	.	*	.	.
Ammonites.												
Pulchellia Dumasi, Orb. (Am. pulchellus, Orb.)	.	.	.	1	.	.	.	.	.	.	*	.
Hoplites cryptoceras, Orb.	.	1	**n**	1	.	.	.	.	.	*	.	.
— Castellanensis, Orb.	.	.	1	.	.	.	.	.	.	*	*	.
— Mortilleti, Pict. & Lor.	.	.	1	.	.	.	.	.	.	*	.	.
— angulicostatus, Orb.	.	1	**n**	1	.	1	.	*	.	*	*	.
— neocomiensis ? Orb.	.	.	1	.	.	.	.	.	.	*	.	.
Holcostephanus Astieri, Orb.	.	2	**n**	.	.	1	1	*	.	*	.	.
— Jeannoti, Orb.	.	.	2	.	.	.	.	.	.	*	.	.
Desmoceras Emerici, Rasp.	.	.	**n**	3	.	1	.	.	.	.	.	*
— Heeri, Oost.	.	.	3	1	.	.	.	.	.	*	.	.
— intermedium ? Orb.	.	1	1	.	.	.	.	.	.	*	*	.
— Grasi ? Orb.	.	.	1	.	.	.	.	.	.	*	.	.
-- difficile ? Orb.	.	.	.	1	.	.	.	.	.	*	*	.
— cf. inornatum, Orb. (sans sillons) . . .	.	.	1	.	.	.	.	.	.	.	.	.
Schlœnbachia ? cultrata, Orb.	.	1	1	.	.	.	.	.	.	*	.	.
Placenticeras clypeiforme ? Orb.	.	.	1	.	.	1	.	.	.	*	.	.
Lytoceras subfimbriatum, Orb.	.	.	**n**	2	.	.	.	*	.	*	.	.
— lepidum ? Orb. (ou jeunes du précédent)	.	.	5	1	.	.	.	.	.	*	*	.
— recticostatum, Orb.	.	.	1	2	.	.	.	.	.	*	.	.
— inæqualicostatum, Orb..	.	2	.	1	.	.	.	.	.	*	*	.
— quadrisulcatum, Orb.	.	.	1	.	.	.	.	.	.	*	.	.
— Matheroni, Orb.	.	.	.	.	.	1	.	.	.	.	.	*
— strangulatum ? Orb.	.	.	.	1	.	.	.	.	.	*	.	.
— cf. Honnorati, Orb.	.	.	.	.	.	2	.	*	.	.	.	.
Phylloceras Rouyi, Orb.	.	**n**	**c**	3	1	.	1	.	.	*	*	.

FOSSILES DU HAUTERIVIEN FACIES A CÉPHALOPODES (*Suite.*)	GISEMENTS							FACIES ORDINAIRE N°3N°4	NIVEAU HABITUEL			
	Cheville . .	Pabronne. .	Meruet. . .	Mattélon . .	Bovonnaz. .	Toreul . . .	Javernaz . .		BERRIASIEN .	HAUTERIVIEN	BARRÉMIEN .	APTIEN. . .
Ammonites. (*Suite.*)												
Phylloceras Tethys, Orb. (A. semistriatus, Orb.)	.	1	2	2	1	.	1	*	.	*	.	.
— Guettardi, Rasp.	.	.	1	1	.	.	.	*	.	*	.	*
— cf. picturatum, Orb.	.	.	1	.	2	.	.	*	.	.	.	.
Aptychus Didayi, Coq.	.	.	5	.	3	1	4	.	.	*	.	.
— Seranonis, Coq.	.	**n**	**n**	.	.	1	.	.	.	*	.	.
— Mortilleti, Pict. & Lor.	2	.	1	.	.	.	.	.	.	*	.	.
— sp. (intermédiaire entre les 2 précédents)	.	2	4	.	1	1	.	.	.	.	.	.
— angulicostatus, Pict. & Lor.	.	.	.	2	.	.	.	*	.	*	.	.
Ammonites évolutes.												
Ancyloceras Duvali, Lév.	.	.	2	.	.	.	.	.	.	*	.	.
— Villersi, Orb.	.	.	1	.	.	.	.	.	.	*	.	.
— Jauberti ? Ast.	.	.	2	3	.	.	.	.	.	*	.	.
— sabaudianum ? Pict. & Lor.	.	.	1	1	.		.	.	.	*	.	.
Hamulina hamus, Qu.	.	.	**n**	1	1	.	.	.	.	*	*	.
Ptychoceras Meyrati, Oost.	.	2	**n**	.	.	.	.	.	.	*	.	.
Pélécypodes.												
Inoceramus neocomiensis ? Orb.	.	.	.	1	.	.	.	.	.	*	.	.
— sp. (cf. jeune I. latus, Mant.)	.	1	.	.	.	.	.	.	.	.	.	.
Lima Dumasi, Pict.	.	1	.	.	.	.	.	.	*	.	.	.
Pecten (Amusium) alpinus, Orb. (P. Agassizi, Pict. & Lor.)	.	.	1	.	.	.	.	.	.	*	*	.
— sp.	.	.	1	.	.	.	.	.	.	.	.	.
Brachiopodes.												
Pygope diphyoides, Orb.	.	.	3	.	.	.	.	.	*	*	*	.
Rhynchonella Boissieri ? Pict.	.	.	1	.	1	.	.	.	*	.	.	.
— contracta ? Orb.	.	1	.	.	.	.	.	.	*	.	.	.
Algues.												
Chondrites serpentinus, Hr.	.	.	.	.	.	.	**n**	.	.	.	.	.
— neocomiensis, Hr.	3	.	1	.	.	.	.	.	.	*	.	.
Nulliporites granulosus, Hr.	1	.	.	.	.	.	.	.	.	*	.	.
Fucoides friburgensis, Hr.	.	.	1	.	.	.	.	.	.	*	.	.
Sphærococcites Meyrati, Fisch	.	.	1	.	.	.	.	.	.	*	.	.
Gyrophyllites Oosteri Hr.	.	.	2	.	.	.	.	.	.	*	.	.
Total : 59 espèces, dont	6	17	43	21	8	10	6	10	4	44	11	3

RELATIONS OROGRAPHIQUES

Le Néocomien proprement dit joue un rôle considérable dans les parties centrale et nord-est de mon champ d'investigation. Pour en décrire les allures, j'en subdiviserai l'étendue en 9 Régions, allant du NE au SW, dont chacune présente des caractères propres.

1. Massif de l'Oldenhorn.

Au nord du glacier de Zanfleuron, entre Creux-de-Champ et le passage du Sanetsch, et limitée au NW par le Col-de-Pillon, se trouve une petite région naturelle, essentiellement néocomienne, que j'ai décrite, et dont j'ai tracé la carte géologique au 50 millième, déjà en 1865 [Cit. 87, pl. 5]. Je ne sache pas que cette région ait fait, dès lors, l'objet d'aucune autre étude, et moi-même je ne l'ai visitée à nouveau que dans sa partie ouest, où j'ai dû modifier un peu mon ancien tracé.

La charpente de ce petit massif est formée de Néocomien brun ou Hauterivien, dans lequel je n'ai pas pu distinguer les assises spéciales $\mathbf{N^3}$ et $\mathbf{N^4}$. Ce néocomien y est surtout développé dans les parties hautes, et en constitue les principaux sommets, qui bordent au nord le glacier de Zanfleuron : Sex-Rouge 2977 m., Oldenhorn (ou Becca-d'Audon) 3124 m., Montbrun (Sanetschhorn) 2946 m. Dans ces hautes régions, le Néocomien est disposé en une large voûte. En revanche, sur le versant NW du massif, il se replie à plusieurs reprises (cp. 2 et Cit. 87, pl. 1 à 4), de manière à former divers synclinaux, occupés par l'Urgonien et le Nummulitique. Il en résulte que dans les parties inférieures de ce versant, le Néocomien n'apparaît plus que dans les voûtes rompues.

Sanetsch. — Depuis la Grande-Croix 2221 m., la partie septentrionale du passage du Sanetsch est entièrement sur le Néocomien brun, qui occupe le Sex-du-Foux 2566 m., le Creux-de-la-Ley, Genièvre, et qu'on voit s'élever assez haut à l'E, sur le flanc du Arpelistock 3039 m.

En descendant, dès la cote 2022 m., par une série de zigzags, le versant N du Sanetsch, on traverse un premier synclinal urgo-éocène, puis, vers le chalet de la Boiterie, on voit un second anticlinal néocomien, très comprimé et déjeté au NW en forme de genou (cl. 39). Il est formé de schistes calcaires, brunâtres à l'extérieur. En fait de fossiles je n'y ai trouvé que des vestiges de *Belemnites pistiliformis*, et cela dans un banc calcaire dur, noir-verdâtre, qui forme le centre du pli (cl. 39).

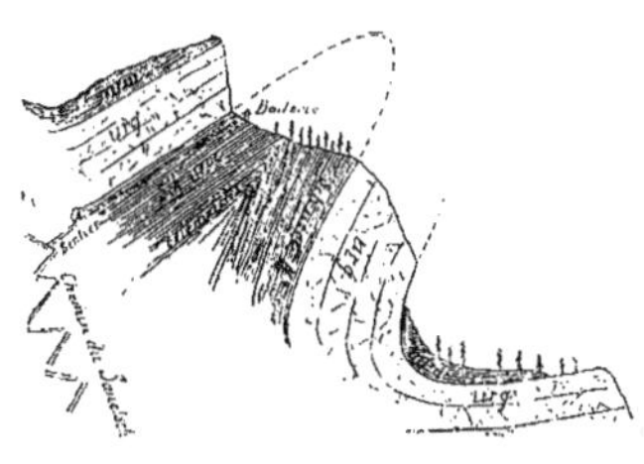

Cl. 39. Anticlinal de la Boiterie.

Plus bas se présente un nouveau synclinal d'Urgonien, bien visible sur le croquis ci-dessus, que traverse également le chemin du Sanetsch; puis un troisième anticlinal néocomien, moins comprimé et moins déjeté que le précédent [Cit. 87, pl. 4]. Les deux anticlinaux néocomiens se poursuivent à l'ouest, jusqu'au pied du Schlauchhorn 2587 m., où les deux bandes hauteriviennes s'anastomosent, de manière à environner entièrement le piton urgonien du Karrhorn 2235 m., dit Mittagshorn sur mon profil et ma carte de 1865 [Cit. 87, pl. 3, 5].

Audon. — La vallée transverse-oblique, qui contient les chalets d'Audon (Oldenalp) 1874 m., est aussi essentiellement formée de Néocomien brun, qui s'élève d'une part jusqu'au Montbrun, et de l'autre jusqu'à l'Oldenhorn (cp. 2). Sur l'arête E de cette pyramide triangulaire, non loin du sommet, j'ai trouvé quelques exemplaires mal conservés de *Bel. pistiliformis* et *B. dilatatus*.

Le centre de ce vallon, autour et au-dessus des chalets, m'avait toutefois laissé quelques doutes, que je n'ai pas eu dès lors l'occasion d'éclaircir. J'avais traduit ces doutes dans ma carte de 1865, en figurant cet espace par des traits interrompus, et les avais exposés dans mon texte [Cit. 87, p. 75].

Dard-dessus. — De l'autre côté de l'Oldenhorn, le Néocomien brun forme également tout le cirque du Dard-dessus, sous le Glacier du

Dard. J'y ai trouvé un fragment de *Exogyra Couloni*. Au NE ce Néocomien se prolonge en une étroite languette jusqu'au-dessus de La Ruche, dans l'anticlinal rompu et comprimé des Crottes [Cit. 87, pl. 2, f. 1].

J'ai rendu aussi exactement que je l'ai pu, sur la Feuille XVII au 100 millième, ces divers affleurements parallèles anticlinaux et synclinaux, mais la petitesse de l'échelle, et le peu de différence des teintes, affectées à ces terrains, rendent la carte confuse. Comme d'autre part, ce massif n'est pas compris dans ma carte de 1875, et que j'ai dû apporter quelques corrections au tracé de ma carte de 1865, je reproduis dans le cliché ci-après (cl. 40) la moitié ouest de cette dernière, rectifiée. La base topographique de cette petite carte au 50 millième est empruntée à l'*Atlas Siegfried* (Sect. 477) avec la permission de M. le colonel LOCHMANN, chef du bureau topographique fédéral. La distribution du Néocomien y est figurée par la répétition fréquente de la lettre **N**.

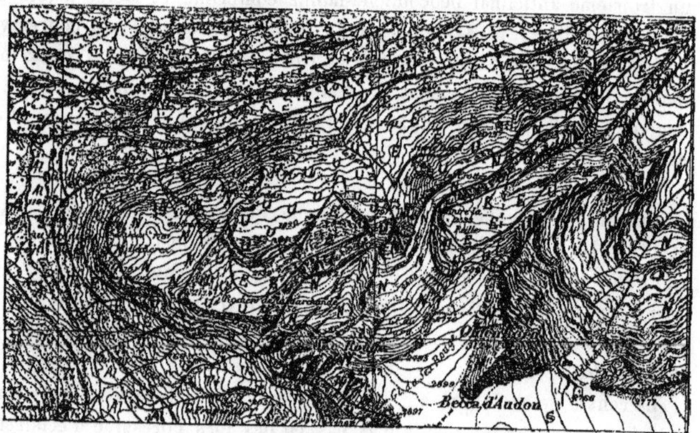

Cl. 40. Carte géologique de l'Oldenhorn. — Echelle 1/50000.
Al. Alluvions. — Gl. Glaciaire. — Tv. Grès de Taveyannaz. — E. Nummulitique. — U. Urgonien. — N. Néocomien. O. Opalinien. — C. Cornieule. — + Gypse.

Sex-Rouge. — Depuis le Dard-dessus, le Néocomien brun s'élève jusqu'au sommet du Sex-Rouge, qui en est entièrement formé (cp. 1 et Cit. 87, pl. 1). J'y ai trouvé un fragment d'*Ostrea rectangularis*.

Toute la paroi SW du Sex-Rouge est également néocomienne, presque jusqu'à sa base sur Prapioz-dessus. Dans cette paroi on voit se dessiner des replis multiples en zigzags verticaux (cl. 41). Ceux-ci sont surtout apparents par le fait d'une bande rousse, qui part du sommet du Sex, et se replie quatre fois sur elle-même, séparant le Néocomien brun **N**[4] de schistes plus feuilletés, qui m'ont paru appartenir à l'assise **N**[2]. Dans les éboulis de cette paroi sur Prapioz, j'ai recueilli un *Hamites senilis ?* et quelques *Terebratula pseudo-jurensis*.

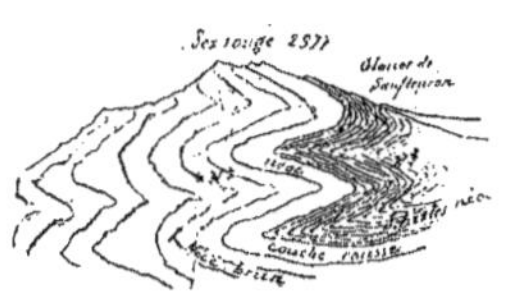

Cl. 41. Paroi SW du Sex-Rouge, vue de la Cime des Diablerets.

Croset. — Ce Néocomien du Sex-Rouge se prolonge du côté N, pardessous la paroi urgonienne de la Marchande, et se relie avec l'affleurement anticlinal du Lécheret et du Croset (cl. 40). C'est en ce dernier point que j'ai pu le mieux observer le banc dur de calcaire grenu à cassure noir-verdâtre, qui contient surtout les *Bel. pistiliformis*. On le voit affleurer au centre de la voûte rompue, un peu au-dessus des chalets du Croset [Cit. 87, pl. 1].

Il est singulier que, dans tout ce massif de l'Oldenhorn, je n'aie jamais vu la moindre trace de *Toxaster complanatus*, si habituel au même terrain dans les régions plus méridionales.

2. Massif des Diablerets.

A part les deux ou trois pointements jurassiques, que j'ai signalés p. 235, l'ossature de ce massif est aussi formée entièrement de Néocomien. Comme sur le versant NE de celui de l'Oldenhorn, il s'y présente en replis successifs, déjetés au NW. Soit difficulté d'accès, soit uniformité des roches et pauvreté en restes organiques, je n'ai guère pu y distinguer les assises **N**[2], **N**[3], **N**[4] que sur la paroi méridionale, et encore pas partout. Ailleurs je n'ai indiqué que du Néocomien indéterminé **N** sans exposant.

Versant nord. — La paroi arquée, qui forme le beau cirque de Creux-de-Champ, doit être en grande partie néocomienne. J'ai quelques *Bel.*

pistiliformis qui proviennent de sa partie supérieure, en dessous des Glaciers. Du côté NE en Pierredar on voit, sous l'Urgonien, le Néocomien brun **N**[4], qui se replie avec lui dans les Barmes-rousses, et se renverse sous le Mauvais Glacier (cp. 4).

Le croquis ci-joint, pris depuis le haut du Lécheret, montre la disposition de ces replis au versant N du Signal-de-Culand (cl. 42). La partie inférieure de cette coupe naturelle me laisse pourtant quelques doutes. Dans le bas du passage de la Borne, à la descente sur Orgevaux, j'ai cru voir le contact immédiat du Néocomien schisteux avec le Grès de Taveyannaz, sur lequel il paraît reposer. A l'endroit dit Vire-aux-moutons, j'ai trouvé dans ces schistes des traces d'Ammonites et de Belemnites, et un peu plus haut *Terebratula salevensis* dans un calcaire gris compact.

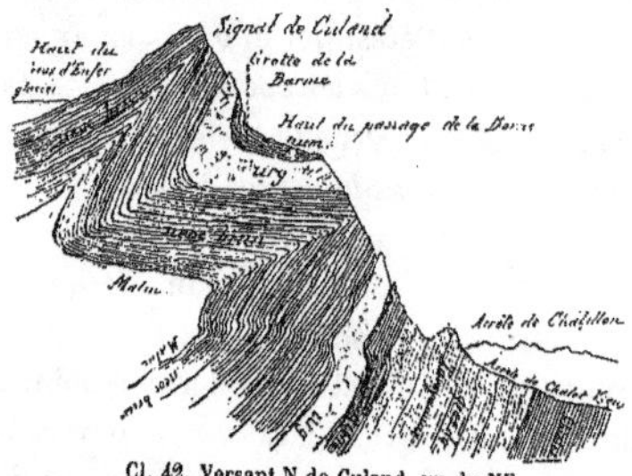

Cl. 42. Versant N de Culand, vu du NE.

Châtillon. — L'extrémité ouest du massif, sur la montagne de Châtillon, est encore certainement néocomienne, mais je n'en ai pas assez bien compris les allures, pour pouvoir y figurer les diverses assises. Le Néocomien paraît s'avancer jusque sous Le Coin 2238 m. (cp. 7). Du haut du passage du Savaney, que je n'ai pas traversé moi-même, on m'a rapporté *Pleuromya neocomiensis ?* Sous la Pointe-de-Châtillon 2377 m., du côté N j'ai recueilli des *Rhync. multiformis* dans les blocs éboulés. J'ai aussi un bon *Nautilus plicatus* qui provient de cet emplacement (cp. 6).

Plus haut, à mi-distance entre Pointe-de-Châtillon et Signal-de-Culand, se trouve sur l'arête un grand rocher isolé de calcaire gris compact, dit Sex-blanc, très visible dès Taveyannaz. Je l'ai attribué à l'assise **N**[3], et marqué de traits rouges sur ma carte (cp. 1). Sous ce calcaire gris se voit un banc schisteux, pétri de bivalves, malheureusement indéterminables, qui se relève graduellement au N. En le poursuivant dans cette direction, j'ai vu les schistes se contourner, se renverser et revenir passer par-dessus le Sex-blanc. Un peu plus haut, j'ai rencontré, intercalé dans les schistes, un banc dur noir-verdâtre, avec *Belemnites,* tout à fait semblable à celui du Croset (p. 267).

Paroi sur Anzeindaz. — Le sommet du Signal-de-Culand 2798 m., est formé de Néocomien brun schisto-calcaire, semblable à celui de l'Oldenhorn, dont les cl. 42 et 43 font comprendre la disposition. C'est sur ces couches que paraît reposer le banc dur, noir-verdâtre, de l'Arête-d'Enfer, qui m'a fourni la curieuse petite faunule mentionnée p. 253. C'est encore évidemment le même banc qu'au Croset, au Sanetsch, etc. Lorsque son niveau aura été clairement défini, il deviendra un horizon stratigraphique important pour cette contrée. Je le crois intercalé dans l'assise **N**[1], mais plutôt à sa partie inférieure.

La Tête-d'Enfer 2769 m., est formée de Néocomien brun, mais sur son flanc sud, abrupt, se voit très distinctement un remarquable repli anticlinal auquel participent le calcaire gris **N**[3] et les schistes inférieurs **N**[2] (cliché 43). Il reproduit exactement celui que l'on voit sur le flanc nord du Signal-de-Culand; vu la position relative de ces deux sommets, il me paraît que c'est un seul et même pli, interrompu par la profonde entaille du Creux-d'Enfer.

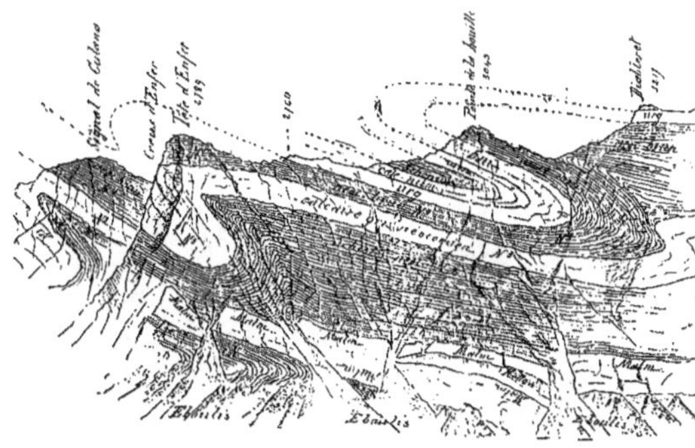

Cl. 43. Partie de la paroi S des Diablerets, vue de la Tour d'Anzeindaz.

De là les trois assises néocomiennes s'abaissent ensemble vers l'est, pour former la base de la Pointe-de-la-Houille, comme le montrent la phototypie Pl. II et le cliché 43. C'est la partie parcourue pour monter à l'arête, et au gisement éocène. J'y ai vu, vers la base de **N**[4] m'a-t-il paru, des bancs glauconieux avec *Belemnites*. De ces rochers au-dessus du Vélard, j'ai obtenu divers fossiles, malheureusement pris dans les éboulis et non en place : *Bel. pistiliformis*, *Holcostephanus Astieri?* *Waldheimia cf. hyppopus*. Plus bas, dans les éboulis de Luex-à-Jaques-Grept, on a aussi trouvé *Toxaster complanatus ?* et *Echinobrissus subquadratus*.

Paroi sous la Cime. — Le plissement le plus remarquable s'observe entre la Pointe-de-la-Houille et la Cime 3217 m. (cp. 2). Malheureusement ma phototypie Pl. II ne la rend pas aussi distinctement que la photographie originale, que je dois à MM. Martins et Heer-Tschudi. En dessous du col 2941 mètres, les couches néocomiennes se relèvent brusquement, ce qui s'observe très bien au haut de la Grande-Luex, sur le passage suivi pour monter à la Cime des Diablerets. Mais tandis que le calcaire gris **N**[3] se contente d'un coude vertical ou d'un léger pli en S, pour reprendre bientôt la direction horizontale, les couches supérieures de **N**[4] se renversent sur l'Urgonien, et l'accompagnent jusqu'au sommet de la Pointe-de-la-Houille, formant

Cl. 44. Gorges de la Haute-Lizerne, vues de Derborence (autotypie).

ainsi un pli couché très accentué. Quant aux couches intermédiaires elles participent plus ou moins au renversement, suivant leur place, ou forment des zigzags multipliés. Immédiatement sous la Cime principale toutes couches **N**[4] sont de nouveau à peu près horizontales (cp. 4). C'est ainsi qu'on les voit au Pas-du-Lustre, où l'on a trouvé un *Toxaster complanatus.*

Nos trois assises néocomiennes se poursuivent ensuite horizontalement dans la paroi abrupte des Diablerets, par-dessus les bancs de Malm qui dominent les Eboulements, jusqu'au petit Glacier de Tchiffaz. **N**[4] forme la base du cirque autour du glacier, **N**[3] supporte le glacier et **N**[2] constitue un talus oblique au-dessus de la paroi de Malm (cp. 4).

Depuis là les trois bandes néocomiennes s'abaissent régulièrement jusqu'au fond des gorges de la Haute-Lizerne (cl. 44). L'assise schisteuse **N**[2] forme les pâturages de Fenage 1814 m. ; **N**[3] est la paroi de roc qu'on escalade au Porteur-du-Bois (Passière), où Cherix a trouvé des *Waldheimia pseudo-jurensis;* **N**[4] enfin constitue les pâturages de Viédaux sous Miet, surmontés eux-mêmes par la paroi urgonienne (cp. 3).

3. Région du Facies a Céphalopodes.

Comme je l'ai déjà dit, ce facies néocomien ne se rencontre pas avec les autres assises, mais occupe une zone spéciale, comprise entre la chaîne des Diablerets et celle d'Argentine, et qui s'étend de Cheville à Javerne, en augmentant graduellement de largeur.

Cheville. — C'est vis-à-vis des chalets inférieurs de Cheville, dits Zevedi, sur rive gauche de la Chevillentze, vers la cote 1712 m., que commence à apparaître, sous l'Eboulement des Diablerets, le Néocomien à Céphalopodes. Il forme une paroi de rochers, qui domine au N le Vallon de Cheville, et dont les bancs sont faiblement inclinés contre les Diablerets (cp. 5). Je ne puis affirmer l'existence du Néocomien qu'au NE du Passage de Cheville, et cela grâce aux quelques fossiles cités p. 259. Quoique teintés aussi en Néocomien sur ma carte, les rochers au SW du Passage sont peut-être jurassiques, et pourraient se rattacher au Malm des Hauts-Cropts (p. 238).

Vers le S des Hauts-Cropts toutefois, j'ai trouvé des calcaires foncés, fortement délités, contenant quelques *Exogyres* et quelques oursins, qui ont bien l'air néocomiens, mais qui indiqueraient plutôt le facies Hauterivien ordinaire Ce groupe de collines des Cropts est d'ailleurs d'une structure très compliquée, et en grande partie recouverts de matériaux éboulés ou glaciaires, provenant évidemment des Diablerets. Ce n'est que dans leur partie sud et ouest qu'on voit les rocs en place, qui paraissent bien se rapporter à la bande néocomienne en question (cp. 6).

Tour-d'Anzeindaz. — De l'autre côté du vallon de Conche, qui le sépare des Cropts, s'élève le petit massif dit la Tour-d'Anzeindaz, entièrement formé de calcaires schistoïdes foncés, à bancs minces, qui sont la continuation de ceux de Cropts et de Cheville. Du côté sud, ces assises reposent sur des bancs de calcaire plus compact, dont l'âge me paraît moins certain, et qui viennent à leur tour butter contre le Nummulitique de la Poreyrettaz. Du côté nord les bancs néocomiens plongent fortement contre les Diablerets, jusqu'au cours de l'Avançon (cp. 7). Vers Solalex ces bancs forment une petite sommité secondaire de 1975 m. d'altitude, nommée Pabrenne, en dessous de laquelle j'ai signalé un de nos bons gisements fossilifères de ce facies (p. 259).

Les couches de Pabrenne, plongeant au N, viennent aboutir au torrent de l'Avançon, sur la rive gauche duquel on les voit bien en place ; Cherix y avait aussi trouvé quelques fossiles néocomiens. Mais la rive droite est entièrement envahie par les talus d'éboulement des Diablerets, qui ne permettent pas de voir la continuité de ces couches avec celles de la paroi de Culand et de Châtillon. Cette continuité me paraît d'ailleurs bien probable, et paraît indiquée par un retour des couches $\mathbf{N}^2$ vers l'ouest, au bas de cette paroi, sous Tête-d'Enfer (cl. 43, p. 269).

Thalweg de l'Avançon. — Après une interruption produite par l'accumulation des éboulis, et par la petite plaine d'alluvion de Solalex, les couches néocomiennes reparaissent à l'ouest, soit sur le flanc d'Argentine, soit dans le fond de la vallée.

La colline d'Ayerne, qui domine Solalex à l'W, est entièrement formée de calcaires, qui m'ont paru tout semblables à ceux de Pabrenne, vis-à-vis; toutefois je n'ai pas de preuve paléontologique, et ne l'ai attribuée au néocomien (**N** sans pointillé) que par analogie pétrographique.

Plus bas le thalweg est envahi par le glaciaire, mais immédiatement après le pont de Sergnement on voit surgir une paroi calcaire, dite Le Sex, qui limite au N le petit plateau de Sergnement (cp. 8). Ce calcaire grisâtre, en bancs peu épais, à plongement NE, a tout à fait le cachet du Néocomien à Céphalopodes. Il paraît qu'on y a trouvé des Ammonites.

Des calcaires très semblables se rencontrent également dans le cours de l'Avançon, droit sous Sergnement, et supportent ce petit plateau. On peut les suivre tout le long du torrent jusqu'au coude de l'Avançon, au bas de la forêt de José, au confluent du Ruisseau des Cascatelles, où ils forment une paroi arquée qui domine le torrent. Là ils plongent 40° N, et sont bien fossilifères. Ils m'ont fourni une partie de la faunule que j'ai citée dans la colonne Mattélon (p. 260).

Les mêmes calcaires, toujours fossilifères, s'étendent passablement sur rive gauche, où ils forment la colline de Mattélon comprise entre la rivière et le chemin des Pars. On les voit affleurer le long de ce chemin, ainsi qu'au bas de celui de Bovonnaz. Nous y avons souvent récolté des fossiles. Les couches y paraissent moins inclinées.

Flanc nord d'Argentine. — Mais c'est surtout sur les pentes inférieures d'Argentine que le Néocomien à Céphalopodes est bien développé. Il y occupe toute la région boisée, au bas de la paroi rocheuse, contre laquelle il vient butter en faille (cp. 8 et Pl. VII).

C'est là que se trouve notre meilleur gisement fossilifère, dans les rochers et ravins qui avoisinent le chalet de Meruet (Meruit sur ma carte). La roche est formée de minces bancs calcaires foncés, ayant au plus 50 cm. d'épaisseur, alternant avec des schistes, encore plus foncés d'ordinaire. Ces schisto-calcaires sont fortement ondulés, plissés et très peu réguliers d'allures. Parfois ils paraissent presque horizontaux, comme sous la Tête-du-Meruet. Dans le torrent qui descend de cette Tête, j'ai constaté des plis très aigus. Ailleurs on les voit inclinés tantôt en aval, tantôt en amont; mais le plongement général est en somme contre Solalex, c'est-à-dire au NE.

Le roc du Châtelet 1883 m., en est entièrement formé. De même plus bas, la paroi dite le Sex-des-Blattes (Blettes), qui s'élève en écharpe contre Bovonnaz. Je possède de là un *Lytoceras recticostatum*, dont je puis garantir la détermination.

Mont-de-Bovonnaz. — Cette arête, qui apparaît comme une bifurcation à l'ouest de l'Argentine, est encore constituée de Néocomien à Céphalopodes, continuation de la bande venant de Cheville. M. Ph. de la Harpe nous a laissé quelques fossiles : *Bel. cf. Mayeri, Aptychus Didayi*, étiquetés Plan-du-Sex. On nomme aussi le *replan* en-dessous du Perriblanc de Bovonnaz ; il est probable que c'est de là qu'ils venaient, à moins qu'ils ne provinssent du Plan-du-Sex au haut du col de Cheville, où se trouvent les mêmes couches. Ensemble nous avions trouvé *Bel. cf. Mayeri* au Clédaz de Bovonnaz sous les chalets. Une demi-douzaine d'autres espèces, citées au Tableau (p. 262), ont été trouvées sur divers points de la montagne. Toutefois les fossiles y paraissent peu abondants.

Le plongement est assez irrégulier par suite d'une certaine ondulation des couches. Aux Frachys, sous Bovonnaz, j'ai trouvé ⊥ 15° à ENE. En s'élevant, l'inclinaison augmente, jusqu'à 35° aux environs de Bovonnaz. La direction de ce plongement varie aussi quelque peu, mais en somme elle est au NE.

Au-dessus de Bovonnaz, les bancs de Néocomien calcaire paraissent recouvrir les schistes $\mathbf{N^2}$ à Ammonites pyriteuses du Pas-de-la-Larze, que j'ai attribués avec doute au Valangien (p. 249) ; mais le contact se fait par une série d'alternances entre les bancs calcaires et les assises schisteuses. Or comme les fossiles trouvés dans ces schistes sont des espèces du Néocomien à Céphalopodes, il n'y a peut-être pas lieu de séparer ces couches.

Les rochers du Sex-à-l'Aigle, sur Frenières (cp. 10) et ceux des Torneresses sont la continuation des mêmes bancs, et ont fourni eux aussi quelques vestiges de fossiles. Les gorges de l'Avançon, le long de la route de Frenières aux Plans en donnent une coupe très intéressante.

Mont-de-Javernaz. — Au sud de l'Avançon-de-Nant ces bancs calcaires se relèvent fortement au SW ; au bord de la route des Plans j'ai mesuré jusqu'à 50° de ⊥ NE, mais les bancs sont très ondulés, et l'inclinaison par conséquent assez variable. Dans ces rochers Ph. de la Harpe avait trouvé quelques fossiles : *Belemnites pistiliformis*, *Lytoceras Honnorati*, *Aptychus Seranonis* ; mais il en avait recueilli davantage en Torcul sur le chemin d'Eusannaz (Ausannaz), entre autres : *Desmoceras Emerici, Lytoceras Matheroni*, *Holcostephanus Astieri, Aptychus Didayi, Ap. Seranonis.* Dans mon tableau p. 262 je les ai tous réunis dans la colonne Torcul.

Ces bancs calcaires minces et bien lités, se voient aussi nettement dans les gorges du torrent de l'Ivouettaz qui descend de Javernaz.

Tout le grand triangle entre Les Plans, Sex-Veudran et le Grand-Châtillon paraît formé des mêmes couches, mais recouvertes parfois de lambeaux erratiques, et cachées en général par la végétation. J'ai parcouru en divers sens cette pente des Collatels sans pouvoir y constater d'affleurements qui ne me parussent pas néocomiens (cp. 11).

Mais c'est surtout aux chalets de Javernaz, et au-dessus de ceux-ci sur la pente E du Grand-Châtillon, qu'on peut bien voir le Néocomien à Céphalopodes, et recueillir les fossiles incontestables cités au tableau. Les chalets d'en-haut se trouvent sur les bancs calcaires, plongeant accidentellement de 80° SE; non loin de là le plongement est moins fort et dirigé au NE. Sur l'autre versant de la vallée, en face de Javernaz, se trouvent des rocs néocomiens qui paraissent presque verticaux. Mon profil 12 (Pl. VI) est fautif en ce point. Je l'ai rectifié en 1886 pour l'excursion de la Société géologique suisse [Cit. 169, p. 87, Pl. IV].

Le Châtel. — Je dois encore signaler dans le fond de la vallée principale, non loin de Bex, deux lambeaux de Néocomien qui, à en juger par la roche calcaire, doivent appartenir au même facies. Ils sont marqués l'un et l'autre sur ma carte par la hachure **N**[1]. L'un d'eux est situé tout près du Châtel, entre les ravins du Courset et de la Croisette. Cherix y avait recueilli quelques traces de fossiles, que je ne puis pas retrouver.

L'autre constitue le monticule de la Tour-de-Duin, où j'ai rencontré, dans les schistes de la base, une *Belemnite* indéterminable et des *Fucoïdes*. Le plongement est de 60° SSE.

4. Chaine de Mont-Gond.

Sauf au voisinage de Miet, le Néocomien n'est représenté ici que par des schistes foncés, très uniformes, presque sans fossiles, qui constituent un grand pli synclinal allongé, au haut du versant W de la chaîne.

Haute-Lizerne. — Profondément entaillées par le torrent, les trois assises N^2, N^3 et N^4 dont nous avons constaté les affleurements jusqu'à la Lizerne (p. 271), se relèvent sur rive gauche, en-dessous du Mont-Gond (cl. 44, p. 270). En 1872 je les ai suivies pas à pas depuis Miet, et les ai vu disparaître les unes après les autres, sans pouvoir bien me rendre compte des causes de leur disparition. Il ne paraît point y avoir de faille, car un peu plus loin dans la montagne de Lodze le pli synclinal déjeté est parfaitement régulier. Le Nummulitique, qui les recouvrait, disparaît le premier sous la Croix-de-30-pas. Un peu plus loin on cesse de voir les bancs urgoniens, ordinairement si apparents. Puis c'est le tour du Néocomien brun N^4, qui disparaît droit sous le Mont-Gond (cl. 45). Le calcaire gris N^3 continue jusqu'à la Tête-de-Ceresaulaz, et peut-être même un peu plus loin (cl. 46). Au delà on ne voit plus que les schistes N^2 (cl. 47).

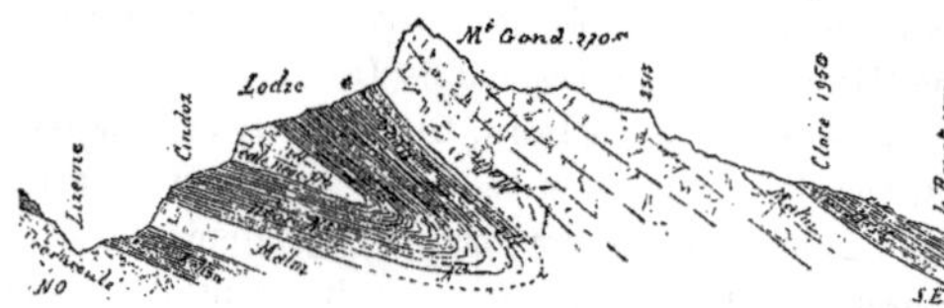

Cl. 45. Coupe par le Mont-Gond. — Echelle 1/50 000.

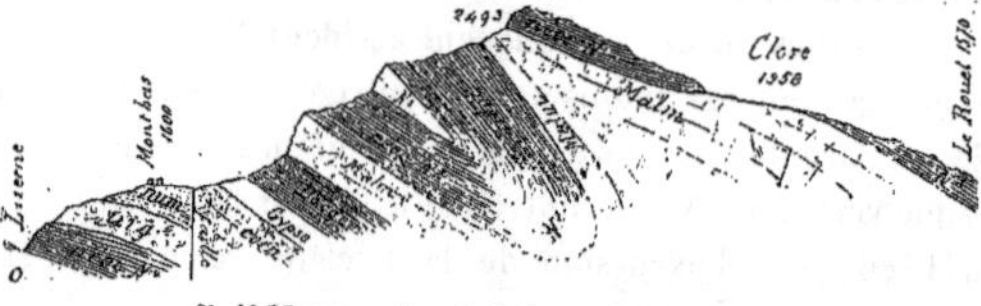

Cl. 46. Coupe par Zau-de-Lodze. — Echelle 1/50 000.

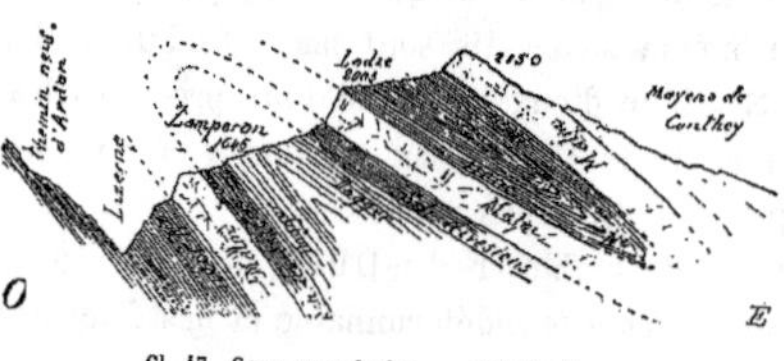

Cl. 47. Coupe par Lodze. — Echelle 1/50 000.

Mont-Gond. — Au-dessus de toutes ces assises, normalement disposées et disparaissant ainsi successivement, je n'ai rien pu voir que des schistes foncés, tellement semblables aux schistes **N²**, que là où les autres assises manquent on ne peut plus les distinguer. Sous le Mont-Gond ces schistes paraissent clairement recouverts par le Malm renversé (cl. 45). Je les ai donc considérés comme néocomiens, mais pensant qu'ils représentaient peut-être l'ensemble de celui-ci, je les ai désignés par le monogramme **N** sans exposant.

Du côté N, ces schistes se prolongent par-dessous le Malm, jusqu'à La Fava 2614 m. (cl. 44, p. 270), qui paraît en être constituée. Les éboulis empêchent de voir les relations de ces schistes, avec le Nummulitique de la Chaux-de-Miet.

Du côté S, on les voit contourner le Mont-Gond, et reprendre leur position normale par-dessus le Malm, qui se termine en pointe au milieu de ces schistes néocomiens, droit au-dessus de la Zau-de-Lodze (cl. 46). Dans cette position ils constituent l'arête 2489 m. et une partie de son versant E, sur une longueur d'environ deux kilomètres.

Montagne de Lodze. — C'est vers le milieu de cette arête néocomienne, au point marqué sur ma carte d'un astérisque bleu, que j'ai trouvé les seuls fossiles que m'aient fournis ces schistes. Ce sont de petits branchages cylindriques, ramifiés, identiques aux Algues que Heer a nommées *Nulliporites*. Il y en a de la grosseur du doigt, et d'autres beaucoup plus minces, comme un fétu de paille, mais pleins. Ils étaient assez abondants sur ce point, dans le schiste noir, mais ne formant pas un banc continu, comme les *Nulliporites* de la base du Malm, à Frête-de-Saille et en Argovie, auxquels ils sont d'ailleurs assez semblables.

Ces schistes se continuent au sud, depuis La Zau, tout le long de la Montagne-de-Lodze, formant le grand synclinal déjeté à l'W (cl. 47). C'est la région des hauts pâturages, due au peu de consistance de la roche schisteuse. Depuis le passage des Fontanelles 2149 m., l'arête est de nouveau formée de Malm, et le synclinal se rétrécit de plus en plus, pour venir aboutir à des pentes ravinées, en dessous de Six-Riond 2034 m.

Aven. — C'est par ces ravins irréguliers, et à peine praticables, que la bande néocomienne descend jusqu'au village d'Aven (cp. 7), et de là jusque près de Magnon, dans la Vallée du Rhône. Dans cette dernière partie elle est assez généralement recouverte de glaciaire, au travers duquel toutefois on rencontre par-ci par-là un affleurement de roche calcaréo-schisteuse, que je crois néocomienne.

5. Massif de Haut-de-Cry.

Le néocomien de ce massif constitue comme un grand triangle, dont la base serait les Gorges de la Lizerne, et dont Haut-de-Cry 2970 m., ou mieux Zeriet 2752 m., formerait le sommet. A l'angle nord de ce triangle, dès le Montacavoère au N, on trouve les 3 assises néocomiennes, surmontées de la série urg-aptienne. Mais dans tout le reste de l'étendue ce ne sont que schisto-calcaires indéfinissables, se distinguant toutefois aisément du calcaire jurassique compact, et dont l'âge néocomien m'a été révélé par quelques rares fossiles trouvés sur divers points. Pour préjuger le moins possible, je les ai considérés comme Néocomien indéterminé et désignés par la lettre **N** sans exposant. C'est par là que je commence, pour remonter ensuite vers le nord.

Chemin d'Ardon. — Depuis Isière (cp. 8) jusqu'aux Mayens de Lairettaz (cp. 7), on rencontre constamment des calcaires schistoïdes foncés, ⊥ 65° au SE, soit contre la Lizerne, bien différents des calcaires du Malm qui dominent Ardon. J'y ai rencontré à plusieurs reprises des bancs grenus et oolitiques, analogues à ceux de Saint-Maurice.

Toute la montagne de Enzon (Nenzon) est formée des mêmes calcaires. Au-dessus des chalets supérieurs de Enzon j'ai trouvé des traces peu déterminables d'*Ammonites*, avec *Bel. pistiliformis?* et *Tox. complanatus*.

Entre Tête-à-Jean et Serva-plana j'ai rencontré un calcaire oolitique noir avec tiges de Crinoïdes, analogue à celui du Tunnel de Saint-Maurice. Enfin près de Serva-plana (cp. 6) j'ai recueilli un bon *Toxaster complanatus*. J'ai observé ces couches néocomiennes non seulement en suivant le chemin ordinaire par Tête-à-Jean, mais aussi en suivant la Lizerne par le sentier des charbonniers, allant des chalets inférieurs de Serva-plana à la Lairettaz. Ici les couches m'ont paru plus généralement schisteuses, et plongent de 50 à 60° au SE (cl. 47, p. 276).

Haut-de-Cry. — Comme je l'ai dit p. 241, j'ai peut-être trop étendu le Néocomien dans le haut de la montagne de Enzon, aux environs du Coeur 2222 m., mais l'arête supérieure, dès Montaperron (Pey-Rond) 2640 m. à Haut-de-Cry 2970 m., est en tout cas néocomienne (cp. 8). A l'exception des parties les plus saillantes, qui sont calcaires, et appartiennent probablement à l'assise $\mathbf{N}^3$, la roche de ces sommets est plutôt formée de schistes $\mathbf{N}^2$, et se distingue facilement du Malm, comme le montre le croquis de la Paroi-du-Gruz (cl. 48). Sur le versant NW ces schistes néocomiens descendent jusqu'au thalweg de la Vallée de Derbon, où ils reposent sur le Malm du Plan-des-Fosses.

Cl. 48. Massif de Haut-de-Cry, vu du SW dès Bortze.

Montacavoère. — A l'extrémité NE du même chaînon, on peut voir ces schistes $\mathbf{N}^2$ directement recouverts par les assises $\mathbf{N}^3$ et $\mathbf{N}^4$, et celles-ci par l'Urgonien, qui constitue le sommet de Montacavoère 2615 m. Le croquis ci-joint (cl. 49), que j'ai pris en 1866 depuis le versant de Tête-Pegnat, montre clairement cette superposition, et en même temps les curieux replis en zigzags, que forment les bancs néocomiens sur le revers sud de la vallée de Derbon.

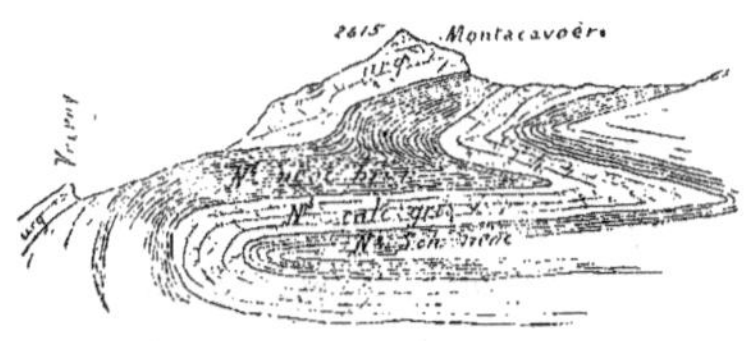

Cl. 49. Montacavoère, vu du NW.

L'anticlinal néocomien se prolonge au NE, dans la montagne de Vérouet dont les pâturages sont sur $\mathbf{N}^4$. La voûte complète s'observe très bien dans la cluse de Mottelon, que traverse la Lizerne en amont de Serva-plana (cl. 50). Le noyau de

Cl. 50. Flanc W de la Cluse de Mottelon.

cette voûte est formé de schistes **N**², au sud desquels on voit s'abaisser, comme au nord, le calcaire gris **N**³ et le Néocomien brun **N**⁴. Cette disposition est bien visible sur ma carte. (Pl. I).

Mont-bas. — De l'autre côté de la cluse de Mottelon, se trouve l'épaulement de Mont-bas 1650 m., qui est évidemment l'extrémité du même chaînon, quoique topographiquement il se rattache au Mont-Gond. Dans la cluse la correspondance est parfaite ; à cette différence près que sous Mont-bas la voûte néocomienne est beaucoup plus surbaissée, et entièrement enveloppée d'Urgonien. Le noyau est formé de calcaire gris **N**³, enveloppé de **N**⁴ (Carte Pl. I). En aval de cette voûte se voit un synclinal déjeté, très aigu (cl. 51), correspondant à l'arête du Montacavoère, auquel succède un nouvel anticlinal assez irrégulier, qui domine Besson, et dont le noyau est formé de schistes **N**².

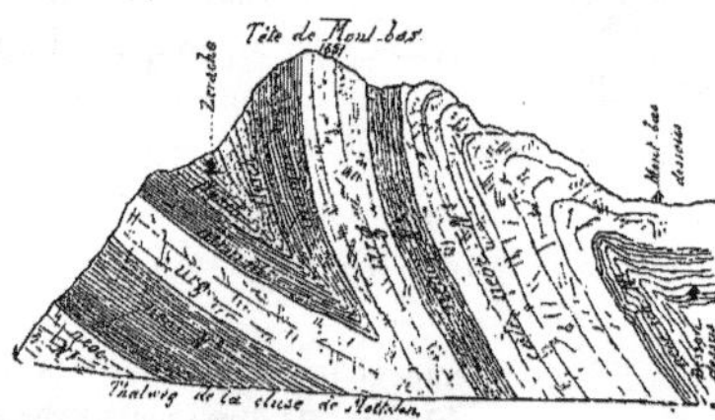

Cl. 51. Flanc E de la Cluse de Mottelon.

Chacune des subdivisions néocomiennes vient à tour de rôle butter en faille contre le Trias, dans le ravin de Courtenaz (p. 116).

Les seuls fossiles néocomiens que j'aie pu trouver dans ces deux dernières régions, qui stratigraphiquement n'en font qu'une, sont quelques serpules rencontrées au Montacavoère ; mais les diverses assises que j'ai mentionnées y sont pétrografiquement trop bien définies, et trop identiques à celles du massif de Tête-Pegnat, pour laisser subsister aucun doute.

6. Massif de Tête-Pegnat.

Je désignerai ainsi l'extrémité NE de la chaîne du Mœveran, qui est néocomienne depuis Lucx-Zernoz.

Val-de-Derbon. — Ce massif est séparé de celui de Montacavoère par la vallée de Derbon, dont la moitié inférieure court dans un pli synclinal en U, légèrement déjeté au NW. Le thalweg de la vallée suit à peu près l'axe synclinal (cp. 5, 6, 7). La Derbonère coule dans le Néocomien depuis le flanc du Zeriet jusque près des chalets de Derbon, traversant successivement les assises **N**², **N**³, **N**⁴, puis l'Urgonien et le Nummulitique.

L'axe anticlinal de Pont-de-Derbon et Plan-des-Fosses (cp. 9, 8) se prolonge par-dessous le Pas-de-Derbon, dans la direction du lac de Derborence (cp. 7, 6, 5). Sur le flanc SE de Tête-Pegnat, la voûte est entièrement néocomienne, et par le fait de la rupture de l'Urgonien, l'affleurement de **N**³ et **N**⁴ dessine une pointe saillante jusque tout près de Derborence. Vers l'extrémité de cette pointe j'ai recueilli *Exogyra Couloni* et *Serpula heliciformis*.

Tête-Pegnat. — Droit au-dessus des chalets de Derbon le banc calcaire **N**³ s'élève rapidement jusqu'au sommet de Tête-Pegnat 2593 m. En Profairet j'y ai trouvé des Polypiers, *Montlivaultia ?* etc., soit en place, soit dans des blocs tombés de l'arête. Les schistes **N**² forment la base de Tête-Pegnat et toute l'arête au SW, depuis le col de 2516 m. jusqu'à Luex-Zernoz. D'autre part au NE se voit la superposition régulière, représentée par la coupe ci-jointe (cl. 52), qui traverse dans toute sa largeur le Lapié-de-Cheville. C'est dans le haut de ce Lapié que se trouve notre plus riche gisement fossilifère du Néocomien brun **N**⁴ (p. 253).

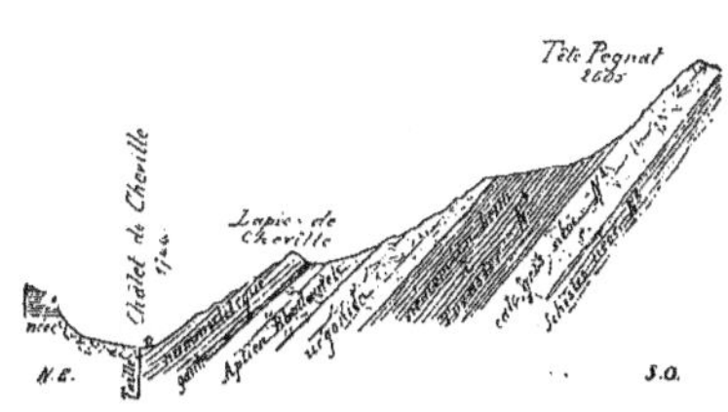

Cl. 52. Coupe de Lapié-de-Cheville. — Echelle 1/25,000

Le plongement normal des couches au NE est moins fort du côté de Derborence (cp. 3). A mesure qu'on s'avance vers l'ouest il devient de plus en plus fort (cl. 52), et atteint la verticale au-dessus du passage dit Vire-aux-Chèvres (cp. 6), pour se renverser du côté de l'Ecuellaz.

Sur l'Ecuellaz. — Toute la partie de la chaîne qui domine l'Ecuellaz est formée de couches néocomiennes renversées (cp. 7). Vu de face ce chaînon se présente comme le montre le croquis ci-joint, pris en 1866 du sommet de la Tour-d'Anzeindaz, et complété d'après une photographie

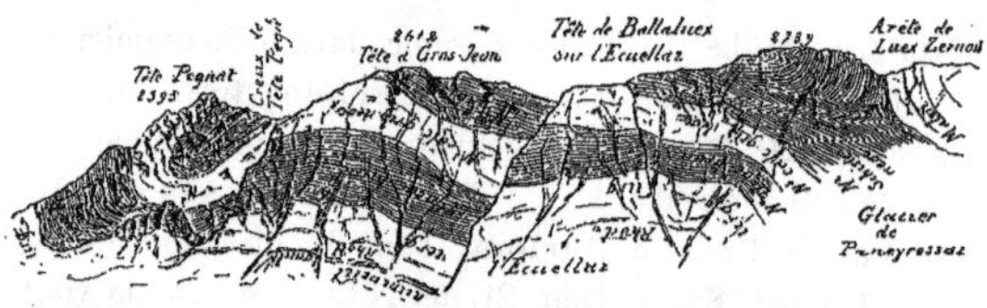

Cl. 53. Massif de Tête-Pegnat, vu du NW.

obtenue plus tard. (cl. 53) Les noms des diverses assises y sont écrits à rebours, pour correspondre à leur ordre naturel de superposition. Au-dessus de l'Urgonien qui forme la base de ces rochers, on voit le Néocomien brun, encore vertical sous Tête-Pegnat, mais de plus en plus renversé sous Tête-Grosjean et sous Ballaluex. Par dessus vient la bande de calcaire gris **N**³, et enfin les schistes néocomiens inférieurs, qui constituent les sommets de Tête-Grosjean 2612 m., de Ballaluex 2628 m., et toute l'arête postérieure.

Je n'ai trouvé que peu de fossiles néocomiens dans cette région. Du Creux de Tête-Pegnat j'ai *Pyrina pygœa* et *Serpula cf. filiformis.* De Tête-Grosjean *Terebratula Moutoni.* Dans des blocs éboulés sur l'Ecuellaz j'ai trouvé *Ostrea rectangularis* et *Toxaster complanatus.*

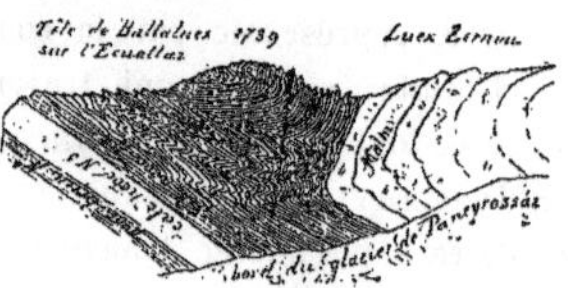

Cl. 54. Zigzags des schistes de Ballaluex.

Paneyrossaz. — Toutes ces assises néocomiennes aboutissent au Glacier de Paneyrossaz, où on les voit se contourner pour reprendre leur position normale sous l'Ecuellaz (cp. 7). Les schistes **N**² constituent le sommet 2739 m., nommé à tort sur l'atlas Siegfried Tête-du-Grand-Jean, et s'adossant au Malm de Luex-Zernoz. Ils forment dans cette paroi de remarquables zigzags, bien visibles depuis le bas du glacier (cl. 54).

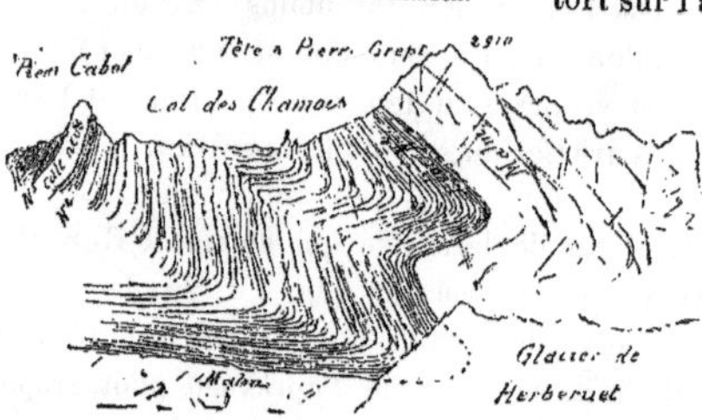

Cl. 55. Pierre-Cabotz et Col-des-Chamois.

Le calcaire gris **N**³ traverse obliquement sous le glacier, pour venir former, sur son bord occidental, la pointe aiguë de Pierre-Cabotz, à côté de laquelle on voit au Col-des-Chamois des replis analogues à ceux de Ballaluex (cl. 55). Quant au Néocomien brun **N⁴**, il occupe tout le bas du glacier, le petit Creux-des-Branlettes sur le bord NW de celui-ci, et descend de là jusqu'au fond de la Boellaire. Les fossiles y sont assez nombreux, particulièrement : *Exogyra Couloni*, *Rhync. globulosa* et *Toxaster complanatus* (p. 254).

7. Massif d'Argentine.

Au delà, la chaîne du Mœveran, de plus en plus saillante, ne présente guère d'affleurements néocomiens que sur son flanc occidental. Les bandes que nous avons suivies jusqu'ici passent en revanche au massif d'Argentine.

Boellaire. — Le cirque de ce nom qui termine au NE le vallon de l'Avare, est entièrement néocomien. Les assises **N⁴** et **N³**, descendant des Branlettes et de Pierre-Cabotz, le circonscrivent de trois côtés. Elles passent d'abord normalement sous l'Urgonien de La Cordaz, pour se redresser verticalement, puis se renverser sur le flanc SE d'Argentine (cp. 8), comme le montre l'autotypie ci-jointe (cl. 56) reproduisant une photographie prise dès le bas de l'Ecuellaz. On y trouve fréquemment des fossiles hauteriviens. Le fond du vallon est entièrement formé de schistes néocomiens inférieurs, qui dans le centre sont recouverts d'alluvions (cp. 8).

Cl. 56. Massif d'Argentine, vue du NE. (Autotypie.)

L'Avare. — En Hauts-Crottaz, où le Dr Ph. de la Harpe avait recueilli quelques fossiles (p. 254) droit sous la 2de cime d'Argentine 2355 m., les

Cl 57. Crête d'Argentine, vue de profil, du SW. (Autotypie.)

couches hauterivien-nes sont adossées contre l'Urgonien, en bancs à peu près verticaux (cl. 57).

Du côté du Lion-d'Argentine elles se renversent encore plus fortement sur l'Urgonien. Puis elles redescendent, en faisant un contour à l'est, pour venir former les collines de Château-vieux et des Caofins 1850 m., tout près des chalets de l'Avare. Cette arête calcaire appartient à l'assise **N**³, tandis que le Néocomien brun occupe le vallon à l'ouest, descendant vers Le Richard, et que les schistes **N**² forment le vallon à l'est, par lequel passe le chemin de l'Avare (cp. 9).

Le Richard. — A l'extrémité SW de la petite arête des Caofins, les bancs calcaires **N**³ descendent à peu près verticalement sur les pâturages du Richard. Droit derrière les chalets, Ph. de la Harpe avait recueilli, dans ces bancs calcaires, plus ou moins verticaux, quelques Bivalves et *Terebratula salevensis*. Un peu plus bas, au bord du chemin, là où se trouve un astérisque bleu sur ma carte, il en avait trouvé quelques autres, également dans l'assise **N**³ (p. 255).

Dans ma carte de 1875 j'ai repoussé trop à gauche, et j'ai trop restreint l'affleurement de cette assise **N**³, qui en réalité descend plus directement du Richard contre Pont-de-Nant, et occupe les gorges du torrent.

Les schistes **N**² en revanche y sont un peu trop étendus vers l'ouest. Ils occupent essentiellement la paroi de rochers qui supporte les pâturages des Outans, et qui se prolonge au sud, le long de la base du Grand-Mœveran, du côté de La Larze. Cette paroi présente des ploiements et contournements de couches excessivement remarquables, que rend très imparfaitement l'autotypie ci-jointe, faite d'après une photographie (cl. 58). J'ai eu l'avantage de faire admirer ce phénomène à la Société géologique suisse en août 1886 [Cit. 169, p. 90].

Cl. 58. Rochers contournés des Outans, vus de Pont-de-Nant.

Bertet. — L'affleurement de Néocomien brun, venant du vallon de Chalets-vieux derrière Le Richard, passe, normalement stratifié, sous Surchamp et sous Les Nombrieux (cp. 9), pour venir aboutir à l'Avançon-de-Nant près de son confluent avec le torrent du Richard. En dessous du Bertet (Berthex) 1730 m., dans la paroi du Grand-Sex, qui domine l'Avançon, il forme avec l'Urgonien un anticlinal déjeté au NW, dont le calcaire gris **N**³ constitue le noyau (cl. 59). C'est là que DE LA HARPE avait ramassé divers fossiles hauteriviens, dont : *Vola atava, Rhync. multiformis* et *Rh. lata* (p. 255).

Cl. 59. Anticlinal du Grand-Sex.

Grâce à ce pli couché, les couches néocomiennes prennent, à partir de la cluse de l'Avançon, une position absolument renversée, qu'elles conservent dès lors jusqu'aux Dents-de-Morcles.

Savolaires. — C'est dans cette position renversée qu'elles se présentent dans la montagne de Senglioz (cp. 10), où Ph. de la Harpe avait trouvé *Exogyra Couloni*, *Rhync. lata* et *Toxaster complanatus*. Elles forment ainsi un lambeau allongé, reposant sur l'Urgonien, qui s'étend jusqu'à la Pointe-des-Savolaires (cp. 11). Au sommet de cette Pointe 2307 m., j'ai cru voir sur N^1 un vestige du calcaire gris N^3 (cl. 60), mais je ne crois pas que cette assise existe dans tout le lambeau.

Cl. 60. Chaîne des Savolaires, vue de l'E.

Pont-de-Nant. — La paroi calcaire, qui domine les chalets de ce nom, et qui porte les inscriptions dédiées à la mémoire de Jean Muret, Juste Olivier, Eugène Rambert, est aussi formée de bancs hauteriviens renversés. Le bas de la paroi appartient au Néocomien brun à *Toxaster*. L'arête supérieure est formée de calcaire gris N^3. Les fossiles que j'ai récoltés au bas des lacets du sentier de la Larze (p. 255) paraissent appartenir à ce dernier niveau. Enfin les pâturages de la Larze, qui s'élèvent en pente douce jusqu'à la paroi de Malm, sont sur les schistes inférieurs, fortement plissés, qui se redressent contre la base du Grand-Mœveran (cp. 10). J'ai trouvé dans ces schistes quelques Terebratules, qui paraissent appartenir à *Waldheimia Marcoui*.

Les trois assises néocomiennes, ainsi renversées, continuent à s'élever en écharpe dans la paroi, de plus en plus abrupte, qui domine la vallée de Nant (cp. 11, 12). Tout le long de cette vallée on en voit les témoins, sous forme d'immenses blocs rectangulaires éboulés, contenant des *Toxaster complanatus*.

8. Massif des Dents-de-Morcles.

Ici le Néocomien, toujours sens dessus dessous, n'étant pas recouvert de Malm, n'apparaît plus comme une bande étroite. Il occupe au contraire une large surface. En revanche les fossiles y sont très rares et très mal conservés.

Grande-Dent. — Grâce à sa teinte brunâtre, on peut suivre de loin la bande hauterivienne, recouvrant l'Urgonien blanc jusqu'au pied sud de la Petite-Dent, dont le sommet 2939 m. est Urgonien. Là se trouve un repli très accentué, que fait bien saisir le croquis ci-joint (cl. 61) réduit de celui qu'avait dessiné mon collègue Heim, depuis Haut-d'Arbignon en 1886 [Cit. 169, pl. IX].

Cl. 61. Paroi SW des Dents-de-Morcles.

Les pitons de la Grande-Dent sont formés de calcaire gris **N**³, reposant sur **N**⁴ ; mais ici ces assises sont moins distinctes que dans les massifs de Tête-Pegnat et d'Argentine, aussi n'ai-je pas continué à les figurer séparément sur ma carte. En dessous du sommet principal, j'ai trouvé dans le Néocomien brun, de très mauvais échantillons de *Belemnites pistiliformis, Exogyra Couloni* et *Toxaster complanatus.*

Le calcaire gris paraît former l'arête jusqu'à Tête-Noire, où se trouve un lambeau de schistes **N**², tandis que le Néocomien brun occupe tout le cirque de Grand-Coor 2649 m., Tita-Sery, etc., en somme tout le versant SE de l'arête jusqu'à Grand-Pré et sous Dent-Favre.

Grand-Pré. — Les schistes néocomiens inférieurs s'étendent beaucoup moins loin à l'ouest. Après avoir formé la corniche de Vire-Longet, sous le piton jurassique de Dent-Favre (p. 232), leur affleurement se dirige au SE pour venir entourer la petite plaine alluviale de Grand-Pré 2100 m., qui leur doit sa dépression. Au S les schistes néocomiens s'élèvent assez haut sur le flanc du Grand-Tzateau 2502 m., de là sur le flanc N du Grand-Chavallard, et peut-être jusqu'à son sommet 2903 m.

Au côté N du cirque de Grand-Pré, on voit au contraire des rochers plus calcaires, appartenant sans doute aux assises **N**³ et **N**⁴, qui forment divers replis à la base de Dent-Favre et de Tita-Sery, et qui s'avancent jusqu'au

Col de Fenestral. Il est même assez probable que ces assises supérieures forment toute la masse de la Grande-Fenêtre ou Fenestral 2729 m., qui sur ma carte est teinté en schistes **N**².

9. Région de Saint-Maurice.

J'ai déjà dit (p. 217) que les schistes de Javernaz que j'avais teintés **N**² sur ma carte, appartiennent à l'Oxfordien. D'autre part les schistes de l'Arête de Javernaz et de son versant occidental, y compris les Ravines de Chamossaire, me paraissent maintenant appartenir au Flysch. Il en est probablement de même de tout le dessus du plateau de Chiètre, dans la vallée du Rhône, où les cultures ne laissent guère d'affleurements visibles. En revanche les environs de Lavey et de Saint-Maurice montrent un assez grand développement de Néocomien incontestable.

Lavey. — Un peu à l'est du village on voit les calcaires néocomiens foncés s'élever d'abord verticalement, puis en arc de cercle jusqu'à l'arête qui domine Morcles. Ils aboutissent à la petite sommité dite l'Oulivaz 1485 m., où j'ai trouvé des traces de *Toxaster* dans le calcaire noir. De là ils s'avancent au SW, en bancs presque horizontaux, qui forment le sommet de La Quille 1496 m., en descendant même plus près de Dailly que je ne l'ai figuré sur ma carte.

A l'E le calcaire néocomien se prolonge par Neyrvaux jusqu'à la Rosseline, où il forme la partie supérieure de la paroi de Malm. Un peu plus haut il disparaît sous les schistes, interstratifiés de grès bréchiformes, que j'avais précédemment attribués à l'assise **N**², et qui m'ont paru dès lors appartenir au Flysch.

Un peu plus au nord, à Plan-haut, on voit apparaître sous le Flysch, entre lui et le calcaire foncé de l'Oulivaz, le Néocomien brun dans lequel j'ai trouvé *Toxaster complanatus*, et que j'ai distingué sur ma carte par le pointillé bleu. Ces bancs **N**⁴ ont sur le haut de l'arête un ⊥ N de 33°, mais ils s'abaissent rapidement dans la vallée, en suivant la forme arquée du calcaire noir, qu'ils recouvrent. On en voit beaucoup de blocs éboulés, au-dessus de Plambuit, au bord de la forêt.

J'ai marqué encore en Néocomien indéterminé les pentes qui dominent immédiatement le village de Lavey, elles m'ont paru formées des mêmes calcaires foncés, qui accompagnent les replis du Malm, et correspondent sans doute aux calcaires de Saint-Maurice, dont je parlerai tout à l'heure.

Sousvent. — Les amas glaciaires et les déjections torrentielles du Courset, limitent au N le Néocomien de Lavey; mais il se retrouve identique sur l'autre bord du vallon, à l'angle SW des Monts de Chiètre. Au bord de la route qui suit le Rhône, on voit un calcaire noir semblable à celui de la rive valaisanne, et sur la hauteur 511 m. j'ai pu constater le Néocomien brun. Ce dernier se poursuit au N jusqu'au petit vallon de Sousvent, en dessous des Caillettes, marqué d'un astérisque, où LARDY déjà avait récolté des *Toxaster complanatus*.

Près de là, au bord de la grande route, associé aux calcaires noirs inférieurs, j'ai trouvé un banc de calcaire gris clair avec Nerinée, ressemblant beaucoup à l'Urgonien. J'ai revu le même banc gris clair près du poste vaudois de gendarmerie, avant le Pont de Saint-Maurice. Entre deux la route est bordée de calcaire noir compact.

Ce Néocomien se continue au N en une paroi calcaire abrupte, parallèle au Rhône, qui supporte le plateau de Chiètre. A l'extrémité nord de cette paroi, près de la Pension de Sousvent, on voit, au niveau de la vallée, de beaux polis glaciaires sur un calcaire noir, qui correspondrait à la base de la paroi, tandis que le haut de celle-ci doit appartenir au Néocomien brun. A l'est, et limitée sur ma carte par une ligne pointillée, se trouve l'étendue schisteuse, marquée **N²**, qui appartient probablement au Flysch.

Plateau de Vérossaz. — Ce plateau en pente douce est comme la continuation de celui de Chiètre, dont il n'est séparé que par la Cluse du Rhône, en aval de Saint-Maurice. Les couches sont en parfaite concordance sur les deux rives, avec le même plongement NE, qui varie suivant les places de 15° à 25°. Sur le bord inférieur du plateau, le Néocomien brun est très apparent, et forme les assises supérieures de la grande paroi de rochers qui domine Saint-Maurice. Il s'abaisse au N jusqu'au niveau de la vallée, qu'il borde depuis Les Paluds, jusque près de Massonger.

Toxaster complanatus y est assez fréquent; le Dr Ph. de la Harpe en avait recueilli sur divers points; moi-même j'en ai ramassé vers la Grotte-aux-Fées, et dans le sentier qui monte de là sur le plateau. Enfin M. Schardt dit que cet oursin est très répandu en dessous de Daviaz [Cit. 172, p. 577].

Dans la partie centrale du plateau, le Néocomien brun est généralement caché par l'erratique, mais je l'ai constaté autour des villages de Haut-Serre (Aussays) et Bas-Serre (Bassays), et dans les gorges du Mauvoisin.

A Fontany près Massonger, comme au-dessus de Vérossaz, le Néocomien disparaît sous le Flysch.

Saint-Maurice. — C'est au Dr Ph. de la Harpe qu'on doit les premières notions géologiques sur les rochers de Saint-Maurice. Seulement trompé par la découverte de *Requienia* dans les calcaires inférieurs, sous le Pont, il avait cru à un renversement complet [Cit. 71, p. 140], et attribué ces calcaires noirs à l'Urgonien. Il me paraît hors de doute que la disposition des couches est ici parfaitement normale, et que ces calcaires noirs sont du Valangien, ou peut-être du Hauterivien inférieur (p. 250). MM. Favre et Schardt considèrent aussi ce renversement comme inadmissible [Cit. 172, p. 578].

Ces calcaires noirs compacts, interstratifiés de bancs oolitiques, commencent au N près de la bifurcation du chemin de fer. Suivant de la Harpe, le tunnel a été presque entièrement percé dans un banc oolitique noir. Ils se continuent au S, par-dessous le Néocomien brun, en formant une paroi de plus en plus élevée, qui se subdivise en 4 ou 5 gros bancs, épais d'une trentaine de mètres chacun, presque horizontaux d'apparence, et séparés par des corniches gazonnées, qui indiquent une roche moins consistante. M. Schardt a donné un joli croquis de cette paroi de rochers [Cit. 172, XVIII, f. 5]. C'est sur une de ces corniches qu'est situé le petit ermitage, souvent visité.

Au delà du torrent de Mauvoisin, on voit les schistes noirs **N**[2] sortir de dessous ce calcaire néocomien, et s'élever en écharpe dans la paroi, avec une déclivité qui va jusqu'à 45°. Un peu plus loin c'est le calcaire du Malm qui apparaît sous ces schistes, et s'élève jusqu'à l'arête devant le village de Mex.

Cette prolongation S de la paroi ne supporte qu'un plateau néocomien étroit, surmonté de Flysch en arrière de Mex et d'Orgière (Ordière). C'est la continuation du plateau néocomien de Vérossaz.

NÉOCOMIEN SUPÉRIEUR ou URG-APTIEN

Cette partie supérieure des terrains néocomiens est représentée dans nos Hautes-Alpes vaudoises, comme dans le reste de la chaîne, par une masse puissante de calcaire compact, ordinairement de couleur blanche, contenant essentiellement des débris de Rudistes. C'est ce que Studer avait désigné sous les noms de *Rudistenkalk*, ou *Caprotinenkalk*, ou encore *Schrattenkalk* [Cit. 57, p. 74], mais il ne le mentionne dans notre région qu'en reproduisant une indication très incomplète, et en partie fautive, de Ch. Lardy [Cit. 45, p. 178].

En revanche dès 1852 j'y signalais l'existence des trois faunes ci-après, en énumérant : 3 espèces de l'Urgonien ; 6 espèces du Rhodanien, dit *gault inférieur ;* et 11 espèces de l'Aptien, dit *gault moyen* [Cit. 55, p. 137].

Ce terrain est représenté sur ma carte au 50 millième par le vert vif, et les monogrammes **U**¹, **U**² et **U**³. Sur la feuille au 100 millième il est figuré au contraire par le vert pâle, avec **Cu**.

Il occupe dans nos Hautes-Alpes une étendue un peu moins considérable que le Néocomien inférieur, spécialement au NW et au SE. Or comme la roche de la série supérieure est beaucoup plus dure et résistante, on ne peut pas supposer qu'elle ait été enlevée par l'érosion, qui a ménagé la série inférieure moins consistante! Il me paraît donc très probable que cette moindre largeur de la zone urg-aptienne indique un rétrécissement du bras de mer qui la déposait. L'émersion graduelle dont j'ai déjà parlé, avait dû réduire ce bras de mer à une sorte de *Mer rouge*, allongée du SW au NE, dont le peu de profondeur excluait toute faune pélagique. En effet nos trois faunes successives ont des caractères exclusivement littoraux ou coralligènes.

A ces divers points de vue, pétrographique comme paléontologique, ces trois étages forment un groupe si naturel, que leur distinction en devient souvent mal aisée, et que orographiquement ils jouent le même rôle. C'est pourquoi je procéderai comme précédemment : d'abord étude des étages et de leur faune, puis relations orographiques du groupe dans son ensemble.

ETAGE URGONIEN

Cet étage est représenté sur ma carte au 50 millième par le monogramme **U¹**, accompagnant le vert vif sans pointillé.

La roche la plus habituelle de l'Urgonien de nos Alpes est un calcaire compact, assez esquilleux, ordinairement de teinte grise, très claire, et parfois tout à fait blanc. C'est évidemment de là que provient le nom d'Argentine, donné à la belle crête de rochers, qui borde au NE le vallon de l'Avare et consiste essentiellement en calcaire urgonien. Sur d'autres points cependant, le calcaire, tout en conservant le même aspect, devient beaucoup plus foncé. Ce ne sont toutefois que des cas exceptionnels ; de sorte qu'il est ordinairement facile de distinguer, à la cassure, le roc urgonien, du banc calcaire **N³**, qui extérieurement lui ressemble beaucoup.

On voit presque partout, dans ce calcaire urgonien, des traces de coquilles, qui, lorsqu'on parvient à les dégager, se trouvent être ordinairement des Rudistes, et de beaucoup le plus fréquemment des *Requienia ammonia.* Ce fossile est même parfois si abondant, que certains bancs en sont presque entièrement formés. Avec un peu d'habitude, on arrive à reconnaître les diverses coupes du Rudiste, qui sert de témoin, alors même qu'on ne peut pas l'extraire.

En revanche les gisements fossilifères proprement dits, précisément à cause de cette difficulté d'extraction, sont peu nombreux, et en général assez pauvres. Les deux plus importants sont au flanc NW de l'arête d'Argentine, où presque tous les fossiles se trouvent dans des blocs éboulés. Le calcaire est heureusement très caractéristique, et presque dans chaque bloc fossilifère on voit, en guise de signature, des traces de *Requienia.*

Quelques mots maintenant sur les 6 gisements mentionnés au tableau ci-après (p. 294).

Sur-le-Dard. — Au pied NW de l'Oldenhorn, le long du torrent du Dard, j'ai recueilli dans le petit cirque urgonien une demi-douzaine de fossiles : *Requienia ammonia, Rhync. irregularis, Pygaulus Desmoulini,* etc.

Un peu plus haut, dans les rochers de Entre-la-Reille, j'ai trouvé, dans le même calcaire blanc, quelques polypiers pas trop mal conservés, qui confirment le caractère coralligène de ces couches.

Sous Tête-Pegnat. — L'affleurement urgonien forme un arc autour du Hauterivien de Tête-Pegnat, et s'étale largement au NE dans les Lapiés de Cheville. Je n'ai que peu de fossiles de cette région, sans doute parce que l'attention des chercheurs y a surtout été dirigée vers le gault. Je puis pourtant y constater *Req. ammonia* et *Sphærulites Blumenbachi*.

Plus à l'ouest, dans le Creux de Tête-Pegnat, on a trouvé également *Diceras Lorioli ?* et quelques *Nerinea*.

Cordaz. — Cette petite sommité, que j'ai décrite en 1854 [Cit. 62] et qui figure au premier plan dans le cliché 56 (p. 283), est due à une saillie de l'arête urgonienne. Outre *Req. ammonia*, j'y ai constaté des Polypiers, des Spongiaires et deux Nérinées : *Nerinea Renauxi, N. cf. traversensis*.

M. Waters [Cit. 136, p. 596] a étudié au microscope une lame de calcaire urgonien de La Cordaz, et l'a trouvée presque entièrement composée de Foraminifères. Mais, à raison d'une modification cristalline, qui s'est produite dans la roche, on ne pouvait pas y distinguer les détails de structure, nécessaires pour une détermination plus exacte.

Pierre-carrée de Solalex. — De beaucoup le plus riche de nos gisements fossilifères urgoniens est celui de Pierre-carrée, qui est marqué d'un astérisque bleu sur ma carte, à l'extrémité septentrionale du flanc NW d'Argentine. C'est à la pointe supérieure d'un grand cône d'éboulement, qui se voit fort bien sur la phototypie Pl. VII, en dessous de cette vaste surface du banc calcaire, qui manifeste la torsion des couches. J'ai de cette localité plus d'une 30me de fossiles urgoniens, récoltés surtout par Ph. Cherix, dans des blocs de calcaire blanc ou gris, éboulés de la paroi d'Argentine. D'après la disposition spéciale de cette paroi, on peut être assuré que les plus anciens de ces fossiles appartiennent à la partie supérieure de l'Urgonien proprement dit, qui seule y est mise à nu, et qu'aucun ne peut provenir de l'Hauterivien, qui n'existe que dans le bas du versant opposé.

Cet endroit a donc une grande importance paléontologique ; et ce qui

FOSSILES DE L'URGONIEN Les chiffres désignent le nombre d'échantillons constaté dans chaque gisement. n = en nombre supérieur à 5 ex. c = commun.	GISEMENTS						NIVEAU HABIT.				
	Sur-le-Dard	Ste Tête-Pegnat	Cordaz	Pierre-carrée	Pré-carrée (bloc)	Perriblanc	VALANGIEN	HAUTERIVIEN	URGONIEN	RHODANIEN	APTIEN
Gastropodes.											
Bullina cf. Bulla urgonensis, Pict. & Cp.					1				*		
Nerinea gigantea, Hombr. (du Val d'Illiez)									*		
— Renauxi ? Orb.			1						*		
— cf. traversensis, Pict. & Cp.			1						*		
— cf. rostrata, Pict. & Cp.						2				*	
— cf. palmata, Pict. & Cp.						1				*	
— sp.		n									
Cryptoplocus cf. Sanctæ-Crucis, Pict. & Cp.						1			*		
Itieria sp.						1					
Natica sp.	1										
Neritopsis sp.						1					
Trochus cf. marollinus, Orb.				2				*			
Turbo urgonensis ? Pict. & Cp. (moule)						1			*		
Turbo sp.						1					
Pélécypodes.											
Homomya ? cf. Phol. valangiensis, Pict. & Cp.						1	*				
Arcomya sp.					1						
Tellina sp.					1						
Venus sub-Brongniarti ? Orb.					1			*			
Cardium impressum ? Desh.				1	1			*			
— aubersonense ? Pict. & Cp.					1		*				
Lucina cf. Germaini, Pict. & Cp.					1		*				
— cf. urgonensis, Loriol.					1				*		
— sp.					1						
Astarte cf. obovata, Sow.					2					*	*
— sp.					3						
Ptychomya cf. Crassatella Robinaldi, Orb.					1			*			*
? sp.					2						
Trigonia longa, Ag.					2			*		*	*
— cf. longa, Ag.					2						
— caudata ? Ag.					2		*	*	*	*	*
— cincta ? Ag.					2		*	*			
— cf. Sanctæ-Crucis, Pict. & Cp.					2		*				

FOSSILES DE L'URGONIEN (*Suite.*)	GISEMENTS						NIVEAU HABIT.				
	Sur-le-Dard	St Tête-Pegnat	Cordaz	Pierre-carrée	Pre-carrée (bloc)	Perriblanc	VALANGIEN	HAUTERIVIEN	URGONIEN	RHODANIEN	APTIEN
Pélécypodes. (*Suite.*)											
Cucullæa Cornueli, Orb.	.	.	.	1	.	.	.	*	*	.	.
— cf. nana, Orb.	.	.	.	.	1	.	.	.	.	.	.
Lithodomus oblongus, Orb. (de Bossetau)	.	.	.	.	.	.	.	.	*	.	.
Gervilia Forbesi, Orb.	.	.	.	.	1	.	.	.	.	*	.
Inoceramus neocomiensis ? Orb.	.	.	.	1	.	.	.	*	.	.	.
Lima dubisiensis ? Pict. & Cp.	.	.	.	.	1	.	*	*	.	.	.
— Royeri, Orb.	.	.	.	.	1	.	.	*	*	.	.
Pecten Cottaldi ? Orb.	.	.	.	.	.	1	*	*	*	.	.
Spondylus Rœmeri, Desh.	.	.	.	1	.	.	*	*	*	.	.
Ostrea sp.	.	.	.	.	.	1	.	.	.	.	.
— (Alectryonia) rectangularis, Rœm.	.	.	.	1	.	.	.	*	*	.	.
Rudistes.											
Diceras Lorioli ? Pict. & Cp.	.	1	.	.	.	.	.	.	*	.	.
Requienia ammonia, Goldf	n	1	1	2	3	c	.	.	*	.	.
— gryphoïdes ? Math.	1	.	.	1	.	n	.	.	*	.	.
— lamellosa ? Orb.	.	.	.	.	.	1	.	.	*	.	.
Monopleura trilobata, d'Orb.	.	.	.	.	.	2	.	.	*	.	.
— depressa, Math.	.	.	.	4	.	.	.	.	*	.	.
Sphærulites Blumenbachi, Stud. (S. neocomiensis, Orb.)	.	1	.	2	1	c	.	.	*	.	.
— marticensis ? Orb.	.	.	.	2	.	2	.	.	*	.	.
Brachiopodes.											
Rhynchonella irregularis, Pict.	2	.	.	1	1	1	.	.	*	.	.
Terebratula sella ? Sow.	1	.	.	.	.	.	.	*	*	*	*
— Moutoni ? Orb.	.	.	.	.	.	1	*	*	.	.	.
Echinides.											
Pygaulus Desmoulini, Ag.	1	.	.	.	.	2	.	.	*	*	.
Polypiers.											
Hydnophora cf. Renauxi, From.	.	.	3	.	.	.	.	.	.	.	.
Latimeandra ? cf. circularis, From.	1	.	.	.	.	.	.	.	.	.	.
Rhabdophyllia ? sp.	2	.	.	.	.	.	.	.	.	.	.
Forammifères.	.	.	c	.	.	.	.	.	.	.	.
Total : 59 espèces, dont	8	4	5	12	25	19	10	16	25	8	5

l'augmente encore c'est la découverte d'un bloc très fossilifère, de calcaire foncé, même noirâtre par places, à texture irrégulière, finement ou grossièrement oolitique, que CHERIX a entièrement exploité. Il en a tiré une 40ne de fossiles qu'il a eu bien soin de mettre tout à fait à part, et de me livrer ainsi dans leur association naturelle, parfaitement certaine. J'ai trouvé dans ce lot 25 espèces, que je cite dans une colonne spéciale : *Req. ammonia* y est représenté par plusieurs exemplaires, puis *Sphærulites Blumenbachi* et *Rhync. irregularis*, enfin un bon nombre de Bivalves, plus ou moins bien conservés : *Cardium, Lucina Astarte, Ptychomya* et surtout *Trigonia*, dont plusieurs sont des espèces essentiellement hauteriviennes ! J'avoue que si ce bloc eût été trouvé dans une autre situation, j'aurais été fortement tenté de l'attribuer à la partie supérieure de l'Hauterivien, plutôt qu'à celle de l'Urgonien.

Quant aux autres fossiles urgoniens, ne provenant pas de ce bloc, ils sont généralement dans un calcaire beaucoup plus blanc et plus compact, conforme au type ordinaire. Ce sont une 12ne d'espèces, plus spécialement des Rudistes. Ils appartiennent pour la plupart à des types urgoniens : *Trochus marollinus, Req. ammonia, Monopleura depressa, Sphærulites Blumenbachi, Sp. marticensis ?*

Perriblanc. — On donne ce nom dans la contrée à un grand pierrier, formé d'énormes blocs, éboulés sur le haut de la montagne de Bovonnaz, à l'autre extrémité de la paroi NW d'Argentine. Il ne faut pas le confondre avec Les Perriblancs des Martinets, situés beaucoup plus au SE. Ces *pierriers blancs* sont formés, pour une forte part, de blocs urgoniens. On ne peut rien y trouver de plus ancien. En revanche on voit au Perriblanc de Bovonnaz des débris de tous les étages subséquents. Ce gisement qui a été plus anciennement exploité, et fréquemment visité par mes divers pourvoyeurs, m'a fourni une 20ne d'espèces urgoniennes, dont les plus communes sont toujours les Rudistes : *Turbo urgonensis ? Req. ammonia, Monopleura trilobata, Sphærulites Blumenbachi, Sp. marticensis, Rhync. irregularis, Pygaulus Desmoulini.*

Faune de l'Urgonien. — En réunissant tous les fossiles de ces divers gisements, et de quelques autres points isolés, je trouve une 60ne d'espèces au minimum. Les genres représentés indiquent un *facies coralligène* bien caractérisé. Quant aux espèces, beaucoup n'ont pas pu être déterminées d'une manière certaine, mais le plus grand nombre sont pourtant des types plutôt urgoniens. Sur une 40^{ne} d'espèces comparables, j'en trouve 25 constatées dans l'Urgonien, et 17 dans l'Hauterivien ; tandis que je n'en trouve que 10 du Valangien et 9 du Rhodanien et de l'Aptien. Les données paléontologiques confirment donc la détermination stratigraphique de l'âge de notre calcaire blanc d'Argentine. Je dois ajouter toutefois que je suis de plus en plus frappé des très grandes affinités de l'Urgonien avec l'Hauterivien, toutes les fois qu'on peut les comparer à facies égal !

ÉTAGE RHODANIEN

Au point de vue orographique notre Rhodanien se sépare difficilement de l'Urgonien. Il fait partie de la même grande masse calcaire, dont le tiers supérieur devient seulement un plus peu jaunâtre, et parfois plus marneux. Ce n'est même pas toujours le cas, et si nous n'avions dans la présence des *Orbitolina* un caractère précieux pour reconnaître le Rhodanien, j'aurais dû renoncer à en tracer les limites sur ma carte. Heureusement, l'expérience m'a montré que les Orbitolines ne se trouvent jamais, dans notre région, que dans le tiers supérieur de la masse calcaire, où le cachet pétrographique est déjà un peu différent. Elles y sont associées, comme le montrera la liste des fossiles, à des espèces habituellement, ou même exclusivement, rhodaniennes.

Je ne pouvais donc pas hésiter à voir dans ces calcaires, supérieurs à l'Urgonien, les représentants de l'étage Rhodanien, que j'ai distingué pour la première fois à la Perte-du-Rhône en 1854, et retrouvé dès lors à Sainte-Croix, à Vassy (Haute-Marne), à l'Ile de Wight (Angleterre), à Utrillas (Espagne), etc. [Cit. 103, Tab. IV.]

La roche rhodanienne de nos Alpes est en général un calcaire plus irrégulier et moins homogène que le calcaire urgonien, ordinairement plus marneux, plus opaque et souvent jaunâtre. Parfois c'est un calcaire grenu d'un gris plus ou moins foncé.

Dans la partie SW de ma région, depuis les environs de Dent-rouge, le banc supérieur du Rhodanien (ici inférieur par suite du renversement !) prend une couleur rouge très accentuée, qui permet de le reconnaître de loin. Pendant longtemps j'ai attribué cette assise rouge à l'Aptien ou au Gault; mais comme les Orbitolines se trouvent en abondance aux Perriblanc-des-Martinets dans des couches violacées, ou tachetées de rouge, passant au rouge uniforme, et qu'ailleurs j'ai trouvé *Pterocera pelagi* et *Rhync. Gibbsi*, dans une gangue rouge ou violacée, j'en ai conclu que ce banc tout rouge appartient encore au Rhodanien.

Dans mes profils, comme sur ma carte, j'ai représenté le Rhodanien par le monogramme **U**², accompagnant un pointillé rouge, qui recouvre la teinte verte vive de la série Urg-aptienne.

Le Rhodanien paraît avoir une extension un peu moindre que l'Urgonien. Je n'ai pu en trouver aucune trace authentique, ni dans le massif de l'Oldenhorn, ni dans celui des Diablerets, non plus que dans les Lapiés de Zanfleuron ni à Mont-bas. Dans toutes ces régions j'ai toujours trouvé la superposition immédiate du Nummulitique sur l'Urgonien. Cela indique la continuation du mouvement d'émersion précédemment signalé. Avant l'Urgonien ce mouvement s'était produit plutôt au SE; après il se manifeste surtout au NE et à l'E. De cette manière le bras de mer, dont j'ai parlé p. 291, a continué à se rétrécir, et peut-être s'est-il fermé à l'est ? Il me paraît même probable que c'est à cette époque que le bras de mer urgonien s'est transformé en un golfe étroit et allongé, une sorte de *fjord*, qui devait se continuer au SW, par la Dent-du-Midi. L'extrémité NE du *fjord* se trouvait vers la Cluse de Mottelon, où j'ai pour la dernière fois constaté le Rhodanien.

Abstraction faite des Orbitolines, et de quelques rares fossiles rencontrés ici et là, les gisements fossilifères du Rhodanien ne sont qu'au nombre de 5.

Ecuellaz. — Cet étage occupe une assez grande étendue dans le haut de l'Ecuellaz, parce que le Nummulitique est érodé, et que c'est le Rhodanien qui forme le fond du synclinal, recouvert seulement de quelques lambeaux d'Aptien et de Gault. Malgré cela les fossiles n'y sont pas abondants : *Rhync. Gibbsi*, *Heteraster oblongus*, *Orbit. lenticularis* et des Spongiaires.

Près de là, dans le bas du Creux de Tête-Pegnat, j'ai recueilli une plaquette de calcaire gris-jaunâtre, contenant plusieurs petits *Pecten* lisses, conformes à *P. Greppini.*

Cordaz. — C'est ce gisement qui s'est montré le plus riche en fossiles rhodaniens. Dans une petite intercalation marneuse que j'ai découverte près du sommet 2152 m., au point marqué d'un astérisque, j'ai trouvé les Orbitolines détachées, ainsi que de jolis oursins et quelques autres types. Dans cette marne et dans les bancs plus calcaires avoisinants, j'ai recueilli une 15ne d'espèces, spécialement : *Toucasia Lonsdalei, Rhync. Gibbsi, Terebrat. sella, Heteraster oblongus, Orbitolina lenticularis.* Ce sont les bancs inférieurs, reposant sur l'Urgonien. Les bancs supérieurs, plus calcaires, sont assez riches en oursins : *Echinobrissus Roberti, Pygaulus Desmoulini, P. Renevieri.*

Ces bancs à oursins s'élèvent le long de l'arête jusqu'au sommet de la Haute-Cordaz 2333 m. (Pl. VII). J'ai trouvé des Echinides tout le long de cette arête, en particulier au point marqué d'un astérisque bleu ; entre autres : *Pygaulus Desmoulini* et *Pyg. sentisensis.*

De là les bancs descendent brusquement au N contre Pierre-carrée.

Pierre-carrée. — Parmi les blocs, éboulés sur ce revers de la montagne de Solalex, il s'en est aussi trouvé quelques-uns appartenant au Rhodanien, dans lesquels Cherix a récolté une 10ne d'espèces : *Pterocera pelagi, Toucasia Lonsdalei, Rhynchonella Gibbsi, Orbitolina lenticularis,* etc. Il se pourrait même qu'une partie de ces fossiles eussent été récoltés en place, car les bancs rhodaniens sont les plus en saillie dans ce gisement.

Au point marqué d'un astérisque, on peut même observer la série des couches depuis l'Urgonien jusqu'au Nummulitique. Les bancs étant presque verticaux, on trouve les plus anciens en haut contre la paroi urgonienne. Ce sont des assises spathoïdes, grisâtres à *Rhync. Gibbsi,* et d'autres violacées ou rougeâtres à *Orbitolina.*

En bas au contraire, c'est-à-dire à la partie supérieure, on voit, comme à La Cordaz, un calcaire cristallin, presque blanc, avec Oursins, contre lequel vient s'appuyer l'Aptien fossilifère.

FOSSILES DU RHODANIEN Les chiffres désignent le nombre d'échantillons constaté dans chaque gisement. n = en nombre supérieur à 5 ex. c = commun.	GISEMENTS					NIVEAU HABITUEL			
	Ecuellaz	Cordaz	Pierre-carrée	Perriblanc	Dent-Rouge	HAUTERIVIEN	URGONIEN	RHODANIEN	APTIEN
Gastropodes.									
Natica Sueuri ? Pict. & Rnv.	.	.	1	.	.	.	.	*	.
— Cornueli ? Orb.	.	.	.	2	.	.	.	*	.
Tylostoma Rochati ? Orb.	.	1	.	.	.	.	.	*	.
Turritella helvetica ? Pict. & Rnv.	.	.	1	.	.	.	.	*	.
Pterocera pelagi, Brong.	.	.	1	.	.	.	*	*	.
Pélécypodes.									
Pleuromya neocomiensis, Leym.	.	1	.	1	.	*	*	*	.
Lima capillaris ? Pict. & Cp.	.	1	.	.	.	.	*	.	.
Pecten landeronensis, Loriol.	.	1	.	.	.	.	*	*	.
— Greppini, Pict. & Rnv.	1	.	.	.	.	.	.	*	.
Requienia (Toucasia) Lonsdalei, Sow.	.	3	1	4	1	.	*	*	.
Brachiopodes.									
Rhynchonella Gibbsi, J. Sow.	1	n	c	c	3	.	.	*	*
— Renauxi, Orb.	.	2	.	.	.	.	*	.	.
Terebratula sella, Sow.	.	4	1	4	.	*	*	*	*
Echinides.									
Heteraster oblongus, Deluc	1	4	1	1	.	.	.	*	.
Echinobrissus Roberti, Gras	.	c	.	.	.	.	*	*	.
Pygaulus Desmoulini, Ag.	.	c	.	3	.	.	*	*	.
— ovatus ? Ag.	.	1	.	.	.	.	.	*	.
— Renevieri, Des.	.	3	.	n	.	.	.	.	.
— sentisensis, Des.	.	n	1	.	.	.	.	*	.
Botriopygus cylindricus ? Des. (jeunes)	.	2	.	.	.	.	*	*	.
Protozoaires.									
Spongiaire, 1re esp.	2	.	.	.	.	.	.	.	.
— 2e esp.	.	1	.	.	.	.	.	.	.
Orbitolina (Patellina) lenticularis, Blum.	c	c	c	c	c	.	.	*	.
Total : 23 espèces, dont	5	17	9	9	3	2	10	18	2

Perriblanc. — Dans le grand pierrier de la montagne de Bovonnaz, sous le Lion-d'Argentine, se trouvent aussi de grands blocs calcaires, gris-jaunâtres, qui se distinguent facilement des blocs urgoniens, et dans lesquels on a rencontré une 10[ne] d'espèces rhodaniennes : *Toucasia Lonsdalei*, *Rhync. Gibbsi*, *Terebratula sella*, *Pygaulus Renevieri*, *Orbitolina lenticularis.*

Dent-Rouge. — Au sud des Savolaires le Rhodanien commence à se charger de matières ferrugineuses, et à prendre une teinte rouge ou violacée, qui a valu son nom à la petite dent ainsi désignée. Ph. de la Harpe avait trouvé aux alentours de Dent-Rouge : *Toucasia Lonsdalei*, *Rhync. Gibbsi* et *Orbitolina lenticularis.*

Faune du Rhodanien. — En groupant dans le tableau ci-joint les fossiles des cinq gisements susmentionnés, j'arrive à un total de 23 espèces, dont 20 nous fournissent des renseignements d'âge. De ce nombre 18 sont des espèces rhodaniennes, et seulement 10 urgoniennes ; tandis que 2 se retrouvent plus haut et 2 plus bas. L'âge de ces couches est donc bien rhodanien.

La faunule de cet étage n'est pas bien considérable, mais elle tranche assez nettement sur celle de l'Urgonien. Je ne leur trouve en effet que 2 espèces communes : *Terebr. sella* et *Pygaulus Desmoulini*, qu'ailleurs également on connaît dans les deux étages. C'est bien peu pour des étages contigus, et à composition pétrographique si semblable.

En France on cite fréquemment *Req. ammonia* avec les Orbitolines. Chez nous je n'en connais aucun exemple ; leur compagne habituelle est *Toucasia Lonsdalei*. Le facies de ce niveau est d'ailleurs assez différent, et beaucoup plus littoral que celui de l'Urgonien.

ÉTAGE APTIEN

Vu son peu d'épaisseur et ses caractères pétrographiques peu constants, cet étage ne joue dans la contrée qu'un rôle orographique très subordonné. J'ai pu l'y constater par-ci par-là à la limite du Rhodanien et du Gault, mais son existence ne me paraît certaine que sur les quelques points où il m'a fourni des fossiles. C'est pour cela aussi que, dans ma carte et mes profils, je ne lui ai point attribué de signe particulier. Il s'y trouve compris dans le pointillé rouge du Rhodanien, et désigné par la lettre U^3.

En revanche l'Aptien joue dans nos Alpes un rôle paléontologique intéressant; il marque une transition bien accusée entre la série néocomienne et celle du Gault. Il y est d'ailleurs bien plus riche en fossiles que le Rhodanien, et y présente un facies assez différent, beaucoup plus franchement littoral.

La nature pétrographique de notre Aptien est assez variable. Vers la base il est généralement formé d'un calcaire grenu, spathoïde, ordinairement gris plus ou moins foncé, mais parfois aussi de teinte rosée. Ce calcaire, assez dur et consistant, devient de plus en plus siliceux, et passe à un grès, ordinairement verdâtre, quelquefois blanchâtre, et parfois scintillant.

Ces bancs contiennent principalement des Bivalves de grande taille, à coquille épaisse, qui indiquent, concurremment à la nature gréseuse de la roche, une côte très agitée.

L'extension de l'Aptien est encore moindre que celle du Rhodanien, et coïncide plutôt avec celle du Gault. Le dernier point NE où j'ai pu le constater est le Lapié de Cheville, soit environ 2 kilomètres moins à l'est que la Cluse de Mottelon, où finit le Rhodanien. Le mouvement d'émersion avait donc continué, et le *fjord* avait dû se rétrécir en proportion, mais les documents font défaut pour préciser. En tout cas le *fjord* se continuait au SW par la Dent-du-Midi, où l'Aptien se retrouve tout à fait semblable.

Le nombre des gisements fossilifères de l'Aptien se réduit à 5, on pourrait presque dire à 3 seulement, qui donnent lieu aux observations suivantes :

Ecuellaz. — Ici l'Aptien se trouve représenté par un grès verdâtre, plus ou moins dur, et par un calcaire bréchiforme, gris de fumée, lequel surtout est fossilifère. J'ai rencontré ces couches soit sous Tête-Grosjean, sur le flanc renversé du synclinal, soit surtout du côté ouest dans les bancs normaux, où elles forment un petit gradin, surmontant le gradin rhodanien, et supportant les couches plus tendres de l'Albien.

J'ai de ce gisement une 12^{ne} d'espèces, gros Bivalves pour la plupart : *Cyprina, Isocardia, Cucullæa*, etc., ordinairement très corrodés et déformés, et rappelant tout à fait la faune des *Grès durs* aptiens de la Perte-du-

Rhône. Je citerai en particulier : *Cyprina angulata*, *Trigonia Archiaci*, *Cucullæa fibrosa*, *Gervilia alpina*, *Rhynchonella Gibbsi*.

Cordaz. — Un banc de grès peu épais représente ici l'Aptien. Ce grès est parfois blanchâtre, et ses grains constitutifs scintillent au soleil. Là où il est moins consistant, ce grès est érodé par les agents atmosphériques, et l'on voit en saillie soit des portions plus dures, soit aussi des fossiles, qu'on trouve parfois presque entièrement dégagés par l'érosion, mais malheureusement aussi fortement corrodés.

En fait de fossiles reconnaissables je n'ai obtenu de la Cordaz que cinq ou six espèces, à gangue calcaire gris foncé, très semblables aux gros Bivalves de l'Ecuellaz : *Cyprina angulata*, *Astarte obovata*, *Rhynchonella Gibbsi*.

Pierre-carrée. — Dans les bancs à peu près verticaux adossés au Rhodanien supérieur (Pl. VII), j'ai rencontré un calcaire spathoïde gris foncé, contenant de gros Bivalves. Par-dessus vient une forte épaisseur de grès verdâtre, dont une couche, gris jaunâtre. Il serait possible que la partie supérieure de ces grès, déjà plus tendre, appartînt au Gault inférieur ?

Ce gisement m'a fourni, surtout par les patientes recherches de mon fidèle Ph. Cherix, une 20me d'espèces, provenant essentiellement du banc calcaire foncé inférieur, qui est parfois très dur. Ce sont encore pour la plupart de gros Bivalves, semblables à ceux des *Grès durs* de la Perte-du-Rhône. Les types principaux sont : *Cyprina* cf. *Card. Dupini*, *Ptychomya Robinaldi*, *Trigonia caudata*, *Mytilus Cuvieri*, *Gervilia alpina*, *Pecten Dutemplei*.

Perriblanc. — C'est ici que les fossiles sont les plus abondants, mais aucune observation stratigraphique n'est possible, puisqu'il s'agit de blocs éboulés, provenant des bancs aptiens renversés, qui passent vers le bas de la paroi d'Argentine. Grâce à la couleur foncée du calcaire spathoïde il est facile de reconnaître les blocs aptiens, qui quelquefois sont assez fossilifères, mais toujours très durs à exploiter. Mon plus ancien souvenir à leur sujet est celui d'un lot de gros fossiles exploités à Perriblanc, que Lardy avait reçus d'un fontenier Rapaz, et qu'il croyait néocomiens. Je fus frappé de leur analogie avec les gros Bivalves de la Perte-du-Rhône, et en les examinant

FOSSILES DE L'APTIEN Les chiffres désignent le nombre d'échantillons constaté dans chaque gisement. n = en nombre supérieur à 5 ex. c = commun.	GISEMENTS					NIVEAU HABITUEL				
	Ecuellaz	Cordaz	Pierre-carrée	Perriblanc	Nombrieux	HAUTERIVIEN	URGONIEN	RHODANIEN	APTIEN	GAULT
Céphalopodes.										
Belemnites sp.	.	.	.	1	.	.	.	.	.	.
Pélécypodes.										
Cyprina angulata, Sow.	3	2	1	n	.	.	.	.	*	*
— cf. Card. Dupini, Orb.	.	.	4	2	.	.	.	.	.	.
— sp. (grande, allongée)	4	.	.	.	.	.	.	.	.	.
Cardium sphæroïdeum, Forb.	.	.	1	2	.	.	.	*	*	.
Fimbria corrugata? Leym. (moule)	.	.	.	1	.	*	*	*	*	.
Astarte Buchi, Rœm	.	.	.	1	1	.	.	*	.	.
— obovata, Sow.	.	1	.	3	.	.	.	.	*	.
— Moreaui? Orb.	1	.	.	.	.	*	.	.	.	.
Ptychomya Robinaldi? Orb.	1	.	4	1	.	*	.	*	*	.
Isocardia sp.	4	.	.	.	.	.	.	.	.	.
Trigonia caudata, Ag.	.	.	2	.	.	*	*	*	*	.
— Archiaci, Orb.	1	.	.	1	.	.	.	.	*	*
Cucullæa fibrosa, Sow.	1	.	.	2	.	.	.	*	*	*
Mytilus lanceolatus, Sow.	.	.	1	1	.	*	.	*	.	.
— Cuvieri, Math. (M. sublineatus, Orb.)	.	.	4	1	.	*	*	*	*	.
Modiola matronensis, Orb.	.	.	.	1	.	*	.	.	.	.
Lithodomus cf. prælongus, Orb.	.	.	1	.	.	*	.	*	.	.
— sp. (remplissage de perforations)	.	.	.	2	.	.	.	.	.	.
Gervilia alpina? Pict.&Rx.	1	.	n	n	.	.	.	*	*	*
— aliformis? Sow.	.	.	.	1	.	.	.	*	*	.
Perna Fittoni? Pict.&Cp.	.	.	.	2	.	.	.	.	*	.
Lima expansa, Forb.	.	.	1	.	.	.	.	*	.	.
Pecten Greppini? Pict.&Rnv.	.	.	.	2	.	.	.	*	.	.
— Raulini? Orb.	.	.	.	2	.	.	.	*	*	*
— Dutemplei, Orb.	.	.	n	c	4	.	.	.	*	*
Vola Morrisi, Pict.&Rnv.	.	.	2	n	.	.	.	*	*	.
Plicatula radiola, Pict.&Rx.	.	.	1	.	.	.	.	.	*	*
Exogyra aquila, Brong.	.	.	.	n	1	.	.	*	*	.
— conica, Sow.	.	.	1	5	.	.	.	.	*	*
— canaliculata, Sow.	.	.	.	n	.	.	.	.	*	*
Ostrea (Alectryonia) macroptera, Sow	.	.	1	n	1	.	.	.	*	.

FOSSILES DE L'APTIEN (*Suite.*)	GISEMENTS					NIVEAU HABITUEL				
	Ecuellaz	Cordaz	Pierre-carrée	Perriblanc	Nombrieux	HAUTERIVIEN	URGONIEN	RHODANIEN	APTIEN	GAULT
Brachiopodes.										
Rhynchonella Gibbsi, J. Sow.	n	1	5	c	2	.	.	.	*	.
— parvirostris? Sow.	2	.	1	.	1	.	.	.	*	.
— cf. dichotoma, Orb.	.	.	.	1	.	.	.	.	.	.
Waldheimia tamarindus, Orb.	.	3	1	.	.	*	*	*	*	.
Divers.										
Hoploparia Latreillei? Rob.	.	.	.	1	.	*	*	*	.	.
Serpula filiformis, Sow.	.	.	3	.	.	.	.	*	*	.
Bryozoaire (cf. Orb., pl. 637, f. 7)	.	.	3	.	.	.	.	.	.	.
Discoïdea subuculus? Klein	.	.	.	3	.	.	.	.	.	*
Polypier, 1re esp.	.	.	1	.	.	.	.	.	.	.
— 2e esp.	.	2	.	.	.	.	.	.	.	.
— 3e esp. (1 ex. de Dt rouge)	.	.	.	.	.	.	.	.	.	.
Spongiaire sp.	2	.	.	.	.	.	.	.	.	.
Total : 44 espèces, dont	11	5	21	20	6	10	5	19	24	10

attentivement j'y reconnus les mêmes espèces. C'est la liste que j'ai donnée, sous le nom erroné de *Gault moyen*, après avoir exploré les lieux en 1852 [Cit. 55, p. 136].

Je connais maintenant de ce gisement une 30ne d'espèces aptiennes, dont les plus abondantes sont : *Cyprina angulata*, *Astarte obovata*, *Gervilia alpina*, *Pecten Dutemplei*, *Vola Morrisi*, *Exogyra aquila*, *Ostrea macroptera*, *Rhynchonella Gibbsi*.

Nombrieux. — Les mêmes couches sont encore passablement fossilifères dans la prolongation SW d'Argentine, aux Nombrieux et au Bertet, à en juger par quelques fossiles qu'y a trouvés Ph. de la Harpe. Aux Nombrieux il avait recueilli : *Exogyra aquila*, *Ostrea macroptera*, *Rhync. Gibbsi*, *R. parvirostris*. Près de là, au Bertet il avait recolté : *Astarte Buchi*, *Pecten Dutemplei*, *Rhync. Gibbsi*. Je groupe ces espèces dans une même colonne du Tableau.

Faune de l'Aptien. — Ces cinq gisements m'ont fourni un total de 44 espèces, dont une 30^{ne} sont d'une détermination assez sûre pour donner des renseignements d'âge. Sur ce nombre 24 sont chez nous habituelles à l'Aptien, non pas au facies de Gargas que nous ne connaissons pas, mais au facies arénacé et littoral de la Perte-du-Rhône ; 19 se retrouvent dans le Rhodanien, et 10 seulement dans les étages plus anciens. Enfin 10 espèces persistent au contraire dans le Gault, ou plus haut. L'âge aptien de ces assises me paraît en conséquence déterminé d'une manière aussi sûre qu'il est possible.

En même temps le rattachement au Néocomien paraît clairement établi, mais avec une faune déjà un peu transitoire au Crétacique moyen.

RELATIONS OROGRAPHIQUES

Le Néocomien supérieur occupe le centre de mon champ d'étude. Il y forme une zone diagonale, de largeur variable, mais n'excédant pas sept kilomètres, donc bien moins que le Néocomien inférieur. Les allures sont extrêmement capricieuses et intéressantes, et comme la roche est très apparente de loin, et en somme facilement reconnaissable, c'est par elle que j'ai appris à comprendre l'état habituellement plissé de nos Alpes. Pour décrire ces allures, je subdiviserai l'étendue urg-aptienne en 7 petites régions, qui coïncident avec quelques-unes des régions néocomiennes.

1. Massif de l'Oldenhorn.

L'Urgonien est très répandu sur le versant sud-ouest de ce massif. Par suite des replis du Néocomien, il y forme une succession de synclinaux, grands ou petits, plus ou moins fortement déjetés au NW, qui s'élèvent en écharpe dans les rochers, dès le NE contre le SW.

Tous ces synclinaux comprennent dans leur milieu un lambeau plus ou moins étendu de Nummulitique. Mais dans aucun d'eux je n'ai pu trouver la moindre trace de Rhodanien, d'Aptien ou de Gault ! Il y a donc là une *lacune* qui nous montre que cette région a dû être émergée immédiatement après le dépôt de l'Urgonien, et que l'Eocène ne s'y rencontre que par suite d'une nouvelle immersion.

Sur quelques points de la commune d'Ormont-dessus, en Praz-Doran, en Pierredar, etc., j'ai rencontré à la limite des deux terrains un *conglomérat jaunâtre*, de 3 à 4 mètres d'épaisseur (cl. 62), formé de cailloux roulés de calcaire blanc urgonien, reliés par un ciment marno-calcaire jaune, qui dans le haut de Praz-Doran devient rouge par places. Faute de fossiles, je ne puis déterminer l'âge exact de ce poudingue. Il me paraîtrait assez naturellement se rapporter au commencement de l'Eocène. Mais quoi qu'il en soit, cette formation côtière vient très heureusement confirmer la lacune susmentionnée, et les mouvements d'émersion et d'immersion, que révèle cette lacune.

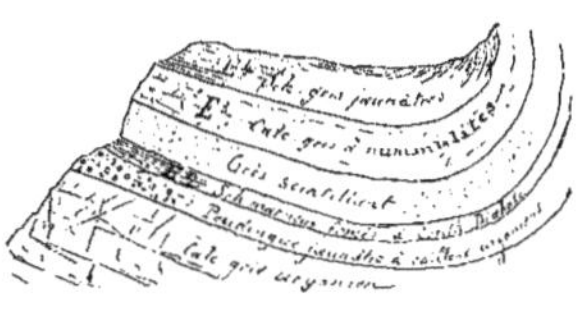

Cl. 62. Coupe de Pierredar.

Sanetsch. — Sur le versant NW de ce passage on peut constater trois synclinaux urg-éocènes. Le plus élevé borde le plateau et domine l'anticlinal de la Boiterie (cl. 63). L'Urgonien forme une longue paroi de roc, derrière les chalets de Genièvre, avec ses points culminants 2329 m. et 2541 m. En revanche le sommet intermédiaire du Gros-Mouton 2573 m. est nummulitique. Dans la partie occidentale de ce grand synclinal, l'Urgonien forme une vaste surface dénudée, rongée en Lapié, dite Lapié aux Boeufs ou Verlorenerberg, qui s'élève à l'W jusqu'au Gstellihorn (Dent-blanche) 2807 m., et au Schlauchhorn 2587 m.

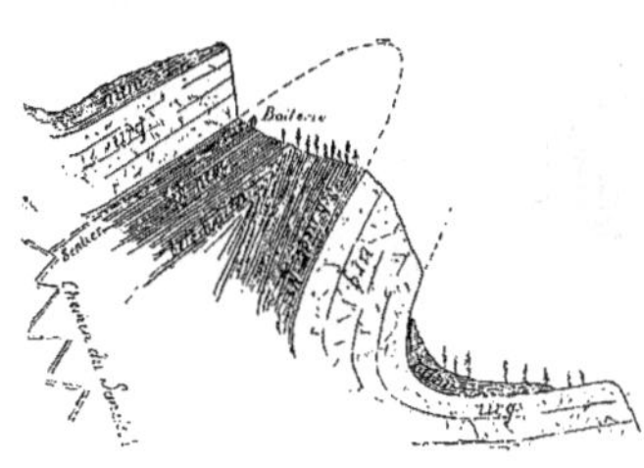

Cl. 63. Synclinaux urgoniens du Sanetsch.

Le second synclinal, beaucoup plus restreint, en dessous de la Boiterie (cl. 63), est très inéquilatéral. A l'E il paraît se confondre avec le précédent, tandis qu'à l'ouest il est interrompu après le Karrhorn 2285 m.

Le troisième n'est proprement qu'un *demi-synclinal*. Ce sont les rochers urgoniens adossés contre la montagne, depuis le bas du passage du Sanetsch, jusqu'au-dessus de La Ruche, où on les voit recouverts de Nummulitique.

Le profil de ma *Notice sur l'Oldenhorn* [Cit. 87, pl. 4] fait très bien saisir cette succession de flexions. Dans l'arête du Schlauchhorn 2587 m., sur le Val d'Audon, la paroi urgonienne est continue et dessine transversalement les trois synclinaux.

Sur-le-Dard. — Sur le versant N de l'Oldenhorn je ne connais plus que deux synclinaux urg-éocènes. Le supérieur des trois précédents a entièrement disparu par dénudation. Les deux qui restent sont marqués sur la petite carte ci-jointe, extraite de la *Section Siegfried* au 50 millième (cl. 64).

Cl. 64. Carte géologique de l'Oldenhorn. — Echelle 1/50000.
Al. Alluvions. — Gl. Glaciaire. — Tv. Grès de Taveyannaz. — E. Nummulitique. — U. Urgonien. — N. Néocomien. O. Opalinien. — C. Cornieule. — + Gypse.

Le synclinal supérieur d'ici est évidemment le même que le second du Sanetsch, qui interrompu deux fois, après le Karrhorn et le Schlauchhorn, reparaît au-dessus de La Ruche, pour se continuer en bande étroite jusqu'à Entre-la-Reille 2533 m., près du Dard-dessus (cp. 2). C'est un synclinal très pincé et inéquilatéral, qui contient tout du long un étroit lambeau nummulitique. A Entre-la-Reille il m'a fourni quelques polypiers urgoniens.

Le synclinal inférieur est beaucoup plus important. Il s'étend sans discontinuité depuis le bas du Sanetsch, par La Ruche et Sur-le-Dard, jusqu'à la paroi de La Marchande qui domine Creux-de-Champ, bordant presque constamment la cornicule du Col-de-Pillon, dont il me paraît séparé par une faille (cl. 11, p. 112). C'est un pli synclinal beaucoup plus ouvert, qui supporte deux grands lambeaux nummulitiques, celui de Derbessaudon au NE, et celui de Praz-Doran au SW [Cit. 87, pl. 1.à 4].

L'Urgonien de Sur-le-Dard m'a fourni quelques fossiles que j'ai cités p. 293. Au pied de la Cascade du Dard (cp. 1), et en dessous des chalets du Croset, j'ai constaté au tiers inférieur de l'assise urgonienne une intercalation schisto-calcaire, bleu-noirâtre, sans fossiles. Si j'avais trouvé ces couches schisteuses isolées je les aurais certainement prises pour du Néocomien brun $\mathbf{N}^1$. C'est évidemment un retour momentané du même facies hauterivien. J'avais marqué ce banc, par un trait noir plus fort, dans mes profils de 1865 [Cit 87, pl. 1 ; pl. 2, f. 2].

Enfin au dessous de l'anticlinal néocomien du Croset et du Lecheret, se trouve de nouveau un *demi-synclinal* urgonien, en partie recouvert de Nummulitique, qui forme l'angle NW de ce massif (cl. 64) et se contourne du côté de Creux-de-Champ, pour se relier au massif des Diablerets.

2. Massif des Diablerets.

Dans le massif des Diablerets, comme dans celui de l'Oldenhorn, le Rhodanien et l'Aptien font jusqu'ici entièrement défaut. J'y ai toujours trouvé superposition immédiate du Nummulitique, sur l'Urgonien proprement dit $\mathbf{U}^1$. Ce dernier paraît manquer lui-même à l'extrémité occidentale de la chaîne, à l'ouest du Creux-d'Enfer. Du côté est en revanche il présente un développement considérable.

Pierredar. — On désigne ainsi un *replan*, sorte de gradin presque horizontal, qui se trouve au-dessus du cirque de Creux-de-Champ, du côté E, sous les glaciers des Diablerets (cp. 4). Cette étendue est presque entièrement formée de Nummulitique. Celui-ci est entouré d'Urgonien qui, s'élevant depuis Creux-de-Champ, forme l'arête culminante des rochers du cirque, puis se contourne et se renverse (cp. 1), pour revenir à l'E par-dessous le Mauvais-Glacier, jusqu'au Glacier de Prapioz. Le cliché 62 (p. 307) montre la coupe de ce synclinal à l'extrémité SW de Pierredar.

De l'autre côté du Glacier de Prapioz, se voit également une paroi urgonienne, qui contourne celui-ci à l'est, et le sépare du Glacier de Zanfleuron. Cette paroi urgonienne se continue par la cime 3124 m. jusqu'à la cime 3217 m., et supporte les glaciers supérieurs des Diablerets. Ce flanc N des Diablerets est sans doute formé d'une succession de plis anticlinaux et synclinaux ; mais la continuité des plis est souvent cachée par les glaciers et les névés, qui recouvrent tout ce versant, laissant seulement percer les rocs saillants, pour la plupart urgoniens.

Je mentionne encore une bande urgonienne plus à l'ouest, entre le Glacier de Pierredar et celui de Culand, allant du côté de Tête-d'Enfer.

La Borne. — Sur l'arête qui descend du Signal-du-Culand au N, se trouve un autre repli synclinal, qui n'est peut-être qu'un lambeau détaché de celui de Pierredar (cl. 65). Il se trouve précisément au haut du passage de La Borne, par lequel on peut redescendre sur le Cirque-de-Culand. — La Borne veut dire la cheminée ; or cette cheminée est justement une échancrure dans le roc urgonien, et le seul moyen que l'on ait de franchir cette paroi verticale. Au-dessus de l'assise urgonienne se trouve un petit lambeau nummulitique fossilifère, puis plus haut l'ensemble se renverse, comme le montre le cliché. Mais je dois mettre en garde contre une erreur de ce croquis :

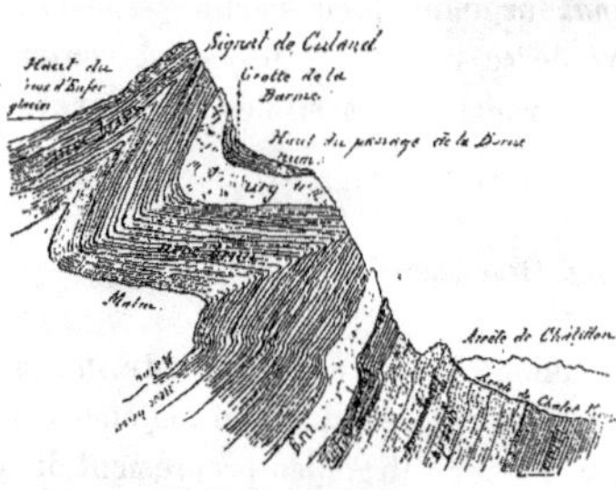

Cl. 65. Synclinal de la Borne.

la distance du synclinal au Signal-de-Culand est en réalité beaucoup plus considérable. — Ce lambeau urgonien est le plus occidental que je connaisse dans le massif des Diablerets !

Pointe-de-la-Houille. — Le second sommet des Diablerets 3043 m., qui domine Anzeindaz, porte ce nom du côté S, tandis que du côté des Ormonts on le nomme Tête-Ronde. Sous sa partie supérieure gît un vaste repli synclinal, dont l'Urgonien forme la charpente (cl. 66). Ce pli si remarquable, presque entièrement couché, avait, déjà en 1823, attiré l'attention de Elie de Beaumont, qui en remit un croquis à Alex. Brongniart [Cit. 35, p. 47]. A cette époque il ne pouvait être question de définir l'âge des bancs, qui enveloppent le Nummulitique.

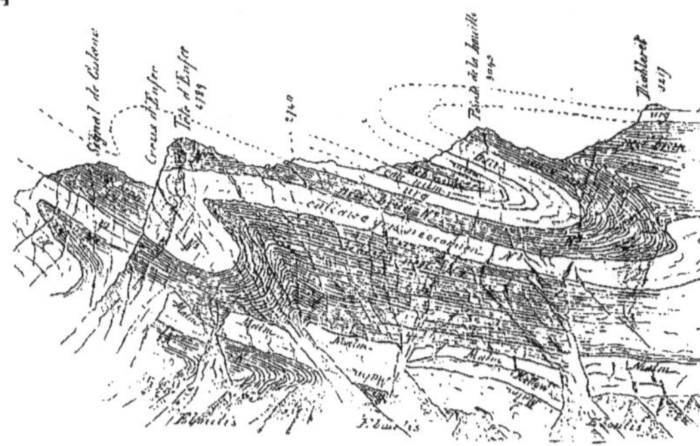

Cl. 66. Synclinal couché, sous Pointe-de-la-Houille.

La bande urgonienne, qui apparaît sur la paroi S, vers le piton de Tête-d'Enfer, au point coté 2740 m., est probablement la continuation de celle qui remonte le long du Glacier de Culand, et disparaît sous celui-ci. Cette assise urgonienne descend obliquement vers l'E, et vient former avec N^4 et N^3 la haute paroi verticale, qui supporte le gisement éocène (cl. 67).

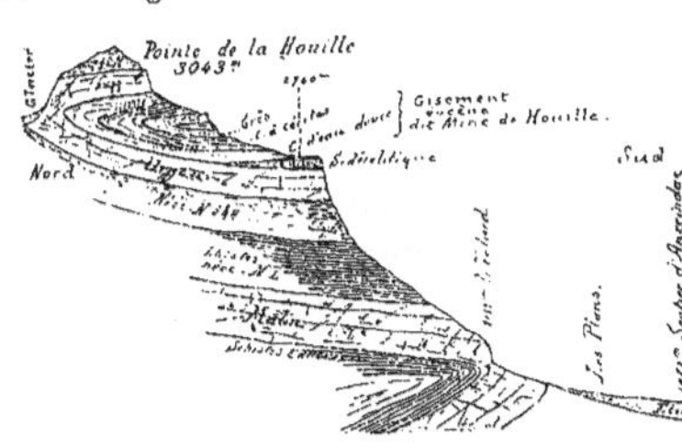

Cl. 67. Coupe N-S par Pointe-de-la-Houille.

Arrivée au-dessus de Luex-Tortay, droit sous le col 2941 m., l'assise urgonienne se redresse, se renverse sur elle-même (Pl. II), et revient à l'ouest recouvrir le Nummulitique renversé, formant ainsi la base du piton de Pointe-de-la-Houille, dont le sommet 3043 m. consiste en Néocomien brun (cp. 2).

J'ai pu m'assurer d'une manière incontestable de ce complet renversement en suivant avec Ph. Cherix, en 1862, le contact de l'Urgonien avec l'Eocène, ce qui m'a ramené droit au-dessus de mon point de départ !

L'urgonien contourne ensuite la base du piton 3043 m. jusque sur le versant N, où il disparaît sous le glacier près de la cote 2878 m. Ce synclinal couché est sans doute en relation avec le pli supérieur du lambeau de Pierredar, mais les glaciers empêchent d'en constater la continuation.

Le pli couché des Diablerets, sans être aussi considérable que celui des Dents-de-Morcles, n'en est pas moins l'un des exemples les plus remarquables de renversement fond sur fond, constaté de la manière la plus indubitable.

Diableret-Cime. — Interrompu par la rupture de la voûte (Pl. II et cp. 2), l'Urgonien se retrouve en disposition normale un peu au-dessous de la Cime 3217 m. C'est sur ce terrain que se fait la dernière partie de l'ascension, au-dessus du Pas-du-Lustre, qui est lui-même Néocomien. En revanche le sommet rocheux, où se trouve le point de triangulation, est sur calcaire nummulitique.

Ici l'assise urgonienne forme comme une ceinture qui environne les Glaciers supérieurs, et domine tous les abrupts jusqu'au Glacier de Prapioz d'une part, et à la Tour-de-Saint-Martin de l'autre. De même toutes les saillies de rocs au milieu du glacier, que j'ai pu examiner, se sont montrées formées d'Urgonien. On peut donc admettre comme très probable que l'assise urgonienne constitue une vaste nappe, en pente douce, sous le Glacier de Zanfleuron, avec accompagnement de quelques lambeaux nummulitiques. Ce ne serait plus un synclinal, mais un *plateau urgonien*, dont le bord se voit dans la paroi qui domine Vozé (cp. 4).

Lapiés de Zanfleuron. — Les rochers qui sortent de dessous ce glacier, du côté E, et qui constituent les Lapiés de Zanfleuron et les Lapiés de Miet, sont également en grande partie urgoniens (cp. 3). Près du bord du glacier ils sont habituellement recouverts de *moraines*. Un peu plus bas ils présentent plusieurs lambeaux nummulitiques, plus ou moins étendus. Néanmoins en parcourant ces Lapiés dans plusieurs sens, je me suis assuré que la plus grande partie de leur surface est urgonienne.

Ce terrain U^1 forme entre autres Le Ceri 2495 m., ainsi que la paroi qui supporte les chalets de Miet (cp. 4). Au delà de la Lizerne, il fait un crochet au S, puis disparaît entre le Néocomien brun et les schistes, en dessous de la Croix-de-30-pas (p. 276).

3. Massif de Montacavoère.

Ce petit massif, à l'extrémité NE de celui de Haut-de-Cry, présente une assez grande étendue d'Urgonien U^1, et déjà quelques lambeaux de Rhodanien U^2, mais je n'y connais pas d'Aptien U^3.

Mont-bas. — Ici l'extrémité NE du massif se trouve séparée de l'ensemble par la cluse de Mottelon, et forme le petit épaulement de Mont-bas, adjacent à la base du Mont-Gond, dont une faille importante le sépare (cl. 68).

Cl. 68. Coupe de Mont-bas. — Echelle 1/50 000.

Cl. 69. Synclinal en V sous Mont-bas.

L'Urgonien, surmonté de Nummulitique, en forme la charpente. Entre deux je n'ai pu reconnaître aucune trace de Rhodanien, pas plus que d'Aptien. Cet urgonien forme une large voûte surbaissée, entourant le noyau néocomien (p. 280). La branche S de cet anticlinal atteint le thalweg vers le milieu de la cluse de Mottelon ; mais ici le banc urgonien se relève presque verticalement en formant un V très aigu, déjeté au NW (cl. 69). Au-dessus de Besson cet Urgonien dessine un nouvel anticlinal incomplet, buttant contre la faille du Ravin de Courtenaz (cp. 5).

Montacavoère. — On voit la contre-partie de ces dispositions sur le flanc opposé de la cluse, au-dessus de Mottelon ; seulement l'angle du synclinal urgonien n'atteint pas le fond de la vallée. Il naît à une certaine hauteur et suit toute l'arête jusqu'au sommet de Montacavoère 2615 m. (cp. 6, 7). Les rochers urgoniens constituent cette dernière sommité, et s'étendent passablement à l'ouest, dans le haut de la montagne de Vérouet (Vrivoy) où, vers le point 2071 m., la voûte urgonienne est presque entièrement fermée (cl. 70).

Cl. 70. Montacavoère vu du NW.

Cette large zone urgonienne présente la forme d'un pli synclinal, évasé dans le bas, mais très comprimé près du sommet. C'est dans l'axe de ce synclinal que j'ai eu le bonheur de constater deux lambeaux allongés de Rhodanien, dont l'un pincé dans l'Urgonien tout près du sommet, et l'autre qui va en s'élargissant vers le bas du lapié de Vérouet (cp. 6).

Derborence. — Vers l'extrémité septentrionale de la Luys-d'Abolo (côté W de la cluse de Mottelon), on retrouve l'Urgonien, en bancs presque verticaux, adossé contre la voûte néocomienne. Là, au point marqué sur ma carte d'un astérisque, à l'angle N des rocs, près de la cote 1375 m., j'ai relevé la jolie coupe que montre le cl 71. Le calcaire gris urgonien se trouve flanqué d'une mince couche marneuse, contenant en abondance *Orbitolina lenticularis.* Pardessus vient une nouvelle assise calcaire grisâtre, que j'ai attribuée

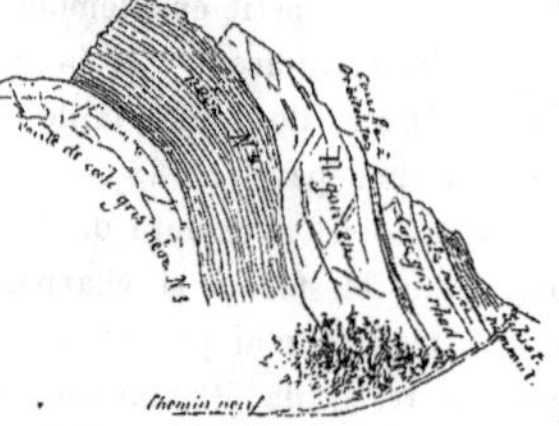

Cl. 71. Côté W de la cluse de Mottelon.

également au Rhodanien ; puis le calcaire à *Nummulites*, recouvert par les schistes nummulitiques supérieurs.

Ce point et le Lapié-de-Vérouet forment, à ma connaissance, l'extrême limite orientale du Rhodanien !

Cette bande urgonienne est évidemment la continuation du pied de voûte septentrional de Mont-bas. Depuis l'angle de rochers 1375 m., elle se continue en couches fortement redressées sur tout le flanc NW de la montagne de Vérouet, recouverte de Nummulitique dans le bas. En montant de Derborence à Vérouet, j'ai retrouvé le Rhodanien, à mi-hauteur du sentier, entre l'Urgonien et l'Eocène.

L'Urgonien, toujours flanqué de Rhodanien, s'avance dans la Vallée de Derbon jusqu'un peu en amont des chalets. Ceux-ci sont sur la tranche des bancs urgoniens, fortement inclinés à l'est, tandis que le Grenier est construit plus bas sur les couches rhodaniennes, presque à la limite du Nummulitique. De Derbon jusqu'au hameau de Derborence, on marche constamment sur l'Urgonien. C'est là une vallée synclinale bien caractérisée, plus évasée dans le bas vers le Lac de Derborence (cp. 5), mais en forme de U déjeté au NW, aux environs de Derbon (cp. 6).

4. Massif de Tête-Pegnat.

Depuis Derborence, nous n'avons plus affaire qu'à une bande unique d'Urg-aptien, renfermant les 3 étages U^1, U^2, U^3, et s'adossant au Néocomien, tantôt normalement, tantôt renversée.

Cheville. — Dès Derborence, où l'on voit le roc urgonien jusqu'au bord du lac et tout autour des chalets, la bande s'élève rapidement au Lapié-de-Cheville, dont une grande partie est formée du même calcaire gris, avec faible plongement NE, puis N, mais qui va en s'accentuant du côté de l'ouest (cp. 3). Les fossiles déterminables y sont rares ; je n'y ai trouvé que *Req. ammonia* et *Radiolites Blumenbachi*.

Par-dessus l'Urgonien se retrouve le Rhodanien, que j'ai rencontré sur le chemin de Cheville, et doñt j'ai pu suivre l'affleurement jusque derrière les chalets de Zévédi, où j'ai constaté *Orbitolina lenticularis*, en nombre, et

Toucasia Lonsdalei. Ici le Rhodanien est encore recouvert immédiatement par le Nummulitique, sans interposition d'Aptien.

Ce n'est qu'un peu plus à l'ouest, au-dessus de Cheville-d'enbaut, vers la base du Lapié, que commence l'affleurement d'Aptien, presque en même temps que celui de Gault (cl. 72). Les couches ont ici déjà une inclinaison bien plus forte, dirigée NNW. L'aptien y est d'ailleurs mal caractérisé, et ne m'a fourni en fait de fossiles que quelques Spongiaires. J'ai considéré comme son représentant un calcaire rosé, qui repose sur le Rhodanien, et supporte les grès inférieurs du Gault, à *Acanthoceras mamillare.*

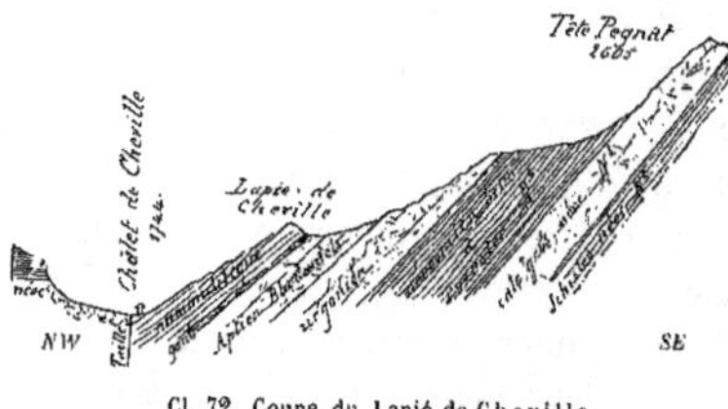

Cl. 72. Coupe du Lapié de Cheville.

Vire-aux-Chèvres. — Ce nom s'applique à un passage assez malaisé, par lequel on peut se rendre du gisement de Cheville à l'Ecuellaz, en suivant presque constamment la direction des couches. Celles-ci se redressant de plus en plus au SW, on finit par marcher sur leur tranche, qui constitue de petites vires ou corniches faciles, jusqu'au moment où elles commencent à se renverser, ce qui rend le passage plus difficile (cp. 6). On traverse ainsi obliquement tous les bancs depuis le Rhodanien et l'Aptien, jusqu'au Nummulitique, qui forme le fond du vallon. A l'entrée du Creux de Tête-Pegnat, l'Urgonien est déjà un peu renversé sur le Rhodanien ; c'est là que j'ai rencontré *Pecten Greppini* (p. 299) et divers fossiles urgoniens (p. 293).

Ecuellaz. — Ce petit vallon déclive, bien distinct sur ma carte, au pied de Tête-Gros-jean et Tête-de-Ballaluex, forme un synclinal très accentué, présentant au SE

Cl. 73. Affleurements renversés sur l'Ecuellaz.

les affleurements renversés urg-aptiens et autres (cl. 73), et à l'W les mêmes terrains, ayant repris leur position normale (cp. 7).

L'Urgonien forme naturellement la charpente de ce pli. Du Glacier de Paneyrossaz on voit très distinctement ses bancs se contourner, passant de la position renversée à la position normale, et formant l'assise inférieure des rochers qui supportent l'Ecuellaz.

Le Rhodanien se présente en affleurement renversé jusque vers le haut de l'Ecuellaz 2363 m., où il prend une assez grande extension, et constitue le thalweg de la partie supérieure du vallon, parsemé de divers lambeaux d'Aptien et de Gault. Puis il redescend sur le bord W, du côté des Filasses, formant une large bande qui domine l'abrupt urgonien. J'y ai recueilli, dans ce vallon de l'Ecuellaz, *Rhync. Gibbsi*, *Heteraster oblongus*, *Orbitolina lenticularis* et des Spongiaires.

L'Aptien présente déjà à l'Ecuellaz une certaine épaisseur de bancs variés (p. 302) et y est passablement fossilifère, c'est un de nos meilleurs gisements de cet étage.

5. Massif d'Argentine.

Du Col des Essets à la Cluse de l'Avançon, l'Urgonien et le Rhodanien jouent un rôle prédominant, et forment, par leur redressement et leur renversement, la petite chaîne si remarquable d'Argentine (cl. 74).

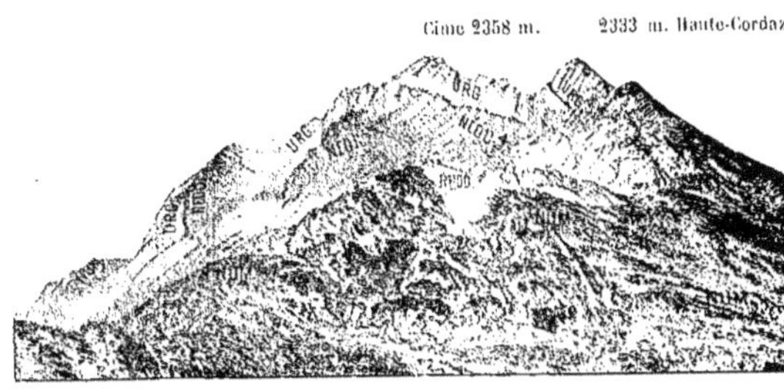

Cl. 74. Massif d'Argentine, vue du NE. (Autotypie.)

Cordaz. — Depuis le fond des Filasses, où nos trois affleurements U^1, U^2, U^3 viennent former un angle saillant au NE, ceux-ci se dirigent droit à l'ouest contre Haute-Cordaz, en couches de plus en plus redressées. Au Col des Essets 2039 m., on voit ces trois assises en superposition normale, avec un faible ⊥ N (cp. 7).

Au sommet de La Cordaz 2152 m., elles sont déjà plus redressées. L'Urgonien forme la paroi verticale au sud, qui surmonte **N**[1]. Outre *Req. ammonia*, j'ai de là des *Nerinea* et des Polypiers. Le Rhodanien, avec fort ⊥ N, aboutit presque au sommet, et montre un banc marneux rempli d'*Orbitolina* dégagées ; c'est un de nos bons gisements fossilifères (p. 299). L'aptien se voit un peu en dessous du sommet, sur le flanc N, à l'état de grès dur scintillant, calcaire, qui a fourni quelques fossiles (p. 303).

Haute-Cordaz. — En s'élevant jusqu'à ce nouveau sommet 2333 m., le long de l'arête, on est habituellement sur les bancs calcaires blanchâtres du Rhodanien supérieur, dans lesquels on trouve beaucoup de traces de *Pygaulus* (p. 299); mais un peu plus bas on voit scintiller les grès calcaires de l'Aptien, qui les recouvrent. Au S se trouve toujours la paroi abrupte de l'Urgonien, qui se redresse de plus en plus, et atteint l'arête immédiatement après Haute-Cordaz (Pl. VII).

La face supérieure des bancs urgoniens forme ici, sur versant N, une grande surface gauchie, visible de loin, et qui montre fort bien la torsion des couches. C'est en vue d'illustrer cette disposition que j'ai fait reproduire la photographie Pl. VII. Le lambeau isolé sur l'arête, auquel j'ai attribué sur la phototypie, peut-être à tort, la cote 2358 m., paraît être la continuation du banc rhodanien de Haute-Cordaz ; hypothèse assez probable, qui serait à vérifier.

En tout cas, on voit fort bien (Pl. I et VII) l'assise rhodanienne descendre brusquement au N, en contournant la surface urgonienne tordue, et aboutir au gisement de Pierre-carrée, où les bancs sont presque verticaux. Là on voit l'Aptien fossilifère, s'adossant au Rhodanien supérieur (p. 303). Le nom de cet intéressant gisement provient d'un énorme bloc éboulé, cuboïde, qui se voit un peu plus bas dans la forêt de Solalex.

Crête d'Argentine. — Depuis Haute-Cordaz les bancs urgoniens se redressent de plus en plus, jusqu'à devenir tout à fait verticaux, vers le milieu de l'arête et dans toute sa partie culminante 2358 m. (cp. 8). Lorsqu'on regarde cette chaîne de profil, soit des Diablerets, soit du SW, elle se présente comme une lame de couteau. Le cliché 75 reproduit une photographie, prise du SW, sur l'arête, vers la Dent 2355 m. Les bancs commencent déjà à se renverser un peu.

Cl. 75. Urgonien vertical d'Argentine. (Autotypie.)

Il en est de même à la base des rocs. Depuis Pierre-carrée, où les couches ne sont pas encore tout à fait verticales, on les voit sur la phototypie (Pl. VII) se redresser tout à fait, puis s'incliner en sens opposé. En même temps les bancs rhodaniens s'élèvent de plus en plus dans la paroi N, surmontés de l'Urgonien inverse. Au-dessus du Perriblanc j'ai vu, à la base de la paroi urgonienne, l'Aptien renversé sur le Nummulitique et recouvert par le Rhodanien. C'est ce qui fait que tous ces terrains sont représentés dans le pierrier par leurs éboulis (p. 301 et 303).

Lion-d'Argentine. — On désigne ainsi l'extrémité SW de la chaîne, qui, vue des Plans, a vaguement la forme d'un lion couché. Ici l'inversion est complète, comme le montre le cliché 76, dans lequel j'ai inscrit, pour cette raison, les noms des terrains à rebours.

Cl. 76. Renversement du Lion-d'Argentine, vu du SW.

Une petite corniche gazonnée, dite Vire-d'Argentine, s'élève de Perriblanc contre l'angle saillant du rocher, pour redescendre en pente douce au SE, vers Surchamp. On la voit dans le cliché 76 au-dessus du Nummulitique à rebours. Cette *vire*, qu'on peut facilement parcourir, est formée par les couches, moins consistantes, de la base de l'Eocène et du Gault. L'Aptien n'est pas ici très distinct, mais au-dessus de la corniche j'ai pu constater le Rhodanien avec *Orbitolina lenticularis*, tandis que la Tête-du-Lion consiste en Urgonien blanc (cp. 9).

Surchamp. — L'alpage ainsi nommé est déterminé par le synclinal éocène, pincé dans le pli urg-aptien. La paroi qui domine Surchamp est formée des terrains renversés susmentionnés. La paroi inférieure, qui supporte l'alpage, est constituée par les mêmes bancs néocomiens, dans l'ordre normal (cp. 9). A l'est, dans le bas de Surchamp, on voit clairement la charnière du pli, malgré les éboulis qui recouvrent une partie de ces couches. Le contournement de l'Urgonien, bordé de Néocomien brun, est en particulier très net, comme l'a constaté la Société géologique suisse en 1886 [Cit. 169, p. 91]. Cet Urgonien de Surchamp a fourni quelques *Req. ammonia.*

Nombrieux. — Nos trois étages urg-aptiens reviennent à l'ouest, par-dessous Surchamp, jusqu'à la Tête-des-Nombrieux 1870 m. (nommée à tort Berthex sur ma carte). Ils sont d'abord en position normale (cp. 9) ; mais dès cette Tête, par le Bertet 1730 m. et le Grand-Sex, jusque dans la Cluse de l'Avançon, ils subissent une série de contorsions, et se présentent tantôt renversés, tantôt droits (cl. 77).

Cl. 77. Anticlinal du Grand-Sex.

6. Vallon de Nant.

Ce large vallon, qui descend des Dents-de-Morcles au NE, pour aboutir à Pont-de-Nant, et à la Cluse de l'Avançon, peut être considéré comme une large entaille, pratiquée par les érosions au travers des terrains crétaciques renversés. Dans toute sa longueur les bancs se présentent absolument sens dessus dessous (cp. 10, 11, 12), et c'est dans le fond du vallon qu'on trouve les dépôts les plus récents : Nummulitique et Flysch.

Savolaires. — Dans la Cluse de l'Avançon l'affleurement des trois étages urg-aptiens est en grande partie caché par la végétation, les éboulis et le glaciaire, mais ces bancs se relèvent rapidement au SW pour former cette grande paroi de rochers blancs, qui domine Les Plans, et s'élève jusqu'à la Pointe-des-Savolaires 2307 m. Cette paroi reproduit le renversement complet du Lion-d'Argentine, avec cette différence que son arête terminale est peut-être un peu plus redressée, et que le Néocomien en forme le sommet. La plus grande partie des rochers visibles consistent en Urgonien reposant sur le Rhodanien.

Sur le versant opposé, ces mêmes affleurements redescendent en écharpe jusqu'au thalveg du Vallon-de-Nant, toujours recouverts par le Néocomien (cp. 2). — La bande urgonienne forme ainsi une boucle, qui enveloppe le Néocomien (Pl. I).

Dent-Rouge. — Au contour de ces bandes, au col. 2136 m. sur La Chaux, les affleurements urg-aptiens s'étalent, et viennent se terminer en pointe à Dent-Rouge 2234 m. (cl. 78). Cette partie de la chaîne est toute démantelée, et se présente comme un amoncellement de ruines. L'Urgonien dans son contour forme la base des Savolaires (cp. 11), ainsi que les premiers pitons subséquents, en grande partie à l'état de pierrier. Le Dr DE LA HARPE y avait recueilli des *Requienia ammonia*.

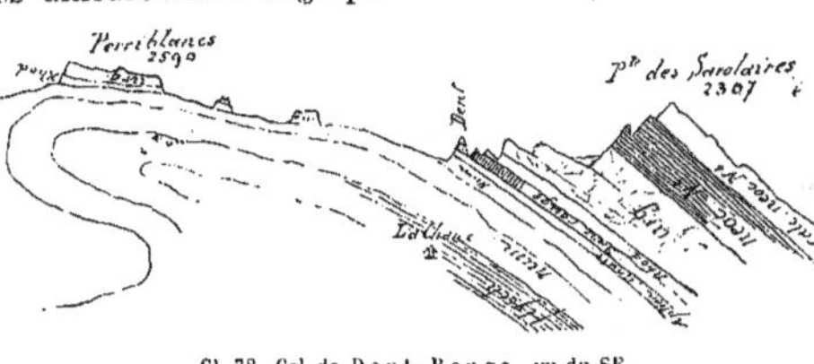

Cl. 78. Col de Dent-Rouge, vu du SE.

Le Rhodanien forme la base de ces pitons urgoniens, et la plus grande partie de la petite Dent-Rouge, qui tire son nom du banc ferrugineux dont j'ai déjà parlé p. 298.

Les *Orbitolina lenticularis* ne font pas défaut dans les bancs calcaires, jaunâtres ou violacés, dans lesquels DE LA HARPE avait également rencontré *Toucasia Lonsdalei* et *Rhync. Gibbsi ;* mais je n'ai point pu trouver de débris organiques dans le banc tout à fait rouge. Celui-ci paraîtrait appartenir à la partie supérieure du Rhodanien, ou peut-être à la partie inférieure de l'Aptien. A la limite de ce banc rouge et du Nummulitique sous-jacent, qui forme la base de Dent-Rouge, j'ai constaté une assise de calcaire gris foncé, très dur, dans laquelle je n'ai pas pu trouver de fossiles. Elle doit représenter l'Aptien, et probablement aussi le Gault ?

Pointe-des-Perriblancs. — En suivant depuis Dent-Rouge au SE l'arête de Pré-fleuri, on marche un certain temps sur la base du Nummulitique renversé (cl. 78 et cp. 2). Mais bientôt on y rencontre à diverses reprises des lambeaux de calc gris urg-aptien. Le plus important de ceux-ci forme la Pointe-des-Perriblancs 2590 m. (cp. 12).

Sur le versant W de cette partie de l'arête s'étalent en grands pierriers, des blocs calcaires parfois énormes, blancs, violacés, verdâtres ou aussi rubanés de rouge et vert, qui résultent évidemment du démantèlement de ces lambeaux renversés. C'est ce qu'on nomme les Perriblancs-des-Martinets, et de là aussi le nom de la pointe. *Orbitolina lenticularis* abonde dans les blocs violacés, un peu marneux. Dans les blocs de calcaire gris bien compact se trouvent *Req. ammonia* et de grandes *Nerinæa.* Mais je n'y ai jamais trouvé de roche qui indique la présence du Néocomien.

Ce remarquable lambeau urg-aptien forme un jalon entre les Savolaires et les Dents-de-Morcles.

Paroi-de-Nant. — Sur l'autre revers du vallon de Nant, s'élève une paroi souvent abrupte, dont la base est formée des mêmes terrains, mais surmontés de Néocomien et de Malm. L'assise urgonienne apparaît sous le Néocomien brun un peu au S de Pont-de-Nant, presque vis-à-vis du point où elle disparaît au bord du torrent, en descendant des Savolaires. Le glaciaire et l'alluvion séparent seuls ces deux parois dont la continuité est parfaite (cp. 10).

Sous La Larze l'Urgonien borde la vallée, pour un kilomètre environ. Puis on voit apparaître à sa base le Rhodanien et les étages subséquents, lesquels s'élèvent avec lui en écharpe dans la paroi qui domine les chalets de Nant, comme on l'observe facilement de loin. Sur deux points de cette paroi j'ai pu constater, de près, l'Urgonien renversé sur le Rhodanien. En premier lieu en montant à Frête-de-Saille, depuis les chalets de Nant, par le passage dit La Tour. Ensuite un peu plus au S, sous Dent-Favre, en montant à Frête-de-Bougnonnaz par le passage difficile du Pertuis-à-Chamorel (p. 232).

Dans la partie méridionale de cette belle paroi, de plus en plus abrupte, le Rhodanien se distingue facilement de loin, grâce au *banc rouge*, qui en forme la partie supérieure comme à Dent-rouge, et qui y dessine diverses ondulations et contorsions. C'est en particulier le cas droit sous Dent-Favre, où l'on voit un S très accentué, que j'ai dû forcément négliger sur ma carte, et qui fait le pendant du contournement en S visible vis-à-vis, sous la Pointe-des-Perriblancs, dans les couches nummulitiques (cl. 78).

7. Massif des Dents-de-Morcles.

La vaste surface néocomienne de ce massif (p. 287) a évidemment pour base l'Urgonien renversé, comme en témoigne le petit affleurement vésiculaire au-dessus de Grand-Pré, entre Dent-Favre et Tête-Noire, qui résulte de l'érosion des couches néocomiennes. Au Col-de-la-Luex 2613 m., où l'arête est fortement entaillée (cp. 3), cet affleurement du versant SE se relie à la grande bande urgonienne du versant NW.

Glacier-des-Martinets. — La paroi verticale qui domine au SE ce glacier dans toute sa longueur, est formée essentiellement d'Urgonien et de Rhodanien, qui continuent la paroi de Nant, et laissent voir de nombreuses contorsions, sous Tête-Noire et les Dents-de-Morcles. C'est ce que montre le cliché 79, que j'ai réduit d'un croquis de M. Albert Heim,

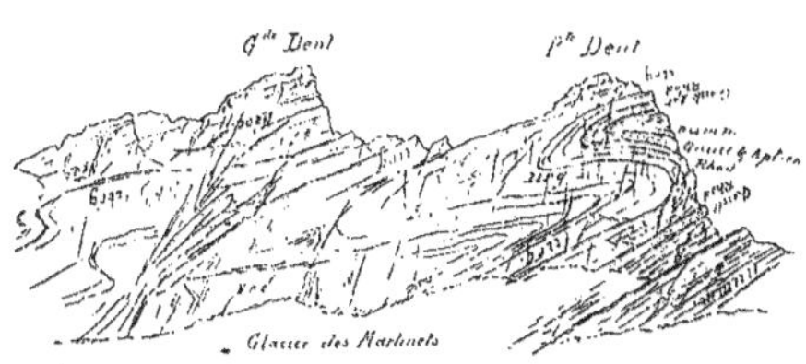

Cl. 79. Paroi N des Dents-de-Morcles, vue du NW.

dessiné depuis Les Martinets, lors de l'excursion de la Société géologique suisse en 1886 [Cit. 169, pl. X].

Petite-Dent. — L'Urgonien aboutit ainsi au sommet de la petite Dent-de-Morcles, en dessous duquel il forme un de ses replis les plus remarquables (cl. 79), qui, à en juger par la nature et la couleur des roches, doit contenir un lambeau des terrains plus récents. Vu sa petitesse j'ai dû renoncer à marquer ce lambeau sur ma carte, mais j'ai essayé de le représenter sur ma cp. 13. Il doit être un peu plus allongé que je ne l'y avais marqué, à en juger par le croquis ci-joint (cl. 80), que je dois également au crayon de M. Heim, mais qui est pris du côté opposé, depuis Haut-d'Arbignon [Cit. 169, pl. XI].

Cl. 80. Paroi SW des Dents-de-Morcles.

Grand'vire. — Après avoir contourné la Petite-Dent, la bande urg-aptienne revient au SE, formant une grande partie de la paroi qui surmonte le passage de la Grand'vire, et que traverse celui du Nant-Rouge ou Cheminée, par lequel on monte à la Grande-Dent. Le nom de ce couloir indique déjà la présence du banc rhodanien ferrugineux, constaté précédemment à Dent-Rouge.

Du reste, tout le long de ce passage interminable de la Grand'vire, on a au-dessus de soi la paroi urg-aptienne, surmontée de Néocomien (cp. 3 et 13). Dans tous les couloirs on voit, avec les éboulis de calcaire gris urgonien, des blocs de calcaire panaché, verdâtre ou violacé, dans quelques-uns desquels j'ai trouvé *Orbitolina lenticularis*. Cette paroi calcaire s'abaisse graduellement jusqu'à l'issue SE de la Grand'vire, qui est situé à la base de cet abrupt.

Cirque-de-Fully. — Au delà de la Grand'vire j'ai pu poursuivre encore, jusqu'au Col-de-Fenestral, l'affleurement urg-aptien, qui sépare le cirque néocomien de Grand-Coor 2649 m. du gradin éocène sous-jacent 2456 m.

Il paraîtrait même se continuer plus loin, jusque sur les flancs du Grand-Chavallard, si l'on en juge par quelques blocs éboulés de cette paroi, que j'ai retrouvés bien au-dessus du Lac-de-Fully 2129 m.

TERRAINS CRÉTACIQUES

L'importance des terrains néocomiens dans la contrée m'ayant engagé à faire de leur étude un chapitre à part, il ne me reste plus à examiner que les terrains crétaciques subséquents.

Or comme les étages crétaciques supérieurs, à partir du Rotomagien, nous font entièrement défaut, notre Crétacique se réduit aux trois étages Albien, Vraconnien et Rotomagien, que j'avais groupés précédemment et nommés *Méso-crétacé*, et dont les deux premiers sont très généralement mentionnés sous le nom de *Gault*.

Le Gault est un des terrains les plus anciennement connus dans nos Alpes vaudoises. En 1821 déjà, BUCKLAND le cite sous le nom de *Greensand* (Grès-vert), dans les régions des Diablerets et des Dents-de-Morcles [Cit. 32, p. 7]. C'est évidemment aux géologues du pays, LARDY et DE CHARPENTIER, qu'il en devait la connaissance. En 1847 LARDY cite une 30ne d'espèces du Gault de nos Alpes, des gisements de L'Ecuellaz, Anzeindaz et Val d'Illiez [Cit. 45, p. 177 et 205].

Lorsque je commençai mes recherches vers 1850, on ne connaissait encore que ces quelques fossiles de l'Ecuellaz, et d'une ou deux autres localités. En 1852 [Cit. 55, p. 136], je ne pouvais mentionner avec certitude que 25 espèces du vrai Gault, sans distinction d'étages. (A cette époque je désignais à tort comme Gault inférieur et Gault moyen les étages Rhodanien et Aptien.) Mais j'avais trouvé à Gryon des pourvoyeurs intelligents (p. 17), qui se mirent avec zèle à la recherche des fossiles, de sorte qu'en 1854 dans ma *Seconde note* [Cit. 62, p. 216] j'étais en état de citer une centaine d'espèces du Gault, presque toutes des gisements de l'Ecuellaz et de la Cordaz, que j'avais soigneusement explorés au point de vue stratigraphique.

De Cheville, maintenant notre plus riche gisement, on n'avait encore que quelques rares échantillons, rapportés par des chasseurs de chamois. C'est en 1858 que je pus m'y rendre pour la première fois, mais mes pourvoyeurs y firent de nombreuses expéditions, dont j'ai contrôlé les résultats dans plusieurs visites, destinées surtout à l'examen stratigraphique. Ces recherches ont donné naissance à mes trois Notices de 1866 et 1867 [Cit. 88, 89 et 94], dans lesquelles j'ai décrit la faune de ce gisement, avec la précieuse collaboration, pour les Céphalopodes, de mon maître regretté F.-Jules Pictet. Dans ce travail, où nous avons figuré quelques types nouveaux, j'ai énuméré 252 espèces du seul gisement de Cheville, et caractérisé paléontologiquement les 3 étages de nos terrains crétaciques moyens.

Crétacique (moyen)	Rotomagien.
	Vraconnien.
	Albien.

Ce complexe ne présente dans nos Alpes qu'une bien faible épaisseur, aussi n'ai-je pu le représenter, sur ma carte au 50 millième et dans mes profils, que par un *mince liséré rouge*, sur le bord de la teinte verte néocomienne, ce qui constitue déjà, presque partout, une amplification sur la largeur réelle de l'affleurement. Quant aux étages je n'ai pu que les indiquer par les monogrammes **C**^{1}, **C**^{2}, **C**^{3}. Dans la feuille XVII au 100 millième, la légende, adoptée par la commission fédérale, a nécessité une exagération encore plus grande de cet affleurement, qui y est représenté par un barré rouge sur fond vert, avec le monogramme **Cg**.

A en juger par l'extension si restreinte de ces étages crétaciques, ces terrains ont dû se former dans un golfe très étroit, ou *fjord*, s'allongeant du SW au NE, mais ne s'avançant pas au-delà de Cheville. Du côté sud-ouest au contraire la mer était en continuité évidente avec celle qui déposait le Gault de la Dent-du-Midi et de la Savoie. Cette répartition avait peu varié depuis l'Aptien, mais depuis l'âge hauterivien, le soulèvement relatif avait dû être considérable. C'était une préparation à l'émersion complète, qui vint clore notre série crétacique, après l'âge rotomagien

ÉTAGE ALBIEN

Immédiatement sur l'Aptien, nous avons dans les Alpes vaudoises une série de couches, dont les fossiles, d'ailleurs peu nombreux, sont bien ceux du vrai Gault argileux, d'Angleterre et du Bassin de Paris, auquel d'ORBIGNY a appliqué le nom d'étage *albien*. Cet horizon très rarement distingué dans les Alpes, est au contraire beaucoup plus répandu dans le Jura, où il affecte deux facies : un *facies sableux*, nommé par CAMPICHE Gault inférieur, et un *facies argileux* superposé, dit par lui Gault moyen. PICTET a montré surabondamment que la faune de ces deux facies est presque la même, et qu'elle correspond tout à fait à celle de l'étage albien ; tandis que le Gault supérieur, contenant une faune assez différente, doit constituer un étage distinct, que j'ai nommé *Vraconnien* [Cit. 94, p. 201 (475)].

Ce n'est que sur un petit nombre de points de nos Alpes que Gault inférieur C^1, ou Albien, m'a fourni des fossiles. Le plus riche de ces gisements est celui de Cheville, que j'ai décrit en détail en 1866 [Cit. 88, p. 88], et qui m'a donné la meilleure coupe de l'Albien. Sauf quant au nombre des espèces, et à leur dénomination, je n'ai rien à modifier à cette description.

Cheville. — Ce gisement se trouve dans le bas des Lapiés de Cheville, au point marqué d'un astérisque, au-dessus des chalets supérieurs, à l'altitude d'environ 1820 m.

L'Albien se compose ici de deux assises (cl. 81). A la base un calcaire noirâtre, avec parties schistoïdes, plus claires, lustrées, ayant un à deux mètres d'épaisseur, et se superposant immédiatement au calcaire rosé compact, qui représente probablement l'Aptien. Les fossiles n'y sont pas rares, mais malheureusement assez mal conservés. Ce sont le plus souvent des moules calcaires noirs, quelquefois aussi des moules pyriteux, plus ou moins oxydés.

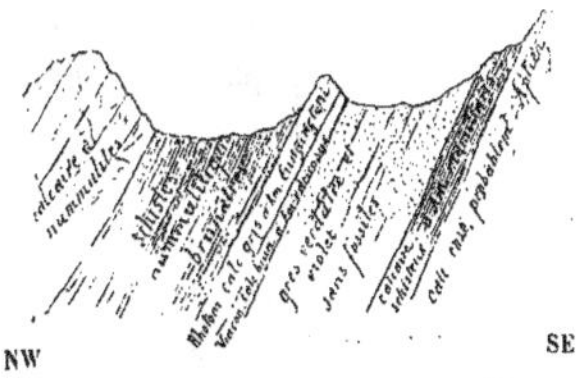

NW SE

Cl. 81. Gisement de Cheville — 1/1000

Au-dessus vient un grès tendre, gris-verdâtre, parfois violacé, qui forme le fond de la combe, et peut bien avoir une dizaine de mètres d'épaisseur. Il est immédiatement recouvert par le Vraconnien. Je n'y ai jamais trouvé de fossiles, mais parmi les espèces albiennes obtenues de Cheville, quelques échantillons présentent une gangue gréseuse, qui semble indiquer qu'ils proviennent de cette assise. Je me crois donc autorisé à la rattacher à l'Albien, plutôt qu'au Vraconnien.

Ce gisement m'a fourni 46 espèces, la plupart franchement albiennes, dont les plus fréquentes sont : *Acanthoceras mamillare*, *Desmoceras Parandieri*, *Cinulia incrassata*, *Aporrhais obtusa*, *Solarium Hugii*, *Inoceramus Salomoni*, *Hemiaster minimus*.

Ecuellaz. — Les couches du Gault inférieur occupent une certaine étendue dans le haut du vallon incliné de l'Ecuellaz, où elles s'étalent à la surface de l'Urg-aptien, et y ont même laissé plusieurs lambeaux isolés. Les roches sont tout à fait semblable à celles de Cheville. Les fossiles albiens se trouvent essentiellement à la surface du banc schistoïde grisâtre. Ce sont pour la plupart des moules noirs, très frustes, à gangue schistoïde ou arénacée. Malgré l'étendue en surface, je n'en ai obtenu que 17 espèces, dont les moins rares sont : *Desmoceras Beudanti*, *Cinulia incrassata*, *Aporrhais obtusa*, *Nucula pectinata*, *Hemiaster minimus*.

Pierre-carrée. — Ici, dans le haut du cône d'éboulement sous Argentine (Pl. VII), j'ai encore pu constater la couche albienne à fossiles noirs, adossée contre l'Aptien, et recouverte par une certaine épaisseur de grès verdâtres ou jaunâtres, dans lesquels je n'ai pas trouvé de fossiles. Je n'ai obtenu de là qu'un fort petit nombre d'espèces déterminables, parmi lesquelles *Acanthoceras mamillare*, *Desmoceras Parandieri* et *Inoceramus concentricus*.

Surchamp. — Dans la partie sud de l'alpage de Surchamp, où les couches sont disposées normalement, au point marqué d'un astérisque sur ma carte, se trouve un de nos meilleurs gisements de Gault inférieur. Comme à Cheville, le banc fossilifère de la base est recouvert d'une assez forte épaisseur de grès verdâtre, parfois violacé, qui le sépare bien du banc vraconnien

Les fossiles y sont un peu plus abondants, et une partie d'entre eux, à en juger par leur gangue, proviennent des couches arénacées.

Cette portion méridionale de Surchamp, du côté des Nombrieux, porte aussi le nom spécial de Tentes-de-champ, sous lequel ce gisement a été quelquefois désigné.

Soit par mes propres recherches, soit par celles de mes pourvoyeurs, j'ai obtenu de ce Gault inférieur une 30^{ne} d'espèces, dont plusieurs représentées par un bon nombre d'exemplaires. Les plus communes sont : *Acanthoceras mamillare*, *Ancyloceras Blancheti*, *Cinulia incrassata*, *Aporrhais obtusa*, *Natica gaultina*, *Solarium Hugii*, *Inoceramus Salomoni* et *I. concentricus*. C'est une faune albienne parfaitement caractérisée.

Bertet. — Enfin je mentionne au tableau ci-après 6 espèces du Bertet, qui ont été récoltées par le Dr Ph. de la Harpe, mais dont je ne connais pas le gisement précis. Elles montrent que ces couches albiennes sont encore fossilifères au voisinage de la cluse de l'Avançon.

Au delà je n'en connais plus aucun gisement distinct.

FAUNE ALBIENNE

Les fossiles du Gault inférieur ont été rarement distingués, dans les Alpes, de ceux du Gault supérieur. Jusqu'en 1854 je n'ai vu moi-même dans le Gault alpin qu'un seul étage sans subdivisions. Mais lorsqu'en 1858 j'abordai l'étude de Cheville, où les circonstances stratigraphiques étaient plus favorables, je m'aperçus bientôt qu'il y avait là des couches fossilifères distinctes, comme dans le Gault de la Perte-du-Rhône et de Sainte-Croix. Dès lors je m'appliquai à en récolter les fossiles séparément, et j'y rendis attentifs mes pourvoyeurs.

Mais il arrive presque toujours qu'un gisement fournit les fossiles les plus nombreux et les meilleurs, lorsqu'il est encore neuf. Ce fut le cas aussi à Cheville. Or toutes nos récoltes antérieures se trouvaient mélangées sans distinction de couche. Il s'agissait donc de séparer les espèces du Gault

FOSSILES DE L'ALBIEN
GAULT INFÉRIEUR
Les chiffres désignent le nombre d'échantillons constaté dans chaque gisement.
n = en nombre supérieur à 9 ex. } Vu plus grande fréquence.
c = commun.

FOSSILES DE L'ALBIEN	GISEMENTS					PASSE AU VRACONNIEN	NIVEAU HABITUEL		
	Cheville	Ecuellaz	Pierre-carrée	Surchamp	Bertet		Aptien	Albien	Vraconnien
Reptiles.									
Polyptychodon? sp. (dent)	1	.	.	.	.	.	.	.	.
Céphalopodes.									
Nautilus Clementi, Orb.	.	2	.	.	.	⊛	.	*	*
Ammonites.									
Acanthoceras mamillare, Schl.	8	1	3	5	.	.	.	*	.
— Lyelli, Leym.	2	.	.	.	.	.	.	*	.
— Milleti, Orb.	2	.	.	.	.	.	*	*	.
Hoplites tardefurcatus, Leym.	1	.	.	.	.	.	.	*	.
— auritus, Sow.	1	.	.	.	.	⊛	.	*	*
— interruptus, Brug.	4	1	.	1	1	⊛	.	*	.
— splendens, Sow.	1	.	.	.	.	⊛	.	*	*
— quercifolius, Orb.	1	.	.	.	.	.	.	*	.
Desmoceras Parandieri, Orb.	4	.	1	4	.	.	.	*	.
— Beudanti, Brong.	4	5	.	.	1	⊛	.	*	.
— latidorsatum, Mich.	2	1	.	.	.	⊛	.	*	*
Ancyloceras Blancheti, Pict. & Cp.	4	.	.	5	.	.	.	*	.
— Vaucheri, Pict. & Cp.	1	.	.	.	.	.	.	*	.
Gastropodes.									
Cinulia (Avellana) incrassata, Sow.	n	7	2	n	.	⊛	.	*	*
— (Ringinella) alpina, Pict. & Rx.	1	.	.	3	.	.	.	*	.
Fusus Clementi, Orb.	?	.	.	3	.	.	.	*	.
Ficula cf. Fusus ornatus, Orb.	1	.	.	.	.	.	.	.	.
Aporrhais (Ceratosiphon) retusa, J. Sow.	.	.	.	1	.	⊛	.	*	*
— (Chenopus) obtusa, Pict. & Rx.	c	5	1	n	.	.	.	*	.
Cerithium tectum, Orb.	2	.	.	.	.	.	.	*	.
— Lallieri, Orb.	.	.	.	1	.	⊛	.	*	.
Natica gaultina, Orb.	8	.	.	n	.	⊛	*	*	*
— ervyna, Orb.	1	.	.	.	.	.	.	*	.
Turritella Vibrayei, Orb.	.	.	.	1	.	⊛	.	*	.
Scalaria gurgitis, Pict. & Rx.	.	.	.	2'	.	.	.	*	.
Funis sp.	1	.	.	.	.	.	.	.	.
Solarium Hugii, Pict. & Rx.	9	1	.	9	.	.	.	*	.

FOSSILES DE L'ALBIEN GAULT INFÉRIEUR (*Suite.*)	GISEMENTS					PASSÉ AU VRACONNIEN	NIVEAU HABITUEL		
	Cheville. . .	Ecuellaz . .	Pierre-carrée	Surchamp. . .	Bertel . . .		APTIEN . . .	ALBIEN . . .	VRACONNIEN .
Gastropodes. (*Suite.*)									
Solarium cf. moniliferum, Mich. . . . . . . (1 de Cordaz)	7	.	.	2	.	.	.	*	.
— ornatum, J. Sow.	1	.	.	4	.	⊛	.	*	*
Trochus conoïdeus, Sow.	.	.	.	2	.	⊛	.	*	.
Turbo alsus? Orb. (olim T. decussatus)	1	.	.	1	.	.	.	*	.
— Martini? Orb.	3	.	1	.	.	.	*	*	.
Pélécypodes.									
Venus Vibrayei, Orb.	1	.	1	1	.	.	.	*	.
Cyprina cf. consobrina, Orb.	1	.	.	.	.	.	.	.	.
Cardita Constanti, Orb.	2	.	.	.	.	.	.	*	.
— tenuicosta? J. Sow.	2	.	.	.	.	.	.	*	*
Trigonia Fittoni, Desh.	2	1	.	.	.	.	.	*	.
Nucula arduennensis, Orb.	1	.	.	3	.	.	.	*	.
— pectinata, Sow..	1	3	.	.	.	.	.	*	.
— ovata, Mant.	1	.	.	.	.	.	.	*	.
— Jaccardi? Pict.& Cp.	.	1	.	.	.	.	.	*	.
Arca Campichei, Pict.& Rx.	5	1	.	2	1	⊛	.	*	.
Inoceramus Salomoni, Orb. (Aucella?)	n	1	.	n	1	.	.	*	.
— concentricus, Park. id.	n	.	3	n	2	⊛	.	*	*
— sp. cf. concentricus id.	.	.	.	2	.	.	.	.	.
Lima Raulini? Orb.	2	.	.	.	.	.	.	*	.
Pecten Raulini? Orb.	.	.	.	1	.	⊛	*	*	*
— Dutemplei? Orb.	.	.	.	1	.	⊛	*	*	.
Vola quinquecostata, Sow..	2	.	.	2	.	⊛	.	*	*
Plicatula radiola, Orb. (Pl. inflata, Pict.& Cp., non Sow.)	7	2	.	.	.	.	*	*	.
Exogyra arduennensis, Orb.	8	1	.	4	.	⊛	.	*	*
Crustacés.									
Phlyctisoma cf. tuberculatum, Bell.	1	.	.	.	.	.	.	.	.
Echinides.									
Holaster cf. Perezi, Sism.	3	.	.	.	.	.	.	*	.
Hemiaster minimus, Ag. . . . . (1 de Cordaz)	n	3	.	1	.	.	.	*	.
Discoïdea decorata? Desor.	.	.	.	2	.	.	.	*	.
Echinobrissus? sp. . . . . (1 de Cordaz)	.	.	.	.	1	.	.	.	.
Peltastes Studeri, Ag.	.	1	.	1	.	⊛	.	*	.
Total : 59 espèces, dont	46	17	7	31	6	20	6	52	13

inférieur, de celles du Gault supérieur, beaucoup plus nombreuses, ainsi que j'avais pu le constater sur place.

Heureusement qu'avec une ressemblance générale, les fossiles de ces deux étages présentent à Cheville certaines différences caractéristiques, qui m'ont permis de faire ce triage presque à coup sûr.

Les fossiles du Gault supérieur y sont plutôt brunâtres, quelquefois tout à fait bruns; leur gangue est habituellement un calcaire grenu, hétérogène, plus ou moins foncé.

Les fossiles du Gault inférieur sont en général des moules d'un noir mat, très frustes, et comme usés. Ceux qu'on trouve à la surface des couches présentent parfois un enduit blanchâtre, qui n'est que superficiel. Leur gangue est schistoïde ou arénacée, et de couleur plutôt claire, habituellement gris-jaunâtre. Quelques moules sont pyriteux, ou plus ou moins oxydés.

Basé sur ces caractères, j'ai fait le triage aussi objectivement que possible, sans me laisser influencer par la détermination paléontologique. Ce n'est que dans quelques cas douteux que je me suis laissé guider par l'espèce, pour éviter d'établir des passages sur des documents incertains.

C'est ainsi que j'ai pu composer le tableau ci-joint, qui présente dans son ensemble la faune albienne des Alpes vaudoises. Sur un total de 59 espèces, 52 ont été rencontrées, ailleurs, dans le Gault proprement dit, ou étage albien. De celles-ci 5 sont citées aussi de l'Aptien, et 13 seulement du Vraconnien. Il ne peut donc rester aucun doute sur le niveau stratigraphique de ce Gault inférieur alpin.

Sur ces 59 espèces, il n'y en a que 3 qui fissent déjà partie de la faune aptienne de notre région, et une 20me ont persisté chez nous jusqu'au Vraconnien. Il suit de là que notre Albien des Alpes se relie beaucoup plus intimément aux étages crétaciques subséquents, qu'à ceux de la série néocomienne.

Mais si l'on considère, d'autre part, que notre Albien et notre Vraconnien alpins ont presque exactement le même facies paléontologique, on peut s'étonner à juste titre que leurs faunes soient si différentes. Il faut l'attribuer, je pense, à la distance chronologique qui sépare ces deux faunes, et qui nous est indiquée par l'épaisseur assez considérable des grès verdâtres, sans fossiles, que j'ai rencontrés partout entre les deux bancs fossilifères.

ÉTAGE VRACONNIEN

Cet étage, désigné par le monogramme C^2, est, de tous nos terrains alpins, le plus riche en fossiles, quoiqu'il n'ait qu'une faible épaisseur. C'est un banc de calcaire foncé, dur et compact, qui n'excède nulle part, je crois, 2 m. de puissance. Il se reconnait en général assez facilement à sa nature bréchiforme ou poudinguiforme, qui provient de la fréquence des fossiles, toujours plus foncés que la roche qui les renferme. Ceux-ci sont tantôt brunâtres, tantôt noirs, mais d'un noir moins mat, et moins homogène, que ceux de l'Albien.

La gangue, qui contient ces fossiles, est un calcaire grenu, hétérogène, d'un gris bleuâtre, plus ou moins clair ou foncé, suivant les places. Sur les surfaces érodées par le temps, ce calcaire prend une couleur plus claire, qui tranche encore mieux avec celle des débris organiques, lesquels d'ailleurs restent souvent en saillie sur la roche. On voit alors plus facilement dans celle-ci un grand nombre de petits grains noirs ou verdâtres, qui sont évidemment de la glauconie. Dans quelques cas cette roche prend une grande ressemblance avec certains grès-verts, ou même avec les sables glauconieux de la Perte-du-Rhône, ou du Vraconnien de Sainte-Croix. On dirait vraiment un sable glauconieux calcaire, qui par la pression s'est consolidé en une masse dure.

Dans d'autres circonstances la roche prend une teinte brune plus ou moins foncée, qu'on peut attribuer à l'oxydation du fer contenu dans la glauconie. Elle devient alors plus tendre, et les fossiles se dégagent plus facilement. Parfois on y rencontre des poches terreuses, de dimensions très variées, où l'on trouve les fossiles entièrement isolés, voire même avec leur test parfaitement intact. Les points où cette altération est la plus forte constituent naturellement les meilleurs gîtes fossilifères.

Les gisements du Vraconnien sont bien plus nombreux que ceux de l'Albien. De Cheville à Dent-Rouge j'en connais une 10me, d'une richesse plus ou moins grande.

Cheville. — Le Gault supérieur consiste ici en un banc dur d'environ 1 m. d'épaisseur, qui tranche par sa couleur foncée, soit avec le calcaire gris-clair rotomagien, qui le domine, soit avec les grès verdâtres ou violacés, qui le supportent, et forment le fond de la petite combe (cl. 82). La roche calcaire y est fréquemment altérée, brunâtre, comme cariée ; les poches terreuses brunes y sont, ou du moins y étaient, assez fréquentes. Les fossiles ont été récoltés, soit sur le côté méridional du petit crêt, soit sur son flanc septentrional, dans des endroits ou le Vraconnien avait été dénudé par l'érosion du Rotomagien.

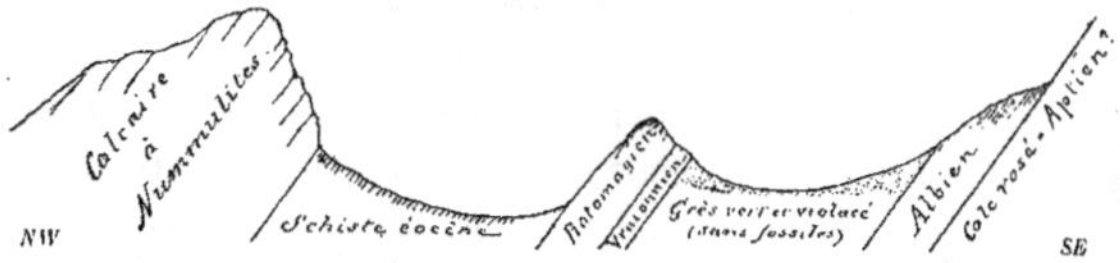

Cl. 82. Gisement fossilifère de Cheville — Echelle 1/500.

Ce gisement, extrêmement riche dans le temps de mes explorations, ne m'a pas fourni moins de 253 espèces, provenant de ce seul banc calcaire. J'attribue cette richesse aux conditions favorables de la station biologique, au fond d'un golfe tranquille. La conservation de ces fossiles est aussi, généralement, meilleure que dans les autres gisements, ce qui peut provenir de la fréquence des poches cariées terreuses.

Parmi les espèces les plus communes il y a un certain nombre de types du Gault qu'on connait aux divers niveaux de celui-ci : *Schlœnbachia varicosa*, *Cinulia incrassata*, *Cyprina regularis*, *Inoceramus concentricus*, *Plicatula gurgitis*, *Terebratula Dutemplei*, *Holaster lævis*, *Trochocyathus conulus*.

D'autres, également communes, sont des espèces qui caractérisent spécialement le Gault supérieur de la Perte-du-Rhône et des Alpes, le Vraconnien de Sainte-Croix, ou le *Uppergreensand* d'Angleterre : *Schlœnbachia inflata*, *Anisoceras armatum*, *Solarium triplex*, *Pleurotomaria Thurmanni*, *Gryphæa vesiculosa*, *Echinoconus castanea*, *Discoidea rotula*.

Enfin *Acanthoceras Mantelli*, et quelques autres espèces un peu moins fréquentes : *Schlœnbachia varians*, *Schl. Coupei*, *Turrilites Scheuchzeri*, etc., sont des types plutôt cénomaniens.

Ces espèces rotomagiennes sont d'ailleurs tout à fait semblables d'aspect aux autres fossiles. J'ai fait une étude attentive de l'état pétrographique des spécimens de nos collections, pour éliminer tous les cas douteux. D'autre part, dans mes explorations sur les lieux, je me suis appliqué à rechercher les fossiles en place, pour bien m'assurer de leur niveau. C'est ainsi que je suis arrivé à la conviction que cette association est bien réelle et originelle.

Voici ce que j'écrivais à ce sujet en 1866 :

« Je me suis demandé si ces espèces rotomagiennes n'occuperaient pas, exclusivement peut-être, la partie tout à fait supérieure de la couche moyenne (banc vraconnien), et les autres espèces, la partie inférieure seule ; mais les perquisitions que j'ai faites à ce sujet, dans mes dernières visites à Cheville, m'ont fait voir des espèces généralement admises comme albiennes, dans toute l'épaisseur de la couche moyenne jusqu'au contact de la couche grise à *Am. Cunningtoni* et m'ont fait rencontrer *Am. Mantelli* jusqu'à la base du calcaire brunâtre à *Am. varicosus*. Le mélange se produit donc dans toute l'épaisseur de cette assise, mais je suppose que la proportion varie, et que les espèces rotomagiennes deviennent de plus en plus abondantes à mesure qu'on se rapproche de leur niveau habituel. » [Cit. 88, p. 88 (112).]

Sous Tête-Grosjean. — A la base de cette sommité, dans les couches renversées, du côté SE de l'Ecuellaz, le banc vraconnien s'est montré aussi assez fossilifère. Quoique rarement exploité, il m'a fourni une 40^{ne} d'espèces, qui figurent dans la seconde colonne du Tableau. Les moins rares sont : *Desmoceras latidorsatum, Schlœnbachia inflata, Schl. varicosa, Anisoceras perarmatum, Solarium triplex, Pleurotomaria Thurmanni, Cucullæa obesa, Inoceramus concentricus.*

Ecuellaz. — La colonne du Tableau ainsi intitulée désigne le haut et le bord W du vallon de l'Ecuellaz, où les couches sont de nouveau dans leur disposition normale. Le banc vraconnien y était assez fréquemment fossilifère. C'est le gisement de Gault le plus anciennement connu des Alpes vaudoises. Il a été cité autrefois sous le nom *Grès-vert des Diablerets*. En 1852 je pouvais énumérer 25 espèces [Cit. 55, p. 136] ; en 1855 j'en donnais une liste de 81, comprenant quelques fossiles de Albien [Cit. 62, p. 216]. Aujourd'hui je connais de là 92 espèces, du Vraconnien seul, outre celles de l'Albien mentionnées p. 330. Les plus communes sont : *Schlœnbachia inflata, Solarium triplex, Turbo Triboleti, Pleurotomaria Thurmanni, Inoceramus concentricus, Plicatula gurgitis, Gryphæa vesiculosa, Terebratula Dutemplei.*

Le mélange d'espèces rotomagiennes paraît moins accusé à l'Ecuellaz qu'à Cheville, toutefois j'y connais : *Acanthoceras Mantelli, Anisoceras armatum, Discoïdea cylindrica*, et quelques autres types plus rares.

Essets. — C'est ici un gisement nouveau, découvert par Ph. Cherix, qui d'une seule exploitation, sur un seul point très restreint, m'a rapporté 70 espèces, mentionnées dans mon tableau. Ces fossiles sont très bruns et souvent assez bien conservés. Le banc vraconnien devait être là passablement terreux et altéré. L'astérisque bleu, qui désigne ce gisement sur ma carte, est marqué trop à gauche; le point fossilifère est situé plus à l'est, sous le double *s* du nom Essets.

Les fossiles les plus nombreux de cette récolte sont : *Schlœnbachia varicosa, Turrilites Bergeri, Solarium triplex, Turbo Picteti, Inoceramus concentricus, Echinoconus castanea.*

Nous y avons passé, avec la Société géologique suisse, en août 1866 [Cit. 169, p. 92], mais les excavations étaient recouvertes, et l'on ne voyait que la roche dure, avec quelques fossiles très usés faisant saillie. Néanmoins c'est un des points que je recommanderais à de futurs explorateurs; il est facile à atteindre, et l'on y trouverait sans doute de nouvelles poches terreuses, en cherchant un peu le long de l'affleurement.

Cordaz. — Le Gault longe le versant nord de La Cordaz, où il forme comme à Cheville, une petite combe orientée E-W. Ici le banc vraconnien m'a paru un peu plus épais ; il peut avoir environ 1 $^1/_2$ mètre. Quoique ce gisement ait été fréquemment visité, soit par moi, soit par mes pourvoyeurs, il ne m'a fourni qu'une 60^{ne} d'espèces, principalement : *Desmoceras Mayori, Cinulia incrassata, Solarium triplex, Trochus Buvignieri, Cyprina regularis, Inoceramus concentricus, Plicatula gurgitis.* Le mélange d'espèces cénomaniennes s'y fait encore remarquer, puisqu'on y trouve : *Acanthoceras Mantelli, Anisoceras armatum*, etc.

Pierre-carrée. — Parmi les bancs à peu près verticaux qui traversent le bas du couloir (Pl. VII), j'ai pu constater le Vraconnien en place, entre les grés albiens et le Nummulitique. Quant aux fossiles ils ont été récoltés par

Cherix dans des blocs éboulés. J'en compte 57 espèces, spécialement : *Hamites intermedius*, *Turbo Picteti*, *Inoceramus concentricus*, *Gryphæa vesiculosa*, *Ostrea Milleti*, *Trochocyathus conulus*.

Bertet. — Vers le SE, le banc vraconnien devient plus pauvre ; toutefois j'ai pu en constater la faune sur quelques points, dont je n'ai fait figurer au tableau que les deux plus importants. Je mentionnerai les autres au § *Relations orographiques*.

A la Tête-des-Nombrieux les couches sont renversées, et l'affleurement de Gault contourne la sommité, en passant sur le versant d'Ayerne. J'y ai constaté le banc vraconnien, dans lequel j'ai recueilli une 10[ne] d'espèces, dont : *Schlœnbachia inflata*, *S. varicosa*, *Plicatula gurgitis*, *Trochocyathus conulus*.

Au Bertet, le D[r] Ph. de la Harpe a ramassé une 20[ne] d'espèces vraconniennes, sur un point qui ne m'est pas connu ; en particulier : *Schlœnbachia varicosa*, *Cinulia incrassata*, *Solarium cirroïde*, *Inoceramus concentricus*. Les fossiles de ces deux derniers gisements sont réunis dans une même colonne.

Dent-rouge. — C'est encore à Ph. de la Harpe que nous devons la connaissance certaine du Gault à Dent-rouge. A force de recherches il a fini par y récolter une 20[ne] d'espèces vraconniennes, dont les principales sont : *Schlœnbachia varicosa*, *Solarium triplex*, *Turbo Triboleti*, *Inoceramus concentricus*, *Plicatula gurgitis*.

FAUNE VRACONNIENNE

Cette faune, la plus riche et la plus intéressante de nos Alpes, présente un caractère franchement littoral, qui s'accorde bien avec les circonstances de son gisement, telles que je les ai exposées plus haut. Les mollusques de rivage y prédominent fortement : 74 espèces de Gastropodes et 78 de Pélécypodes, avec une 20[ne] d'Echinides. Les Brachiopodes en revanche y sont rares, ainsi que les Anthozoaires, les Spongiaires et autres types de mer plus profonde. On y trouve, mêlé à cette faune littorale, un assez grand nombre d'animaux pélagiques : 67 Céphalopodes et quelques rares poissons, qui, poussés par les vents, sont venus échouer sur le rivage. Cela ne doit pas nous étonner.

FOSSILES DU VRACONNIEN GAULT SUPÉRIEUR Les chiffres désignent le nombre d'échantillons constaté dans chaque gisement. n = en nombre supérieur à 9 ex. c = commun.	GISEMENTS										NIVEAU HABITUEL		
	Cheville	Ste Tête-Grosjean	Ecuellaz	Essets	Cordaz	Pierre-carrée	Bertet	Dent-rouge	Vient de l'Albien	Passe au Rotomagien	Albien	Vraconnien	Rotomagien
Poissons.													
Oxyrhina macrorhiza, Pict. & Cp.	1	.	.	.	.	.	.	.	.	.	*	*	.
Pycnodonte (dent incisive)	.	.	1	.	.	.	.	.	.	.	.	.	.
Ichthyodorulite ?	1	.	.	.	.	.	.	.	.	.	.	.	.
Vertèbre	1	.	.	.	.	.	.	.	.	.	.	.	.
Céphalopodes.													
Belemnites minimus, List. . . (ou de l'Albien ?)	1	.	.	.	.	.	.	.	.	.	*	*	.
Nautilus Clementi, Orb.	n	1	3	2	.	2	.	.	⊛	.	*	*	.
— Montmollini ? Pict. & Cp.	6	.	.	1	2	.	.	.	.	.	*	*	.
— Bouchardi, Orb.	1	.	.	.	1	1	.	.	.	⊛	*	*	.
— albensis, Orb.	1	.	2	.	.	.	.	.	.	.	*	*	.
— Saussurei, Pict.	.	.	.	.	1	.	.	.	.	.	*	.	.
— expansus, Sow. (N. Archiaci, Orb.)	2	.	.	.	.	.	.	.	.	⊛	.	.	*
Ammonites.													
Acanthoceras Mantelli, Park.	c	.	3	3	2	1	.	.	.	⊛	.	.	*
— dispar, Orb.	6	1	1	1	.	.	.	.	.	.	.	*	.
— Blancheti, Pict. & Cp.	7	.	.	2	.	.	.	.	.	.	.	*	.
— Brotti, Orb. . . . . . . (Mus. Genève)	1	.	.	.	.	.	.	.	.	.	*	*	.
— sexangulatum, Seely	1	.	.	.	.	.	.	.	.	.	.	*	.
Hoplites splendens, Sow.	5	.	.	.	1	.	.	.	⊛	.	*	*	.
— Fittoni, Arch. (ou H. splendens vieux ?)	2	.	.	.	.	.	.	.	.	.	*	.	.
— cœlonotus, Seely (A. falcatus, Pict. & Cp.)	5	.	1	2	1	.	.	.	.	.	.	*	.
— curvatus, Mant.	3	.	.	.	.	.	.	.	.	.	.	*	*
— auritus, Sow.	n	1	1	1	.	2	.	.	⊛	.	*	*	.
— interruptus, Brug. (A. serratus, Sow.)	6	.	.	.	.	.	.	.	⊛	.	*	.	.
— Benetti, Sow. (A. Chabreyi, Pict.)	1	.	.	.	.	.	.	.	.	.	*	.	.
— Deluci, Brong. (A. denarius, Sow.)	4	.	.	.	1	2	1	.	.	.	*	.	.
— Raulini, Orb.	.	.	.	.	1	.	1	.	.	.	*	*	.
— Chevillei, Pict. & Rnv. [Cit. 89, pl. 4, f. 2]	1	.	.	.	.	.	.	.	.	.	.	.	.
Desmoceras Bourriti, Pict.	1	.	.	.	.	.	.	.	.	.	*	.	.
— Jurinei, Pict.	1	.	.	.	.	.	.	.	.	.	.	*	.

FOSSILES DU VRACONNIEN GAULT SUPÉRIEUR (*Suite.*)	GISEMENTS								Vient de l'Albien	Passe au Rotomagien	NIVEAU HABITUEL		
	Cheville	Ste Tête-Grosjean	Ecueliaz	Essets	Cordaz	Pierre-carrée	Bertet	Dent-rouge			Albien	Vraconnien	Rotomagien
Ammonites. (*Suite.*)													
Desmoceras Timothei, Pict.	1	.	.	.	.	.	.	.	.	.	.	*	.
— latidorsatum, Mich.	n	3	2	6	.	.	.	.	⊛	.	*	*	.
— Mayori, Orb.	n	1	2	5	5	1	3	1	.	.	*	*	.
— planulatum, Sow.	7	.	.	1	1	.	.	.	.	⊛	.	.	*
— Beudanti, Brong.	1	.	1	.	.	.	.	.	⊛	.	*	.	.
Schlœnbachia inflata, Sow.	c	2	8	4	2	2	6	.	.	.	.	*	.
— Goodhalli, Sow. (A. Candollei, Pict.).	n	1	7	1	3	.	1	.	.	.	.	*	.
— Hugardi, Orb.	n	.	.	1	.	.	.	.	.	.	.	*	.
— Balmati, Pict.	3	.	.	1	1	.	.	.	.	⊛	.	*	.
— Bouchardi, Orb.	1	.	1	1	1	1	.	.	.	.	.	*	.
— cf. Rouxi, Pict.	1	.	.	.	.	.	.	.	.	.	.	*	.
— varicosa, Sow.	c	3	8	n	3	1	6	2	.	.	*	*	.
— varians, Sow.	n	.	.	.	.	.	.	.	.	⊛	.	*	*
— Coupei, Brong.	n	.	.	.	.	1	.	.	.	⊛	.	.	*
Lytoceras? Agassizi, Pict.	9	.	1	1	.	.	1	.	.	.	*	*	.
Phylloceras Velledæ, Mich.	8	1	.	.	1	2	1	.	.	.	*	*	.
Ammonites évolutes.													
Scaphites Hugardi, Orb.	n	2	5	4	4	.	.	.	.	.	.	*	.
— Meriani, Pict. & Cp.	8	.	2	2	1	.	.	1	.	.	.	*	.
? nov. sp.	2	.	.	.	.	.	.	.	.	.	.	.	.
Turrilites Hugardi, Orb.	n	.	3	.	.	.	.	1	.	.	.	*	.
— Escheri, Pict.	n	1	2	1	1	1	.	.	.	.	.	*	.
— intermedius, Pict. & Cp.	n	1	6	.	2	.	.	.	.	.	.	*	.
— Gresslyi, Pict. & Cp.	n	.	2	3	.	.	.	.	.	.	.	*	.
— Bergeri, Brong.	6	.	2	7	.	.	.	.	.	.	.	*	*
— tuberculatus, Bosc.	5	.	.	.	.	.	.	.	.	⊛	.	*	*
— Gravesi? Orb.	3	.	.	.	.	.	.	.	.	.	.	*	.
— Puzosi, Orb.	5	.	.	.	.	.	.	.	.	⊛	.	*	.
— Scheuchzeri, Bosc.	n	.	.	.	.	.	.	.	.	⊛	.	.	*
Helicoceras Roberti, Orb.	6	.	1	1	1	1	.	1	.	⊛	*	*	.
— annulatum, Orb.	3	.	.	.			.	.	.	.	*	.	.

FOSSILES DU VRACONNIEN GAULT SUPÉRIEUR (*Suite.*)	GISEMENTS										NIVEAU HABITUEL		
	Cheville	Ste Tête-Crosjean	Ecuellaz	Essels	Cordaz	Pierre-carrée	Bertet	Dent-rouge	Vient de l'Albien	Passe au Rotomagien	Albien	Vraconnien	Rotomagien
Ammonites évolutes. (*Suite.*)													
Helicoceras cf. Thurmanni, Pict. & Cp.	1	.	.	.	.	.	.	.	.	.	*	.	.
Anisoceras armatum, Sow. (H. Saussureanus, Pict.)	c	.	4	2	2	1	2	.	.	.	.	*	*
— perarmatum, Pict. & Cp.	n	3	.	3	.	.	.	.	.	⊛	.	*	.
— Cherixi, Pict. & Rnv. [Cit. 89, pl 5, f. 1]	1	.	.	.	.	.	.	.	.	.	.	.	.
Hamites maximus, Sow. (H. rotundus, Orb.)	8	.	5	2	2	1	.	.	.	.	*	*	.
— intermedius, Sow. (H. attenuatus, Orb.)	6	.	2	2	2	7	.	.	.	.	*	*	.
— duplicatus, Pict. & Cp.	8	.	.	.	1	.	.	.	.	.	.	*	.
— virgulatus, Brong.	3	.	.	2	.	.	.	.	.	.	.	*	.
— compressus, Sow.	7	.	4	1	1	3	.	.	.	.	*	.	.
— Charpentieri, Pict.	2	.	.	.	.	.	.	.	.	.	.	*	.
— Studeri, Pict.	.	.	.	.	1	.	.	.	.	.	*	*	.
Baculites Gaudini, Pict. & Cp.	n	.	3	1	2	1	.	.	.	.	.	*	.
— Sanctæ-Crucis, Pict. & Cp.	3	.	.	.	.	.	.	.	.	.	*	.	.
Gastropodes.													
Acteonina problematica (Pict. & Rx.) [Cit. 94, pl. 6, f. 1]	4	.	.	.	.	.	.	.	.	.	.	.	.
— Picteti, Rnv. [Id., pl. 6, f. 2]	2	.	.	.	.	.	.	.	.	.	.	.	.
— sp. (spire allongée)	1	.	.	.	.	.	.	.	.	.	.	.	.
Acteon Vibrayei ? Orb.	1	.	.	.	.	.	.	.	.	.	*	.	.
Cinulia (Avellana) incrassata, Sow.	c	.	5	1	5	3	5	1	⊛	.	*	*	.
— — Hugardi, Orb.	8	.	.	.	.	1	.	.	.	.	.	*	.
— (Ringinella) Valdensis, Pict. & Cp.	n	.	3	1	.	.	.	1	.	.	.	*	.
Siphonostomes.													
Murex genevensis, Pict. & Rx.	1	.	.	.	.	.	.	.	.	.	*	.	.
— sabaudianus, Pict. & Rx.	.	1	.	.	.	.	.	.	.	.	.	*	.
Fusus gaultinus ? Orb.	2	.	.	.	.	.	.	.	.	.	*	.	.
— rigidus ? J. Sow.	1	.	.	.	.	1	.	.	.	.	.	*	.
Buccinum ? Chavannesi, Rnv. [Cit. 94, pl. 6, f. 8.]	1	.	.	.	.	.	.	.	.	.	.	.	.
Aporrhais (Ceratosiphon) retusa, J. Sow.	2	.	.	.	.	.	.	.	⊛	.	*	*	.
— (Tessarolox) bicarinata, Desh.	2	.	.	.	.	.	.	.	.	.	*	.	.
— (Chenopus) Orbignyi, Pict. & Rx.	4	.	.	.	.	1	.	.	.	.	*	*	.

FOSSILES DU VRACONNIEN GAULT SUPÉRIEUR (*Suite.*)	GISEMENTS										NIVEAU HABITUEL		
	Cheville. . .	Ste Tête-Grosjean	Écuellaz. . . .	Essets.	Cordaz	Pierre-carrée. .	Bertet. . . .	Dent-rouge . .	Vient de l'Albien . .	Passe au Rotomagien .	Albien . . .	Vraconnien . .	Rotomagien . .
Siphonostomes. (*Suite.*)													
Aporrhais (Chenopus) marginata, J. Sow. . . .	4	.	.	.	.	.	.	.	.	.	*	*	.
— — fusiformis ? Pict. & Rx. . .	1	.	.	.	.	.	.	.	.	.	*	.	.
— — cingulata, Pict. & Rx. . .	2	.	.	.	.	.	.	.	.	.	*	.	.
Cerithium excavatum, Brong.	.	.	.	1	.	.	.	.	.	.	*	*	.
— Hugardi, Orb. [Cit. 94, pl. 6, f. 5]	9	.	4	.	.	2	.	.	.	.	.	*	.
— Valesiæ, Rnv. [Id., pl. 6, f. 4, excl. 5] . .	1	.	.	.	.	.	.	.	.	.	.	.	.
— mosense ? Buv. . . . . . (Mus. Genève)	1	.	.	.	.	.	.	.	.	.	.	*	.
— Lallieri, Orb.	1	.	.	.	.	.	.	.	⊛	.	*	.	.
— Cordazi, Rnv. . . . . [Cf. Pterod. gaultina Pict. & Rx., pl. 26, f. 1., mais à columelle plissée.]	.	.	.	.	2	.	.	.	.	.	.	.	.
Holostomes.													
Natica gaultina, Orb.	n	1	3	1	1	3	1	.	⊛	.	*	*	.
— Favrei, Pict. & Rx.	1	1	.	.	.	.	.	.	.	.	*	*	.
— Raulini, Orb.	1	.	.	1	.	.	.	.	.	.	*	.	.
Calyptræa ? Sanctæ-Crucis, Pict. & Cp.	2	.	.	.	.	.	.	.	.	.	.	*	.
Vermetus (Tylacodes ?) sp.	8	.	.	.	.	.	.	.	.	.	.	.	.
Turritella Vibrayei, Orb.	7	.	.	.	.	.	.	.	⊛	.	*	.	.
— Hugardi, Orb.	1	.	.	.	.	.	.	.	.	.	.	*	.
Scalaria Dupini, Orb.	2	.	1	.	.	.	.	.	.	.	*	*	.
Solarium triplex, Pict. & Rx.	c	6	n	n	4	3	.	2	.	.	.	*	.
— Tingryi, Pict. & Rx.	.	.	.	1	.	.	.	.	.	.	*	.	.
— cirroïde, Brong.	3	.	1	1	.	1	3	1	.	.	*	*	.
— Rochati ? Pict. & Rx.	2	.	.	1	.	.	.	1	.	.	*	*	.
— ornatum, J. Sow.	1	.	.	.	.	1	.	.	⊛	.	*	*	.
— cf. moniliferum, Mich. (double carène) .	1	.	.	.	.	.	.	.	.	.	*	.	.
Discohelix Martini, Orb. (Straparollus)	4	.	.	.	.	.	.	.	.	.	.	*	.
Aspidobranches.													
Neritopsis vraconnensis, Pict. & Cp. . (Mus. Genève)	1	.	.	.	.	.	.	.	.	.	.	*	.
Turbo Picteti, Orb.	n	2	8	7	3	n	1	.	.	.	*	*	.
— Coquandi, Pict. & Cp.	n	.	2	2	1	.	.	.	.	.	*	*	.
— Triboleti, Pict. & Cp.	n	.	n	.	.	1	.	2	.	.	.	*	.

FOSSILES DU VRACONNIEN GAULT SUPÉRIEUR (*Suite.*)	GISEMENTS								VIENT DE L'ALBIEN	PASSE AU ROTOMAGIEN	NIVEAU HABITUEL		
	Cheville	Ste Tête-Grosjean	Ecuellaz	Essets	Cordaz	Pierre-carrée	Bertet	Dent-rouge			ALBIEN	VRACONNIEN	ROTOMAGIEN
Aspidobranches. (*Suite.*)													
Turbo faucignyana, Pict. & Rx.	3	.	.	.	.	.	.	.	.	.	.	*	.
— Chassyi, Orb.	7	.	1	.	.	.	.	.	.	.	*	.	.
— cf. Astieri, Orb.	.	.	1	.	.	1	.	.	.	.	.	.	.
Trochus conoïdeus, Sow.	8	.	4	.	.	.	.	1	⊛	⊛	*	*	.
— Nicoleti, Pict. & Rx. (cf. Turb. Morloti, Pict. & Cp.)	5	1	6	.	1	.	.	.	.	.	.	*	.
— Guyoti, Pict. & Rx.	4	.	2	3	.	.	.	.	.	.	*	*	.
— Tolloti, Pict. & Rx.	1	.	.	.	.	.	.	.	.	.	*	*	.
— Buvignieri, Orb.	3	.	5	.	4	.	.	.	.	.	.	*	.
— Gillieroni, Pict. & Cp.	2	.	4	.	.	2	.	.	.	.	.	*	.
Pleurotomaria Picteti, Orb.	.	.	1	.	.	.	.	.	.	.	.	*	.
— Thurmanni, Pict. & Rx.	c	5	n	4	1	1	.	?	.	.	.	*	.
— faucignyana, Pict. & Rx	3	1	.	.	.	.	.	.	.	.	.	*	.
— Gayi, Rnv. [Cit. 94, pl. 6, f. 7]	2	.	.	.	.	.	.	.	.	.	.	.	.
— alpina, Orb.	1	.	1	.	1	.	.	.	.	.	*	*	.
— gaultina, Orb.	1	.	.	.	.	.	.	1	.	.	*	.	.
— Saxoneti, Pict. & Rx.	1	.	.	.	.	.	.	.	.	.	.	*	.
— Dufouri, Rnv. [Cit. 94, pl. 6, f. 9]	1	.	.	.	.	.	.	.	.	.	.	*	.
— Carthusiæ, Pict. & Rx.	1	.	.	.	.	.	.	.	.	.	.	*	.
— Gibbsi, Sow. (Pl. gurgitis, Orb.)	4	.	5	.	.	2	.	.	.	.	*	*	.
— lima, Orb.	5	.	.	.	.	.	.	.	.	.	.	*	.
— vraconnensis, Pict. & Cp.	7	.	.	.	.	.	?	.	.	.	.	*	.
— Saussurei ? Pict. & Rx.	6	1	4	1	.	.	.	.	.	.	.	*	.
— Rhodani, Brong.	5	1	.	1	.	.	.	.	.	.	*	*	.
— Margueti, Rnv. [Cit. 94, pl. 7, f. 1, 2]	8	.	1	1	1	.	.	.	.	.	.	*	.
— regina, Pict. & Rx.	.	.	4	.	.	.	.	.	.	.	*	*	.
— Rouxi, Orb. [Cit. 94, pl. 6, f. 10, 11]	n	.	.	.	.	.	.	.	.	.	.	*	.
— Rutimeyeri, Pict. & Cp.	5	.	.	.	1	.	.	.	.	.	.	*	.
Emarginula Sanctæ-Catharinæ, Passy	3	.	.	.	.	.	.	.	.	.	.	*	*
? argonensis ? Buv.	2	.	.	.	.	.	.	.	.	.	.	*	.
Patella Schnetzleri, Rnv. [Cit. 94, pl. 7, f. 3.] Mus. Genève.	1	.	.	.	.	.	.	.	.	.	.	.	.
Scaphopodes.													
Dentalium medium, Sow. (D. Rhodani. Pict. & Rx.)	n	.	7	1	.	3	.	.	.	.	*	*	.

FOSSILES DU VRACONNIEN GAULT SUPÉRIEUR (*Suite.*)	GISEMENTS										NIVEAU HABITUEL		
	Cheville	Ste Tête-Grosjean	Ecuellaz	Essets	Cordaz	Pierre-carrée	Berlet	Dent-rouge	Vient de l'Albien	Passe au Rotomagien	Albien	Vraconnien	Rotomagien
Pélécypodes Sinupalléales.													
Neæra sabaudiana, Pict. & Cp.	1	.	.	.	.	.	.	.	.	.	*	.	.
Panopæa? sabaudiana, Pict. & Rx. (Neæra?)	8	.	1	1	1	.	.	.	.	.	.	*	.
— acutisulcata, Desh.	6	.	1	.	.	1	.	.	.	.	*	*	.
— mandibula, Sow.	7	.	.	.	.	.	.	.	.	.	.	*	*
— cf. arduennensis, Orb.	1	.	.	.	.	.	.	.	.	.	.	.	.
Gresslya cf. Pan. Constanti, Orb.	2	.	.	.	.	.	1	.	.	.	.	.	.
Pholadomya genevensis, Pict. & Rx.	1	.	.	.	.	.	.	.	.	.	.	*	.
Goniomya cf. Phol. Maillei, Orb.	1	.	.	.	.	.	.	.	.	.	.	.	*
Thracia Gaudini, Rnv. [Cit. 94, pl. 7, f. 6.]	4	.	.	.	.	.	.	.	.	.	.	.	.
— Sanctæ-Crucis, Pict. & Cp.	1	.	.	.	.	.	.	.	.	.	.	*	.
— simplex, Orb.	.	.	1	.	.	.	.	.	.	.	*	.	.
— cf. simplex, Orb.	2	.	.	.	.	.	.	.	.	.	.	.	.
— cf. alpina, Pict. & Rx.	1	.	.	.	.	.	.	.	.	.	.	.	.
Thetis major, J. Sow.	9	.	.	.	.	2	.	.	.	.	.	*	.
Venus rotomagensis, Orb.	3	.	.	1	.	.	.	.	.	⊚	.	.	*
— cf. Archiaci, Orb.	1	.	.	.	.	.	.	.	.	.	.	.	.
Intégropalléales.													
Cyprina crassicornis, Ag.	n	.	6	.	.	1	.	.	.	.	.	?	.
— regularis, Orb.	c	2	2	3	4	2	.	.	.	.	*	.	.
— Yersini, Rnv. [Cit. 94, pl. 7, f. 4]	9	.	3	2	2	.	1	.	.	.	.	.	.
— quadrata? Orb.	.	2	.	1	.	1	.	.	.	.	.	*	*
— cordiformis, Orb.	3	.	2	.	2	.	.	.	.	.	*	*	.
— cf. cordiformis, Orb.	4	.	.	.	.	.	.	.	.	.	.	.	.
— rostrata, J. Sow.	4	.	.	.	.	.	.	.	.	.	.	*	.
— cf. ervyensis, Orb.	8	.	.	.	.	.	.	.	.	.	.	.	.
— cf. oblonga, Orb.	1	.	.	.	.	.	.	.	.	.	.	.	.
— Normandi, Rnv. [Cit. 94, pl. 7, f. 5]	1	.	.	1	.	.	.	.	.	.	.	.	.
Cardium proboscideum, Sow.	7	.	1	1	.	.	1	.	.	.	.	*	.
— Constanti? Orb. (C. Raulini, Pict. & Rx.)	n	.	5	.	.	.	.	.	.	.	*	*	.
— alpinum, Pict. & Rx.	n	1	5	1	2	.	.	.	.	.	*	*	.
— ? Fizense, Pict. & Rx. (Crassatella, id.)	6	.	.	.	.	.	.	.	.	.	.	*	.

FOSSILES DU VRACONNIEN GAULT SUPÉRIEUR (*Suite.*)	GISEMENTS								Vient de l'Albien	Passe au Rotomagien	NIVEAU HABITUEL		
	Cheville	Ste Tête-Grosjean	Ecuellaz	Essets	Cordaz	Pierre-carrée	Bertet	Dent-rouge			Albien	Vraconnien	Rotomagien
Intégropalléales. (*Suite.*)													
Fimbria gaultina, Pict. & Rx. (Unicardium ?)	2	.	1	1	.	.	.	.	.	.	.	*	.
— rotundata, Orb.	.	.	.	1	.	.	.	.	.	.	.	.	*
Lucina arduennensis, Orb.	n	1	.	2	.	.	.	.	.	.	*	.	.
— cf. turonensis, Orb.	2	.	1	1	.	1	.	.	.	.	.	.	.
Crassatella sabaudiana, Pict. & Rx.	1	.	.	.	.	.	.	.	.	.	*	*	.
Opis Hugardi, Orb.	1	.	1	.	.	.	.	.	.	.	*	.	.
Cardita rotundata, Pict. & Rx.	4	.	3	.	.	.	.	.	.	.	*	.	.
— Dupini, Orb.	2	.	.	.	.	.	.	.	.	.	*	.	.
Limopsis Lorioli, Rnv. [Cit. 94, pl. 7, f. 8.]	5	.	.	.	.	1	1	1	.	.	.	.	.
— sp.	1	.	.	.	.	.	.	.	.	.	.	.	.
Isoarca obesa, Orb.	7	.	1	1	1	.	.	.	.	⊛	.	.	*
— Agassizi ? Pict. & Rx.	.	.	1	.	.	.	.	.	.	.	*	*	.
Arca Hugardi, Orb.	2	.	.	.	.	.	.	.	.	.	*	*	.
— Triboleti, Pict. & Cp.	1	.	.	.	.	.	.	.	.	.	.	*	.
— Galliennei, Orb. [A. Favrina, Cit. 94, p. 186]	2	.	1	.	.	.	.	.	.	.	.	.	*
— Cottaldi ? Orb.	1	.	1	.	.	.	.	.	.	.	*	.	.
— bipartita, Pict. & Rx. [Cit. 94, pl. 7, f. 7]	2	.	.	.	.	.	.	.	.	.	.	*	.
— carinata, Sow.	n	.	.	.	1	1	.	.	.	.	*	*	.
— Campichei, Pict. & Rx.	1	.	.	.	.	.	.	.	⊛	.	*	.	.
Cucullæa fibrosa, Sow.	n	1	4	1	.	.	1	.	.	.	*	*	.
— glabra, Park (Sow., pl. 67.)	6	.	.	2	.	.	1	.	.	.	.	*	.
— obesa, Pict. & Rx	n	3	4	3	3	2	.	.	.	.	*	*	.
— valdensis, Pict. & Cp.	n	.	.	.	.	.	.	1	.	.	.	*	.
— sp.	6	1	3	1	.	1	.	.	.	.	.	.	.
Mytilus peregrinus, Orb.	3	.	.	.	.	.	.	.	.	.	.	*	*
Modiola giffrensis ? Pict. & Rx.	.	.	.	.	1	.	.	.	.	.	.	*	.
Pleuroconques.													
Inoceramus (Aucella ?) concentricus, Park.	c	6	n	n	8	n	5	5	⊛	.	*	*	.
— (Actinoceramus) sulcatus, Park.	1	.	1	.	.	.	.	1	.	.	*	*	.
Perna Raulini, Orb.	8	.	.	.	.	1	1	.	.	.	*	*	.
Lima elongata, J. Sow. (L. Itieri, Pict. & Rx.)	8	.	2	.	.	.	.	.	.	.	*	*	*
— sabaudiana, Pict. & Rx.	1	?	1	.	.	.	.	.	.	.	.	*	.

FOSSILES DU VRACONNIEN GAULT SUPÉRIEUR (*Suite.*)	GISEMENTS										NIVEAU HABITUEL		
	Cheville	Ste Tête-Grosjean	Ecuellaz	Essets	Cordaz	Pierre-carrée	Bertel	Dent-rouge	Vient de l'Albien	Passe au Rotomagien	Albien	Vraconnien	Rotomagien
Pleuroconques. (*Suite.*)													
Lima Saxoneti, Pict. & Rx.	1	.	.	.	.	.	.	.	.	.	.	*	.
— ? montana, Pict. & Rx.	3	.	.	.	.	.	.	.	.	.	*	*	.
Pecten Raulini, Orb.	3	.	.	.	.	.	.	.	⊛	.	*	*	.
— Dutemplei, Orb.	2	.	.	.	.	1	.	.	⊛	.	*	.	.
— subacutus ? Lk.	1	.	.	.	.	.	.	.	.	.	.	.	*
— vraconnensis ? Pict. & Cp.	1	.	.	.	.	.	.	.	.	.	.	*	.
Hinnites Studeri, Pict. & Rx.	4	.	.	.	.	.	.	.	.	.	*	*	.
Vola (Janira) quinquecostata, Sow.	8	.	1	.	.	.	.	.	⊛	.	*	*	*
— quadricostata, Sow.	1	.	.	.	.	.	.	.	.	.	.	*	.
Spondylus gibbosus, Orb.	9	.	.	.	1	1	.	.	.	.	*	*	.
Plicatula gurgitis, Pict. & Rx.	c	2	n	4	8	4	1	5	.	.	*	*	.
Gryphæa vesiculosa, Sow.	c	2	c	.	4	7	.	1	.	⊛	.	*	*
Exogyra canaliculata, Sow.	9	.	.	.	.	.	.	.	.	⊛	*	*	*
— arduennensis, Orb.	1	.	.	.	.	.	.	.	⊛	.	*	*	.
Ostrea Raulini, Orb.	.	.	.	.	1	.	.	.	.	.	.	*	.
— (Alectryonia) Milleti, Orb.	4	.	1	.	.	6	.	.	.	.	*	*	.
Brachiopodes.													
Terebratula Dutemplei, Orb.	c	2	n	.	2	1	.	1	.	.	*	*	.
Waldheimia lemanensis, Pict. & Rx.	1	.	.	.	.	.	.	.	.	.	*	.	.
Megerlea lima, Defr.	2	.	.	.	.	.	.	.	.	.	.	*	*
Terebratulina Martini, Orb.	1	.	.	.	.	1	.	.	.	.	.	*	.
Rhynchonella sulcata, Park.	n	.	1	.	1	.	.	.	.	.	.	*	.
— latissima, J. Sow. (R. Deluci ? Pict.).	1	.	.	.	.	.	1	.	.	.	*	*	.
Bryozoaire.													
Berenicea regularis ? Orb.	1	.	.	.	.	.	.	.	.	.	.	.	*
Annelide.													
Terebella cf. lapidoïdes, Münst.	4	.	.	.	.	.	.	.	.	.	.	.	.

FOSSILES DU VRACONNIEN GAULT SUPÉRIEUR (*Suite.*)	GISEMENTS										NIVEAU HABITUEL		
	Cheville. . . .	Ste Tête-Grosjean	Ecuellaz.	Essels.	Cordaz	Pierre-carrée. .	Bertet.	Dent-rouge . .	Vient de l'Albien . .	Passe au Rotomagien .	Albien	Vraconnien . . .	Rotomagien . .
Echinides.													
Epiaster distinctus, Ag.	1	.	.	.	.	.	.	.	.	⊛	.	*	.
— trigonalis ? Ag.	2	.	.	.	.	.	.	.	.	.	*	.	.
Holaster lævis, Deluc.	c	1	3	2	2	.	1	.	.	.	*	*	.
— suborbicularis, Defr.	3	.	.	.	.	.	.	.	.	.	.	*	*
— Perezi ? Sism. (ou var. du précédent) . .	4	.	.	.	.	.	.	.	.	.	*	*	.
— Bischoffi, Rnv. (Loriol., pl. 28, f. 1, 2). .	3	.	.	.	.	.	.	.	.	⊛	.	.	.
— subglobosus, Lesk.	3	.	.	.	.	.	.	.	.	⊛	.	*	*
— altus, Ag.	1	.	.	.	.	.	.	.	.	.	.	*	.
Catopygus cylindricus, Desor.	2	.	.	.	.	.	.	.	.	.	.	*	.
Echinoconus castanea, Brong.	c	.	4	5	3	1	.	.	.	⊛	.	*	*
— id., var. depressus, Brong. . .	5	.	2	.	2	.	.	.	.	.	.	.	.
— nucula, Gras.	4	.	1	.	.	.	.	.	.	.	.	*	.
Discoïdea conica, Desor.	n	.	1	.	.	1	.	.	.	.	*	*	.
— rotula, Brong.	c	1	.	.	1	.	.	.	.	⊛	.	*	.
— cylindrica, Lk.	7	.	.	.	.	.	.	.	.	⊛	.	*	*
Pseudodiadema Brongniarti, Ag.	n	2	5	.	3	.	.	.	.	.	*	*	.
— Blancheti, Desor.	6	1	.	1	.	.	.	.	.	.	.	*	.
Peltastes Studeri, Ag.	3	.	.	.	.	.	.	.	⊛	.	*	*	.
Polypiers.													
Trochocyathus conulus, Phil.	c	1	4	2	1	5	1	.	.	.	*	*	.
— Harveyi ? Edw. & H.	1	.	.	.	.	.	.	.	.	.	*	.	.
Cyclolites Sanctæ-Crucis, From.	2	.	1	.	.	.	.	.	.	.	.	*	.
Koninkia ?? sp.	1	.	.	.	.	.	.	.	.	.	.	.	.
Spongiaire.													
1 espèce	.	.	.	.	1	1	.	.	.	.	.	.	.
Total : 253 espèces, dont	235	40	92	70	63	57	26	21	20	23	107	168	30

Les relations chronologiques de la faune vraconnienne alpine ne sont pas moins intéressantes à considérer. Sur un total de 253 espèces, les $^2/_3$ soit 168 sont des types vraconniens, dont 71 cités également de l'Albien, et 18 cités également du Rotomagien. Il y a en outre une 30me d'espèces plus spécialement albiennes, qui jusqu'ici n'avaient guère été observées si haut ; et une 12me d'espèces franchement rotomagiennes, qu'on ne connaissait pas si bas. Comme on le voit, notre faune vraconnienne des Alpes vaudoises présente des connexités plus marquées avec les faunes antérieure et postérieure, que ce n'est ordinairement le cas.

Personne ne s'étonnera de sa liaison intime avec la faune albienne (107 espèces) car cette liaison a été observée également dans le Jura. On s'est étonné en revanche de ses relations évidentes (30 espèces) avec la faune rotomagienne, lorsque je les fis connaître en 1866 et 1867, dans mes études sur le gisement de Cheville [Cit. 88, 89 et 94]. Les matériaux nouveaux que j'ai acquis dès lors n'ont fait que confirmer mes appréciations antérieures, et les étendre aux autres gisements de nos Alpes. Je puis constater maintenant que plusieurs de nos gisements vraconniens, les plus orientaux, présentent aussi quelques précurseurs rotomagiens, mais en moins grand nombre qu'à Cheville.

J'ajoute que j'ai réexaminé attentivement toutes ces espèces transitives, et éliminé les passages qui ne présentaient pas un caractère suffisant de sécurité. Je me crois donc parfaitement fondé à maintenir en plein mes conclusions précédentes, et à considérer nos gisements vraconniens, et tout spécialement celui de Cheville, comme des points de *concentration biologique*, sur lesquels certaines espèces ont prolongé leur existence plus qu'ailleurs, tandis que d'autres types y ont apparu plus tôt que dans la généralité des cas. C'est le même fait que pour le fameux gisement anglais de Blackdown, dont la faune est essentiellement vraconnienne, avec un mélange d'espèces aptiennes, albiennes et rotomagiennes.

Cette association inaccoutumée ne peut point provenir de fossiles remaniés, car le mode de conservation des débris organiques est absolument le même. Puis des fossiles précurseurs ne peuvent s'expliquer par un remaniement !

Avec tout cela notre faune vraconnienne conserve pourtant un certain degré d'indépendance, car elle compte plus d'une 100me d'espèces qui n'ont jamais été citées qu'à ce niveau. On n'en peut pas en dire autant de chaque étage géologique. Il y a donc lieu de considérer ces couches, dites *Gault supérieur alpin*, comme un étage spécial, distinct aussi bien de l'Albien que du Rotomagien.

Les connexions de cet étage vraconnien sont, dans nos Alpes vaudoises, à peu près de même importance avec les 2 étages qui l'enclavent. On voit en effet par le Tableau, que notre Vraconnien présente 20 espèces en commun avec nos gisements albiens, et 23 avec notre Rotomagien.

ETAGE ROTOMAGIEN

Cet étage, désigné sur mes planches par le monogramme C^3, est beaucoup plus rare que les deux précédents, et n'existe dans les Alpes, comme dans le Jura, qu'à l'état de petits lambeaux, épargnés par les dénudations. Je ne connais bien positivement dans ma région qu'un seul lambeau de Rotomagien ; c'est celui que j'ai découvert à Cheville en 1858, et que j'ai décrit en 1866 [Cit. 88, p. 86 (110)]. Je n'ai en outre que des indices de son existence à l'Ecuellaz et à La Cordaz.

Le peu d'extension superficielle de cet étage ne m'a pas permis de le marquer sur ma carte. Il y reste confondu avec C^1 et C^2, dans le mince liséré rouge, qui représente tout le Crétacique moyen.

Comme niveau stratigraphique ces couches sont d'ailleurs parfaitement caractérisées, et correspondent exactement à la *Craie marneuse* de Rouen, qui forme la partie inférieure du Cénomanien, et à laquelle Coquand a attribué le nom d'étage rotomagien.

Cheville. — Immédiatement au-dessus du Vraconnien se trouve un banc de calcaire compact, blanc-grisâtre, assez dur et homogène, d'environ 2 $^1/_2$ m. d'épaisseur (cl. 83). Ce banc forme l'arête plus ou moins érodée du petit crêt,

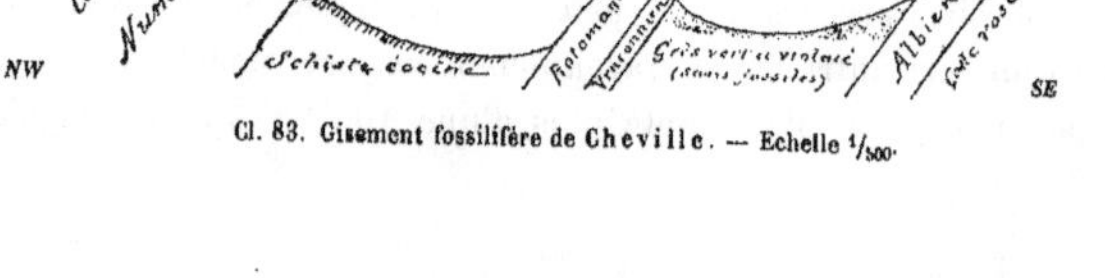

Cl. 83. Gisement fossilifère de Cheville. — Echelle $^1/_{500}$.

qui sépare la combe albienne de la combe nummulitique. Il est visible par sa tranche sur le flanc SE, et par sa surface au NW.

Les fossiles sont assez rares à la partie supérieure de ce banc calcaire, mais ils deviennent plus fréquents vers le bas, et dans le tiers inférieur ils sont même assez nombreux. Ces fossiles tranchent en général, sur le calcaire blanc, par leur teinte plus foncée. Ils sont ordinairement d'un brun plus ou moins clair, et deviennent parfois assez analogues, d'aspect et de mode de conservation, aux fossiles du Vraconnien sous-jacent. D'habitude ils sont aussi durs, que la roche calcaire, mais plusieurs offrent des parties pourries et friables, qui augmentent encore cette analogie. S'ils ne sont pas pris en place, ou sur les points du talus septentrional où le mélange n'est pas possible, certains échantillons plus foncés ne peuvent être reconnus pour rotomagiens qu'aux fragments de calcaire blanc, qui parfois adhèrent au fossile.

Les espèces habituelles sont toutes des types classiques du Rotomagien ; les plus fréquentes sont : *Acanthoceras rotomagense*, *Acant. Cunningtoni*, *Acant. Mantelli*, *Schlœnbachia varians*, *Turrilites Scheuchzeri*, *Baculites baculoïdes*, *Discoïdea cylindrica*, *Holaster subglobosus*. Cette dernière espèce est la plus commune de toutes.

Vers la base, le calcaire blanc devient plus grisâtre, et présente des fragments noirs ou bruns qui ne sont peut-être que des moules de fossiles roulés. Ces inclusions deviennent de plus en plus nombreuses, et l'on passe insensiblement au Vraconnien. En recherchant attentivement les fossiles vers la limite des deux étages, j'ai cru remarquer que le mélange des faunes était plus accusé à la base du Rotomagien, et à la partie supérieure du Vraconnien, et qu'ainsi il y avait passage graduel d'une faune à l'autre.

Ecuellaz. — Je n'ai jamais constaté moi-même la présence du Rotomagien à l'Ecuellaz, mais parmi les fossiles que j'ai obtenus de ce gisement vraconnien, il s'est trouvé parfois des espèces rotomagiennes, et sur quelques-uns des échantillons j'ai trouvé des parties adhérentes de gangue blanche calcaire. C'est le cas en particulier d'un exemplaire de *Baculites baculoïdes*, qui doit être certainement Rotomagien. S'il n'a pas été mêlé accidentellement aux fossiles de l'Ecuellaz, il doit indiquer quelque lambeau de Rotomagien que je n'ai pas eu la chance de rencontrer.

FOSSILES DU ROTOMAGIEN CÉNOMANIEN INFÉRIEUR Les chiffres désignent le nombre d'échantillons constaté dans chaque gisement. n = en nombre supérieur à 9 ex. c = commun.	GISEMENTS Cheville . .	 Ecuellaz . .	 Cordaz . .	VIENT DU VRACONNIEN	NIVEAU HABITUEL ALBIEN . .	 VRACONNIEN	 ROTOMAGIEN
Poissons.							
Corax falcatus, Ag.	1	.	.	.	.	*	.
Céphalopodes.							
Nautilus elegans, Sow. (gros ex. typique.)	2	.	.	.	.	.	*
— cf. elegans, Sow. [Cit. 89, pl. 3, f. 1]	2	.	.	.	.	.	.
— Deslongchampsi, Orb.	2	.	.	.	.	.	*
— Bouchardi, Orb. (Mus. Genève)	1	.	.	⊛	*	*	.
— expansus, Sow. (N. Archiaci, Orb.)	1	.	.	⊛	.	.	*
— Largillierti, Orb.	3	.	.	.	.	.	*
— triangularis, Montf. (Mus Genève)	1	.	.	.	.	.	*
Ammonites.							
Acanthoceras rotomagense, Defr.	8	.	.	.	.	.	*
— Cunningtoni, Sharp. [Pict., Mélang., pl. 5]	n	.	.	.	.	.	*
— cenomanense ? Arch. [Pict., Mélang., pl. 4]	1	.	.	.	.	.	*
— Mantelli, Park.	n	.	.	⊛	.	.	*
Desmoceras planulatum, Sow. (non Schlot.)	5	.	.	⊛	.	.	*
Schlœnbachia varians, Sow.	6	.	.	⊛	.	.	*
— Coupei, Brong.	6	.	.	⊛	.	.	*
— Balmati, Pict. (Mus. Genève)	1	.	.	⊛	.	*	.
Ammonites évolutes.							
Anisoceras perarmatum, Pict. & Cp.	2	.	.	⊛	.	*	.
Baculites baculoïdes, Mant.	n	1	.	.	.	.	*
Helicoceras Roberti, Orb.	1	.	.	⊛	.	*	.
Turrilites Scheuchzeri, Bosc. (T. undulatus, Sow.)	n	.	2	⊛	.	.	*
— costatus, Lk.	4	.	.	.	.	.	*
— tuberculatus, Bosc.	4	.	1	⊛	.	*	*
— Morrisi, Sharp.	6	.	.	.	.	.	*
— Puzosi, Orb. (Mus. Genève)	1	.	.	⊛	.	*	.
Gastropodes.							
Cinulia avellana, Brong. (Avellana cassis, Orb.)	7	.	.	.	.	.	*
Pseudocassis Chevillei, Rnv. [Cit. 94, pl. 6, f. 6]	1	.	.	.	.	.	.
Columbellina ? sp.	1	.	.	.	.	.	.

FOSSILES DU ROTOMAGIEN CÉNOMANIEN INFÉRIEUR (*Suite.*)	GISEMENTS			VIENT DU VRACONNIEN	NIVEAU HABITUEL		
	Cheville	Ecuellaz	Cordaz		ALBIEN	VRACONNIEN	ROTOMAGIEN
Gastropodes. (*Suite.*)							
Natica Clementi? Orb. (remanié du gault?)	1	.	.	.	*	.	.
Turbo sp.	3	.	.	.	.	.	.
Trochus conoïdeus, Sow. (remanié du gault?)	1	.	.	⊛	*	*	.
Solarium Tolloti? Pict. & Rx.	1	.	.	.	.	*	.
Pleurotomaria formosa, Leym.	1	.	.	.	.	.	*
— Maillei, Orb.	1	.	.	.	.	.	*
Pélécypodes.							
Venus rotomagensis? Orb.	1	.	.	⊛	.	.	*
Cyprina oblonga, Orb. (Mus. Genève)	1	.	.	.	.	.	*
Isoarca obesa, Orb.	1	.	.	⊛	.	.	*
Inoceramus latus, Mant.	2	.	.	.	.	.	*
Gryphæa vesiculosa, Sow.	2	.	.	⊛	.	*	*
Exogyra canaliculata, Sow.	1	.	.	⊛	*	*	*
Crustacés.							
Carapace indet.	1	.	.	.	.	.	.
Echinides.							
Epiaster distinctus, Ag.	3	.	.	⊛	.	*	.
Holaster subglobosus, Lesk.	c	.	2	⊛	.	.	*
— Bischoffi, Rnv. [Loriol, pl. 28, f. 1, 2.]	6	.	.	⊛	.	.	.
Echinoconus castanea, Brong. (Var. rotomagensis)	2	.	.	⊛	.	*	.
Discoïdea cylindrica, Lk.	n	.	.	⊛	.	*	*
— rotula, Brong.	5	.	.	⊛	.	*	.
Total : 46 espèces, dont	46	1	3	23	4	15	28

Cordaz. — Ici les indices sont déjà un peu plus probants. Je n'ai pas non plus recueilli moi-même ces fossiles rotomagiens ; mais il m'en est parvenu à diverses reprises, présentant tout à fait les caractères de ceux de Cheville : *Turrilites Scheuchzeri*, *Turr. tuberculatus*, *Holaster subglobosus*.

En outre je retrouve, dans mes notes de 1867, que j'avais constaté à la Cordaz, à la partie supérieure du Gault une masse de calcaire blanc, dont je ne savais que faire et que j'avais pris pour un grand bloc d'Urgonien remanié. Comme le calcaire urgonien ressemble parfois beaucoup à celui du Rotomagien, il me paraît maintenant probable que c'était un lambeau de ce dernier étage, et peut-être le point d'origine des fossiles qu'on m'a rapportés. A de futurs explorateurs de constater le fait d'une manière plus certaine.

Au delà, dans le prolongement de l'affleurement crétacique au SW, je ne connais plus aucun indice de Rotomagien. Mais il se pourrait bien que, faute de fossiles, je n'eusse pas su le reconnaître, et en eusse confondu la roche avec le calcaire nummulitique, parfois d'aspect assez semblable.

FAUNE ROTOMAGIENNE

Dans le tableau ci-joint des fossiles rotomagiens, j'ai éliminé autant que possible toutes chances d'erreur, en ne tenant compte que des échantillons que j'ai recueillis en place, et de ceux qui présentent clairement les caractères du banc rotomagien (couleur brun clair ou fragment de calcaire blanc adhérant). Je m'y suis appliqué très spécialement pour les espèces habituellement vraconniennes, afin de réduire autant que possible le nombre des cas de passage, et de donner un caractère de plus grande sécurité à la constatation de ces anomalies.

Sur les 46 espèces que je puis constater ainsi dans le banc de calcaire blanc, la moitié lui sont particulières, tandis que les 23 autres existent déjà dans le banc vraconnien de Cheville. Parmi ces dernières quelques-unes, comme *Natica Clementi* et *Trochus conoïdeus*, sont représentées par de rares échantillons, bien noirs, d'aspect plutôt vraconnien, mais avec du calcaire gris adhérant au fossile. Il me paraît probable que ce sont des échantillons remaniés. Quelques autres espèces, habituellement vraconniennes, sont peut-être encore dans ce cas, quoique cela me paraisse moins probable, par exemple : *Nautilus Bouchardi*, *Schlœnbachia Balmati*, *Helicoceras Roberti*, *Solarium Tolloti*, *Discoïdea rotula.*

Parmi ces espèces, qui existaient déjà dans notre Vraconnien, il y a en tout cas une 15me de types qui sont plus habituellement cénomaniens, et pour lesquels il n'est pas question d'invoquer un remaniement : *Nautilus expansus*, *Acanthoceras Mantelli*, *Schlœnbachia varians*, *Schl. Coupei*, *Turrilites Scheuchzeri*, *Turril. tuberculatus*, *Venus rotomagensis*, *Isoarca obesa*, *Holaster subglobosus*, *Discoïdea cylindrica*, etc. Plusieurs d'entre elles sont parmi les fossiles les plus abondants de notre Rotomagien, et la plupart ont été constatées d'une manière indubitable dans le banc vraconnien. Ce sont donc des espèces transitives incontestables, qui à l'âge vraconnien ont joué le rôle de types précurseurs !

Or s'il y a des *types précurseurs* dans la faune vraconnienne, pourquoi n'y aurait-il pas des *types persistants* dans la faune rotomagienne ? Ainsi tout s'expliquerait très simplement, sans recourir à cette hypothèse, souvent un peu factice et arbitraire, des remaniements sur place, sauf pour quelques rares spécimens présentant des caractères particuliers d'usure.

Quant à l'âge rotomagien de notre banc de calcaire blanc, il me paraît mis hors de doute par l'ensemble de la faune qu'il contient. Sur ces 46 espèces, dont 40 seulement comparables, 28 sont ailleurs des types cités plutôt dans le Rotomagien, et parmi eux toutes les espèces les plus communes. Il est vrai que 15 sont des types du Gault, mais ce sont les moins communes ; deux ou trois de ces fossiles paraissent être remaniés, et 3 espèces sont aussi habituelles au Rotomagien qu'au Gault. Il ne resterait ainsi qu'une dizaine de types vraiment plus anciens, contre 28 franchement rotomagiens, de sorte que l'assimilation de cette assise au Rotomagien me paraît clairement démontrée.

RELATIONS OROGRAPHIQUES

Le Crétacique moyen manque absolument dans les massifs de l'Oldenhorn, des Diablerets, du Mont-Gond et de Montacavoère. Il ne forme dans notre contrée qu'une zone étroite, traverant du NE au SW le centre de ma carte. Son affleurement y est représenté par un mince lizéré rouge, déjà plus fort que ne le comporterait réellement l'échelle proportionnelle.

Par suite de la disposition variable des couches, tantôt normale, tantôt renversée, ce liséré décrit des circonvolutions très compliquées, comparables aux méandres d'un ruisseau de plaine. On peut poursuivre cet affleurement d'une manière à peu près continue, depuis Cheville jusqu'aux Dents-de-Morcles. Pour le décrire, je le subdiviserai en trois régions, correspondant à celles de l'Urg-aptien.

1. Massif de Tête-Pegnat.

Aux environs de Derborence le Nummulitique repose directement sur le Rhodanien (cp. 3). Je n'ai pas pu trouver de ce côté le moindre vestige de Gault. C'est au-dessus des chalets supérieurs de Cheville, près du point coté 1918 m. (1922 sur ma carte) que j'en ai vu les premières traces.

Cheville. — Ce gisement, devenu célèbre, paraît donc avoir formé, à l'époque du Gault, l'extrémité E du *fjord* crétacique. Entre le Nummulitique et l'Aptien, on constate d'abord les couches inférieures de l'Albien ; un peu plus loin les grès verdâtres sans fossiles, puis les autres bancs **C²** et **C³**. A 250 mètres au SW de la cote 1918 m., la série crétacique est complète.

J'ai marqué ce point d'un astérisque bleu, qui désigne le principal gisement

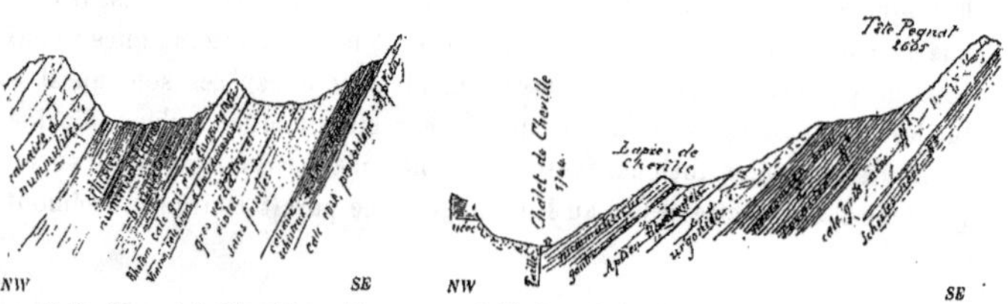

Cl. 84. Gisement de Cheville — 1/1000

Cl. 85. Coupe du Lapié-de-Cheville. — Echelle 1/25 000.

fossilifère (cl. 84). Les bancs vraconnien et rotomagien, plus résistants, forment un petit crêt entre la combe albienne d'une part et la combe nummulitique de l'autre. Ici les couches plongent d'environ 55° au NW, et reposent sur la série urg-aptienne, qui forme le bas du Lapié de Cheville (cl. 85). Je ne reviens pas sur la richesse de ce gisement qui a fourni près de 300 espèces, et sur les caractères des trois faunes successives, que j'ai pu y reconnaître (p. 327, 334, 345).

En poursuivant au SW l'affleurement de Gault, on voit les couches se redresser de plus en plus, et devenir verticales à la Vire-aux-Chèvres (cp. 6).

Ecuellaz. — Au revers SE du petit vallon incliné de l'Ecuellaz, l'assise de Gault est absolument renversée, reposant sur le Nummulitique, et surmontée de la paroi blanche urg-aptienne (cp. 7), avec laquelle elle contraste par sa couleur foncée. Là au pied de Tête-Grosjean se trouve un gisement vraconnien, marqué sur ma carte d'un astérisque, qui a fourni une 40^{ne} d'espèces (p. 335). L'affleurement se continue ainsi renversé jusque sous Tête-de-Ballaluex (cl. 86) où il reprend petit à petit sa disposition normale, et s'étale quelque peu. C'est là le principal gisement de Gault inférieur (p. 328).

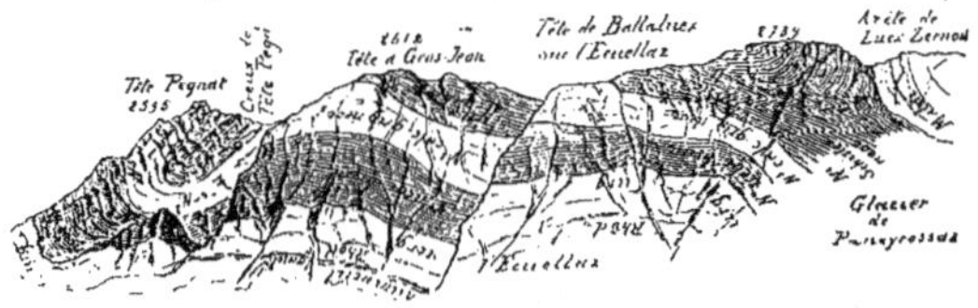

Cl. 86. Affleurements renversés sur l'Ecuellaz.

Dans le haut de l'Ecuellaz, j'ai rencontré divers petits lambeaux isolés de Gault, spécialement d'Albien, sur la grande surface aptienne et rhodanienne. J'ai cherché à les indiquer sur ma carte.

Enfin au revers W du vallon, le Gault repose régulièrement sur l'Aptien (cp. 7), et son affleurement descend directement au N, contre le val des Filasses. Le Vraconnien y est assez riche, et a livré une 100^{ne} d'espèces (p. 335). Au bas de l'Ecuellaz, il a une épaisseur d'environ 1 $^1/_2$ mètre.

Essets. — Arrivé vers le bas du vallon de l'Ecuellaz, l'affleurement de Gault se coude brusquement à l'ouest, pour se diriger contre La Cordaz. C'est un peu après ce coude que se trouve le gisement des Essets (p. 336), où Cherix avait récolté, dans une seule expédition, 70 espèces vraconniennes. Les couches y ont une disposition assez semblable à celle de Cheville. Elles plongent fortement au N, et l'Albien y forme une petite combe isoclinale, entre la pente de l'Aptien au S et le petit crêt vraconnien au N.

2. Massif d'Argentine.

Des Essets au Bertet le Gault offre un affleurement continu, sinon partout fossilifère, qui contourne au NW l'arête d'Argentine.

Cordaz. — Il se présente d'abord en couches normalement stratifiées, qui s'élèvent assez haut sur le flanc N de La Cordaz [Cit. 169, pl. VII]. Le Gault de cette localité a une épaisseur d'au moins 6 mètres, et présente une coupe semblable à celle de Cheville [Cit. 62, p. 209]. Au-dessus de la combe éocène à grosses Natices, court un petit crêt formé par le Rotomagien (p. 351) et le Vraconnien (p. 336). Ce dernier est passablement fossilifère. L'Albien en revanche est beaucoup moins riche. Il forme une seconde petite combe, qui court parallèlement à la crête. Dans ma première étude en 1854, je n'avais pas su le distinguer, et avais confondu ces grès avec l'Aptien.

J'ai pu suivre ces grès verdâtres depuis La Cordaz, jusqu'à l'altitude d'environ 2200 m., sur le flanc de Haute-Cordaz. Là j'ai constaté, sous les grès, le banc schistoïde à fossiles noirs, qui forme la base de l'Albien à Cheville et à l'Ecuellaz.

Depuis Haute-Cordaz, les bancs de Gault descendent brusquement au N sur Pierre-carrée, en suivant la courbure très prononcée de l'Aptien et du Rhodanien (Pl. VII).

Argentine. — Au bas de la paroi, au gisement de Pierre-carrée, les bancs plongent à peu près verticalement dans le sol. Contre l'Aptien fossilifère s'adossent les grès verdâtres du Gault inférieur, et dans le bas du *chable* ou couloir (Pl. VII) j'ai pu observer l'assise vraconnienne, entre eux et le Nummulitique. J'ai déjà cité les fossiles albiens (p. 328) et vraconniens (p. 337) de ce gisement. Quant au Rotomagien je n'en ai trouvé aucune trace, pas plus dans les fossiles ramassés, que dans les couches en place.

En suivant le pied de la paroi calcaire d'Argentine, les couches du gault se redressent de plus en plus, et passent à la position renversée (cp. 8). Au-dessus du Perriblanc le renversement est complet (cp. 9). Mais en ce point le Gault est difficilement observable, et très peu fossilifère. Je n'en ai trouvé que quelques traces dans les éboulis.

Par contre en grimpant à la Vire-d'Argentine (p. 319) j'ai retrouvé le banc vraconnien, reconnaissable à sa nature bréchiforme, à fragments noirs. Cette corniche, ou *vire* gazonnée, doit son existence aux couches plus tendres de l'éocène inférieur et du crétacique moyen, surmontées par la paroi urg-aptienne, dont les bancs sont sens dessus dessous (cl. 87). En longeant cette *vire*, pour redescendre jusqu'à Surchamp, j'ai suivi constamment l'affleurement de Gault renversé, qui m'a fourni quelques fossiles.

Cl. 87. Vire d'Argentine, sous la Tête-du-Lion.

Surchamp. — Dans le haut de Surchamp, au point marqué d'un astérisque, j'ai trouvé dans le banc vraconnien *Plicatula gurgitis* et *Gryphæa vesiculosa*, ce qui suffit pour fixer le niveau. Au-dessus se voyaient les grès verdâtres, surmontés de la couche à nodules noirs, base de l'Albien ; en dessous des couches éocènes remplies de *Nummulites*.

Plus à l'est, dans le bas de Surchamp, à la charnière du pli synclinal, l'affleurement de Gault est presque entièrement recouvert d'éboulis; mais peu après il se retrouve en disposition normale, au-dessus de la paroi de rochers urg-aptiens, dite Tentes-de-Champ.

Au point marqué d'un astérisque, se rencontre l'un de nos meilleurs gisements de fossiles albiens (p. 329), contenant une 30^{ne} d'espèces de ce niveau. Le banc fossilifère se présente, comme à Cheville, etc., à la base du Gault. Il est recouvert d'une assez forte épaisseur de grès verdâtre ou violacé, qui le sépare du banc vraconnien, ici beaucoup plus pauvre.

Nombrieux. — De là l'affleurement se dirige à l'ouest, toujours en position normale, jusqu'aux Nombrieux (cp. 9), mais ici il se redresse, puis se renverse de nouveau, pour aller, sur le versant NW, contourner la Tête de

1870 m., nommée sur ma carte à tort Berthex, laquelle est urgonienne (cp. 2). J'ai trouvé là quelques fossiles vraconniens (p. 337).

Le Gault se rencontre de nouveau en position normale au sud de la Tête-des-Nombrieux ; son affleurement régulier contourne au SE le vrai Bertet 1730 m., dont le sommet est nummulitique (cp. 2), pour retourner ensuite à l'ouest entourer l'anticlinal urgonien du Grand-Sex (cl. 77, p. 320), et se précipiter dans la Cluse de l'Avançon.

Sur une longueur d'à peine un kilomètre, il y a donc là une triple flexion, et si l'on y joint Surchamp et le Lion-d'Argentine, on peut constater, sur 2 kilomètres de longueur, la superposition de 5 plis déjetés, dont les axes ont une forte inclinaison au NE, savoir :

Anticlinal couché d'Argentine.
Synclinal de Surchamp.
Anticlinal couché des Nombrieux.
Synclinal du Bertet.
Anticlinal couché de Nant, etc.

Ce dernier qui s'étend jusqu'aux Dents-de-Morcles, est déjà bien accusé du côté gauche de la Cluse de l'Avançon (cp. 2).

La présence de l'Albien et du Vraconnien fossilifères, à cette extrémité SW du massif d'Argentine, est parfaitement constatée par les fossiles de ces deux étages, récoltés au Bertet par le Dr DE LA HARPE.

3. Région de Nant.

Depuis la Cluse de l'Avançon, jusqu'à la Grand'vire, les terrains sont renversés fond sur fond, de sorte que le Gault repose sur le Nummulitique, et supporte les assises urg-aptiennes (cp. 2, 10, 11, 12, 13). Dans toute cette étendue il paraît très pauvre en fossiles. Je n'en ai trouvé moi-même que quelques rares vestiges, à peine déterminables ; et sans la rare persévérance de PH. DE LA HARPE, qui a réussi à en découvrir une 20ne à Dent-rouge, l'existence du Gault dans ces parages ne reposerait guère que sur des données pétrographiques.

Quant à la distinction de l'Albien d'avec le Vraconnien, elle ne paraît plus possible au S de l'Avançon. En effet je n'ai retrouvé, sur aucun point de cette région, les grès verdâtres du Gault inférieur, si caractéristiques. Le Gault tout entier ne forme plus qu'un banc peu épais de calcaire bréchiforme, ordinairement foncé, qui se voit quelquefois de loin, dans les parois de rochers, comme un cordon noir.

Savolaires. — A partir des gorges de l'Avançon, où il est caché sous les éboulis, l'affleurement de Gault s'élève en écharpe dans la direction de Dent-rouge, par dessous la paroi urgonienne de Senglioz et Savolaires, qui regarde les Plans-de-Frenières (cp. 10 et 11). La base de cette paroi étant très boisée, le Gault n'y est pas visible de loin, mais parmi les blocs éboulés du côté des Plans, on a souvent rencontré des cailloux vraconniens, dans lesquels on a trouvé entre autres : *Schlœnbachia varicosa* et *Inoceramus concentricus*.

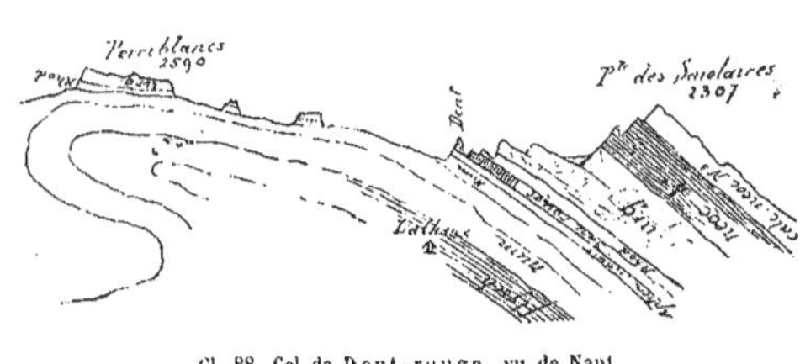

Cl. 88. Col de Dent-rouge, vu de Nant.

A Dent-rouge, on voit le Gault, renversé, former la base de la Dent (cl. 88), en dessous du Rhodanien rouge. Malheureusement je ne connais pas le point précis où le Dr DE LA HARPE a trouvé les fossiles vraconniens cités p. 337, lesquels ne laissent subsister aucune incertitude.

L'affleurement de Gault redescend obliquement sur le versant SE (cp. 11), pour atteindre le thalweg du vallon de Nant, à mi-distance entre Pont-de-Nant et les Chalets de Nant. Le liséré rouge, qui le représente sur ma carte, forme ainsi une boucle allongée, circonscrivant les terrains néocomiens.

Paroi de Nant. — Sur le revers opposé de la vallée, on voit l'affleurement de Gault s'élever en écharpe, d'une manière parfaitement symétrique, en dessous de l'assise urg-aptienne. Par places il apparaît comme un cordon noir, qui tranche sur la paroi de calcaire blanc. En outre, j'ai pu le constater en place sur deux points, mais sans y trouver de fossiles : D'une part, droit au-dessus des chalets de Nant (cp. 11), en montant à Frête-de-Saille par le passage de La Tour (p. 232). De l'autre un peu plus au S, non loin de l'extrémité inférieure du Glacier des Martinets, en faisant l'ascension par le Pertuis à Chamorel.

Enfin à plusieurs reprises on a ramassé sur le Glacier des Martinets, ou dans ses moraines, des cailloux de Gault, indiquant son existence dans la paroi à pic des Dents-de-Morcles, qui domine ce glacier (cp. 12). Je n'ai donc pas hésité à tracer le liséré rouge sur toute la longueur de cette paroi.

Dents-de-Morcles. — Ici l'affleurement de Gault doit passer le long de la Grand'vire-dessus, entre le Roc-Champion et la Petite-Dent (cl. 89), et participer au repli adventif qu'on voit sur le flanc W de cette dernière (cp. 13), et que représentent si bien les deux croquis de M. Heim [Cit. 169, Pl. IX et X]. Je n'ai pu en juger qu'à distance, soit à l'œil soit à la lunette, et grâce à la couleur des roches.

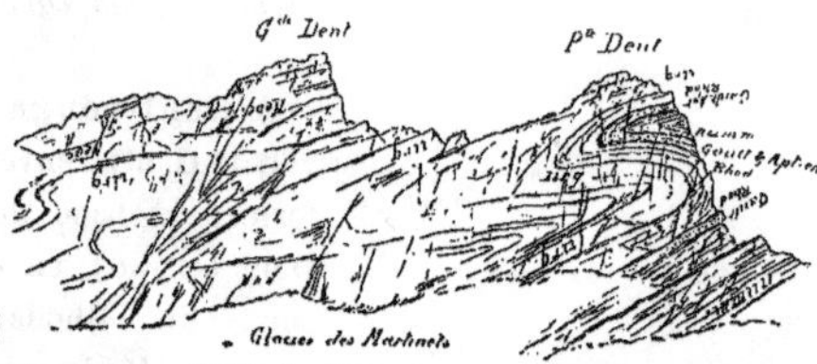

Cl. 89. Paroi N des Dents-de-Morcles.

Cet affleurement de Gault doit contourner le massif de Morcles, et se retrouver encore dans la paroi SW (cl. 90), car on a ramassé de ce côté-là, au passage de la Grand'vire, des fragments qui doivent en provenir. Mais il est possible, même probable, qu'il ne se prolonge pas aussi loin que l'affleurement rhodanien superposé. A l'issue SE de la Grand'vire, je n'ai pu en trouver aucune trace, au contact renversé de l'Urg-aptien avec le Nummulitique.

Cl. 90. Paroi SW des Dents-de-Morcles.

EMERSION TOTALE DE LA CONTRÉE

Entre ces derniers étages crétaciques moyens et les terrains éocènes, je n'ai trouvé dans ma région aucun vestige de Crétacique supérieur. Nul indice des fossiles sénoniens, qu'on rencontre pourtant au nord-est au Säntis, et au sud-ouest en Savoie. Nulle trace des *Couches rouges* des Préalpes fribourgeoises, vaudoises et chablaisiennes, non plus que de la *Craie blanche* de Semsales. Ce sont au contraire des bancs nummulitiques ou sidérolitiques, n'appartenant pas même à l'Eocène inférieur, qui reposent directement, en stratification transgressive sur le Rotomagien, le Gault, le Rhodanien ou même sur l'Urgonien.

L'*exhaussement* relatif du sol, que j'ai constaté dès le Néocomien inférieur, a donc abouti graduellement à une *émersion complète* de toute notre région des Hautes-Alpes, soit à une lacune absolue dans la série des dépôts marins.

Parfois, lorsque l'on constate une lacune dans la stratification, on pourrait l'expliquer par un affaissement du fond de la mer, jusque dans les régions abyssales, où l'action sédimentaire fait défaut. Ici, au contraire, l'émersion du sol me paraît établie d'une manière irréfutable par les faits suivants :

1° Le caractère de plus en plus littoral des derniers dépôts crétaciques;

2° La transgressivité de l'Éocène qui les recouvre;

3° Les formations terrestres, ou d'eau douce, par lesquelles débutent, sur plusieurs points, nos terrains nummulitiques.

Cette phase continentale a donc duré, dans la région qui m'occupe, pendant la seconde moitié, ou le dernier tiers, de la période crétacique, ainsi que pendant le commencement de la période éocénique.

C'est cette dernière qu'il me reste à envisager.

TERRAINS ÉOCÉNIQUES

Ce sont ici les terrains fossilifères de nos Alpes les plus anciennement signalés, mais seulement en ce qui concerne le Nummulitique supérieur et le Flysch. Vers le milieu du siècle passé on connaissait déjà les *pétrifications* d'Anzeindaz. Elles sont mentionnées en 1752 par Elie Bertrand [Cit. 1], en 1784 par Razoumowsky [Cit. 5], en 1788 par Wild [Cit. 7, p. 14], en 1799 par Deluc [Cit. 11].

En 1822, Alex. Brongniart indique le gisement fossilifère des Diablerets comme étant probablement de même âge que le *Calcaire grossier* des environs de Paris [Cit. 34, p. 188]. Puis en 1823, il décrit ce gisement et en fait connaître une dizaine d'espèces [Cit. 35, p. 41].

En 1834 B. Studer décrit le Calcaire nummulitique et le Flysch des Alpes occidentales de la Suisse [Cit. 38]. Enfin en 1847, Ch. Lardy cite, d'après Studer, une 15ne d'espèces des Diablerets, et dit que le Calcaire à *Nummulites* a été constaté depuis Paneyrossaz jusqu'aux Dents-de-Morcles, où l'on trouve, ajoute-t-il encore, les mêmes fossiles qu'aux Diablerets [Cit. 45, p. 178].

Actuellement, je puis distinguer dans l'Éocène de nos Alpes vaudoises 4 subdivisions principales, qui sont, dans leur ordre de superposition :

Éocène
- IV. Flysch.
- III. Nummulitique supérieur.
- II. Éocène d'eau douce.
- I. Nummulitique inférieur.

Je ne prétends point donner ces quatre formations comme des *étages* proprement dits ; ce sont plutôt des *facies* distincts, mais des facies en général successifs dans notre région, et que je dois décrire séparément, pour l'intelligence du sujet.

Ces terrains éocènes sont figurés sur ma carte au 50 millième par deux teintes jaunes, dont la plus claire, accompagnée du monogramme **E**, représente le Nummulitique, et la plus foncée, avec les lettres **Fl** ou **Tv**, représente le Flysch. Sur la feuille XVII au 100 millième, il n'y a qu'une seule couleur jaune pâle, avec des hachures et des monogrammes divers.

La nature et la répartition de ces formations tertiaires me paraissent indiquer, avec évidence, un nouveau retour offensif de la mer, venant du SW. Cet envahissement des eaux a dû présenter trois phases bien différentes :

1° A l'époque du Nummulitique inférieur, la mer occupait la Savoie, et paraît s'être étendue jusqu'aux Dents-de-Morcles.

2° A l'époque du Nummulitique supérieur elle avait envahi les Hautes-Alpes vaudoises, et y occupait presque exactement la même dépression qu'à l'âge urgonien. — En tout cas le détroit nummulitique dépassait beaucoup en étendue l'ancien *fjord* du Gault.

3° Enfin à l'époque du Flysch, les eaux avaient poursuivi leur empiétement en se déversant au N sur les Préalpes, où elles occupaient d'immenses étendues. — Toutefois je dois faire ici une réserve, car il se pourrait que notre Nummulitique supérieur ne fût qu'un facies, plus ou moins littoral, de cette même mer.

I. NUMMULITIQUE INFÉRIEUR

C'est seulement en août 1886, pendant l'excursion annuelle de la Société géologique suisse, que j'ai découvert, avec M. le Dr HOLLANDE de Chambéry, au Passage de la Grand'vire, l'existence de cette assise inférieure du Nummulitique. En faisant voir à ce collègue la couche fossilifère d'eau douce, à la base du Roc-Champion, nous trouvâmes un bloc éboulé de la paroi surplombante, consistant en une sorte de poudingue, ou brèche à gros éléments, dans lequel nous aperçûmes quelques grandes *Nummulites*, fort épaisses, comme je n'en avais encore jamais rencontré dans nos Alpes. M. HOLLANDE reconnut immédiatement la *Brèche à grosses Nummulites*, qu'il distinguait en Savoie, à la base du Nummulitique [Cit. 169, p. 87].

La roche de ce bloc consiste en un calcaire bréchiforme foncé, formé de fragments de calcaire noirâtre, plus ou moins anguleux, empâtés dans une gangue calcaire, plus irrégulière, moins foncée, tirant sur le grisâtre ou le brunâtre.

Les Nummulites que nous y avons trouvées sont trop mauvaises pour permettre une détermination spécifique certaine, mais elles me paraissent assez conformes à *N. perforata*, si commune dans le Nummulitique de Nice et de Menton.

Je n'ai encore rencontré cette Brèche nummulitique que dans le massif des Dents-de-Morcles. Elle y a été formée, sans doute, lors d'un premier envahissement momentané de la mer éocène qui venait du SW, et ne paraît pas s'être étendue plus loin, dans notre région.

Les couches de la Grand'vire et des Martinets étant absolument renversées (cp. 2 et 13), comme le montrent mes profils de 1886, dont la *Société géologique suisse* a vérifié l'exactitude [Cit. 169, p. 98, pl. I, II], ainsi que les croquis pris sur place par M. Heim (cl. 89 et 90, p. 360), — il s'ensuit que l'Éocène d'eau douce de la Grand'vire, recouvert par cette brèche, doit lui être postérieur. D'où je conclus naturellement à un retrait momentané de cette première mer nummulitique.

Je recommande aux futurs explorateurs l'étude attentive de ce Nummulitique inférieur, que j'ai dû malheureusement négliger, car elle ne s'est présentée à moi qu'au dernier moment, trop tard pour l'entreprendre sérieusement.

II. ÉOCÈNE D'EAU DOUCE

Tandis que la mer éocène envahissait ainsi le SW de ma région, le reste de la contrée devait être terre ferme. C'est ce que prouvent les formations terrestres, qui existent par lambeaux à la base du Nummulitique supérieur, reposant sur des assises crétaciques, d'âges divers suivant les points.

A part le banc d'*Anthracite*, connu de très ancienne date, ces terrains d'eau douce ont été successivement découverts pendant la durée de mes explorations, même à une époque assez tardive. C'est pourquoi deux lambeaux sidérolitiques figurent seuls sur ma carte, dans laquelle il n'est pas fait mention des couches fossilifères d'eau douce.

Au gisement des Diablerets, dit *Mine de houille*, où la formation limnale est la plus complète, je puis la subdiviser en 3 assises, qui ailleurs n'existent qu'isolément. Ce sont dans leur ordre de superposition :

3. Anthracite.
2. Marne d'eau douce.
1. Sidérolitique.

A raison de leur importance, comme documents de la *phase continentale*, un grand intérêt s'attache à ces formations, que je vais examiner successivement.

1. SIDÉROLITIQUE

Ce terrain ferrugineux, attribué avec raison à des sources minérales, et si fréquent au pied du Jura, n'avait pas été signalé dans les Alpes, à ma connaissance du moins, avant 1854, époque où nous le découvrîmes, Ph. de la Harpe et moi, sur le versant N des Dents-du-Midi [Cit. 63 et 64, p. 264].

Depuis lors j'en ai constaté l'existence sur trois ou quatre points de nos Alpes vaudoises. Malheureusement nulle part il ne s'est montré fossilifère, comme au Maurmont et ailleurs. Mais la roche est assez analogue pour qu'on puisse lui attribuer la même origine ; quoique pas nécessairement le même âge !

Ces gîtes sidérolitiques sont marqués sur nos deux cartes par de petits triangles rouges E^1, lesquels exagèrent inévitablement l'extension de ces gisements.

Dans les trois premières localités, que je vais citer, la roche est un véritable *Fer pisolitique*. Aux Diablerets, quoique encore ferrugineuse, elle présente une nature assez différente.

Il se pourrait qu'on dût encore attribuer au Sidérolitique le Conglomérat infra-nummulitique, à ciment jaune ou rouge, de Pierredar et Praz-Doran, dont j'ai parlé p. 307.

Ecuellaz. — Sur le côté ouest de ce petit vallon incliné, aux points marqués d'un triangle rouge sur ma carte (Pl. I), j'ai rencontré quelques lambeaux peu épais, d'une roche ferrugineuse pisolitique, interstratifiée entre le Gault et le Nummulitique. C'est une masse grenue noirâtre, empâtant un grand nombre de grains noirs, à couches concentriques, de la taille d'une grosse grenaille, soit de 1 à 4 mm. de diamètre.

Cordaz. — Des échantillons, très semblables à ceux de l'Ecuellaz, m'ont été rapportés de cette montagne, mais je n'en connais pas le gisement précis.

Zanfleuron. — J'en ai obtenu également du Lapié de Zanfleuron, au bas du glacier de même nom. Les grains de fer pisolitique sont noirs, un peu écrasés, et ont jusqu'à 5 mm. de diamètre. Ils sont contenus dans un magma plus schistoïde, plus clair, brunâtre par places.

Dans cette contrée, où le Gault manque, j'ai toujours observé la superposition directe du Nummulitique sur l'Urgonien. C'est sans doute entre ces deux terrains que se trouvent les lambeaux sidérolitiques, que je n'ai pas vu moi-même en place.

Diablerets. — Ce quatrième lambeau, bien plus considérable que les précédents, dont il diffère beaucoup, se trouve à la base du célèbre gisement de Nummulitique supérieur dit Mine-de-houille (cl. 91).

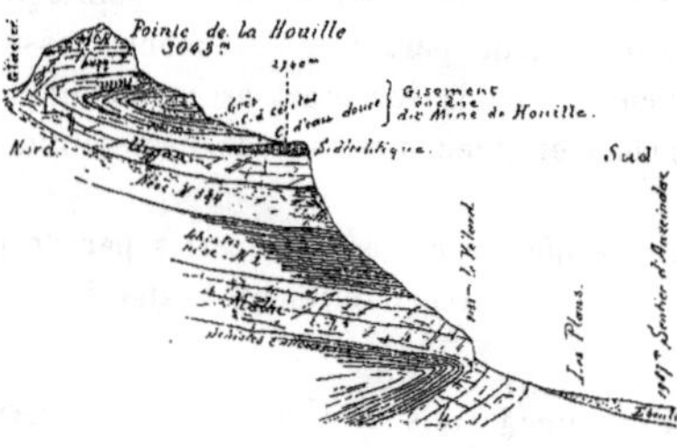

Cl. 91. Coupe N-S des Diablerets, 1/25000.

A l'altitude d'environ 2700 mètres on voit, au haut de la paroi néocomienne, le Sidérolitique reposer sur le calcaire blanc urgonien. La surface supérieure de cet Urgonien est corrodée, altérée et teintée en brun par l'oxyde de fer. Le Sidérolitique qui le recouvre se distingue facilement de loin par sa couleur et on le voit pénétrer irrégulièrement dans les anfractuosités du banc urgonien blanc, qui forment des crevasses, poches, etc.

Le banc sidérolitique paraît avoir une forme lenticulaire, avec une épaisseur maximum de 25 à 30 mètres. C'est un *grès ferrugineux* jaunâtre, partiellement brunâtre ou rougeâtre, surtout vers la base. On y rencontre parfois de petites masses de sexquioxyde de fer, tantôt concrétionné, tantôt compact ou grenu, mais je n'ai pas réussi à y trouver de grains pisolitiques réguliers, comme ceux de l'Ecuellaz.

A la partie supérieure, ce grès sidérolitique devient de plus en plus marneux, et prend graduellement une teinte foncée. Il passe ainsi d'une manière insensible à la Marne d'eau douce, qui le recouvre.

2. MARNE D'EAU DOUCE

Les couches à fossiles d'eau douce ne me sont connues jusqu'ici que sur deux points, assez éloignés l'un de l'autre : aux Diablerets et à la Grand'vire. Quelques indices me font espérer qu'on pourra les retrouver ailleurs par la suite.

Diablerets. — Au gisement de la Mine les couches nymphéennes fossilifères, qui succèdent immédiatement au Sidérolitique, ont une épaisseur de 5 à 6 m. Leur partie inférieure est marneuse et remplie de graines de *Chara ;* tandis que vers le haut elles deviennent plus calcaires et contiennent de nombreuses Limnées.

a) *Marne à Chara.* — Sa limite inférieure est difficile à tracer, car il y a transition graduelle insensible du grès sidérolitique à cette marne. J'ai même trouvé des morceaux de grès marneux jaunâtre, parsemé de petites cavités de la grosseur d'une tête d'épingle, dans lesquels on reconnaît à la loupe l'empreinte de graines de *Chara*.

A mesure qu'on s'élève, la marne devient plus homogène et plus foncée, et finit par être une masse noir-grisâtre très tendre, remplie de graines de *Chara* très bien conservées, sans autres fossiles. Vers la partie supérieure on commence à rencontrer quelques débris de coquilles, probablement de Limnées, mais les *Chara* deviennent plus rares. Dans un morceau de marne noire, qui contenait encore quelques graines de *Chara*, j'ai trouvé deux bivalves de petite taille, bien voisins, sinon identiques à *Sphærium castrense* et *Arca ? Rosthorni.*

Quant à la détermination spécifique de cette *Chara* elle ne me paraît pas douteuse, car les spécimens bien conservés sont nombreux. Mon collègue J.-B. Schnetzler, professeur de botanique, l'a examinée avec moi, et nous n'avons pas hésité à y reconnaître *Chara helicteres*, Brong., si caractéristique de l'Éocène du Bassin de Paris, et constatée aussi dans celui de Delémont.

b) *Calcaire à Limnées.* — Au-dessus, les couches deviennent plus dures, et aboutissent à un calcaire marneux, noirâtre, schistoïde, qui fait saillie dans le talus général. Sur toute l'épaisseur de ce banc, d'environ 2 $^1/_2$ mètres, j'ai trouvé des Limnées, spécialement *L. longiscata* et *L. acuminata*. Les autres fossiles y sont plus rares : *Lim. fusiformis*, *Planorbis Chertieri*, etc. J'ai pu constater encore dans ce calcaire quelques *Chara helicteres*, mais rares. A la partie supérieure, les Limnées deviennent parfois si abondantes que la roche prend l'apparence d'un poudingue.

La Marne d'eau douce des Diablerets m'a fourni en tout 7 espèces, qui, autant que je puis en juger, sont bien des types éocènes.

Grand'vire. — En 1877 je ne connaissais point encore ce gisement éocène d'eau douce [Cit. 114, p. 32]. J'en avais pourtant recueilli les fossiles, mais sans me douter qu'ils fussent nymphéens. Ce n'est qu'en 1888, postérieurement à mes explorations actives sur les lieux, que je soupçonnai la chose. Lors du 1er Congrès international, je portai ces fossiles à Paris, et les montrai à Tournouer, qui confirma mes soupçons, et me donna quelques déterminations préliminaires.

La couche en question est précisément celle qui forme la *vire*, c'est-à-dire l'étroite corniche horizontale, aboutissant aux Martinets. C'est une marne schistoïde noirâtre, devenant grisâtre à l'air, dont le peu de consistance a motivé l'érosion, tandis qu'au-dessus surplombent les bancs de calcaire bréchiforme du Nummulitique inférieur, qui constituent la base du Roc-Champion [Cit. 169, p. 86].

A la sortie du passage de la Grand'vire sur les Martinets, c'est-à-dire au haut de ce Glacier, on observe facilement que cette Marne d'eau douce repose sur les Couches à Cérites, plus dures, pétries de fossiles marins. Mais cette superposition est intervertie, par suite du renversement général des couches en cet endroit (cp. 13).

J'ai surtout ramassé les fossiles d'eau douce immédiatement en dessous de la *vire*, dans le talus d'éboulement; mais on peut aussi les récolter en place, dans l'anfractuosité dominée par le rocher surplombant, lorsque la marne schistoïde n'est pas cachée par le névé, ou par les éboulis. C'est ce que nous avons pu faire en 1886, lors de l'excursion de la Société géologique suisse [Cit. 169, p. 86].

Ce gisement m'a fourni en tout 9 espèces, mentionnées au tableau ci-après. Les plus habituelles sont *Vivipara Soricinensis* et *Cyclotus exaratus*.

Il se pourrait que l'assise se continuât quelque part dans les rochers des Martinets, d'où j'ai une Limnée d'une espèce différente, *L. cf. dilatata*, recueillie, je crois, par le Dr Ph. de la Harpe.

Zanfleuron. — Parmi les fossiles éocènes marins que Cherix m'avait rapportés du Lapié de Zanfleuron, j'ai constaté une *Helix*, qui indiquerait soit l'existence d'un lambeau de la Marne d'eau douce, soit tout au moins la proximité du rivage. Quoique j'aie bien parcouru ces Lapiés, je n'ai su y découvrir aucune trace de formation terrestre entre l'Urgonien et le Nummulitique supérieur.

Faune d'eau douce.

Je réunis dans le Tableau suivant les fossiles fournis par ces divers gisements nymphéens. Vu leur état de conservation souvent imparfait, et la caractérisation difficile des mollusques d'eau douce, la détermination de plusieurs d'entre eux ne peut être que provisoire.

Néanmoins cette faune d'eau douce paraît bien appartenir à l'Eocène. Sur un total de 16 espèces, une 12ne m'ont paru se rapporter à des types de cette période, dont 7 au Parisien et 5 au Bartonien. Sur ce nombre, il n'y a qu'une seule espèce qui se soit rencontrée en même temps aux Diablerets et à la Grand'vire.

FOSSILES DE L'ÉOCÈNE D'EAU DOUCE Les chiffres désignent le nombre d'échantillons constaté dans chaque gisement. n = un nombre supérieur à 9 ex. c = commun.	GISEMENTS				NIVEAU HABITUEL		
	Zanfleuron.	Diablerets a	Diablerets b	Grand'vire.	Suessonien.	Parisien.	Bartonien.
Gastropodes.							
Helix sp.	1	.	.	2	.	.	.
Clausilia cf. crenata, Sandb.	.	.	.	1	.	*	.
Limnæa acuminata, Brong.	.	.	c	1	.	.	*
— longiscata, Brong.	.	1	c	.	.	.	*
— fusiformis, Sow.	.	.	n	.	.	.	*
— cf. dilatata, Noul. (Martinets)	.	.	.	.	.	.	.
Planorbis Chertieri ? Desh.	.	.	n	.	.	*	.
— pseudo-ammonius, Schl.	.	.	.	1	.	*	.
Cyclotus exaratus, Sandb.	.	.	.	n	.	?	.
Strophostoma ? cf. striatum, Desh.	.	.	.	2	.	*	.
Vivipara soricinensis, Noul. (spire moy.)	.	.	.	c	.	.	?
— Orbignyi, Desh. (spire allong.)	.	.	.	4	.	*	.
— sp. (*seu* Cyclotus sp.) (spire courte)	.	.	.	4	.	.	.
Pélécypodes.							
Sphærium cf. castrense, Noul.	.	1	.	.	.	*	.
Arca ? cf. Rosthorni, Penecke	.	1	.	.	.	.	.
Plante.							
Chara helicteres, Brong.	.	c	2	.	.	.	*
Total : 16 espèces, dont	1	4	5	9	.	7	5

3. ANTHRACITE

Sur plusieurs points de nos Hautes-Alpes, on a signalé de petits gîtes de *charbon fossile* à la base du Nummulitique supérieur. Ils ont de très bonne heure attiré l'attention, et quelques-uns même ont donné lieu à des tentatives d'exploitation. Mais c'est un combustible très terreux, parfois une simple marne charbonneuse, qui n'a fourni aucun bon résultat. La difficulté d'accès de ces gîtes aurait d'ailleurs rendu toute exploitation régulière infructueuse.

Le principal de ces gisements se trouve aux Diablerets, au-dessus de la Marne d'eau douce. Un autre existe à Praz-Doran (Ormont-dessus). J'en connais enfin divers lambeaux à la Grand'vire.

Diablerets. — Immédiatement au-dessus de la saillie, que forme le *Calcaire à Limnées* (p. 368), le talus devient beaucoup plus doux, et le sous-sol est entièrement caché par les éboulis. Pour constater la place et la puissance du combustible, j'ai dû faire creuser une tranchée transverse, d'un demi-mètre au moins de profondeur.

Le banc anthraciteux m'a paru reposer immédiatement sur les couches à *Limnées*. Il est assez uniforme, et présente une épaisseur d'environ 4 $^1/_2$ m. C'est un combustible minéral terreux, schistoïde, souvent ferrugineux, dont l'éclat est tantôt terne, tantôt plus brillant.

Je n'ai point pu y voir de fossiles.

Il me paraît évident que ce petit gisement de combustible provient d'une ancienne tourbière, qui a succédé au marécage à *Chara* et à *Limnées*.

Un échantillon, que j'avais soumis dans le temps à mon collègue, le chimiste H. Bischoff, lui avait donné 13,4 % de perte à la distillation et 22,1 % de cendres, essentiellement siliceuses. Défalcation faite des cendres, cela ferait 17 % de gaz, tandis que les anthracites proprement dits donnent de 15 à 5 % de gaz seulement. Toutefois ce combustible est plus rapproché de l'anthracite que de la houille, laquelle fournit en moyenne 30 % de gaz.

Lors de ma première visite en 1848, on voyait encore sur place diverses pièces de bois, vestiges d'une ancienne tentative d'exploitation, dont j'ignore la date. Cette localité a conservé dès lors le nom de *Mine-de-houille*, et le sommet qui la domine, celui de Pointe-de-la-Houille (cl. 91, p. 366).

Praz-Doran. — Au versant nord du massif, sur la commune d'Ormont-dessus, se trouve aussi un lambeau de combustible, qui avait donné lieu à des fouilles, et qui a conservé dès lors le nom de *Mine-de-charbon*. J'avais décrit ce gisement en 1865 sous le nom de Praz-Durand [Cit. 87, p. 70 (282)], que je rectifie d'après la nouvelle carte topographique du Canton de Vaud au 50 millième.

L'*Anthracite* se trouve là dans les mêmes conditions qu'aux Diablerets, immédiatement en dessous de la Couche à Cérites. Il paraît reposer directement sur le conglomérat jaunâtre, peut-être sidérolitique (p. 307), sans interposition de Marne d'eau douce, et n'a qu'une faible épaisseur.

Grand'vire. — Presque tout le long de ce passage, on voit des couches noires, charbonneuses, qui rappellent l'Anthracite des Diablerets. Je n'y ai pourtant jamais rencontré de combustible proprement dit, mais ces amas occupent la même position stratigraphique, à la base du Nummulitique supérieur, c'est-à-dire ici au-dessus de lui, puisque tout est à rebours (cp. 13).

J'ai observé ces traces charbonneuses jusqu'à l'extrémité sud de la Grand'vire, à sa sortie sur Fully. Par contre je ne les ai pas rencontrées au N vers les Martinets, où se trouve le gisement de mollusques d'eau douce. Le banc anthraciteux y existe peut-être, caché sous les grands talus d'éboulis, qu'on voit en dessous de la *vire*.

III. NUMMULITIQUE SUPÉRIEUR

Les couches à *Nummulites*, qu'on croyait autrefois crétaciques, ont été de bonne heure signalées dans notre région. Outre les citations plus anciennes, déjà rappelées (p. 362), les publications de B. Studer et Alph. Favre [Cit. 38, 42, 46, 57] font mention du Nummulitique des Alpes vaudoises, dont il va être question.

Mes premiers travaux alpins se rapportent aux fossiles des Diablerets, et des autres gisements semblables. Séjournant à Genève en 1851, j'en commencai l'étude paléontologique, et établis une liste d'une 50^{ne} d'espèces, que je communiquai à B. Studer, en vue du second volume de sa *Geologie der Schweitz* [Cit.57, p. 93]. Déjà alors j'avais distingué les couches à *Cerit. Diaboli*, que je rapportais à l'étage *parisien*, du Calcaire à *Nummulites*, que je croyais alors plus ancien [Cit. 55].

Pendant l'hiver 1853-1854, me trouvant à Paris, je complétai mon étude paléontologique, avec le précieux concours de M. le prof. Ed. Hebert, qui avait en mains une faune analogue, recueillie aux environs de Gap, par notre regretté collègue Ch. Lory, de Grenoble. De ce travail en commun résulta notre *Description des fossiles du Nummulitique supérieur* [Cit. 60], qui fait connaître 40 espèces des Diablerets et 8 de La Cordaz.

Pendant l'été je poursuivis l'étude stratigraphique de nos Alpes, et pus constater la superposition normale du Calcaire à Nummulites sur la couche à grosses *Natica* de La Cordaz, équivalente à la marne à Cérites des Diablerets [Cit. 61, p. 100 ; et 62, p. 209]. Une énumération des fossiles éocènes de nos Alpes me donnait alors 76 espèces [Cit. 62, p. 211].

Enfin en 1865, dans ma Notice sur la région de l'Oldenhorn [Cit. 87, p. 66 (278)], je faisais connaître deux termes nouveaux de notre Nummulitique, et subdivisais celui-ci en 4 assises, pétrographiquement bien distinctes, et présentant aussi des différences paléontologiques.

Dès lors j'ai constaté les mêmes subdivisions dans le Nummulitique supérieur des autres parties de nos Alpes.

Ce sont dans leur ordre de superposition :

7. Schiste nummulitique supérieur.
6. Calcaire à petites Nummulites.
5. Grès nummulitique.
4. Couches à Cérites.

Comme elles succèdent aux assises déjà mentionnées, je les numérote à la suite, pour éviter toute confusion.

4. COUCHES A CÉRITES

C'est le niveau fossilifère déjà étudié par Alexandre Brongniart en 1823, et dont j'ai décrit la faune en 1854, avec la collaboration de M. le professeur Edmond Hebert [Cit. 60].

Ces couches marines, à caractère franchement littoral, et même parfois saumâtre, n'ont pas été rencontrées partout dans notre terrain nummulitique, mais seulement sur un certain nombre de points privilégiés, dont le nom est devenu classique comme gisements de fossiles. Ces localités se trouvent disséminées dans le massif des Diablerets, dans celui d'Argentine, et enfin dans celui des Dents-de-Morcles. On en rencontre aussi quelques-unes, mais moins fossilifères, de l'autre côté de la Vallée du Rhône, dans le massif des Dents-du-Midi.

Partout la Couche à Cérites occupe la partie inférieure des assises nummulitiques supérieures. Je l'ai désignée sur ma carte par le monogramme **E**² et, là où c'était possible, par de petits traits bleus sur la teinte jaune.

De Zanfleuron aux Martinets, je connais 10 gisements principaux, que je vais décrire, en commençant par celui des Diablerets, le plus riche et le mieux connu.

Diablerets. — Le gisement est ordinairement désigné par ce nom, mais comme il existe, dans le même massif, plusieurs autres points où l'on peut trouver les mêmes fossiles, je le distinguerai plus spécialement sous son nom local de *Mine-de-houille*, ou gisement de la *Mine*. Il est situé à environ 2750 m. d'altitude, droit en dessous de la seconde sommité des Diablerets, dite Pointe-de-la-houille ou Tête-ronde 3043 m. (cl. 92).

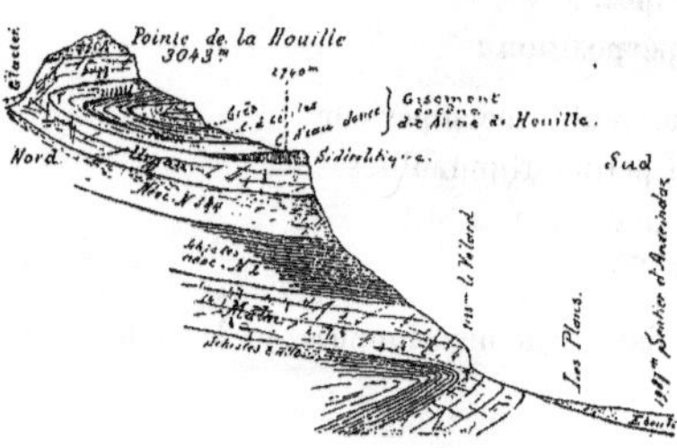

Cl. 92. Gisement fossilifère des Diablerets. — 1/25 000.

Les Couches à Cérites reposent immédiatement sur l'Anthracite mentionné p. 371, et forment un complexe d'assises foncées, marno-schistoïdes plus tendres, et marno-calcaires plus dures, qui alternent irrégulièrement sur une épaisseur de 32 mètres environ. L'ensemble constitue un talus assez raide, surtout vers le haut, qui surmonte le talus plus doux, formé par l'Anthracite et les Marnes d'eau douce. Ce talus est entrecoupé de ressauts, occasionnés par les bancs marno-calcaires. Les couches sont presque horizontales, avec un faible plongement au S. La pente du sol, et surtout les éboulis qui cachent constamment les couches moins consistantes, rendent le mesurage difficile et incertain. Ce n'est qu'en faisant dénuder les affleurements à la pioche, sur une ligne transversale, que j'ai pu établir la coupe suivante de l'ensemble de ce gisement :

Mètres.

t. 45 — *Grès nummulitique*, formant une paroi abrupte et inaccessible, d'environ 45 m. de hauteur, qui domine le gisement.

s. 1,20 Calcaire grumeleux foncé, avec *Cardium Rouyi*, Polypiers, etc.

r. 1,50 Calcaire analogue, fossilifère, avec *Natica Vulcani*, etc.

q. 2 — Calcaire schistoïde, à *Miliolites* blanches et fossiles noirs.

p. 4 — Grès calcaire dur, gris foncé, scintillant, formant paroi.

o. 3,50 Marno-calcaire schistoïde noir, sans fossiles visibles.

n. 1 — Calcaire schistoïde, plus dur avec *Cardium*.

m. 2 — Marno-calcaire schistoïde, plus tendre.

l. 0,50 Banc calcaire dur, avec *Cardium*.

k. 2 — Marno-calcaire schistoïde.

i. 1 — Calcaire à *Miliolites* blanches, formant saillie.

h. 2 — Marno-calcaire schistoïde, assez fossilifère, avec petites *Natica*, etc.

g. 7 — Couches marno-schisteuses, recouvertes d'éboulis épais.

f. 1 — Banc saillant, de calcaire noir, à *Miliolites* blanches.

e. 3 — Marno-calcaire très fossilifère, à *Cerithium Diaboli*, etc.

d. 4,50 *Anthracite* terreux et schisteux.

c. 2,50 Calcaire noirâtre à *Limnæa longiscata*.

b. 2,50 Marne à *Chara helicteres*.

a. 25 — Grès sidérolitique jaunâtre, reposant sur l'Urgonien corrodé.

Les assises **a** à **d** constituent l'Éocène d'eau douce, déjà décrit. Les Couches à Cérites vont de **e** à **s**, et sont surmontées par la paroi de grès, **t**.

Ce gisement m'a fourni une 100me d'espèces, dont les plus abondantes sont : *Murex spinulosus*, *Cerithium Diaboli*, *Cer. Weinkauffi (C. elegans)*, *Diastoma costellata*, *Melania semi-decussata*, *Natica Picteti*, *Psammobia pudica*, *Cytherea Vilanovæ*, *Cardium Rouyi*, *Ostrea cymbula*, *Trochosmilia irregularis*.

Ces fossiles, quoique souvent écrasés et en général encroûtés, sont relativement assez bien conservés. La plupart ont encore leur test, presque toujours de couleur noire, parfois plus ou moins luisant. Ils ont été recueillis surtout à la surface des éboulis, dans la partie douce du talus, de sorte que je ne puis pas connaître leur répartition dans les diverses couches ; mais leur aspect et leur gangue témoignent qu'ils appartiennent tous au complexe susmentionné. D'après ceux que j'ai pu recueillir *in situ*, j'ai l'impression que leur distribution doit être assez uniforme. J'ai trouvé *Cardium Rouyi* à divers niveaux, au centre du complexe en **l**, **n**, et jusque tout en haut en **s**; de même pour les Natices et les Polypiers. A trois niveaux différents, **f**, **i**, **q**, j'ai observé une roche foncée, parsemée de petits grains blancs, qui doivent être des *Miliolites*.

En revanche je n'ai rencontré *Cerit. Diaboli* que dans la couche marneuse inférieure **e**, qui recouvre immédiatement le banc d'Anthracite. D'après les observations de feu Philippe Cherix, auquel je dois beaucoup de ces fossiles, c'est aussi de ce niveau inférieur que proviennent les petits Gastropodes, à caractère un peu saumâtre, tels que *Melania semi-decussata*, etc. ; ce qui à priori paraît tout à fait probable.

Vélard. — Au pied de la paroi sud des Diablerets, à quelques pas des chalets d'Anzeindaz, dits du Vélard, au point marqué sur ma carte d'un astérisque bleu, se trouve un second gisement fossilifère beaucoup plus facilement accessible que le précédent. Pour autant que je puis en juger, ce n'est qu'un énorme bloc isolé, enfoui au milieu des éboulis des Diablerets. Selon toute apparence il provient du démantèlement de la montagne, au voisinage du gisement précédent. Je n'ai trouvé aucun indice, qui puisse me faire penser qu'il y ait ici, sous les éboulis, un affleurement éocène.

Là sur un espace de 2 à 3 mètres carrés, on ramasse en abondance de charmants petits Gastropodes, que le gel et la pluie ont eu soin de nettoyer. Pour peu qu'on ait l'œil un peu exercé, on n'y va jamais sans en revenir la main pleine. Il en est ainsi de mémoire d'homme. Ce gisement est bien connu des montagnards, qui y mènent volontiers les touristes. On me l'a fait voir à ma première visite à Anzeindaz, vers 1850, et depuis lors je l'ai revu presque chaque été, et souvent plusieurs fois d'une année, toujours absolument dans le même état, et ne s'appauvrissant nullement. Chaque hiver l'action du gel fait son œuvre et délite la roche, de sorte que ce petit espace est toujours parsemé de fossiles.

Naturellement aucune observation stratigraphique n'est possible ; on n'a affaire qu'à une seule couche, appartenant probablement au banc inférieur, **e**, de la coupe des Diablerets. C'est précisément là que gît l'intérêt paléontologique de ce gisement du Vélard. On est sûr de n'y avoir aucun mélange. Tous les animaux qu'on y trouve ont certainement vécu ensemble, dans une station dont les conditions devaient être passablement saumâtres, plus encore que je n'ai pu l'observer au gisement de la Mine.

L'éocène du Vélard m'a fourni 42 espèces, la plupart de très petite taille, Gastropodes en grande majorité, surtout quant au nombre des individus. Ces fossiles sont noirs comme à la Mine, mais en général moins écrasés, et le test mieux préservé. Les espèces les plus abondantes sont : *Fusus polygonatus*, *Cerithium Diaboli*, *Cer. Weinkauffi*, *Cer. plicatum*, *Cer. hexagonum*, *Diastoma costellata*, *Melania semi-decussata*, *Mel. cf. semi-plicata*, *Natica Picteti*, *Nerita tricarinata*, *Cardium Rouyi*. Le caractère saumâtre de cette faunule est accusé par la fréquence des Nérites et surtout par la prédominance des Mélanies (*s. g. Bayania*) et des petits Cérites, dont plusieurs types douteux sont peut-être aussi des *Bayania*.

Pierredar. — Au versant N des Diablerets, du côté SW du *replan* de Pierredar, se trouve un autre gisement des Couches à Cérites, que surmonte la série complète du Nummulitique supérieur (cl. 93). Au-dessus de l'Urgonien presque horizontal, on voit entre le poudingue, probablement sidérolitique, et le grès nummulitique, un banc peu épais de calcaire schisto-marneux brunâtre, pétri de fossiles, plus ou moins écrasés. J'y ai recueilli une 15^ne d'espèces, parmi lesquelles : *Cerithium Diaboli*, *Cer. plicatum*, *Diastoma costellata*, *Cytherea Vilanovæ*, *Cardium Rouyi*. C'est toujours la même faune et dans la même situation. Ce gisement, que j'ai fait connaître en 1865 [Cit 87, p. 71 (283)], occupe d'ailleurs un synclinal, qui paraît être la continuation de celui de la Mine des Diablerets.

Cl. 93. Coupe de Pierredar.

Praz-Doran. — Droit au nord du précédent, sur le flanc NW du Sexrouge, se trouve, en dehors du cadre de ma carte, un petit gisement des Couches à Cérites, que j'avais décrit en 1865 sous le nom de Praz-Durand [Cit. 87, p. 70 (282)].

Là au contact du banc de combustible, et à la base du Grès nummulitique, on voit des couches peu épaisses de calcaire marneux foncé, qui se lèvent souvent en plaquettes. Celles-ci sont parfois recouvertes de nombreux petits fossiles noirs, assez bien conservés. J'ai recueilli en ce point une 10ne d'espèces, dont les plus fréquentes sont : *Cerithium plicatum*, *Cer. bicarinatum*, *Melania lævigata ? Cyrena trigona*, *Lucina lævigata ?* J'y ai constaté également *Cerit. Diaboli* et *Cer. Weinkauffi*, mais ils y sont plus rares. Les Cyrènes et Melanies, assez fréquentes, donnent à cette faunule un caractère saumâtre, qui concorde avec la présence du charbon fossile à la base.

Zanfleuron. — Ce gisement, dont j'ai parlé également en 1865 [Cit. 87, p. 68 (280)], est situé à l'est des Diablerets, au bas du Glacier de Zanfleuron, près du pâturage de Praz-rossaz. Les grands Lapiés urgoniens, qui s'étendent au bas de ce glacier, sont par-ci par-là recouverts de Grès nummulitique, presque toujours gazonné, d'où le nom de Praz-rossaz. C'est à la base de ce grès que se trouve la Couche à Cérites, ici peu épaisse, mais parfois pétrie de fossiles noirs, dont quelques-uns d'une jolie conservation. Ailleurs ils sont plutôt écrasés, mais toujours avec le test. On les trouve en particulier le long d'un sentier de moutons, qui suit le banc fossilifère entre le lapié et le pâturage.

Ce gisement m'a fourni une 30ne d'espèces, dont les plus habituelles sont : *Cerithium Diaboli*, *Cer. Weinkauffi*, *Cer. plicatum*, *Diastoma costellata*, *Melania lactea*, *Cytherea Vilanovæ*, *Cardium Rouyi*, *Lucina lævigata ?* Les bivalves y sont, proportion gardée, plus fréquentes que dans les gisements précédents.

Cordaz. — Ce gisement, que je connais depuis 1853, et que j'ai souvent mentionné sous le nom de *Couche à grosses Natices* [Cit. 60, 61, 62], est situé entre les sommets de Cordaz et Haute-Cordaz, sur le versant N de l'arête, peu en arrière de celle-ci. La ligne de traits bleus, parallèle au liséré rouge, indique sur ma carte l'affleurement des Couches à Cérites, et un astérisque sur cette ligne marque le point fossilifère principal. Cet affleurement de couches tendres constitue ici, comme à Cheville (cl. 83, p. 348), une petite combe, entre les bancs plus saillants, du Gault d'une part et du Calcaire nummulitique de l'autre [Cit. 62, p. 6 (209)].

Immédiatement sur le Gault j'ai constaté une couche marno-schisteuse brunâtre, d'environ 1 mètre d'épaisseur, contenant de petites *Nummulites*, mais pas d'autres fossiles. En 1854 j'avais montré ces échantillons à D'ARCHIAC, qui les avait déterminés *Num. Ramondi*. Le Dr PH. DE LA HARPE les a étudiés à nouveau en 1877 [Cit. 129, p. 229], et en a fait au contraire *Num. striata*. Il ne m'appartient pas de décider entre les deux !

C'est par-dessus cette première couche à Nummulites, que vient la couche à grosses Natices, épaisse d'environ 5 mètres. La roche est une marne schistoïde brunâtre, encore plus tendre, formant le fond de la combe. On y trouve en abondance les grosses *Natica*, que nous avions décrites en 1854 sous le nom de *Nat. angustata*, Grat. [Cit. 60, p. 19], et que j'attribue maintenant à *Nat. Vulcani*, Brong.

Ce gisement, fréquemment exploité, m'a fourni une 40me d'espèces, dont les plus abondantes sont, outre la Natice précitée: *Corbula valdensis*, *Cytherea Vilanovæ*, *Cardium Rouyi*, *Anomya tenuistriata*. Sauf la *Natica* mentionnée, les Gastropodes y sont peu nombreux en individus. Je n'y ai point trouvé de *Cerit. Diaboli*, mais bien *Diastoma costellata* et *Melania lactea*. Ces dernières, et les *Corbula* assez fréquentes, donnent à cette station un caractère saumâtre prononcé.

Malgré la rareté des Cérites, les espèces ci-dessus montrent que nous avons là le même terrain qu'aux Diablerets, mais avec un facies un peu différent. Sa position est d'ailleurs semblable, à la base du Nummulitique supérieur.

Vire-d'Argentine. — Je désigne ainsi un gisement très intéressant, situé sur la montagne de Bovonnaz, au-dessus du Perriblanc, à mi-hauteur de la *vire* qui s'élève obliquement contre l'angle saillant des rochers d'Argentine (p. 319). Il y a proprement deux *vires* ou corniches, superposées. La vire supérieure est déterminée par les couches meubles de l'Albien. L'inférieure, plus large, est motivée par les Couches à Cérites, également peu consistantes ; absolument comme les deux petites combes isoclinales de Cheville et Cordaz. En dessous on trouve une grande épaisseur de couches à Nummulites. Comme la série des terrains est ici parfaitement sens dessus dessous, notre couche fossilifère éocène marque encore la base stratigraphique du Nummulitique supérieur.

Dans ce nouveau gisement, la roche est une marne schisteuse noirâtre, ordinairement très foncée et assez tendre. Par places la marne est brune comme à la Cordaz, et même quelquefois brun clair. Les fossiles, assez généralement écrasés, ont presque toujours conservé leur test, qui est habituellement noir, mais quelquefois aussi jaunâtre.

Ce gisement, qui a été souvent exploité par Ph. Cherix, a fourni 58 espèces, parmi lesquelles prédominent les Pélécypodes et tout spécialement les genres saumâtres : *Coralliophaga*, *Cyrena*, *Septifer*, avec des *Neritina*, *Melania* et *Melanopsis*. C'est de tous nos gisements à Cérites celui dont le caractère saumâtre est le plus accusé. Les fossiles ayant été récoltés, presque tous, en piochant dans la couche, et sur un espace restreint, les mélanges ne sont pas à craindre.

Chose curieuse, et qui paraît une contradiction, les *Nummulites* s'y trouvent parfois associées aux autres fossiles, comme s'il y avait eu de temps en temps irruption de la mer dans la lagune saumâtre. Le fait est parfaitement authentique, car j'ai trouvé de petites *Nummulites* sur des exemplaires de *Cyrena* et de *Coralliophaga*, extraits de la couche même.

Les espèces les plus abondantes de cette jolie faunule sont : *Cerithium plicatum, Melania semi-decussata, Natica Vulcani, Coralliophaga alpina, Cyrena antiqua*, *Cyrena Sirena*, *Cardium Rouyi*, *Septifer cf. Congeria palatonica, Nummulites striata*. Cette dernière toutefois n'est pas fréquente dans la couche même, mais elle pullule dans les couches immédiatement au-dessous, qui normalement seraient supérieures.

Surchamp. — De l'autre côté d'Argentine, mais dans la prolongation directe de l'affleurement, se trouve un autre gisement très semblable, marqué sur ma carte d'un astérisque bleu, dans le haut du pâturage de Surchamp. Je n'ai obtenu de là que 16 espèces, dont les principales sont : *Natica Vulcani, Coralliophaga alpina*, *Cyrena antiqua*, *Cardium Rouyi*, *Septifer cf. ungulacapræ*. C'est donc le même cachet saumâtre que sur le versant de Bovonnaz.

Immédiatement en dessous (stratigraphiquement dessus) se voient des schistes bruns, remplis de *Nummulites striata*, auxquels succède le *Calcaire nummulitique gris*. Ces schistes bruns à Nummulites, qui n'existent ni à la Cordaz, ni dans le massif des Diablerets, paraissent se rattacher plutôt aux *Couches à Cérites*, soit par leur nature pétrographique soit par l'espèce de *Nummulites* qu'ils renferment. Stratigraphiquement ils occupent la même position que le grès nummulitique du massif des Diablerets.

Dent-rouge. — J'ai visité à diverses reprises ce gisement, sans pouvoir y trouver moi-même les fossiles de la Couche à Cérites. C'est mon ami PH. DE LA HARPE qui a eu cette bonne chance. J'ai dans les tiroirs du Musée de Lausanne une 10[ne] d'espèces, récoltées par lui à Dent-rouge, qui montrent avec évidence que ce niveau n'y est pas stérile, et y fournit les mêmes espèces qu'ailleurs. Les principaux de ces fossiles sont : *Cerithium Diaboli*, *Natica Vulcani*, *Cardium Rouyi*, *Nummulites striata*.

Il est à remarquer que *Cerit. Diaboli* y est rare, comme dans le massif d'Argentine, et qu'il y est en bonne partie remplacé par une autre forme, *Cer. Archiaci*, qui devient de plus en plus abondant à mesure qu'on s'avance vers le sud-ouest.

Je n'ai aucun renseignement sur le point où ces fossiles ont été récoltés. Mais je les suppose provenir de la pente gazonnée au SW de Dent-rouge, qu'on gravit pour se rendre aux Martinets par Pré-fleuri. J'ai reconnu en effet que tout ce versant est formé des Couches à Cérites, et l'ai marqué, en conséquence, dans ma carte, de petits traits bleus sur la teinte jaune éocène.

Martinets. — Ce dernier gisement a été l'objet des actives recherches du D[r] PH. DE LA HARPE, dans ses nombreux séjours aux Plans. Notre Musée lui doit un grand nombre de fossiles de cette région. Ces fossiles ne proviennent pas d'un seul point, comme ceux des gisements précédents, mais peuvent avoir été récoltés sur une étendue de plus d'un kilomètre, où j'ai pu constater la Couche à Cérites fossilifère, ce qui m'a permis de la figurer sur ma carte par des traits bleus. C'est dire que l'association est moins certaine qu'ailleurs. Toutefois par la nature de leur test et de leur gangue, ces fossiles ont un cachet particulier, qui me laisse peu de doutes à cet égard, et me permet même de les distinguer assez facilement de ceux des Diablerets, etc.

Grâce aux patientes recherches du D[r] DE LA HARPE, nous avons une 60[ne] d'espèces de ce gisement. Je cite les plus abondantes : *Cerithium Archiaci*, *C. Weinkauffi*, *C. plicatum*, *Natica Vulcani*, *Corbula valdensis*, *Coralliophaga alpina*, *Cardium Rouyi*, *Pecten infumatus ? Trochosmilia irregularis ;* enfin *Nummulites striata*, très bien caractérisée, qui s'y trouve assez fréquemment dans la couche fossilifère même, et soudée parfois à quelqu'une des espèces précédentes

Cerithium Archiaci y remplace presque entièrement *Cer. Diaboli*, dont je n'ai vu qu'un seul exemplaire. Les Polypiers sont de nouveau plus abondants, comme aux Diablerets, ce qui indiquerait des eaux plus salées ; et cependant les types saumâtres *Corbula*, *Coralliophaga*, *Cyrena* y sont encore assez fréquents, sans doute dans un niveau spécial.

Faune des Couches à Cérites.

Le Tableau ci-joint donne à connaître cette faune dans son ensemble, telle qu'elle résulte d'une nouvelle étude attentive, que j'ai faite pendant l'hiver 1887-1888. Je ne me suis fié pour cela à aucune liste antérieure, mais j'ai repris le travail de détermination *ab ovo*, en comparant, autant que possible, mes fossiles des Alpes avec les originaux du Bassin de Paris ou d'ailleurs.

M. Gust. Dollfus a bien voulu dans ce but me procurer un certain nombre de types qui me manquaient. Malgré tous mes soins, je ne puis pas prétendre pour toutes les espèces à des déterminations rigoureuses, mais la plupart d'entre elles me paraissent pourtant dignes de confiance.

On voit par cette liste que mes matériaux se sont considérablement accrus depuis 1854, puisque nous ne pouvions énumérer que 43 espèces des Alpes vaudoises, dans la monographie faite en collaboration avec M. Hebert [Cit. 60] ; tandis que j'en constate maintenant 167, c'est-à-dire plus du double du chiffre total, mentionné alors, des divers gisements alpins, soit suisses soit français.

Sur cet ensemble de 167 espèces, 28 seulement, soit le 17 % environ, persistent dans le Calcaire à Nummulites. On voit donc que ces deux faunes sont passablement indépendantes. Toutefois si l'on faisait abstraction des types saumâtres d'un côté, et des Foraminifères de l'autre, on trouverait entre elles une proportion bien plus forte d'espèces communes. Il me paraît donc que leur dissemblance tiendrait plutôt à une différence de facies ;

la première faune tout à fait littorale, et même plus ou moins saumâtre, la seconde franchement marine, et accusant une plus grande profondeur.

Un mot encore sur *Cerithium Diaboli*, l'espèce principale, le *leader* de ce niveau. En 1854, M. Hebert et moi l'avions réuni au *Cerit. trochleare* du Tongrien, mais il y a longtemps que je suis revenu de cette assimilation, qui me paraît maintenant erronée, et peu justifiable.

Si les noms sont donnés pour distinguer les formes, et non pour les confondre, il faut évidemment appliquer deux dénominations différentes : — l'une au type de Jeurre et Moriguy, fig. 7^b et 7^c [Cit. 60, pl. I], qui est le vrai *C. trochleare*, à 2 côtes saillantes plus ou moins lisses, ressemblant à une vis ; — l'autre au type des Diablerets fig. 7^E, à 2 côtes peu saillantes, mais fortement tuberculeuses, croisées par de petites côtes, transverses aux tours.

L'échantillon intermédiaire 7^c, que je possède au Musée de Lausanne, est un spécimen fortement usé, qui ne signifie rien ; c'est une forme qui ne se rencontre jamais aux Diablerets parmi les échantillons intacts.

L'exemplaire 7^d de Neuilly est évidemment une forme de passage, un *C. Diaboli* abâtardi ; celui d'Ormoy 7^f est un passage entre *C. Diaboli* et *C. Archiaci* ; je l'attribuerais plutôt à ce dernier, avec ses 3 carènes tuberculeuses ; c'est un type fréquent aux Martinets.

Mais de semblables passages, il y en a entre toutes les espèces voisines ! et ce n'est pas une raison pour confondre sous une même dénomination des formes réellement distinctes, et d'une certaine constance. Je reconnais que *Cer. trochleare* est peut-être dérivé de *Cer. Diaboli*, mais cela ne change pas la valeur de notre espèce classique des Diablerets.

Notre *Cerit. Diaboli* est d'ailleurs assez capricieux dans sa distribution. Très abondant au gisement de la Mine, et dans tout le massif des Diablerets, il manque à La Cordaz, et reste rare dans nos autres gisements. Vers le SW il est petit à petit remplacé par *Cerit. Archiaci*, comme cela se voit à Dent-rouge, et plus complètement aux Martinets. En revanche *Cerithium Diaboli* prédomine de nouveau en Savoie, dans la région de Gap et dans les Alpes maritimes.

FOSSILES DES COUCHES A CÉRITES Les chiffres désignent le nombre d'échantillons constaté dans chaque gisement. n = en nombre supérieur à 9 ex. c = commun.	GISEMENTS										PASSÉ AU CALC. NUMMULIT.	NIVEAU HABITUEL			
	Zanfleuron	Praz-Doran	Pierredar	Diablerets (Mine)	Vélard	Cordaz	Vire-d'Argentine	Surchamp	Dent-rouge	Martinets		SUESSONIEN	PARISIEN	BARTONIEN	TONGRIEN
Poissons.															
Pycnodus platessus? Ag. (palais)				1											
Oxyrhina minuta? Ag. (dent)					1										
Gastropodes.															
Bulla minuta, Desh.						3									*
Scaphander conicus, Desh.				1							*	*			
Siphonostomes.															
Ancillaria Studeri, Heb. & Rnv. [Cit. 60, pl. 1, f. 10]				n	1										
Voluta musicalis, Chem.				2									*		
Murex spinulosus, Desh.	2			n	4								*		
— crispus, Lk.				3	7								*		
— tricarinatus, Lk.				3	1								*	*	
— distortus, Desh.	1												*		
Fusus polygonatus, Brong. [Cit. 35, pl. 4, f. 4]				n	n	3					*				
— subcarinatus, Lk.				1			5						*		
— costulatus, Lk.						2							*		
— excisus? Lk.					n								*		
— (Clavella) Noæ, Chem.				5								*	*		
— (Leiostoma) lævigata? Lk.				1									*		
— cf. Turbinella parisiensis, Desh.					n										
Buccinum patulum, Desh.						2							*		
— cf. Veneris, Fauj.										1					
Cypræa inflata, Lk.					1								*		
Strombus (Oncoma) Meneguzzoi? May-Ey.				6											
Cerithium Diaboli, Brong. [C. trochleare, Heb. & Rnv. — Cit. 60, pl. 1, f. 7, e, f, g.]	c	1	6	c	c		1		3	1					*
— Archiaci, Heb. & Rnv. [Cit. 60, pl. 1, f. 8]	3			6	n			1	3	c					
— Weinkauffi, Tourn. (C. elegans, Desh.)	n	3	2	c	c					n					*
— plicatum, Brug. (var. alpinum, Tourn)	n	n	3	n	c		c			n					*
— plicatulum, Desh.										2		*			
— Bonellii, Desh. (C. gibberosum, Heb. & Rnv.)				6			2						*		
— bicarinatum, Lk.		c			1									*	
— hexagonum, Chem. (C. Castellini, Heb. & Rnv.)				7	n	1	2						*		
— sp. cf. creniferum, Desh.				2	c										

FOSSILES DES COUCHES A CÉRITES (*Suite.*)	GISEMENTS										PASSE AU CALC. NUMMULIT.	NIVEAU HABITUEL				
	Zanfleuron	Praz-Doran	Pierredar	Diablerets (Mine)	Vélard	Cordaz	Vire-d'Argentine	Surchamp	Dent-rouge	Martinets		SUESSONIEN	PARISIEN	BARTONIEN	TONGRIEN	EOCÈNE ALPIN
Siphonostomes. (*Suite.*)																
Cerithium filiferum, Desh.	.	.	.	1	.	.	.	.	.	1	*	.	*	.	.	.
— subspiratum, Bell.	.	.	.	n	.	.	.	1	.	.	*	.	.	.	.	*
Holostomes.																
Diastoma costellata, Lk. (Melania)	n	.	3	c	4	3	1	.	.	2	.	*	*	.	.	.
— Grateloupi, Orb. (Mel. costellata, Grat.)	1	.	.	8	.	.	.	.	.	.	.	.	.	.	*	.
Melania (Bayania) lactea, Lk.	7	.	.	.	.	2	2	.	.	.	.	.	*	*	.	.
— — cf. lactea (spire + allongée)	6	.	.	.	.	.	.	.	.	.	.	.	.	.	.	.
— — semi-decussata, Lk.	2	.	.	c	c	4	n	.	.	1	.	.	.	.	*	.
— — cf. semi-plicata, Lk.	.	.	.	.	c	.	.	.	.	.	.	.	.	.	.	.
— — lævigata ? Desh.	.	n	.	.	.	.	.	.	.	.	.	.	*	.	.	.
Melanopsis fusiformis ? Sow.	.	.	.	.	.	1	1	.	.	.	.	*	.	.	.	.
Turritella carinifera, Desh.	.	.	.	n	.	.	2	.	.	2	.	.	*	.	.	.
— sulcifera, Desh. (T. incisa ? Brong.)	2	.	.	4	.	.	.	1	.	.	.	.	*	*	.	.
— Rouyi, Orb.	.	.	.	1	.	.	.	.	.	.	.	.	.	.	.	*
Natica Vulcani, Brong. (N. angustata, Heb. & Rnv.)	1	.	2	n	.	c	c	n	n	n	*	.	.	.	.	*
— vapincana, Orb. (spire + allongée)	.	.	.	3	.	3	3	.	2	1	*	.	.	.	.	*
— Picteti, Heb. & Rnv. [Cit. 60, pl. 1, f. 1]	5	.	1	n	n	.	.	.	.	5	.	.	.	.	.	*
— Rouaulti, Arch. (ou jeunes N. Picteti)	1	.	.	n	n	.	.	.	.	.	.	.	.	.	.	*
— acutella, Leym.	.	.	.	3	n	.	.	.	.	.	.	.	.	.	.	*
— labellata, Lk.	6	.	.	.	.	.	5	.	.	.	.	.	*	.	.	.
— epiglottina, Lk.	.	.	.	.	1	.	n	.	.	.	.	.	*	.	.	.
— Studeri, Quenst. (N. mutabilis, Desh.)	2	.	.	4	.	.	5	.	.	1	.	.	*	.	.	.
— cf. hybrida, Lk.	.	.	.	.	.	2	.	.	.	.	.	.	.	.	.	.
— albasiensis ? Leym.	.	.	.	1	n	.	.	.	.	.	.	.	.	.	.	*
Deshayesia alpina, Tourn. (D. cochlearia, Heb. & Rnv.)	2	.	2	n	1	.	.	.	2	3	.	.	.	.	.	*
Onustus sp. cf. Trochus patellatus, Desh.	.	.	.	.	.	2	.	.	.	.	.	.	.	*	.	.
Aspidobranches.																
Nerita tricarinata, Lk.	.	.	.	1	n	.	6	.	.	.	.	*	*	.	.	.
— Caronis, Brong. [Cit. 35, pl. 2, f. 14]	.	.	.	.	.	1	.	.	.	.	.	.	.	.	.	*
— mammaria, Lk.	.	.	.	.	1	.	.	.	.	.	.	.	*	.	.	.
Velates Schmideli, Chem. (Neritina conoidea, Lk.)	.	.	.	1	.	.	.	.	.	.	*	*	.	.	.	*
Trochus Deshayesi, Heb. & Rnv. [Tr. alpinus. — Cit. 60, pl. 1, f. 6.]	.	.	.	2	.	.	2	.	.	.	.	.	.	.	.	*
— Lucasi ? Brong. (Cit. 35, pl. 2, f. 6)	.	.	.	2	.	.	.	.	.	.	.	.	.	.	.	*

FOSSILES DES COUCHES A CÉRITES (*Suite.*)	GISEMENTS: Zanfleuron	Praz-Doran	Pierredar	Diablerets (Mine)	Vélard	Cordaz	Vire-d'Argentine	Surchamp	Dent-rouge	Martinets	PASSE AU CALC. NUMMULIT.	NIVEAU HABITUEL: SUESSONIEN	PARISIEN	BARTONIEN	TONGRIEN
Aspidobranches. (*Suite.*)															
Turbo sp.	.	.	.	.	.	.	.	.	.	1	.	.	.	.	.
Patella (Acmea?) costaria, Desh.	.	.	.	.	.	2	.	.	.	.	.	.	.	*	.
Scaphopodes.															
Dentalium striatum, Sow. (D. tenuistriatum, Rouault)	.	.	.	.	.	.	.	.	.	8	.	.	*	*	.
Pélécypodes. Sinupalléales.															
Gastrochæna ampullaria? Lk. (moules de tubes)	.	.	.	.	.	5	.	.	.	.	*	.	*	*	.
Corbula valdensis, Heb. & Rnv. [Cit. 60, pl. 1, f. 11]	.	.	.	.	.	c	2	.	.	n	*	.	.	.	.
— areolifera, Cossm.	.	.	.	.	.	7	.	.	.	.	.	*	.	.	.
Mactra compressa, Desh. (M. depressa, id.).	.	.	.	1	.	.	.	.	.	.	.	.	.	*	.
Glycimeris (Panopæa) intermedia? Sow.	.	.	.	.	.	.	.	1	.	.	.	*	*	*	.
? — elongata, Leym.	.	.	.	1	.	.	.	.	.	.	*	.	.	.	.
Cultellus grignonensis? Desh.	.	.	.	.	.	5	6	.	.	.	.	.	*	.	.
Psammobia (Gari) pudica, Brong. [Cit. 60, pl. 2, f. 3]	.	.	3	n	8	1	n	.	.	.	*	.	.	.	.
— Fischeri, Heb. & Rnv. [Id., pl. 2. f. 4]	.	.	1	n	1	2	4	.	.	1	.	.	.	.	.
Tellina Mortilleti, Heb. & Rnv. [Id., pl. 2, f. 1]	.	.	.	1	.	2	7	.	.	.	.	.	.	.	.
— Haimei, Heb. & Rnv. [Id., pl. 2, f. 2]	.	.	.	4	1	1	6	.	.	1	.	.	.	.	.
— Vasseuri? Laub. (in Cossm. Cat.)	.	.	.	2	.	.	5	1	.	.	.	*	.	.	.
— patellaris? Lk.	.	.	.	1	.	.	.	.	.	.	.	.	*	.	.
— (Arcopagia) lucinalis, Desh.	.	.	.	.	.	.	n	.	.	.	.	.	.	*	.
— — lamellosa, Desh.	.	.	.	1	.	.	1	.	.	.	.	.	*	.	.
Donax Basteroti? Desh.	.	.	.	.	.	.	1	.	.	.	.	.	*	.	.
Cytherea Vilanovæ, Desh. [Cit. 60, pl. 2, f. 5]	n	.	7	n	3	5	4	.	.	5	*	.	.	.	.
— elegans, Lk.	4	.	.	4	.	.	2	.	.	6	.	.	*	*	.
— suberycinoïdes, Desh.	2	.	.	.	.	2	2	1	1	1	.	.	*	*	.
— incrassata, Sow.	.	.	.	1	.	.	.	.	1	6	*	.	.	.	*
— nitidula? Lk.	.	.	.	.	.	.	.	.	.	1	*	*	*	*	.
— lævigata? Lk.	.	.	.	.	.	2	.	.	.	.	.	.	*	.	.
— cf. Venus subvirgata, Orb.	.	.	.	.	.	1	.	.	.	.	.	.	.	.	.
Venus astarteoïdes? Arch.	.	.	.	3	.	2	.	.	.	.	.	.	.	.	.
— subcyrenoïdes, Arch.	.	.	.	.	.	2	.	.	.	.	.	.	.	.	.
— (Tapes) solida? Desh.	.	.	.	.	1	.	.	.	.	.	.	.	*	.	.

FOSSILES DES COUCHES A CÉRITES (*Suite.*)	GISEMENTS										PASSE AU CALC. NUMMULIT.	NIVEAU HABITUEL				
	Zaufleuron	Praz-Dorau	Pierredar	Diablerets (Mine)	Vélard	Cordaz	Vire-d'Argentine	Surchamp	Dent-rouge	Martinets		SUESSONIEN	PARISIEN	BARTONIEN	TONGRIEN	EOCÈNE ALPIN
Intégropalléales.																
Coralliophaga oblonga, Desh. (Cypricardia)	.	.	.	.	.	.	n	.	.	.	.	.	*	.	.	.
— alpina, Math. [Cit. 60, pl. 2, f. 6]	.	.	.	1	.	.	c	4	.	n	.	.	.	.	.	*
— sp. cf. alpina (+ courte, trapézoïde)	.	.	.	.	.	.	n	.	.	.	.	.	.	.	.	.
— subobtusa ? Arch. (Mytilus id.)	.	.	.	.	.	.	2	.	.	.	.	.	.	.	.	*
Cyrena antiqua, Fér.	2	.	.	2	.	.	c	6	.	6	.	*	.	.	.	.
— Sirena, Brong. [Cit. 35, pl. 5, f. 10]	1	.	.	2	2	.	c	1	.	2	*	.	.	.	.	*
— Rouyi, Orb.	.	.	.	1	.	.	n	.	.	5	.	.	.	.	.	*
— trigona, Desh. (jeunes de C. antiqua ?)	.	c	.	.	.	.	.	.	.	.	.	*	.	.	.	.
— cuneiformis ? Fér.	.	.	.	.	.	.	.	1	.	.	.	*	.	.	.	.
— sp. cf. Donax obliqua, Lk.	.	.	.	.	.	.	4	.	.	.	.	.	.	.	.	.
Cardium Rouyi, Orb. (C. granulosum, Heb. & Rnv.)	c	2	n	c	n	c	c	c	3	c	.	.	.	.	.	*
— (Hemicardium) Orbignyi, Arch.	.	.	.	1	.	.	2	.	.	.	.	.	.	.	.	*
Lucina Vogti, Heb. & Rnv. [Cit. 60, pl. 2, f. 8]	.	.	.	7	1	.	.	.	.	1	.	.	.	.	.	.
— globulosa, Desh. [Id., pl. 1, f. 12]	.	.	.	5	.	.	.	.	.	.	.	.	.	.	*	*
— lævigata ? Desh.	n	n	1	2	.	.	.	.	.	.	.	*	.	.	.	.
Chama lamellosa, Lk.	.	.	.	3	.	.	.	.	.	2	*	.	*	*	.	.
Cardita Lauræ, Brong. [Cit. 35, pl. 5, f. 3]	.	.	.	.	.	.	.	.	.	7	.	.	.	.	.	*
— oblonga ? Sow.	.	.	.	.	.	.	.	.	.	3	.	.	.	*	.	.
Asiphonides.																
Leda striata, Lk. (Nucula)	.	.	.	.	.	2	.	.	.	.	.	*	*	.	.	.
Nucula similis ? J. Sow.	.	.	.	1	.	.	1	.	.	.	.	.	.	*	.	.
Stalagmium grande ? Bell.	.	.	.	1	.	.	.	.	.	.	.	.	.	.	.	*
Arca Brongniarti, Heb. & Rnv. (? A. barbatula, Lk.)	.	.	.	6	.	.	.	.	.	1	.	.	.	.	.	.
— Kaufmanni, May-Ey.	.	.	.	.	.	.	.	.	.	2	*	.	.	.	.	*
— granulosa, Desh.	.	.	.	1	.	.	.	.	.	.	.	.	*	.	.	.
— sculpta ? Desh.	.	.	.	.	.	.	.	.	.	1	.	.	*	.	.	.
— Genei ? Bell.	.	.	.	.	.	.	1	.	.	.	.	.	.	.	.	*
Modiola spathulata, Desh.	.	.	.	1	.	1	.	.	.	.	.	.	*	.	.	.
Mytilus corrugatus, Brong. [Cit. 35, pl. 5, f. 6]	.	.	.	6	n	.	2	.	.	2	.	.	.	.	.	*
Septifer cf. Congeria palatonica, Partsch.	.	.	.	.	.	.	n	.	.	1	.	.	.	.	.	.
— cf. Mytilus ungula-capræ, Munst.	.	.	.	.	.	.	n	4	.	.	.	.	.	.	.	.
— sp. (+ étroite et allongée)	.	.	.	.	.	.	7	1	.	.	.	.	.	.	.	.
Vulsella falcata ? Goldf.	.	.	.	.	.	2	.	.	.	.	.	.	.	.	.	*

FOSSILES DES COUCHES A CÉRITES (*Suite.*)	GISEMENTS										PASSE AU CALC. NUMMULIT.	NIVEAU HABITUEL			
	Zanfleuron	Praz-Doran	Pierredar	Diablerets (Mine)	Vélard	Cordaz	Vire-d'Argentine	Surchamp	Dent-rouge	Martinets		SUESSONIEN	PARISIEN	BARTONIEN	TONGRIEN
Asiphonides. (*Suite.*)															
Perna Garnieri, Tourn.							1								
Avicula trigonata ? Lk.										1	*		*		
Lima (Radula) plicata ? Lk.										4			*		
— (Limatula ?) flabelloïdes ? Desh.										1				*	
Pecten (Chlamys) infumatus ? Lk.									1	c	*		*	*	
— — Heeri, May-Ey.										8					
— — multicarinatus, Desh.							1			1			*		
— — mitis, Desh.	1		1	2						1			*		
Spondylus rarispina, Desh.				1						1	*		*		
Ostrea cymbula, Lk. (O. cyathula, Heb. & Ren.)				n		4	2			5	*		*		
— Cossmanni, Dollf. (O. plicata, Desh., non Sol.)				2		2								*	
— inflata, Desh.				1										*	
— callifera ? Desh.						1			1						*
Anomya tenuistriata, Desh.				n	1	c	4	1		1	*		*	*	
Annélides.															
Serpula Gundavaënsis, Arch.				1							*				
Bryozoaires.															
Spiropora Thorenti, Mich.				1	1										
Polypiers.															
Flabellum Renevieri ? May-Ey.							1			1					
Ceratotrochus ? sp.										1					
Turbinolia cf. Bowerbanksi, Edw. & H.				1											
Trochocyathus sinuosus ? Brong. [Cit. 35, pl. 6, f. 17.]				3			1			1					
— Allonsensis ? Tourn.				n	1					n					
— crenulatus ? May-Ey.	1			2			1								
— cornutus, Haim.				3											
Oculina ? sp.				1											
Stephanocœnia elegans, Mich.				6											*
Astrocœnia distans, Leym.				3	4						*				
— contorta, Leym.				n											
Stylocœnia emarciata ? Lk.				1									*	*	

FOSSILES DES COUCHES A CÉRITES (*Suite.*)	GISEMENTS: Zanfleuron	Praz-Duran	Pierredar	Diablerets (Mine)	Vélard	Cordaz	Vire-d'Argentine	Surchamp	Deul-rouge	Martinets	Passé au calc. nummulit.	NIVEAU HABITUEL: Suessonien	Parisien	Bartonien	Tongrien	Eocène alpin
Polypiers. (*Suite.*)																
Stylocœnia monticularia ? Schw.	.	.	.	2	.	.	.	.	.	.	.	.	.	.	.	.
? sp.	2	.	2	1	.	.	.	.	.	.	.	.	.	.	.	.
Trochosmilia irregularis, Desh.	6	.	.	c	2	.	1	.	.	c	*	.	.	.	.	*
? sp. (cylindroïde, allongée)	2	.	.	7	.	.	.	.	.	3	.	.	.	.	.	.
Rhizangia brevissima, Desh.	.	.	.	3	.	.	.	.	.	n	.	.	.	.	*	*
Cladocora sp.	.	.	.	c	6	n	.	.	.	2	*	.	.	.	.	.
Rhabdophyllia Reussi ? May-Ey.	.	.	.	.	.	.	1	.	.	.	.	.	.	.	.	*
? sp. cf. Sarcinula costata, Gold.	.	.	.	.	.	4	.	.	.	.	.	.	.	.	.	.
Circophyllia sp.	.	.	.	3	.	.	3	.	.	.	.	.	.	.	.	.
Montlivaultia Granti, Haim.	.	.	1	.	.	.	.	.	.	.	.	.	.	.	.	*
— Vignei, Haim.	.	.	.	.	.	.	.	.	.	1	.	.	.	.	.	*
Cyclolites Heberti ? Tourn.	.	.	.	2	.	.	.	.	.	4	.	.	.	.	.	*
— alpina, Orb. [Cit. 60, pl. 2, f. 9]	.	.	.	.	.	.	.	.	.	1	*	.	.	.	.	*
Polytremacis Bellardii ? Haim.	.	.	.	.	.	.	1	.	.	.	.	.	.	.	.	*
Foraminifères.																
Nummulites striata, Brug.	.	.	.	.	.	c	c	c	n	c	*	.	.	.	.	*
Miliolites indet.	.	.	.	c	.	.	.	.	.	.	.	.	.	.	.	.
Total : 166 espèces, dont	30	8	15	95	42	40	58	16	11	61	28	16	52	23	11	61

Ce sont deux espèces très voisines, que plusieurs considéreraient comme de simples variétés. *Cer. Archiaci* a trois côtes tuberculeuses sur chaque tour, au lieu de deux [Cit. 60, pl. 1, f. 8], et son angle spiral est en général un peu plus ouvert. Du reste il ne manque pas de passages entre ces deux types. On voit fréquemment naître cette troisième côte tuberculeuse sur le dernier tour des *C. Diaboli* bien adultes [Cit. 60, pl. 1, f. 7[g]].

En décrivant les gisements, j'ai déjà parlé du caractère saumâtre des couches inférieures de plusieurs d'entre eux. Quant à la question de l'âge de ces assises, je la réserve pour un § spécial, à la fin du Nummulitique supérieur !

5. GRÈS NUMMULITIQUE

Ce grès est une assise siliceuse, dure, compacte, homogène et jusqu'ici sans fossiles, qui dans le massif des Diablerets surmonte partout les couches à Cérites. Sauf depuis l'Ecuellaz aux Essets, je ne me souviens pas de l'avoir observé dans le massif d'Argentine. Peut-être y est-il remplacé par les schistes bruns à *Nummulites striata*, qui, sur Bovonnaz et à Surchamp, séparent la Couche à Cérites du Calcaire gris à Nummulites.

Au gisement de la Mine (p. 375), ce grès, très dur et scintillant, forme, au-dessus du talus des Couches à Cérites, une paroi abrupte, que j'ai estimée à 45 mètres d'épaisseur. Ce n'est qu'un peu plus à l'ouest, du côté de Tête-d'Enfer, qu'on peut franchir cette paroi de grès, pour atteindre l'arête par un passage, qui est comme un escalier à marches de géants.

Plus à l'est, vers Zanfleuron, ce même grès forme une paroi verticale, qui domine les 4 chalets de Miet (cp. 4 et cl. 44, p. 270). Il y est surmonté de Calcaire gris à petites Nummulites, avec traces d'oursins et de polypiers. Au bas du Glacier le banc de grès, superposé à la Couche à Cérites, forme, au milieu des *lapiés* dénudés, une étendue gazonnée, dite Praz-rossaz.

Sur le versant nord des Diablerets, j'ai également constaté ce grès aux gisements fossilifères de Praz-Doran et Pierredar. Il y forme un banc assez épais, intercalé entre la Couche à Cérites et le Calcaire gris à Nummulites. Là c'est un grès quartzeux, très dur, scintillant, gris brunâtre à l'extérieur; à la cassure souvent moins foncé, gris-rosé ou jaunâtre.

A l'Ecuellaz, j'ai constaté un banc de grès scintillant, analogue à celui des Diablerets, formant la base du Nummulitique, sous le Calcaire gris. Son affleurement se prolonge jusqu'aux Essets, en forme de fer à cheval.

En revanche, à la montée du Sanetsch depuis le Châtelet (Gsteig), j'ai rencontré un banc de grès grossier, également dur et scintillant, qui m'a paru intercalé entre le Calcaire gris à Nummulites et les Schistes, c'est-à-dire entre les deux assises supérieures 6 et 7, dont je parlerai plus loin.

Cl. 94. Couches renversées sous la Grand'vire.

Enfin au flanc sud-ouest des Dents-de-Morcles, un peu en dessous de la Grand'vire, à l'origine du Torrent-sec, frontière de Vaud et Valais, j'ai rencontré un grès quartzeux analogue, intercalé entre des couches de calcaire gris à *Nummulites* (cl. 94).

Il semblerait donc qu'il y ait divers bancs de grès, interstratifiés à des niveaux différents.

Je n'ai jamais pu y trouver la moindre trace de fossiles

6. CALCAIRE A NUMMULITES

Au point de vue orographique, c'est ici la subdivision la plus importante du Nummulitique supérieur, car elle en est la plus puissante et la plus constante. Ce calcaire repose transgressivement sur l'une ou l'autre des assises précédentes, ou même sur l'un des derniers étages crétaciques.

Je l'ai désigné sur ma carte par le monogramme $\mathbf{E}^3$, sans hachures.

La roche habituelle est un calcaire compact gris, en général assez clair à l'extérieur, mais le plus souvent foncé à la cassure. N'étaient les *Nummulites*, il se confondrait facilement, soit avec le Malm, soit avec l'Urgonien, et comme celles-ci font parfois défaut, ou sont difficiles à voir, il y a des cas où la distinction devient malaisée, surtout lorsqu'il s'agit de lambeaux isolés.

Ce complexe est moins généralement fossilifère que les Couches à Cérites, sauf en ce qui concerne les *Nummulites* et les *Orbitoïdes*, qui y sont assez habituelles.

Les gisements de fossiles que je puis mentionner dans le massif des Diablerets, ne contiennent guère que des Foraminifères avec quelques rares débris d'Echinodermes. Ils sont tous situés sur le versant nord. Ceux au contraire du massif d'Argentine contiennent un certain nombre de mollusques, qui leur donnent un caractère plus littoral ; l'un d'eux, celui de La Cordaz, est même assez riche. Enfin dans le Massif des Dents-de-Morcles, je n'ai pu trouver que quelques petites Nummulites éparses.

Je ne m'occuperai dans ce § que des gisements qui présentent un intérêt paléontologique. Ils sont au nombre d'une dizaine.

Sanetsch. — Le Calcaire nummulitique joue un assez grand rôle au passage du Sanetsch, soit à la montée depuis le Châtelet (Gsteig), soit sur le col même [Cit. 87, p. 69 (281) pl. 4]. Il y est en général de couleur assez foncée à la cassure, et même d'aspect un peu bitumineux, mais à l'extérieur il est beaucoup plus clair, et assez analogue au calcaire urgonien. J'y ai trouvé les quelques fossiles suivants :

Du côté de Zanfleuron : *Pecten sp.*, (s.g. *Chlamys*) Bryozoaire, *Num. striata*, *Num. Murchisoni*, *Orbitoïdes papyracea*, *O. submedia.*

Sur le versant nord, dans un calcaire plus schistoïde, à fossiles se détachant en noir : *Cidaris acicularis* (radiole), *Num. striata*, *Orbitoïdea sella*, *O. papyracea.* Ici les Nummulites et Orbitoïdes sont associées dans les mêmes échantillons.

Enfin plus bas, à Praz-Ouiton-d'en bas, j'ai rencontré un exemplaire de grand *Pecten* (s.g. *Chlamys*), toujours dans le même calcaire.

Dard. — Je réunis sous ce nom, dans le Tableau, les fossiles recueillis dans deux ou trois lambeaux nummulitiques, qui avoisinent la Cascade du Dard (Ormonts), et qui présentent entre eux une certaine analogie. L'érosion seule a séparé ces lambeaux, primitivement continus.

Un des plus intéressants est celui qui occupe le petit vallon dit Entrelareille, sur le flanc nord de l'Oldenhorn [Cit. 87, p. 69 (281), pl. 2, f. 1]. J'y ai recueilli *Echinanthus Pellati ?*, *Orbit. papyracea*, *O. Fortisi*, *Operculina ammonea*, *Num. striata.*

Plus bas, en Derbessaudon, au-dessus du col du Pillon, dans un calcaire schistoïde gris-brunâtre à *Nummulites*, j'ai récolté : *Cidaris interlineata* (radioles), *Orbitoïdea stellata*, *O. Fortisi*, et quelques Bryzoaires, qui paraissent se rapporter aux genres *Eschara* et *Cellaria.*

De l'autre côté du Dard, en Praz-Doran [Cit. 87, p. 70 (282), pl. 1], j'ai trouvé *Orbit. papyracea*, *Heterostegina sp.*, et *Num. striata*, dans un calcaire gris compact, qui surmonte le grès, superposé à la Couche à Cérites.

Roc-des-Barmes. — Au sud d'Aiguenoire (Ormont-dessus), la vallée de la Grande-Eau est dominée à l'est par un grand rocher calcaire abrupt, dit le Roc-des-Barmes. On y monte depuis les derniers bâtiments du hameau d'Aiguenoire, à travers la forêt. Là on se trouve sur le Flysch, composé d'alternances de grès et de schistes foncés, plongeant faiblement au NNE.

Sous le rocher se voit un banc de grès grossier cristallin. Le rocher lui-même est un calcaire foncé, dont la base, un peu plus marneuse et schistoïde, contient un grand nombre d'*Orbitoïdes* noires, assez bien conservées. J'y ai recueilli : *O. radians, O. papyracea, O. submedia, O. Fortisi, O. stellata*, et avec elles *Num. striata*, assez rare. J'ai consacré une colonne du Tableau à cette remarquable faunule, qui m'a paru provenir de la partie tout à fait supérieure du Calcaire à Nummulites.

Pierredar. — Tout le haut du *replan*, mentionné p. 377, est formé de Calcaire nummulitique, qui surmonte le grès scintillant, superposé aux Couches à Cérites. Malgré sa grande étendue, jusqu'au Glacier de Prapiot, je n'y ai trouvé que peu de fossiles : *Orbit. papyracea, Num. striata, Num. Murchisoni, Num. contorta.*

Ecuellaz. — Le Calcaire gris à *Nummulites* occupe tout le centre de ce petit vallon synclinal. De là il se continue sans interruption, d'une part jusqu'à Cheville et Derborence, de l'autre jusqu'aux Essets et à la Cordaz. Dans la première de ces sections je n'ai trouvé que quelques petites *Nummulites*, suffisantes toutefois pour faire reconnaître le terrain.

Dans le calcaire gris de la Vire-aux-Chèvres, DE LA HARPE avait reconnu *Num. Fichteli.* A l'entrée du Creux de Tête-Pegnat, PH. CHERIX avait trouvé, dans un calcaire foncé, des tubes qui concordent bien avec *Teredo Tournali.* Sous Tête-Grosjean j'ai recueilli une Serpule assez abondante, du type de *S. gordialis*, que j'attribue à *S. Gundavaënsis.* Ces localités fourniraient certainement mieux, si l'on y cherchait un peu. Dans mes diverses visites, c'était surtout le Gault qui absorbait mon attention.

Cordaz. — C'est ici notre principal gisement du Calcaire nummulitique, dont les couches supérieures surtout sont beaucoup plus riches qu'ailleurs, et contiennent spécialement un bon nombre de Mollusques.

Les petites *Nummulites* y deviennent par places excessivement abondantes et constituent presque entièrement la roche. Ce sont comme des stations de Foraminifères. Avec elles j'ai recueilli au Col-des-Essets, dans un calcaire gris-clair, *Orbit. papyracea.*

Dans le haut de La Cordaz, près du gisement mentionné p. 378, dans les bancs calcaires un peu brunâtres, qui surmontent immédiatement la Couche à grosses Natices, par conséquent tout à fait à la base du Calcaire à Nummulites, j'ai recueilli : *Eupatagus elongatus ? Leiopedina Samusi, Cyclolites alpina, Num. striata.* Ces couches inférieures paraissent occuper la place du grès, que je n'ai pas rencontré dans cette région.

Mais c'est surtout vers le bas du versant nord de La Cordaz, dans les bancs calcaires de la partie supérieure de l'assise, que se trouvent les gîtes fossilifères les plus riches. C'est là qu'on peut voir le calcaire gris, pétri de petites *Nummulites*, formant une zone qui s'élève obliquement du côté du Col-des-Essets, depuis le gisement marqué d'un astérisque. C'était un des points les plus fréquemment exploités par mes collecteurs, parce qu'il est à proximité d'Anzeindaz, et facile à atteindre (cl. 74, p. 317).

Les fossiles s'y trouvent le long de la zone en écharpe, tantôt dans le calcaire pétri de *Nummulites*, qui est noirâtre ou brunâtre à la cassure, tantôt dans un calcaire analogue sans Nummulites. Ici il n'y a guère d'éboulis, et tous les fossiles ont été pris en place, souvent en faisant sauter la roche ; on n'a donc pas à craindre les mélanges, et l'on peut avoir confiance dans l'association des espèces. Comme les bancs plongent régulièrement d'une 20me de degrés au NE, il n'y a aucun doute que ce niveau soit de beaucoup supérieur à celui qui surmonte la Couche à grosses Natices.

De cet important gisement j'ai obtenu 84 espèces environ, dont plus de la moitié sont des Pélécypodes. Malheureusement leur conservation laisse beaucoup à désirer. La plupart sont à l'état de moules, car le test se détache très difficilement de la roche. Toutefois quelques portions de test conservé ont facilité mes déterminations, qui me laissent pourtant moins de sécurité que celles des fossiles, bien meilleurs, des Couches à Cérites. Les types les plus habituels sont : *Terebellum fusiforme, Cerithium filiferum, Turitella granulosa, Natica sigaretina, Thracia cf. rugosa, Cardium helveticum, Pecten (Chlamys) Bernensis, Eupatagus elongatus, Trochosmilia irregularis.*

Quant aux *Nummulites*, elles sont encore beaucoup plus abondantes, mais leur détermination m'embarrasse, vu mon incompétence et les variations d'opinion du Dr DE LA HARPE. Une petite espèce excessivement fréquente avait été attribuée par d'ARCHIAC à *N. Ramondi.* Pendant longtemps DE LA HARPE conserva cette dénomination, mais en 1877 [Cit. 129, p. 229] il déclara que toutes les *Nummulites* de nos Alpes, que d'ARCHIAC et lui avaient attribuées à *N. Ramondi*, sont des *N. striata.* Un peu plus bas dans la même page, DE LA HARPE dit que les *Nummulites* de La Cordaz, provenant du banc inférieur aux grosses Natices, sont toutes des *N. striata ;* tandis que dans les bancs supérieurs il trouve 80 % de *N. garansiensis*, 15 % de *N. striata* et 5 % de *N. intermedia.* Enfin en 1881 [Cit. 143, p. 51] il remplace le nom de *N. garansiensis* par celui de *N. Fichteli.*

Je me déclare parfaitement incapable de trouver une différence spécifique entre les petites Nummulites de ces divers niveaux, inférieur et supérieur aux Natices, comme aussi entre les échantillons de nos collections que DE LA HARPE a étiquetés *N. garansiensis* (ou *N. Fichteli*) et *N. striata* (olim *N. Ramondi*).

D'autre part je reconnais facilement, dans le Calcaire à Nummulites, une espèce plus grande et plus plate, qui y est beaucoup plus rare. C'est celle que DE LA HARPE déterminait *N. intermedia*, la distinguant de *N. contorta* par l'absence de filets radiés. Or un de mes échantillons les mieux conservés, que DE LA HARPE n'a pas eu sous les yeux, présente les filets radiés très accentués ; c'est donc une *N. contorta*, que je ne puis d'ailleurs pas distinguer des soi-disant *Num. intermedia* de La Cordaz.

Comme conclusion, et tout en reconnaissant mon incompétence en Foraminifères, je me hasarde à penser que nous avons ici essentiellement les deux espèces habituelles aux couches nummulitiques correspondantes du Dauphiné :

Num. striata, petite espèce très commune.
Num. contorta, espèce plus grande, plus rare.

Pierre-carrée. — Ici le Calcaire nummulitique, en couches presque verticales, est en partie caché par les éboulis. Il présente néanmoins une forte épaisseur. Il est de teinte grisâtre, plutôt foncée, et caractérisé par les mêmes *Nummulites* qu'au bas de La Cordaz ; la petite *Num. striata* est surtout abondante. J'ai obtenu de ce gisement une 30me d'espèces, recueillies pour la plupart dans les blocs éboulés. Sauf quelques *Pectens*, elles sont en général à l'état de moules. Sur quelques-uns de ces fossiles on voit pourtant des vestiges de test brunâtre. C'est absolument la même faune que dans les bancs supérieurs de La Cordaz. Les types les moins rares sont : *Terebellum carcassense, Pecten bernensis, P. cf. Lima ? dilatata, P. (Chlamys) infumatus.*

Perriblanc. — Ce grand pierrier du revers nord d'Argentine, situé sur la montagne de Bovonnaz, a fourni aussi un certain nombre de fossiles de ce niveau, récoltés tous dans les blocs éboulés. J'y ai constaté 24 espèces du Calcaire à Nummulites, lequel est toujours facile à distinguer, grâce à ses Foraminifères. Les plus fréquentes sont *Velates Schmideli, Vola Micheloti, Spondylus rarispina, Orbitoïdes papyracea, O. sella, Num. striata.* Les couches sont d'ailleurs visibles un peu au-dessus du pierrier, plongeant sous la grande paroi d'Argentine.

Bertet. — Nous avons au Musée de Lausanne, sous ce nom, un lot de fossiles, récoltés par le D[r] Ph. de la Harpe, et dont je ne connais pas le gisement précis. A en juger par leur gangue, ils doivent provenir d'un même banc de calcaire foncé, ou peut-être d'un même bloc. Quoi qu'il en soit, ces fossiles sont intéressants parce qu'ils nous offrent un certain nombre d'espèces des couches à Cérites, dans un vrai Calcaire à Nummulites.

La roche est un calcaire compact noir, très tenace, spathoïde et assez homogène, dans lequel on ne voit guère de *Nummulites*, mais qui ressemble beaucoup à la gangue de certains fossiles du bas de La Cordaz. Le test est bien conservé, mais très difficile à détacher de la gangue, de sorte que la plupart de ceux qui ont été isolés sont à l'état de moules.

J'y ai reconnu une 20me d'espèces, dont les principales sont : *Natica Vulcani, Cytherea nitidula ? Anomya tenuistriata.* La moitié de ces espèces sont des types habituels aux couches à Cérites. Le facies du dépôt est évidemment plus littoral que celui des bancs à *Nummulites*, voire même un peu saumâtre, témoins *Corbula valdensis* et *Cyrena Sirena ?* Malheureusement je ne puis savoir s'il s'agit d'un banc intermédiaire, situé vers la base du Calcaire à *Nummulites*, ou d'un facies particulier de ce dernier.

J'ai inscrit dans la même colonne du Tableau quelques Foraminifères, que j'ai pu constater dans cette région des Nombrieux et du Bertet.

Les Plans. — Je suis malheureusement dans la même ignorance, relativement au gisement précis de nombreux Foraminifères, recueillis par Ph. de la Harpe, aux environs des Plans-de-Frenière, et qu'il nous a laissés, avec cette vague désignation de gisement. Je sais seulement que, pendant ses séjours d'été dans ce charmant vallon, il a beaucoup récolté au pied du Bertet, dans les gorges de l'Avançon, et de l'autre côté de la rivière, dans les éboulis de la paroi de rochers, qui s'élève jusqu'aux Savolaires. Quelques-unes de ses étiquettes de Foraminifères portent même la mention : « Eboulé des rochers de Savolaire. »

La bande nummulitique traverse d'ailleurs toute cette région, comme on le voit sur ma carte. Mais les couches mêmes sont rarement accessibles, se trouvant recouvertes, tantôt d'éboulis, tantôt de végétation. Il est donc probable que de la Harpe a fait ses récoltes dans des blocs éboulés.

Nous avons là une jolie faunule d'une 12ne d'espèces de Foraminifères, assez bien conservés. Leur gangue est un calcaire blanchâtre, tout pétri d'*Orbitoïdes*, dans lequel les *Nummulites* sont moins abondantes. Les types les plus communs sont : *Orbitoïdes sella, O. papyracea, O. submedia*. L'espèce *Orb. radians* y est plus rare qu'au Roc-des-Barmes, sur Aiguenoire. *Num. striata* s'y rencontre également.

C'est le plus beau gisement à Orbitoïdes, que je connaisse dans nos Alpes.

Faune du Calcaire à Nummulites.

Je résume dans le Tableau ci-joint la faune de cette assise, qui n'avait point été comprise dans notre étude de 1854 avec M. Hebert, et n'avait encore fait l'objet d'aucune énumération systématique.

Sur un total de 129 espèces, 28 seulement se rencontraient dans les

Couches à Cérites, ce qui établit, comme je l'ai déjà fait remarquer, l'indépendance relative de ces deux faunes consécutives.

Une 40me d'espèces seulement sont des types connus du Nummulitique alpin. Une 50me d'autres ont pu être rapportées à des types éocènes du Bassin anglo-parisien, et peuvent par conséquent nous renseigner mieux sur l'âge de ce niveau. Je donnerai mes conclusions dans un § spécial sur l'âge du Nummulitique supérieur dans son ensemble.

Je dois confesser toutefois que les fossiles du Calcaire à Nummulites, étant généralement d'une conservation très imparfaite, leur détermination donne moins de sécurité, que pour les espèces des Couches à Cérites. C'est pourquoi j'ai dû souvent faire usage du ?, qui témoigne de mes hésitations. Cependant si ma liste ne peut servir à fixer d'une manière absolue l'âge de ce Calcaire nummulitique, elle fournit cependant des indications intéressantes sur les rapports de ces faunes. Une étude plus approfondie, que j'espère entreprendre un jour, pourra sans doute modifier sensiblement cette liste, mais les anologies générales resteront, je pense, acquises.

Au point de vue du facies, l'abondance des Foraminifères et la rareté des Mollusques, sauf dans les gisements un peu exceptionnels du massif d'Argentine, me paraissent indiquer une mer déjà plus profonde, ou mieux une formation moins littorale, que celle des Couches à Cérites.

Un micrographe anglais, M. Arthur W. Waters, pendant un séjour à Villars en 1879, a examiné très attentivement les pierres charriées par la Gryonne, provenant en majeure partie du massif des Diablerets. Il y a trouvé naturellement beaucoup de Calcaire nummulitique, dont il a poli quelques lames pour le microscope. Sur ma demande il a résumé ses observations, que j'ai traduites pour le *Bull. de la Soc. vaudoise des sciences naturelles* [Cit. 136].

Dans une lame de Calcaire nummulitique bleu foncé, où l'on ne pouvait voir à l'œil aucune trace de fossile, il a constaté, au microscope, que ce calcaire était presque entièrement formé de *Lithothamnies*, associées à des *Foraminifères* et des *Bryozaires*. Les cellules de cette algue sont aussi distinctes, dit-il, que dans une section de *Melbosia* récente. Cette lame est figurée au grossissement de 12 fois, et les cellules des *Lithotamnies* à 85 et 250 fois, dans la planche qui accompagne la notice de M. Waters.

FOSSILES DU CALCAIRE A NUMMULITES Les chiffres désignent le nombre d'échantillons constaté dans chaque gisement. n = en nombre supérieur à 9 ex. c = commun.	GISEMENTS: Ecuellaz et Cheville	Cordaz (haut et bas)	Pierre-carrée	Perriblanc	Bertet et Nombrieux	VIENT DES COUCHES A CÉRITES	NIVEAU HABITUEL: SUESSONIEN	PARISIEN	BARTONIEN	TONGRIEN	ÉOCÈNE ALPIN
Gastropodes.											
Bulla semistriata, Desh.		2					*				
Scaphander conicus, Desh.			2			*	*				
Siphonostomes.											
Pleurotoma filosa, Lk.				1				*			
Voluta cithara, Chem.		6	1					*			
— harpula, Lk.		3						*			
Fusus polygonatus, Brong. [Cit. 35, pl. 4, f. 4] (moule)					1	*					*
Cypræa peregrina, May-Ey. (Einsid., pl. 3, f. 7)			1								*
Terebellum fusiforme, Lk.		n					*				
— carcassense, Leym. (Mem. géol. Fr., 2de S., I, pl. 16, f. 9)		n	4								*
Cerithium filiferum, Desh.		n		1		*		*			
— subspiratum, Bell. (Nice, pl. 14, f. 12)		2				*					*
Holostomes.											
Turritella granulosa, Desh. (? T. asperula, Brong.)		c	1						*		
Natica Vulcani, Brong. [Cit. 35, pl. 2, f. 16]		5			6	*					*
— Vapincana, Orb.					2	*					*
— sigaretina, Lk.		n	1					*			
— patula ? Lk.		3						*			
— cepacæa, Lk.		1						*			
Galerus lamellosus, Desh. (Calyptræa, id.).		1						*			
Velates Schmideli, Chem. (Neritina conoïdea, Lk.)		2	1	c		*	*				
Turbo sp. (moule)		5	1		1						
Fissurella labiata, Lk.		1						*			
Dentalium sp.		1		2							
Pélécypodes.											
Teredo Tournali ? Leym. (Mem. géol. Fr., 2de S., I, pl. 14, f. 1-4)	5	5									*
Teredina personata ? Lk.		1					*				
Gastrochæna (Rocellaria) ampullaria ? Lk.		1				*		*	*		

FOSSILES DU CALCAIRE A NUMMULITES (*Suite.*)	GISEMENTS					VIENT DES COUCHES A CÉRITES	NIVEAU HABITUEL				
	Ecuellaz et Cheville	Cordaz (haut et bas)	Pierre-carrée	Perriblanc	Bertet et Nombrieux		SUESSONIEN	PARISIEN	BARTONIEN	TONGRIEN	ÉOCÈNE ALPIN
Pélécypodes. (*Suite.*)											
Corbula valdensis, Heb.&Rnv. [Cit. 60, pl. 1, f. 11]	.	1	.	.	1	*	.	.	.	.	.
Thracia rugosa, Bell. (Nice, pl. 16, f. 14)	.	4	.	.	.	.	.	.	.	.	*
— cf. rugosa (côté anal + prolongé)	.	c	1	.	.	.	.	.	.	.	.
Glycimeris (Panopæa)? elongata, Leym. (Mem. géol., I, pl. 14, f. 8)	.	.	.	.	1	*	.	.	.	.	*
Psammobia (Gari) pudica, Brong. [Cit. 60, pl. 2, f. 3]	.	.	.	.	1	*	.	.	.	.	*
Tellina scalaroïdes? Lk.	.	n	.	.	.	.	.	*	.	.	.
— rostralina? Desh.	.	.	1	.	.	.	*	*	.	.	.
— tenuistria? Desh.	.	.	.	.	1	.	.	*	.	.	.
— cf. sinuata, Lk.	.	1	.	.	.	.	.	.	.	.	.
— (Arcopagia) Bouryi? Cossm. (Cat. I, pl. 5, f. 1)	.	3	.	.	.	.	.	*	.	.	.
Donax retusa, Lk.	.	.	.	.	1	.	.	.	*	.	.
Cytherea Vilanovæ? Desh. [Cit. 60, pl. 2, f. 5]	.	.	1	.	.	*	.	.	.	.	*
— nitidula? Lk.	.	5	1	.	3	*	*	*	*	.	.
— incrassata, Sow.	.	7	1	.	.	*	.	.	.	*	.
— bellovacina? Desh.	.	2	.	.	.	.	*	.	.	.	.
— semisulcata, Lk.	.	2	.	.	.	.	.	*	.	.	.
Venus turgidula, Desh.	.	4	.	.	.	.	.	*	*	.	.
Cypricardia carinata, Desh.	.	.	1	.	2	.	.	*	.	.	.
Cyprina semilunaris, Arch. (Inde, pl. 28, f. 13)	.	2	.	.	.	.	.	.	.	.	*
Cyrena Sirena? Brong.	.	.	.	.	2	*	.	.	.	.	*
Cardium gratum? Defr.	.	6	2	.	1	.	.	*	*	.	.
— helveticum? May-Ey. (Einsid., pl. 1, f. 22)	.	c	2	.	2	.	.	.	.	.	*
— cf. Cardita funiculosa, Arch. (Inde, pl. 21, f. 17)	.	.	.	.	3	.	.	.	.	.	*
— (Hemicardium) avicularis? Lk.	.	.	.	.	1		.	*	.	.	.
Fimbria (Corbis) lamellosa, Lk.	.	.	2	.	.	.	.	*	.	.	.
— — subpectunculus? Orb.	.	3	.	.	.	.	.	*	.	.	.
Lucina mutabilis, Lk.	.	3	.	.	.	.	.	*	.	.	.
— pseudoargus? Arch. (Inde, pl. 17, f. 2-4)	.	1	.	.	.	.	.	.	.	.	*
— concentrica? Lk.	.	7	.	.	.	.	.	*	.	.	.
— Cuvieri? Bay. (L. Defrancei, Desh., non Orb.)	.	2	.	.	3	.	*	*	.	.	.
— sulcata? Lk.	.	1	.	.	.	.	*	*	*	.	.
Chama lamellosa? Lk.	.	1	.	.	.	*	.	*	*	.	.

FOSSILES DU CALCAIRE A NUMMULITES (*Suite.*)	GISEMENTS: Ecuellaz et Cheville	Cordaz (haut et bas)	Pierre-carrée	Perriblanc	Bertet et Nombrieux	VIENT DES COUCHES A CÉRITES	NIVEAU HABITUEL: SUESSONIEN	PARISIEN	BARTONIEN	TONGRIEN	EOCÈNE ALPIN
Pélécypodes. (*Suite.*)											
Chama sp. (moules subéquivalves, renflés)	.	5	.	.	.	.	.	.	.	.	.
Crassatella plumbea, Chem. (C. tumida, Lk.)	.	4	.	.	.	.	.	*	.	.	.
— subrotunda ? Bell. (Nice, pl. 18, f. 4)	.	9	.	.	.	.	.	.	.	.	*
Cardita multicostata ? Lk.	.	1	.	.	.	.	.	*	.	.	.
— Lauræ ? Brong. [Cit. 35, pl. 5, f. 3]	.	1	.	.	.	.	.	.	.	.	*
Asiphonides.											
Pectunculus alpinus, May-Ey. (Einsid., pl. 1, f. 19)	.	3	.	.	.	.	.	.	.	.	*
Arca planicosta, Desh. (A. appendiculata, J. Sow.)	.	n	1	.	.	.	.	*	*	.	.
— Kaufmanni ? May-Ey. (Thun, pl. 2, f. 7)	.	2	.	.	.	*	.	.	.	.	*
Mytilus acutangulus, Desh.	.	1	.	.	.	.	.	.	*	.	.
Avicula trigonata, Lk.	.	2	.	.	.	*	.	*	.	.	.
Pecten (Amusium) squamula ? Lk.	.	3	1	1	.	.	*	*	.	.	.
— (Pseudamusium) solea, Desh. (lisse)	.	2	3	2	.	.	.	*	.	.	.
— — cf. Lima dilatata Lk. (faibles côtes rayonn.)		3	9	1	.	.	.	.	.	.	.
— (Chlamys) bernensis, May-Ey. (Thun, pl. 1, f. 21)	.	c	5	.	.	.	.	.	.	.	*
— — infumatus, Lk.	.	.	4	1	.	*	.	*	*	.	.
— — plebeius ? Lk.	.	3	.	1	.	.	*	*	*	.	.
— (Vola) cf. Micheloti, Arch. (Mem. geol. Fr., 2de S., III, pl. 12, f. 20, 21.)	.	4	3	5	.	.	.	.	.	.	.
Spondylus rarispina, Desh.	.	2	.	5	1	*	.	*	.	.	.
— limoïdes, Bell. (Nice, pl. 20, f. 7)	.	.	.	1	.	.	.	.	.	.	*
Ostrea gigantica, Sol. (O. latissima, Desh.)	.	5	.	.	.	.	.	*	*	.	.
— Fleminghi ? Arch. (Inde, pl. 23, f. 14, 15)	.	.	.	2	.	.	.	.	.	.	*
— cymbula ? Lk.	.	1	.	.	1	*	.	*	.	.	.
— (Pycnodonta) Archiaci, Orb. (Gr. Brongniarti, Bron) (O. vesicularis, Arch. Mem. geol., 2de S., III, pl. 13, f. 24.)	1	1	2	2	.		.	.	.	.	*
Anomya tenuistriata, Desh.	.	.	.	.	3	*	.	*	*	.	.
Annélides.											
Serpula Gundavaënsis, Arch. (Inde, pl. 36, f. 11)	n	.	.	.	.	*	.	.	.	.	*

FOSSILES DU CALCAIRE A NUMMULITES (*Suite.*)	GISEMENTS: Sanetsch et Zanfleuron	Région du Dard	Roc-des-Barmes	Pierredar	Écuellaz et Cheville	Cordaz (haut et bas)	Pierre-carrée	Perriblanc	Bertet et Nombrieux	Les Plans et Nant	VIENT DES COUCHES A CÉRITES	NIVEAU HABITUEL: SUESSONIEN	PARISIEN	BARTONIEN	TONGRIEN	ÉOCÈNE ALPIN
Bryozoaires.																
Eschara sp.		1	1													
Cellaria ? »		1														
Cellepora » *fide* WATERS																
Lepralia » *fide* WATERS																
Entalophora » *fide* WATERS																
Idmonea » *fide* WATERS																
Echinides.																
Eupatagus elongatus, Ag. (Lor., pl. 22, f. 1-3)						n	2									*
— navicella, Ag. (Lor., id., f. 4-5)						1		1								*
Schizaster Archiaci ? Cot. (Lor., pl. 18, f. 6-9)									1							*
Echinanthus Pellati ? Cot. (Lor., pl. 6)		1														*
Scutellina supera ? Ag. (Scut., pl. 21, f. 15-19)						2	1						*			
Echinocyamus alpinus ? Ag. (Lor., pl. 3, f. 1)						1										*
Leiopedina Samusi, Pav. (Lor., pl. 2, f. 8)						2								*		
Cyphosoma sp. plaque et rad. (Lor., pl. 2, f. 3)						1										*
Cidaris acicularis, Arch. rad. (III, pl. 10, f. 5),	1													*		
— interlineata, Arch. (Id., f. 10)		2												*		
Crinoïdes.																
Conocrinus Suessi, Mun. (Lor., pl. 19, f. 33-36)								2								*
Polypiers.																
Astrocœnia distans, Leym. (I, pl. 13, f. 6)						2					*					*
Trochosmilia irregularis, Desh.						n	1				*					*
— multilobata, Haim. (Nice, pl. 22, f. 5)						1										*
Cladocora ? sp.						6					*					
Astrea Beaudouini, Haim. (Nice, pl. 22, f. 6.)						1										*
Cyclolites alpina, Orb. [Cit. 60, pl. 2, f. 9]						3					*					*
Cyclolitopsis ? sp.						1										
Dendrophyllia sp.						5										

FOSSILES DU CALCAIRE A NUMMULITES (*Suite.*)	GISEMENTS										VIENT DES COUCHES A CÉRITES	NIVEAU HABITUEL				ÉOCÈNE ALPIN
	Sanetsch et Zanfleuron	Région du Dard	Roc-des-Barmes	Pierredar	Ecuellaz et Cheville	Cordaz (haut et bas)	Pierre-carrée	Perriblanc	Iserlet et Nombrieux	Les Plans et Nant		SUESSONIEN	PARISIEN	BARTONIEN	TONGRIEN	
Foraminifères.																
Rhipidocyclina nummulitica, Gumb.	(*fide* WATERS)					.	.	.	.	.	.	.	.	.	.	.
Orbitoïdes papyracea, Boub. (III, pl. 8, f. 13)	c	c	n	n	.	n	.	c	n	c	.	.	.	*	.	*
— sella, Arch. (Mem. Soc. geol., III., pl. 8, f. 16)	n	.	.	.	.	.	.	n	5	c	.	.	.	*	.	.
— submedia, Arch. (III, pl. 8, f. 6)	n	.	5	.	.	.	.	.	.	c	.	.	.	*	.	*
— Fortisi, Arch. (III, pl. 8, f. 10, 11)	.	5	3	.	.	.	.	.	.	4	.	.	.	*	.	*
— radians, Arch. (III, pl. 8, f. 15	.	.	c	.	.	.	.	2	.	9	.	.	.	*	.	.
— stellata, Arch. (II, pl. 7, f. 1)	.	2	2	.	.	.	.	1	.	2	.	.	.	*	.	.
Nummulites striata, Brug.	c	c	3	n	n	c	n	c	n	c	*	.	.	.	.	*
— contorta, Desh.	.	.	.	1	.	?	1	.	.	.	.	.	.	.	.	*
— Murchisoni, Brun.	1	.	.	2	.	.	.	.	.	.	.	.	.	.	.	*
— Fichteli, Mich[ti] (N. garansiensis) (*fide* DE LA HARPE)	.	.	.	.	n	c	n	3	n	n	.	.	.	.	*	.
— intermedia, Arch. (*fide* DE LA HARPE)	.	.	.	.	3	n	6	.	1	1	.	.	.	*	*	.
— Tournoueri, Harp. (*fide* DE LA HARPE)	.	.	.	.	.	3	.	1	.	.	.	.	.	*	.	.
— Boucheri, Harp. (*fide* DE LA HARPE)	.	.	.	.	.	n	.	.	.	n	.	.	.	*	.	.
Operculina ammonea, Leym. (I, pl. 13, f. 11)	.	2	1	.	.	1	.	.	.	4	.	.	.	.	.	*
— canalifera? Arch. (Inde, pl. 35, f. 5)	.	.	.	.	.	7	2	.	.	1	.	.	.	.	.	*
Heterostegina? sp.	.	.	1	.	.	.	.	.	1	1	.	.	.	.	.	.
Dentalina? sp.	.	.	.	.	.	1	.	.	.	.	.	.	.	.	.	.
Nodosaria sp. (*fide* WATERS)	.	.	.	.	.	1	.	.	.	.	.	.	.	.	.	.
Rotalia » (*fide* WATERS)	.	.	.	.	.	1	.	.	.	.	.	.	.	.	.	.
Globigerina » (*fide* WATERS)	.	.	.	.	.	1	.	.	.	.	.	.	.	.	.	.
Algues.																
Lithothamies	.	.	.	.	1	c	2	1	.	.	.	.	.	.	.	.
Total : 129 espèces, dont	6	9	9	4	7	89	34	24	27	13	28	12	40	20	3	45

Les *Foraminifères*, reconnus sur la même lame, sont surtout des *Orbitoïdes*, que M. Waters attribue à *Rhipidocyclina nummulitica*, Gümb. Les *Bryozoaires* appartiennent aux genres : *Idmonea*, *Entalophora*, *Lepralia*, *Cellepora* et *Eschara*. M. Waters affirme qu'avec des séries suffisantes d'échantillons on pourrait même déterminer les espèces. La profondeur d'eau, où ce Calcaire nummulitique a dû se former, serait selon lui un peu plus grande que celle de la *zone laminarienne*.

M. Waters a également étudié les gisements de La Cordaz. Voici ce qu'il en dit [Cit. 136, p. 595] :

« Là j'ai trouvé, au-dessus de la couche à *Natica*, un calcaire remplis de grandes *Lithothamnies* en nodules, mais contenant très peu d'*Orbitoïdes* et *Nummulites*. Au-dessus les *Orbitoïdes* deviennent abondantes, et sont suivies par des couches riches en *Nummulites*, *Polypiers*, *Pectens*, etc. Par-dessus vient un autre calcaire, composé de très petits *Foraminifères* (*Globigerina*, *Rotalia*, *Nodosaria*, etc.). Cette coupe révèle une mer, peu profonde à l'origine, dans laquelle vivaient les grandes *Lithothamnies* nodulaires. Les couches à *Orbitoïdes* et *Nummulites* devaient être sans doute plus profondes, mais jamais très profondes, n'excédant probablement pas 50 brasses, tandis qu'au contraire les couches à *petits Foraminifères* ont dû se déposer à des profondeurs beaucoup plus considérables. »

7. SCHISTE NUMMULITIQUE SUPÉRIEUR

Partout où j'ai pu observer nettement la partie supérieure du Calcaire à Nummulites, je l'ai vu devenir insensiblement plus schistoïde, et passer graduellement à l'assise **7**, qu'il me reste à décrire. Sur quelques points de ma carte où ces schistes sont le plus développés, je les ai désignés par un pointillé rouge sur fond jaune, accompagné du monogramme $\mathbf{E}^4$. Mais en réalité ils sont beaucoup plus répandus que cela ne paraît sur la carte, et accompagnent presque partout la partie supérieure du Calcaire gris

Ce sont des schistes feuilletés, grisâtres, parfois gris-jaunâtres, toujours un peu plus foncés à la cassure. Les fossiles y sont excessivement rares, sauf sur quelques points exceptionnels, que je mentionnerai ; et ces fossiles sont si mal conservés que c'est à peine si l'on ose hasarder une détermination. Toutefois par leur rareté même, tout comme par les groupes zoologiques auxquels ils se rapportent (Bryozoaires, etc.), ils semblent indiquer une mer plus profonde.

Massif de l'Oldenhorn. — Dans ce massif j'ai vu les Schistes supérieurs sur divers points, naturellement là où le Nummulitique est le plus épais ; ailleurs l'érosion les a souvent fait disparaître. Au Sanetsch ce sont des schistes très feuilletés, assez noirs intérieurement. Je n'y ai pas vu de fossiles. A Derbessaudon, où le Nummulitique vient butter contre la grande faille du Pillon, ils surmontent également le Calcaire, et ont en général une couleur plus claire.

Diablerets. — A Pierredar je les ai constatés au-dessus du gisement fossilifère, formant le centre du pli synclinal. Celui-ci s'élargissant au NE, les schistes prennent de ce côté une extension de plus en plus considérable. J'y ai trouvé quelques rares *Nummulites* de petite taille, qui ne paraissent pas différentes de celles du Calcaire nummulitique sous-jacent. Près de la pointe inférieure du Glacier de Prapiot on voit ces schistes recouverts par le Grès de Taveyannaz, marqué sur ma carte **Tv**.

Enfin sur l'arête même des Diablerets, entre Pointe-de-la-Houille et Tête-d'Enfer, les Schistes nummulitiques sont assez développés dans le synclinal couché, dont ils occupent le centre (Pl. II). Là, sur l'arête même, j'ai trouvé quelques fossiles très frustes, consistant en radioles d'Oursins, (*Cyphosoma ?*) et Bryozoaires (*Eschara ?*)

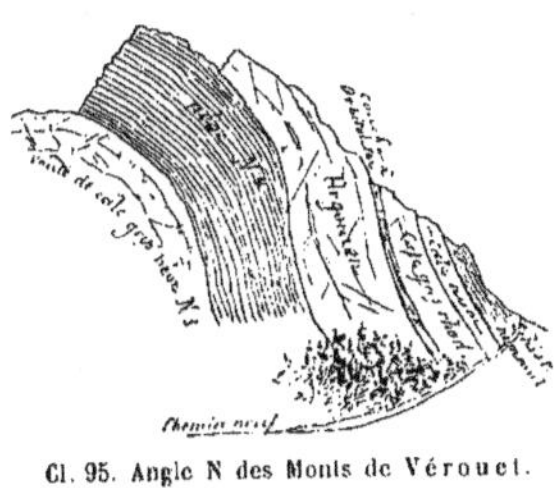
Cl. 95. Angle N des Monts de Vérouet.

Derborence. — C'est ici que les Schistes supérieurs m'ont fourni les meilleurs fossiles. Le gisement se trouve près du chemin qui mène à Sion, au point marqué sur ma carte d'un astérisque, à l'angle du rocher qui termine au N la montagne de Vérouet (cl. 95). Les couches nummulitiques sont là fortement redressées contre l'urgonien, et les schistes en forment la partie la plus rapprochée du chemin, jusqu'au coude de celui-ci. Au delà de ce coude à l'est, on voit la coupe naturelle reproduite par le cliché.

Voici les quelques fossiles que j'ai recueillis en ce point :

Dent de *Lamna ?*
Pecten (Amusium) squamula ? Lk.
Anomya ? sp.
Bryozoaire du G. *Eschara ?*
Spatangoïde indéterminé.
Radioles de *Cidaris.*
Pentacrinus didactylus ? Orb. (tronçons de tige).
Trochosmilia ? sp.

L'état de conservation de ces fossiles ne permet pas une détermination absolue ; toutefois, tels qu'ils sont, ils peuvent fournir quelques indices sur le facies de ce dépôt.

Ecuellaz. — On retrouve ces schistes supérieurs aux environs de Cheville, d'où ils se poursuivent jusque dans le bas de l'Ecuellaz. J'ai de cette région quelques *Ostrea* (*Pycnodonta*) *Archiaci*, dont la gangue est tout à fait schisteuse.

Pierre-carrée. — J'hésite à rapporter au Schiste supérieur, au Calcaire nummulitique, ou même au Flysch, une pièce intéressante du Musée de Lausanne, qui provient de cette localité, mais a été recueillie dans les éboulis. C'est un morceau de calcaire schistoïde foncé, qui ressemble beaucoup par sa texture à certains bancs du Calcaire à *Nummulites* de La Cordaz, mais dans lequel je n'ai pas pu distinguer de foraminifères, ni aucune trace de fossiles animaux. En revanche on voit à sa surface diverses empreintes végétales.

J'avais communiqué cet exemplaire à Oswald Heer, lequel y a reconnu deux types, qu'il a figurés, savoir : *Halymenites flexuosus* [Cit. 112, pl. 64, f. 10], et *Munsteria nummulitica* [pl. 69, f. 4]. D'après ces fossiles on serait tenté d'attribuer cet échantillon au Flysch, qui pourrait très bien se trouver en ce point adossé au *Nummulitique* et caché par l'éboulement. Mais je n'ai jamais vu cette nature de calcaire dans le Flysch. Il se peut fort bien que l'échantillon provienne des couches de passage du Calcaire au Schiste nummulitique.

Surchamp. — Ici les Schistes nummulitiques supérieurs prennent un peu plus d'importance. Ils sont pincés dans le synclinal couché (cp. 9), et ont été par là préservés de l'érosion. J'y ai recueilli quelques empreintes peu nettes de Bryozoaires et Spongiaires, analogues à celles de Derborence et de l'arête des Diablerets.

En revanche je n'ai rien pu constater d'analogue dans la région de Nant et le massif de Morcles. Tandis que de l'autre côté de la Vallée du Rhône, au Val d'Illiez, ces schistes sont très développés et contiennent, aux Ruvinaneires [Cit. 64, p. 275], des fossiles meilleurs et plus nombreux.

AGE DE NOS TERRAINS NUMMULITIQUES

En étudiant avec M. Edm. Hebert, en 1854, la faune des Couches à Cérites [Cit. 60], nous avions été frappés de la présence de quelques espèces tongriennes, et induits par là à rajeunir sensiblement ces assises nummulitiques, c'est-à-dire à les placer au niveau des *Gypses de Montmartre* (Sestien = Ligurien).

Toutefois, ni M. Hebert ni moi, nous n'allâmes jamais au delà. C'est M. Carl Mayer, dans son Tableau synchronistique de 1865, qui les rajeunit encore davantage, et en fit du Tongrien.

Après cette tendance au rajeunissement de notre Nummulititique, vint la réaction ! Son principal promoteur fut le regretté Tournouer, qui, dans ses importantes études sur les fossiles nummulitiques des Basses-Alpes, parues en 1873 [Cit. 100], critiqua d'une manière très judicieuse quelques unes de nos déterminations, et montra que, malgré certaines espèces plutôt saumâtres, telles que *Cerit. plicatum*, qui ont réellement des affinités tongriennes, l'ensemble de cette faune a un caractère plus ancien. Tournouer fut suivi par plusieurs, et convertit en particulier C. Mayer, lequel dans l'édition de 1881 de son Tableau du Tertiaire ancien, abaissa les Couches à Cérites des Diablerets, Faudon, Branchaï, Allons, etc., jusqu'au niveau de son *Grignonin*, où il plaçait également le Nummulitique de Roncà, et le Calcaire grossier supérieur de Paris.

Voici maintenant quels sont les résultats de mes nouvelles études paléontologiques, faites avec des matériaux meilleurs et beaucoup plus nombreux.

1° Sur un total de 167 espèces, que m'ont fourni les *Couches à Cérites* de nos gisements vaudois, il en est 83 environ, qui sont très probablement des types du Bassin anglo-parisien. De ce nombre, plus de la moitié sont des espèces du Parisien, ou plus précisément *Lutétien*.

En effet j'y constate :

11	espèces	tongriennes . . .	soit le	13 1/4 %
23	—	bartoniennes . .	»	27 3/4 %
54	—	parisiennes (*lutétiennes*)	»	65 %
16	—	suessoniennes . .	»	19 1/4 %

Il est dès lors parfaitement évident que c'est avec le Calcaire grossier (*Lutétien* ou Parisien *s. str.*) que nos Couches à Cérites ont le plus d'affinité, mais avec un léger cachet plus jeune. Cela concorderait assez bien avec la place que leur assigne en dernier lieu M. Mayer-Eymar, au niveau du Calcaire grossier supérieur. Tournouer avait donc parfaitement raison dans sa tentative réactionnaire, et je me vois ainsi ramené à mon appréciation de 1852, mais étayée cette fois de preuves beaucoup plus complètes.

D'autre part, cette faune à *Cer. Diaboli*, présente une 60[ne] d'espèces, signalées dans divers gisements nummulitiques alpins ou pyrénéens, dont la plupart ont été assimilés également au Parisien, comme Nice, Roncà, Einsiedeln, Inde, ce qui renforce encore la conclusion ci-dessus.

2° Quant au *Calcaire à Nummulites*, il m'a fourni 129 espèces, dont une 50[ne] sont comparables avec des types du Bassin de Paris.

Parmi ceux-ci je constate :

1	espèce	tongrienne	soit le	2 %
14	espèces	bartoniennes . . .	»	28 %
39	—	parisiennes (*lutétiennes*)	»	78 %
12	—	suessonniennes . .	»	24 %

Le Calcaire nummulitique étant supérieur aux Couches à Cérites, je me serais attendu à lui trouver des affinités plus récentes ! Au contraire il présente un cachet beaucoup moins tongrien, et une proportion d'espèces parisiennes encore plus forte que la Couche à Cérites. C'est là un résultat fort curieux, qui ne peut s'expliquer que par des différences et analogies de facies.

Mais cette comparaison ne s'applique qu'aux Mollusques, et pour avoir une vue d'ensemble, il faut tenir compte aussi des autres classes d'animaux. Or si nous considérons celles-ci, et particulièrement les Foraminifères, nous voyons que beaucoup de nos espèces se retrouvent dans divers gisements nummulitiques du Midi de la France et du Vicentin, qui appartiennent au niveau de Priabona, généralement attribué au Bartonien. Cela augmente singulièrement les affinités *bartoniennes* de notre Calcaire nummulitique, et conduit à le paralléliser avec les Sables moyens du Bassin de Paris.

3° Les *Schistes supérieurs* contiennent trop peu de fossiles, et en trop mauvais état de conservation, pour permettre une comparaison semblable. Je me contenterai seulement de faire remarquer que Bayan, dans ses études sur le Vicentin [Bull. geol. 2de S XXVII, p. 475] a signalé à Brendola, au-dessus des Couches de Priabona (E), des marnes à Bryozoaires (F), occupant la partie supérieure de l'Éocène. Il y a là quelque analogie avec ce que nous trouvons dans les Alpes vaudoises, ainsi qu'au Val d'Illiez, où ces schistes à Bryozoaires sont encore plus développés.

4° Enfin quant à la *Marne d'eau douce*, inférieure aux Couches à Cérites, sa faunule est trop incomplète, les fossiles trop imparfaits et, par-dessus tout, la signification chronologique des espèces limnales trop sujette à caution, pour permettre des conclusions précises. Je constate seulement que les 16 espèces que j'y ai trouvées sont des formes éocènes, dont 7 plutôt parisiennes et 5 plutôt bartoniennes. On pourrait placer ces dépôts d'eau douce au niveau du Calcaire grossier inférieur (Parisien inférieur), ou peut-être à celui des Sables de Cuise (Suessonnien supérieur). La première alternative me paraît la plus vraisemblable.

Je résume dans le tableau ci-après l'homotaxie probable des divers termes de nos terrains nummulitiques :

HOMOTAXIE DU NUMMULITIQUE

	ÉTAGES	ALPES VAUDOISES	VICENTIN	BASSIN DE PARIS
ÉOCÈNE	Bartonien	7. E^4. Schiste nummulitique supérieur.	Marne à Bryozoaires de Brendola.	Calcaire de St-Ouen.
		6. E^3. Calcaire à petites Nummulites et Orbitoïdes.	Couches à Orbitoïdes de Priabona.	Sables moyens de Beauchamp, etc.
	Parisien sup. ..	5. Grès nummulitique. 4. E^2. Couches à *Cerithium Diaboli.*	Couches à Cérites de Roncà.	Calcaire grossier supérieur.
	Parisien inf. ...	3. Marne d'eau douce avec Anthracite. 2. E^1. Sidérolitique.	Calcaire à Poissons de Monte-Bolca.	Calcaire grossier inférieur.
		1. Brèche à grosses Nummulites.	Nummulitique de S. Giovanni Ilarione (Nice et Menton.)	

Mais il ressort pour moi de cette étude une autre conclusion plus générale, et plus importante. C'est qu'on ne peut pas prétendre synchroniser toujours, assise par assise, les formations tertiaires de bassins différents, ou même de régions un peu distantes dans un même bassin. Il peut se rencontrer parfois des faunes passablement analogues sur des points éloignés l'un de l'autre, mais ce sont des coïncidences, qui témoignent d'une similitude de facies, en même temps ou plus encore que d'une similitude d'âge ! Il ne faut pas s'attendre à retrouver les mêmes analogies au-dessus et au-dessous. Cela dépend absolument des conditions géophysiques en cours dans ces deux régions. Un bassin peut avoir été en voie d'affaissement, l'autre en voie d'émersion, et à un certain moment donné les dépôts des deux bassins présenteront le même facies, tandis qu'avant et après les formations seront très différentes.

Ce qu'on peut dire avec certitude dans le cas actuel, c'est que notre terrain nummulitique supérieur appartient à l'*Éocène proprement dit*, à l'exclusion du *Paléocène*, plus ancien et du *Proicène*, plus récent.

RELATIONS OROGRAPHIQUES

Le Flysch ayant une distribution toute différente, il me semble préférable de décrire dès maintenant les relations orographiques des trois premiers termes de notre Eocène, et très spécialement du Nummulitique supérieur, qui joue dans la contrée un rôle prépondérant.

Je m'attacherai tout particulièrement à faire connaitre l'extension et les allures de ce terrain en dehors des gisements fossilifères déjà décrits.

Dans les massifs de l'Oldenhorn et des Diablerets, le Nummulitique forme un grand nombre de lambeaux isolés, dans toutes les situations possibles.

Dans les parties centrales de ma région, il constitue en revanche une bande quasi-continue depuis Mont-bas, par Argentine, jusqu'au sud des Dents-de-Morcles. Cette bande, tantôt normale, tantôt renversée, occupe plutôt les thalwegs que les sommets. Je la subdiviserai en 4 régions, qui s'ajoutent aux 2 massifs précités, celles de Derborence, d'Argentine, de Nant et de la Grand'vire.

1. Massif de l'Oldenhorn.

Les divers synclinaux urgoniens du versant NW de ce massif (p. 306) contiennent chacun un ou plusieurs lambeaux éocènes.

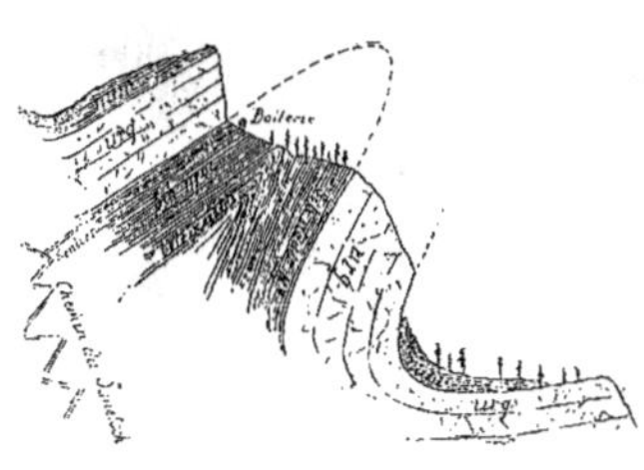

Cl. 96. Synclinaux du Sanetsch.

Sanetsch. — Le synclinal supérieur comprend un lambeau nummulitique assez étendu, qui forme le sommet du Gros-Mouton 2573 m., et va en s'élargissant du côté du NE. J'en ai cité les fossiles p. 392.

Un lambeau plus restreint se trouve à Praz-Ouiton-d'en bas, dans le synclinal moyen, en dessous de la Boiterie (cl. 96). Je les ai représentés en 1865, dans mon profil du Sanetsch et ma carte de l'Oldenhorn [Cit. 87, pl. 4, 5].

M. E. Favre a marqué en outre, sur la F^lle XVII au 100 millième, une bande continue de Nummulitique au bas de ce versant N, de Inner-Gsteig, par Topfelsarsch, à La Ruche. Dans mes explorations de 1859 et 1861, j'avais cru voir au contraire que l'Urgonien descendait jusqu'à Topfelsarsch, et venait butter en faille à la Cornieule, sans intercalation de Nummulitique. Ce sera un point à vérifier !

Sur-le-Dard. — Au versant N de l'Oldenhorn se trouve, dans la continuation du synclinal moyen du Sanetsch, un nouveau lambeau nummulitique très étroit, celui de Entrelareille (cp. 2). Il est, comme les deux précédents, formé de Calcaire à Nummulites, et m'a fourni quelques fossiles (p. 392).

Immédiatement en dessous, se voit un autre lambeau nummulitique, beaucoup plus étendu, qui borde la Cornieule, le long de la faille, depuis

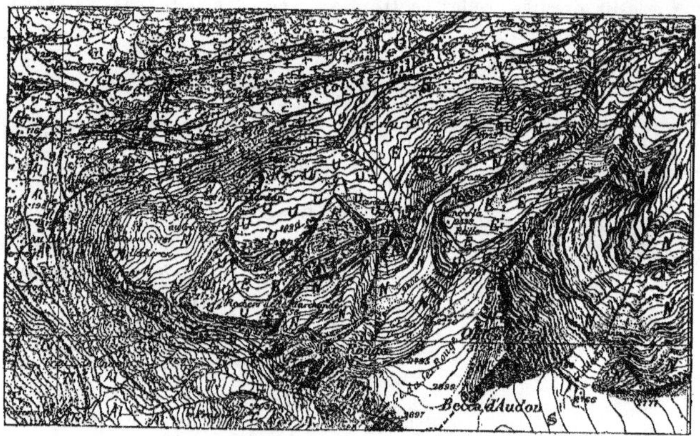

Cl. 97. Carte géologique de l'Oldenhorn. — Echelle 1/50 000.
Al. Alluvions. — Gl. Glaciaire. — Tv. Grès de Taveyannaz. — E. Nummulitique. — U. Urgonien. — N. Néocomien.
O. Opalinien. — C. Cornieule. — + Gypse.

La Ruche jusqu'à Sur-Pillon, comme le montre ma carte de 1865, reproduite en partie dans le cliché 97. Ce n'est pas un synclinal proprement dit, mais plutôt un revêtement nummulitique sur les bancs déclives de l'Urgonien (cp. 2). J'y ai trouvé quelques fossiles à Derbessaudon (p. 392). La masse principale est du Calcaire à Nummulites, partiellement surmonté de Schistes supérieurs.

Les érosions torrentielles du Dard ont mis à nu le soubassement urgonien sur un certain espace, et séparé ce lambeau de Derbessaudon d'avec celui de Praz-Doran (cp. 1), qui appartient au même synclinal. Celui-ci, quoique moins étendu, est stratigraphiquement plus complet, puisque c'est là, au-dessus de la Mine-de-charbon (p. 371), que j'ai pu distinguer en premier lieu les 4 assises du Nummulitique supérieur [Cit. 87, p. 70 (282), pl. 1]. Il est en outre fort intéressant par ses fossiles, appartenant soit à la Couche à Cérites (p. 378), soit au Calcaire à Nummulites (p. 392).

Ces divers lambeaux sont marqués sur la petite carte (cl. 97) par la lettre E répétée. Les deux derniers correspondent au synclinal inférieur du Sanetsch, qui devient à Praz-Doran synclinal supérieur, par suite de l'obliquité en écharpe de ces plis.

Aiguenoire. — Un 4e pli synclinal nummulitique naît sur les bords du Torrent du Dard, en face de Pillon 1391 m., et se continue jusqu'au-dessus d'Aiguenoire. Ici la bande éocène tourne au S, pour se diriger contre Creux-de-Champ (cl. 97). C'est le résultat du renversement des couches, que j'ai pu observer aux Roc-des-Barmes, où le Nummulitique supérieur repose sur le Flysch, tandis que le haut de la paroi, près du Lécheret, est formé d'Urgonien.

J'ai trouvé à la base du Roc-des-Barmes une jolie faunule d'*Orbitoïdes*, avec *Num. striata* rare (p. 393). Ce niveau fossilifère doit ainsi appartenir à la partie tout à fait supérieure du Nummulitique. Je serais tenté de l'attribuer aux Schistes supérieurs $\mathbf{E}^4$, mais les espèces sont les mêmes que celles du Calcaire à Nummulites $\mathbf{E}^3$.

2. Massif des Diablerets.

Ce massif présente un bon nombre de petits lambeaux nummulitiques, moins régulièrement disposés. Je commence par ceux du versant N, qui font suite aux précédents.

Pierredar. — Un des plus étendus, et en même temps des plus complets comme série stratigraphique, est celui de Pierredar (cp. 1), qui s'étend du Glacier de Prapioz à l'est, jusqu'aux Barmes-rousses à l'ouest, et occupe ainsi tout le replan ou gradin rocheux, qui domine Creux-de-champ au SE. Non seulement il remplit le synclinal urgonien, mais il le dépasse au N et au S, où il s'étend en pointe par-dessus les anticlinaux avoisinants.

La plus grande partie de cette étendue est formée de Calcaire gris à Nummulites **E**^{3}, dans lequel les fossiles m'ont paru rares (p. 393). Au centre ce calcaire est recouvert par les Schistes supérieurs **E**^{4}, surmontés d'un petit lambeau de Grès de Taveyannaz **Tv**, vers le bas du Glacier de Prapioz. C'est surtout à l'extrémité occidentale du synclinal que j'ai observé les bancs inférieurs : le Grès et la Couche à Cérites **E**^{2}, assez fossilifère (p. 377), reposant sur le poudingue à cailloux urgoniens, peut-être sidérolitique (cl. 98).

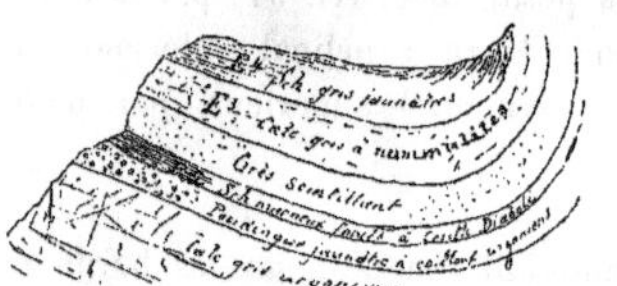

Cl. 98. Coupe du synclinal de Pierredar au SW.

Il est bien difficile de dire auquel des synclinaux de l'Oldenhorn correspond celui-ci. La dislocation entre les deux massifs, le long du vallon de Creux-de-champ, est si considérable que la continuité n'est pas apparente. Je serais porté à croire qu'il fait suite au lambeau de Praz-Doran dont la série stratigraphique est aussi assez complète.

La Borne. — Au SW de Creuxde-champ, dans le haut de l'arête qui sépare ce cirque de celui de Culand, j'ai constaté un petit lambeau nummulitique, qui me paraît appartenir au même synclinal que Pierredar.

Il est situé (cl. 99) immédiatement au-dessus du passage de la Borne, ou Cheminée, par lequel on traverse la paroi urgonienne, pour descendre sur Orgevaux (p. 310). J'y ai recueilli un *Fusus (?)*, *Trochosmilia irregularis* et de petites *Nummulites*. C'est surtout du Calcaire à Nummulites, mais il y a aussi, m'a-t-il paru, des traces de Couches à Cérites.

Cl. 99. Synclinal nummulitique de la Borne.

Dans le bas du cliché 99 j'ai marqué un banc de Nummulitique entre l'Urgonien et le Grès de Taveyannaz, un peu renversés. Je dois dire que c'est plutôt une induction qu'une observation directe. Je n'ai pas vu l'affleurement de près ; j'ai dessiné ce croquis depuis la crête supérieure de la montagne de Lécheret (Ormont-dessus).

Châtillon. — Ma carte, publiée en 1875, ne figure aucun lambeau nummulitique à l'extrémité occidentale du massif des Diablerets ; mais depuis lors j'ai pu en constater une bande importante, qui s'étend depuis Plan-Châtillon, jusqu'au-dessus de Solalex, en travers de la chaîne, et sépare le Néocomien du Grès de Taveyannaz. Comme ma carte est ici tout à fait fautive, j'en reproduis un calque rectifié, dans lequel cette bande nummulitique est bien apparente (cl. 100).

Cl. 100. Carte au 1/50000.

Au Plan-Châtillon, et delà jusqu'au Fond-de-Coufin, j'ai constaté la superposition suivante, parfaitement évidente :

Tv — Grès moucheté, dit de Taveyannaz.
E⁴ — Schistes nummulitiques supérieurs, jaunâtres.
E³ — Calcaire à petites *Nummulites* et *Orbitoïdes*.

Il doit même y avoir quelque part un lambeau de Couche à Cérites, car j'ai un *Cardium Rouyi*, trouvé erratique à Taveyannaz, qui offre tous les caractères de ce niveau.

Plan-Châtillon forme un synclinal évasé, s'élargissant au N., où il contient du Grès de Taveyannaz. Les rochers qui supportent ce *replan*, et s'abaissent vers Coufin, constituent une voûte nummulitique, déjetée à l'ouest, et rompue en son centre. Au pied de ces rochers, on voit les trois termes ci-dessus, absolument renversés. J'y ai récolté dans le Calcaire **E**[3] *Nummulites striata* et des *Orbitoïdes*.

On voit cette paroi nummulitique se prolonger de là dans la direction du Coin 2238 m., et aboutir à l'arête centrale près du passage du Savaney. Puis elle redescend sur Solalex, en formant dans la paroi méridionale deux replis anticlinaux très accentués, le premier sous Le Coin, le second sous Le Paquit 2091 m., fort bien représentés dans le croquis ci-joint, que je dois au crayon de M. H. Golliez (cl. 101).

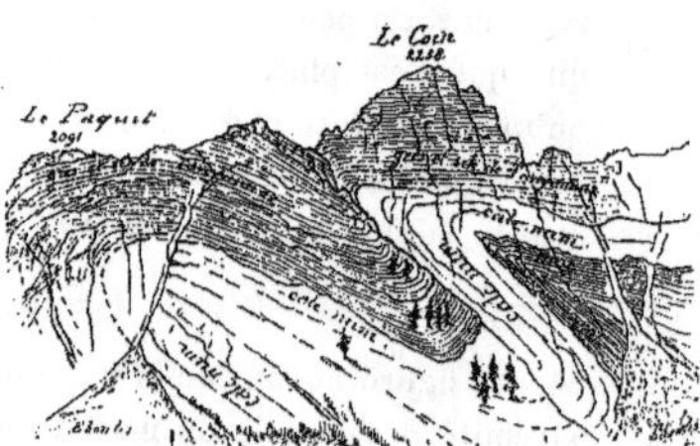

Cl. 101. Replis anticlinaux de Solalex.

Que de fois, depuis Solalex, j'avais envisagé ce double repli de calcaire gris, surmonté de Grès de Taveyannaz, sans pouvoir me rendre compte de l'âge de ce terrain, dans lequel je n'avais trouvé aucun fossile. En août 1886 je le fis voir à la *Société géologique suisse*, et des yeux meilleurs que les miens réussirent à y découvrir de petites *Nummulites !* [Cit. 169, p. 96].

Diablerets-Mine. — Je ne connais aucun lambeau nummulitique depuis la montagne de Châtillon jusqu'à Tête-d'Enfer. Sur le versant E de cette sommité, vers la cote 2717, commence le lambeau de la Mine, dont j'ai fait connaître en détail les couches fossilifères (p. 367, 374). C'est un synclinal fortement déjeté au NW, on peut même dire *couché*, surmonté par le Néocomien renversé de Pointe-de-la-houille 3043 m. (cl. 102). Il est représenté photographiquement dans ma Pl. II, et en coupe dans le cliché 103 ainsi que dans mon profil 5. Ces deux dernières coupes sont assez dissemblables, mais

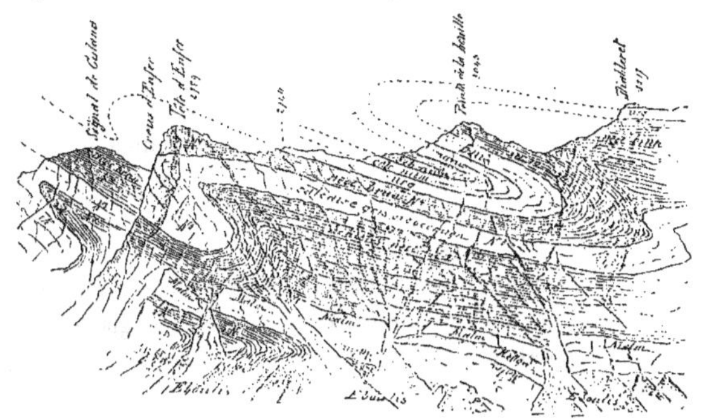

Cl. 102. Replis de la paroi sud des Diablerets.

l'une (cl. 103) va du NNE au SSW, tandis que la seconde (cp. 5) est dirigée NW à SE. Elles reflètent d'ailleurs une certaine hésitation dans mes souvenirs, quant à l'inclinaison absolue des couches.

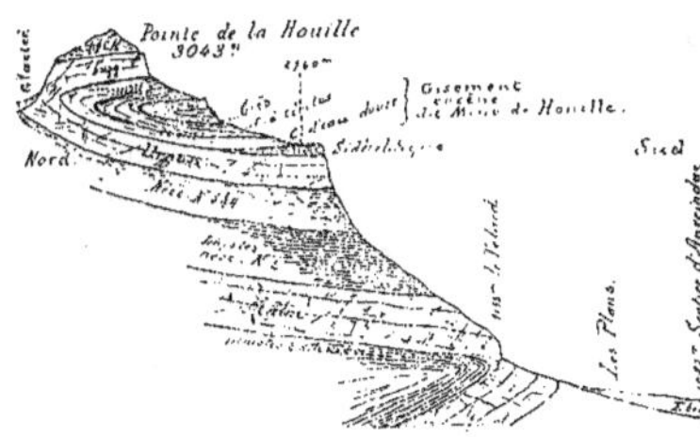

Cl. 103. Coupe du Nummulitique des Diablerets.

Pour me rendre bien compte de ce renversement, je m'étais donné la tâche, le 1er août 1862, de poursuivre vers l'est, avec Ph. Cherix, l'affleurement de la Couche à Cérites, depuis le gisement de la Mine. J'avais continuellement, en-dessous, à ma droite, les bancs calcaires gris-clair de l'Urgonien, et à ma gauche, au-dessus, le Grès nummulitique scintillant. Après un trajet horizontal de 200 à 300 m., je vis les bancs se relever peu à peu, puis se redresser et enfin se renverser, en enfermant le Grès dans leur contournement.

En suivant ainsi pied à pied, les mêmes couches, je fus ramené à l'ouest, bien au-dessus de mon point de départ. J'avais alors les bancs urgoniens au-dessus de moi, et je les traversai par un couloir propice, pour aboutir à la Pointe-de-la-houille, que je trouvai formée de Néocomien brun à *Toxaster*, renversé sur l'Urgonien.

Diablerets-Cime. — Le sommet principal des Diablerets 3217 m., est également formé de Nummulitique, en couches presque horizontales. Dans la dernière partie de l'ascension, près du signal de triangulation, j'y ai trouvé de petites *Nummulites.* Il me paraît évident que c'est le flanc SE de l'anticlinal néocomien, se raccordant avec le gisement de la Mine comme je l'ai représenté (Pl. II, cp. 2 et cl. 102).

Ce lambeau nummulitique de la Cime est sans doute beaucoup plus étendu qu'il n'en a l'air, car il disparaît sous les névés et le glacier. Au bord de celui-ci, vers le point coté sur la Carte Siegfried 3201 m., Ph. Cherix avait recueilli quelques fossiles de la Couche à Cérites, reconnaissables à leur test spathique noir. Outre quelques petits Gastropodes, ce sont : *Cyrena antiqua*, *Cardium Rouyi*, *Eupatagus sp.*

Tour-de-Saint-Martin. — Ce piton, dit aussi Quille-des-Diablerets 2913 m., isolé au bord sud du Glacier de Zanfleuron, est marqué en Urgonien sur ma carte. Depuis l'impression de celle-ci, j'ai pu y faire, en août 1876, une exploration attentive, et j'ai constaté qu'il est formé en entier de Nummulitique en couches faiblement déclives. J'ai trouvé au pied de la Quille, *Nummulites striata* et *Operculina ammonea.*

C'est donc évidemment le Calcaire gris à Nummulites qui forme ce piton, et une partie de l'arête au NW. Mais au SE en revanche on retrouve bientôt l'Urgonien sous-jacent, recouvert immédiatement par la glace. Néanmoins ce lambeau nummulitique de Saint-Martin peut avoir une grande extension sous ce vaste glacier.

Zanfleuron. — Au bas du glacier, à l'est, se voient d'immenses *Lapiés*, dont une partie est urgonienne, comme le montre ma carte, mais dont le pourtour NE et SE, en dehors de son cadre, est essentiellement nummulitique. Les couches sont très faiblement déclives, et même horizontales (cp. 3).

J'ai constaté ce Nummulitique dès le Col-du-Sanetsch 2534 m. jusqu'au bord NE du Glacier, et au torrent du Glaçon, dont l'autre rive est urgonienne. Plus bas les deux rives de ce torrent sont éocènes, jusque vers Cleuson. Ce Nummulitique est continu avec celui de Praz-rossaz (Praz-Rochier ?) et des Lapiés de Miet, compris dans ma carte, et dont j'ai parlé p. 378, 390 et 391. Dans cette région le Nummulitique supérieur est assez étendu, et présente ses quatre subdivisions, nos 4 à 7.

A l'est des chalets de Miet (cl. 44, p. 270), il traverse la Lizerne et va finir en pointe sous la Croix-de-30-pas. Il y disparaît sous les schistes noirs de La Fava, que j'ai attribués au Néocomien (p. 276), mais dont une partie est peut-être du Flysch.

3. Région de Derborence.

J'aborde maintenant la grande zone éocène, qui traverse ma carte en diagonale, et qui commence à une faible distance horizontale du dernier lambeau mentionné, mais à environ 600 mètres plus bas.

Cl. 104. Faille de Mont-bas. — Echelle 1/50 000.

Mont-bas. — Ici le Calcaire à Nummulites surmonte la voûte urgonienne, et butte en faille, au NE, contre le Dogger et le Trias (cl. 104). Au-dessus se trouvent les schistes supérieurs et peut-être un peu de Flysch, pincés dans le synclinal aigu de Zerache, qui descend dans la Cluse de Mottelon (cl. 105). — La Tête-de-Mont-bas 1650 m. est de nouveau formée de Calcaire à Nummulites, surmontant l'anticlinal néocomien de Besson. Dans le Ravin de Courtenaz, à l'est de Mont-bas-dessous, j'ai vu

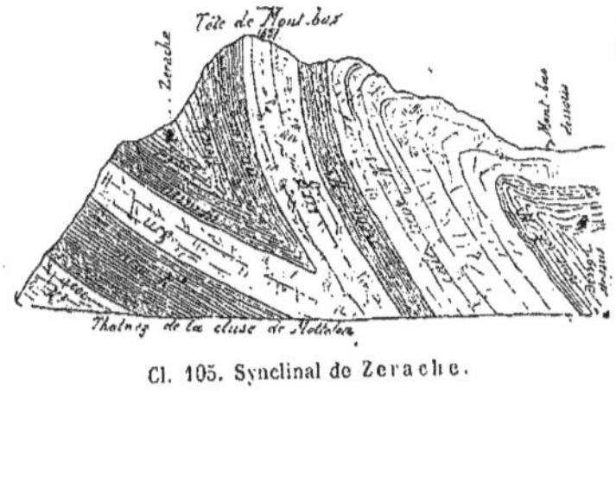

Cl. 105. Synclinal de Zerache.

le Nummulitique, qui occupe la rive droite (cp. 5), s'enfoncer un peu sous le Trias, qui forme l'autre côté de la faille, sur rive gauche (p. 116).

Je n'ai trouvé que fort peu de fossiles dans cet Eocène de Mont-bas: *Serpula Gundavaënsis*, un *Pecten* (s. g. *Chlamys*) et de petites *Num. striata*, abondantes.

Derborence. — Couverte dans le fond de la vallée par les éboulements des Diablerets, la bande nummulitique se retrouve de l'autre côté de la cluse de Mottelon, à l'angle N des Monts-de-Vérouet (cl. 106). Le bas de la côte, le long du chemin de Derborence, est formé de schistes **E**[4] (p. 405). Sur le sentier qui monte en zigzag du Lac de Derborence aux pâturages de Vérouet (Vrivoy), j'ai vu ces schistes jusqu'à mi-hauteur. Là ils s'adossent au Calcaire à Nummulites **E**[3], qui recouvre à son tour le Rhodanien (cp. 5).

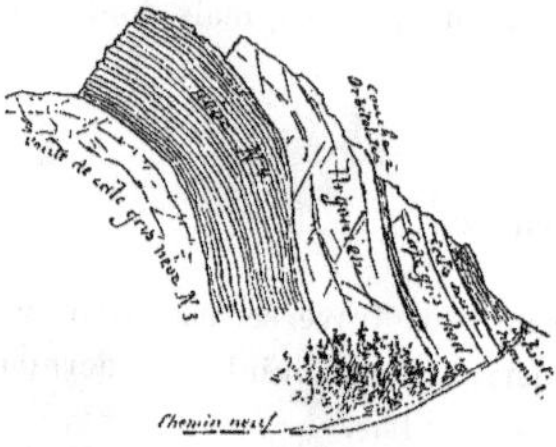

Cl. 106. Angle N des Monts de Vérouet.

Ce Nummulitique occupe tout le thalweg synclinal, depuis le Lac de Derborence jusqu'à Derbon (cp. 6). Non loin du Lac j'ai recueilli *Orbitoïdes papyracea*, *Num. striata*, et des Lithothamnies.

Cheville. — Cachée par les alluvions du Lac, la bande nummulitique réparaît au nord de celui-ci, sur les bords de la Chevillentze, en couches plongeant normalement au N, et reposant sur le Rhodanien (cp. 3). On la suit tout le long du chemin de Cheville, jusqu'au delà de Zévédi.

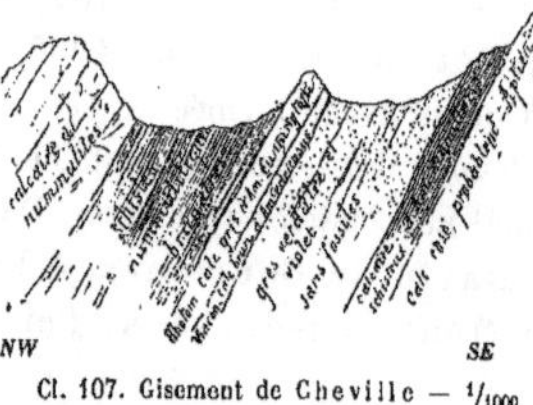

Cl. 107. Gisement de Cheville — $^1/_{1000}$

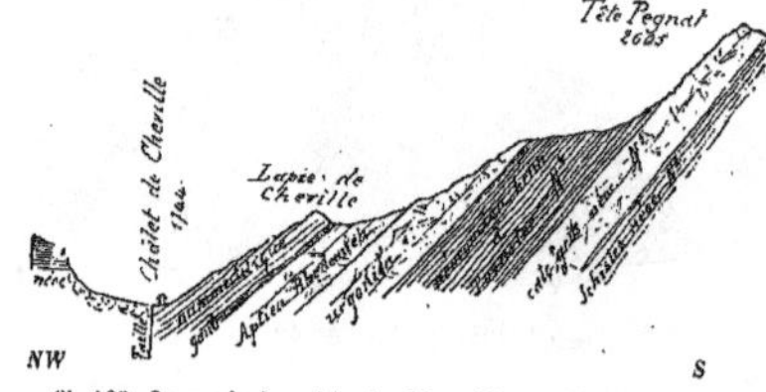

Cl. 108. Coupe du Lapié-de-Cheville. — Echelle $^1/_{25\,000}$.

Au gisement fossilifère de Cheville, les couches ont un ⊥ NW d'environ 55°, et les schistes brunâtres **E**² forment une petite combe isoclinale, entre le crêt rotomagien (p. 348) et la masse du Calcaire à Nummulites **E**³ (cl. 107, 108).

Depuis Cheville la bande éocène dévie au S, en se redressant de plus en plus. A la Vire-aux-Chèvres elle est beaucoup plus étroite, par suite de la quasi-verticalité des bancs, qui commencent à se renverser sous le Gault (cp. 6).

Ecuellaz. — Ici l'affleurement nummulitique occupe une plus grande largeur (cp. 7), parce qu'il remplit tout le fond du synclinal oblique précédemment décrit (p. 317 et 355). Les bords de cet affleurement sont formés de Calcaire à Nummulites; plus ou moins renversé ou redressé au SE; normal et faiblement déclive du côté W. Le centre est rempli de Schiste nummulitique supérieur, qui s'abaisse vers les Filasses.

Je n'y ai trouvé que peu de fossiles, mais assez pour m'ôter toute hésitation (p. 393).

4. Région d'Argentine.

La bande nummulitique, tantôt normalement adossée, tantôt verticale ou renversée, borde le chaînon d'Argentine au N et au NW. C'est là qu'elle est surtout fossilifère.

Cordaz. — Depuis le bas de l'Ecuellaz et les Filasses, les affleurements éocènes se dirigent droit à l'ouest, et viennent former le revers

Cl. 109. Revers N de La Cordaz. (Autotypie.)

septentrional de La Cordaz, avec un ⊥ N, plus ou moins fortement accentué (cl. 109). J'en ai fait connaître les gisements fossilifères p. 378 et 394. On y voit dans le bas de la côte les Schistes supérieurs $\mathbf{E}^4$, et dans le haut la couche à grosses *Natica* $\mathbf{E}^2$, entre lesquelles le Calcaire à Nummulites $\mathbf{E}^3$ occupe un large espace.

Flanc NW d'Argentine. — En poursuivant le Nummulitique depuis La Cordaz, on constate dès le Col-de-Porcyrettaz une forte torsion des couches [Cit. 169, prof. 7]. Celles-ci sont de plus en plus verticales, puis se renversent (Pl. VII). Il en résulte que la bande éocène devient beaucoup plus étroite, et change de direction vers le SW.

A Pierre-carrée, où le Calcaire à Nummulites a fourni quelques bons fossiles (p. 396), les bancs sont presque verticaux, mais s'appuient encore un peu sur le Crétacique.

Cl. 110. Vire d'Argentine, sous la Tête-du-Lion.

Au-dessus du Perriblanc de Bovonnaz, au contraire, les couches sont déjà renversées (cp. 8). Un peu plus loin, à l'angle saillant de la Vire d'Argentine (cl. 110), le renversement atteint son maximum. C'est près de là que les Couches à Cérites sont riches en fossiles bien conservés, et présentant un caractère très saumâtre (p. 379).

Surchamp. — Ce pâturage doit son existence aux couches nummulitiques repliées sur elles-même, remplissant un synclinal en > couché (cp. 9). Les Schistes supérieurs $\mathbf{E}^4$ en forment le centre, où le pâturage est le plus herbeux (p. 407). Tout autour on voit le Calcaire gris $\mathbf{E}^3$, puis les couches brunes pétries de *Nummulites striata* (p. 380), que j'ai constatées aussi bien au-dessus du Gault de Tentes-de-Champ que sous la Vire; enfin au pourtour, les Couches à Cérites $\mathbf{E}^2$, parfois fossilifères.

Nombrieux. — Après cette avancée sur le versant SE de la chaîne, la bande nummulitique occupe de nouveau principalement le versant NW, au-dessus des chalets d'Ayerne (cp. 9). Elle suit les contorsions successives du Gault (p. 358), de sorte que les bancs sont alternativement normalement inclinés, verticaux ou renversés. A cette extrémité du chaînon d'Argentine, je n'ai guère pu constater que le Calcaire à Nummulites, qui m'a fourni aux Nombrieux: *Num. striata*, *Orbitoïdes papyracea* et *Orb. sella*. Au Bertet il est plus fossilifère, et renferme des Mollusques, comme à la Cordaz (p. 396).

Sous le Grand-Sex (p. 320) la bande nummulitique descend en couches verticales jusqu'au fond de la Cluse de l'Avançon.

5. Région de Nant.

Dans cette cinquième région, les couches ont en général une déclivité peu considérable (cp. 2), mais comme elles sont absolument renversées (p. 358), et qu'elles ont subi des érosions considérables, le Nummulitique se trouve dénudé sur de grandes étendues (Pl. I).

Dent-rouge. — On peut constater d'abord la bande E^3, de plus en plus renversée, s'élevant en écharpe depuis la Cluse-de-l'Avançon jusqu'à Dent-rouge, par-dessous les terrains néocomiens des Savolaires. Les blocs éboulés de ces rochers ont fourni au Dr de la Harpe beaucoup d'*Orbitoïdes*, etc. (p. 397).

A Dent-rouge les Couches à Cérites E^2 peuvent être constatées à la surface du Nummulitique renversé (p. 381), et se continuent par Pré-fleury et les Perriblanes jusqu'aux Martinets (cl. 111).

Cl. 111. Revers NW du Vallon de Nant.

Au SE la bande éocène redescend en écharpe, depuis Dent-rouge jusqu'au fond de la Vallée de Nant, de telle sorte que le Nummulitique, qui se voit des deux côtés dans les bas-fonds, supporte évidemment les terrains plus anciens (cp. 10, 11, 12).

Nant. — Sur le revers opposé de la vallée, la bande nummulitique se trouve à la base de la grande paroi de Mœveran, Dent-Favre, etc. Je l'y ai constatée sur divers points, en particulier droit au-dessus des Chalets-de-Nant, où j'ai trouvé *Num. striata*, abondante dans une roche brunâtre, comme à Surchamp.

Enfin le cirque de rochers, qui forme le fond de la vallée et supporte le Glacier des Martinets, consiste en Calcaire à Nummulites, dans lequel j'ai recueilli des fossiles à diverses reprises. Ph. de la Harpe avait déterminé les Nummulites qu'il avait étudiées de ce gisement : *Num. striata*, *Num. Fichteli* et *Num. intermedia*. Je puis ajouter *Orbitoïdes papyracea*, *Operculina ammonea* et *Op. canalifera*, que j'ai recueillis dans un calcaire foncé, au centre du cirque, au point marqué sur ma carte d'un astérisque.

Martinets. — Sous la Pointe-des-Perriblancs (cl. 111), comme sous Dent-Favre, ces couches nummulitiques présentent des replis locaux en S, qui font comprendre qu'elles puissent occuper des niveaux si différents, depuis 1700 mètres au fond de la vallée, jusqu'à 2650 m. à la Pointe-des-Martinets.

Sur ces arêtes supérieures ce sont les couches inférieures qui règnent, et spécialement la Couche à Cérites, dont on voit, sur de grandes surfaces aux Martinets, les fossiles écrasés à test noir (p. 381). Cela est en accord avec le renversement général de cette région (cp. 13).

6. Région de Morcles.

Le Nummulitique, renversé sous les terrains crétaciques des Dents-de-Morcles, se voit tout le long du passage de la Grand'vire, sur une longueur d'environ 3 kilomètres, à l'altitude moyenne de 2600 m.

Grand'vire. — A l'entrée NW du passage, s'observe la Marne d'eau douce, fossilifère (p. 368), surmontée du Nummulitique inférieur (p. 363), et reposant sur le Nummulitique supérieur. Le repli adventif, au flanc ouest de la Petite-Dent (page 324) doit contenir aussi un lambeau pincé de Nummulitique (cl. 112).

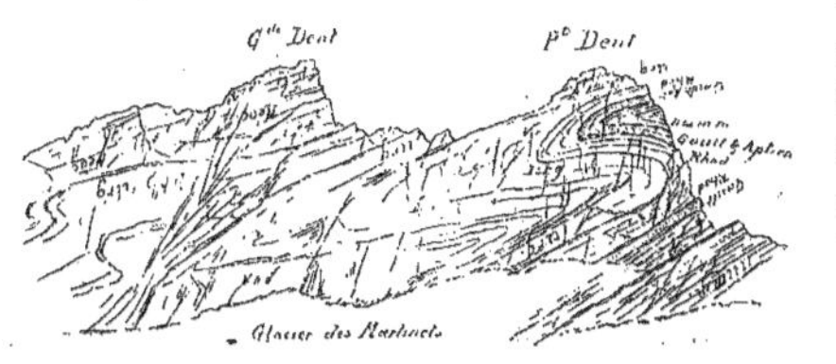

Cl. 112. Repli de la Petite Dent-de-Morcles.

Plus loin, au flanc SW, le sentier circule en partie sur les Couches à Cérites, qui par leur peu de dureté déterminent la *vire*. Elles ont ici très peu de fossiles; ce n'est qu'exceptionnellement que j'en ai vu quelques traces. En revanche on y constate fréquemment des zones noires charbonneuses, qui indiquent le niveau d'eau douce, et servent ainsi de point de repère.

En dessous, le Nummulitique supérieur est représenté par des calcaires à petites *Nummulites*, avec intercalation de brèche et de grès quartzeux, et cet ensemble repose sur le Flysch (cl. 113), ainsi que j'ai pu le constater à l'origine du Torrent-sec (cl. 114).

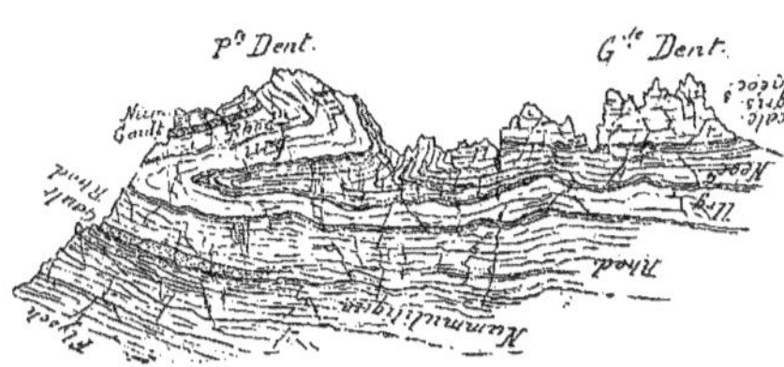

Cl. 113. Superposition inverse de la Grand'vire.

Cl. 114. Haut du Torrent-sec.

Enfin à la sortie du passage de la Grand'vire sur la Montagne de Fully, près du Sex-Trembloz, j'ai pu constater, comme aux Martinets, la Couche à Cérites fossilifère, avec tests noirs écrasés. J'y ai recueilli des *Cerithium*, *Cardium* et *Trochosmilia irregularis*.

Ballacrètaz. — C'est ici que nous trouvons le retour de la bande nummulitique, en disposition normale par-dessous le Flysch. La charnière synclinale de ce grand repli de Morcles, s'observe très distinctement sur le flanc W du Sex-Trembloz, où l'on voit se terminer le Flysch, entouré par le Calcaire nummulitique (cp. 13). Ce dernier revient au NW, formant la partie supérieure des Rochers de Ballacrètaz, qui dominent les pâturages d'Arbignon.

Le bas de cette paroi est formé de Lias (p. 154), et sa partie moyenne de Jurassique (p. 243), mais je n'ai rien su y voir d'autre ; il paraîtrait donc qu'ici, par transgression, l'Eocène repose directement sur le Malm. La bande nummulitique se poursuit le long de l'arête supérieure de cette belle paroi, jusqu'à son point culminant, qui domine les Chalets d'Arbignon, à gauche du Torrent de Poëzieu [1]. Au delà elle disparaît sous le Flysch transgressif. Ce dernier, de nature argilo-schisteuse, forme des pentes gazonnées, très déclives, qui surmontent le Calcaire à Nummulites, et marquent le centre du du grand synclinal couché.

C'est en 1872 que j'ai découvert des *Nummulites* au sommet du piton susmentionné; dès lors j'ai revu le gisement à plusieurs reprises, et en ai fait constater l'authenticité à la *Société géologique suisse* en 1886 [Cit. 169, p. 85, prof. I]. Les fossiles y sont très mal conservés, mais les petites *Nummulites* y sont incontestables, et personne n'a élevé le moindre doute sur l'âge éocène de ce calcaire.

Cirque de Fully. — Enfin à l'est du Sex-Trembloz, le Nummulitique occupe une certaine étendue, dans la partie moyenne du Creux-de-Fully, entre la bande urgonienne au nord, qui s'avance jusqu'au Col-de-Fenestral, et la bande de Cornieule, au sud, qui descend du Col-des-Cornieules. C'est évidemment la queue du grand repli nummulitique de Morcles. J'y ai trouvé de petites *Nummulites*, bien distinctes, sur plusieurs points, jusqu'en dessous du Col-de-Fenestral.

[1] Nommé à tort Torrent de Bozy sur la seconde édition de la carte au $^{1}/_{50\,000}$.

IV. FLYSCH

Ce terrain énigmatique a dès longtemps intrigué les géologues suisses et autres ; on ne peut pas même dire que nous soyons au bout des surprises à son sujet. Dans les premières années de mes explorations, j'étais loin d'être persuadé qu'il dût être rangé parmi les terrains tertiaires. J'avais des doutes également sur l'assimilation du Grès de Tavayannaz au Flysch. C'est pourquoi j'avais eu soin de les distinguer, l'un et l'autre, du Nummulitique, par des teintes spéciales.

Sur ma carte au 50 millième je les ai désignés par un jaune plus foncé, dont la teinte pleine, avec le monogramme **Fl.**, marque le Flysch proprement dit, tandis que la même couleur pointillée de blanc, avec monogramme **Tv.**, marque le Grès de Taveyannaz. Sur la carte au 100 millième, la teinte jaune est la même pour tout l'éocène, mais un pointillé brun **ET** distingue le Grès de Taveyannaz du Flysch ordinaire, lequel est figuré par la teinte unie et le monogramme **EF.**

Quoique le Flysch atteigne souvent une grande épaisseur, il ne m'a pas été possible d'y établir des subdivisions d'une valeur chronologique, car il est généralement formé du bas en haut d'alternances semblables, et les fossiles, d'ailleurs rares, paraissent y être les mêmes dans toute l'épaisseur.

En revanche, il existe dans la composition pétrographique du Flysch, des différences régionales assez importantes, qui doivent être considérées en premier lieu.

ROCHES

Sur le domaine de ma carte, prolongé au nord jusqu'aux Ormonts, je trouve dans le Flysch les roches suivantes, comme éléments constitutifs principaux :

Schistes feuilletés. — C'est le Flysch typique ou originel, ainsi que nous l'explique B. Studer, qui le premier a introduit dans le langage géologique cette expression locale bernoise. [*Index der Petrogr.* p. 82]. L'extension non interrompue de ces schistes, depuis le Simmenthal, au travers des Ormonts, jusqu'à l'angle NW de ma carte, ne peut laisser aucun doute. Ils contiennent d'ailleurs fréquemment les mêmes *Fucoïdes* et *Helminthoïdes*, dont je ferai plus tard l'énumération.

Ce sont des schistes foncés, de teintes variables, plus ou moins feuilletés. Parfois très argileux, ils peuvent fournir des ardoises de qualité inférieure, comme celles de Glaris; d'autres fois ils deviennent sableux et passent insensiblement au grès; rarement ils deviennent plus calcaires et passent à une roche blanchâtre, dite en Italie *Albarese*. Mais ce dernier état, qui fournit les plus belles empreintes de Fucoïdes, par exemple au Dat et à la Mollie-Progins près Semsale, n'existe guère dans notre région, où la roche est généralement plus schisteuse au voisinage des Hautes-Alpes.

Grès fin ou Macigno. — Avec les schistes précédents se trouvent habituellement, en alternances plus ou moins fréquentes, des grès durs, schistoïdes, ou en plaquettes plus ou moins épaisses, ordinairement à grains très fins, et habituellement micacés. Sur la surface des plaquettes de grès on trouve les mêmes empreintes de *Fucoïdes*. La teinte de ces grès est foncée, mais en général un peu plus claire que celle des schistes.

Grès de Taveyannaz (Tv.) — B. Studer avait désigné du nom de *Tavigliana-Sandstein* un grès moucheté verdâtre, qui joue un rôle important au pied NW des Diablerets. La localité des Alpes vaudoises, dont il avait emprunté le nom, s'appelant Taveyannaz, je rétablis la vraie orthographe.

Ces grès ne sont point schistoïdes ou en plaquettes, comme les précédents, mais forment des bancs d'une grande épaisseur, qui alternent parfois aussi avec des schistes, où les *Fucoïdes* sont très rares.

Le *grès moucheté* n'en est qu'une variété. Tantôt la masse est d'un vert plus ou moins foncé, avec des taches plus claires; tantôt, au contraire, la masse est gris-verdâtre et les taches d'un vert plus foncé. Souvent aussi le grès est uniformément verdâtre, gris-verdâtre ou aussi brunâtre, présentant seulement par-ci par-là de petits grains blancs anguleux, qui sont sans doute des cristaux fragmentaires de feldspath.

Ces grès verdâtres massifs, sont en général durs et très tenaces, mais passablement fissurés. Ils se brisent volontiers en parallélipipèdes obliquangles, de toutes dimensions, et d'une régularité surprenante ; on dirait parfois une sorte de *retrait prismatique*.

Ils sont bien réfractaires, et utilisés par nos montagnards, sous le nom de *Gru*, pour la fabrication des fourneaux, soit poêles, de leurs chalets. Tous les poêles anciens de la contrée en sont formés, mais grâce à la facilité des communications, on y substitue de plus en plus la *pierre ollaire* de la Vallée de Bagnes, qui se taille beaucoup plus facilement.

La plupart des auteurs, qui ont traité de nos Alpes, ont parlé de ce grès. Le plus ancien paraît être WILD [Cit. 7], puis B. STUDER [Cit. 38], et enfin LARDY [Cit. 45, p. 178].

Dès longtemps on avait émis l'hypothèse que ce grès fût d'*origine éruptive*. STUDER paraissait adopter celle-ci, s'il n'en était pas l'auteur [Cit. 57, p. 113]. LORY partageait ce point de vue, comme il me le dit expressément en 1882. M. BALTZER [Cit. 150] après avoir étudié attentivement cette roche, et y avoir reconnu, comme éléments constitutifs : *Orthoclase*, *Plagioclase*, *Augite* et *Chlorite*, estime douteux que ce puisse être un *tuf* volcanique, vu l'absence de foyer éruptif. Elle lui fait, dit-il, l'impression d'un sédiment clasto-cristallin.

A la suite de l'excursion de la *Société géologique suisse* [Cit. 169, p. 96], où nous avions observé ces grès, M. le Dr C. SCHMIDT m'écrivait ce qui suit, le 26 décembre 1887 :

« Vous vous souvenez que lors de notre belle excursion dans les Alpes vaudoises, j'avais recueilli à Solalex quelques échantillons de Grès de Taveyannaz, pour en faire l'étude microscopique. Parmi eux s'est trouvé un exemplaire de vrai *Diabase éruptif !* Les autres morceaux sont des grès, dont les matérieux proviennent du Diabase. »

M. SCHMIDT a publié les résultats de son étude en 1888 [Cit. 173]. Il donne un disque grossi au $\frac{100}{1}$ de la roche vert foncé, qui montre beaucoup de cristaux de *Plagioclase* (*Oligoclase*) et quelques fragments d'*Augite*, empâtés dans un magma chloriteux. Il indique en outre comme plus rare *Orthose* (probable) *Hornblende*, *Mica*, et des grains anguleux de *Quartz*, avec de nombreuses inclusions fluides. Les variétés mouchetées, ou gris-clair, sont le résultat d'une altération plus ou moins complète, et contiennent, paraît-il, plus de Quartz et d'Orthose. M. Schmidt mentionne également dans le magma du Fer hydroxydé.

En somme cet auteur conclut à l'existence, dans notre grès de Taveyannaz, d'un véritable *Diabase quartzifère*, accompagné de *Tufs diabasiques*. Je n'ai aucune objection à la chose, mais je me demande, comme M. Baltzer, où sont les canaux éruptifs par lesquels ces matériaux seraient venus au jour? Je déclare n'en avoir jamais observé dans toute la contrée! ce qui ne veut pas dire qu'on ne puisse les y découvrir un jour.

M. Schardt [Cit. 159, p. 15 et 172, p. 213] a bien signalé un *dyke* de diorite dans la vallée des Fenils (Pays-d'Enhaut vaudois), mais la distance est bien considérable, environ 25 kilomètres en ligne droite! Ne devrait-on pas retrouver des cheminées éruptives plus rapprochées, dans la région même du Grès de Taveyannaz ?

Un argument qui pourrait être invoqué, en faveur de l'origine éruptive des matériaux, qui donnent au Flysch cet aspect particulier, c'est la distribution tout à fait sporadique du *grès moucheté*, en lambeaux alignés du SW au NE, depuis Saint-Bonnet (Dauphiné) jusqu'au Säntis, et peut-être au delà.

L'extrême rareté des débris organiques pourrait aussi parler dans le même sens. Des fossiles que je puis mentionner, plusieurs sont évidemment remaniés : ainsi le fragment de calcaire à Lithothamnies cité par M. Schmidt; de même un *Cardium*, trouvé à Taveyannaz dans le grès vert faiblement bréchiforme, et qui provient très probablement des couches à *Ceritium Diaboli*.

Cependant je puis indiquer, comme évidemment en place, quelques empreintes de *Fucoïdes*, que j'ai rencontrées à Prapioz-dessus (Ormonts), dans un grès vert schistoïde, présentant tous les caractères du Grès de Taveyannaz typique.

Grès bréchiforme. — Dans beaucoup d'endroits on peut voir les grès précédents prendre un grain plus grossier, même très grossier, à arêtes anguleuses, et devenir une brèche calcaire à petits éléments. A la réserve de quelques grains quartzeux, on peut y voir surtout des fragments de calcaire ou de calcaire siliceux, de diverses couleurs. Ces grès bréchiformes sont surtout développés sur la bordure immédiate des Hautes-Alpes, ainsi à l'extrémité ouest du massif des Diablerets, dite Rochers-du-Vent, ou Les Vents ; de même à Javerne et sous la Grand'vire.

Sauf une dent de Squale, *Otodus cf. macrotus*, Ag., que j'ai trouvée dans cette brèche près de Taveyannaz [Cit. 120], je n'y ai jamais rencontré de débris organiques.

Brèche cristalline. — Enfin la roche la plus remarquable de notre Flysch, c'est un conglomérat polygénique, à éléments plus ou moins grossiers et plus ou moins anguleux, une vraie brèche, à laquelle les nombreux fragments de roches cristallines donnent un cachet tout particulier. Cette roche a été signalée déjà par B. Studer [*Index der Petrographie*, p. 219] sous le nom de *Sepey-conglomerat*, et décrite à diverses reprises ; en dernier lieu surtout par MM. Favre et Schardt [Cit. 172, p. 204].

Elle joue un rôle considérable dans la Vallée des Ormonts, mais le point où elle atteint son développement le plus remarquable est l'éboulement d'Aigremont, au bord du Torrent de la Raverettaz. Ici c'est un amoncellement étrange de blocs de toutes natures et de toutes dimensions, jusqu'à la taille d'une maison, provenant de la désagrégation des rochers de brèche, qui dominent l'éboulement et supportent les ruines du Château d'Aigremont. Nous avons au Musée de Lausanne, de cette provenance, des échantillons qui montrent d'un côté la roche granitique bien caractérisée, et de l'autre le Schiste à Fucoïdes avec *Chondrites arbuscula !* Sur d'autres points de la contrée on peut voir d'une manière très nette l'intercalation de cette brèche dans le Flysch. Cela est particulièrement visible à 1 kilomètre plus à l'ouest, dans les lacets de la route des Mosses, où j'ai pu constater un *banc granitoïde*, intercalé entre deux couches de Schistes à Fucoïdes. Il n'y a aucun doute possible sur l'attribution au Flysch de cette Brèche cristalline.

Mais ce qui me paraît le plus remarquable et le plus instructif, c'est la présence de *Nummulites* dans cette brèche. La première découverte de ce genre est due à M. Sylvius Chavannes, qui en 1869 trouva des *Nummulites* dans le Flysch, sous le sommet du Meilleret [Cit. 96]. Peu après je rencontrai sur la route du Sépey, dans un bloc de Brèche cristalline à paillettes de mica, une coupe de *Nummulite* très bien accusée. Malheureusement le bloc était erratique, et ne fournissait aucun renseignement de gisement.

C'est, je crois, en 1873 que j'ai découvert le plus riche gisement de *Nummulites* du Flysch, celui d'Ensex, sur le revers sud des Monts-de-Perche. Ici les *Nummulites* sont beaucoup moins rares, et l'on peut facilement constater qu'elles ne sont point remaniées. Elles sont contenues dans le *ciment calcaire* de la brèche, qui est à éléments moins grossiers, mais contient cependant beaucoup de paillettes de mica et de petits fragments de roches cristallines. Parfois le ciment est tellement prédominant que la roche est plutôt un calcaire bréchoïde.

En 1877 j'ai trouvé, dans la forêt des Léchières, au-dessus de Plambuit, un troisième gisement de Brèche à *Nummulites*, parfaitement en place au milieu du Flysch. C'est un calcaire bréchoïde micacé, tout semblable à celui d'Ensex et du Meilleret.

Il est à remarquer que ces trois gisements de Flysch à *Nummulites* sont situés dans une zone géographique, comprise entre la région du Flysch typique des Préalpes, et celle du Calcaire à Nummulites des Hautes-Alpes; elles sembleraient indiquer ainsi un facies intermédiaire.

RELATIONS OROGRAPHIQUES

Les divers facies du Flysch, que je viens de décrire, prédominent chacun dans une région particulière, et constituent une série de zones, plus ou moins parallèles, dirigées du SW au NE.

1. *Région du Schiste à Fucoïdes.* — Leysin, Sépey, Plan-Saya, etc.
2. *Région de la Brèche à Nummulites.* — Monts-de-Perche, Ormont-dessus.
3. *Région du Grès de Taveyannaz.* — Bord septentrional des Diablerets.
4. *Région du Schiste feuilleté avec Grès bréchiforme.* — Plans-de-Frenière, Javernaz, Nant, Grand'vire.

Dans l'étude orographique qui suit, j'examinerai chacune de ces régions, dans l'ordre indiqué ci-dessus, en partant du Flysch typique du bord des Préalpes, pour entrer de plus en plus dans les Hautes-Alpes. Je décrirai en dernier lieu les gisements de la rive gauche du Rhône, qui reprennent plutôt le caractère du Flysch typique.

1. Région du Schiste a Fucoïdes.

Cette région borde les Préalpes, auxquelles elle appartient encore partiellement. Elle comprend divers lambeaux de Flysch assez étendus, à droite et à gauche de la vallée inférieure de la Grande-Eau, et deux petits lambeaux dans le bas de celle de la Gryonne.

Je commence par les gisements, au nord de la Grande-Eau, que je poursuivrai de W à E, pour revenir sur la rive gauche du NE au SW.

Leysin. — Ici le Flysch est compris dans un grand pli synclinal déjeté au NW, qui commence à un kilomètre environ d'Aigle, pour se prolonger assez loin au NE. Le Schiste à Fucoïdes y est prédominant, et parfois passablement calcaire. Les empreintes végétales y sont quelquefois assez bonnes. A Feydey sur Leysin, j'ai constaté *Chondrites intricatus*. A Leysin même, j'ai trouvé *Chondrites affinis*, *Ch. Targioni*, *Ch. arbuscula*, *Ch. intricatus*. Un peu plus à l'est, sous Crettaz, j'ai recueilli dans le torrent *Ch. Targioni*, *Ch. intricatus*, *Ch. flexilis*.

En suivant de là la route du Sépey, on reste constamment sur le Flysch, jusqu'à la Cergnat. En dessous de ce hameau, aux Frasses-du-Sépey, on voit le Flysch affleurer dans les talus de la route d'Aigle ; j'y ai trouvé *Chondrites intricatus*. A 300 mètres environ plus au sud, au-dessus du Moulin-de-la-Tine, j'ai constaté au bord de la dite route un autre petit lambeau de Flysch, avec *Ch. arbuscula*, en trangression sur le Bathonien et la Cornieule.

Sépey. — Le Flysch est interrompu ici par une *klippe* de cornieule, qui forme tous les rocs le long du ruisseau. Il ne reparaît qu'un peu plus à l'est, au delà du Torrent de la Mosse. Là, au bord de la route, dans des schistes plongeant 50° ENE, j'ai trouvé une dizaine d'espèces assez bien conservées dont les plus abondantes sont : *Helminthoïda crassa*, *H. labyrinthica*, *Tænidium Fischeri*, *Chondrites Targioni*. Ces schistes alternent avec des grès fins, et des bancs de conglomérat, dont les éléments cristallins deviennent de plus en plus gros et anguleux, à mesure qu'on s'avance à l'est [Cit. 172, p. 202].

Ces mêmes alternances, avec un plongement semblable, se retrouvent au grand lacet, sur la route de la Comballaz. C'est là que j'ai constaté un banc de Brèche cristalline, intercalé au milieu des schistes, lequel avait absolument l'air d'une *couche de granite !*

Aigremont. — A la contre-pente de la route, qui descend vers la Scie et le Pont-d'Aigremont, on trouve encore les mêmes alternances, inclinées de 40° au SE, mais la roche devient plus marneuse, et l'on arrive presque sans s'en douter sur les schistes opaliniens fossilifères (p. 177). Il y a là un recouvrement transgressif, d'autant plus difficile à délimiter, que les schistes liasiques et ceux du Flysch sont également micacés. Cet affleurement de Lias a été omis sur la carte au 100 millième.

En remontant le torrent de la Raverettaz, depuis le Pont-d'Aigremont, on voit bien les bancs durs des grès du Flysch, avec fort ⊥ SE, dont la surface forme le versant ouest du ravin. Vis-à-vis, sur l'autre rive, se trouve le grand éboulement d'Aigremont, mentionné ci-dessus (p. 431), dont MM. Favre et Schardt ont très bien énuméré les roches si variées, cristallines, calcaires et schisteuses [Cit. 172, p. 204].

Au delà de l'éboulement, en suivant la route d'Ormont-dessus, j'ai retrouvé de nombreuses alternances de Schistes à Fucoïdes, jusqu'à l'endroit ou l'erratique vient tout recouvrir et tout cacher. En travers de ces schistes on voit assez souvent des veines blanches calcaires.

En 1863 j'ai exploité une de ces veines, qui m'a fourni de fort jolis cristaux hyalins, entrecroisés, de Quartz bipyramidé et de Calcite. Ces derniers, que mon regretté collègue le professeur H. Bischoff, a bien voulu analyser, et qui ne contiennent que 4 °/₀ de $MgCO^3$, sont en forme de rhomboèdre primitif [Cit. 81].

Ces schistes d'Aigremont, soit de l'éboulement, soit des bancs plus à l'est, au bord de la route, m'ont fourni un certain nombre d'empreintes, parmi lesquelles les plus fréquentes sont : *Helminthoïda crassa*, *Chondrites affinis*, *Ch. arbuscula.* J'y ai trouvé également des schistes très feuilletés, régulièrement ondulés, évidemment des rides de fond *(Ripple-marks).* On y rencontre enfin des fossiles remaniés du Lias, fragments de *Belemnites* et d'*Ammonites*, ce qui ne m'étonne pas, vu la proximité d'une klippe liasique.

Pont-de-la-Frenière. — Un de nos meilleurs gisements de fossiles du Flysch se trouve en dessous d'Aigremont, au bord de la Grande-Eau, immédiatement en aval du Pont-de-la-Frenière. Grâce à une exploitation qu'on y avait tentée il y a quelques années, et aux soins de MM. PITTIER, RITTENER et SCHARDT, le Musée de Lausanne en possède de fort belles plaques, couvertes d'empreintes, représentant une dizaine d'espèces. Les principales sont : *Palæodictyon textum*, *Chondrites affinis*, *Ch. arbuscula*, *Halymenites flexuosus*.

M. H. SCHARDT a étudié et analysé ce schiste, au point de vue technique. Il l'a trouvé très calcaire, très pyriteux, et tout à fait impropre à l'usage industriel comme ardoises [Cit. 174, p. 4].

La disposition des couches de cette région a été décrite en détail par MM. E. FAVRE et SCHARDT [Cit. 172, p. 436].

Forclaz. — Au sud de la Grande-Eau je rentre dans mon domaine particulier. Tout le revers sud de la Vallée des Ormonts, dès Vers-l'Eglise, jusqu'au delà de La Forclaz, est formé de Flysch assez tourmenté, mais plongeant en général au NE. Ce Flysch, formé essentiellement de schistes à Fucoïdes, mais montrant par-ci par-là des bancs de brèche cristalline, recouvre transgressivement le Dogger, le Lias et le Trias, qui se montrent le long de la Grande-Eau en plusieurs petites klippes. Vers La Forclaz j'ai recueilli *Chondrites intricatus* et *Palæodictyon singulare*.

Le Flysch s'élève encore bien plus haut, au sud de La Forclaz, jusqu'au Tomelay et en Coucy, où il paraît renversé en dessous des calcaires jurassiques, qui forment le massif de Chamossaire.

A l'ouest, le long du chemin d'Exergillod, le Flysch se poursuit vers les Granges, avec des alternats successifs de schistes et de brèche cristalline, plongeant fortement au SE, jusqu'à 75° environ.

Mais, comme le montre la carte au 100 millième, ce terrain repose sur des calcaires jurassiques, qui affleurent tout le long de la Grande-Eau. Ce sont des calcaires compacts grisâtres, très probablement les mêmes que ceux de Chamossaire. Le Flysch serait donc compris, ici comme à Leysin, dans un grand synclinal déjeté au NW, parallèle au pli de Leysin.

Plus bas, un peu au-dessus du Pont-de-la-Tine, j'ai retrouvé un lambeau isolé de Flysch, avec *Chondrites intricatus* et *Ch. arbuscula*, qui paraît reposer sur la Cornieule.

Plan-Saya. — Ce nom, qui n'est pas reproduit sur les nouvelles cartes, désigne sur la Feuille XVII au 100 millième la prolongation SW du massif de Chamossaire. Tout cet épaulement est encore formé de Flysch normal, continuation de celui de La Forclaz. Ce Flysch, qui aux environs d'Exergillod recouvre transgressivement le Calcaire jurassique, les Schistes toarciens et le Gypse, s'élève contre la paroi de Chamossaire jusqu'au-dessus des chalets de Hurty et de Haute-Siaz. En ce dernier point j'ai trouvé *Chondrites arbuscula*. Il vient butter contre le pied des rocs de Chamossaire, dont il est séparé par une étroite bande de Cornieule, comprise dans une sorte de combe fortement déclive. Les relations techtoniques de cette localité ne sont pas faciles à élucider. Il doit y avoir là un chevauchement ou une transgression renversée. Près du contact, on trouve la brèche cristalline, associée aux schistes et grès, ce qui semblerait indiquer la base du Flysch renversé.

Ce même terrain se poursuit le long du pied ouest de Chamossaire jusqu'en Orscy, et au Roc-de-Breya 1907 m. (voir au bord nord de ma carte au 50 millième). Ce roc qui fait partie de l'arête de Plan-Saya (cp. 8), est formé de Brèche cristalline, associée aux Schistes à Fucoïdes. Ceux-ci m'ont fourni : *Halymenites flexuosus*, *Chondrites Targioni*, *Ch. intricatus*. Un peu au N, près des chalets d'Erniaulaz, j'ai constaté *Ch. Targioni;* sur le milieu de l'arête, au-dessus des chalets de Cabeuson, le schiste est rempli de *Palæodictyon singulare ;* enfin à son extrémité, au rocher de la Truche, j'ai recueilli *Helminthoïda crassa*, avec beaucoup de *Palæodictyon textum*. Ma carte au 50 millième montre bien ce promontoire de Flysch typique, qui vient recouvrir suivant les points le Lias, le Gypse ou la Cornieule.

Parmi les éboulis du roc de La Truche, en Biot, j'ai vu des blocs de grès bréchiforme micacé, empâtant des fragments de calcaire noir du Lias.

Dans la Forêt de Lechières, sur le sentier de Plambuit à Erniaulaz, un peu avant les petits lacets de ce sentier, j'ai eu la chance de retrouver des *Nummulites* dans la Brèche cristalline. Ce point est peu au-dessus de la paroi toarcienne de Dovray, et par conséquent vers la base du Flysch de Plan-

Saya. Ce gisement a le grand intérêt de nous montrer les *Nummulites* dans la Brèche cristalline du Flysch typique, et de faire prévoir qu'on pourra, avec des yeux exercés, en retrouver sur beaucoup d'autres points dans la Brèche cristalline des Ormonts.

Antagnes. — Les derniers lambeaux de Flysch typique, que j'aie à mentionner, se trouvent au bord de la plaine du Rhône, dans le bas de la Vallée de la Gryonne. Le hameau du Crétel-d'Antagnes, ainsi que les escarpements en dessous, jusqu'aux Moulins-de-Sallaz, sont entièrement formés de grès et schistes à Fucoïdes, avec plongement de 25° SE. J'ai de là *Helminthoïda crassa* et *Cylindrites dædaleus*. Il paraît que DE CHARPENTIER y avait aussi trouvé des *Belemnites*, évidemment remaniées.

En faisant défricher en 1862 un terrain vague de buissons, pour créer de nouvelles vignes, en dessous du chemin qui monte de Sallaz à Antagnes, M. FAYOD-DE CHARPENTIER découvrit, sous ces schistes et grès, un conglomérat polygénique, à gros éléments plus ou moins anguleux, qui correspond tout à fait à notre Brèche cristalline d'Aigremont. J'y ai vu des cailloux de quartz, de micaschiste, de gneiss, de schiste noir, de calcaire, etc.

Suivant les renseignements obtenus de M. FAYOD, ce conglomérat était à la surface du sol. Il était surtout développé en haut et en bas de l'escarpement. Dans le milieu se trouvait un grès feldspathique, fortement micacé, dans lequel se sont rencontrées des tiges carbonisées, et qui était traversé par des veines cristallines de Quartz et de Sidérite. Nous avons conservé au Musée quelques beaux groupes de cristaux de ces deux minéraux, provenant de ce gisement.

Immédiatement au-dessus de la brèche, au $^1/_5$ de l'escarpement, venait un schiste noir feuilleté, avec *Helminthoïda labyrinthica*, et du grès siliceux. Par-dessus un poudingue, à cailloux roulés céphalaires, les uns des mêmes roches cristallines que la brèche, les autres de calcaire. Nous avons conservé au Musée un de ces cailloux arrondis, très usé, contenant *Gryphæa arcuata* en nombreux individus, et *Pecten Hehli*. C'est donc du Sinémurien remanié!

Au-dessus de ce poudingue venaient des alternats de grès et schistes, s'élevant jusqu'au chemin d'Antagnes, et longeant celui-ci jusqu'à la plaine. C'est sur ce chemin qu'on trouvait les meilleurs fossiles, spécialement : *Helminthoïda crassa*, *Chondrites inclinatus*, *Ch. Targioni*, etc. [Cit. 82].

Enfin plus haut, au Crétel-d'Antagnes, la roche est un schiste gris verdâtre, moins feuilleté, s'effritant ou se fragmentant facilement, dans lequel je n'ai pas vu de fossiles.

Au nord de Sallaz, vers les dernières maisons, le lambeau de Flysch vient butter à des rochers de gypse qu'il paraît recouvrir.

Sur le petit chemin d'Antagnes à Forchez, sous les Plumasses, j'ai retrouvé un lambeau de Flysch, grès et schistes, plongeant de 45° au N. Je ne saurais dire s'il est isolé, ou continu avec celui d'Antagnes; entre deux je n'ai rien pu voir.

Enfin droit en dessous, sur la route qui va d'Antagnes au Pont-Durand, et de là jusqu'au bas de la côte, se trouve un autre petit lambeau de Flysch, qui figure sur ma carte au 50 millième, et paraîtrait recouvert par le Gypse.

Sous Fenalet. — Vis-à-vis, sur l'autre rive de la Gryonne, tout près du Pont-Durand, ainsi que sur la route du Bouillet, au Pas-de-Feja, se voit un autre affleurement schisteux, très remarquable parce qu'il est clairement recouvert par la Cornieule et le Gypse. Son attribution au Flysch est incontestable, car j'y ai recueilli : *Tænidium Fischeri*, *Chondrites Targioni* et *Ch. intricatus*. Il y a évidente continuité, par-dessous les alluvions de la rivière, entre ces derniers lambeaux schisteux des deux rives, qui sont dans une situation analogue. — M. Schardt voit là une superposition normale, et considère ces Gypses et Cornieules comme éocènes [Cit. 159, p. 61]. Je crois au contraire que c'est l'effet d'un renversement, et que le Flysch occupe ici, comme dans les cas précédents, un synclinal fortement déjeté, au milieu du Gypse triasique. L'avenir fera voir qui a tort et qui a raison !

Un peu plus haut, au Filiolage, sur le chemin dit de la conduite (par où passaient les tuyaux d'eau salée), j'ai retrouvé un autre affleurement du même lambeau, avec des Fucoïdes, mais cette fois au-dessus du Gypse. C'est à mes yeux l'autre jambage du synclinal.

Enfin j'attribue, avec doute, au Flysch, un petit affleurement isolé de schiste gris verdâtre, qui se trouve au bord de la route, à la sortie W du village de Fenalet. Je n'y ai, il est vrai, trouvé aucune empreinte, mais la roche me paraît très semblable à celle du Crétel-d'Antagnes, et occupe une position symétrique, de l'autre côté de la vallée.

2. Région de la Brèche a Nummulites.

Cette seconde zone, un peu plus rapprochée des Hautes-Alpes, comprend les Monts-de-Perche, et se continue au travers des Ormonts-dessus, dans la direction du NE. Je n'y ai jamais trouvé de *Fucoïdes*, mais dans sa continuation SW, à la Forêt-de-Lechières, la Brèche à Nummulites existe sous les Schistes à Fucoïdes.

Ensex. — Ce hameau de chalets se trouve à la limite nord de ma carte au 50 millième. Il est situé sur les schistes opaliniens (p. 176), percés à droite et à gauche par des pointements de Cornieule. Au NNO d'Ensex, les Monts-de-Perche forment un cirque, dont l'arête est formée de Flysch un peu modifié. Les éboulis de cette arête se sont accumulés dans le fond du cirque, non loin des chalets. Ce sont des blocs plus ou moins gros d'une Brèche cristalline à ciment calcaire, dans laquelle le ciment prédomine assez pour que la roche devienne parfois un calcaire bréchoïde gris, avec grains de quartz et paillettes de mica argentin. C'est dans le ciment calcaire de cette brèche que se trouvent les *Nummulites* (p. 432).

De la Harpe, auquel j'avais remis tous mes échantillons, y avait d'abord reconnu *Num. Lucasana*, Defr. et *N. contorta*, Desh. [Cit. 129, p. 232]. Plus tard dans son échelle des Nummulites, il ne cite plus les mêmes espèces dans sa 8me zone (Flysch), et mentionne en revanche *N. vasca* et *N. Boucheri*. Enfin les échantillons d'Ensex, qu'il a étudiés, collés sur des plaquettes, et étiquetés de sa main, me fournissent la liste suivante : *Nummulites Guettardi* (commune), *N. Tschihatcheffi* (nombreuse), *N. Lucasana* (rare), *N. complanata* (rare), avec quelques spécimens de *Orbitoïdea* et *Operculina*. Mais toutes ces déterminations sont accompagnées d'un point de doute, ce qui montre qu'il ne les considérait que comme provisoires.

Ce Flysch à *Nummulites* présente aussi des alternats subordonnés, de grès et de schistes, dans lesquels je n'ai pas trouvé de fossiles. Il forme toute l'arête du cirque d'Ensex, jusqu'au pied du sommet de Perche 2031 m., plongeant fortement au NNE. De là il s'étend sur toute la partie septentrionale des Monts-de-Perche (Chavonnes, Lavanchy, Perche, Meilleret), reposant transgressivement, tantôt sur le calcaire du Dogger, tantôt sur les schistes noirs du Toarcien.

Toutefois je dois rectifier ici une erreur que j'ai faite sur la carte au 100 millième, où la teinte jaune du Flysch s'avance trop à l'est. L'arête gazonnée de la Rionde, qui va d'Ensex au Meilleret (soit, sur la nouvelle carte au 50 millième, du passage coté 1938 m. au sommet avant le Meilleret coté 1951 m.) ne présente aucune trace de Brèche cristalline. Elle est formée au contraire de schistes noirs friables, assez uniformes, qui m'ont paru appartenir plutôt au Lias, ou peut-être aussi en partie au Bajocien, et qui s'étendent jusqu'au fond du ravin (cp. 5). Quant à l'arête parallèle, qui descend des Mazots à la Jorasse (Ormont-dessus), elle est formée tout entière de Cornieule et de Gypse, et se rattache ainsi à la bande triasique du Col-de-la-Croix.

Meilleret. — Le Flysch reprend l'arête à la petite tête rocheuse 1951 m, au sud du Meilleret 1941 m. Ces deux têtes (cp. 5) sont entièrement formées de Brèche cristalline, à éléments beaucoup plus gros qu'à Ensex, et plus semblables à ceux d'Aigremont. On y voit des cailloux pugilaires et céphalaires, plus ou moins anguleux, de granite, gneiss, micaschiste, calcaire foncé, calcaire gris clair, schistes ardoisiers noirs, etc. Certaines parties plus calcaires ressemblent à la roche nummulitifère d'Ensex, mais je n'ai pas pu y voir de fossiles.

C'est en dessous de la tête du Meilleret, au N, que M. Sylvius Chavannes avait trouvé des *Nummulites*, probablement près de la Bierlaz, jusqu'où j'ai poursuivi la Brèche cristalline.

Les échantillons que nous avons au Musée, et qui viennent de M. Chavannes, sont contenus dans une roche semblable à celle d'Ensex. Ils ont été déterminés par le Dr de la Harpe : *Num. Boucheri* (12ne) et *N. variolaria ?* (rare).

Ormont-dessus. — En descendant de la Bierlaz sur Vers-l'Eglise, on trouve dans le torrent une succession d'alternances de schistes gris bleuâtres, avec une Brèche cristalline moins grossière, en bancs toujours plus minces, avec ⊥ NNE d'environ 30°. En dessous du Sasset et de la Jouxnoire, apparaissent sous le Flysch de petites klippes de Gypse et de Cornieule. Dans le bas de l'escarpement tout est de nouveau Flysch, bien visible surtout dans le torrent du Rachy ; en haut, quelques intercalations de Brèche cristalline ; en bas, seulement schistes et grès.

La tête du Truchaud 1362 m., qui fait saillie au nord du Rachy, est une klippe calcaire au milieu du Flysch, (cp. 4). En l'absence des fossiles, que j'y ai vainement cherchés, je ne puis dire si c'est du Dogger ou du Lias. A son pourtour nord, j'ai pu suivre le Flysch, avec Brèche cristalline, plongeant toujours au N de 30 à 45°, tout le long de la Grande-Eau, de Vers-l'Eglise aux Vioz.

De l'autre côté de la Grande-Eau c'est encore le même Flysch, avec un développement considérable de Brèche cristalline, dans les rocs derrière l'Hôtel des Diablerets. L'aspect de cette brèche est parfois si semblable à celle d'Ensex, que je m'étonnais de n'y pas trouver de *Nummulites*. Je recommande cette recherche aux géologues, munis de bons yeux, qui pourraient se trouver en villégiature aux Ormonts.

Au nord du Plan-des-Iles, le Flysch prend une grande extension. Toujours entremêlé de brèche, plus ou moins cristalline, il forme toute la chaîne de Chaussy, le Creux-d'Isenau, la Palette-du-Mont (cl. 115) et toute la chaîne du Studelhorn, au NW du Col-de-Pillon.

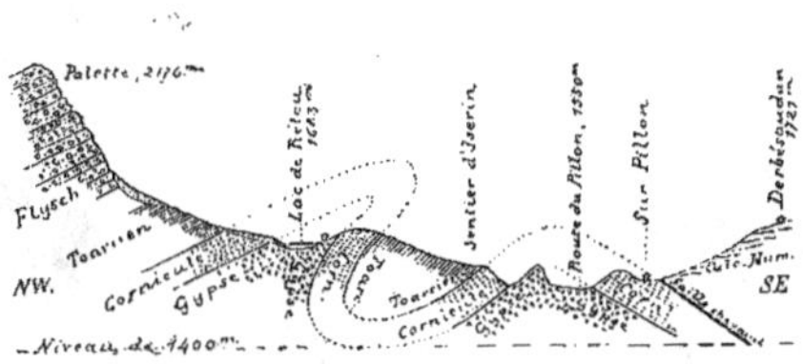

Cl. 115. Coupe de la Palette-du-Mont au Pillon. — Echelle 1/25000

Enfin à l'entrée du Creux-de-Champ, le Flysch, encore assez typique, forme le bas de l'escarpement, que l'on gravit pour monter d'Aiguenoire au Roc-des-Barmes. Toutes les couches plongent faiblement au NNE. Dans le bas on rencontre des alternances de schistes avec des grès, fins d'abord, puis plus ou moins grossiers. Dans le haut c'est plutôt la Brèche cristalline, sur laquelle repose directement le calcaire marneux à *Orbitoïdes* (p. 393 et 413). Comme la série est ici renversée, cela confirme les observations précédentes, qui nous montrent que la Brèche cristalline est surtout à la base du Flysch. Ici elle serait immédiatement subséquente au Nummulitique.

3. Région du Grès de Taveyannaz.

Cette troisième zone, où prédomine le grès moucheté et les diverses variétés qui l'accompagnent (p. 428), borde immédiatement les Hautes-Alpes calcaires, tout le long du pied NW des Diablerets.

Creux-de-Champ. — Presque tout le fond de ce cirque grandiose est formé de Grès de Taveyannaz, sauf le long du thalweg de la Grande-Eau, où tout est recouvert d'Alluvions torrentielles et glaciaires (Cl. 116 et cp. 1, 4).

Cl. 116. Carte géologique de l'Oldenhorn. — Echelle 1/50 000.
Al. Alluvions. — Gl. Glaciaire. — Tv. Grès de Taveyannaz. — E. Nummulitique. — U. Urgonien. — N. Néocomien.
O. Opalinien. — C. Cornicule. — + Gypse.

Sur le versant NE, ce grès s'élève assez haut. On le voit sur le sentier qui monte à Prapioz, jusqu'à Prapioz-dessus. Il s'avance même plus loin contre la paroi SW du Sex-rouge, où il vient s'adosser au rocher calcaire formé de Nummulitique, Urgonien et Néocomien. Vers le Glacier-de-Prapioz il m'a paru renversé sous le Nummulitique (cp. 1).

Outre le grès moucheté, qui est le plus apparent, j'y ai vu le grès vert-foncé à cassure parallélipipède, le grès grossier bréchiforme, et beaucoup d'intercalations de schistes feuilletés. Les fossiles y sont excessivement rares ; je n'ai pu y trouver que les trois suivants, qui suffisent toutefois pour faire reconnaître le Flysch : Un échantillon de *Helminthoïda crassa* dans du schiste feuilleté foncé, *Munsteria Hœssi ?* dans un grès schistoïde foncé, et enfin quelques *Chondrites longipes* dans le grès vert-foncé, légèrement moucheté, avec grains anguleux de feldspath.

Dans la partie orientale de Pierredar, non loin du Glacier-de-Prapioz se trouve un lambeau isolé de Grès de Taveyannaz, reposant presque horizontalement sur les Schistes nummulitiques supérieurs.

Dans la partie médiane du cirque, je n'ai pas pu voir de grès. La base des rochers y est formée par des schistes brunâtres, presque verticaux, qui paraissent se recourber en voûte en dessus (cp. 4). Je n'ai pas pu reconnaître si ces schistes appartiennent au Flysch, au Nummulitique ou au Néocomien. Un peu plus à l'ouest, j'ai vu le grès moucheté s'appuier sur ces schistes, avec un plongement d'au moins 40° N, mais qui va en s'atténuant de plus en plus, de sorte que, dans le bas du versant SW du cirque, la déclivité n'est plus que de 25° NNE. On dirait une grande cuvette, à bord fortement redressé au fond du cirque (cp. 1).

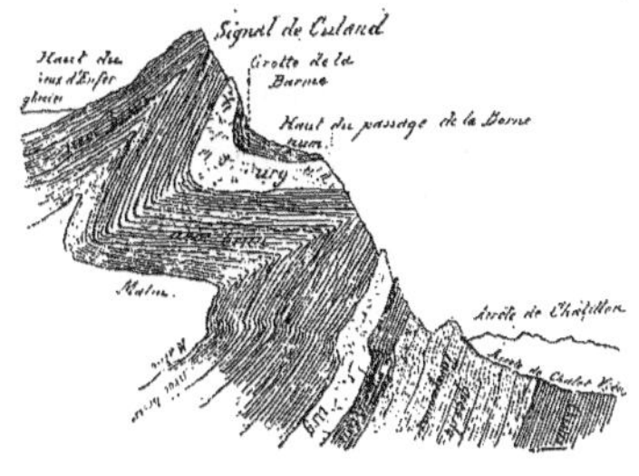

Cl. 117. Flanc W de Creux-de-Champ.

La croquis ci-joint (cl. 117) montre la disposition des couches au sommet de l'arête de Chalet-vieux, qui ferme le cirque à l'ouest. Il faut se représenter le retour des couches dans le bas de la coupe, à droite, avec la faible inclinaison ci-dessus mentionnée.

Creux-de-Culand. — A l'ouest de cette arête de Chalet-vieux, se trouve un cirque analogue, plus petit et moins profond, qui est encore entièrement formé de Grès de Taveyannaz. En aval des chalets de Culand, c'est un Flysch formé de schistes feuilletés, alternant avec le grès vert-foncé à cassure parallélipipède. A mesure qu'on s'élève contre les Diablerets, le grès prédomine de plus en plus, et se transforme en grès moucheté, en même temps que les couches se redressent et se renversent.

Vers la base des rocs, où commence le passage de la Borne, le grès moucheté plonge de 20° au SE, sous des roches calcaires, qui m'ont paru appartenir au Néocomien (p. 268). Il y aurait donc ici, soit un chevauchement du Néocomien sur le Flysch renversé, soit, ce qui me paraît plus probable vu la concordance parfaite des couches, une transgressivité inverse ; avant son renversement, le Flysch aurait recouvert transgressivement le Néocomien. Je signale ce point à l'attention des futurs observateurs, surtout en vue de la recherche de fossiles plus déterminables.

L'arête d'Arpille qui sépare le Cirque-de-Culand du Plan-Châtillon est également formée des mêmes roches. Dans le haut de cette arête, vers l'angle saillant des rochers des Diablerets, le renversement est moins complet qu'au bas de la Borne; là le plongement est de 50° SE. J'y ai trouvé *Palæodictyon singulare*, dans les schistes intercalés au grès moucheté ; et dans le grès schistoïde même, des traces végétales carbonisées. Plus loin les couches deviennent verticales, et dans les rochers de Flysch, entre Orgevaux et Arpille, le plongement est au N ou au NW.

Cl. 118. Carte de Châtillon. — 1/50000.

Châtillon. — De l'arête d'Arpille, les couches de Grès de Taveyannaz s'abaissent au sud, pour venir former le centre du Plan-Châtillon. Ici ma carte au 50 millième est fautive, car ce n'est qu'en 1876, après son impression, que j'ai pu constater là le Nummulitique, sous le Flysch [Cit. 120, p. 215]. Je substitue donc à ma carte un calque rectifié (cl. 118). Le Grès de Taveyannaz repose ici sur le Nummulitique (p. 415), dont l'affleurement l'entoure de trois côtés. A l'est les couches sont redressées contre les Diablerets, tandis qu'à l'ouest elles sont à peu près horizontales.

En descendant à l'ouest, de Plan-Châtillon contre Coufin, on voit ces deux terrains se recourber ensemble en voûte; le grès moucheté accompagne constamment, et borde extérieurement le Nummulitique. Ensemble aussi ils se renversent dans le bas des Rochers-de-Châtillon, et le grès moucheté finit par disparaître sous les Alluvions de la Haute-Gryonne, tandis que le Nummulitique forme le bas de la paroi.

Taveyannaz. — Le grès de Taveyannaz apparaît de nouveau sur le revers sud de la Vallée de Coufin, et forme la longue crète rocheuse, qui s'élève en écharpe jusqu'au sommet du Coin. On m'a rapporté une empreinte de *Chondrites Targioni* de la Pointe-d'Ancel, qui précède immédiatement le Coin.

Toute la partie supérieure de la montagne de Taveyannaz est formée de ce même terrain.

C'est une succession de forts bancs de grès, intercalés de schistes, et étagés les uns au-dessus des autres jusqu'au sommet du Coin. Chaque banc de grès forme une paroi de rocher qui s'élève en écharpe du NE au SW, et aboutit à l'une des pointes de l'Arête-des-Vents: Le Coin 2238 m., le Paquit 2123 m., Darbapara 2091 m., Chaux-ronde 2022 m. (cp. 1). Le plongement, dirigé habituellement à l'est, est très variable d'intensité, de 25° à 65° suivant les points, ce qui s'explique par les replis, visibles sur la paroi sud. Dans le haut le grès moucheté domine; dans le bas, ce sont plutôt les grès bréchiformes. Le bloc de brèche à petits fragments calcaires, dans lequel j'ai trouvé une dent d'*Otodus* (p. 431), se trouvait dans les éboulis de la paroi inférieure.

Vers l'arête de l'une de ces parois obliques, en La Combe, se trouve un joli gisement de Quartz bipyramidé, en cristaux isolés plus ou moins complets et hyalins, parfois à l'état de trémies, ou cristaux inachevés. Ces jolis minéraux, que récoltent les chevriers, se rencontrent dans des fentes du grès, remplies d'une terre rougeâtre.

Rochers-du-Vent. — Sur la paroi sud, au-dessus de Solalex, le Grès de Taveyannaz, entremêlé de schistes, joue de même un rôle important. On le voit d'abord formant le sommet du Coin, et surmontant les deux replis de

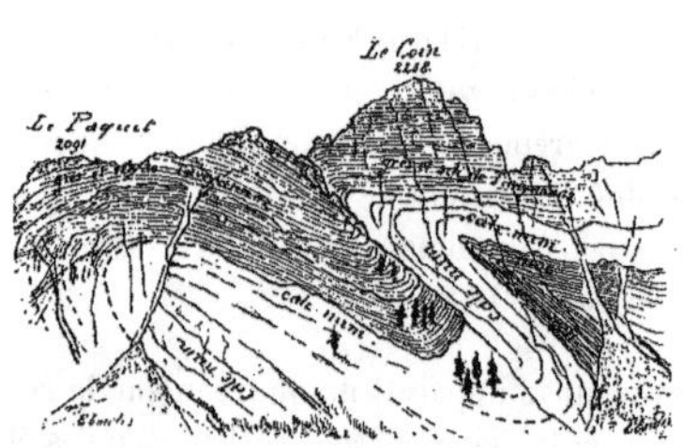

Cl. 119. Double repli sous le Coin.

Calcaire nummulitique (cl. 119), que j'ai mentionnés p. 416. Plus à l'ouest, il constitue seul les Rochers-du-Vent, sous la Pointe-de-Darbapara et la Chaux-ronde.

Dans le *chable* au-dessus de La Poreyre, où j'ai signalé déjà l'Opalinien et l'Oxfordien, le Flysch recouvre ces terrains, et forme l'arête qui descend de Chaux-ronde au SW. Ici il consiste plutôt en schistes, qui se confondent facilement avec les schistes jurassiques sous-jacents, vu leur analogie pétrographique. Sur ma carte au 50 millième la limite n'est pas juste, l'Oxfordien manque, et le Flysch ne descend pas assez loin au SW.

De ces schistes du Flysch, qui recouvrent le Jurassique, Cherix m'avait rapporté quelques Fucoïdes, parmi lesquels j'ai reconnu : *Chondrites affinis ? Ch. inclinatus, Fucoides cf. tæniatus, Palæodictyon singulare.* Dans le haut de ces schistes, s'intercalent quelques bancs calcaires, remplis de petits corps pisiformes, cloisonnés, qui paraissent organiques. Enfin par-dessus vient un banc de grès grossier, à ciment calcaire, soit une sorte de calcaire gris, rempli de gros grains de Quartz, mais sans mica. Dans les échantillons de ce grès grossier, rapportés par Cherix, j'ai pu constater deux *Nummulites* et une *Orbitoide.* Sauf l'absence des paillettes de Mica, la roche a de l'analogie avec la Brèche à *Nummulites* d'Ensex; et les Foraminifères, quoique sans doute non susceptibles d'une détermination certaine, sont très semblables à ceux de ce gisement.

En montant de là jusqu'à Chaux-ronde, par l'arête, on rencontre de continuelles alternances de schistes et de grès ; et les bancs de grès prennent de plus en plus l'aspect du grès moucheté. Nous avons donc là un gisement, où le Flysch présente les caractères des 3 facies ordinairement séparés : Schiste à *Fucoïdes,* Brèche à *Nummulites* et Grès de Taveyannaz.

Tout récemment un de mes anciens élèves, M. François Doge, m'a annoncé avoir découvert l'été passé (1889), sur deux autres points de Chaux-ronde, de petites *Nummulites*. L'un de ces gisements est situé sur le versant W, l'autre sur le versant NE ; l'un et l'autre sont à quelque distance en dessous du sommet, et compris dans la teinte jaune **Tv ?** de ma carte. D'après les échantillons que M. Doge a bien voulu me remettre, la roche est un grès grossier bréchiforme, très semblable à celui du versant S. Les *Nummulites* paraissent être assez abondantes sur le versant ouest.

J'ai encore colorié en Flysch, mais avec le monogramme **Tv ?**, d'une part le versant N de Chaux-ronde jusqu'au chemin de Taveyannaz, d'autre part le versant S, autour de la Mérenaz et des Abcfeys. Je suis beaucoup moins sûr de ces deux régions, où j'ai trouvé cependant quelques affleurements de schistes et grès analogues.

4. Région méridionale.

Au sud des trois régions précédentes, le Flysch joue encore un certain rôle sur le bord NW de la chaîne crétacéo-nummulitique, depuis le Lion-d'Argentine jusque sous les Dents-de-Morcles. Il y est représenté surtout par des schistes très feuilletés, avec des interstratifications de grès grossiers bréchiformes. Je n'y ai jamais trouvé de fossiles en place.

Plus à l'est, je ne connais pas de Flysch, sauf peut-être un petit lambeau pincé dans le synclinal nummulitique de Zerache (p. 419).

Argentine. — Il se pourrait que le Flysch existât depuis Pierre-carrée, caché sous les éboulis. Je n'ai pas pu en constater la présence, mais les *Fucoides*, cités p. 406, en sont peut-être un indice.

Du Perriblanc je possède également des échantillons de schiste grisâtre, présentant des empreintes de tiges de dicotylédones ? mais je ne trouve rien à leur sujet, ni dans mes notes ni dans mes souvenirs. Ils pourraient parfaitement provenir de bancs de Flysch renversés sous le Nummulitique.

Aux alentours du lambeau de Cornieule de Bovonnaz, j'ai trouvé quelques affleurements de schistes et grès, tout à fait analogues à ceux des Rochers-du-Vent, mais trop insignifiants pour être marqués sur ma carte, et d'ailleurs dans une position peu claire. S'il y a réellement une Cornieule du

Flysch, comme le pense M. Schardt (voir p. 128), ce lambeau de Bovonnaz, dans une situation si exceptionnelle, doit en faire partie. Je laisse là un point d'interrogation.

Enfin tout le centre du Vallon du Cheval-blanc, depuis la base du Lion-d'Argentine jusqu'aux Plans-de-Frenière est formé de Flysch incontestable (cl. 120). Ce sont surtout des schistes foncés, avec intercalations de grès, plus ou moins fins ou grossiers, comme aux Vents et à Javerne. Ils paraissent sortir de dessous le Néocomien de Bovonnaz, mais c'est probablement l'effet d'un chevauchement (cp. 9).

Cl. 120. Haut du Cheval-blanc, sous le Lion-d'Argentine.

Je n'y ai jamais trouvé d'empreintes, mais nous avons au Musée un échantillon de schiste noir, rapporté des Plans par Ph. de la Harpe, et contenant une *Munsteria nummulitica*, identique à l'espèce de Pierre-carrée.

Eusannaz. — Au sud des Plans, on voit la continuation de la même bande de Flysch au pied de la paroi des Savolaires, et par conséquent sous le Nummulitique renversé (cp. 10). Il se poursuit ainsi jusqu'à Eusannaz. Vers les chalets il est entièrement masqué par les éboulis ou le glaciaire. Au delà il forme tout le fond du vallon d'Eusannaz avec ⊥ SE de 40° à 50°, et s'élève jusqu'à la tête 2038 m., par où la bande de Flysch passe sur Javernaz. C'est essentiellement un schiste grisâtre, plus ou moins foncé, très feuilleté et luisant, dans lequel je n'ai point pu trouver de fossiles.

Nant. — Un fait très remarquable c'est la réapparition de ce Flysch dans le fond de la Vallée de Nant, où il constitue les couches les plus inférieures, mises au jour par l'intensité de l'érosion. Il forme les rochers qui supportent le petit plateau en terrasse de La Chaux (cp. 11), et probablement le plateau lui même, sous les éboulis qui le recouvrent (cl. 121).

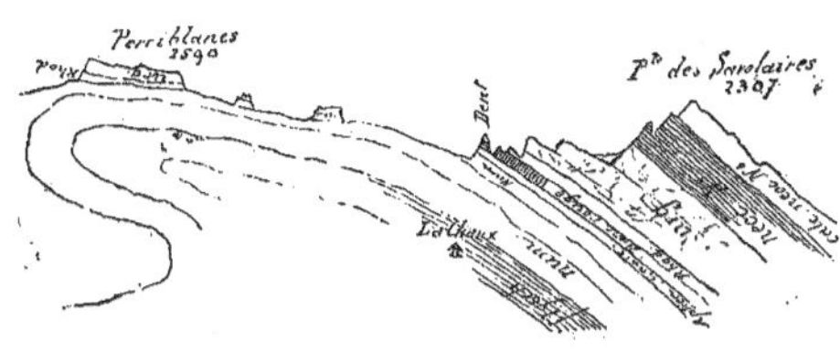

Cl. 121. Flysch renversé de la Vallée de Nant.

Sur le versant opposé, j'ai retrouvé le Flysch plongeant sous le Nummulitique renversé, au-dessus des Chalets de Nant, derrière le petit bois de sapins. Ici je n'ai pas vu d'alternats de grès, mais de nombreuses veinules blanches de calcite, comme à la Grand'vire.

La continuité de ces schistes de Nant et La Chaux, avec ceux d'Eusannaz, par-dessous le chaînon de Dent-rouge, telle qu'elle est représentée par mes coupes 11 et 12, ne me laisse absolument aucun doute. C'est le résultat du renversement général de ce chaînon.

Les schistes feuilletés de Nant ont été quelquefois exploités comme *ardoise*, pour les besoins locaux. Suivant M. Henri Bauverd, les toits qu'on en a couverts aux Plans, se sont bien conservés pendant l'hiver. Il ne faudrait pourtant pas s'y fier, car ces schistes sont assez calcaires, et doivent par conséquent s'altérer facilement.

Javernaz. — Le fond de la Vallée de Javernaz, en amont des chalets, est encore formé des mêmes schistes feuilletés et luisants, mais ici j'ai retrouvé quelques alternats de grès, parfois plus ou moins grossiers.

Comme aux Rochers-du-Vent, le Flysch se trouve ici très rapproché de l'Oxfordien à petites *Ammonites*, dont la nature pétrographique est très semblable (p. 217) ; la limite entre les deux est ainsi très difficile à tracer.

En 1875 lorsque j'imprimai ma carte au 50 millième, ces *Ammonites* n'étaient pas encore déterminées. Les croyant néocomiennes, j'avais été induit à attribuer au Néocomien inférieur **N**² une bonne partie de ces schistes, soit dans le fond de la vallée, soit sur l'arête de Javernaz et son revers occidental. Maintenant par suite de mes observations subséquentes, à Javernaz et sur le versant de Morcles, je me vois ramené à considérer comme Flysch presque tout cet espace teinté en vert uni **N²**, savoir : l'arête de Javernaz, le haut de Rosseline, les montagnes de Crételet, de Morieux, la grande Ravine-de-Chamossaire, la montagne de Drausinaz, et une bonne partie des Monts-sur-Châtel. J'attire l'attention sur cette importante correction à faire à ma carte.

Mais les relations de ce Flysch avec le Néocomien et l'Oxfordien de Javernaz restent très peu claires. Il paraît leur être sous-jacent ! Y aurait-il là renversement ? Si c'était le cas, comment expliquer ce lambeau jurassique entre le Néocomien et le Flysch ? — J'en viendrais presque à douter de cet Oxfordien ! si les fossiles n'étaient là, incontestables ! Il est vrai que je ne les ai pas trouvés moi-même, mais Ph. Cherix m'a fait voir la place où il les avait recueillis, et cet excellent homme s'est toujours montré si parfaitement consciencieux dans ses indications, que je ne puis douter de son assertion. Je me demande si ces fossiles jurassiques, trouvés à Javernaz, une seule fois, ne proviendraient peut-être pas d'un *bloc erratique dans le Flysch ?*

Cette hypothèse lèverait toute difficulté ! Le Flysch formerait ainsi tout le fond schisteux de la vallée (le vert uni **N²**), jusqu'aux chalets de Javernaz et serait recouvert par le calcaire néocomien renversé ? Je suis obligé de laisser la question irrésolue ; elle exige de nouvelles études !

Grand'vire. — Depuis l'arête de Javernaz, où le Flysch s'élève jusqu'aux rocs des Martinets, il s'étend au sud par la Grande-Mayenne et la Riondaz 2169 m., contourne les Dents-de-Morcles, (cl. 113, p. 425) et vient former les pentes partiellement gazonnées, qui, dominant la paroi de Ballacrètaz, occupent le centre du grand synclinal couché (cp. 13).

Cl. 122. Pilastre de Flysch.

Dans toute cette étendue, la roche dominante est un schiste feuilleté, d'un noir plus ou moins foncé, quelquefois finement plissé, comme frisé, et très souvent entrecroisé d'une multitude de veinules blanches de Calcite, de 2 à 4 millimètres de largeur. Dans la partie inférieure de ce schiste, se voient de nombreuses alternances de grès grossier, bréchiforme, à fragments blancs, très semblable à celui de Taveyannaz, des Vents, et de Javernaz. Le croquis ci-joint (cl. 122) donne une idée de ces alternances. C'est un pilastre naturel que j'ai observé en Maye-d'Arbignon, non loin du piton dit Gros-becca, vers la partie inférieure du Flysch normal.

Ici le plongement des couches n'est que de 15° E, tandis que plus haut dans le Flysch renversé sous le Nummulitique, la déclivité est beaucoup plus forte, atteignant 30 à 40° (cl. 123) ; ce sont les deux branches du synclinal oblique en ∠.

Cl. 123. Flysch renversé sous Grand'vire.

Un fait remarquable à noter, c'est la transgressivité de ce Flysch sur les terrains sous-jacents. Au point culminant de la Paroi de Ballacrètaz, il recouvre le Nummulitique indiscutable (p. 426). De là, dans la direction du N, il empiète de plus en plus sur la bande calcaire, qu'il finit par faire disparaître. Aux Es-Cherches, sous La Riondaz, le Flysch vient se superposer d'abord à la Cornicule, puis au Carbonique. Mais soit la bande de Cornicule, soit celle de Calcaire jurassique, ressortent bientôt après de dessous le Flysch, du côté de Haut-de-Morcles, comme cela est marqué sur ma carte. On dirait comme une coulée, qui aurait momentanément recouvert ces affleurements ; mais dans cette pointe de Flysch, la stratification est parfaitement régulière, et rien n'indique qu'il y ait eu un glissement de terrain.

Rosseline. — A partir de là, le Flysch surmonte constamment la paroi calcaire, jusque près de la Rosseline. Dans le haut de cette montagne, on voit les schistes feuilletés, luisants, alterner avec des bancs de grès verdâtre, plus ou moins dur et grossier. Ce grès devient souvent bréchoïde, présente parfois des taches blanches, et se fendille en parallélipipèdes obliquangles, comme le Grès de Taveyannaz (p. 429).

Ce terrain paraît donc bien être du Flysch, et non du Néocomien **N**², comme l'indique ma carte. Il forme tout le versant ouest de l'Arête-de-Javernaz par Crételet, Morieux, Drausinaz ; et descend par les Ravines-de-Chamossaire jusqu'aux Monts-de-Châtel, recouvrant le Néocomien de Planhaut et du Châtel.

Monts-de-Chiètre. — Ce massif de collines, qui fait saillie au milieu de la Vallée du Rhône, en amont de Bex, est la continuation évidente des

Monts-de-Châtel, et doit subir le même sort. Le sol étant presque partout cultivé, les affleurements rocheux y sont rares, et en raison des gisements néocomiens de Souvent et du Pont de Saint-Maurice, j'avais teinté toutes ces collines en vert uni **N**^{2}. Depuis lors j'y ai retrouvé divers affleurements dont la roche est semblable au Flysch. Au N de la Tour-de-Duin, et dans le ravin du Courset, se rencontrent des schistes noirs micacés, analogues à ceux du Val-d'Illiez, et contenant des traces végétales, d'apparence terrestre. Il me paraît donc probable que la partie E des Monts-de-Chiètre doit appartenir encore au Flysch, lequel viendrait recouvrir le Néocomien de la paroi ouest, qui domine le Rhône.

C'est dans cette contrée, non loin de la Tour-de-Duin, que M. Edm. de Fellenberg a constaté un remarquable gisement de cristaux de Quartz, dont quelques-uns paraissent encore en voie de formation [Cit. 163]. Se basant sur ma carte, il a attribué ce gisement au Néocomien. Il se pourrait bien qu'il appartînt plutôt au Flysch.

5. Rive gauche du Rhône.

Le Flysch occupe de grandes étendues dans le Val d'Illiez et sous la Dent-du-Midi (cp. 2), mais cela sort de mon domaine. Je ne parlerai que des parties basses, qui sont sur le bord de ma carte.

Plateau de Vérossaz. — Aux Fontanys, près Massonger, j'ai retrouvé les mêmes roches schisto-arénacées qu'aux Monts-de-Chiètre, à Javernaz, etc. Elles surmontent le Néocomien du plateau de Vérossaz et de Saint-Maurice, s'élevant en écharpe jusqu'au-dessus de Haut-Serre (Ausseys).

Dans les gorges de Mauvoisin, près du passage allant de Haut-Serre à Ordière, on exploitait en 1872, sous le nom d'ardoises, de grandes dalles, de 1 mètre carré et plus, dans un terrain schisteux, intercalé de bancs calcaires, avec faible ⊥ NE. Je ne saurais dire si c'est encore du Néocomien ou du Flysch, mais en tout cas ce dernier en est très rapproché et forme les escarpements qui dominent ici le ravin, et qui supportent le hameau de Planey (cp. 15).

Mex. — Tout le long du chemin d'Ordière à Mex, on voit le Flysch reposer sur le Néocomien. Au-dessus du village de Mex, il y a dans ce schiste des exploitations de dalles et d'ardoises, qui s'utilisent dans la contrée. En 1872 j'ai vu la maison de commune couverte de jolies ardoises grisâtres de cette provenance, qu'on me dit avoir passé déjà 14 hivers sur ce toit, et qui avaient très bien résisté.

Depuis Mex, le Flysch empiète transgressivement au SE, jusqu'au fond des gorges de Saint-Barthelemy. Il y recouvre d'abord le Malm, puis la bande de Cornieule, puis enfin le gisement de Porphyre rouge (p. 42). En remontant le torrent de Saint-Barthelemy, on le poursuit le long de la rive gauche (cp. 2), jusqu'au fond du cirque, où il se termine dans un repli du calcaire.

FAUNE ET FLORE DU FLYSCH

Les fossiles du Flysch, que je groupe dans le tableau ci-après, se réduisent à une trentaine d'espèces, peu caractéristiques : Une dent de *Squale*, quelques *Foraminifères* indéterminés, ayant beaucoup de ressemblance avec ceux de notre Nummulitique, enfin une vingtaine de *Fucoïdes* et *Helminthoïdes*, habituels au Flysch, non seulement dans les Alpes, mais aussi en Ligurie et dans d'autres régions.

Se basant sur les justes observations de MM. Munier-Chalmas et Nathorst, relatives aux organismes problématiques des terrains anciens, divers auteurs, en particulier M. Th. Fuchs [Cit. 151, p. 59], ont attribué toutes nos empreintes du Flysch, dites habituellement *Fucoides*, à des pistes de vers, ou d'autres animaux rampant au fond de la mer.

J'ai déjà réfuté cette manière de voir dans diverses occasions [Cit. 160 ; 162, p. 17 ; 170, p. 48]. Je puis bien admettre que des empreintes vermiformes, comme les *Helminthoïda*, *Palæodictyon*, etc., n'ayant pas d'épaisseur, pas de ramification, et ne présentant aucun vestige carboné, soient des pistes de vers. Je considère le fait, sinon comme prouvé, au moins comme probable. C'est pourquoi j'ai groupé ces empreintes, sous le nom maintenant usité, et en tout cas prudent, d'*organismes problématiques*.

FOSSILES DU FLYSCH Les chiffres désignent le nombre d'échantillons recueillis dans chaque gisement. n = nombre supérieur à 9 ex. c = commun.	GISEMENTS												
	Leysin	Sépey	Aigremont	Pont-de-la-Frenière	Forclaz	Plan-Saya	Sallaz	Argentine	Chaux-ronde	Ensex	Meilleret	Taveyannaz	Prapioz
Animaux.													
Otodus cf. macrotus, Ag.	.	.	.	.	.	.	.	.	.	.	.	1	.
Nummulites (plusieurs sp. indet.)	.	.	.	.	.	1	.	.	2	c	n	.	.
Orbitoïdes sp.	.	.	.	.	.	.	.	.	1	1	.	.	.
Operculina sp.	.	.	.	.	.	.	.	.	.	2	.	.	.
Organismes problématiques. (Pistes ?)													
Helminthoïda crassa, Schafh.	.	7	5	.	.	1	6	.	.	.	.	.	1
— labyrinthica, Hr.	.	7	3	.	.	.	3	.	.	.	.	.	.
Palæodictyon singulare, Hr.	.	1	.	1	1	4	.	.	3	.	.	2	.
— textum, Hr.	.	2	1	3	.	n	.	.	.	.	.	.	.
Cylindrites convolutus? Fisch-Oost.	.	.	.	.	.	2	.	.	.	.	.	.	.
— dædaleus ? Göp.	.	.	.	.	.	.	3	.	.	.	.	.	.
Fucoïdes. (Algues.)													
Chondrites (Phycopsis) affinis, Brong.	3	2	n	c	..	.	.	.	1	.	.	.	.
— inclinatus, Brong.	.	.	2	.	.	.	4	.	1	.	.	.	.
— longipes, Fisch-Oost.	.	.	.	.	.	.	.	.	.	.	.	.	2
— Targioni, Brong.	2	4	.	2	.	2	6	.	.	.	.	1	.
— id., var. expansus, Fisch-Oost.	.	3	1	.	.	.	.	.	.	.	.	.	.
— arbuscula, Fisch-Oost.	.	7	c	5	1	3	2	.	.	.	.	.	.
— cæspitosus, Fisch-Oost.	.	.	.	.	.	.	2	.	.	.	.	.	.
— intricatus, Brong.	n	8	.	c	n	2	4	.	.	.	.	.	.
Halymenites flexuosus, Fisch-Oost.	.	.	1	2	.	1	1	1	.	.	.	.	.
— lumbricoïdes, Hr.	.	.	.	1	.	.	.	.	.	.	.	.	.
Munsteria Hœssi, Sternb	.	.	.	.	.	.	.	.	.	.	.	.	1
— Oosteri, Fisch-Oost.	.	.	.	2	.	.	.	.	.	.	.	.	.
— nummulitica, Hr.	.	.	.	.	.	.	.	4	.	.	.	.	.
Tænidion Fischeri, Hr. (Munst. annulata, Fisch-O.)	.	9	.	.	.	.	2	.	.	.	.	.	.
Hormosira moniliformis, Hr.	.	2	.	.	.	.	.	.	.	.	.	.	.
Fucoïdes cf. tæniatus, Kurr. sp.	.	.	.	.	.	.	.	.	2	.	.	.	.
Total : 26 espèces, dont	3	11	8	9	3	9	10	2	6	3	1	3	3

En revanche nos *Chondrites*, *Halymenites*, *Munsteria*, etc., qui sont généralement à l'état d'empreintes charbonneuses, et qui d'ailleurs présentent tant de détails remarquables d'organisation, tels que granulation, ramification divergente et successive, etc., ne peuvent pas être de simples pistes. Je persiste à les considérer comme des *Algues*, ou des végétaux marins analogues !

Divers botanistes, parfaitement compétents, sont bien d'accord avec moi sur ce point [Cit. 160].

MODE DE FORMATION DU FLYSCH

Sans nous donner de renseignements très précis sur le mode de formation de ce singulier terrain, ces fossiles nous fournissent quelques renseignements.

D'abord c'est une formation marine ! Si les Fucoïdes et les Helminthoïdes peuvent nous laisser des doutes à cet égard, il n'en est pas de même de la présence d'un Squale, corroborée par les autres vestiges semblables, trouvés dans le Flysch des Voirons et des Préalpes en général. Mais c'est surtout la présence des *Nummulites*, et de quelques autres Foraminifères qui est une preuve incontestable de formation marine.

Toutefois certains indices me font penser que, vers la fin de l'époque du Flysch, ces nappes d'eau salée ont pu se transformer graduellement en lagunes saumâtres, ou même d'eau douce. Sur divers points de ma région, j'ai rencontré des vestiges de végétaux terrestres, qui indiquent tout au moins que le rivage ne devait pas être très éloigné.

Mais c'est surtout le Flysch du Val-d'Illiez, sur la rive gauche du Rhône, qui fournit à cet égard des documents intéressants. Dans ses parties inférieures il est formé comme dans les Alpes vaudoises d'alternances de grès et de schistes avec des Fucoïdes ; mais dans sa partie supérieure les schistes prédominent de plus en plus, deviennent beaucoup plus feuilletés, micacés, noirs, luisants, et contiennent sur quelques points un grand nombre de feuilles de plantes terrestres.

La première découverte de ces feuilles terrestres est due à mon collègue M. J.-B. Schnetzler qui rapporta en 1883 du bas de la vallée de Morgins un échantillon de schiste ardoisier, portant une feuille de dicotylédonée [Cit. 83].

La même année le Dr Lebert en découvrit un autre gisement, en dessous de Troistorrens, et un peu plus tard Ph. de la Harpe, un troisième au Pont-du-Fayot, entre Troistorrens et Illiez. Moi-même j'ai recueilli quelques feuilles semblables au-dessus de Monthey, à Vers-Ensier (Verinchy), toujours dans le même schiste micacé, qui s'exploite parfois comme ardoise, pour l'usage de la contrée.

Ces divers gisements ont fourni entre eux une petite flore d'une dizaine d'espèces, décrites par Oswald Heer [Cit. 112, p. 169, pl. 70]. Les types les plus fréquents sont : *Ziziphus Ungeri*, Hr., *Grevillea Hæringiana*, Ett., *Podocarpus eocenica*, Ung. D'après Oswald Heer ces espèces caractérisent en Suisse la flore de Ralligen, qu'il place tout à fait à la base du Miocène.

Le facies du Flysch marin n'est pas si facile à établir.

Considérant tout nos Fucoïdes comme des pistes, et estimant que de semblables empreintes ne pouvaient se conserver facilement que dans les hauts fonds, à l'abri du mouvement des vagues, M. Th. Fuchs a rangé le Flysch parmi les formations de mer profonde [Cit. 151, p. 509].

Je ne puis absolument pas admettre que le Flysch soit une formation *abyssale* ou de haut-fond. Voici mes arguments :

a) Les Fucoïdes, qui en sont les fossiles les plus habituels, et que je ne puis pas considérer autrement que comme des Algues, indiquent une mer peu profonde. Dans les mers actuelles les Algues abondent près du rivage dans la *zone laminarienne*, qui ne descend guère au delà de 28 mètres de profondeur.

b) J'ai trouvé fréquemment (Aigremont, Ballacrètaz, etc.) dans les grès fins ou les schistes du Flysch, ces surfaces finement ondulées (*Ripple-marks* ou *Wellenschlæge*), ces *rides de fond* comme les nomme mon collègue le professeur F.-A. Forel, qui les a si bien étudiées dans notre Lac Léman [Cit. 152]. Or ces ondulations du fond vaseux ne peuvent se produire que dans des nappes d'eau d'une faible épaisseur.

c) L'abondance des grès, et surtout des conglomérats, à fragments plus ou moins anguleux, indique évidemment une situation littorale.

d) La transgressivité du Flysch sur des terrains d'âges très divers, ainsi que la fréquence des klippes, montre bien qu'il se déposait sur un fond très inégal, dont certaines parties saillantes devaient se trouver hors des eaux. A cet argument se rattache encore la distribution géographique du Flysch par zones, souvent assez étroites, qui évidemment devaient former des bras de mer séparés [Cit. 172, p. 180].

e) La présence des végétaux terrestres au Val-d'Iliez, et probablement aussi sur quelques points des Alpes vaudoises, ainsi que le passage insensible du Flysch marin au Flysch d'eau douce, sont aussi tout à fait contraires à l'hypothèse d'une mer profonde.

f) Enfin l'absence de tout sédiment marin, postérieur au Flysch, montre que toute la contrée a émergé immédiatement après son dépôt. Or on ne peut pas supposer que cette émersion ait succédé sans transition à une mer profonde ! Ce serait contraire à toutes les analogies.

L'argument des pistes, sur lequel s'appuie M. Fuchs, n'a d'ailleurs aucune valeur, car les traces produites dans la vase se conservent partout où l'eau est calme, aussi bien à de faibles profondeurs que dans les hauts-fonds. On rencontre fréquemment des pistes de vers associées aux rides-de-fonds, qui sont les preuves les plus irrécusables d'une eau peu profonde.

Pour toutes ces raisons, je suis donc porté à croire que le Flysch devait se déposer dans une mer peu profonde, mais étendue et très découpée, parsemée de bas-fonds, de klippes et d'îlots. Par suite de l'exhaussement lent de la région alpine, cette mer a dû se retirer graduellement. Certains bras ont pu persister plus longtemps que d'autres, et même se transformer en lagunes saumâtres, puis en lacs d'eau douce, comme au Val-d'Illiez.

Mais comment se fait-il que cette formation littorale ne renferme pas, comme c'est le cas habituel, une riche faune de mollusques, d'échinodermes, etc. ? C'est là le mystère !...

L'absence de fossiles ne signifie pas, il est vrai, qu'une faune littorale n'ait pas existé dans cette mer. Elle pourrait y avoir vécu sans y laisser de traces ! Les dragages de M. Forel dans le Lac Léman lui ont fourni très peu de coquilles, malgré l'abondance des mollusques qui y vivent. Les tests sont habituellement dissous par les eaux du lac, et les animaux ne laissent aucun vestige de nature à être conservé.

Il aurait pu en être de même dans la mer du Flysch, pour les mollusques à test calcaire, tandis que les Fucoïdes auraient résisté, à cause de leur substance carbonée. Il est évident qu'il en est ainsi, du plus au moins, pour la plupart des terrains, sinon les fossiles seraient beaucoup plus abondants ! Mais en général il reste par-ci par-là un point favorable, un banc privilégié dans lequel ces animaux ont été conservés, sinon intacts, du moins à l'état de moules ou d'empreintes.

Dans le Flysch, on n'en voit pas trace, et cette absence absolue, je dirai presque systématique, semble exiger une autre explication.

Je me demande s'il n'y aurait pas là un *phénomène glaciaire*, qui, abaissant beaucoup la température des eaux, aurait rendu celles-ci plus ou moins impropres à la vie animale, au moins à celle des Mollusques, tandis que les Algues et les Foraminifères auraient pu subsister ?

Comment expliquer d'ailleurs cette immense accumulation de blocs énormes, dans la Brèche d'Aigremont, du Meillerct, etc., ainsi que la fréquence remarquable de grès grossiers à fragments anguleux ? Quelques-uns de ces matériaux, les blocs cristallins en particulier, paraissent venir de loin, des Alpes centrales sans doute ; car l'hypothèse d'une autre chaîne cristallline disparue, ne repose sur aucun fait ! Ne serait-il pas naturel de penser qu'ils ont été amenés par des glaciers, aboutissant, comme ceux du Grœnland, au fond des fjords de la mer du Flysch, et y déversant leurs moraines, ou disséminant celles-ci par le moyen de glaces flottantes.

M. Schardt a d'ailleurs constaté, sur certains blocs d'Aigremont, des faces planes et comme usées par le frottement, qui rappellent les surfaces polies par les glaciers [Cit. 159, p. 29].

Ce n'est pas la première fois que le mot de glacier est prononcé à propos des blocs exotiques du Flysch [Cit. 159, p. 28 ; Cit. 172, p. 208, 210]. Sans y être absolument contraire, je n'avais pas jusqu'ici adopté cette théorie ; mais elle s'impose maintenant à moi, comme la seule explication rationnelle de ces deux faits patents : l'abondance des blocs anguleux et cristallins, d'une part, l'absence de faune malacologique littorale, d'autre part.

AGE DU FLYSCH

Le Flysch a été généralement classé dans l'Éocène supérieur. M. MEYER-EYMAR, prenant pour type les couches à Fucoïdes de la Ligurie, en a fait son *Etage ligurien*. Cette classification a été dernièrement critiquée par M. FRÉD. SACCO, qui a constaté, sur plus d'un point en Italie, le Bartonien superposé au Ligurien, au lieu de lui être inférieur. Il conclut que le Flysch est un facies spécial, qui peut se trouver contemporain, soit du Bartonien, soit d'autres étages éocéniques antérieurs.

D'une manière générale, c'est bien aussi mon point de vue. Mais en ce qui concerne plus spécialement la région que j'étudie ici, je dois constater que notre Flysch est en bonne partie postérieur au Calcaire à *Nummulites* et à *Orbitoïdes*, que j'ai considéré comme très probablement Bartonien, et correspondant aux couches de Priabona (p. 409).

Je rappelle brièvement ici les cas incontestables de superposition, se rapportant aux différentes variétés du Flysch :

a) Au Roc-des-Barmes (Ormont-dessus), en intervertissant la série renversée, on constate la superposition de la Brèche cristalline, sur les Schistes à Orbitoïdes (p. 393 et 431).

b) A Châtillon, c'est le Grès de Taveyannaz, bien typique, qui succède immédiatement aux Schistes nummulitiques supérieurs, reposant eux-mêmes sur le Calcaire à Nummulites (p. 415).

c) Aux Plans-de-Frenière, Eusannaz, Nant, etc., c'est le Flysch schisteux, qui sert de base au Nummulitique renversé, et par conséquent lui est immédiatement postérieur (p. 448).

d) Enfin sous les Dents-de-Morcles, le même Flysch schisto-arénacé se trouve compris dans le grand synclinal couché, et limité de chaque côté, dessus et dessous, par le Nummulitique (p. 425 et 451).

Ceci n'empêche point que la formation du Flysch ait pu commencer plus tôt dans les régions externes des Alpes. Je suis porté à croire, en particulier, que la Brèche à *Nummulites* de Chaux-ronde, Ensex, Meilleret n'est qu'un facies spécial du Calcaire nummulitique, synchronique à celui de La Cordaz et de Châtillon.

Une chose paraît certaine, c'est que la formation de notre Flysch alpin a dû se continuer jusqu'à l'aurore de la Période miocénique, comme en font foi les plantes terrestres du Val-d'Illiez (p. 456).

ÉMERSION DÉFINITIVE

Les couches du Flysch sont les derniers dépôts sédimentaires proprement dits de notre région alpine.

La mer éocène que nous avions vu envahir de nouveau la contrée (p. 363), a du aller en s'approfondissant jusqu'à la phase du Calcaire nummulitique. A partir de ce moment, où l'affaissement maximum paraît indiqué par les petits Foraminifères, constatés par M. WATERS (p. 404), l'exhaussement du sol dût recommencer, et occasionner la mer peu profonde et très découpée du Flysch (p. 457), pour aboutir enfin à l'émersion totale de la contrée, à la fin de la Période éocénique.

Je n'ai rencontré en effet dans toute ma région aucune trace de terrain miocène marin.

En revanche, je crois pouvoir attribuer à cette Période miocénique la majeure partie du plissement de nos Alpes ! En effet le Flysch participe à ces plissements, qui lui sont donc postérieurs. D'autre part ils sont antérieurs au Terrain erratique, dont la partie inférieure, dans nos Alpes, doit être très ancienne, très probablement d'âge Pliocène.

Je trouve encore une confirmation de cette idée dans l'immense épaisseur des poudingues mollassiques, qui forment au bord des Alpes, une série de *Cônes de déjection* gigantesques, dûs à divers cours d'eau venant du SE. Or l'intensité du plissement devait produire de nombreuses fractures ; celles-ci, de nombreux éboulements et d'abondants matériaux de transport !

D'autre part, l'émersion récente d'une grande partie des Alpes devait favoriser l'humidité atmosphérique et les précipitations aqueuses. Ces dernières, à leur tour, devaient accroître le charriage torrentiel !

Il y a une connexité dans tous ces phénomènes, qui concourt à me faire attribuer à la Période miocénique le principal moment du plissement des Alpes [Cit. 170, p. 51].

C'est à cette même période que je dois faire remonter le *démantèlement* de nos montagnes. Abstraction faite de la possibilité, disons de la *probabilité* d'un affaissement postérieur, toutes nos chaînes ont dû être beaucoup plus élevées, immédiatement après le plissement. Pour s'en convaincre, il n'y a qu'à rétablir, par la pensée, les terrains normalement stratifiés, qui devaient nécessairement exister sur les sommets à couches renversées, comme les Dents-de-Morcles par exemple (cp. 3 et 13). On trouve ainsi, qu'une épaisseur de 1000 à 1500 mètres de terrain, pour le moins, a dû être enlevée par l'érosion.

Je ne veux pas prétendre que toute cette masse ait été érodée pendant la Période miocénique, quoiqu'il soit bien évident que c'est là l'origine des matériaux, fins ou grossiers, de notre Mollasse. L'action érosive a du se continuer pendant la Période pliocénique, et fournir aussi les matériaux de notre Terrain erratique, dont la masse est non moins considérable que celle des dépôts mollassiques.

En somme l'ère principale des plissements, du démantèlement et du charriage torrentiel, dans nos Alpes, a dû commencer immédiatement après le Flysch, pour se continuer jusqu'à l'époque actuelle, avec un degré d'intensité variable.

TERRAINS MODERNES

Il me reste à parler des formations terrestres ou subaériennes, souvent désignées du nom de terrains superficiels, lesquelles, selon moi, constituent les dépôts divers de la Période pliocénique.

La masse principale de ces formations est le Terrain erratique, que je considère comme représentant le Pliocène et la majeure partie du Plistocène.

Par-dessus viennent des formations diverses, plus récentes, et toujours plus ou moins locales, qui ont pu commencer déjà pendant l'Époque plistocène, mais qui se sont développées surtout dans l'Époque holocène ou actuelle.

TERRAIN ERRATIQUE

Ce terrain est représenté, dans ma carte au 50 millième, par le gris-clair, sans hachures, accompagné du monogramme **Gl.**; et dans la Feuille XVII au 100 millième, par une teinte pleine gris-jaunâtre, avec la lettre **q.**

Il occupe en général le fond des vallées, ou leurs flancs, et y constitue parfois des amas si considérables, qu'il est impossible d'en apprécier le substratum, et que la délimitation des terrains sédimentaires sous-jacents devient impossible.

La masse principale de ce terrain est formée de *graviers* plus ou moins grossiers, nullement ou très irrégulièrement stratifiés, souvent dénudés par l'érosion torrentielle, et formant alors de grandes *ravines*, comme celles qu'on remarque sur les bords de l'Avançon et de la Gryonne.

Dans quelques cas, grâce à un ciment plus calcaire, les matériaux s'agglomèrent en un véritable *béton*, qui se laisse moins facilement raviner et forme des piliers à flancs abrupts, comme le Roc-de-Terre, près de Lavey-les-Bains [Cit. 154, p. 8, pl. 1].

L'*argile à cailloux striés* se rencontre assez fréquemment à la base de ces graviers, ou en petites intercalations lenticulaires.

A ces dépôts, plus ou moins continus, il faut ajouter les nombreux *blocs erratiques*, disséminés dans toute la contrée, et dont la nature pétrographique varie suivant leur provenance. Sur ma carte au 50 millième j'ai marqué, par de petits astérisques rouges, les blocs les plus intéressants.

Je dois enfin mentionner les surfaces de roc *polies et striées*, qui se voient sur divers points, non seulement sur le calcaire, mais aussi sur des roches cristallines dures, comme à Salvan et à Follaterre.

Depuis les travaux classiques de JEAN DE CHARPENTIER [Cit. 41], qui ont eu pour point de départ ses observations aux environs des Devens, où il avait sa demeure comme directeur des Mines de Bex, il est reconnu que tous les matériaux précités ont été charriés par les *glaciers alpins*, dans leurs phases d'ancienne extension. Ce qui n'était à l'origine qu'une hypothèse hardie, s'est trouvé si généralement confirmé par les travaux subséquents, qu'il serait maintenant oiseux d'en reprendre la démonstration.

Par la nature pétrographique des blocs et des cailloux, on peut reconnaître les différents domaines erratiques, et définir la marche du glacier qui les a fournis.

Dans la région qui m'occupe, je puis distinguer d'une part le Glacier du Rhône, d'autre part un certain nombre de *glaciers secondaires*, plus ou moins importants, qui lui servaient d'affluents, les uns sur la rive droite, d'autres sur la rive gauche.

GLACIER DU RHONE

Le caractère essentiel du domaine erratique du Rhône, c'est de présenter des blocs de *roches cristallines* ou semi-cristallines, provenant des Alpes centrales. Nos affluents latéraux, au contraire, ayant pour point de départ les Hautes-Alpes calcaires, ne peuvent présenter que des blocs de poudingue, de grès, de schistes ou de calcaires, provenant des divers terrains que j'ai fait connaître dans cette Monographie. Il n'y aurait d'exception à faire que pour les éléments de la Brèche cristalline du Flysch, et pour l'erratique du Glacier de Salvan, lequel vient en partie de régions cristallines.

Cela ne veut pas dire que le Glacier du Rhône n'ait charrié, lui aussi, des matériaux calcaires ou schisteux, provenant du Haut-Valais. Mais ces derniers sont moins nombreux, et généralement en blocs plus petits. Parfois ces erratiques calcaires du Glacier du Rhône sont assez caractérisés pour être facilement reconnus, mais souvent aussi il n'est pas possible de les distinguer de ceux qui proviennent de nos affluents latéraux. Ils sont donc en somme moins caractéristiques.

En 1841, DE CHARPENTIER a donné une petite carte, qui fait connaître l'extension approximative du domaine erratique du Rhône [Cit. 41]. Les amorces des principaux affluents latéraux y figurent déjà.

GERLACH de son côté a décrit l'erratique du bassin du Rhône, essentiellement dans sa partie supérieure, en amont de Sion [Cit. 95, p. 47].

M. ALPH. FAVRE avait réuni les éléments d'un travail d'ensemble sur l'erratique suisse, dont malheureusement il n'a pu faire paraître que la carte [Mat. Carte géol. Suisse, 28e livr.].

Beaucoup d'autres auteurs s'en sont occupés encore. C'est donc un sol classique sur lequel il n'y a plus guère qu'à glâner !

N'ayant pas voué une attention spéciale à la distribution de l'erratique, je me garderai bien de donner une description générale de l'ancien Glacier du Rhône, même pour la section assez importante qui traverse mon territoire. Je me contenterai de mentionner les quelques observations que j'ai pu faire dans ce domaine, lesquelles se rapportent essentiellement à la rive droite du Rhône. Pour cela je suivrai celle-ci d'amont vers aval.

Aven. — Autour de ce village, et en descendant de là par Séri, jusqu'au niveau de la vallée, vers Magnon, j'ai observé de grandes accumulations de glaciaire, au travers duquel percent par-ci par-là des roches, que j'ai attribuées au Néocomien (p. 278).

L'erratique du Rhône peut s'élever dans cette région jusqu'à 1100 mètres environ. Ce qui dépasse cette limite me paraîtrait plutôt appartenir aux affluents latéraux de la Morge et de la Lizerne.

Ardon à Saillon. — Il est clair que tout le long de la Vallée du Rhône on peut rencontrer des vestiges glaciaires, mais je ne veux mentionner que les amas quelque peu importants.

Ceux-ci se trouvent en général à l'issue des vallées latérales. C'est le cas en particulier aux environs de Chamoson, soit au bas de l'Ardèvaz, soit au-dessus du village de Grugnay. De même sur Leytron, autour des villages de Produit et de Montagnon.

En montant de Grugnay à Bertze, j'ai vu beaucoup de lambeaux erratiques, dont un plus étendu, que j'ai marqué sur ma carte en dessous de Bertze à 1100 mètres environ.

Aux environs de Mourtey et Ovronnaz (Névrona) dans la vallée de la Salenze, l'erratique forme une accumulation considérable, qui sur les bords, en Tzou et Luy-Taysa, s'élève jusqu'à 1400 mètres et plus. Mais je ne saurais considérer cet amas comme appartenant principalement au Glacier du Rhône. Il me paraît attribuable en bonne partie à l'affluent de la Salenze, et marquer sa jonction avec le glacier principal.

Fully. — De Saillon à Mazembroz, les rocs métamorphiques bordent la vallée, et l'erratique se confond avec les éboulis, ou en est recouvert. Mais de Mazembroz à Brançon j'ai vu, presque tout le long, des amas glaciaires, interrompus ici et là par des cônes torrentiels ou d'éboulement.

Depuis Brançon au Roc de Follaterre, où le Rhône se coude au NW, la plupart des saillies de rocher sont usées et polies par le glacier, jusqu'à une altitude de 600 à 700 mètres. Nulle part je n'ai vu d'aussi beaux polis glaciaires sur des roches métamorphiques, fort dures.

Outre-Rhône. — Au N du Coude du Rhône j'ai observé divers lambeaux erratiques, attribuables au Glacier du Rhône, jusqu'à la limite supérieure d'environ 1400 mètres. J'ai marqué sur ma carte les deux principaux.

Celui de la Giètaz, au-dessus d'Alesse, à 1350 m. et plus, présente beaucoup de blocs étrangers à la contrée, soit des erratiques cristallins du Haut-Valais, soit de nombreux cailloux de calcaire foncé, parfois polis, qui sont non moins caractéristiques, puisqu'il n'existe pas de calcaire en place aux alentours.

Le lambeau de Plex 1265 m., au-dessus de Collonges, est aussi fort intéressant. Outre de beaux blocs erratiques, il présente, en avant des chalets, un *bourrelet morainique* avec cailloux calcaires, très bien caractérisé, dont la coupe est visible dans l'escarpement abrut, formé par l'éboulement de 1863 (p. 52).

Quant au lambeau de Haut-d'Alesse, atteignant 2000 m. d'altitude, je ne puis pas le considérer comme appartenant au Glacier principal, car il ne contient que des matériaux des rochers environnants.

Morcles. — Ce village est situé sur un amas erratique, d'une certaine importance, qui s'élève dès 1100 m. jusqu'aux environs de 1350 m. Je n'y ai trouvé que des roches des environs, soit calcaires, soit métamorphiques ou carboniques. Néanmoins il me paraît probable qu'il s'est formé près du contact du Glacier du Rhône avec un petit affluent qui venait de Dzéman, et auquel je dois attribuer les nombreux blocs erratiques de Poudingue rouge, que j'ai constatés au-dessus de Morcles, et dont je parlerai plus loin.

Sur l'épaulement de Dailly à 1265 m., se trouve un autre petit lambeau glaciaire, autour et en avant des maisons, avec quelques beaux blocs de Poudingue carbonique.

Plus bas, sur le vieux chemin qui descend de Morcles à Lavey, j'ai constaté des polis glaciaires sur deux points : 1° au lacet sous Bellesfaces, sur des rocs de Cornieule ; 2° à Tsinsaut, sur les grès rouges bréchiformes et porphyroïdes (p. 42 et 62).

Lavey. — Vers l'embouchure du Torrent de Morcles dans le Rhône, le bas des vignes de Tilly est sur glaciaire. Le chemin qui y monte depuis le pont, entame l'argile à cailloux striés, qui en forme la base.

J'ai poursuivi ce lambeau erratique, souvent recouvert d'éboulis modernes, jusqu'à l'Hôtel des Bains de Lavey. Sur son parcours se trouve le Roc-de-Terre, sorte de pilier ou d'abrupt, formé de béton glaciaire (p. 462). Le puits thermal de Lavey a été creusé dans l'erratique, jusqu'à la rencontre du roc métamorphique en place [Cit. 154, p. 10, pl. 2].

Enfin près du village de Lavey commence un grand dépôt glaciaire, partiellement recouvert par le cône de déjection du Courset. Il contourne les Monts-de Chiètre, par Le Châtel, pour se relier à l'erratique de Bex.

Bex. — A l'extrémité NW des Monts-de-Chiètre, dans les vignes derrière la colline de Sous-vent, j'ai constaté de belles surfaces polies et striées, sur le calcaire néocomien, qui s'enfonce sous l'erratique. De là le glaciaire s'étend à l'est et au NE, par l'Allex et le Glarey, entoure l'affleurement gypseux du Pré-des-Cornes, s'étend assez haut sur Les Monts, constitue tous les environs du Bévieux, et remonte le cours de l'Avançon, par Plan-Saugey.

C'est encore en partie le domaine erratique du Rhône, car avec beaucoup de blocs calcaires des Alpes vaudoises, on trouve des blocs cristallins du Haut-Valais, soit au Bévieux, soit même plus haut jusque vers Frenière, où le D[r] Ph. de la Harpe avait constaté un bloc de Gneiss, dans la forêt de châtaigners.

Devens. — De l'autre côté de l'Avançon, entre la haute colline du Montet et le bas du Mont-de-Gryon, se trouve le joli vallon glaciaire, illustré par la demeure de Jean de Charpentier. C'est là qu'on trouve le plus bel enchevêtrement du glacier du Rhône, avec ses affluents qui descendent des Alpes vaudoises. A côté de quelques beaux blocs calcaires, dont je parlerai plus tard, se trouvent de nombreux blocs granitiques de toutes dimensions. Les astérisques rouges sur ma carte marquent quelques-uns des principaux. On les trouve surtout sur les deux bords du vallon, le centre étant plutôt alluvial.

Toutes les vignes, sous le hameau de Chêne, contiennent de grands blocs erratiques, valaisans et vaudois, mêlés. C'était évidemment la moraine de jonction entre les deux glaciers, laquelle s'étendait de l'escarpement de Sublin au SE, jusqu'au-dessus des Devens au NW.

Cependant j'ai pu constater des erratiques cristallins, de provenance valaisanne, encore bien plus haut, le long du vieux chemin de Gryon. Naturellement ils deviennent de plus en plus rares, et de plus en plus petits. La limite n'est pas facile à tracer ! Je suis sûr d'en avoir trouvé quelques blocs jusqu'à la Prélaz, vers 800 mètres d'altitude; et même, dans une gravière au bord de la nouvelle route, avant Les Posses, de petits cailloux, vers 900 m.

Je puis donc, sans hésitation, attribuer encore au glacier du Rhône le lambeau erratique figuré sur ma carte, depuis Le Chêne jusqu'à Fenalet, lequel atteint à peine 750 m. d'altitude. A l'entrée du village de Fenalet j'ai vu sous le gravier les schistes gris-verdâtres, que j'ai attribués avec doute au Flysch, distinctement usés par le glacier.

Ollon. — Au N de la Gryonne, l'erratique présente une grande extension ; mais je dois considérer comme provenant du glacier latéral toutes les accumulations supérieures, probablement dès Pallucyres.

En revanche je puis attribuer au glacier du Rhône l'amas qui s'étend d'Antagnes au NW, jusque près d'Ollon, parallèlement à la grande vallée, et celui qui borde cette dernière de Sallaz à Ollon.

Ici toutefois j'ai pu faire une observation intéressante, qui jette quelque jour sur les rapports des deux glaciers. De Sallaz à Villy et Arnon, s'étend une sorte de *Terrasse glaciaire*, qui ne contient que des matériaux de nos Alpes calcaires, sans mélange d'erratique valaisan ! On y voit surtout beaucoup de blocs calcaires, foncés, parfois assez gros, qui doivent provenir des Diablerets. Quelques-uns de ces blocs sont signalés sur ma carte par l'astérisque rouge.

Cette moraine calcaire contourne à l'ouest la colline isolée des Novalles, entièrement formée de gypse (p. 102). En arrière de cette colline, dans le vallon qui la sépare de la Côte-d'Arzillier et des Fontaines, et sur toute cette côte elle-même, j'ai retrouvé des blocs cristallins du Haut-Valais, quelques-uns de bonne dimension. Deux d'entre eux reposaient visiblement sur un béton à ciment blanchâtre, avec blocs de calcaire foncé, sans mélange d'éléments cristallins, très semblable à la traînée extérieure.

Il semblerait résulter de ces faits que le glacier de la Gryonne était arrivé dans cette partie de la plaine, avant que le glacier du Rhône l'eût atteinte !

J'attribue encore au glacier principal le lambeau erratique du village d'Ollon, sur lequel j'ai observé beaucoup de blocs, de grès et poudingue carbonique d'Outre-Rhône, et dans le haut du village un bloc de 84 m³ de schiste micacé du Valais. De même le lambeau de Plan-Essert et un autre qui se trouve vis-à-vis, dans le bas de Confrène. En dessus de Panex, il paraît y avoir des blocs de poudingue carbonique à une assez grande hauteur. [Cit. 172, p. 254.]

Aigle. — Au débouché de la vallée de la Grande-Eau, il y a aussi de grandes masses d'erratique ; mais je ne saurais ici faire la part du glacier principal et de son affluent latéral.

Le lambeau de Fahy, qui figure encore sur ma carte, me paraît attribuable en bonne partie au glacier du Rhône, qui d'Ollon devait passer par le petit col de Verchy, pour descendre de là sur le Grand Hôtel des Bains.

Le mont calcaire de Plan-tour 660 m., qui fait saillie dans la vallée du Rhône, entre Verchy et Aigle, présente de nombreux exemples de poli glaciaire, et paraît avoir été entièrement recouvert par le grand glacier. Il en est de même du mont isolé de Saint-Triphon, au haut duquel on voit de belles surfaces polies, sur le marbre noir.

La colline du Château et les vignes des Clavellaires, sont les restes d'une moraine allongée E-W, qui doit appartenir aux deux glaciers.

Enfin sur rive droite de la Grande-Eau, on voit la tranche abrupte d'une haute terrasse glaciaire, qui domine la route des Ormonts, depuis le Pont jusque vis-à-vis de la Parquéterie.

Rive gauche du Rhône. — J'ai recueilli beaucoup moins d'observations sur le flanc gauche du glacier du Rhône, cette région n'étant que très partiellement de mon ressort.

Aux environs de Charrat, j'ai noté et figuré sur ma carte, le long du pied des escarpements, quelques lambeaux erratiques, qui manquaient sur la Feuille XXII de Gerlach.

Aux environs de Vernayaz, de Miéville, d'Evionnaz, on voit les roches carboniques et métamorphiques partout usées et moutonnées par le glacier du Rhône, mais je n'ai pas pu constater d'amas erratiques. S'il en existe, ils doivent être cachés sous les éboulis. Le fort rétrécissement de la vallée ne devait pas favoriser ici les accumulations glaciaires.

Quant à la magnifique moraine de Monthey, qui est certainement l'un des vestiges les plus instructifs de notre glacier principal, elle est hors de mon territoire, et je ne dois pas m'en occuper. Elle a d'ailleurs été abondamment décrite et je n'aurais rien de nouveau à mentionner [Cit. 41, p. 139 ; Cit. 116, p. 105, pl. 7 : Cit. 172, p. 510].

GLACIERS LATÉRAUX DE DROITE

Ces affluents latéraux ont été jusqu'ici peu étudiés. La carte de J. DE CHARPENTIER [Cit. 41] figure l'amorce des 4 principaux ; mais je puis en ajouter plusieurs autres, et les faire tous revivre, au moyen de documents incontestables. Ce sujet est donc plus nouveau, et je le traiterai plus à fond.

Je suivrai le même ordre d'amont en aval :

GLACIER DE LA LIZERNE.

Ce premier affluent devait avoir pour bassin d'alimentation le grand Cirque de Vozé, au versant sud des Diablerets. Le petit Glacier de la Tchiffa, suspendu aux flancs de cette montagne, en est un vestige central. Mais il avait deux autres branches principales. L'une venant de gauche par la Haute-Lizerne et Miet, a pour vestige actuel le Glacier de Zanfleuron, ou plutôt sa partie méridionale, car celui-ci devait se diviser en trois branches, dont la septentrionale se déversait au N par le Sanetsch, et la centrale au S par la vallée de la Morge. — L'autre, venant de droite et remplissant la vallée de Derbon, a pour derniers vestiges les petits glaciers de Forclaz et de Tita-Neire.

Dans la partie supérieure de son cours, les moraines de cet ancien glacier doivent se confondre avec les éboulements des Diablerets, qui les ont recouvertes. Mais à Besson-d'en bas et à Serva-plana, se trouve un lambeau d'erratique qui lui appartient (cp. 6). Sur le chemin d'Aven, je n'en ai pas vu d'autre trace, tandis que sur le chemin d'Ardon, j'en ai constaté des vestiges en aval de Lairettaz, et surtout en Isière (Isigière).

GLACIER DE LA LOSENTZE.

Celui-ci venait de la montagne de Chamosentze, au pied du Grand-Mœveran. Il n'a pas laissé d'autre solde que le petit Glacier de Forclaz, qui, un peu enflé, se déverserait aussi sur ce versant SW. Il devait suivre le pied de la Paroi-du-Gruz, et déboucher dans la plaine par Chamoson.

Sur son parcours je n'ai trouvé de grands amas d'erratique qu'à la partie inférieure autour de Grugnay. Mais il ne manque pas d'autres vestiges de peu d'étendue, que j'ai négligés sur ma carte, sans compter la moraine d'Azerin qui s'y trouve marquée (cp. 9).

Glacier de la Salentze.

Ce troisième affluent n'a laissé aucun glacier actuel. Il devait avoir pour bassins d'alimentation les cirques de Coppel, de Tsallan et de Bougnonnaz, au SE de l'arête des Mœverans, dont les glaces devaient se réunir sur la montagne de Saille, pour suivre le thalweg de la Salentze, en se soudant sans doute à gauche au Glacier de la Losentze. Cet affluent a contribué pour une bonne part aux grands amas erratiques d'Ovronnaz, Mourthey, Produit, et devait déboucher sur Leytron et Saillon.

Glacier de Fully.

Celui-ci devait avoir deux branches principales entourant le Grand-Chavallard. Celle de gauche avait pour réservoir le cirque de Grand-Pré, au SW de Dent-Favre, et descendait par Luy-d'Aout et Creux-du-Bouit, sur Lousine et Randonne. — Celle de droite provenait du Grand-Coor, sur le flanc SE de la Grande Dent-de-Morcles et occupait les cirques et lacs de Fully.

Gerlach avait constaté des *rocs polis* et des accumulations glaciaires, à plus de 2000 m. d'altitude au nord du Lac inférieur. Il ne les attribue point au Glacier du Rhône, mais bien à cet affluent [Cit. 95, p. 47].

Les deux branches devaient se réunir au sud du Grand-Chavallard, pour descendre ensemble, par Buitonna, sur Fully.

Glacier d'Alesse.

Un tout petit glacier, mais constaté d'une manière certaine par le lambeau d'erratique local situé à 2000 m., autour de Haut-d'Alesse (p. 466).

Il occupait le grand cirque au pied du Mont-Bron ou Diabley 2472 m. et se déversait au SW par la Giètaz et Alesse (cp. 14).

Tandis que les quatre précédents, en raison de leur origine, devaient charrier essentiellement des matériaux calcaires, le glacier d'Alesse, circonscrit par une crête carbonique ne devait guère présenter que des cailloux siliceux, grès métamorphiques ou schistes argileux (p. 56).

Glacier de Dzéman.

C'est le plus curieux de tous ces affluents latéraux, et un de ceux dont je puis constater l'extension avec le plus de certitude, grâce au *Poudingue rouge* des Gorges, qui n'existe qu'à l'arête de Betzatay et au Creux-de Dzéman.

A une provenance double, correspondent aussi des matériaux de charriage différents. A gauche, la branche inférieure avait pour bassin alimentaire le Creux-de-Dzéman, et livrait ces blocs carboniques si caractéristiques, que je puis suivre assez loin. — A droite, une branche bien supérieure devait naître sur les pentes, actuellement gazonnées, qui dominent la Paroi de Ballacrètaz, en dessous de la Grand'vire. Cette partie du glacier ne pouvait recevoir que des éboulis calcaires, provenant des Dents-de-Morcles. Disséminés sur des terrains de même nature, ces erratiques se reconnaissent beaucoup moins aisément.

Ces deux branches, si différentes, devaient confluer aux environs de Haut-d'Arbignon, et se diriger ensemble au NW, cheminant latéralement au Glacier du Rhône, auquel le Glacier de Dzéman devait se souder peu après la Pointe-de-Bézery.

Cette marche parallèle peut étonner au premier abord, mais elle s'explique facilement par le rétrécissement que subit ici la Vallée du Rhône, et surtout par l'importance des affluents de la rive gauche, qui devaient refouler au NE les glaces venant du Haut-Valais. On ne peut pas d'ailleurs la mettre en doute, car elle est jalonnée par les blocs de *Poudingue rouge.*

L'arête de Betzatay, qui court du SSE au NNW, en s'abaissant de 2386 mètres, au Bez-Crettet, jusqu'à 1900 m. environ à la Pointe-de-Bézery, devait séparer à l'origine le glacier de Dzéman du grand glacier du Rhône. C'était là le seul roc saillant d'où pussent provenir les Poudingues rouges. Mais ceux-ci pouvaient s'ébouler des deux côtés, à l'est sur l'affluent, à l'ouest sur le bord droit du glacier principal. Les blocs rouges jalonnent donc la moraine superficielle, à la jonction des deux glaciers, à partir de la Pointe-de-Bézery. J'en ai vu un graud nombre, depuis là, dans la direction de Morcles, mais je n'ai noté que les principaux :

A Plan-Essert 1441 m., il y a plusieurs blocs de Poudingue rouge autour du chalet, dont quatre de bonne dimension.

Vers Plan-du-Praz 1304 m., j'en ai vu d'autres, soit à mi-distance sur le sentier, soit aussi, je crois, près des chalets, soit enfin dans la Joux-des-Révinaux, au bord du sentier.

Plus haut à droite, au contour du chemin de Haut-de-Morcles, j'ai marqué un bloc de poudingue rouge à environ 1440 m. d'altitude.

Vers le Torrent-de-Morcles, près du passage du chemin de l'Haut, j'ai constaté au moins trois gros blocs de Poudingue rouge, dont un énorme, un peu en aval sur rive gauche, doit mesurer de 5 à 600 mètres cubes. Un autre, dans le lit même du Torrent, aurait de 3 à 400 mètres cubes. Ce dernier a été vu par M. C. Rosset, directeur des Mines de Bex, à quelques mètres en amont du passage du chemin. Déplacé par une avalanche, il se trouvait à 100 m. environ plus en aval, en 1872.

Dans ce même endroit j'ai constaté le *poli glaciaire* sur un rocher de Cornicule; les stries étaient dirigées dans le sens de la vallée! Ceci indique en ce point une déviation de la glace à l'ouest. Même sans cela la moraine devait se disperser, et les blocs diverger. C'est pourquoi de l'autre côté du Torrent je les ai trouvés beaucoup plus disséminés, et à des altitudes très diverses.

Les plus inférieurs ont été vus près du village de Morcles 1165 m. Le plus occidental ici est un beau bloc rouge, que j'ai trouvé à Plan-Joyeux, au-dessus de Dailly, à l'altitude d'au moins 1350 m.

Mais les plus nombreux se trouvent au NE de Morcles, à des altitudes supérieures. J'en ai marqué trois aux environs de Praz-Riond, à 1400 m. et plus; trois sur l'Oulivaz, à 1485 m.; un de poudingue violet, d'environ 250 m³, sous Plan-haut; sept à environ 1500 m. d'altitude, à Plan-haut même. Enfin les deux extrêmes, l'un sous les chalets de Rosseline, à environ 1600 m. ; l'autre à 1533 m., droit au N de Neyrvaux, près du bord escarpé de la Ravine-de-Chamossaire.

Bien plus loin au N, j'ai encore trouvé des blocs de la même moraine aux Loëx-des-Collatels, près du bord de la paroi rocheuse qui descend du Grand-Châtillon contre le nord. Là, en dessous du chalet Estoppey, près de la fontaine, à environ 1560 m. d'altitude, j'ai rencontré plusieurs blocs de Poudingue rouge, dont l'un mesure au moins 60 mètres cubes, dans sa partie visible hors-terre. — Un peu plus loin, à l'altitude de 1300 m. environ, j'ai constaté un autre bloc de poudingue carbonique, au coude du chemin qui descend sur les Verneys. Ce point est à 4 kilomètres, en ligne droite, au N de Rosseline, qui est situé à 4 km. au NNW de la Pointe-de-Bézery. Pour arriver là, il fallait que le glacier de Dzéman passât sur le flanc ouest du G^d^-Châtillon. Or ces blocs ne peuvent pas provenir d'un autre endroit!

Le Glacier de Dzéman devait se souder ici au Glacier de l'Avançon, et sa moraine continuer à cheminer sur le dos de celui-ci, car j'ai rencontré à Fenalet, à 700 m. d'altitude, un nouveau bloc de poudingue rouge, situé ainsi 3 kilomètres plus loin, dans la même direction.

Glacier de l'Avançon.

Nous avons ici un affluent beaucoup plus considérable, qui occupait les vallées centrales des Hautes-Alpes vaudoises. Tous les terrains de cette région étant calcaires ou calcareo-schisteux, les matériaux erratiques sont essentiellement calcaires, et leur provenance précise ne peut guère être déterminée, autrement que par leur situation.

Ce glacier se composait de trois branches, dont les deux premières ont laissé de petits glaciers actuels.

a) **Branche de Nant,** descendant du SW au NE, depuis les Dents-de-Morcles, et ayant pour solde le Glacier des Martinets.

Les mêmes roches se rencontrant tout le long de la vallée, il est difficile de distinguer les blocs éboulés des erratiques. Il est probable toutefois que plusieurs de ces gros blocs de Calcaire urgonien ou de Hauterivien schisto-calcaire, ont été charriés par le glacier. Le thalweg de la vallée de Nant présente d'ailleurs dans presque toute sa longueur un dépôt erratique continu, qui atteint une forte épaisseur à Pont-de-Nant, où s'opérait la jonction des deux premières branches.

b) **Branche de l'Avare**, descendant du NE, et provenant des glaciers actuels de Paneyrossaz et Plan-Névé, ce dernier subdivisé dès lors par l'ablation en deux *glaciers distincts*, ceux de Herberuet et des Outans (p. 234). Elle remplissait toute cette haute vallée, où les dépôts erratiques paraissent moins abondants, sans toutefois faire défaut.

Sur la route, en dessous de Pont-de-Nant, on voit une bonne coupe de la terrasse erratique, commune à ces deux branches (cp. 2).

Après la jonction de celles-ci, le glacier se dirigeait à l'ouest, traversait l'étroite Cluse-de-l'Avançon, pour venir s'étaler davantage aux Plans et à Frenière, où l'erratique abonde (cp. 10).

Là il recevait 3 petits affluents, venant du Lion-d'Argentine au nord, d'Eusannaz et de Javernaz au sud.

c) **Branche d'Anzeindaz.** — Cette troisième branche n'a point conservé de glacier actuel, à moins qu'on ne lui attribue le Glacier de Paneyrossaz, qui peut bien s'être écoulé en partie de ce côté.

Qu'il y ait eu un glacier, et même un très important, au pied de la paroi S des Diablerets, cela ne peut faire aucun doute; car on trouve sur les Hauts-Cropts une masse de matériaux erratiques, provenant de cette haute paroi, qui ne peuvent être arrivés là, à une centaine de mètres au-dessus du thalweg, que grâce à un pan incliné de glace !

Ce grand glacier d'Anzeindaz, à cheval sur le Col-de-Cheville, devait se déverser à l'est sur Derborence, et à l'ouest sur Solalex. Ici il recevait sans doute, par le Col-de-la-Poreyrettaz, un petit affluent venant de l'Ecuellaz, des Essets et peut-être de Paneyrossaz.

Dans la partie supérieure on ne peut guère distinguer l'erratique des éboulis ; mais à partir de Solalex, le glaciaire remplit presque constamment le thalweg de la vallée. Il ne faut pas oublier que, dans ma carte, je n'ai marqué le glaciaire que là où l'accumulation est assez considérable pour cacher entièrement le sous-sol, et que j'en ai fait abstraction là où il n'existe que par petits lambeaux.

L'erratique s'élève assez haut sur les deux flancs de la vallée, surtout au N, où il arrive à se confondre avec celui de la Gryonne, et à recouvrir presque tout le dos d'âne compris entre les deux thalwegs, depuis la base de Chaux-ronde, jusqu'aux Devens (cp. 1 et 10). On voit par là que ces deux glaciers latéraux devaient être soudés dans tout leur cours inférieur, et n'en former qu'un à leur jonction avec le Glacier du Rhône.

Sur les flancs du Mont-de-Gryon, j'ai observé un grand nombre de blocs erratiques, dont plusieurs de grande dimension. Tous sont des blocs calcaires ou calcaréo-schisteux, appartenant aux diverses roches que j'ai constatées dans le massif des Diablerets. Quelques-uns des plus importants sont marqués par des astérisques rouges (pl. I).

Le premier astérisque à droite représente la *Pierre-des-Lex*, au-dessus de Combes et du Pont-de-Solchez, altitude 1189 m. environ. C'est un énorme bloc de calcaire nummulitique, situé au bord du chemin de Sergnement. Il est peu apparent du côté N, où il est enterré, mais forme un vrai rocher du côté S, comme le montre un croquis, donné en 1869 dans le *Bulletin de la Société vaudoise des sciences naturelles* [X, p. 188, pl. 3 (8)]. La partie hors-terre de ce bloc cube environ 2700 m. J'y ai trouvé des *Nummulites*.

Les autres blocs jalonnent une traînée à peu près de niveau, jusqu'au-dessus de Gryon, au Carroz. Quelques-uns sont sans doute néocomiens.

Le long du cours de l'Avançon, l'erratique forme des accumulations de plus en plus considérables, jusque vers le confluent de la Peuffaire, près duquel devait s'opérer la jonction des deux branches. Il y présente vis-à-vis de Gryon de grandes *ravines*, déboisées. A partir du Pont-de-Chêpy le sous-sol triasique est en bonne partie dénudé par l'érosion torrentielle, mais l'erratique continue abondant sur les deux flancs de la vallée (cp. 11).

Ces trois branches du Glacier de l'Avançon, une fois réunies et soudées au Glacier de la Gryonne, débouchaient ensemble dans la plaine, en une énorme masse de glace, et venaient butter contre le Montet. Nous en avons pour preuve les nombreux erratiques calcaires qu'on trouve disséminés jusque-là, et en particulier les blocs gigantesques, illustrés par J. DE CHARPENTIER [Cit. 41,p. 125 et 142].

Le *Bloc-monstre*, situé sur le flanc NE du Montet, cube environ 4300 m., suivant cet auteur. C'est, dit-il, *le plus gros bloc erratique* qu'il connaisse. Sa roche calcaire, un peu schistoïde, est probablement néocomienne. Il doit provenir de l'une des 3 branches.

La *Pierra-bessa*, son proche voisin, est un bloc de calcaire grisâtre, plus compact, comme nous en avons à plusieurs niveaux dans nos Hautes-Alpes calcaires. DE CHARPENTIER l'évalue à environ 1500 mètres cubes. Son nom (pierre-jumelle) vient de ce qu'il est fendu verticalement en deux moitiés.

Ces deux remarquables erratiques appartiennent depuis 1877 à la *Société vaudoise des sciences naturelles*, et sont déclarés inviolables à perpétuité [Act. soc. Helv. à Bex, p. 358].

Il me paraît probable que ces glaciers latéraux sont arrivés les premiers aux Devens, au bord de la plaine, et que ce n'est que plus tard qu'ils ont été envahis et refoulés par l'empiétement du Glacier du Rhône (p. 468).

GLACIER DE LA GRYONNE.

C'est un second glacier qui descendait des Diablerets, mais du versant NW de la chaîne, où il n'a laissé aucun solde actuel. S'il était plus court que le précédent, il n'en a pas moins déposé d'énormes accumulations de matériaux erratiques, soit dans la vallée principale, soit dans celle de Chesière.

Parmi ces matériaux il est une roche très caractéristique, c'est le Grès de Taveyannaz, et particulièrement la variété mouchetée. On en trouve déjà quelque peu dans le domaine erratique de l'Avançon, provenant de Solalex ; mais dans celui de la Gryonne il est encore bien plus abondant. Cela se conçoit facilement, puisque c'est la roche dominante du grand cirque d'Arpille, Châtillon et Taveyannaz, qui formait le bassin d'alimentation de ce glacier.

A Taveyannaz même, la glace devait déjà exister solide, car j'y ai vu, sur le grès du Flysch, des surface *frottées* (plutôt que polies); le névé mou n'aurait pu les produire!

A Coufin notre glacier latéral devait recevoir un affluent venant du Col-de-la-Croix ; au Closalet un petit, descendant de Bretaye ; et enfin à Villars un beaucoup plus considérable, venant du versant S de Chamossaire, et sans doute aussi en partie de Bretaye.

Tous ces affluents devaient être chargés d'énormes moraines, car nulle part dans toute ma région les accumulations erratiques ne sont aussi considérables (cp. 7, 8 et 9). C'est ce que montrent les gigantesques *ravines* dénudées, que l'on voit un peu partout le long des torrents, et très spécialement en Sergnièlaz, au dessus du moulin et du pont d'Arveye ; à la Grand-Rape, sous Plan-Sépey; ainsi qu'en dessous du chemin d'Arveye à Villars. Je figure la première comme exemple (cl. 124).

Cl. 124. Ravine de Sergnièlaz (Gryonne). — Autotypie.

Les graviers de ces ravines sont parfois agglomérés.

En revanche je n'ai pas noté de blocs erratiques, particulièrement remarquables, dans ces vallées.

C'est soudé au Glacier de l'Avançon, que celui de la Gryonne devait déboucher dans la plaine, avant l'arrivée du Glacier du Rhône (p. 477).

Glacier de la Grande-Eau.

Ce grand glacier part encore du massif des Diablerets, mais du versant septentrional. Après un détour au nord par la vallée des Ormonts, il vient déboucher à Aigle, assez près du précédent.

Son bassin d'alimentation est le grand et beau cirque de Creux-de-Champ, sur les flancs supérieurs duquel il reste encore 4 glaciers actuels, qui concouraient à le former : Le Glacier de Culand à W, celui de Pierredar et le Mauvais-Glacier au centre, celui de Prapioz à E.

Il a laissé au milieu du cirque et dans le thalweg qui suit, une forte accumulation d'erratique, que je n'ai pas distingué de l'alluvion **Al**, dans la petite carte cliché 116 (p. 442).

Au Plan-des-Iles, ce glacier recevait deux affluents, l'un venant par le SW du Creux-de-Culand, l'autre, par le NE, du Pillon et de l'Oldenhorn, où il se trouve encore représenté par le Glacier du Dard, et le Glacier du Sex-rouge.

Les trois branches se dirigeaient droit à l'ouest, par la vallée d'Ormont-dessus. On trouve là en effet une grande terrasse erratique, dont les restes se voient sur les deux rives de la Grande-Eau, partout à peu près au même niveau, depuis Vers-l'Eglise jusqu'au Rosé.

A Aigremont et au Sepey, notre glacier devait recevoir du N deux affluents, venant des Mosses et de Pierre-du-Mouellé; puis il déviait au SW, et son cours devenait bien plus accidenté et déclive; aussi a-t-il accumulé beaucoup moins de matériaux.

Je n'y ai pas observé non plus de blocs erratiques bien remarquables. Les plus caractéristiques sont ceux de Brèche cristalline du Flysch (p. 431), dont j'ai vu des exemples jusqu'à la plaine, et latéralement jusqu'à Corbeyrier, où ils ne peuvent être parvenus que par la vallée de la Grande-Eau, ou par Leysin. Il faut quelque attention pour ne pas les confondre parfois avec les blocs cristallins du Haut-Valais [Cit. 172, p. 254].

Sur le flanc gauche de la vallée, entre le Torrent-Tentin et Salins, dans le Bois-de-la-Chenau, j'ai constaté des surfaces de roc calcaire usées et polies par le glacier. Sur la rive opposée, les rochers étant dénudés de très ancienne date, les agents atmosphériques en ont effacé les traces.

Par-ci par-là on trouve quelques lambeaux d'erratique, entre autres près de l'ancienne galerie de Vuargny, sur les couches rhétiennes. Plus bas, au-dessus de la Bertholette, se voit un lambeau glaciaire plus important. Vis-à-vis sur le revers gauche de la vallée, j'ai remarqué du béton glaciaire. Depuis là, le long du chemin de la Cheneau, il y a amas continu d'erratique jusqu'au Château d'Aigle. J'ai déjà parlé de ces dépôts du bas de la vallée, qui appartiennent en commun au Glacier du Rhône et à son affluent (p. 469).

GLACIERS LATÉRAUX DE GAUCHE

Je n'ai pas à m'occuper des glaciers, qui débouchaient de Riddes à Martigny, venant directement du sud; ce n'est plus mon domaine. Je ne parlerai que de ceux qui arrivaient de W ou SW, et aboutissaient en aval du grand coude de la vallée. Ils étaient peu nombreux et, sauf le premier, peu importants. Celui de la Viège (Val d'Illiez) ne me concerne déjà plus.

Glacier de Salvan.

Je ne le nomme pas Glacier du Trient, parce que le glacier actuel de ce nom devait, me paraît-il, aboutir au Col de la Forclaz, et descendre sur Martigny.

Celui dont je veux parler venait des Aiguilles rouges par Valorcine et Finhaut. Il a couvert toute la vallée de Salvan des traces de son passage. Ce n'est pas que les amas erratiques y soient très importants ; ils sont au contraire peu apparents et à l'état de petits lambeaux. On y voit cependant quelques beaux blocs, entre autres, à deux minutes de la place de Salvan, la Pierre-bergère, qui doit avoir environ 100 mètres cubes [A. Wagnon, Autour de Salvan, p. 13].

Mais ce qui fait le cachet particulier de cette contrée, ce sont les *roches usées* et *moutonnées;* je ne puis pas dire polies, parce qu'il s'agit de grès et poudingues siliceux, peu susceptibles de poli. Cette usure des roches est spécialement remarquable sur la bande de poudingues houillers, qui passe au SE de Salvan. Elle s'observe un peu partout, le roc étant souvent dénudé. Si c'était du calcaire, cette usure glaciaire aurait dès longtemps disparu.

Le glacier de Salvan aboutissait au-dessus de Vernayaz, et s'il y a précédé le Glacier du Rhône, comme cela me paraît probable, il devait tomber en cascade dans la vallée.

GLACIER DE SALANFE.

Un petit glacier, prenant naissance au pied des Tours-Sallières et des Dents-du-Midi, remplissait le cirque de Salanfe, et s'écoulait par le vallon de Van. Il devait, ou se précipiter dans la vallée du Rhône par Pissevache, ou se joindre vers Savenay au Glacier de Salvan. Je n'ai d'ailleurs aucune observation particulière à mentionner à son sujet.

GLACIER DE SAINT-BARTHELEMY.

Affluent encore plus court, qui n'était que le prolongement du glacier actuel de Plan-Névé, au S des Dents-du-Midi. Descendant entre la Cime-de-l'Est et la Gagnerie, il s'écoulait par les Gorges de Saint-Barthelemy, sur la Rasse et le Bois-noir. Il y a d'énormes amoncellements erratiques en dessous de Jorat-d'en bas, depuis la sortie des gorges supérieures, jusqu'au gisement de porphyre de Norlot (p. 42); mais je ne saurais distinguer ce qui est éboulis de ce qui est glaciaire.

GLACIER DU MAUVOISIN.

Un autre petit glacier devait descendre du cirque de l'Arpettaz, au flanc NE de la Cime-de-l'Est, mais, au lieu de suivre le cours actuel du torrent, il est probable qu'il se déversait au N sur Massonger, par le plateau déclive de Vérossaz.

DIMENSIONS DU GLACIER DU RHÔNE

J'ai l'impression qu'il y a chez plusieurs auteurs une tendance à exagérer l'étendue et la masse du Glacier du Rhône, au détriment de ses affluents.

DE CHARPENTIER donnait les chiffres suivants, comme altitude maximum de l'erratique du glacier principal [Cit. 41, p. 157] :

Lax . .	2800 pieds au-dessus du Rhône	=	1886 m. au-dessus de la mer.
Brigue .	2500 » » »	=	1725 » » »
Martigny	2500 » » »	=	1200 » » »
Alesse .	3000 » » »	=	1350 » » »
Monthey .	2300 » » »	=	1095 » » »

Il expliquait la surélévation à Alesse par le rétrécissement de la vallée, de Martigny à Saint-Maurice.

M. Alphonse Favre donne des chiffres supérieurs pour les environs de Martigny [Cit. 91, I, p. 107, 124].

Pas de Lens . . .	1700 mètres au-dessus de la mer.
Mont-Chemin . .	1450 » » »
Col de la Forclaz. .	1523 » » »
Flanc de l'Arpille .	1600 » » »
Alesse	1435 » » »

MM. Falsan et Chantre, dans leur belle Monographie du Glacier du Rhône, renchérissent encore [II, p. 178, coupe p. 378].

Eggischhorn . . .	2700 mètres au-dessus de la mer.
Illhorn	2100 » » »
Arpille	2082 » » »
Morcles	1650 » » »

Ces auteurs admettent que le Glacier du Rhône aurait gardé son niveau supérieur à peu près le même, depuis Louèche jusqu'à Martigny, dans la partie relativement large de la vallée, pour s'abaisser beaucoup plus rapidement dans son parcours ultérieur, plus rétréci. Ceci est en contradiction formelle avec l'idée émise par de Charpentier, laquelle me paraît beaucoup plus rationnelle et vraisemblable.

Je pense que, soit M. Favre, soit MM. Falsan et Chantre ont été induits en erreur, en confondant la limite supérieure des glaciers latéraux avec celle du glacier principal. Je ne connais pas assez l'erratique du Haut-Valais pour en discuter. Je me borne à constater que l'Eggischhorn est compris entre les glaciers actuels de Viesch et d'Aletsch, donc dans le domaine des glaciers latéraux, et droit au-dessus de Lax, où DE CHARPENTIER plaçait la limite supérieure du Glacier du Rhône.

Pour le Illhorn nous avons une observation très précise de GERLACH [Cit. 95, p. 48], qui donne l'altitude supérieure à 2000 m., et non 2100 m. D'ailleurs, ici aussi cette altitude peut avoir été influencée soit par le glacier latéral du Val d'Anniviers, soit par la disposition du cirque du Illgraben, dans lequel le glacier principal devait refouler le petit glacier local !

Au Pas-de-Lens et au Mont-Chemin, nous sommes sur la ligne de rencontre du Glacier du Rhône, avec ceux de Bagne, d'Entremont et du Val-Ferret, qui réunis fournissaient une masse énorme de glace venant butter au N contre la Pointe de Vollèges, ce qui devait évidemment produire une surélévation locale.

Quant à l'Arpille, et à la Forclaz, ces points appartiennent au Glacier du Trient, qui devait, me paraît-il, passer par le Col de la Forclaz, pour descendre sur Martigny. De plus, ce glacier latéral devait être refoulé au N sur le flanc de l'Arpille par sa rencontre, au Brocard, avec le triple glacier de la Dranse.

La belle moraine du flanc SE de l'Arpille, que M. FAVRE limite à 1600 m., n'a donc aucune signification pour le Glacier du Rhône.

Il en est de même pour l'altitude de 1650 m. citée par MM. FALSAN et CHANTRE, près de Morcles. D'après ce que j'ai exposé p. 473, elle se rapporte au glacier latéral, venant de Dzéman.

En revanche, je trouve dans la contrée d'Outre-Rhône deux ou trois points de repère très précis. A la Giétaz, sur Alesse (p. 465), j'ai trouvé le glacier principal à environ 1350 m., comme l'indique DE CHARPENTIER, et non à 1435 m., chiffre donné par M. FAVRE.

A Haut-d'Alesse, j'ai pu constater qu'à 2000 m. il n'y avait pas d'erratique du Haut-Valais, mais seulement des matériaux locaux (p. 466).

Enfin la traînée de blocs de Poudingue rouge, qui ne peut provenir que de l'arête de Bétzatay, et qui marque évidemment la ligne de contact du glacier de Dzéman avec celui du Rhône, a pour altitude moyenne environ 1400 m. (p. 473).

Je pense donc que les chiffres donnés par DE CHARPENTIER sont les plus rapprochés de la vérité, et que, dans sa partie étroite de Vernayaz à Lavey, le niveau superficiel du Glacier du Rhône pouvait atteindre environ 1400 mètres. Avant Martigny, il était peut-être encore plus bas. En tout cas, depuis son rélargissement à Saint-Maurice, ce niveau s'est considérablement abaissé, puisque dans la vallée de l'Avançon les blocs du Haut-Valais ne dépassent pas 900 mètres.

FORMATIONS RÉCENTES

Depuis la retraite des glaciers, il n'y a plus eu dans la contrée de formation un peu générale, mais seulement des dépôts locaux, plus ou moins étendus, différents selon les lieux et les circonstances. Ce sont les formations suivantes :

a) Terrasses post-glaciaires.
b) Alluvions lacustres.
c) Cônes de déjection torrentiels.
d) Eboulis.
e) Tufs calcaires.
f) Tourbes.
g) Dunes.

Après ces dépôts locaux, j'aurai encore à mentionner les effets des actions érosives, atmosphériques ou torrentielles, qui ont continué à se produire jusqu'à nos jours, sur une vaste échelle ; puis quelques autres phénomènes locaux, dignes de remarque.

a) TERRASSES POST-GLACIAIRES

Sur les bords du Lac Léman on observe à plusieurs niveaux des terrasses, qui indiquent d'anciennes grèves du lac, alors que sa surface était plus élevée. Il n'en est plus ainsi dans l'intérieur des Alpes, où les terrasses régulières manquent entièrement.

Déjà à Villeneuve, il n'existe plus qu'une seule terrasse bien marquée, dont la surface est fortement déclive, et dont le bord se trouve, suivant les points, de 15 à 20 m. au-dessus du niveau moyen du Lac (375 m.) Il me paraît que c'est un reste de l'ancienne grève, dite généralement *Terrasse de 50 pieds*, ou de 16 mètres.

Au delà, dans la Vallée du Rhône, je ne trouve plus que des terrasses irrégulières, à des niveaux assez variables, et dont les talus ont des hauteurs très diverses, selon les points observés. Sont-ce des vestiges d'anciennes terrasses déclives, plus profondément érodées, et dont les talus auraient acquis par l'érosion des hauteurs plus considérables ? Ou sont-ce des terrasses glaciaires, locales, et ne se rapportant pas au régime lacustre régulier ? C'est ce que je ne saurais résoudre maintenant. Ce sujet ne m'a d'ailleurs occupé qu'accidentellement. Il devrait faire l'objet d'une étude spéciale, lorsque nous aurons la carte topographique au 25 millième.

En attendant je mentionnerai les quelques observations que j'ai pu faire sur ces terrasses, comprises sur ma carte dans la teinte **Gl** de l'erratique.

Yvorne. — Une bonne partie des vignes de cette localité, et en particulier celles dites Le grand vignoble, se trouvent sur une terrasse déclive dont le bord est à l'altitude de 440 m. ou un peu en dessous ; tandis que la plaine du Rhône, au bas du talus, varie de 400 à 410 m. d'altitude. Cette terrasse s'étend jusqu'à Aigle, mais peu régulière.

Aigle. — Le chemin de Fontaney, en Sernon, Vyncuvaz, etc., circule sur une étroite terrasse, à 470 m. d'altitude environ, surmontant un énorme talus, souvent abrupt, qui longe la route des Ormonts, et dont le pied est en moyenne à 435 m. Cette terrasse me paraît être tout simplement un lambeau de glaciaire raviné.

Vis-à-vis, sur rive gauche, au-dessus du Cloître, se trouve une colline presque circulaire, qui supporte le Château. Elle se relie en arrière à une terrasse plus grande, qui s'élève en Clavellaire d'en haut jusqu'à 482 m. Le sol en dessous du talus varie de 426 à 435 m. d'altitude environ. Ceci encore me paraît appartenir aux accumulations du Glacier de la Grande-Eau, postérieurement érodées par la rivière.

Ollon. — Depuis le grand cône surbaissé, au sommet duquel se trouve ce village, une petite terrasse borde la plaine au sud, par Arnon et Villy, puis contourne la colline gypseuse des Novalles, pour aboutir à Sallaz. Vers Villy sa surface est à environ 435 m., tandis que le pied du talus est à 416, mais l'un et l'autre s'élèvent dans la direction de Sallaz, ce qui semblerait indiquer un ancien cône de la Gryonne, surmontant son cône actuel.

Bex. — En amont de Bex, le cours de l'Avançon est bordé de chaque côté d'un fort talus graveleux, surmonté d'une terrasse. Sur rive droite celle-ci ne présente plus qu'un petit lambeau, allant des rochers gypseux du Sex, jusqu'à 2 ou 300 m. du Bévieux.

Sur la rive gauche, au contraire, la terrasse longe la rivière depuis le Bévieux, jusque près de son embouchure dans le Rhône. Elle supporte l'Hôtel des Salines, le hameau de l'Allex, etc. ; sa surface s'abaisse ainsi de 488 m. à 427 environ, tandis que le Rhône est à 401 m. à l'embouchure de l'Avançon. C'est la terrasse la mieux caractérisée que j'aie vue dans ma région, et je serais bien étonné qu'elle n'appartînt pas à un ancien delta de l'Avançon (cp. 14).

b) ALLUVIONS LACUSTRES

Les plaines d'alluvion, grandes ou petites, ont été laissées en blanc sur ma carte, et marquées du monogramme **Al**.

Outre la plaine du Rhône, j'aurai à mentionner un certain nombre de petites plaines d'alluvion, disséminées dans les vallées latérales.

Plaine alluviale du Rhône.

De 377 m. en moyenne, au bord du Lac Léman, le sol s'élève graduellement jusqu'à 401 m., près du défilé de Saint-Maurice. Sauf au débouché des divers torrents ou rivières latérales, c'est la courbe de 400 m. qui borde assez généralement la vallée. C'est donc une plaine à peu près parfaite, qui n'est évidemment qu'un *ancien prolongement* du Lac Léman, graduellement comblé par les alluvions fluviales.

Une île assez importante existait dans cette portion de l'ancien lac, c'est la colline rocheuse de Saint-Triphon, vis-à-vis d'Ollon, mais déjà hors du cadre de ma carte.

Les falaises de cette île nous fournissent la preuve de l'existence d'un lac tout autour. Elles plongent verticalement dans l'alluvion de la plaine, sans aucun talus d'éboulement à leur pied, ce qui ne se voit nulle part au bas de nos parois rocheuses, à moins qu'elles ne soient au bord d'une nappe d'eau. Le talus d'éboulement a dû se former à la longue, ici comme ailleurs, mais il était sous-lacustre, et a été recouvert par l'alluvion. Nous avons ainsi la preuve du peu d'ancienneté de ce colmatage.

Un phénomène analogue, mais moins net, s'observe au pied des rochers de Sous-vent, entre Bex et Saint-Maurice.

Sur la composition de ce sol alluvial, nous n'avons malheureusement que fort peu de données. Près de la gare de Saint-Triphon, dans les excavations d'une briquéterie, j'ai pu relever la coupe suivante, dont les épaisseurs ne sont qu'approximatives :

0^m60	Terre végétale.
0^m80	Glaise gris-brunâtre, un peu sableuse, avec coquilles d'eau douce.
2 m.	Glaise brune, très homogène, exploitée.
0^m10	Marne coquillère, avec *Limnées*, *Planorbes*, etc.; tourbeuse à la base.
1 m.	Glaise bleue non exploitée, d'épaisseur variable suivant les places.
?	Graviers au fond de l'excavation.

L'alluvion lacustre de la Vallée du Rhône n'a fourni jusqu'ici que fort peu de débris organiques. Ce sont toujours des coquilles vivantes, surtout d'eau douce, parfois aussi terrestres. L'indication ci-dessus, à 3 $^1/_2$ m. de la surface, est ce que je connais de plus profond.

Près de là, à mi-chemin entre Ollon et la gare Saint-Triphon, à la croisée des routes, à l'altitude de 404 m., j'ai recueilli les coquilles suivantes, à la surface du sol, dans un champ qui venait d'être labouré :

Helix (*Fruticicola*) *hispida*, Lin. — abondante.
Hyalina (*Conulus*) *fulva*, Müll. — 3 exemp.
Succinea Pfeifferi, Rossm. — assez nombreuse.
Limnæa truncatula, Müll. — 2 exempl.

Ces espèces appartiennent toutes à la faune actuelle, mais SANDBERGER les cite aussi de divers dépôts plistocènes, et la première même du Pliocène.

Nous possédons au Musée de Lausanne une dizaine d'espèces, bien conservées, d'un gisement que je n'ai pas pu contrôler. C'est une marne blanche un peu tufacée, dont la provenance est marquée : « Scierie de marbre de Roche, Aigle. » Ce sont :

Helix (*Arionta*) *arbustorum*, Lin.	2 ex.
— (*Eulota*) *fruticum*, Müll.	1 ex.
— (*Fruticicola*) hispida, Lin.	1 ex.
Limnæa (*Eulimnæa*) stagnalis, Lin. . . .	2 ex.
— (*Limnophysa*) pereger, Müll. . . .	2 ex.
— (*id.*) fragilis, Lin. . . .	1 ex.
— (*Gulnaria*) ovata, Lk.	commune.
Planorbis (*Anisus*) *carinatus*, Müll. . .	id.
Bythinia tentaculata, Lin. (*Pal. impura*, Drap.)	id.
Valvata naticina ? Menke	nombreuse.

Soit 3 espèces terrestres seulement, contre 7 d'eau douce, et parmi celles-ci les plus abondantes. Le caractère limnal est donc fortement accusé. Ce sont d'ailleurs toutes des espèces vivantes, citées aussi du Plistocène, et quelques-unes même du Pliocène.

Lac valaisan. — En amont du défilé de Saint-Maurice, le niveau du Rhône est déjà à 410 m., mais le fleuve a entamé le sol alluvial, lequel se trouve ici à 420 m. Ce n'est donc plus le même lac : A l'origine le Rhône a dû se précipiter en cascade, d'un lac à l'autre, et ronger graduellement les rochers néocomiens, qui forment gorge en dessous du Pont, en parfaite continuité de stratification, avec une inclinaison NE de 15° (p. 289).

De Saint-Maurice, le sol alluvial s'élève graduellement jusqu'à Granges [Cit. 95, p. 24], où il atteint 510 m., sans autre interruption que le cône d'éboulement du Bois-noir. Celui-ci a bien pu, à un moment donné, établir un barrage en aval d'Evionnaz, et séparer le petit lac de Saint-Maurice du grand lac valaisan, mais sauf ce cas éventuel ou temporaire, nous pouvons considérer le lac du Valais comme continu.

Le seuil rocheux de Saint-Maurice ne pouvait avoir moins de 511 m. C'est l'altitude minimum des collines au-dessus du Pont, sur territoire vaudois. Un peu plus loin ces collines s'élèvent jusqu'à 534 m., et sur sol valaisan, droit au-dessus de Saint-Maurice, à 560 m. Il est donc probable qu'avant le creusement de la gorge, cette barre devait avoir environ 540 m.

Cela permettrait de penser que le lac a pu s'étendre en amont jusqu'à Sierre où la plaine est cotée 538 m.; mais de Granges à Sierre le sol est beaucoup plus irrégulier, et parsemé de nombreuses collines erratiques. Il est ainsi probable que le front du glacier a fait un long arrêt dans cette région, puisqu'il y a laissé ses moraines terminales. C'est donc à Granges que se sera trouvée le plus longtemps la tête du grand lac valaisan.

Etant donné qu'un cours d'eau ne peut pas creuser en amont plus profondément qu'en aval, et que normalement le lit érodé ne présente aucune contre-pente, comment peut-on s'expliquer la formation de la cuvette du *Lac valaisan*, avant le colmatage de celui-ci ? La Vallée du Rhône n'est ni une vallée synclinale ni une vallée anticlinale, et ne peut pas davantage être attribuée uniquement à une fracture. Elle doit être essentiellement une *vallée d'érosion*. Mais comment cette érosion a-t-elle pu se produire en amont, à un niveau inférieur au seuil de Saint-Maurice, de façon à permettre le stationnement des eaux et la formation d'un lac ?

Mon collègue le professeur F.-A. Forel nous a développé dernièrement une ingénieuse hypothèse, destinée à expliquer la genèse du Lac Léman, et la formation de sa cuvette érodée, en amont du seuil du Fort-de-l'Ecluse [Archives Sc. Genève, XXIII, p. 184 et 463].

Il suppose un *affaissement* des Alpes, dans leur partie centrale surtout, à l'époque du retrait des glaciers et postérieurement au creusement des vallées, avec déclivité continue. Je suis d'autant plus disposé à accepter cette idée qu'elle expliquerait du même coup, et cela très simplement, la formation du *Lac valaisan*, et de la plupart des grands lacs alpins, actuels ou desséchés.

Plaines alluviales des vallées latérales.

Le retrait des glaciers a laissé également de petits lacs, dans plusieurs vallées secondaires. Quelques-uns existent encore, et contribuent au pittoresque de la contrée. D'autres se sont petit à petit colmatés, et sont représentés maintenant par de petites plaines d'alluvion, que l'on rencontre à des altitudes très diverses.

Je ne ferai que les mentionner, par régions, dans l'ordre de leur altitude descendante.

Grande-Eau. — Le Plan-des-Iles (Ormont-dessus) forme une petite plaine alluviale, dont le sol s'abaisse lentement, de 1194 m. à 1161 m. Ici l'existence d'un lac n'est pas douteuse.

Elle est moins certaine de Vers l'Eglise au Rosé, où les terrasses permettent pourtant de reconstituer une plaine allongée, de 1112 m. à 1090 m. environ.

Gryonne. — A l'origine de la Gryonne se voit la petite plaine de Coufin, à 1500 m. d'altitude moyenne.

Plus bas celle d'Arveye, à 1220 m. environ.

Avançon d'Anzeindaz. — A Anzeindaz même, se trouve certainement du sol alluvial, mais les éboulis d'une part et l'érosion torrentielle de l'autre, ont tellement modifié le relief du sol, qu'il est difficile de dire s'il y a eu un seul lac, dont le fond serait à 1888 m. d'altitude, ou plusieurs petits lacs, aux Filasses, en Conche, puis à l'est des chalets et à l'ouest?

A Solalex, le lac est beaucoup mieux accusé, avec forme circulaire et altitude moyenne du fond à 1460 m.

Plus bas à Sergnement, autre petite plaine alluviale à 1280 m. en moyenne, érodée par l'Avançon.

Aux Pars se trouvait peut-être un autre petit lac à 1150 m., saigné à blanc par les érosions de l'Avançon.

Enfin aux Devens à 512 m. il devait y avoir un lac, mais en relation sans doute avec celui du Rhône.

Avançon des Plans. — Dans le vallon de l'Avare à 1770 m., et dans celui de Nant à 1512, devaient se trouver des lacs alpins assez étendus.

A Pont-de-Nant 1250 m., de même, avant l'érosion de la cluse.

Enfin aux Plans-de-Frenière à 1100 m., le lac est fort bien marqué, et devait avoir près de deux kilomètres de longueur, jusqu'au rocher des Torneresses.

Versant valaisan. — Le cirque de Grand-Pré au S de Dent-Favre, offre une petite plaine alluviale, à 2100 m., qui présente tous les caractères d'un lac peu ancien, analogue aux Lacs de Fully. Ceux-ci ne sont eux-mêmes que les soldes de lacs plus étendus, peut-être primitivement d'un seul lac.

Mais le plus remarquable de tous ces anciens lacs alpins, est celui qui devait exister avant le percement de la Cluse de Mottelon, au pied de la paroi SE des Diablerets. Le fond du cirque de la Haute-Lizerne devait constituer alors un seul grand lac, au niveau actuel du Lac de Derborence 1432 m. Ce dernier n'en est pas le seul reste ; à l'est en dessous de la Luys et de Mont-bas, l'ancien lac a laissé pour solde plus d'une demi-douzaine de *lagots* dont le plus grand est le Godet.

FORMATIONS ACCESSOIRES

c) Cônes torrentiels.

Ce sont les apports ou déjections des torrents alpins, dans nos grandes vallées, et tout particulièrement dans la vallée du Rhône. Ils prennent généralement la forme d'une section cônique, très surbaissée, de là leur nom. Leur formation a pu être en partie simultanée, en partie postérieure à celle des alluvions lacustres. Leurs matériaux sont beaucoup plus grossiers ; ce sont des graviers, ou même des cailloux roulés de toutes dimensions.

Sur nos deux cartes ils sont représentés par des gerbes de petits traits brunâtres, simulant la distribution divergente des matériaux. Sur celle au 50 millième, j'y ai joint le monogramme **Cô**.

Le plus remarquable par ses dimensions est celui de Chamoson, formé par la Losentze, sur la rive droite de la vallée du Rhône. Sa plus grande largeur est d'environ 4 kilomètres ; il s'élève de 480 m. au pourtour, à 730 au sommet ; donc 250 m. de hauteur.

Le cône du Bois-noir, sur rive gauche, au N d'Evionnaz, déposé par le torrent de Saint-Barthelemy, ne lui cède pas de beaucoup. Il dépasse 3 kilomètres de largeur, et s'élève de 440 m. au pourtour, à plus de 600 m. au sommet ; donc 160 m. au moins de hauteur. Ses matériaux sont de plus grande taille, et proviennent en partie d'éboulements successifs des Dents-du-Midi. Il a refoulé le Rhône contre la rive vaudoise à Lavey, et motivé un fort contour soit de la route, soit de la voie ferrée [Cit. 172, p. 573].

Le cône de la Gryonne, au N de Bex et celui de la Grande-Eau, à Aigle, sont beaucoup plus surbaissés, mais ont encore une assez grande étendue. Du reste presque chacun de nos torrents présente, à son issue dans la grande vallée, un cône plus ou moins accusé, que révèle l'allure des courbes de niveau. Inutile de les citer tous.

Je veux pourtant mentionner encore un petit cône, dans des circonstances assez remarquables. C'est celui de Gretalaz, sur le flanc droit de la vallée de la Grande-Eau. Dans le talus de la route du Sépey, aux lacets au-dessus de la Bertholette, j'ai pu observer la coupe de ce petit cône torrentiel, superposé au terrain glaciaire (cl. 125). Ce dernier présente une inclinaison de 4 à 5° dans le sens de la vallée; les déjections torrentielles au contraire plongent de chaque côté d'environ 25°, en forme d'anticlinal. Les matériaux du cône proviennent évidemment des gorges de Ponty, qui descendent de Leysin.

Cl. 125. Cône de Gretalaz.

d) Éboulis.

Sauf le cas exceptionnel mentionné p. 487, il y a au pied de toutes nos parois de rochers des accumulations plus ou moins considérables d'éboulis, provenant de leur désagrégation, et disposés en talus. Naturellement plus les parois sont hautes et formées de roches désagrégeables, plus ces talus d'éboulis sont importants. Ils le sont parfois assez pour masquer entièrement le sous-sol, sur d'assez grandes étendues. Dans ce cas ils sont figurés sur ma carte par un pointillé brun, accompagné du monogramme **Eb**.

Aux environs d'Anzeindaz et de Solalex, se voient de grands amas semblables, de nature essentiellement calcaire, comme les parois surplombantes. De Vernayaz à Martigny, on en voit d'autres sur les deux bords de la vallée, formés des roches, plutôt siliceuses, de cette région cristalline.

Là où ces éboulis s'accumulent au bas d'un couloir ou d'une anfractuosité du rocher, ils affectent la forme conique, et peuvent devenir très semblables aux cônes torrentiels. On trouve d'ailleurs tous les passages entre ces deux types de cônes.

Quand ces talus ou cônes d'éboulis sont anciens, et ne reçoivent plus que de rares débris, ils se couvrent petit à petit de végétation, et forment ces grandes pentes gazonnées, qui précèdent nos rochers, et qui ont reçu dans le pays le nom de *Luex* ou *Loëx*. Les plus beaux exemples se trouvent au pied de la paroi sud des Diablerets. L'une d'elles Luex-Tortay, s'élève de 2035 m. jusqu'à 2400 m. environ. Lorsqu'on fait l'ascension de la Cime, on n'entre dans les rochers qu'au sommet de cette Luex.

e) Tuf calcaire.

Il y aussi dans nos Alpes de nombreux petits dépôts de Tuf, que j'ai représentés, lorsqu'ils en valaient la peine, par un pointillé bleu sur fond grisâtre, avec le monogramme **Tf**.

Ce sont tous des Tufs très récents. Je n'y ai trouvé, en fait de fossiles, que des feuilles et des coquilles d'espèces vivantes. Sur quelques points d'ailleurs le tuf est encore en voie de formation.

Ollon. — Au-dessus du village, depuis les Moulins d'Ollon, le long de la rive gauche du Ruisseau du Bondet, j'ai rencontré un petit dépôt de tuf calcaire, plus ou moins vacuolaire, dans lequel j'ai constaté des empreintes de feuilles de *Fagus silvatica*, Lin. J'y ai trouvé aussi du calcaire concrétionné en grandes lames concentriques.

Un autre lambeau de tuf se voit plus haut, près de Panex. De même près de l'Abbaye de Sallaz, encore avec *Fagus silvatica*.

Chesière. — Sur la route de Chesière à Huémoz, j'ai reconnu et marqué deux dépôts de tuf d'une certaine importance. Le supérieur occupe le contour du premier lacet, et au-dessus.

Dans l'inférieur, qui s'étend assez bas en dessous de la route, j'ai récolté deux exemplaires d'*Helix (Arionta) arbustorum*, Lin., et, d'après mes notes, des coquilles d'eau douce, que je ne puis retrouver. J'y ai rencontré aussi une sorte de conglomérat tufacé à cailloux de calcaire noir. Je n'y ai point constaté de feuilles.

Plus bas, près des Moulins de Pallueyres, j'ai vu plusieurs rochers de Tuf calcaire, dans lesquels j'ai trouvé des tubes de *Phryganes*, et des feuilles de *Fagus sylvatica*, Lin.

Dans ces divers points, il m'a toujours été facile de distinguer le Tuf de la Cornieule. Mais j'ai remarqué ici, comme ailleurs, que les dépôts de tuf sont souvent un résultat de la dissolution des Cornieules, et sont fréquents dans le voisinage de celles-ci.

Gryon. — Ici aussi j'ai vu de petits dépôts de tuf. De l'Ecuellaz, j'en ai un échantillon contenant des empreintes de *Fagus sylvatica*.

Plus à l'est, en Chaudannes et dans le Bois de José, j'ai vu beaucoup de tuf à la surface de la Cornieule. Les ruisseaux venant de ces lieux sont encore très chargés de tuf; en particulier celui qui fait cascade à l'entrée de Sergnement, et forme au bord du chemin des incrustations, en petits bassins superposés, que les promeneurs ont nommé Cascatelles.

Ormont-dessus. — Je connais un petit rocher de Tuf calcaire aux Vioz, près du Plan-des-Iles, sur rive gauche de la Grande-Eau. J'y ai aussi trouvé des empreintes de *Fagus sylvatica*.

f) Tourbe.

Il ne manque pas de terrains tourbeux dans la contrée, spécialement sur les plaines alluviales et en particulier dans celle du Rhône. Mais ils n'ont guère donné lieu à exploitation, de sorte qu'on n'en connaît pas la profondeur. Je n'ai d'ailleurs aucune observation à mentionner à leur sujet.

Un point pourtant mérite d'être relevé. J'ai souvent remarqué dans la montagne, sur des pentes même assez fortes, des terrains très marécageux, dont on s'explique difficilement l'existence sur ces surfaces déclives, où la stagnation de l'eau paraît impossible. Il faut les attribuer, j'imagine, à un sol tufacé et tourbeux, qui retient l'humidité sur les pentes, par une sorte de capillarité, à l'instar d'une éponge !

g) Dunes.

Entre Saillon et Martigny, dans la plaine du Rhône, on peut observer le phénomène du transport éolien des sables fins.

Ces sables mouvants ou dunes ont été signalés pour la première fois, si je ne me trompe, par A. Morlot, qui en a entretenu la *Société vaudoise des sciences naturelles* en 1857 [Cit. 69]. Son attention avait été attirée par de petites collines de sable fin, de 6 à 7 m. de haut, sur une largeur de 26 m., disposées en travers de la vallée, sur la route de Saxon à Martigny. Grâce aux tranchées pratiquées pour la construction du chemin de fer, il avait pu constater leur structure intérieure et reconnaître leur mode de formation. Ces collines sont rongées par le vent, en aval. Le sable enlevé se dépose en amont, où il se stratifie très régulièrement, avec une déclivité de 30°.

Gerlach [Cit. 95, p. 30] qui transcrit la description de Morlot, ajoute avoir observé de semblables dunes, en amont et en aval de Martigny, jusqu'à 7 km. environ de chaque côté. Les collines les plus importantes sont vers Charat. Celles d'aval, vers Outre-Rhône, sont beaucoup plus faibles. Elles se forment surtout au printemps, alors que le Rhône est bas, et laisse découvertes de larges plages d'un sable fin, qui, lorsqu'il est sec, est facilement enlevé par les vents.

En avril 1874, j'ai observé moi-même ces sables mouvants [Cit. 106], mais sous un tout autre aspect, celui des sables du Sahara. En montant de Brançon sur les rochers de Follaterre, droit au-dessus du Coude du Rhône, j'ai vu, jusqu'à une grande hauteur, le sable fin du fleuve, remplissant toutes les anfractuosités du sol, et parfois bien stratifié. Je ne pouvais pas douter que l'agent de transport fût le vent, car je voyais arriver les nuages de sable, et j'en recevais dans les yeux ! Seulement, au lieu de venir d'aval le vent soufflait du SE, et charriait ce sable dans un sens opposé à celui observé par Morlot.

En visitant, en avril 1889, aux environs de Biskra, les sables mouvants des bords du désert, je fus vivement frappé de leur grande analogie avec ceux de Follaterre. C'est absolument le même phénomène, mais sur une échelle beaucoup plus vaste.

Enfin M. SCHARDT a dernièrement annoncé avoir trouvé entre Morcles et Outre-Rhône, à 2 et 300 m. au-dessus du fond de la vallée, une formation éolienne, composée de sable fin micacé, identique à celui du Rhône, et renfermant des coquilles terrestres [Archiv. Sc. Genève, janv. 1890, p. 90].

EFFETS D'ÉROSION

Les régions alpines sont parmi celles, où les actions érosives ont produit les effets les plus variés, sinon les plus intenses. Les uns sont dus aux érosions atmosphériques, les autres à l'action des eaux courantes :

ÉROSIONS ATMOSPHÉRIQUES.

C'est principalement à celles-ci que nos chaînes de montagnes doivent leur accidentation et leurs formes souvent si hardies. Mais indépendamment de cet effet général, qui saute aux yeux de chacun, notre contrée présente certains phénomènes particuliers, qui sont attribuables aux agents atmosphériques, et dont je citerai les principaux exemples.

Rocs ruiniformes. — L'érosion atmosphérique produit parfois des effets étranges sur des roches à structure et consistance inégale. MM. FAVRE et SCHARDT en ont figuré un curieux spécimen, dans le Flysch de Chaussy, près de la limite de mon domaine, sous le nom de Hommes de Praz-Cornet [Cit. 172, pl. 9, f. 5].

Cl. 126.
Pilastre de Flysch.

J'en ai observé aussi de très remarquables, dans le Flysch pincé sous les Dents-de-Morcles. Je figure (cl. 126) un pilastre naturel, situé en Maye-d'Arbignon, près de la frontière cantonale. Tout près de là se trouve un piton érodé, assez considérable, dit Gros-Becca.

La Cornicule offre aussi assez fréquemment des érosions figuratives semblables. Une des plus curieuses est connue sous le nom de Portail-de-Fully, et se trouve entre Haut-d'Alesse et les chalets de Fully, à 2200 m., en dessous du petit sommet dit Loë-des-Cendres C'est une arche naturelle de Cornieule jaune (p. 93).

Pyramides de Gypse. — Le gypse étant un peu soluble, l'érosion atmosphérique l'a fortement rongé, partout où il était en saillie. Sur plusieurs de nos cols, qui bordent les Hautes-Alpes, on trouve des groupes allongés de pyramides blanches, plus ou moins aiguës, qui produisent dans le paysage un effet fort curieux [Cit. 144, p. 72].

Les plus intéressantes de ces pyramides ou aiguilles, se rencontrent au col de la Croix-d'Arpille (p. 111) et au col du Pillon (p. 113). J'en ai vu aussi à Vozé, au pied sud des Diablerets (p. 115).

Pyramides de gravier. — Du même procédé d'érosion atmosphérique, proviennent encore les pyramides que l'on observe dans les amas glaciaires.

Celles d'Useigne, dans le val d'Herens, presque au bord sud de ma région, en sont un exemple classique.

Cl. 127. Pyramide de gravier sous Villars.

J'en ai rencontré d'analogues, mais beaucoup moins développées, dans la grande ravine sous Villars. Celle dont je donne un croquis (cl. 127) a été dessinée en août 1863, depuis le chemin d'Arveye à Villars. Le bloc erratique, qui l'avait protégée, était encore bien visible au sommet. Quelques années plus tard, la pyramide avait entièrement disparu.

Ravines. — Les terrains déboisés et ravinés, si fréquents sur les bords de nos torrents alpins, sont encore le résultat du même phénomène, et tout spécialement du ruissellement des eaux de pluie.

C'est sur leurs arêtes saillantes que se forment accidentellement les pyramides de gravier, lorsqu'il s'y rencontre un bloc protecteur, convenablement situé, comme on en voit dans le cliché ci-après. Mais ce bloc finit toujours par tomber, et la pyramide est graduellement détruite par le ravinement.

Les plus grandes ravines de gravier que je connaisse dans la contrée, sont sur les rives de la Gryonne et de l'Avançon. Celle que je figure ici, d'après une photographie (cl. 128) a au moins 200 m. de hauteur.

Cl. 128. Ravine de Sergnièlaz (Gryonne). — Autotypie.

Eboulements. — Viennent enfin les cataclysmes, qui résultent d'une longue préparation érosive. Les exemples en sont fréquents, et quelques-uns des plus importants ont fait l'objet de récits spéciaux.

L'un des plus récents de la contrée est l'éboulement de la Dent-du-Midi, du 26 août 1835, dont Ch. Lardy rendit compte à Elie de Beaumont [Cit. 39]. Une partie de la Pointe-de-l'Est s'abattit sur le Glacier de Plan-névé, entraîna une portion de celui-ci dans sa chute, et produisit une immense coulée de boue noire, qui charriait des blocs énormes. Cette coulée, arrivant par les Gorges de Saint-Barthélemy, recouvrit de ses débris le cône de déjection du Bois-Noir, et en transporta même jusque sur la rive droite du Rhône, aux environs de Lavey-les-Bains.

Les éboulements des Diablerets de 1714 et 1749 sont parmi les plus considérables de date connue. Partis du flanc SE de la Cime principale, les débris de toute dimension ont enseveli les verts pâturages du cirque de Vozé et se sont étendus jusqu'à 5 $^1/_2$ km. dans la Cluse de Mottelon. Ils sont désignés sur la carte Siegfried par le nom de *Liappey de Cheville*, qu'il ne faut pas confondre avec les *Lapiés* de Cheville, situés sur le versant NE de Tête-Pegnat. M. l'ingénieur F. Becker en a donné une description circonstanciée dans l'*Annuaire S. A. C.* de 1883 [Cit. 155]. Il évalue la masse des matériaux éboulés à 50 millions de mètres cubes, c'est-à-dire au quintuple de l'éboulement d'Elm.

Érosions aqueuses.

Les eaux courantes, ou seulement filtrantes, ont produit aussi, dans la contrée, une série de phénomènes remarquables.

Entonnoirs. — Des enfoncements infundibuliformes résultent fréquemment de l'infiltration des eaux dans le sol, sur un point spécial. Ils se produisent surtout lorsqu'un sous-sol gypseux est recouvert de glaciaire, en nappe pas trop épaisse [Cit. 144, p. 72]. Ces entonnoirs sont très nombreux sur le Mont-de-Gryon (p. 99), aux Ecovets (p. 105) et au Fond-de-Plambuit (p. 107). Ils sont en général gazonnés jusqu'au fond, mais dans plusieurs d'entre eux j'ai pu constater le gypse sous l'erratique. Leur existence est si constante dans les régions gypseuses, que j'ai pu m'en servir comme d'un indice pour suivre les affleurements de cette roche.

Plusieurs de ces effondrements sont de formation récente : L'un d'eux, derrière les maisons de la Rottaz, près Gryon, s'est produit subitement vers 1840. Lorsque je le vis plus tard, il contenait encore un arbre incliné. — En Carroz sur Gryon, vers 1850, un homme avait labouré un champ de pommes-de-terre. Lorsqu'il y revint quelques jours après, le sol s'était effondré en entonnoir ! — Un creux semblable se forma spontanément en 1860, au milieu d'un pré, à Aiguerossaz. — On cite un cas semblable, en 1876, dans les vignes des Morettes, à Ollon. — Un autre, également récent, aux Condamines, près de Sallaz !

Quelques-uns de ces entonnoirs atteignent des dimensions considérables. J'en connais un en Lederrey, à W de Gryon, qui a au moins 50 m. de pourtour, sur 30 environ de profondeur. Il est entièrement gazonné. D'autres sont colmatés par l'argile glaciaire, et les eaux s'y sont accumulées ; c'est le cas du petit Lac de Plambuit (p. 107).

Le Creux-d'Enfer, près de Panex (p. 106) offre un type d'entonnoir un peu différent, dont la moitié seulement est sur la bande de gypse, tandis que l'autre est un hémicycle calcaire.

Il y a une étroite liaison entre ces entonnoirs secs et les *puits perdus*, dans lesquels disparaît un ruisseau [Cit. 144, p. 73]. Ceux-ci se rencontrent aussi spécialement dans les régions gypseuses. C'est ainsi que le ruisseau du Bondet disparaît dans un trou du gypse, aux Moulins d'Ollon; et qu'un canal, venant de Salaz, s'engouffre à Praz-Nové au milieu du glaciaire, au fond duquel il a mis à nu le gypse blanc (p. 102).

Mais ce n'est pas seulement dans cette roche soluble que peuvent exister les puits perdus. Les eaux disparaissent parfois aussi dans des fentes de rochers, calcaires ou autres. Le torrent qui descend du Glacier de Paneyrossaz n'a pas d'autre écoulement qu'une série de puits perdus, dans les alluvions de la vallée de l'Avare [Cit. 144, p. 73].

Grottes. — C'est à l'érosion de ces cours d'eau souterrains que sont dues les grottes ou cavernes, qui pénètrent en long boyau dans le sol. Celles-ci ne sont pas fréquentes dans la contrée.

La plus intéressante est la Grotte-des-Fées, près Saint-Maurice, explorée en 1865 par M. le professeur F.-A. Forel [Cit. 86]; elle s'enfonce jusqu'à 1000 m. environ, dans les bancs hauteriviens (p. 290). Sur une partie de sa longueur elle est encore parcourue par un assez fort ruisseau, qui y pénètre en cascade.

M. S. Chavannes [Cit. 130] a décrit la Grotte de Morisaz, près d'Ollon, qui se trouve dans le gypse.

Ce que l'on rencontre beaucoup plus fréquemment dans nos montagnes, ce sont des *Barmes* [Cit. 144, p. 75]. On nomme ainsi dans le pays des excavations peu profondes dans les rochers, qui servent souvent de refuge aux chasseurs et aux touristes, en cas d'orage ou pour la nuit.

Une grotte qui mérite une mention spéciale, c'est la *Glacière naturelle* de Vipcraire, à peu de distance du Chalet-neuf de Dzéman 1816 m., au pied de l'arête de Bétzatay [Cit. 144, p. 76].

Lapiés. — Ces surfaces calcaires, sillonnées de rainures parallèles, plus ou moins profondes, dites *Lapiés* ou *Lapiaz*, en allemand *Karrenfelder*, sont fréquentes dans la contrée. Elles affectent particulièrement les calcaires bien compacts, comme l'Urgonien et le Calcaire nummulitique [Cit. 144, p. 74].

Je les ai souvent observés en avant du front des glaciers actuels ; par exemple les Lapié de Miet et Lapié de Zanfleuron. Ailleurs j'en ai vu de très étendus, qui ont dû être le fond d'anciens glaciers, maintenant totalement disparus. C'est le cas du Lapié de Cheville, sur le versant NE de Tête-Pegnat. Le Lapié-aux-Bœufs (ou *Verlorenerberg*), au S de Gsteig, offre une surface d'au moins 2 km. de roc nu, creusé de sillons.

Mon collègue, le professeur Alb. Heim, attribue les lapiés exclusivement à l'érosion par les eaux pluviales, et nie la coopération des glaciers [Jahrb. S. A. C. XIII p. 428]. Je ne puis pas accepter cette manière de voir, contraire à mes observations. J. de Charpentier avait déjà constaté un *lapié en voie de formation*, sous la voûte d'un glacier. Il vaut la peine de transcrire son observation, d'une grande précision :

« En août 1819, je visitai le glacier des Diablerets, qui, cette année-là, allait en diminuant. Je trouvai sur le bord oriental une sorte de grotte, dont la voûte était fort surbaissée, et qui permettait de voir le lit du glacier sur une étendue d'environ 15 pieds carrés. Il était formé de calcaire noir compact, appartenant probablement à la craie. La surface en était parfaitement nue et présentait plusieurs de ces sillons parallèles, de 3 à 4 pieds de profondeur et de 7 à 8 pouces de largeur. Ils étaient tous vides, quoique quelques-uns se trouvassent précisément sous des fentes peu ouvertes du glacier, d'où s'écoulait de l'eau, qui tombait goutte à goutte dans le sillon correspondant, sans le remplir ; ces eaux trouvaient une issue, probablement par les fissures de stratification. » [Cit. 41, p. 101.]

De Charpentier ajoute (p. 105) que les lapiés fournissent un indice pour reconnaître l'ancienne étendue d'un glacier. J'estime qu'il a raison, en ce qui concerne nos montagnes, et que l'érosion purement pluviale, comme je l'ai vue en pays de plaine, produit un effet beaucoup moins régulier [Cit. 87, p. 73 (285)].

Cuves-de-géant. — Ce sont des cavités plus ou moins circulaires, à la surface du roc, ordinairement renflées dans leur milieu, à la manière des marmites de nos fromageries. On leur donne souvent, à cause de cela, le nom de *Marmites de géant*, ou aussi *Marmites de glacier ;* mais cette dernière expression implique l'idée fautive d'une origine glaciaire, qui n'est qu'accidentelle. J'ai préféré le nom plus court de *Cuves-de-géant*, équivalant au terme allemand de *Riesentöpfe*. Le nom de *Moulins*, qu'on leur donne quelquefois, est aussi assez expressif.

Ce phénomène est dû incontestablement à l'érosion fluviale ou torrentielle. J'ai observé des Moulins *en voie de formation*, à la jonction du Rhône et de la Valserine près de Bellegarde (Ain), depuis de tout petits creux sur le lit calcaire du fleuve, jusqu'à de très grandes cuves, parfaitement conformées et renflées. Toutes présentaient, dans leur intérieur, le ou les blocs sphéroïdaux, qui, par leur tournoiement, avaient formé ces cuves actuelles. A côté de cela, à une vingtaine de mètres plus haut, on peut voir un *ancien cours* de la Valserine, avec de grandes cuves-de-géant, remplies de terre et peuplées d'arbustes.

On ne peut donc pas mettre en doute le mode de formation de ces moulins Si parfois on en trouve près des glaciers, ce n'est pas à ceux-ci qu'on doit les attribuer, mais aux torrents qui en sortaient !

Ces cuves-de-géant ne sont pas communes dans la contrée. J. de Charpentier en cite un exemple près de la maison Bertrand, à gauche de la route de Bex à Saint-Maurice, au pied des rocs de Sous-vent [Cit. 41, p. 170]. — M. Schardt me dit en avoir observé d'autres, entre Sous-vent et la Tour-de-Duin.

Mais les plus remarquables de ces érosions sont les cuves de Salvan, que feu mon collègue, le professeur Henri Carrard, avait fait déblayer en 1882, et dans lesquelles il avait retrouvé les blocs arrondis, instruments de leur érosion. Elles sont situées à un quart d'heure du village, au lieu dit Combe-du-Mont, et creusées dans un rocher très incliné, qui fait face à la route de Vernayaz [Wagnon, Salvan, p. 13].

Voici leurs dimensions, que je dois à M. F. Fournier, guide à Salvan :

N° 1.	Diamètre maximum	1m90.	Profondeur	1m10.
2.	—	—	1m30.	—	1m25.
3.	—	—	1m60.	—	1m50.

Cette troisième, située Derrière-les-Chatelets, ne fait pas partie du même groupe. Elle n'a été découverte qu'en 1889, et déblayée par les soins de M. Célérier de Genève. Toutes sont renflées dans leur milieu, et leur bord est plus haut d'un côté que de l'autre.

Il est probable qu'en y faisant attention, on découvrirait des moulins semblables sur beaucoup d'autres points, ce qui nous ferait connaître les anciens cours des rivières.

Gorges. — Un autre effet d'érosion fluviale ou torrentielle, non moins remarquable, et beaucoup plus fréquent dans nos montagnes, ce sont ces lits de torrents, resserrés et profonds, dont les Gorges-du-Trient fournissent un des exemples les mieux connus.

Quelque fracture peut bien, dans certains cas, avoir contribué à provoquer l'écoulement des eaux ; mais c'est certainement l'eau courante qui a creusé ces gorges. Partout sur leurs flancs on voit les traces de cette érosion.

Grâce aux galeries que l'on a construites depuis quelques années, dans plusieurs d'entre elles, les plus étroites et les plus sauvages de ces gorges sont fréquemment visitées par les touristes. Mais il en est d'autres non moins remarquables, qui restent absolument inaccessibles.

Elles varient naturellement beaucoup d'aspect et d'évasement, suivant la nature des terrains au travers desquels elles ont été creusées. Presque chacun des affluents du Rhône en présente de plus ou moins grandioses. Les plus intéressantes de ma région, à divers titres, sont celles de la Lizerne, de la Salentze, du Trient, et du Triège.

Parfois on peut reconnaître, plus ou moins parallèlement au lit d'un torrent, les traces d'un *ancien cours d'eau* plus élevé, qui était sa voie d'écoulement, avant le percement des gorges. C'est le cas par exemple de la vallée de Salvan qui, comme l'indiquent les cuves susmentionnées, a dû être le thalweg d'un cours d'eau important, sans doute l'ancien lit du Trient?

De même, avant le percement de la Cluse-de-Mottelon (p. 313, cl. 69), les eaux de la Haute-Lizerne ont du s'écouler par Mont-bas et le Ravin de Courtenaz, sur Besson (p. 116).

On pourrait citer beaucoup d'autres exemples, de ce déplacement du lit des rivières, pendant le cours des temps

PHÉNOMÈNES DIVERS

Sources.

Le régime des eaux des régions alpines ne peut guère donner lieu à une systématisation, comme c'est le cas au Jura. Cela tient : 1° aux allures des couches, si compliquées et si variables ; 2° aux glaciers et au long séjour de la neige, sur les hauteurs ; 3° aux accumulations d'erratique, dans les parties basses.

Il est clair que, dans les Alpes, ce sont les assises argilo-schisteuses ou marno-schisteuses qui jouent le rôle de *couches aquifères*, comme le font les argiles et les marnes dans les régions non métamorphisées.

Je ne puis citer dans toute ma région aucune *Doue*, ou *Source vauclusienne* proprement dite.

Il n'y a guère que les *Sources minérales* qui présentent un intérêt spécial. Les plus importantes sont celles de Lavey et de Saxon, mais il y en a quelques autres, connues seulement des gens du pays, qui parfois en font usage pour leurs besoins locaux.

Lavey-les-Bains. — La source sulfureuse, thermale, se trouve au bord du Rhône, sur rive droite, à 2 $^1/_2$ km. du village, et à la même distance à peu près de la gare de Saint-Maurice. Elle est actuellement captée au fond d'un puits d'environ 16 m. de profondeur, creusé au travers des éboulis et du glaciaire.

L'eau chaude, à la température moyenne de 45°, jaillit des fentes du roc métamorphique, ayant tout à fait l'apparence d'un *Gneiss*, et qui généralement a été ainsi désigné. Cette roche métamorphique affleure d'ailleurs à peu de distance, au-dessus des vignes de Tilly. C'est l'extrême limite N de notre région cristalline, recouverte près de là par les bancs calcaires (cp. 2).

Cette source minérale est dès longtemps utilisée, et a fait l'objet de plusieurs travaux. En 1836 le Dr Bezencenet publiait une Notice sur l'eau thermale de Lavey, accompagnée d'une Esquisse géologique par JEAN DE CHARPENTIER [Cit. 40].

En 1857, le Dr DE LA HARPE, père, résumait les observations faites dans l'approfondissement du puits [Cit. 68], et traitait des variations de volume et de température de la source, connexes aux *tremblements de terre* de 1851 [Cit. 68 p. 314].

Moi-même j'ai été appelé à y faire deux expertises et, pour la seconde, j'ai relevé la carte et la coupe géologiques à grande échelle de la contrée de Lavey [Cit. 107 et 154].

Saxon-les-Bains. — La source iodo-bromurée de Saxon jaillit dans la Cornicule, à l'extrémité NE de la bande qui domine Charrat (p. 92). On a beaucoup discuté en 1853 sur la présence de l'*iode* dans ces eaux, mais elle paraît maintenant bien prouvée, spécialement par les études de MM. RIVIER et DE FELLENBERG [Bull. vaud. sc. nat. III, p. 173 et 178]. Toutefois les apports iodifères paraissent y être intermittents, et soumis à diverses variations suivant les saisons. D'autre part l'iode a été reconnu dans la roche même.

M. RICARDI a publié en 1860 une Notice sur cette eau minérale et son efficacité [Cit. 74]. — Consulter aussi DESOR [Bull., Neuchât. III, p. 57] et ALPH. FAVRE [Cit. III, 91, p. 121].

Saillon. — A peu près vis-à-vis de Saxon, au débouché de la Salentze dans la vallée, se trouve une source minérale, qui n'est pas l'objet d'une exploitation régulière, mais qui paraît utilisée par les gens du pays. Je n'ai pas de renseignements précis sur sa composition.

Sources sulfureuses froides. — Les précédentes sont des sources thermales. Il existe aussi dans la contrée de petites sources sulfureuses froides, jusqu'ici inutilisées.

L'une d'elles se trouve au bord de l'Avançon, en dessous du sentier des des gorges, en aval de la Peuffaire. Une autre sourd un peu en dessous des chalets des Abcfeys (Abesset), non loin de Sergnement (p. 101). L'une et l'autre sont dans une région de Cornicule.

Sources salines. — Il y eut anciennement, dans notre région gypseuse de Bex et d'Ollon, des sources salines importantes [Cit. 3, 7, 8, 9, 13]. C'est par elle que l'on a reconnu la présence souterraine du *sel gemme*, maintenant exploité dans les mines de Bex. Par le fait même de l'exploitation ces sources ont naturellement disparu. Il en reste pourtant quelques-unes dans les régions non exploitées de Salins, Panex, etc., mais sans grande importance.

Éjections de gaz.

Les émanations gazeuses sont un fait assez rare dans nos contrées, pour qu'il vaille la peine de mentionner les irruptions de grisou, qui se sont produites à diverses reprises, dans les Mines de Bex, en 1880 et 1882.

Le directeur M. Rosset en a communiqué les détails à la *Société vaudoise des sciences naturelles* [Cit. 141]. C'était un véritable *gaz d'éclairage*, qu'il a su capter, et utiliser pour son exploitation.

Ici se termine la description stratigraphique et orographique de mon champ de travail. Il me reste à en résumer les conclusions relatives au dévelopement orogénique.

RÉSUMÉ CHRONOLOGIQUE

Je vais résumer très succinctement, par ordre chronologique, les principales modifications géologiques par lesquelles a passé notre région alpine, renvoyant aux pages de ma monographie, qui s'y rapportent, pour tout ce qui concerne les détails et la démonstration des faits.

Nous ne pouvons presque rien savoir sur l'état de notre contrée pendant le commencement des temps primaires. Nos roches métamorphiques *infra-houillères* datent peut-être tout au plus du milieu de cette ère (p. 37); et comme elles ne contiennent aucun fossile, nous ne pouvons pas même juger si la mer ou l'eau douce occupait nos Alpes, au commencement de la Période carbonique.

Phase continentale. — En revanche pendant la fin de cette période, c'est-à-dire pendant les *époques houillère* et *permienne*, nos Hautes-Alpes ont eu un régime continental. Elles présentaient un ou plusieurs lacs, souvent marécageux (p. 67), au bord desquels croissaient de nombreuses Lycopodinées, Equisétinées, et Fougères arborescentes, abritant une population d'insectes (p. 68).

Un cours d'eau considérable, venant du SW, charriait d'abondants matériaux dans le Lac d'Outre-Rhône et y formait un vaste cône de déjection (p. 41).

C'est dès la fin de la période carbonique, et en tout cas pendant la phase continentale, qu'ont dû se produire déjà des *plissements* du sol assez accentués. Ils sont manifestés par la stratification discordante des terrains triasique et liasique, sous les Dents-de-Morcles, à Arbignon (cp. 13). Ici le Lias, quasi horizontal, occupe une dépression synclinale des terrains plus anciens ; ce qui nous prouve que le pli si accentué des assises carboniques (cp. 14 et 15) avait déjà commencé à se produire, avant la période liasique.

Pendant la *période triasique* notre région a dû être occupée par des *lagunes* ou *lacs salés*, dans lesquels se formaient nos Gypses, nos Cornieules et, dans les parties les plus profondes, ou dans les temps d'extrême concentration des eaux, notre *Sel gemme* (p. 123).

Phase d'affaissement. — Au commencement de la *période liasique* nous voyons la mer envahir graduellement l'espace occupé par nos Alpes. A l'*époque rhétienne* elle ne couvrait encore qu'une partie des Préalpes, et son rivage méridional devait se trouver près de l'emplacement actuel de la Grande-Eau, à l'exception toutefois d'un golfe étroit se prolongeant par la Vallée du Rhône jusqu'à Arbignon (p. 130).

A l'*époque sinémurienne* ce golfe s'agrandit, et la mer atteignit l'emplacement des Mines de Bex, où elle laissa une faune nombreuse, déjà moins exclusivement littorale (p. 154). Dans ces mêmes régions la faune *toarcienne* a un caractère encore un peu plus *pélagique*, d'où je conclus que l'affaissement du sol avait continué et que le golfe susmentionné s'était encore élargi (p. 166). Cependant la présence de quelques végétaux terrestres montre que la terre ferme n'était pas loin.

Mais c'est surtout à l'*âge opalinien* que l'empiétement de la mer se manifeste. Elle occupe à ce moment toute la région de Gryon, Chamossaire, Perche, Pillon, précédemment encore émergée, et s'avance au moins jusqu'au pied des Diablerets. L'absence de voûtes assez profondément rompues ne permet pas de constater, au delà, jusqu'où elle pouvait bien s'étendre (p. 169).

L'extension de la mer ne doit pas avoir été très différente au commencement de la *période jurassique*, car l'Opalinien et le Bajocien se trouvent généralement dans les mêmes gisements. Toutefois j'ai pu constater le Bajocien fossilifère dans la Haute-Lizerne, au S des Diablerets. Mais sa faune y a un cachet littoral marqué, tandis qu'elle est franchement pélagique au N, dans la contrée de la Gryonne (p. 188).

Jusqu'ici l'affaissement du sol paraît continu. Mais dès l'*époque bathonienne* un phénomène inverse se produit, au moins dans une partie des

Préalpes. En effet les gisements fossilifères de cet âge, alignés dès Wimmis jusqu'à Aigle, par le Simmenthal et le Pays d'Enhaut, se continuant en outre dans le Chablais, présentent une faune franchement littorale et des végétaux terrestres assez abondants, qui impliquent la proximité de la terre ferme (p. 192). Il faut donc qu'il y ait eu dans cette direction, précédemment haute mer, un exhaussement momentané et local, qui ait amené l'émersion d'un certain nombre d'îles, peuplées de Zamiées, Conifères, etc. Il est probable que c'est là l'origine des *klippes* si fréquentes dans cette zone des Préalpes.

Mais le mouvement général d'affaissement devait se continuer, dans l'espace qu'occupent actuellement nos Hautes-Alpes ; car la belle faune, absolument pélagique, rencontrée dans les schistes de la région du Mœveran, prouve qu'à l'*époque oxfordienne* la pleine mer régnait en ces lieux, situés déjà bien plus au S que les précédentes lignes de rivage (p. 220).

Enfin c'est à l'*époque du Malm* que l'affaissement a dû atteindre son maximum. Sans doute les documents paléontologiques sont fort incomplets, mais la masse des calcaires jurassiques supérieurs occupe toute l'étendue de nos Hautes-Alpes vaudoises (p. 221), et pénètre même entre les divers noyaux cristallins des Alpes pennines. Si les fossiles y sont rares, ils sont pourtant suffisants, pour attester le caractère pélagique des faunes du Malm, dans la région que j'ai étudiée.

A cette époque il ne devait plus y avoir de terres fermes que quelques îles allongées coïncidant avec les noyaux cristallins des Alpes centrales.

Phase d'exhaussement. — On peut penser qu'entre l'abaissement et l'exhaussement du sol il a dû y avoir un *temps d'arrêt* plus ou moins prolongé, qui s'est étendu sans doute sur la fin du Malm et peut-être le commencement du Néocomien. On remarque toutefois d'assez bonne heure, pendant cette nouvelle période, une *tendance à la hausse*. En effet, on n'a trouvé encore aucun vestige de Néocomien dans les Alpes pennines, c'est-à-dire au sud de la Vallée du Rhône (p. 246).

La distribution géographique des deux facies du *Hauterivien* me paraît prouver que la mer formait à cette époque, dans nos contrées, un profond chenal dirigé W-E, jusque dans la région de Derborence, lequel n'était lui-même que la partie profonde d'un golfe. Par ce chenal, plus largement ouvert du côté de la vallée du Rhône, la faune pélagique remontait à l'est jusqu'au pied des Diablerets, par Javernaz, Bovonnaz, Meruet, Pabrenne et Cheville. Tout à l'entour, au contraire, là où se trouvent maintenant le massif des Diablerets et ceux de Montacavoère, Tête-Pegnat, Argentine, la mer devait être beaucoup moins profonde car le facies hauterivien y est plutôt littoral (p. 261 et 258).

D'autre part l'absence complète de Néocomien sous le Flysch, dans le massif de Chamossaire et Perche, ainsi que tout le long du bord interne des Préalpes, me fait penser que cette région au N des Diablerets avait déjà émergé, ce qui est sans doute en rapport avec l'exhaussement, signalé de ce côté, à propos du Dogger.

Par suite de ce mouvement ascendant, la limite de l'*Urgonien* est encore en retrait sur celle du Néocomien, ainsi qu'il est facile de le voir sur ma carte, où l'Urgonien dépasse à peine au S la frontière vaudoise (p. 291).

D'ailleurs à l'époque urgonienne toute trace de faune pélagique a entièrement disparu de notre contrée, qui ne présente plus que des formations récifales, peu éloignées d'un rivage (p. 295).

Au commencement de l'*âge rhodanien*, nouveau retrait de la mer ; cette fois au N et au NE du golfe d'Anzeindaz, puisque le Rhodanien manque absolument dans le massif des Diablerets, dans celui de l'Oldenhorn, et à Mont-bas, où l'Eocène repose toujours directement sur l'Urgonien (p. 298).

Le retrait se manifeste aussi à l'époque de l'*Aptien*, dont l'extension est encore moindre que celle du Rhodanien (p. 302), et dont la faune présente un cachet littoral très marqué (p. 306).

Pendant la *période crétacique*, enfin, la mer est réduite à un *fjord* étroit, s'allongeant du SW au NE, et se terminant au gisement de Cheville, dont on peut expliquer la grande richesse organique, par sa situation au fond du golfe (p. 326). Par la forte prédominance des Gastropodes et des Pélécypodes, nos 3 faunes crétaciques présentent un caractère bien littoral (p. 337).

Il y a lieu toutefois de se demander quelle est la signification du nombre assez grand de Céphalopodes, mêlés à ces faunes littorales. Peut-être en diminuant de largeur, le golfe s'était-il approfondi, et permettait-il ainsi aux animaux pélagiques de pénétrer jusqu'à son extrémité NE ?

Quoi qu'il en soit, à force d'exhaussement la contrée finit par émerger tout entière (p. 361). La faune *rotomagienne*, en effet, est la dernière faune crétacique de nos Hautes-Alpes, où je n'ai jamais rencontré le moindre indice (soit fossile, soit roche) de Turonien ou de Sénonien, quoique ce dernier terrain soit pourtant assez développé dans la partie externe de nos Préalpes.

Seconde phase continentale. — Après une longue phase d'immersion notre contrée se trouvait donc de nouveau terre ferme, avec la plus grande partie des Alpes centrales, tandis que le rivage de la mer était à peu de distance au NW. Sans avoir à beaucoup près son accidentation actuelle, le sol devait présenter pourtant certaines ondulations.

Cette nouvelle phase continentale a duré pendant tout le reste de la *période crétacique* et la première moitié environ de la *période éocénique*.

C'est pendant cet intervalle qu'ont surgi les sources plus ou moins ferrugineuses, déposant le terrain sidérolitique, dont j'ai constaté quelques lambeaux (p. 365).

Aux Diablerets, en particulier, ces sources donnèrent lieu à un *lac marécageux*, où végétèrent des *Chara*, où vécurent ensuite des *Limnées* et autres Mollusques d'eau douce (p. 367), et qui finit par se transformer en tourbière (p. 371). Cela devait se passer vers le commencement de l'*époque éocène* proprement dite (p. 409), car il y a passage insensible de ce dépôt limnal aux couches marines d'âge *parisien*, dont la base est saumâtre (p. 375).

Seconde phase d'affaissement. — Une nouvelle tendance à la baisse s'est manifestée dès l'origine de l'*Eocène* vrai, car à cette époque la mer envahissait de nouveau la Savoie, et poussait une pointe juqu'à l'emplacement des Martinets (p. 363). Elle paraît avoir subi un retrait momentané pendant lequel s'est formé le dépôt d'eau douce de la Grand'vire (p. 368) ; mais bientôt elle reprenait l'offensive dans la direction du NE, et venait recouvrir une bonne partie de nos Hautes-Alpes, occupant au premier abord presque exactement le même bassin qu'à l'âge urgonien (p. 363).

Cette mer, d'abord peu profonde à l'âge du *Parisien supérieur*, où elle forme les dépôts littoraux à *Ceritium Diaboli*, gagne de plus en plus en profondeur jusqu'à la fin de l'âge *bartonien*, auquel appartiennent nos Calcaires à *Nummulites*, et les Schistes supérieurs (p. 404).

Alors se produit un mouvement de bascule et, tandis que l'affaissement cesse au SE, et même s'y transforme bientôt en une nouvelle hausse, il se propage au contraire au NW, dans la région des Préalpes. Il en résulte que les eaux se déversent dans cette direction, et y forment cette vaste mer du *Flysch*, d'autant plus étendue qu'elle est peu profonde, découpée en nombreux bras, et parsemée de klippes et d'îlots (p. 457).

Divers indices peuvent faire penser que, déjà alors, il existait des *glaciers* dans la région centrale des Alpes, et que ceux-ci, aboutissant au fond des *fjords* de la mer sestienne, y disséminaient leurs erratiques par le moyen de glaces flottantes (p. 458).

Seconde phase d'exhaussement. — Vers la fin de la *période éocénique* survient un nouveau mouvement ascensionnel, qui paraît venir de l'est. De ce côté, en effet, le Flysch fait généralement défaut, et le Nummulitique termine la série marine. Cela semble indiquer une émersion partielle de ce dernier terrain, avant le dépôt du Flysch !

Quoi qu'il en soit, ce mouvement d'exhaussement se propage assez rapidement et détermine l'émergement successif de toute la région alpine. Au Val d'Illiez toutefois, et peut-être aussi aux environs de Bex, il reste quelques lagunes, bientôt transformées en lacs d'eau douce, et dans lesquelles se conservent quelques végétaux terrestres d'*âge oligocène* (p. 455). Nous sommes là aux confins des périodes *éocénique* et *miocénique*.

Troisième phase continentale. — Dès le commencement de la *période miocénique*, toute l'étendue de nos Alpes est définitivement terre ferme (p. 460). Le sol devait présenter déjà une certaine accidentation (p. 457), bien moindre toutefois que de nos jours.

C'est alors qu'a dû se produire le plissement principal de nos montagnes ! Il ne peut pas être antérieur, car le Flysch y a participé (p. 460). Par l'effet de ce plissement extrême du sol, la plupart de nos sommets, sinon tous, ont dû atteindre des altitudes bien plus considérables que maintenant. Plusieurs devaient être d'environ 1000 à 1500 m. plus élevés (p. 461).

Le relief du sol, ainsi plus accentué, provoquait de fortes érosions, et un charriage torrentiel énorme ; peut-être aussi partiellement glaciaire. Celui-ci eût pour résultat immédiat les Poudingues mollassiques de Lavaux, déposés au bord septentrional des Préalpes, en forme de *cônes de déjection* (p. 460). Dans la *Nagelfluh* de Châtel-Saint-Denis, j'ai trouvé des cailloux roulés d'un poudingue plus ancien ! [Cit. 170, p. 50].

C'est par cette combinaison de plissements et d'érosions que nos Hautes-Alpes ont obtenu leur relief actuel, qui n'a dû être que peu modifié, sauf pour la saillie des arêtes et sommets, depuis la fin de l'âge *helvétien*.

Phase glaciaire. — Les glaciers devaient exister déjà dans les parties les plus élevées des Alpes, mais ils ne paraissent pas en avoir franchi les limites avant la *période pliocénique* (p. 462).

Sous l'influence d'une altitude plus grande et d'un climat humide et nébuleux, il se forma aussi dans nos Hautes-Alpes vaudoises un certain nombre de glaciers, qui paraissent être arrivés les premiers dans la Vallée du Rhône, en aval de Saint-Maurice (p. 468, 477).

Rejoints par le Glacier du Rhône, accru de ses affluents du Haut-Valais et du Bas-Valais, ils envahirent ensemble le plateau ; franchirent le Jura sur divers points ; et aboutirent d'une part vers Lyon, de l'autre vers Soleure.

Près du lac de Zurich (Wetzikon, Durnten, Utznach) et dans le bassin du Léman (Gorges-de-la-Dranse, Bougy) on trouve les preuves d'une oscillation considérable dans la marche de nos anciens glaciers, qui donna lieu aux dépôts *interglaciaires*. Je n'ai trouvé dans l'intérieur de nos Alpes aucun indice de cette oscillation. Il faut donc admettre qu'à l'époque du premier recul, les glaciers ne quittèrent que la plaine, et restèrent plus ou moins stationnaires dans nos vallées alpines. [Bull. vaud. sc. nat. XIII, p. 707.]

La retraite définitive de nos grands glaciers alpins s'est opérée bien avant la fin de l'*époque plistocène*. La Vallée du Rhône subit alors de nouvelles érosions torrentielles, par l'effet de la fonte des glaciers. Son thalweg devait être bien plus aigu, bien plus irrégulier, qu'aujourd'hui, et disposé en pente continue d'amont en aval.

Phase lacustre. — Un nouvel affaissement de la région alpine dut contribuer à la retraite des glaciers. Se faisant sentir surtout dans les parties centrales de la chaîne, il produisit une contre-pente dans le thalweg de la grande vallée et y détermina une série de concavités, dans lesquelles durent séjourner les eaux de fonte (p. 489).

Ainsi se formèrent très probablement nos lacs, au fur et à mesure de la retraite des glaciers; le Lac Léman d'abord, s'étendant successivement jusqu'à Massonger (p. 487); puis le Lac valaisan, jusqu'à Granges et peut-être plus loin (p. 488).

La même cause produisit des effets analogues dans les vallées latérales, où se formèrent aussi de petits lacs, partout où l'affaissement, ou bien quelque barrage morainique, détermina un bassin plus ou moins étendu, en avant des glaciers (p. 490).

Tous ces lacs se remplirent d'alluvions torrentielles ou lacustres; ils furent ainsi graduellement colmatés et asséchés. Les cônes torrentiels y contribuèrent d'une part (p. 491); les éboulis (p. 492) et la tourbe (p. 494), d'une autre; mais dans la vallée principale, ce colmatage est dû essentiellement aux alluvions du Rhône.

Le remplissage du fond des vallées, étant postérieur à la retraite des glaciers, doit être attribué en majeure partie à l'*époque actuelle*, ainsi que la formation éolienne des dunes (p. 495), et une bonne partie des effets d'érosion (p. 496).

Dans le tableau ci-joint j'ai représenté ces diverses oscillations du sol par deux *courbes*, l'une pour les Hautes-Alpes vaudoises, l'autre pour la partie des Préalpes qui s'en rapproche.

Courbes des ondulations du sol dans les Hautes-Alpes vaudoises et le bord interne des Préalpes.

à p. 514.

ÉCHELLE CHRONOMÉTRIQUE				ÉMERSION		IMMERSION	
				ALTITUDE		MER	
ÈRES	PÉRIODES	ÉPOQUES	AGES	haute	basse	littorale	profonde
TERTIAIRE ou CÉNOZOAIRE	Plicoénique	Holocène . .	Contemporain				
			Palafitien				
		Plistocène . .	Acheulien = *Post-glaciaire*				
			2de extension des Glaciers				
			Durnténien = *Interglaciaire*				
		Pliocène . .	Astien — *1re extension des Glaciers*. .				
			Plaisancien				
	Miocénique	Promiocène .	Messinien (Oeningien)				
			Tortonien				
		Miocène . .	Helvétien				
			Langhien				
		Oligocène . .	Aquitanien				
			Tougrien				
	Eocénique .	Proicène . .	Sestien (Ligurien)				
		Eocène . . .	Bartonien				
			Parisien				
		Paléocène. .	Londonien.				
			Thanétien				
			Monsien.				
SECONDAIRE ou MÉSOZOAIRE	Crétacique .	Sénonien . .	Danien				
			Campanien				
			Santonien				
		Cénomanien .	Turonien				
			Carentonien				
			Rotomagien.				
		Gault. . . .	Vraconnien				
			Albien				
	Néocique .	Néocom. sup.	Aptien				
			Rhodanien.				
			Urgonien				
		Néocom. inf.	Hauterivien				
			Valangien				
	Jurassique	Malm . . .	Kimridgien (Tithonique)				
			Séquanien				
			Argovien				
		Oxfordien. .	Divésien				
			Callovien				
		Dogger . . .	Bathonien				
			Bajocien				
	Liasique. .	Supralias . .	Opalinien				
			Toarcien				
			Cymbien				
		Lias = Sinémurien .	Oxynotien				
			Gryphitien				
			Hettangien				
		Rhétien. . .	Rhétien				
	Triasique .	Trias supér.	Karnien.				
			Norien				
		Trias infér. .	Franconien				
			Werfénien				
PRIMAIRE ou PALÉOZOAIRE	Carbonique	Permien . .	Thuringien				
			Lodèvien				
		Houiller . .	Stéphanien				
			Démétien				
		Kulm . . .	Bernicien				
			Ursien				
	Dévonique .	Famennien .	*Pour mémoire.*				
		Eifélien. . .					
		Rhénan. . .					
	Silurique .	Silurien . .					
		Ordovicien .					
		Cambrien . .					

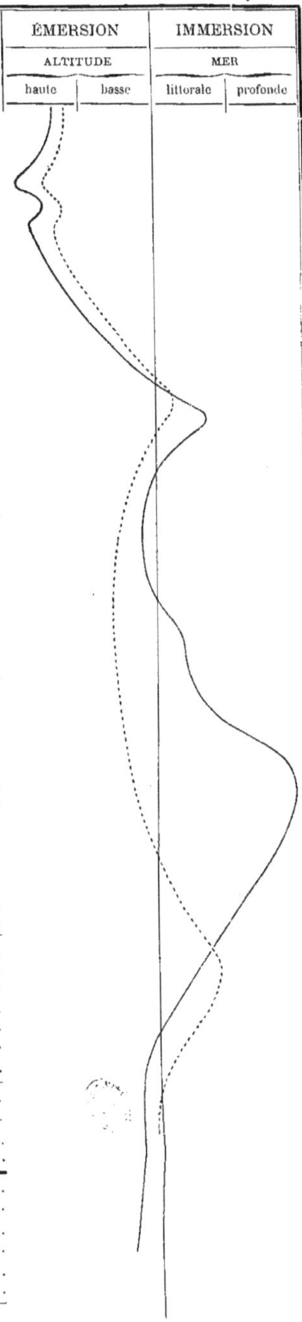

La courbe pleine indique l'oscillation des *Hautes-Alpes*; la courbe pointillée celle du bord des *Préalpes*.

MINÉRAUX DE LA RÉGION

Notre région est, relativement parlant, assez riche en minéraux. Le Musée de Lausanne en possède une belle série, provenant principalement des recherches de LARDY et DE CHARPENTIER, ainsi que de mes propres récoltes. Cela me permet de donner une énumération assez complète des minéraux de la contrée.

Pour le faire d'une manière plus utile, et autant que possible en rapport avec leur mode de formation, je groupe ces minéraux d'après la nature et l'âge de leur gisement.

a) GISEMENTS MÉTAMORPHIQUES ET CARBONIQUES.

Je réunis ici les minéraux trouvés dans les terrains anciens, que j'ai décrits sous le 1er nom (p. 24) et ceux, très semblables, qui ont été rencontrés dans les Terrains carboniques (p. 40). Toutes ces roches sont généralement plus ou moins cristallines, et comme elles occupent les mêmes régions, si l'on n'a pas trouvé soi-même les minéraux, il est difficile de savoir duquel de ces terrains ils proviennent.

Quartz. — Fréquent dans la région cristalline. Les cristaux se trouvent surtout dans les schistes et le poudingue houillers. Nous en avons de fort beaux groupes, soit hyalins soit enfumés, à faces parfois gauchies, venant des ardoisières de Vernayaz. J'ai trouvé des cristaux bipyramidés quelques-uns colorés en rouge, dans le poudingue semi-cristallin et micacé de Marcotte près Salvan (p. 48). D'autres, hyalins, verts ou jaunes (Citrin) proviennent des environs des Lacs de Fully. Quelques cristaux hyalins et verdâtres ont été trouvés au-dessus de Plex, sur Outre-Rhône. Ces derniers sont peut-être plus anciens ?

Feldspath. — Les cristaux sont rares, et seulement de petite taille, ils se sont trouvés surtout dans les roches granitoïdes de Van-d'en haut (p. 29), et dans le porphyre de Norlot (p. 42). J'ai rencontré en outre, dans les Gorges du Trient près de Salvan, du Feldspath gris-clair, en masse cristalline laminaire.

Grenat. — Près de là, sur le chemin de Gueuroz à La Taillat, dans des blocs éboulés des rochers dominants, j'ai trouvé, disséminés dans une roche feldspathique blanche, de tout petits grenats d'un rouge vif (p. 29).

Saussurite. — Grise et verdâtre, compacte; dans les Gorges du Trient et à Pissevache.

Actinote. — Verte, fibreuse; près de Salvan, dans le sentier qui descend au Trient, en dessous des Moulins (p. 30).

Stéatite. — Gris-verdâtre; aux environs de Salvan et à Haut-d'Alesse (p. 30).

Biotite et **Muscovite.** — Assez fréquents dans les schistes micacés du métamorphique (p. 29).

Calcite. — Saccharoïde; au Trappon sur Brançon, (p. 30) [Cit. 148].

Malachite ? — Taches vertes, dans les schistes cristallins du Carbonique de Marcotte, près Salvan.

Sidérite ? — Rognons, dans les schistes houillers d'Arbignon (p. 58).

Oligiste. — Fer spéculaire, lamelleux, rougeâtre, trouvé dans les Gorges, au-dessus d'Outre-Rhône; probablement carbonique ? — *Stalactite* ferrugineuse, rougeâtre, dans une ancienne galerie de la Mine d'Anthracite sur Collonges (p. 46).

Galène. — En masse cristalline, avec clivages; à Fourgnon sur Dorenaz, dans le Carbonique.

b) Gisements triasiques.

Les Mines de Bex, dirigées longtemps par J. de Charpentier, ont fourni un certain nombre de beaux minéraux, trouvés dans les galeries, en géodes ou en veines. Ils ont été soigneusement récoltés, et les plus beaux spécimens remis au Musée de Lausanne. Outre cela notre contrée gypseuse et salifère, de Bex et d'Ollon, présente quelques autres gisements, qui ne sont pas sans intérêt. Ainsi la *Ravine gypseuse* de Sublin, principal gîte de soufre natif; et un petit escarpement gypseux à Meuchier, qui m'a fourni de jolis cristaux de Gypse et des Quartz bipyramidés.

Gypse. — Les magnifiques cristaux de Bex sont bien connus, et cités dans la plupart des traités. Celui de Dufrenoy en figure deux formes spéciales [Minéralogie, fig. 253 et 259]. La plupart des types qu'il représente se trouvent d'ailleurs parmi nos échantillons. M. Kenngott [Mineral. der Schweiz p. 334] en donne une description détaillée, et dit que ce gisement fournit les plus beaux cristaux connus de Gypse. Le gisement principal est une galerie abandonnée et fermée de la Mine du Coulat, dans les parois de laquelle on voit des veines et des géodes tapissées de cristaux, parfaitement hyalins. Nous en avons au Musée des groupes de 30 à 40 cm., et des cristaux isolés rhomboïdaux de 8 cm.. Outre la forme spéciale [Kenng. fig. 81] il y a de longs prismes hyalins, atteignant 25 cm.; puis des hémitropes [Kenng. fig. 82], en très beaux groupes, hyalins.

A côté de ces cristaux contenus dans le sol, nos Mines de sel fournissent encore du Gypse de *cristallisation récente*, mais parfaitement naturelle et spontanée, autour de morceaux de bois, cordelettes, etc., suspendus dans les réservoirs des Mines. Ces cristaux récents affectent toujours la forme hémitrope susmentionnée, dont la pointe est fixée au support, et la gouttière proéminante. Ils ne sont jamais limpides comme les autres, mais grisâtres et seulement translucides.

D'autres échantillons des Mines de Bex sont concrétionnés, ou en fibres allongées, etc.

Le Gypse est d'ailleurs commun dans la contrée, surtout à l'état grenu, ordinairement plus ou moins impur, mais quelquefois d'une parfaite blancheur, d'autrefois rosé ou teinté de diverses manières (p. 75). Souvent on trouve, dans la masse même du gypse, des feuillets cristallisés plus ou moins épais, parfaitement hyalins ; ainsi sur le vieux chemin de Gryon en dessous de Prélaz.

A Meuchier, dans la Rape-des-Nants, au bord de la route de Gryon, j'ai récolté de jolis cristaux de Gypse, de petite taille ; les uns hémitropes, ordinairement en groupes rayonnants ; d'autres simples, isolés et bien complets, en prismes allongés ou formes rhomboïdes, non hyalins, mais grisâtres ou brunâtres et comme bitumineux.

De la Ravine-de-Sublin proviennent des échantillons de Gypse en masse cristalline rouge, et d'autres concrétionnés ou en cristaux lenticulaires.

Enfin dans les carrières de Charrat près Martigny, ainsi que sur beaucoup d'autres points, j'ai trouvé de beau gypse grenu blanc, presque de l'*Alabastrite* (p. 92).

Anhydrite. — Ce sulfate anhydre de chaux, si habituel dans la profondeur comme roche (p. 76), est rare comme minéral, c'est-à-dire pur et cristallisé. Dans la nouvelle galerie du Bévieux on le rencontre, il est vrai, à l'état grenu et translucide; mais ce n'est guère que dans l'ancienne Mine des Vaux, sous Chesières, qu'on l'a trouvé cristallisé. Nous en possédons de grands morceaux cristallins, clivables, blancs ou violacés et quelques rares échantillons avec cristaux bien formés, violets ou même rouges [Kenngott p. 332].

Célestine. — La Strontiane sulfatée s'est trouvée aussi en assez jolis cristaux prismatiques, hyalins, bleuâtres ou verdâtres, sur la Dolomie cristallisée, dans la Mine des Vaux, maintenant abandonnée. M. Kenngott (p. 329) l'indique aussi au Bévieux, mais je n'ai pas de renseignements à cet égard. Si elle y a été rencontrée, ce doit être à Sublin.

Nous avons aussi ce minéral en masses concrétionnées verdâtres.

Halite. — Le Sel gemme, exploité dans les Mines de Bex, s'y rencontre presque partout à l'état d'argile salifère, disséminée dans l'Anhydrite (p. 77). Il y en a parfois de petites masses cristallines plus pures, même presque hyalines ou teintées, et présentant les clivages rectangulaires. On en voit de même des parties fibreuses. M. KENNGOTT [p. 410] parle aussi de cristaux cubiques, mais je ne crois pas qu'on en ait jamais trouvé dans la roche.

En revanche on y recueille, au fond de flaques d'eau, dans des galeries peu fréquentées, de très beaux *cubes de formation récente*, mais spontanée et tout à fait naturelle, parfois sur des planches ou débris de bois. Quand ils sont frais, ces cristaux sont parfaitement hyalins. Nous en avons jusqu'à la dimension de $3^{cm}{\cdot}2$ de côté.

Calcite. — La chaux carbonatée est fréquente un peu partout, en masses concrétionnées ou en petits cristaux. Dans la Mine des Vaux elle s'est trouvée, en rhomboèdres primitifs, obtus, ou diversement modifiés [KENNGOTT p. 320]. Nous en avons aussi un grand scalénoèdre de 14 cm. de long, mais dont je ne connais pas le gisement précis.

A Sublin la Calcite s'est trouvée associée au Soufre, et cristallisée surtout en scalénoèdres.

Aragonite. — En croûtes concrétionnées, fibro-rayonnantes, parfois très épaisses, assez pures, zonées et plus ou moins translucides. C'est un véritable albâtre calcaire. Elles proviennent des Mines de Bex, mais j'ignore le point précis.

Dolomie. — Dans la Mine des Vaux, ce carbonate de Ca et Mg a été rencontré assez abondamment, en rhomboèdres obtus, à faces torses, rosés et translucides, ayant jusqu'à 5 cm. Dans celle du Bouillet, en rhomboèdres primitifs plus rares [KENNGOTT, p. 303, 304].

Dans la carrière de Faug sous Gryon, au bord de la route, CHERIX en avait trouvé un très beau gisement dans la Cornieule (p. 82). Il m'a rapporté de là un certain nombre de jolis cristaux hyalins, en rhomboèdre primitif, mais modifié par la base du prisme hexagonal, plus ou moins développée ; c'est une forme que j'ai très rarement vue d'ailleurs.

Magnésite. — Kenngott (p. 298) mentionne aussi la Magnésie carbonatée, comme trouvée à la Mine des Vaux, mais je n'en ai pas vu d'échantillons.

Quartz. — Autant il est fréquent dans le Carbonique, autant le Quartz est rare dans le Trias. Les seuls cristaux que j'en connaisse sont de petits dihexaèdres avec indices du prisme, gris, laiteux ou un peu enfumés, disséminés dans le gypse de la Rape-des-Nants, à Meuchier, avec les cristaux de Gypse susmentionnés (p. 518).

Graphite. — Rencontré dans la nouvelle galerie du Bévieux, disséminé dans l'Anhydrite.

Soufre natif. — C'est surtout dans la Ravine-de-Sublin, près du Bévieux, que s'est trouvé le Soufre, disséminé dans des fissures du Gypse et du Calcaire dolomitique. J'en ai vu encore en place, mais rare et en petites particules. Nous avons au Musée de Lausanne d'assez belles pièces, où le Soufre présente une certaine épaisseur. Il est d'un beau jaune, translucide, fragile, cristallin, et parfois aussi en cristaux octaédriques allongés, assez nets.

Le *Soufre thermogène*, rencontré dans les Mines de Bex, n'est qu'une concrétion Calcaire, lâche, en chou-fleur, déposée par des sources sulfureuses, et dès lors teintée en jaunâtre, par le soufre disséminé.

Pyrite. — Le Fer sulfuré, en masse grenue et en dodécaèdres, forme une mince couche, à la partie supérieure du Gypse vertical, tout près de l'entrée abandonnée de la galerie du Fondement-supérieur (p. 153).

Il s'est trouvé aussi en dodécaèdres pentagonaux, disséminé dans le roc salé de la Mine du Coulat, ainsi que dans le Gypse de Coufin, et de la Rape-des-Nants, à Meuchier.

Enfin à Entre-deux-Gryonnes, vis-à-vis du Bey-de-la-Colisse, la Pyrite existe en cubes bien nets, au contact du Gypse et du Lias, mais ici dans un schiste noir. Je l'ai rencontrée aussi, en nombreux petits cubes, dans un schiste noir, en Combes sous Huémoz.

Blende. — Le Zinc sulfuré, en petites masses cristallines brunes, ou noires (Marmatite), s'est trouvé à Entre-deux-Gryonnes, formant des veines dans le calcaire dolomitique.

Galène. — Enfin le Plomb sulfuré a été ramassé à diverses reprises, en petits cubes clivés, roulé dans le cours de la Gryonne, entre autres sous Taveyannaz. Nous en avons aussi des morceaux provenant de Glutières sur Ollon, dans lesquels l'analyse a constaté 0,006 °/₀ d'argent.

c) Gisements calcaires d'ages divers.

Les terrains essentiellement calcaires, de l'Ère secondaire et du Nummulitique, ont fourni beaucoup moins de minéraux intéressants.

Calcite. — Le moins rare est la Chaux carbonatée qu'on voit fréquemment en veines blanches, dans les calcaires ou dans les schistes, et en petits cristaux lorsque ces veines sont un peu larges. J'ai vu de ces veines cristallisées aux Diablerets, à Porcyrettaz, à Larze, etc.

En rhomboèdres primitifs, naturels ou de clivage, la Calcite s'est trouvée dans le Néocomien de Mattélon, dans le Nummulitique de l'Ecuellaz, et aux Diablerets. — En rhomboèdres aigus, aux Diablerets, et à la Grotte des Fées près Saint-Maurice. — En rhomboèdres obtus, diversement modifiés, aux Diablerets et à Mont-bas.

A l'état de croûtes concrétionnées, nous en avons des Diablerets, de l'Ecuellaz, d'Argentine et du Meruet.

Quartz. — Le Quartz est beaucoup moins fréquent. Des échantillons à surfaces hérissées de petits prismes pyramidés, provenant évidemment de veines siliceuses, se rencontrent pourtant de temps en temps au milieu des roches calcaires ; j'en ai recueilli aux Cropts (Anzeindaz) et dans le Nummulitique des Martinets. Quelques cristaux, plus gros et plus beaux, ont été trouvés aux Diablerets, au Lapié de Zanfleuron et au Lapié de Miet. Ces derniers provenaient probablement du Nummulitique.

Barytine ? — Morceau très lourd, trouvé dans le Torrent-sec, sous la Dent-de-Morcles.

Oligiste. — Minerai de fer oolitique, d'un rouge vif, formant une petite couche dans le Dogger, sous le Col-des-Cornieules (p. 203).

Magnétite. — Disséminé, en octaèdres minuscules, dans le minerai oxfordien (*Chamoisite*) de la Mine de Chamosentze, sur Chamoson (p. 210).

Le Fer oxydulé est d'ailleurs fréquent dans les terrains du Valais, et se trouve remanié dans les sables d'alluvions du Rhône, où l'on peut le recueillir en fines particules, au moyen d'un aimant.

d) Gisements du Flysch.

Les minéraux sont de nouveau plus fréquents dans le Flysch, spécialement le Quartz, tantôt à l'état de veines cristallisées, tantôt disséminés dans le Grès de Taveyannaz.

Quartz. — Il est surprenant de voir l'analogie du Flysch avec le Carbonique, au point de vue de la fréquence du Quartz cristallisé. Le plus beau gisement est celui qu'a fait connaître M. Edm. de Fellenberg [Cit. 163], près de la Tour de Duin (p. 452). On y trouve des formes très variées, des groupements remarquables, et surtout des cristaux en trémies. Il est contenu dans des schistes, très probablement du Flysch.

Un autre, non moins intéressant, est celui de Taveyannaz, où le quartz se trouve dans une poche terreuse du grès. Les cristaux sont habituellement de petite taille, mais souvent très limpides et parfaits ; ils ont ordinairement leurs deux pointes, et sont quelquefois presque réduits à la double pyramide, le prisme étant très court (p. 445).

Dans une veine traversant les schistes d'Aigremont, s'est trouvé un enchevêtrement de cristaux de Quartz hyalin et de Calcite (p. 434).

D'autres petits cristaux pyramidés proviennent du haut du Cheval-blanc, formé de Flysch renversé (p. 448).

Enfin l'un des plus curieux gisements est celui de l'Abbaye-de-Sallaz (p. 437), en larges veines, dans la Brèche cristalline. Les cristaux de Quartz sont ici plus gros, mais aussi moins complets, et moins limpides ; quelques-uns sont bitumineux et enfumés.

Calcite. — La Chaux carbonatée est en revanche beaucoup moins fréquente dans le Flysch. En fait de bons cristaux, je ne connais que des rhomboèdres primitifs, assez limpides, associés au Quartz, dans la veine sus-mentionnée d'Aigremont, et analysés par M. H. Bischoff [Cit. 81].

Aragonite. — Les veines de Sallaz, déjà citées, présentent des houppes de petites aiguilles blanches, que j'attribue à l'Aragonite.

Sidérite. — Mais le minéral le plus abondant de ces veines, c'est le Fer carbonaté de couleur brune, en rhomboèdres primitifs, et à faces parfois un peu torses. Ces cristaux, d'un centimètre au plus, couvrent entièrement les salbandes.

Pyrite. — Le Fer sulfuré s'est rencontré en petits cubes, disséminés dans le Grès de Taveyannaz ; et, dans un schiste verdâtre du Flysch, en cubes plus gros, mesurant jusqu'à 8 mm., dans le ravin qui descend d'Ayerne à Ormont-dessus.

Tous ces minéraux sont conservés au Musée géologique de Lausanne, dans la Collection du pays.

EXPLOITATIONS MINÉRALES

Il me reste à dire quelques mots sur les conditions géotechniques de la contrée. Je ne puis songer à décrire en détail les mines et les exploitations à ciel ouvert du pays, cela m'entraînerait beaucoup trop loin. D'ailleurs pour ceux de ces travaux qui en valent la peine, ces descriptions ont été faites ailleurs, et je puis y renvoyer. J'ai plutôt en vue de grouper ici, pour chaque sorte d'exploitation, les renseignements géologiques que j'ai pu donner dans le corps de ma monographie, en y ajoutant les citations d'autres publications, qui complètent ce que l'on sait à leur sujet.

Laissant de côté les exploitations occasionnelles de moellons, graviers, sable, etc., sans importance, j'énumérerai successivement des entreprises géotechniques suivantes :

1. Mines de sel.
2. Mines d'anthracite.
3. Minerais de fer.
4. Minerais de plomb.
5. Carrières d'ardoises.
6. Carrières de marbre.
7. Plâtrières.

1. Mines de sel.

C'est là la principale industrie minérale de la contrée de Bex. Le chlorure de sodium s'y trouve disséminé dans les roches gypseuses, et spécialement dans l'anhydrite, faisant partie d'un ensemble de terrains halogènes, que j'ai considérés comme d'âge triasique (p. 75 et 125).

On a commencé par récolter les sources salées de la contrée (p. 506), puis on en a cherché de nouvelles, ce qui a provoqué le percement d'assez nombreuses galeries, dans la Vallée de la Gryonne surtout. L'eau provenant de ces sources était concentrée dans des bâtiments de graduation, et évaporée à siccité dans de larges chaudières [Cit. 3, 7, 8, 9, 12 à 18].

Mais dès le commencement du siècle on a songé à rechercher le roc salé, qui a été exploité à partir de 1823. Ces travaux ont donné lieu à de longues controverses (p. 14) [Cit. 20, 24 à 29, 31].

Outre les *Mines du Fondement*, maintenant encore en activité, il y en avait plusieurs autres, abandonnées dès longtemps : Les Mines des Vaux sous Chesières, qui ont fourni les plus beaux minéraux (p. 518), actuellement entièrement obstruées et inaccessibles ; les trois galeries de Salins sur Aigle, dans lesquelles j'ai encore pu pénétrer (p. 107) ; enfin plusieurs anciennes galeries dans la vallée de la Gryonne, au Fondement-supérieur (p. 153), au Bey-de-la-Colisse (p. 149), etc.

Les *Entrées* des galeries maintenant en usage sont : 1° Au Bouillet à 582 mètres d'altitude, et 1 km. au NE des Devens, résidence de l'ancien directeur des Mines, J. DE CHARPENTIER ; 2° Plus haut dans la vallée, au Coulat (cl. 15, p. 150), à 729 m., et à 2 1/2 km. des Devens.

Depuis quelques années on est en train de percer, au moyen de perforatrices, à 1 1/2 km. du Bévieux, dans la vallée de l'Avançon, une nouvelle galerie beaucoup inférieure, à 521 m., qui doit rejoindre le grand puits du Bouillet, et permettre d'exploiter des parties du roc salé, plus profondes.

Toute l'administration des mines et la fabrication du sel sont maintenant concentrées au Bévieux, à 2 km. de Bex.

Outre les travaux anciens cités tout à l'heure, je dois mentionner encore un mémoire de M. l'ingénieur POSEPNY, qui attribuait notre terrain salifère au Lias [Cit. 109 et 110] ; puis les notices historiques et techniques de MM. CH. GRENIER et C. ROSSET, directeur actuel des Mines [Cit. 127 et 128] ; une autre notice semblable de M. l'ingénieur DE VALLIÈRE [Cit. 146] ; les notes de M. ROSSET sur le *grisou* [Cit. 141] ; enfin les études de M. H. SCHARDT, qui voudrait classer nos terrains salifères dans le Flysch [Cit. 159, p. 75], ce à quoi je ne puis consentir (p. 128).

2. Mines d'Anthracite.

L'Anthracite a été signalé dans la contrée sur bien des points, soit dans le terrain carbonique, soit à la base du Nummulitique ; mais l'impureté du combustible, la faiblesse des bancs, leur peu de régularité, ainsi que l'éloignement et l'altitude des gisements, ont rendu les exploitations très peu fructueuses.

Mine de Collonges. — C'est la seule qui soit encore en activité, après avoir été abandonnée, puis reprise en 1879. Elle est située à 1100 mètres d'altitude environ, en dessous du petit *replan* de Plex, à une heure et demie du village de Collonges (Valais). Un câble sert à descendre l'Anthracite jusque dans la plaine, aux Ouffettes.

Ce combustible se rencontre, en un banc d'épaisseur variable, interstratifié dans des grès houillers, plus ou moins poudinguiformes (p. 46). Il avait 5 m. de puissance, lors de ma visite en 1880.

Gerlach a donné une description de l'ancienne Mine (Cit. 99, p. 20).

Mine de la Mérenaz. — Cette seconde exploitation était poursuivie très mollement en 1872. Je ne sais ce qu'il en est actuellement. Ce que je vis était plutôt une grande tranchée à ciel ouvert, où, au milieu des schistes houillers, se trouvait un banc d'Anthracite de 2 m. d'épaisseur, à peu près vertical, mais offrant une courbure très remarquable (p. 46 et 54). L'emplacement est dit Plan-de-la-Mérenaz, et se trouve au-dessus d'Alesse, à l'altitude d'environ 1600 m.

C'est certainement la même mine que celle dont parle Gerlach, sous le nom de Concession de Dorenaz [Cit. 99, p. 24], mais il ne paraît pas que j'aie visité le même point que lui, car il mentionne deux galeries que je n'ai pas vues.

Mine de Vernayaz. — Je n'ai pas été voir une ancienne exploitation, dont parle Gerlach, sous le nom de Concession de Salvan [Cit. 99, p. 25], qui se trouve dans une situation beaucoup plus favorable, presque au bord de la plaine, à un quart d'heure du village de Vernayaz (p. 47). Elle paraît avoir été abandonnée depuis longtemps.

Gourzine. — Une tentative infructueuse de galerie avait été commencée déjà anciennement, sur territoire vaudois, dans le haut du Torrent de la Gourzine, voisin du Torrent-sec (p. 61). On y avait trouvé quelques vestiges d'Anthracite, un peu en dessous du banc de Cornieule, dans des roches très métamorphiques.

Torrent de la Rosseline. — Une autre exploitation avait été tentée dans le Torrent de la Rosseline, près de son confluent avec celui de Morcles, à l'est du village, presque immédiatement sous la Cornieule (p. 62).

Anthracite éocène. — Enfin je mentionne, seulement pour mémoire, les anciennes tentatives d'exploitation, aux Diablerets et à Praz-Doran, à la base des couches à *Cerithium Diaboli* (p. 371).

3. Minerais de Fer.

Les minerais jouent, dans notre contrée, un rôle beaucoup moins important que dans le Haut-Valais. Ceux de fer et de plomb sont les seuls qui aient donné lieu à des essais d'exploitation. La plupart ont très mal réussi, vu la pauvreté des gisements et les difficultés de transport.

Mine de Chamosentze. — On l'a souvent désignée sous les noms de Ardon ou Chamoson, mais le gisement se trouve beaucoup plus haut dans la montagne, à 1906 m., non loin des chalets de Chamosentze, à 5 km. NW de Chamoson. Le minerai, d'âge oxfordien, oolitique, en partie magnétique et très argileux (p. 210), a été nommé par Berthier *Chamoisite* [Cit. 30]. Il y a longtemps qu'on ne l'exploite plus. Gerlach donne des renseignements techniques sur cette ancienne Mine [Cit. 99, p. 50].

Mines du Mont-Chemin. — C'est d'ici, à 3 ou 4 km. SE de Martigny que les Forges d'Ardon ont surtout tiré leur minerai, depuis l'abandon de celui de Chamosentze. Il y a sur ce mont deux exploitations différentes, l'une Vers-chez-Large, que GERLACH décrit sous le nom de Mine de Chemin, et l'autre aux Planches, près Venze, nommée par lui Mine de Charrat [Cit. 99, p. 51, 53].

M. A. FAVRE en parle en détail, et transcrit une description donnée par l'ingénieur L. DE LORIOL, qui en dirigeait l'exploitation [Cit. 91, III, p. 114]. Je n'ai pas visité ces gisements qui sont un peu en dehors du cadre de ma carte ; j'ai cru néanmoins devoir les mentionner à cause de leur analogie avec celui de Chamosentze. Ils appartiennent, je pense, au même niveau.

Dzéman. — Je cite encore le *minerai oolitique rouge* du Fond-de-Dzéman, qui appartient au Dogger, et n'a donné lieu à aucune exploitation, que je sache (p. 203).

Sidérolitique. — Je dois rappeler aussi les petits lambeaux éocènes, trop faibles pour qu'on puisse songer à les utiliser (p. 365).

4. MINERAIS DE PLOMB.

Le Plomb sulfuré se rencontre assez fréquemment dans nos terrains anciens, mais en si faibles quantités, et si irrégulièrement, que l'exploitation n'en est guère profitable.

Mine de Crettaz. — A $^1/_4$ d'heure au SE de la mine de fer de Chemin sur le versant S du mont, GERLACH signale une mine de plomb [Cit. 99, p. 39], D'après l'ingénieur DE LORIOL, c'est un filon feldspathique, irrégulièrement imprégné de Galène, qui descend depuis cette hauteur 1342 m., jusqu'au fond de la vallée de la Dranse, aux Trapistes 694 m., et se continue de l'autre côté dans le Mont-Catogne [Cit. 91, III, p. 113].

Mine de Botzi. — GERLACH indique également une exploitation de Galène, avec un peu de Cuivre pyriteux, à un quart d'heure au-dessus de Charrat, dans la vallée du Rhône [Cit. 99, p. 40].

Mine du Salantin. — Une troisième exploitation de Galène est mentionnée par le même auteur, sous le nom de Concession d'Evionnaz. Elle se trouve sur le flanc E du Salantin, à 3 heures au-dessus d'Evionnaz, au milieu du terrain métamorphique. C'est peut-être le point dit Cocorier, où la carte Siegfried porte Mine d'or.

Mine d'Alesse. — A une demi-heure au-dessus d'Alesse, Gerlach signale encore, sous le nom de Concession de Dorenaz, deux courtes galeries de recherche, qui paraissent avoir été très vite abandonnées. Ne connaissant pas l'emplacement, je ne puis dire si la Galène a été trouvée ici dans le Métamorphique ou dans le Carbonique.

Divers. — Pour être complet, je rappelle les échantillons de Galène, trouvés dans la Gryonne, et à Glutières sur Ollon, probablement dans le Trias (p. 521).

5. Carrières d'Ardoises.

Les ardoises sont un des produits les plus importants de la contrée. Elles sont d'autant meilleures qu'elles proviennent d'une région plus métamorphique.

Mon collègue le professeur H. Brunner a fait connaître les caractères des bonnes ardoises [Cit. 174]. Un tableau comparatif de quelques ardoises du pays, dû à M. H. Schardt, se trouve joint à ce travail. — MM. Reverdin et de la Harpe contestent leur point de vue [Archiv. Sc. Genève, XXIII, p. 477].

MM. Duparc et Radian ont étudié récemment la composition de quelques ardoises alpines, de celles entre autres de Salvan et d'Outre-Rhône [Eclogæ geol. Helv. I, p. 457].

Voici nos principaux gisements groupés d'après leur âge géologique :

Ardoises carboniques. — Ce sont en général les meilleures, très peu pyriteuses, et absolument pas calcaires. Aux schistes argileux, plus ou moins foncés, se joignent des schistes talqueux, parfois verdâtres, et des schistes pétrosiliceux beaucoup plus clairs (p. 44).

Les principales exploitations sont celles de Vernayaz (p. 49), très favorablement situées au bord de la vallée du Rhône, en bancs presque verticaux. L'extraction a lieu dans des trous, qu'on voit depuis la voie ferrée, au bas des rocs, un peu au N du chemin de Salvan [Cit. 98, p. 112].

La zone de schistes ardoisiers se continue au SW, jusqu'à Salvan et au delà. Tout le long de la route on voit d'anciennes carrières, en particulier vers le Bioley (p. 48).

Les ardoisières d'Alesse, sur rive droite de la vallée, ne sont guère moins considérables (p. 54), mais moins favorablement situées, à presque 900 m. d'altitude. Pour y remédier on a construit un câble de transport aérien, marqué sur la *Carte Siegfried.* L'exploitation est en grande partie souterraine, et forme de vastes cavités.

Dans tous les environs on voit plusieurs carrières abandonnées, comme à Fourgnon (p. 50, 54) et à Doronaz, dans l'axe synclinal, au bord de la plaine (p. 51). On rencontre aussi par-ci par-là de petites exploitations occasionnelles, dans les divers bancs de schistes, intercalés aux poudingues.

Ardoises liasiques. — On a essayé, vers le milieu du siècle, d'exploiter pour ardoises les schistes toarciens d'Entre-deux-Gryonnes, mais ils sont beaucoup trop calcaires, et les résultats ont été déplorables (p. 162). J'ai vu en 1862, sur le sentier du Bois-de-Feuilles, de grands tas d'ardoises, préparées quelques années auparavant, et entièrement réduites en poussière par l'action de l'air.

Ardoises jurassiques. — Les terrains jurassiques moyens ont donné lieu aussi à diverses exploitations, qui ont mieux réussi. Cependant ces schistes sont plutôt argilo-calcaires, et fournissent de moins bons résultats que ceux du Carbonique.

Les principales ardoisières de cet âge sont celles de Leytron, marquées sur ma carte, au pied des rochers de l'Ardèvaz, et exploitées depuis 1845. Je ne puis dire avec certitude si elles appartiennent au Dogger ou à l'Oxfordien. Elles fournissent surtout de grandes dalles, mais ont aussi la prétention de livrer des ardoises de toit, de tous les numéros. On y trouve des *Belemnites tronçonnées*, à interstices siliceux (p. 215).

J'ai vu des exploitations semblables, dans les schistes oxfordiens au N d'Ardon, près de la Chapelle de Saint-Bernard (p. 215) ainsi que sur le chemin d'Aven, en dessous d'Asnière (p. 214), mais elles ne sont guère qu'occasionnelles.

Ardoises du Flysch. — Les schistes éocènes supérieurs sont assez souvent exploités pour ardoise, par exemple dans le Val d'Illiez (p. 456), comme ils le sont dans la Suisse allemande, au Niesen et à Matt (Glaris). Les produits sont en général moins bons que ceux des gisements d'âge carbonique ; cependant ils se sont montrés parfois assez résistants.

Dans ma région il n'y a pas d'exploitation en grand, mais plutôt de petites carrières, satisfaisant aux besoins locaux. Les principales sont celles de Mex 1200 m., sur Evionnaz. Les ardoises y sont assez semblables à celles de Morzine (Haute-Savoie), et prennent comme elles, par le séjour sur les toits, une teinte gris-clair. Elles contiennent 19 $^1/_2$ $^0/_0$ de $CaCO^3$ [Archiv. Sc. Genève XXIII, p. 479], et paraissent assez durables (p. 453).

Près de là, dans les gorges du Torrent de Mauvoisin, on exploitait en 1872, sous le nom d'ardoises, de grandes dalles d'un mètre carré et plus. Je ne suis pas sûr que ce soit du Flysch ; c'est peut-être du Hauterivien ?

Plus récemment on a entrepris, au-dessus du village de Lavey (Vaud), dans la forêt, une exploitation d'ardoises, qui se fait, paraît-il, en galeries. L'emplacement est teinté sur ma carte comme Néocomien ; mais l'échantillon que m'en a rapporté M. Maurice Lugeon, est un schiste foncé, très semblable à celui des Gorges de Mauvoisin, et du Flysch en général.

J'ajoute, pour être complet, les essais infructueux d'exploitation, faits dans le Flysch de la Vallée de Nant, en dessous de La Chaux (p. 449), et au Pont-de-la-Frenière (Ormonts) (p. 435).

6. Carrières de Marbre.

Je laisse de côté les nombreuses carrières de calcaire, destinées à fournir du moellon ou de la pierre à chaux, qui souvent ne sont qu'occasionnelles, pour ne mentionner que les gisements moins communs de Marbre décoratif.

Marbre blanc. — Je rappelle d'abord un gisement de *marbre saccharoïde*, interstratifié dans nos terrains métamorphiques (p. 130). Il est situé au Trappon, au-dessus de Brançon, sur la rive droite du Rhône, et n'a pas encore été l'objet d'une exploitation, vu son altitude [Cit. 148].

Le Marbre de Saillon, qui outre la variété blanche en présente beaucoup d'autres de diverses nuances claires (p. 91), a été exploité de 1864 à 1867. L'altitude de son gisement, 1000 m. environ, et sans doute aussi sa fissilité progressive à l'air, sont la cause de l'interruption ; car les produits de ces carrières ont été vivement appréciés [Cit. 132, 133, 137, 145]. Ce marbre occupe la base de la grande paroi calcaire, reposant sur le métamorphique, avec intercalation de Cornieule. Il doit donc appartenir au Trias ou au Lias (p. 83).

Le Marbre de la Bâtiaz près Martigny, occupe évidemment le même niveau géologique. Il est encore plus veiné, mais il est beaucoup plus à portée de la plaine. Malgré cela il n'a guère été exploité (p. 83, 95).

Marbre noir. — Les principales exploitations sont celles de Saint-Triphon. Les unes sont à la base des rocs, dans le voisinage de la gare. D'autres sur le haut de ce mont, isolé au milieu de la Vallée du Rhône. Toutes sont activement exploitées.

Les bancs sont à peu près horizontaux. Le marbre n'est pas d'un beau noir, mais plutôt d'un gris-bleuâtre foncé. Il appartient au Lias, et probablement à l'étage hettangien. Les fossiles y sont malheureusement très rares et peu caractéristiques. Seul un petit banc mince est rempli de Térébratules (*Waldheimia perforata* Pict.) [Cit. 161, p. 53].

Le même calcaire foncé s'exploite également, mais occasionnellement, à Chalex près Aigle. Là il est en bancs fortement redressés (p. 141).

Je l'ai retrouvé au Fond-de-Plambuit (p. 141), encore plus semblable au marbre de Saint-Triphon.

Aux environs du Bouillet près des Devens, se trouve un marbre d'un noir beaucoup plus beau ; mais je n'en connais pas le gisement précis. La *marbrerie* de M. D. Doret, à l'Arabie près Vevey, l'emploie parfois. Il doit être également liasique.

Marbres panachés. — Je veux encore incrire ici, pour mémoire, les marbres blancs, panachés de violet et de vert, d'âge rhodanien, que l'on rencontre fréquemment en gros blocs, tombés des parois, dans les éboulis des Perriblancs-des-Martinets (p. 322), et de la Grand'vire (p. 324). Ils donneraient un marbre superbe, et de très bonne qualité, mais ils sont tout à fait hors de portée, vu leur situation à 2600 m. environ.

Du reste toute la masse de l'Urgonien (p. 292) fournirait un excellent marbre blanc-grisâtre, si les bancs se rencontraient à portée d'exploitation !

7. Platrières.

L'exploitation du Gypse est une des industries de notre région salifère. Tout le long du bord de la vallée du Rhône, entre Aigle et Bex, on en voit de nombreuses carrières. Les plus considérables se trouvent aux environs d'Ollon et de Villy (p. 75, 102). D'autres au Montet et au Pré-des-Cornes près de Bex (p. 97). Beaucoup d'entre elles ne sont exploitées qu'irrégulièrement.

Au sud, dans la région cristalline de ma carte, les plâtrières sont plus rares. Je n'en connais guère que deux : l'une à La Rapaz, dans la côte au-dessus de Charrat (p. 93) ; l'autre au bord de la vallée du Rhône, à mi-chemin entre Charrat et Saxon, sous la Giète (p. 94). Ces exploitations des environs de Charrat fournissent un beau gypse blanc, grenu, analogue à celui de Saint-Léonard (Valais).

POST-SCRIPTUM

Me voici arrivé au terme de cette monographie de nos Hautes-Alpes!

Je me sens reconnaissant envers Dieu d'avoir pu l'achever, comme j'étais heureux, il y a près d'une année, de pouvoir en commencer l'impression, après avoir cru pendant longtemps que mes yeux me l'interdiraient.

Tout en émettant les conclusions théoriques, qui m'ont paru justifiées, je me suis toujours appliqué à les distinguer nettement des faits d'observation, comme aussi à signaler les gisements d'une manière très précise, afin qu'on puisse facilement les retrouver, et vérifier mes assertions.

J'ose espérer que mon travail ne sera point inutile; que d'autres pourront le compléter et en rectifier les erreurs.

J'ai désiré faire œuvre, non seulement scientifique, mais aussi patriotique, en contribuant, pour une petite part, à révéler la structure si compliquée de nos chères montagnes et à faire connaître leurs beautés !

OMNIA IN GLORIAM DEI !

E. Renevier, prof.

Lausanne, juillet 1890.

BIBLIOGRAPHIE DE LA RÉGION

Supplément à liste donnée pages 3 à 12.

175. — 1859. Renevier. Découverte du Rhétien à Villeneuve. (Bull. vaud. Sc. nat. VI, p. 159).

176. — 1861. — Note sur une grande feuille fossile. (Id. VII, p. 163).

177. — 1866. Kenngott. Die Minerale der Schweiz, 1 vol.

178. — 1868. Renevier. Alpes de la Suisse centrale, comparées aux Alpes vaudoises. (Bull. vaud. Sc. nat. X, p. 39).

179. — 1869. Lochmann. Rapport sur les Blocs erratiques. (Bull. vaud. Sc. nat. X, p. 185).

180. — 1872. Studer, B. Index der Petrographie und Stratigraphie der Schweiz, 1 vol.

181. — 1877. Daubrée. Expériences sur la schistosité des roches, etc. (Bull. géol. Fr. 3e s. IV, p. 529).

182. — 1878. Heim. Mechanismus der Gebirgsbildung, etc. 2 vol. et atlas.

183. — id. — Ueber die Karrenfelder. (Jahrb. S. A. C. XIII, p. 421.)

184. — 1879-1880. Falsan et Chantre. Monographie géologique des anciens glaciers du Bassin du Rhône. 2 vol. avec cartes.

185. — 1885. Wagnon. Autour de Salvan ; excursions, etc.

186. — 1886. Gilliéron. La faune des couches à Mytilus, etc. (Verhandl. Nat. Ges. Basel, VIII, p. 133).

187. — 1890. Wagnon. Autour des Plans ; excursions et escalades, de la Dent-de-Morcles aux Diablerets.

188. — id. Duparc et Radian. Composition de quelques schistes ardoisiers de Suisse et de Savoie (Eclog. geol. Helv. I, p. 457).

189. — id. Schardt. Formation éolienne du Bas-Valais. (Archiv. Sc. Genève XXIII, p. 90).

190. — id. Forel. Genèse du Lac Léman (Archiv. Sc. Genève, XXIII, p. 184).

191. — id. Reverdin et de la Harpe. Sur l'analyse des ardoises. (Archiv. Sc. Genève, XXIII, p. 477).

EXPLICATION DES PLANCHES

PLANCHE I.

Carte géologique au 1 : 50 000 imprimée, en 1875 déjà, sur la base de la carte du Club alpin **Sud-Wallis I**[1].

Depuis l'impression de cette carte, j'ai été amené à y faire diverses rectifications, par suite d'observations nouvelles. Je les ai mentionnées au fur et à mesure dans la description des terrains, et me contente de rappeler ici les plus importantes, par ordre stratigraphique, avec renvoi aux pages du texte.

I. Carbonique. — Il faut étendre la teinte du Terrain houiller, depuis la Tête-de-Sierraz au S, jusqu'au Roc-de-Follaterre, à Brançon, etc. [Cit. 140 et 142]; ainsi qu'à l'ouest jusqu'à Alesse. De même de l'autre côté de la vallée à l'W de la Bâtiaz (p. 38 et 67).

II. Lias. — Je considère maintenant comme liasique la bande calcaire de Plan-Tour, Séchaud, Salins, marquée sur ma carte **T**[1] (p. 141, 147). J'ai porté cette correction déjà sur la Feuille XVII au 100 millième.

III. Dogger. — Depuis Teisajoux, il faut étendre le Dogger à l'W, jusqu'en dessous du Roc-de-Breya (p. 198).

IV. Malm. — Ajouter l'affleurement jurassique à l'E des Hauts-Cropts, le long du vallon qui descend de l'Ecuellaz à Cheville (p. 238).

V. Malm. — Etendre le Jurassique supérieur, depuis Tzevau jusqu'au delà du Cœur, sous Montacavoère (p. 241).

VI. Eocène. — Ajouter une bande de Calcaire à Nummulites, entre le Néocomien et le Grès de Taveyannaz, dès Plan-Châtillon à Solalex, conformément au cliché 100 (p. 415), destiné à rectifier la carte.

VII. Eocène. — Ajouter le lambeau nummulitique de la Tour-de-Saint-Martin, le long du bord du Glacier de Zanfleuron (p. 418).

VIII. Flysch. — Remplacer le Néocomien **N**[2] par le Flysch, dans le haut du vallon de Javernaz, sur l'Arête et son versant W, dans les Ruvines-de-Chamossaire, aux Monts, et sur le Mont-de-Chiètre (p. 449).

Voici en outre quelques fautes d'impression, à corriger sur cette carte; je les indique en suivant du N au S.

1. Col de la Croix. — Altitude 1739 m. — Non 1239.
2. Glacier des Diablerets. — Les Rocs isolés au NE de la Cime sont Urgoniens.
3. Tête-des-Nombrieux 1850 m. — au lieu de Berthex. — Le Bertet est la sommité terminale au SW, altit. 1730 m.
4. Devens. — Ajouter le pointillé du gypse **G**, oublié jusqu'à Sublin.
5. Bex. — La teinte grise du Glaciaire **Gl.**, oubliée sur rive droite de l'Avançon, vis-à-vis de l'Hôtel des Salines.
6. Lacs de Fully. — Pointillé des éboulis **Eb.**, oublié à l'est du Lac inférieur.
7. Saxon. — Le triangle gris derrière les Bains, au S, est bien du Glaciaire et non du Gypse ! Le monogramme devrait être **Gl** et non **G**.

PLANCHE II.

Phototypie de la paroi S des Diablerets, réduite d'une grande vue photographique prise en 1865 (?) par MM. Heer-Tschudi et Martens. Cette phototypie a été exécutée à Vienne en 1876, à l'origine de ce procédé, et les teintes imprimées à Winterthour. Elle montre bien le grand repli des Diablerets.

NB. Une petite partie de l'édition est en noir.

PLANCHE III.

Trois profils longitudinaux SW à NE, à l'échelle unique du 50 millième.

Cp. 1 suit la chaîne des Diablerets jusqu'à l'Oldenhorn.
Cp. 2 suit la chaîne des Martinets-Argentine.
Cp. 3 suit la chaîne frontière : Morcles—Mœveran—Tête-Pegnat.

Petite carte au 250 millième, sur laquelle sont représentés :

1° Les tracés des 15 profils (pointillés).
2° Les lignes anticlinales (rouges).
3° Les lignes synclinales (bleues).
4° Les lignes de failles (noires).

PLANCHES IV, V, VI.

Douze profils transversaux, et à peu près parallèles NW à SE, à l'échelle unique du 50 millième. Leur tracé, marqué sur la petite carte, ci-dessus mentionnée, est en lignes un peu brisées. Quelques-uns ont des doublures partielles, mais toujours à l'altitude vraie ! Les chiffres rouges indiquent l'intersection des profils 1, 2, 3 ; et vice-versa sur P. III. Les failles ont été représentées verticales, ce que je regrette !

NB. A *corriger* sur Cp. 6, à cm. 8 de l'extrémité gauche : Chavonnes au lieu de Lavanchet ; et Gypse beaucoup trop épais. D'autres corrections plus importantes sont connexes à celles mentionnées pour la carte (p. 536).

PLANCHE VII.

Phototypie du versant NW d'Argentine, réduite d'une grande vue photographique prise en 1865 (?) par MM. Heer et Martens, et que ces MM. m'ont donnée, avec celle des Diablerets (Pl. II).

Cette photographie montre admirablement la torsion des couches et la *surface gauchie* de l'Urgonien, ainsi que les *diaclases* se coupant dans diverses directions.

TABLEAU à p. 514.

Ce tableau hors-texte représente graphiquement les ondulations du sol, dans les parties de nos Alpes ici décrites.

La *courbe pleine* indique, pour chaque moment géologique, la position du sol de nos Hautes-Alpes vaudoises, relativement au *niveau de la mer*.

La *courbe pointillée* indique de même celle du bord interne des Préalpes.

LISTE DES CLICHÉS

RÉPERTOIRE ALPHABÉTIQUE

Plutôt que de faire une *Table des auteurs*, une *Table des Fossiles*, une *Table des localités*, etc., j'ai préféré ne donner qu'un seul *Répertoire*, en distinguant chaque catégorie par des caractères différents :

Les MAJUSCULES désignent les noms d'auteurs.
Les *italiques* désignent les fossiles et les mots étrangers.
Les caractères ordinaires désignent les sujets traités.
Les caractères interlettrés désignent les noms de localités.

Ces derniers étant souvent écrits différemment dans nos cartes topographiques, j'ai jugé nécessaire, pour faciliter les recherches, d'inscrire au Répertoire les principales variantes, en renvoyant toujours au nom qui m'a paru le plus habituel.

Pour faciliter les recherches, je fais précéder le chiffre de la page du monogramme du Terrain.

A

B

C

D

E

F

G

H

I

J

K

L

M

N

O

P

Q

R

S

T

U

V

W

Y

Z

NOTES

I. Presque tous les fossiles et minéraux cités dans cette Monographie sont conservés dans les collections du MUSÉE DE LAUSANNE.

II. Les personnes, qui désireraient des *Itinéraires* d'excursions géologiques dans cette région, peuvent consulter :

a) Mon itinéraire du Club alpin [Cit. 144];
b) L'excursion de la Société géologique suisse [Cit. 169].

ERRATA

Page 103 au bas : — Arnon, au lieu de Arnou.
Page 157, 158, 167 : — *Rhynchonella*, au lieu de *Rhynconella*.

En cas de variations sur l'orthographe des noms locaux, voir au RÉPERTOIRE.

Pour les corrections à la carte et aux profils, voir pages 537 et 538.

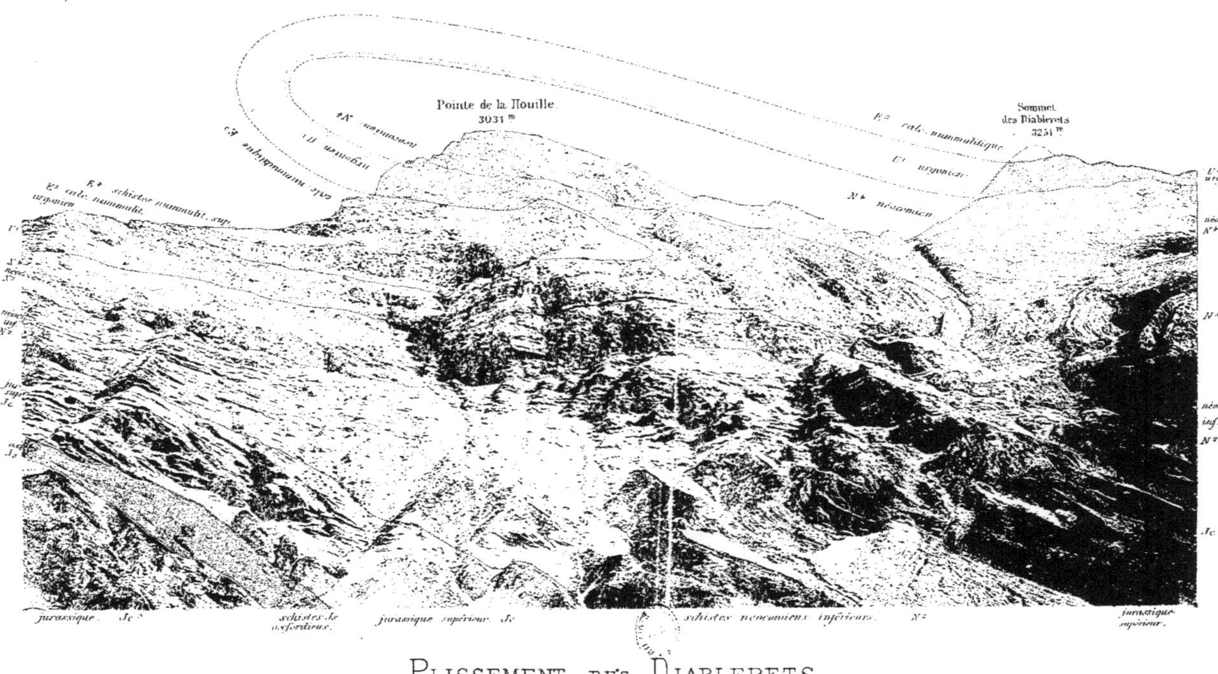

Plissement des Diablerets.

Photographie d'une portion de la paroi, sud prise d'Anzendaz.

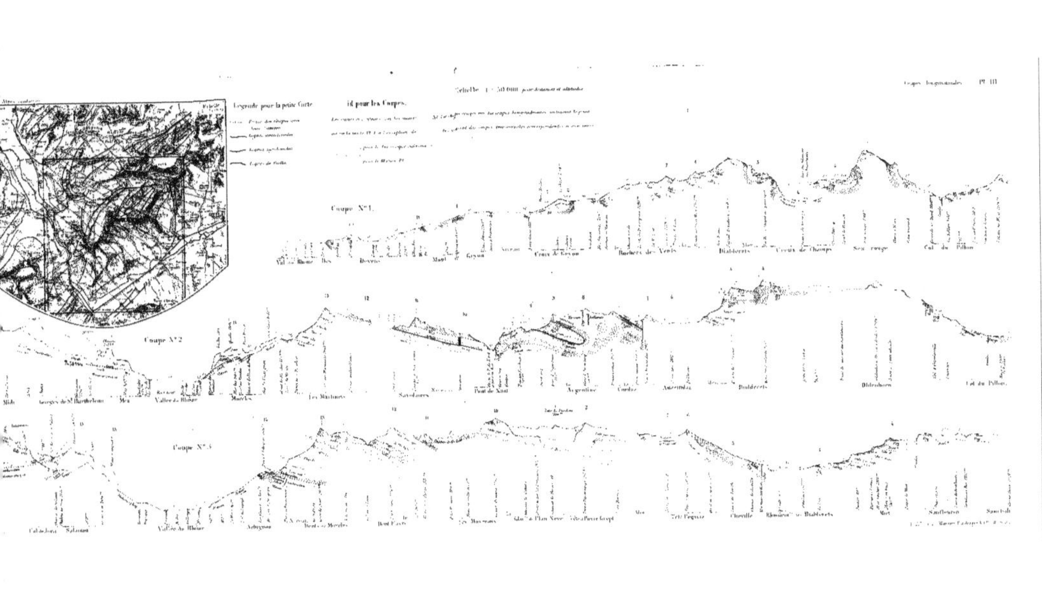

Coupes longitudinales
Pl. III
Légende pour la petite Carte
id pour les Coupes.
Coupe N° 1.
Coupe N° 2
Coupe N° 3
Diablerets
Col du Pillon
Argentine
Oldenhorn

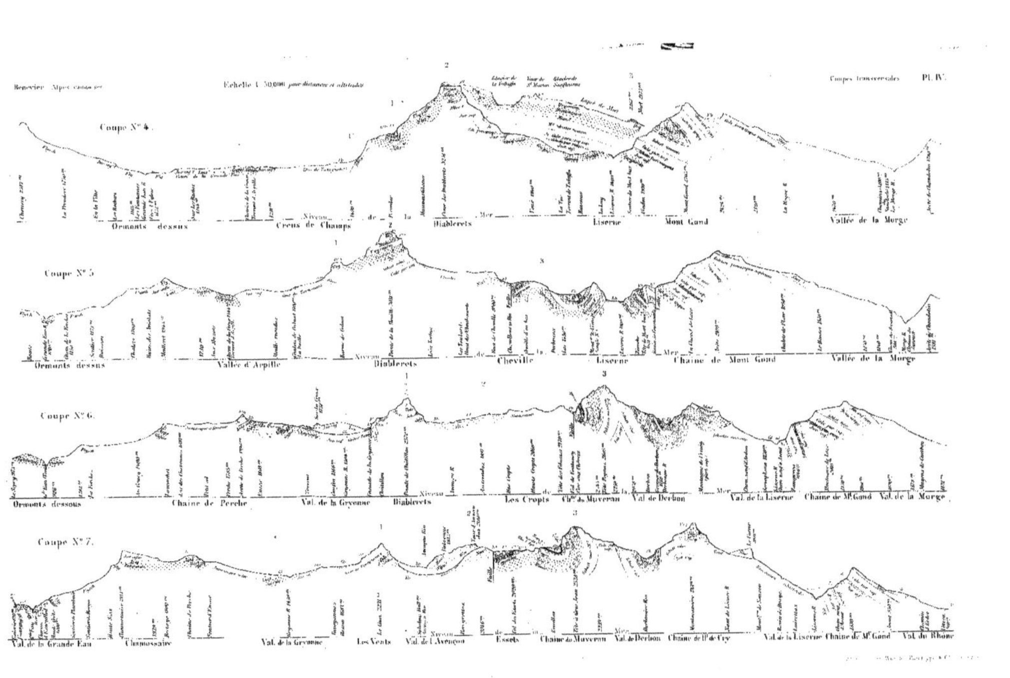

Renevier. Alpes vaudoises
Echelle 1:50,000 pour distances et altitudes
Coupes transversales
Pl. IV.
Coupe N° 4.
Ormonts dessus
Creux de Champs
Diablerets
Liserne
Mont Gond
Vallée de la Morge
Coupe N° 5.
Ormonts dessus
Vallée d'Arpille
Diablerets
Cheville
Liserne
Chaine de Mont Gond
Vallée de la Morge
Coupe N° 6.
Ormonts dessous
Chaine de Perche
Val. de la Gryonne
Diablerets
Les Cropts
Chne du Muveran
Val de Derbon
Val. de la Liserne
Chaine de Mt Gond
Val. de la Morge
Coupe N° 7.
Val. de la Grande Eau
Chamossaire
Val. de la Gryonne
Les Vents
Val. de l'Avençon
Essets
Chaine du Muveran
Val de Derbon
Chaine de Pt de Cry
Val. de la Liserne
Chaine de Mt Gond
Val. du Rhône

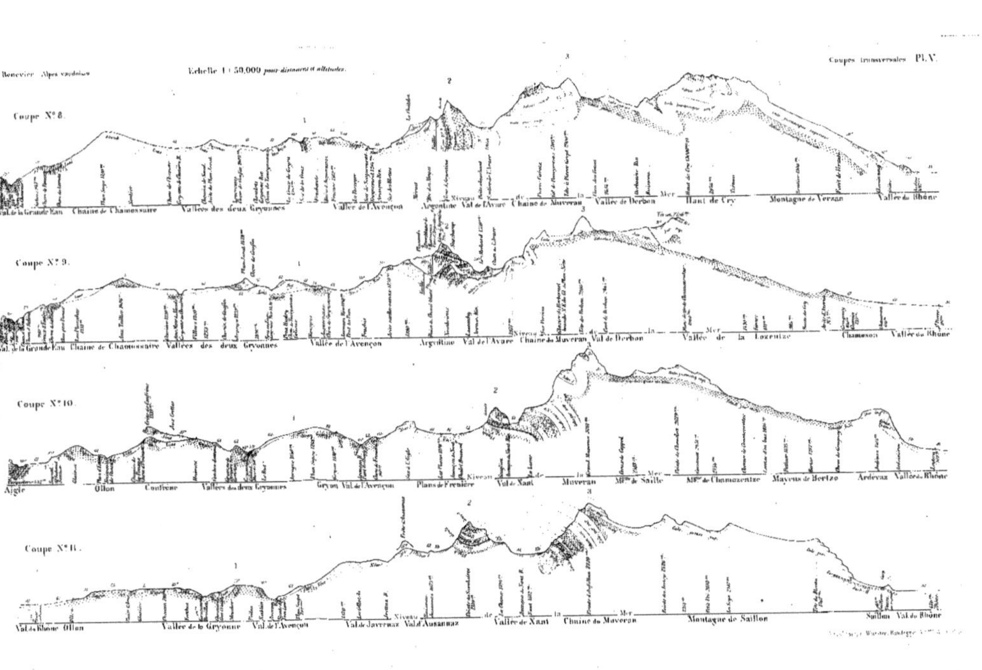

Renevier Alpes vaudoises
Echelle 1:50,000 pour distances et altitudes.
Coupes transversales Pl.V.
Coupe N°8.
Val de la Grande Eau
Chaine de Chamossaire
Vallées des deux Gryonnes
Vallée de l'Avençon
Argentine
Val de l'Avare
Chaine du Muveran
Vallée de Derbon
Haut de Cry
Montagne de Versan
Vallée du Rhône
Niveau de la Mer
Coupe N°9.
Val de la Grande Eau
Chaine de Chamossaire
Vallées des deux Gryonnes
Vallée de l'Avençon
Argentine
Val de l'Avare
Chaine du Muveran
Val de Derbon
Vallée de la Lozentze
Chamoson
Vallée du Rhône
Coupe N°10.
Aigle
Ollon
Confrene
Vallées des deux Gryonnes
Gryon
Val de l'Avençon
Plans de Frenière
Val de Nant
Muveran
Mt de Saille
Mt de Chamozentze
Mayens de Bertzo
Ardevaz
Vallée du Rhône
Coupe N°11.
Val du Rhône
Ollon
Vallée de la Gryonne
Val de l'Avençon
Val de Javernaz
Val d'Ausannaz
Vallée de Nant
Chaine du Muveran
Montagne de Saillon
Saillon
Val du Rhône

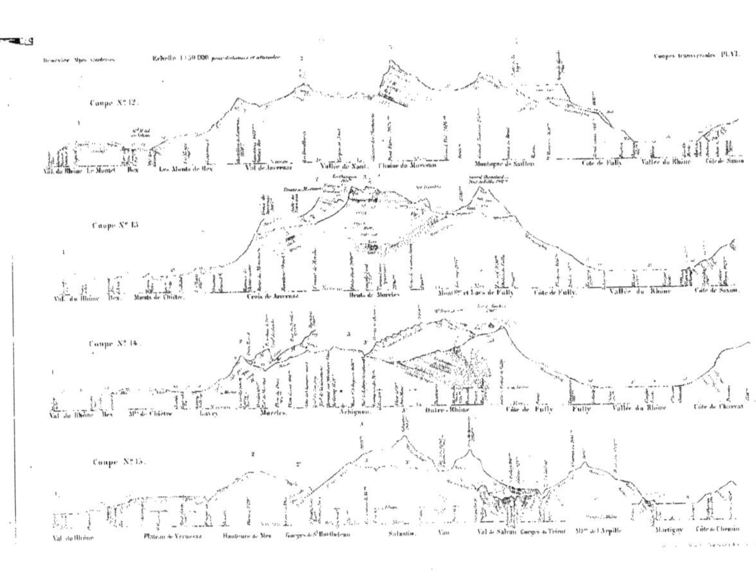

Échelle 1:50 000 pour distances et altitudes
Coupes transversales PL. VI.
Coupe N° 12.
Val du Rhône
Le Montet
Bex
Les Monts de Bex
Val de Javernaz
Vallée de Nant
Chaîne du Muveran
Montagne de Saillon
Côte de Fully
Vallée du Rhône
Côte de Saxon
Coupe N° 13
Val du Rhône
Bex
Monts de Chiètre
Croix de Javernaz
Dents de Morcles
Mont et Lacs de Fully
Côte de Fully
Vallée du Rhône
Côte de Saxon
Coupe N° 14.
Val du Rhône
Bex
Lavey
Morcles
Arbignon
Outre-Rhône
Côte de Fully
Fully
Vallée du Rhône
Côte de Charrat
Coupe N° 15.
Val du Rhône
Plateau de Vérossaz
Hauteurs de Mex
Gorges de St Barthélemy
Salantin
Van
Val de Salvan
Gorges du Trient
Martigny
Côte de Chemin

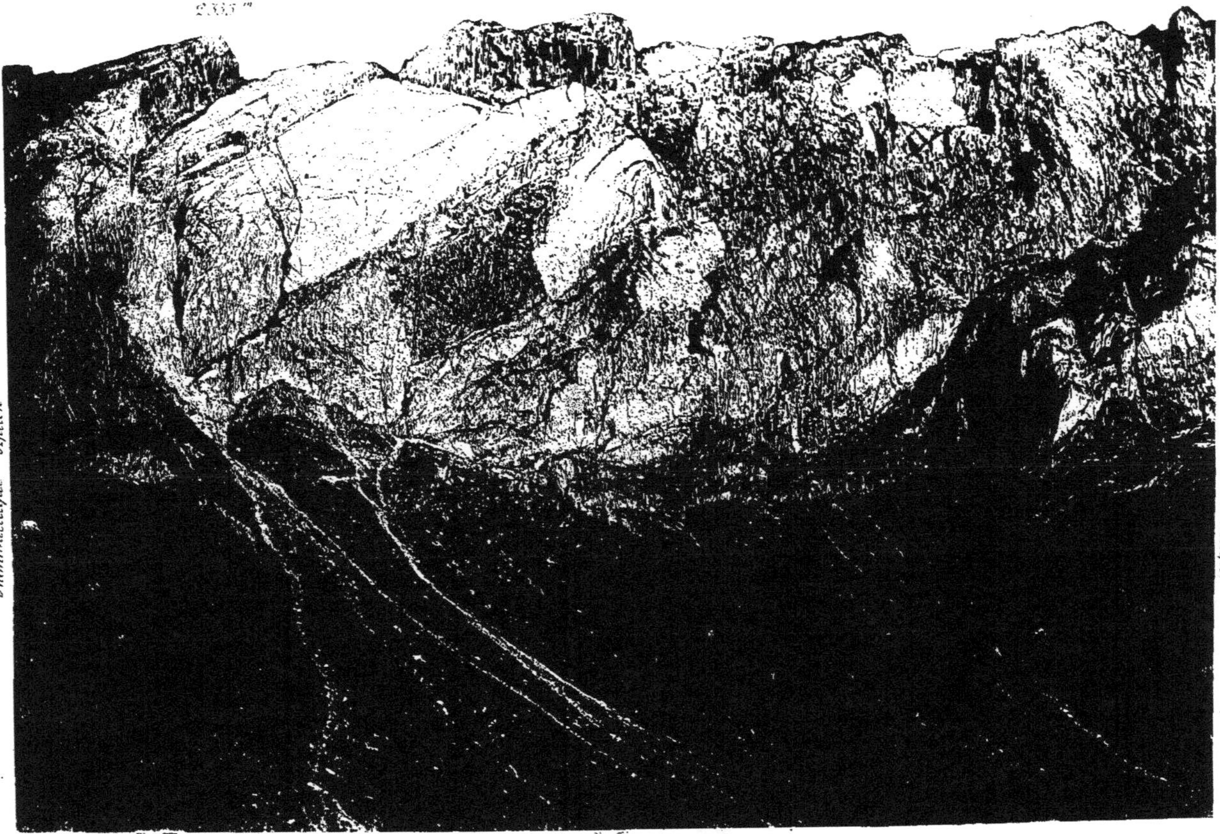

Haute Cordaz
2333 m

Rhodanien

Aptien

Nummulitique

Urgonien

Rhodanien

Nummulitique

Torsion des couches sur la paroi Nord-ouest d'Argentine.

www.ingramcontent.com/pod-product-compliance
Lightning Source LLC
Chambersburg PA
CBHW031723210326
41599CB00018B/2491

* 9 7 8 2 0 1 1 2 8 3 1 7 7 *